Nadja Zschunke

SMYREK – TONTECHNIK

Tontechnik

für Veranstaltungstechniker in Ausbildung und Praxis

von Volker Smyrek

Mit 721 Abbildungen und 67 Tabellen

S. Hirzel Verlag Stuttgart

Der Autor
Volker Smyrek
Adlerstr. 13
70199 Stuttgart
tontechnik@volker-smyrek.de

Dipl.-Ing. (FH) Volker Smyrek, Jahrgang 1973, war nach der Ausbildung an der School of Audio Engineering (SAE) in Frankfurt vier Jahre als Ton- und Bildtechniker bei zahlreichen Außenübertragungen und Studioproduktionen der ARD, des ZDF und privater Fernsehsender (RTL, Deutsche Bank TV) tätig. Seit dem Jahr 2000 arbeitet er in Stuttgart als FOH-Mischer für Musical-Produktionen wie *Die Schöne und das Biest*, *Tanz der Vampire*, *42nd Street*, *Elisabeth*, *3 Musketiere*, *Blue Man Group* und *We Will Rock You*. Er bildet im Apollo Theater Fachkräfte für Veranstaltungstechnik im Bereich Tontechnik aus. Neben dem Beruf absolvierte Volker Smyrek von 2001 bis 2005 den Diplomstudiengang Audiovisuelle Medien an der Hochschule der Medien (HdM) in Stuttgart.
Im Jahr 2006 war er Sound Designer für das Musical *Grease* im Theater St. Gallen.

Updates und Ergänzungen unter www.volker-smyrek.de

Die in diesem Werk aufgeführten Formeln, (technischen) Daten und Hinweise beruhen größtenteils auf Herstellerangaben und wurden sorgfältig geprüft. Dennoch können Autor und Verlag keine Gewähr für die Richtigkeit der Angaben übernehmen.

Bibliografische Information der Deutschen Nationalbibliothek
Die Deutsche Nationalbibliothek verzeichnet diese Publikation in der Deutschen Nationalbibliografie; detaillierte bibliografische Daten sind im Internet über http://dnb.d-nb.de abrufbar.

ISBN 978-3-7776-1675-9

Birkenwaldstraße 44, 70191 Stuttgart
Printed in Germany
Umschlaggestaltung: deblik, Berlin
Druck und Bindung: Kösel, Krugzell

Vorwort

Wie ist dieses Handbuch strukturiert?

Zuerst werden die Grundlagen behandelt, um anschließend auf einzelne Teilbereiche tiefer einzugehen. Die Reihenfolge der Kapitel und zum Teil auch die Inhalte innerhalb der Kapitel bauen aufeinander auf. Am Ende jedes Kapitels finden sich Übungsaufgaben. Die Fragen orientieren sich am Niveau schriftlicher Abschlussarbeiten von Veranstaltungstechnikern. Einige Fragen gehen darüber hinaus, und es gibt auch ein paar Aufgaben, die zur eigenen Recherche auffordern. Die Lösungen stehen im Anhang. Für ein Selbststudium ist weiterführende Fachliteratur am Ende der Kapitel aufgeführt.

Welche Inhalte werden vermittelt?

Im Rahmenlehrplan für den Ausbildungsberuf Fachkraft für Veranstaltungstechnik ist für das erste Lehrjahr der Themenblock „physikalische und physiologische Grundlagen der Akustik" vorgesehen. Da sich dieses Buch am Lehrplan orientiert, liegt es also nahe, mit der Akustik anzufangen (Kapitel 1 bis 3) und dann das Gehör zu erklären, bzw. die Aspekte des Lärmschutzes (Kapitel 4 und 5).

In Kapitel 6 folgen die Grundlagen der Elektronik, welche übrigens in der Form, wie sie hier präsentiert werden, nicht ausdrücklich im Lehrplan erwähnt sind. Sie sind aber für das weitere Verständnis der Funktion tontechnischer Geräte unbedingt notwendig. Im Lehrplan werden alle „strombezogenen" Themen den Lernfeldern Energieversorgung und Beleuchtungsanlagen zugeordnet; daher wird in diesem Buch in Kapitel 7 kurz darauf eingegangen.

Nachdem mit Kapitel 8 „Der Pegel" alle akustischen und elektronischen Grundlagen abgehakt sind, kann die Didaktik dem Signalfluss einer Beschallungsanlage folgen (Mikrofon – Leitung bzw. drahtlose Tonübertragung – Mischpult – Verstärker – Lautsprecher; Kapitel 9 bis 18), um dann die bis hierher vorgestellten Komponenten quasi in eine Beschallungsanlage zu integrieren (Kapitel 19). Danach folgen noch Kommunikationsanlagen (Kapitel 20).

Der Begriff „Medientechnik" in Kapitel 21 umfasst zum einen analoge und digitale Tonaufzeichnungsmedien und zum anderen die Netzwerktechnik. Darüber hinaus folgen Grundlagen zur Videotechnik in Kapitel 22.

Die Reihenfolge der Kapitel folgt einer logischen Struktur und damit nicht ganz der Reihenfolge, wie die Themen im Rahmenlehrplan aufgelistet sind. Am Anfang jedes Kapitels steht daher, zu welchem Lehrjahr die Themen gehören.

Wie tief gehend ist die Informationsvermittlung?

Eine gewerbliche Ausbildung und damit auch der Ausbildungsberuf zur Fachkraft für Veranstaltungstechnik ist prinzipiell für Schulabgänger sämtlicher Schularten möglich. Die Unternehmen legen bei der Einstellung allerdings einen klaren Fokus auf Bewerber wenigstens mit Realschulabschluss, und an deren Vorbildung orientiert sich auch die Vermittlung von Wissen in diesem Buch. Gute Kenntnisse in Mathematik, Physik und Musik der Mittelstufe sind Voraussetzungen, um die Zusammenhänge der Elektroakustik verstehen zu können.

Danksagungen

Die Azubis im Apollo-Theater:

Georg Hell, Maren Schmook und Tobias Mancinella.
Ihr habt mir mit euren Fragen maßgeblich dabei geholfen, dieses Buch zu entwickeln!

Die Gastautoren:

Kai Harada, Nik Reiff, Sabrina Zaiser, Sven Raff, Tim Kersebohm und Tobias von Brockdorf.

Für Tipps und fachliche Ratschläge:

Eberhard Sengpiel, Diana Kruse, Dieter Schöpf, Jan Hofmann, Jürgen Meyer, Michael Ebner, Michel Weber und Uli Kunst.

Danke an folgende Firmen und Institutionen:

Apollo Theater, Stuttgart (hier alle Kollegen, die mich bei der Arbeit an diesem Buch unterstützt haben).

Beyerdynamic, Heilbronn (Michael Langguth).

Hochschule der Medien, Stuttgart (Andreas Koch, Axel Hartz und Oliver Curdt).

Schoeps Mikrofone, Karlsruhe (Dagobert Schaefer, Helmut Wittek und Karin Keitsch).

Studio & Consulting, Weinstadt (Nik Reiff und Stefan Minich).

Ein besonderer Dank geht an den S. Hirzel Verlag; speziell an das Lektorat.

Volker Smyrek — Stuttgart, im Frühjahr 2009

Inhaltsverzeichnis

Neumann TLM170 für Aufnahmen im Tonstudio (Hochschule der Medien, Stuttgart)

1 Der Schall

Im ersten Kapitel geht es um die Schallausbreitung in der Luft und die Grundlagen zur periodischen Schwingung. Einordnung dieser Themen im Rahmenlehrplan: „Physikalische und physiologische Grundlagen der Akustik" im ersten Lehrjahr.

1.1 Schallausbreitung

Schall ist physiologisch betrachtet eine Reizung des Gehörs und damit eine Hörempfindung. Physikalisch ist damit die Ausbreitung lokaler Druckschwankungen in elastischen Medien und die kollektive Schwingung von Teilchen gemeint. Ohne Medium gibt es keinen Schall. Demnach wird im luftleeren Raum, dem Vakuum, kein Schall übertragen.

1.1.1 Wie entsteht eine Schallwelle?

Schallwellen können durch verschiedene Schallquellen in Form von schwingenden Saiten, Stäben, Zungen, Membranen, Platten oder Luftsäulen verursacht werden.

Beispiel: Eine Akustikgitarre als Schallquelle

Die Saiten der Gitarre bewegen sich nach dem Anzupfen hin und her, sie schwingen. Die Schwingungen der Saiten werden über den Steg an einen Resonanzkörper, den Gitarrenkorpus, weitergeleitet. Die Holzdecke des Korpus kann als eine Art Platte oder Membran gesehen werden, welche die Schallschwingungen durch die relativ große Fläche verstärkt und an die Luft überträgt (Abb. 1.1). Die periodischen Auslenkungen der angeregten Luftmoleküle breiten sich dann als Schallwelle aus.

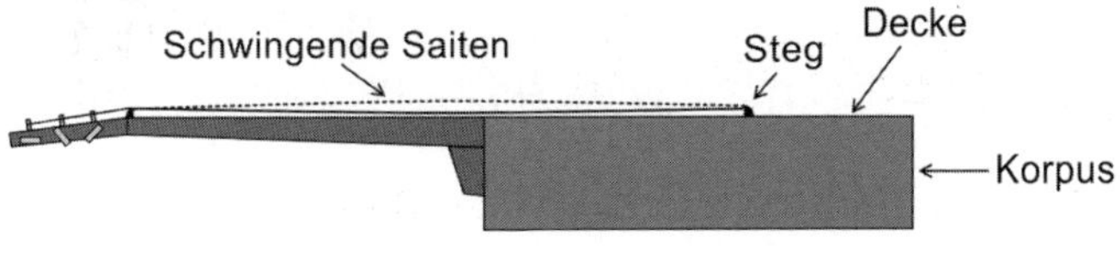

Abb. 1.1: Gitarre als Schallerzeuger

1.1.2 Schall in der Luft ...

... breitet sich als Longitudinalwelle aus, damit entspricht die Schwingungsrichtung der Moleküle der Ausbreitungsrichtung der Welle (Abb. 1.2).

Bei Transversalwellen ist die Schwingungsrichtung dagegen senkrecht zur Ausbreitungsrichtung, zum Beispiel bei elektromagnetischen Wellen. Weiterhin gibt es Dehn- und Biegewellen in Festkörpern.

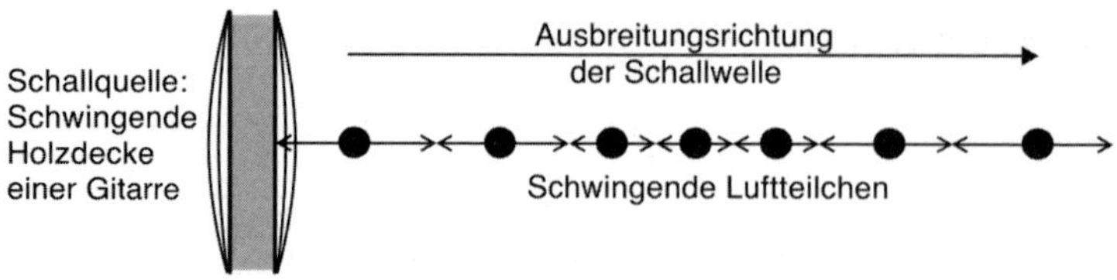

Abb. 1.2: Longitudinalwelle

Die Ausbreitung von Schall erfolgt in einem elastischen Medium wie Luft in Form von Verdünnungs- und Verdichtungsfronten (Abb. 1.3):

- Verdünnungsfront = minimaler Druck.
- Verdichtungsfront = maximaler Druck.

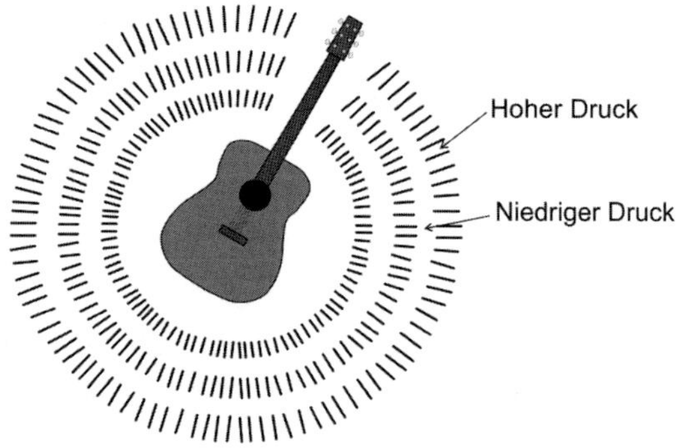

Abb. 1.3: Verdünnungs- und Verdichtungsfronten bei Schallausbreitung in Luft

1.1.3 Nahfeld und Fernfeld

Im Nahfeld um eine Schallquelle breitet sich der Schall in Form einer Kugelwelle aus, solange die Wellenlänge größer ist als der Schallerzeuger. (Die Definition der Wellenlänge folgt im nächsten Kapitel 1.2.) Im Fernfeld, also in größerer Entfernung zur Schallquelle, entsprechen die Schallwellen immer mehr einer ebenen Welle wie in Abb. 1.4 skizziert.

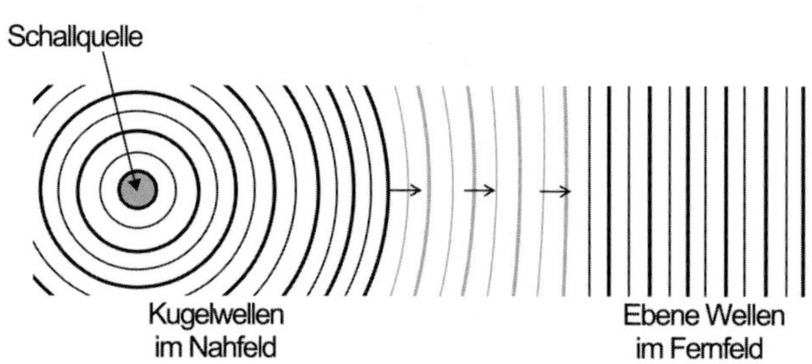

Abb. 1.4: Kugelwellen und ebene Wellen

Im Nahfeld und Fernfeld gelten jeweils andere Gesetzmäßigkeiten für den Schalldruck und die Schallschnelle. (Mehr dazu in Kap. 2.)

1.1.4 Die Schallgeschwindigkeit c ...

... ist die Geschwindigkeit, mit der sich die Anregung der Teilchen, also der Moleküle oder Atome, in einem Medium ausbreitet.

Berechnung von c in Luft in Abhängigkeit von der Temperatur

$$c = c_0 + 0{,}6 \cdot T \qquad \text{(Formel 1.1)}$$

Einheit [m/s]

c_0 : Referenzwert = 331,5 m/s (Schallgeschwindigkeit bei 0 °C)

0,6 : Temperaturabhängigkeit der Schallgeschwindigkeit (±1 °C ≈ ±0,6 m/s)

T : Temperatur in Grad Celsius

Bei 20 °C beträgt die Schallgeschwindigkeit demnach 343,5 m/s. Dies gilt für trockene Luft. Die Schallgeschwindigkeit ändert sich aber auch mit der relativen Luftfeuchtigkeit.

Schallgeschwindigkeit c in Abhängigkeit von der Luftfeuchtigkeit bei 20 °C

bei 20 % Luftfeuchtigkeit: c = 343,8 m/s

bei 50 % Luftfeuchtigkeit: c = 344,3 m/s

bei 80 % Luftfeuchtigkeit: c = 344,5 m/s

Unter Berücksichtigung der Temperaturabhängigkeit wie auch der Luftfeuchtigkeit wird für weitere Berechnungen in diesem Handbuch ein mittlerer Wert von c = 344 m/s verwendet.

Die Schallgeschwindigkeit ist neben der Temperatur auch abhängig von den Materialkennwerten des Mediums, durch das sich die Wellen bewegen, wie zum Beispiel der chemischen Zusammensetzung, der Dichte und dem Elastizitätskoeffizienten. In unterschiedlichen Materialien hat die Schallgeschwindigkeit demnach andere Werte. Tab.1.1 zeigt einige Beispiele für Schallgeschwindigkeiten in verschiedenen Medien.

Tab. 1.1: Schallgeschwindigkeit in verschiedenen Medien

Material	Schallgeschwindigkeit c
Kautschuk	70 m/s
Luft, 20 °C	344 m/s
Blei	1200 m/s
Wasser, 20 °C	1484 m/s
Eis, -10 °C	3200 m/s
Holz, weich	3340 m/s
Holz, hart	4700 m/s
Glas	5300 m/s
Diamant	18.000 m/s

1.1.5 Laufzeit des Schalls

Die Laufzeit des Schalls lässt sich wie folgt berechnen:

$$\text{Laufzeit } t = \frac{\text{Abstand zur Schallquelle } s}{\text{Schallgeschwindigkeit } c} \qquad \text{(Formel 1.2)}$$

Einheit [s]

Beispiel: Der Abstand zu einer Schallquelle beträgt 30 m. Wie lange braucht der Schall für diese Distanz?

Lösung:

$$t = \frac{s}{c} = \frac{30\ \text{m}}{344\ \text{m/s}} = 0{,}087\ \text{s bzw. } 87\ \text{ms}$$

1.1.6 Wettereinflüsse

Nimmt die Lufttemperatur wie bei einer Inversionswetterlage mit der Höhe zu, dann werden die Schallwellen zur Erde zurück gekrümmt. Dabei kann der Schall sehr weite Distanzen zurücklegen, so dass unter Umständen Ereignisse hörbar werden, die nicht im Sichtfeld liegen. Dies wird als Phänomen der verlängerten Schallausbreitung bezeichnet (Abb. 1.5).

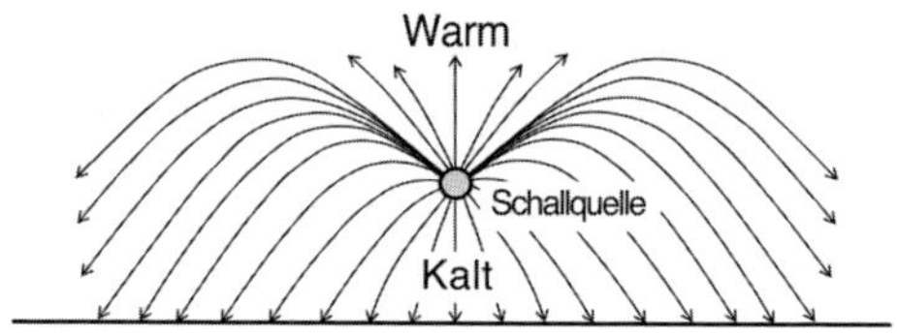

Abb. 1.5: Schallausbreitung bei einer Inversionswetterlage

Der gegenteilige Effekt tritt ein, wenn mit der Höhe die Lufttemperatur abnimmt. Hier werden die Schallwellen von der Erde weg gekrümmt. Auch nahe Schallquellen sind dann im Schallschatten unhörbar (Abb. 1.6).

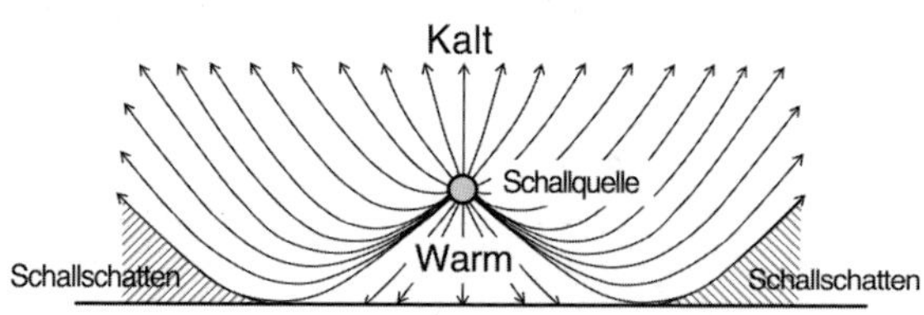

Abb. 1.6: Schallausbreitung bei mit der Höhe abnehmender Temperatur

In Windrichtung wird der Schall zur Erde hin gekrümmt. Gegen den Wind entsteht dagegen eine Schattenzone, in welcher der Schall vom Boden weg gekrümmt wird (Abb. 1.7).

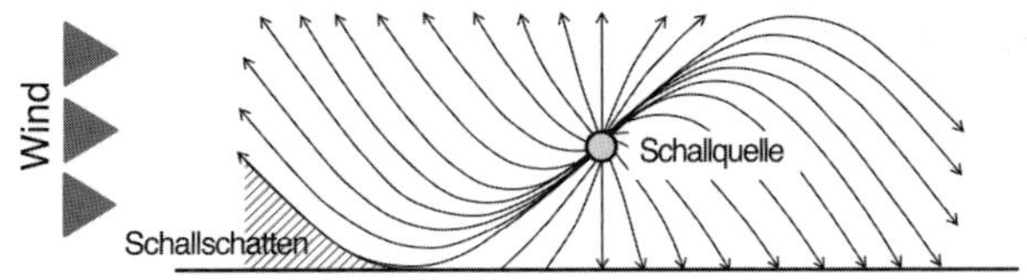

Abb. 1.7: Schallausbreitung bei Wind

1.2 Die Schwingung

Allgemein wird ein Vorgang, der in regelmäßigen Zeitabschnitten immer wieder den gleichen Zustand erreicht, als periodische Schwingung bezeichnet. Ein anschauliches Beispiel dafür lieferte Hermann von Helmholtz (1821 – 1894) in seiner Veröffentlichung „Die Lehre von den Tonempfindungen“: An einer Stimmgabel befestigte er einen Stift, die Stimmgabel wurde angeschlagen und ein Blatt Papier darunter hergezogen. Die aufgezeichnete Wellenlinie war das direkte Abbild der periodischen Schwingung der Stimmgabel (Abb. 1.8).

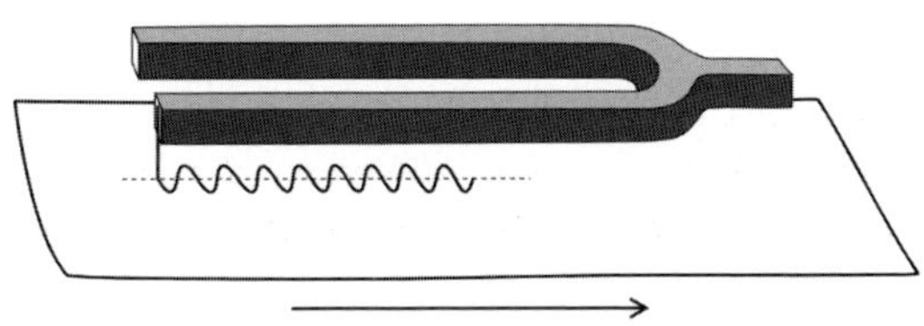

Abb. 1.8: Stimmgabel als Beispiel für eine periodische Schwingung

1.2.1 Die Sinusschwingung

Eine periodische Schwingung lässt sich mathematisch aus einer Kreisbewegung ableiten (Abb. 1.9). Ein Punkt auf einer Kreisbahn bewegt sich gegen den Uhrzeigersinn und legt in einer bestimmten Zeit eine bestimmte Strecke zurück. Wird diese Bewegung auf ein Amplituden-Zeit-Diagramm übertragen, dann wird ersichtlich, dass ein Umlauf auf der Kreisbahn einer Periode bzw. der Wellenlänge λ der Schwingung entspricht. Da die Startposition in diesem Fall bei $\varphi = 0°$ liegt, spricht man von einer Sinusschwingung. Liegt die Startposition bei $\varphi = 90°$, handelt es sich um eine Kosinusschwingung. In beiden Fällen entspricht der Radius der Kreisbahn der Amplitude a der Schwingung.

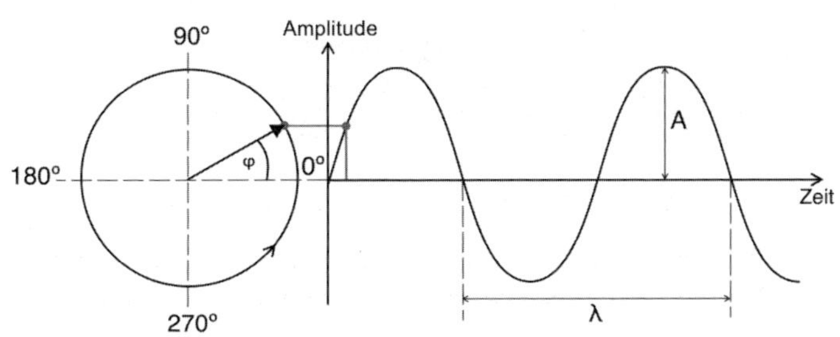

Abb. 1.9: Konstruktion der Sinusschwingung aus einer Kreisbahn

Amplitude A : Die stärkste Auslenkung der Schwingung. Wird auch Scheitelwert genannt.

Phase φ : Bestimmter, wiederkehrender „Punkt“ im Ablauf einer Schwingung. Wird als Phasenwinkel in [°] angegeben.

Wellenlänge λ : Eine Schwingungsperiode.

Berechnung von λ bei der Schallausbreitung in Luft:

$$\text{Wellenlänge } \lambda = \frac{\text{Schallgeschwindigkeit c}}{\text{Frequenz f}} \qquad \text{(Formel 1.3)}$$

Einheit [m]

Frequenz f

Allgemeine Definition der Frequenz:

$$\text{Frequenz f} = \frac{\text{Schwingungen}}{\text{Zeiteinheit}} \qquad \text{(Formel 1.4)}$$

Festlegung der Einheit: Die Schwingungen pro Sekunde erhalten die Einheit [Hz], zu Ehren von Heinrich Rudolf Hertz (1857 – 1894):

$$1\ \text{Hz} = \frac{1\ \text{Schwingung}}{1\ \text{Sekunde}}$$

Frequenz und Tonhöhe

Eine hohe Frequenz entspricht einem hohen Ton, eine niedrige Frequenz einem tiefen Ton. Für uns Menschen relevant ist der hörbare Schall zwischen dem tiefsten Ton mit einer Frequenz von ca. 20 Hz und dem höchsten Ton mit ca. 20.000 Hz (= 20 kHz). Für Menschen unhörbar ist Infraschall unterhalb von 20 Hz, diesen hören zum Beispiel Elefanten oder Wale, und Ultraschall oberhalb von 20 kHz, erzeugt von Hundepfeifen oder durch das „Echolot“ der Fledermäuse.

1.2.2 Überlagerung von Schwingungen (Interferenz)

Einzelne Schwingungen können sich überlagern, und es kommt zur Bildung von Kombinationsschwingungen, die auch Interferenzen genannt werden.

In Abb. 1.10 ist eine konstruktive Interferenz von zwei kohärenten Sinusschwingungen mit gleicher Frequenz und Phase (Phasendifferenz = 0°) dargestellt.

Kohärenz (lat.: cohaerere = Zusammenhängen).

Die Kohärenz beschreibt die Ähnlichkeit zweier Signale im Zeitbereich. Man spricht von *kohärenten Signalen*, wenn die Frequenzen eine feste Phasenbeziehung haben.

Bei *nicht kohärenten Signalen* ändert sich dagegen die Frequenz und damit auch die Phase ständig und unregelmäßig.

Bei der konstruktiven Interferenz addieren sich die Amplituden; das resultierende Ausgangssignal hat damit eine größere Amplitude. Haben die beiden Signale vorher die gleiche Amplitude, so ergibt sich eine Pegelerhöhung um +6 dB. (Die Erklärung dafür findet sich in Kap. 8.5.)

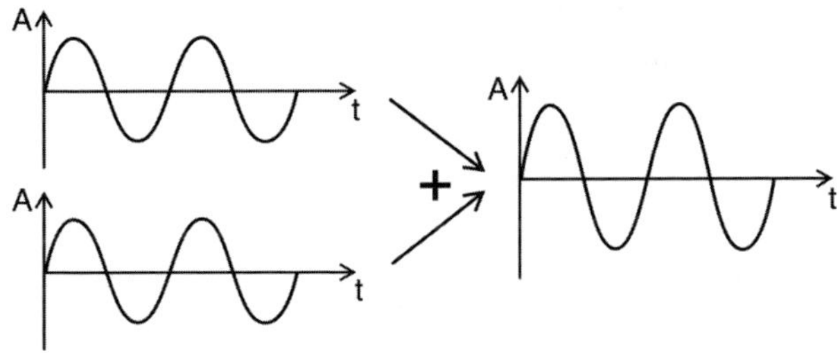

Abb. 1.10: Überlagerung von zwei Sinusschwingungen mit gleicher Phase

Abb. 1.11 zeigt die Summierung zweier kohärenter Sinusschwingungen mit gleicher Amplitude, aber entgegen gesetzter Phase (Phasendifferenz = 180°). Es kommt hier zu einer destruktiven Interferenz, damit löschen sich die Signale gegenseitig komplett aus. Sind die Amplituden der Quellsignale nicht genau gleich groß, so kommt es nur zu einer Bedämpfung des Ausgangssignals.

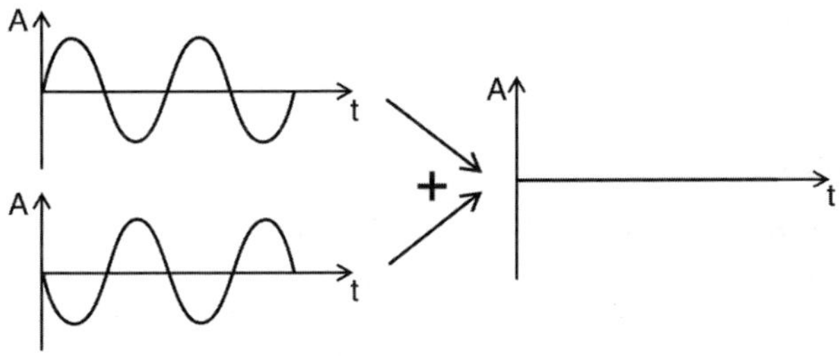

Abb. 1.11: Überlagerung mit entgegen gesetzter Phase

Weichen die Frequenzen von zwei Schwingungen nur geringfügig, also wenige Hertz voneinander ab, so kommt es zu einer Schwebung (Abb. 1.12).

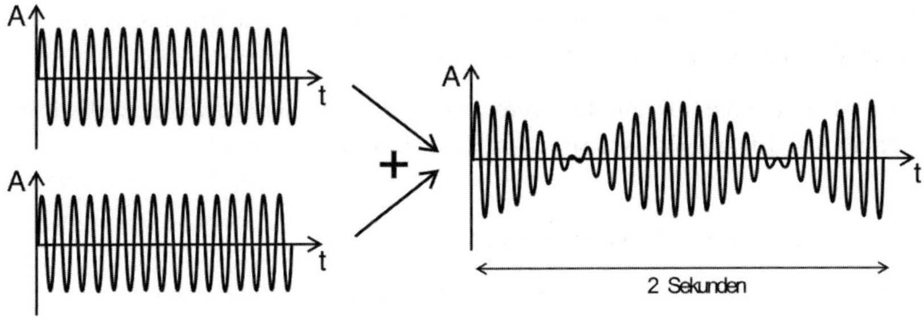

Abb. 1.12: Schwebung mit einer Periode von 1 Hz

Beim Stimmen von Musikinstrumenten nach Gehör ist die Schwebung sehr nützlich. Ein gespielter Ton auf dem Instrument wird dabei mit einem Referenzton verglichen, erzeugt von einer Stimmgabel oder Stimmpfeife. Nähern sich die Frequenzen der beiden Töne, so ist die Schwebung deutlich als periodische Lautstärkeschwankung zu hören.

Wird der Frequenzunterschied allerdings größer, so ist eine zunehmende Rauhigkeit im Klang wahrzunehmen. Bei zwei Schwingungen mit Frequenzen, die weit auseinander liegen, entsteht schließlich bei der Überlagerung ein neuer Klang mit einem komplexen Schwingungsmuster wie in Abb. 1.13.

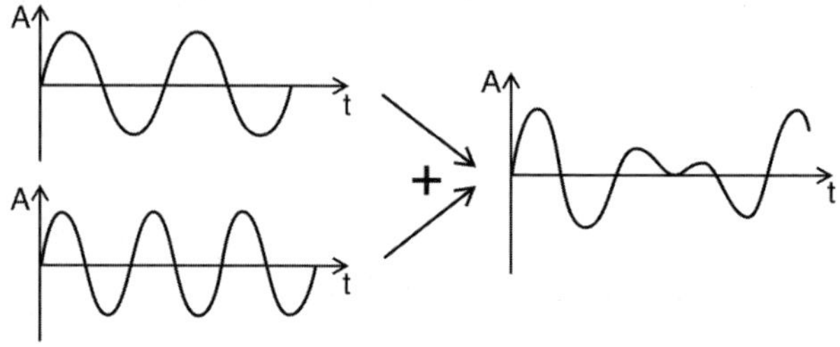

Abb. 1.13: Überlagerung von 440 Hz und 600 Hz

1.3 Graphische Darstellung von Audiosignalen

Audiosignale können auf verschiedene Weisen graphisch dargestellt werden:

1. In einem Amplituden-Zeit-Diagramm wie in den vorige Abbildungen und in Abb. 1.14 wird die Wellenform eines Audiosignals sichtbar.

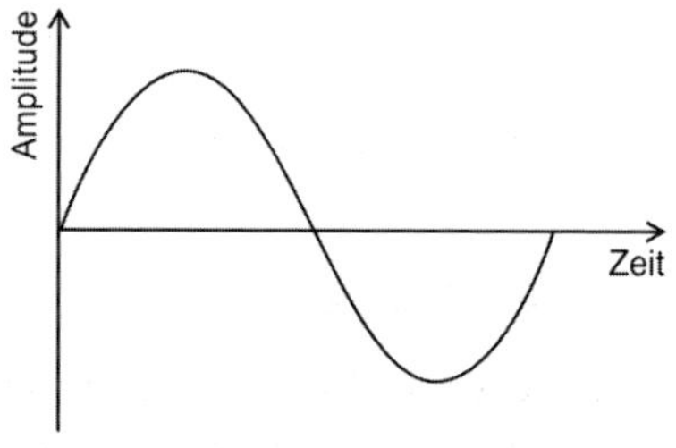

Abb. 1.14: Amplituden-Zeit-Diagramm (Wellenform einer Sinusschwingung)

1. Durch ein mathematisches Verfahren, das sich Fourier-Transformation nennt, kann ein Abschnitt im Zeitbereich in den Frequenzbereich umgerechnet werden. (Dies geht zurück auf Jean Baptiste Joseph Fourier, 1768 – 1830.) Das Ergebnis ist ein diskretes Kurzzeitspektrum, wie es in Abb. 1.15 zu sehen ist. In real gemessenen Spektren erscheint eine Sinusschwingung nicht wie hier als Strich, sondern ist etwas breiter dargestellt. Das liegt daran, dass bei der Frequenzanalyse Filter einer bestimmten Breite benutzt werden.

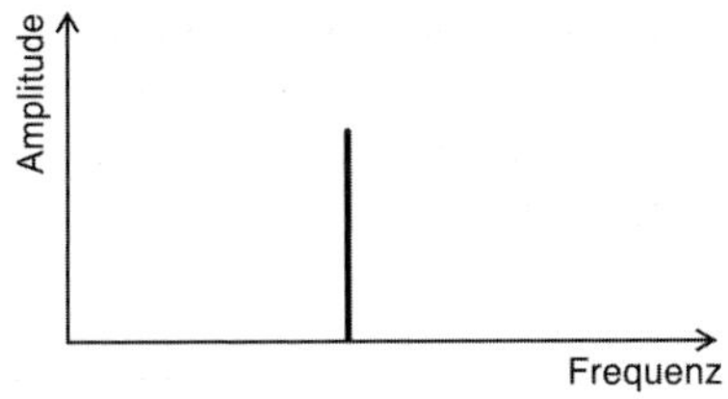

Abb. 1.15: Amplituden-Frequenz-Diagramm (Spektrum einer Sinusschwingung)

2. Ein Wasserfalldiagramm wie in Abb. 1.16 ist schließlich die dreidimensionale Darstellung eines Frequenzspektrums über die Zeit. Es werden hier mehrere diskrete Kurzzeitspektren hintereinander aufgezeichnet.

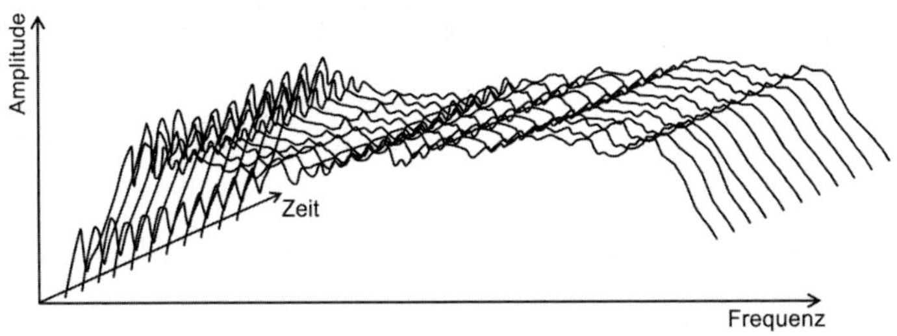

Abb. 1.16: Wasserfalldiagramm (Rauschen als Testsignal über eine Beschallungsanlage)

Frequenzspektren und Wasserfalldiagramme mit einer linearen Einteilung der Achsen für die Amplitude und die Frequenz sind oft weniger sinnvoll. Übersichtlicher und kompakter ist dagegen die logarithmische Darstellung. Bei einem Bode-Diagramm werden beispielsweise beide Achsen logarithmisch unterteilt. Für die Amplitude steht die Einheit [dB] und für die Frequenz die Einheit [Hz]. (Auf den Logarithmus und das Dezibel wird näher in Kap. 8 eingegangen.) In diesem Buch werden beide Darstellungsarten, die lineare und die logarithmische, benutzt. Es ist also immer auf die Achsenbeschriftung zu achten!

1.4 Tonhöhe und Intervalle

Wie schon erwähnt, bestimmt die Frequenz einer hörbaren Schwingung dessen Tonhöhe. Die Tonhöhenempfindung ist mit der Physiologie des Gehörs und der auditiven Wahrnehmung verbunden. (Näheres zu diesem Thema findet sich in Kap. 4.)

1.4.1 Wahrnehmung der Tonhöhe

Bei einem Hörtest werden nacheinander zwei Sinustöne mit unterschiedlicher Frequenz bzw. Tonhöhe wiedergegeben. Die Probanden sollen den Tonhöhenabstand abschätzen.

- Erste Hörprobe: Sinuston mit 100 Hz, anschließend ein Sinuston mit 200 Hz → $\Delta f = 100$ Hz.
- Zweite Hörprobe: Sinuston mit 1000 Hz, danach mit 1100 Hz → $\Delta f = 100$ Hz.

Der Tonhöhenabstand im ersten Versuch erscheint den Probanden größer als bei der zweiten Hörprobe, obwohl in beiden Fällen Δf mit 100 Hz gleich ist.

Erklärung dafür: Der Mensch empfindet die Tonhöhe in Verhältnissen. Nur gleiche Tonhöhenverhältnisse werden auch gleich bewertet.

1.4.2 Musikalische Intervalle

Ein Intervall ist der Tonhöhenabstand zwischen zwei Tönen. Intervalle haben eine musikalische Bezeichnung, können aber auch als Zahlenverhältnis der Schwingungen bzw. Frequenzen angegeben werden. Eine Frequenzverdoppelung (Schwingungsverhältnis s = 2 : 1, wie bei der ersten Hörprobe) trägt als musikalisches Intervall die Bezeichnung „Oktave". Das kleinste notierbare Intervall ist in der westlichen Musik der Halbtonschritt, der auch kleine Sekunde genannt wird. Eine Oktave wird in 12 Halbtonschritte unterteilt. Es gibt verschiedene Skalen (Tonleitern) zur Stimmung von Musikinstrumenten, die unterschiedliche Schwingungsverhältnisse für den Halbtonschritt und die anderen Intervalle innerhalb einer Oktave definieren: Die pythagoräische, die natürliche und die wohltemperierte Skala.

Bei der pythagoräischen und der natürlichen Skala wird die musikalische Reinheit der Intervalle angestrebt. Dennoch treten jeweils bei gewissen Intervallen Konsonanzen und Dissonanzen im Klang auf. In Tab. 1.2 sind die Intervalle und Schwingungsverhältnisse der beiden Skalen gegenübergestellt.

Tab. 1.2: Musikalische Intervalle

Intervall	Halbtonschritte	Schwingungsverhältnisse der pythagoräischen Skala	Schwingungsverhältnisse der natürlichen Skala
Prime	0	1 : 1	1 : 1
Kleine Sekunde	1	256 : 243 *	16 : 15
Große Sekunde	2 (= Ganzton)	9 : 8	9 : 8
Kleine Terz	3	*	6 : 5
Große Terz	4	81 : 64	5 : 4
Quarte	5	4 : 3	4 : 3
Übermäßige Quarte	6	*	7 : 5
Quinte	7	3 : 2	3 : 2
Kleine Sexte	8	*	8 : 5
Große Sexte	9	27 : 16	5 : 3
Kleine Septime	10	*	7 : 4
Große Septime	11	243 : 128	15 : 8
Oktave	12	2 : 1	2 : 1
* Später eingefügte, zusätzliche Töne. (Die schwarzen Tasten beim Klavier, wenn von der C-Dur-Tonleiter ausgegangen wird.)			

Bei der wohltemperierten Stimmung, die heutzutage üblich ist, wird auf die musikalische Reinheit der Intervalle verzichtet und als Kompromisslösung die Oktave in 12 gleiche Halbtonschritte unterteilt. Die Frequenz bzw. das Schwingungsverhältnis s soll sich also auf 12 Halbtonschritte verteilt verdoppeln, mathematisch gilt demnach: $s^{12} = 2$. Das Schwingungsverhältnis eines Halbtonschritts lässt sich dann wie folgt berechnen:

$$s_{Halbton} = \sqrt[12]{2} : 1 \approx 1{,}0595 \qquad \text{(Formel 1.5)}$$

Dieses Ergebnis weicht von den in der Tabelle aufgeführten Verhältnissen von 16 : 15 ≈ 1,0667 und 256 : 243 ≈ 1,0535 etwas ab. Diese geringfügige Abweichung nehmen die meisten Zuhörer aber nicht wahr. Der Vorteil der wohltemperierten Stimmung liegt darin, dass ein Tonartwechsel sehr einfach möglich ist, was bei den anderen Skalen nicht immer mit zufrieden stellenden Ergebnissen gelingt.

Klangempfindung bei Intervallen

Einem einzelnen Intervall in einer Melodie kann eine gefühlsmäßige Bedeutung zugeschrieben werden. Beispielsweise steht die Prim für Monotonie (es gibt ja keine melodische Entwicklung), die Quarte setzt ein Ausrufezeichen (typische Fanfarenklänge in Historienfilmen), die kleine Sexte steht für Sehnsucht, die große Sexte ist dagegen lebensbejahend und weckt positive Gefühle. Die Oktave schließlich gilt als erhaben und vollendet. Bei der Komposition stehen neben der Melodik aber auch noch andere „Werkzeuge" zur Verfügung: Harmonik, Rhythmus, Tempo und Instrumentierung.

Kammerton a'

Als Referenz für die Stimmung von Musikinstrumenten wurde der Kammerton a' mit 440 Hz festgelegt (Abb. 1.17). Innerhalb eines Ensembles kann aber auch eine andere Grundschwingung für den Referenzton gewählt werden, zum Beispiel 443 Hz für moderne Musik mit Saiteninstrumenten, die bei höherer Stimmung etwas präsenter klingen. Mitte des 19. Jahrhunderts war der Kammerton auf 438 Hz festgelegt. Soll Musik aus dieser Zeit aufgeführt werden, so kann auch heute noch auf diesen tieferen Referenzton zurückgegriffen werden.

Abb. 1.17: Klavierstimmer

1.4.3 Intervalle in der Ton- und Messtechnik

Oktave

Der Hörbereich des Menschen reicht von 20 Hz bis 20 kHz und umfasst damit 10 Oktaven. Um bei akustischen Messungen und bei der elektronischen Klangbeeinflussung durch Filter (s. Kap. 3.1.7, Kap. 3.2.3 und Kap. 16.2) vergleichbare Werte zu erhalten, wurden durch die DIN EN 61260 – Bandfilter für Oktaven und Bruchteile von Oktaven – die Mittenfrequenzen (s. Kap. 6.10.3) für Oktaven wie folgt festgelegt:

31,5 Hz, 63 Hz, 125 Hz, 250 Hz, 500 Hz, 1 kHz, 2 kHz, 4 kHz, 8 kHz, 16 kHz.

Große Terz

Die 10 Oktaven des Hörbereichs lassen sich in 30 große Terzen unterteilen (Tab. 1.3). Eine große Terz kann damit als 1/3 einer Oktave gesehen werden. Die Frequenz bzw. das Schwingungsverhältnis s verdoppelt sich somit auf drei Schritte verteilt, mathematisch gilt: $s^3 = 2$. Das Zahlenverhältnis für die große Terz beträgt also:

$$s_{\text{große Terz}} = \sqrt[3]{2} : 1 \approx 1{,}2599 \qquad \text{(Formel 1.6)}$$

Tab. 1.3: Genormte Mittenfrequenzen für Terzen ausgehend von 20 Hz

20 Hz	40 Hz	80 Hz	160 Hz	315 Hz	630 Hz	1,25 kHz	2,5 kHz	5 kHz	10 kHz
25 Hz	50 Hz	100 Hz	200 Hz	400 Hz	800 Hz	1,6 kHz	3,15 kHz	6,3 kHz	12,5 kHz
31,5 Hz	*63 Hz*	*125 Hz*	*250 Hz*	*500 Hz*	*1 kHz*	*2 kHz*	*4 kHz*	*8 kHz*	*16 kHz*
Die jeweiligen Oktavfrequenzen sind kursiv hervorgehoben.									

Halbtonschritt und Cent

Der Halbtonschritt als Basis für die Stimmung der Musikinstrumente kann noch feiner in Cent aufgelöst werden; er entspricht dann 100 Cent. Das Cent findet sich als Maßeinheit auf der Skala von Stimmgeräten (Abb. 1.18) oder auch als Parameter in elektronischen Geräten zur Klangbeeinflussung wie zum Beispiel dem Pitch Shifter oder dem Harmonizer (s. Kap. 16.3.3).

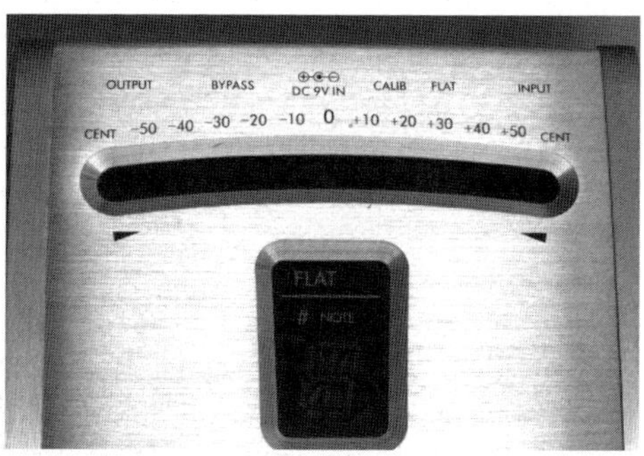

Abb. 1.18: Elektronisches Stimmgerät

1.5 Ton, Klang, Geräusch und Lärm

Ein *reiner Ton* hat nur eine bestimmte Frequenz und wird auch Sinuston genannt. Reine Töne werden zum Beispiel bei Hörtests oder zum Einmessen elektroakustischer Anlagen benötigt (s. Kap. 19.4). Abb. 1.19 zeigt links die Wellenform und rechts das zugehörige Kurzzeitspektrum eines reinen Tones.

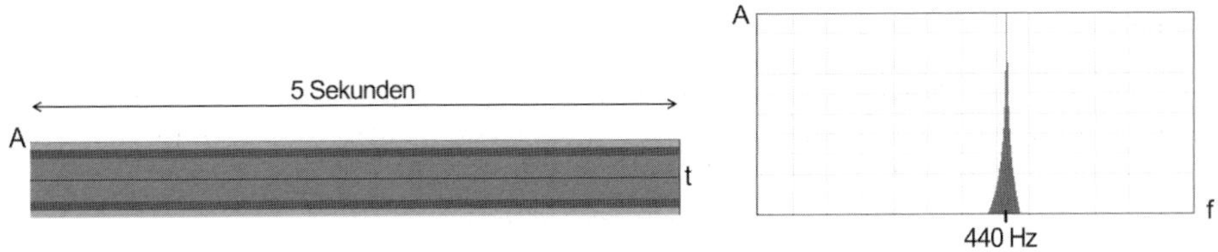

Abb. 1.19: Reiner Ton (Sinusschwingung mit 440 Hz)

Schallerzeuger wie zum Beispiel Musikinstrumente haben die Eigenschaft, dass sie nicht nur in einer einzigen Frequenz schwingen. Neben der tiefsten Frequenz, dem Grundton, treten auch Schwingungen mit höheren Frequenzen auf. Diese zusätzlichen Schwingungen nennt man Obertöne (s. Kap. 1.6). Ein *gewöhnlicher Ton* ist demnach ein Gemisch aus dem Grundton und dazugehörigen Obertönen (Abb. 1.20).

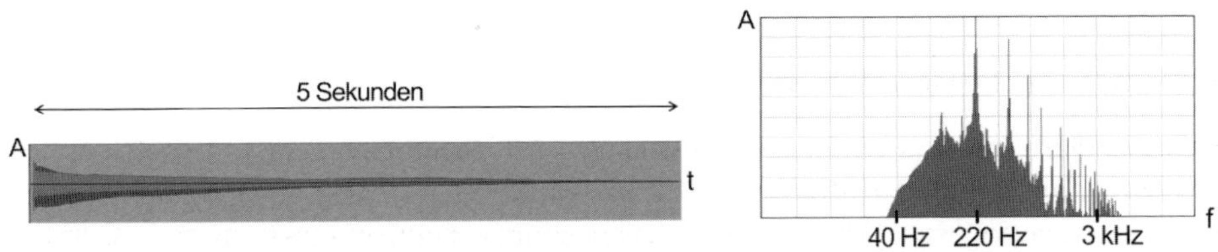

Abb. 1.20: Gewöhnlicher Ton (Note a = 220 Hz, gespielt auf einem E-Bass)

Beim *Klang* sind mehrere unterscheidbare Töne überlagert. Beispiel: Auf einem Instrument werden gleichzeitig zwei oder mehr Töne gespielt, es ertönt ein Akkord. Auch beim *Geräusch* werden mehrere Töne überlagert, nur lassen sich hier keine einzelnen Töne unterscheiden. Beispiele: Papierrascheln, Wasserrauschen oder ein synthetisch erzeugtes Rauschen als Testsignal (Abb. 1.21).

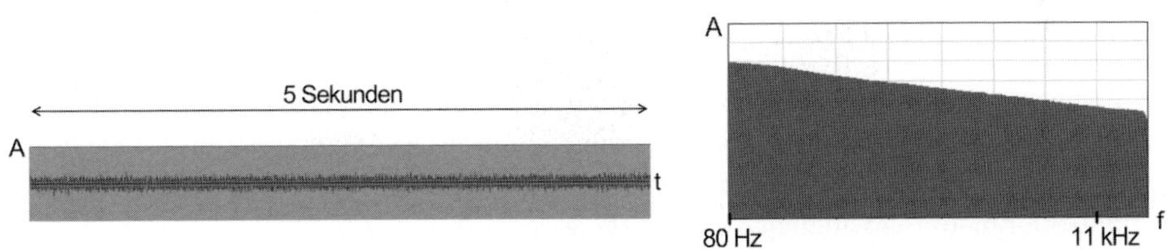

Abb. 1.21: Geräusch (hier als Testsignal ein Rosa Rauschen, s. Kap. 19.4.1)

Bei *Sprache und Musik* ändert sich zeitlich strukturiert die Zusammensetzung der Frequenzen von Tönen, Klängen und Geräuschen (Abb. 1.22).

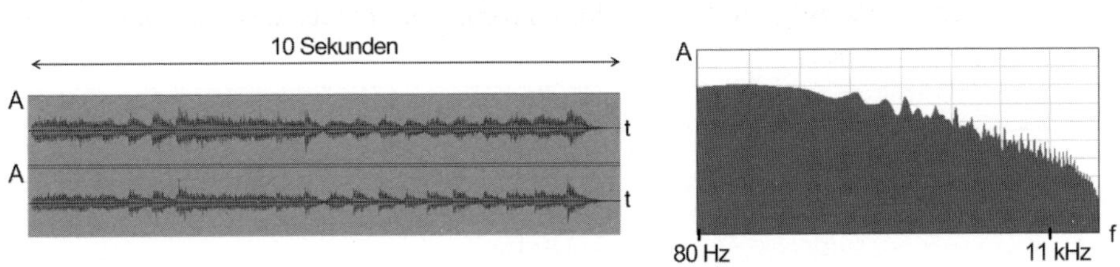

Abb. 1.22: Musik (Ausschnitt aus dem Musical „42nd Street")

Lärm ist ein subjektives Empfinden unangenehm wirkender Schallquellen. Sämtliche Schallereignisse werden zum Lärm, wenn die Lautstärke die Schmerzgrenze oder zumindest die Lästigkeitsgrenze überschreitet (s. Kap. 4.2.1). Dies kann zum Beispiel ein Zug sein, der in unmittelbarer Nähe vorbeifährt (Abb. 1.23). Durch Verordnungen und Gesetze werden Lärmbelastungsgrenzen definiert, bei denen die Gesundheit nicht gefährdet wird (s. Kap. 5).

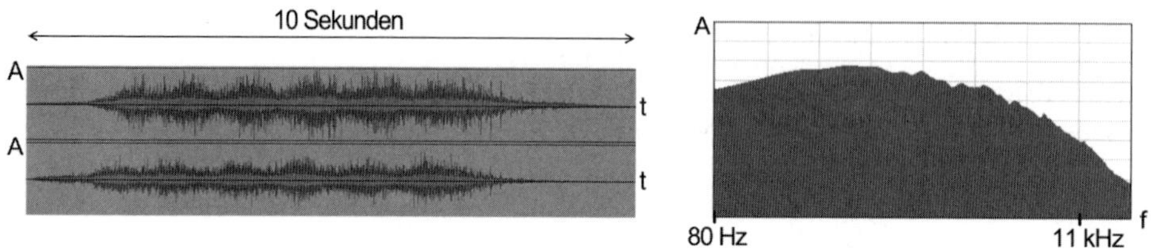

Abb. 1.23: Lärm (vorbeifahrender Zug in 5 m Entfernung)

1.6 Obertöne und Klangfarbe

Obertöne sind spezifisch für jedes Musikinstrument. Die Häufigkeit und der Pegel der Obertöne sind entscheidend für die Empfindung der Klangfarbe. Wie kommen Obertöne zustande? Am Beispiel einer schwingenden Saite lässt sich das sehr einfach erklären (Abb. 1.24).

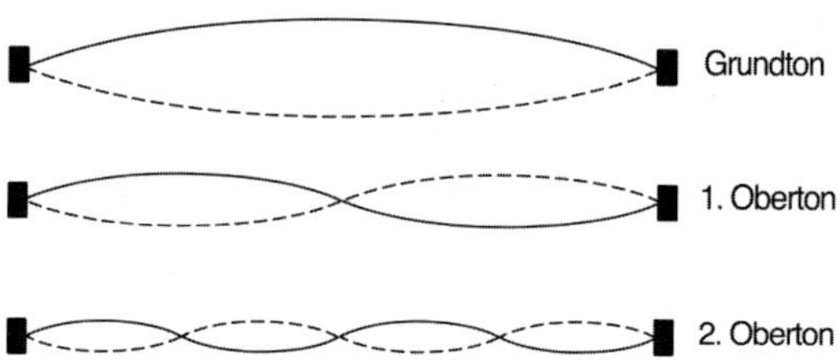

Abb. 1.24: Grundton- und Obertonschwingungen einer Saite

Wie zu sehen ist, entstehen beim Anzupfen der Saite neben der Grundtonschwingung zusätzliche ganzzahlige Vielfache dieser Schwingung, eben die Obertöne. Tab. 1.4 zeigt, wie sie berechnet werden. Als konkretes Beispiel wurde dazu auf einem Saiteninstrument (E-Bass) der Ton a mit der Grundtonschwingung von 220 Hz angespielt.

Tab. 1.4: Grundton und Obertöne

Grundton $f_0 = 220$ Hz	= 1. Harmonische	
	$\Delta f = 220$ Hz	
1. Oberton $f_1 = 2 \cdot f_0 = 440$Hz	= 2. Harmonische	(Oktave)
	$\Delta f = 220$ Hz	
2. Oberton $f_2 = 3 \cdot f_0 = 660$ Hz	= 3.Harmonische	(Quinte über der Oktave)
	$\Delta f = 220$ Hz	
3. Oberton $f_3 = 4 \cdot f_0 = 880$ Hz	= 4. Harmonische	(Doppeloktave)
	$\Delta f = 220$ Hz	
4. Oberton $f_4 = 5 \cdot f_0 = 1100$ Hz	= 5. Harmonische	(Terz über der Doppeloktave)

etc.

Der Grundton a aus dem Beispiel und die Obertöne zeigt Abb. 1.25 im Notenbild:

Abb. 1.25: Grundton a und Obertöne

In einem Obertonspektrum werden schließlich graphisch der Grundton und die dazugehörigen Obertöne mit Frequenz, Anzahl und Pegel aufgezeichnet (Abb. 1.26).

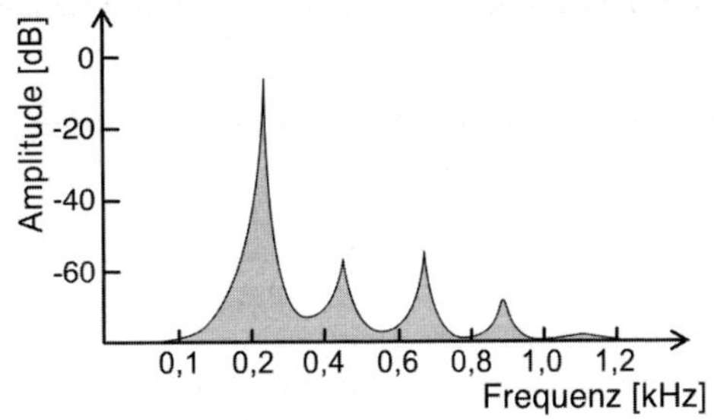

Abb. 1.26: Obertonspektrum

Der Grundton muss übrigens nicht immer der pegelstärkste Ton im Spektrum sein. Bei Klängen mit harmonischen Obertönen ist das Gehör zudem in der Lage, einen Grundton zu hören, auch wenn dieser überhaupt nicht vorhanden ist; er wird „pseudoakustisch" vom Gehirn dazuaddiert.

Bei Instrumenten mit schwingenden Luftsäulen, wie der Flöte oder bei Orgelpfeifen, treten ebenfalls Obertöne als ganzzahlige Vielfache des Grundtons auf. Bei Schlaginstrumenten mit gespannten Fellen, also Trommeln oder Pauken, sind die Schwingungsmuster dagegen etwas komplexer. Die Obertöne als Vielfache des Grundtons sind nicht ganzzahlig und damit auch nicht harmonisch. Die Zahlen über den schwingenden Trommelfellen in Abb. 1.27 stehen für die Vielfachen der Grundschwingung. Neben den abgebildeten ersten fünf Obertönen gibt es noch weitere, zunehmend komplexer werdende Schwingungsmuster.

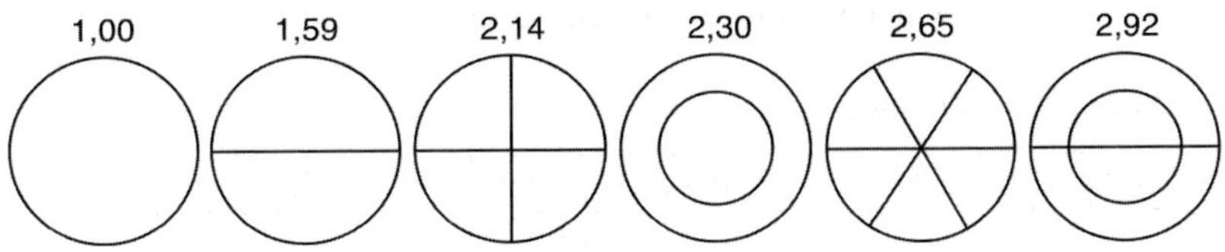

Abb. 1.27: Grundton und die ersten fünf Obertöne eines Trommelfells

1.7 Formanten

Nicht nur die Obertöne tragen zur Klangfarbe bei, wesentlich sind auch die so genannten Formanten. Dies sind Resonanzfrequenzen, welche aus dem Gesamtspektrum als Überhöhung hervorstechen und den typischen Klangcharakter eines Instrumentes oder auch der menschlichen Stimme prägen.

So können die Vokale beim Sprechen und Singen bestimmten Frequenzbereichen zugeordnet werden. In Abb. 1.28 sind die Frequenzspektren von gesprochenen Vokalen und Lauten zu sehen. Die Formanten der Vokale wurden zur Verdeutlichung mit einem Pfeil gekennzeichnet. Bei stimmlosen Lauten wie dem „f“ oder „sch“ sind im Gegensatz zu den Vokalen keine ausgeprägten Resonanzfrequenzen wahrzunehmen. In Tab. 1.5 sind die entsprechenden Frequenzbereiche der Vokale aufgelistet.

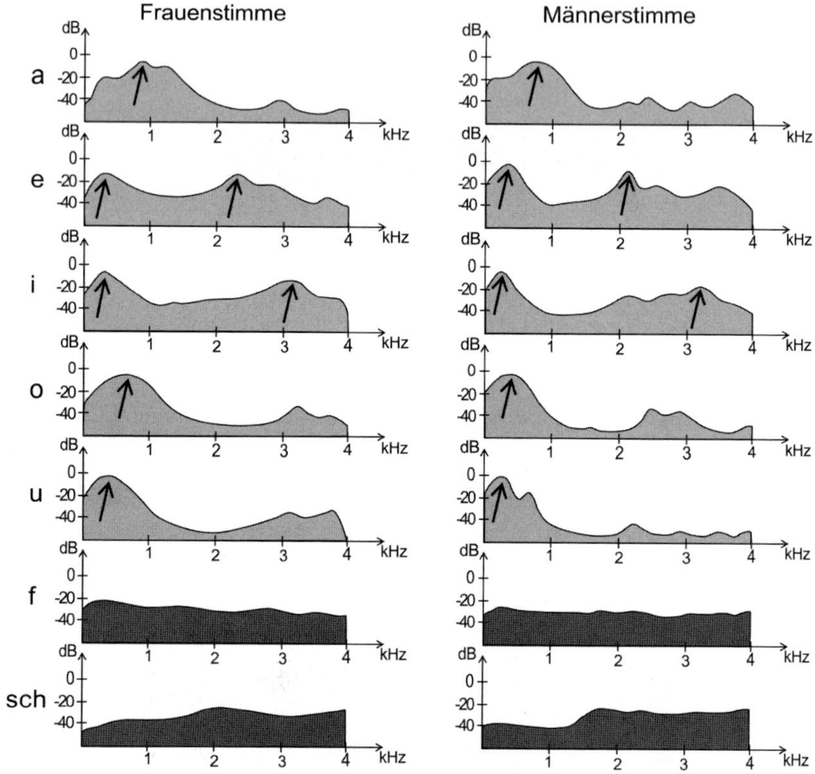

Abb. 1.28: Frequenzspektren von Vokalen und stimmlosen Lauten

Tab. 1.5: Formanten der Vokale

Vokal	Frequenzbereich
a	800 bis 1200 Hz
e	400 bis 600 Hz und 1,2 bis 2,6 kHz
i	200 bis 400 Hz und 3,0 bis 3,5 kHz
o	400 bis 600 Hz
u	200 bis 400 Hz

Die Formanten beim Sprechen oder Singen entstehen dadurch, dass Kehlkopf, Rachen und Mund zusammen einen Resonanzraum bilden, aber nicht alle Frequenzen in gleicher Weise diesen Resonanzraum passieren können. Frequenzen nahe der Eigenresonanz werden mit größerer Amplitude durchgelassen als weiter entfernte. Die Form und Größe des Resonanzraumes bestimmt die Lage der Formantenfrequenzen.

Geübte Sänger und Sängerinnen können bewusst einen zusätzlichen Sängerformanten ausbilden, der zwischen ca. 2,8 und 3,3 kHz liegt. Dieser verhilft der Stimme eine bessere Durchsetzungsfähigkeit gegenüber einem Orchester (Abb. 1.29). Allerdings ist ein ausgeprägter Sängerformant nur von Solisten sinnvoll anwendbar. In einem Chor würde die Stimme dagegen zu sehr und unangenehm hervorstechen.

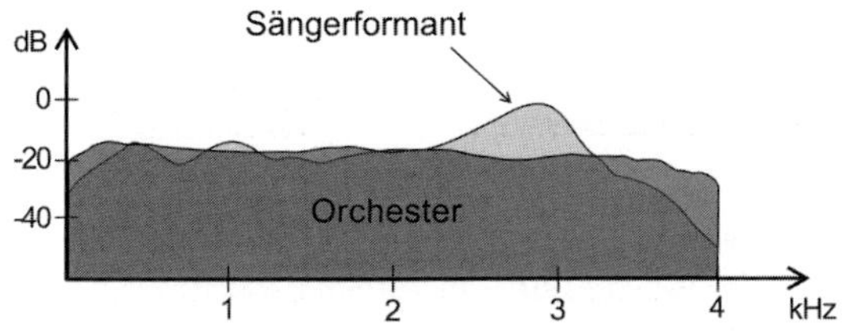

Abb. 1.29: Sängerformant

Die Resonanzfrequenz des eingeschlossenen Luftvolumens einer Geige kann übrigens schön hörbar gemacht werden, indem man leicht über die F-Löcher bläst. Bei Instrumenten beeinflussen neben dem eingeschlossenen Luftvolumen im Resonanzraum aber auch andere Faktoren die Formantenfrequenzen. Bei Geigen gibt es beispielsweise den so genannten Holzton. Die Resonanz des Holzes liegt bei guten Geigen meist um 440 Hz.

Bei einem Blasinstrument mit Schalltrichter bestimmt dessen geometrische Form die Klangfarbe und die Formanten. Hornspieler etwa können durch Einführen der (Stopf-)Hand in den Trichter gezielt die Resonanzfrequenzen steuern (Abb. 1.30).

Abb. 1.30: Hornspieler mit der Hand im Schalltrichter

1.8 Übungsaufgaben

Aufgabe 1

In welcher Richtung schwingen die Luftteilchen einer Schallwelle in der Luft? Welchen Fachbegriff benutzt man für diese Art der Wellenausbreitung?

Aufgabe 2

Wie schnell breitet sich Schall in der Luft aus? (Durchschnittlicher Wert bei 20 °C und mittlerer Luftfeuchte.)

Aufgabe 3

a) Wie lange braucht Schall in der Luft, um 1 m zurückzulegen?

b) Wie lange braucht Schall im Wasser, um 4 m zurückzulegen?

Aufgabe 4

Was bezeichnet man als Infra- und was als Ultraschall?

Aufgabe 5

Skizziere anhand einer Sinusschwingung die Begriffe „Amplitude" und „Wellenlänge".

Aufgabe 6

Gib für folgende Frequenzen die Wellenlänge bei einer Schallausbreitung in der Luft an:

34,4 Hz =

1 kHz =

10 kHz =

20 kHz =

Aufgabe 7

Erkläre die Begriffe „konstruktive Interferenz“ und die „destruktive Interferenz“.

Aufgabe 8

Wie nennt sich das Intervall, das einer Frequenzverdopplung entspricht?

Aufgabe 9

Auf einem Klavier wird der Ton c’ mit 261,626Hz gespielt. Welche Frequenzen haben die ersten drei Obertöne?

Literaturtipp

Roederer JG. Physikalische und psychoakustische Grundlagen der Musik.
Springer Verlag, Berlin 1999

2 Schallkenngrößen

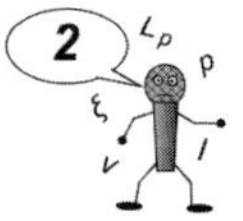

In diesem Kapitel geht es um die Kenngrößen des Schalls wie dem Druck, der Schnelle und der Intensität. Inhaltlich gehören diese Begriffe zu den physikalischen Grundlagen und damit in den Unterricht für das erste Lehrjahr.

2.1 Schalldruck p und Schalldruckpegel L_p

Die Stärke der von einer Schallquelle ausgehenden Druckschwankungen der Luft steht in direktem Zusammenhang mit der Amplitude der Schwingung. Je größer die Schallschwingung, desto stärker wird die umgebende Luft verdichtet, und desto größer ist der Schalldruck.

Physikalische Ableitung des Schalldrucks:

$$\text{Druck } p = \frac{\text{Kraft } F}{\text{Fläche } A} \qquad \text{(Formel 2.1)}$$

Einheit [Pa]

Definition der Einheit Pascal:

$$1\ \text{Pa} = \frac{1\ \text{N}}{1\ \text{m}^2} \qquad \text{(Formel 2.2)}$$

Der absolute Schalldruckpegel L_p

Bei Versuchen mit Testpersonen wurde ermittelt, dass die Hörschwelle bei einem Sinuston mit der Frequenz von 1 kHz bei ca. 0,00002 Pa liegt. Gelangt ein Schallereignis mit diesem Schalldruck an das Trommelfell, so kann es gerade noch wahrgenommen werden. Die Schmerzgrenze liegt dagegen bei einem Schalldruck von ca. 20 Pa.

Durch weitere Untersuchungen wurde herausgefunden, dass der Mensch Sinnesreize in Verhältnissen wahrnimmt (s. Kap. 1.4.1). Dieser Zusammenhang ist auch bekannt als Weber-Fechner-Gesetz. Daneben wurde auch festgestellt, dass die Lautstärkeempfindung proportional zum Logarithmus des Schalldrucks ist (s. Kap. 8.1).

Um die Sinneswahrnehmung nachzubilden, wird also das Verhältnis zweier Schalldrücke logarithmiert. Man erhält dabei einen Pegel, welcher in Dezibel [dB] angegeben wird. Mit der folgenden Formel lässt sich für Schalldrücke oberhalb der Hörschwelle der zugehörige Pegel berechnen:

$$L_p = 20 \cdot \lg \frac{p}{p_0} \qquad \text{(Formel 2.3)}$$

Einheit [dB_{SPL}], der Index ‚SPL' steht für Sound Pressure Level

p_0 : Bezugsschalldruck mit $p_0 = 0{,}00002$ Pa (Hörschwelle)

Beispiel: Bei einer lauten Unterhaltung beträgt der Schalldruck ca. 0,1 Pa. Wie groß ist der absolute Schalldruckpegel in [dB_{SPL}]?

Lösung:

$$L_p = 20 \cdot \lg \frac{0{,}1\ \text{Pa}}{0{,}00002\ \text{Pa}} = 74\ \text{dB}_{\text{SPL}}$$

In Tab. 2.1 sind einige Beispiele für verschiedene Schalldruckpegel aufgeführt (ungefähre und gerundete Werte).

Tab. 2.1: Beispiele für Schalldruckpegel

Hörschwelle	0 dB_{SPL}
Ruhiges Zimmer	10 bis 30 dB_{SPL}
Flüstern	30 bis 40 dB_{SPL}
Musik mit Zimmerlautstärke	50 dB_{SPL}
Normales Gespräch	60 dB_{SPL}
Laute Unterhaltung	75 dB_{SPL}
Kino (Normalpegel)	85 dB_{SPL}
Pop- / Rockkonzert	100 dB_{SPL}
Schmerzgrenze	120 dB_{SPL}
Spielzeuggewehr (Abstand 50 cm)	155 dB_{SPL}
Knallkörper (Abstand 2 m)	165 dB_{SPL}

Bei bekanntem Schalldruckpegel in [dB_{SPL}] kann über die Umkehrfunktion auch wieder der entsprechende Schalldruck errechnet werden:

$$p = p_0 \cdot 10^{\frac{L_p}{20}}$$ (Formel 2.4)

Einheit [Pa]

Beispiel: Der Schalldruckpegel bei einem Konzert beträgt 100 dB_{SPL}. Wie groß ist der Schalldruck in [Pa]?

Lösung:

$$p = 0{,}00002\ \text{Pa} \cdot 10^{\frac{100}{20}} = 2\ \text{Pa}$$

Schalldruckpegel und empfundene Lautstärke

Eine Verdoppelung des Schalldrucks entspricht einer Schalldruckpegelsteigerung von +6 dB_{SPL}. Allerdings wird dies nicht als „doppelt so laut" empfunden, sondern lediglich als „etwas lauter". Um das Gefühl der doppelten Lautstärke hervorzurufen, muss der Schalldruckpegel sogar um etwa +10 dB_{SPL} erhöht werden. (Lautheit: s. Kap. 4.2.1.)

Achtung: Der Schalldruckpegel ist nicht mit anderen Pegeln in der Tontechnik zu verwechseln, wie dem Leistungs- und Spannungspegel, die sich auf die elektrische Leistung oder eben die Spannung beziehen. (Mehr dazu in Kap. 8.)

Die bewerteten Schalldruckpegel [dB_A] bis [dB_D]

Da das menschliche Gehör den Schalldruck in Abhängigkeit von der Frequenz wahrnimmt, wurden die bewerteten Schalldruckpegel [dB_A] bis [dB_D] eingeführt. Das bedeutet, dass bei Messungen von Schalldrücken mit einem Schallpegelmessgerät ein entsprechender Filter mit der Bezeichnung A, B, C oder D dazwischengeschaltet wird. Abb. 2.1 zeigt die genormten Bewertungskurven nach DIN EN 61672-1:

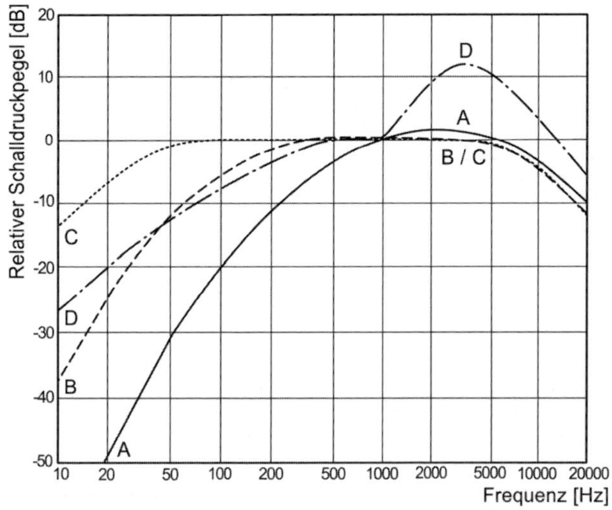

Abb. 2.1: Bewertungskurven für Schalldruckpegel

Das Diagramm zeigt die relative Pegelkorrektur, die bei der Messung eines absoluten Schalldrucks in [dB_{SPL}] berücksichtigt werden muss, um einen entsprechenden, von der Frequenz abhängigen, bewerteten Schalldruckpegel zu erhalten.

Die einzelnen Filter wurden ursprünglich für bestimmte Schalldruckpegel konzipiert. Es musste also schon vorher abgeschätzt werden, in welchem Pegelbereich die Messung stattfindet, und das Messgerät musste darauf eingestellt werden:

- A-Filter [dB_A] = für geringe Schalldruckpegel bis 55 dB_{SPL}
- B-Filter [dB_B] = für mittlere Schalldruckpegel von 55 bis 85 dB_{SPL}
- C-Filter [dB_C] = für hohe Schalldruckpegel über 85 dB_{SPL}
- D-Filter [dB_D] = für sehr hohe Schalldruckpegel, z. B. Messungen an Strahltriebwerken

Entgegen diesen Empfehlungen wird bei vielen Messungen der A-Filter auch für mittlere und hohe Schalldruckpegel ausgewählt. In der Veranstaltungstechnik ist es inzwischen Praxis, den A-Filter für die Erfassung von Durchschnittspegeln und den C-Filter bei Spitzenpegeln zu verwenden (s. Kap. 5).

2.1 Auslenkung ξ der Luftmoleküle

Die Auslenkung der Luftmoleküle in einer Schallwelle ist sehr klein. Bei einem Sinuston von 1 kHz mit einem Schalldruck von 20 Pa, also an der Schmerzgrenze, beträgt die Auslenkung gerade einmal 7,7 µm. An der Hörschwelle beträgt sie unvorstellbar kleine 7,7 pm, das ist ungefähr ein Zehntel eines Atomdurchmessers.

Berechnung der Auslenkung ξ

$$\xi = \frac{p}{c \cdot \rho \cdot 2\pi \cdot f} \qquad \text{(Formel 2.5)}$$

Einheit [m]
p : Schalldruck [Pa]
c : Schallgeschwindigkeit
ρ : Dichte der Luft (1,21 kg/m^3)
f : Frequenz [Hz]

2.2 Schallschnelle v

Die Schallschnelle ist die Geschwindigkeit, mit der die schwingenden Luftmoleküle um die Ruhelage oszillieren. Diese Schnelle darf nicht mit der Ausbreitungsgeschwindigkeit des Schalls verwechselt werden. Die Schallschnelle ist sehr gering und beträgt beispielsweise bei einem Schalldruck von 0,1 Pa, also einer lauten Unterhaltung, nur 0,24 mm/s. An der Hörschwelle beträgt sie sogar nur noch 0,00005 mm/s.

Berechnung der Schallschnelle v

Die Schallschnelle lässt sich in Abhängigkeit von der Auslenkung ξ berechnen:

$$v = \xi \cdot 2\pi \cdot f \qquad \text{(Formel 2.6)}$$

Einheit [m/s]
ξ : Schallauslenkung [m]
f : Frequenz [Hz]

Der Ausdruck (2π·f) kann auch als Kreiswinkel ω in [rad/s] angegeben werden. Die Formel lautet dann:

$$v = \xi \cdot \omega \qquad \text{(Formel 2.7)}$$

In Kapitel 1.1.3 wurde bereits kurz angesprochen, dass es um eine Kugelschallquelle herum ein Nah- und ein Fernfeld gibt. Im Fernfeld sind Schallschnelle v und Schalldruck p in Phase (Abb. 2.2, oben rechts). Das Maximum befindet sich jeweils dort, wo die Auslenkung der Teilchen am geringsten ist. Wie der Schalldruck nimmt die Schnelle antiproportional zur Entfernung r von der Quelle ab:

$$p \sim v \sim \frac{1}{r} \qquad \text{(Formel 2.8)}$$

Im Nahfeld einer Schallquelle zeigt sich allerdings ein anderes Verhältnis: Der Schalldruck steigt weiter gleichmäßig, je näher man an die Schallquelle kommt. Die Schnelle steigt im Gegensatz zum Druck allerdings antiproportional zum Quadrat der Entfernung r:

$$v \sim \frac{1}{r^2} \qquad \text{(Formel 2.9)}$$

Der Übergangsbereich vom Nah- zum Fernfeld ist kontinuierlich und liegt ungefähr zwischen λ/2 und 2λ. Druck und Schnelle sind im Nahfeld nicht mehr phasengleich. Sehr dicht an der Schallquelle, in einem Abstand von weniger als λ/10, beträgt die maximale Phasenverschiebung 90° (Abb. 2.2, oben links). Eindeutig ist die Abhängigkeit des Nah- und Fernfeldes von der Wellenlänge zu erkennen: Bei tiefen Frequenzen ist der Bereich des erhöhten Schnelleanstieges weiter um die Schallquelle ausgedehnt, bei hohen Frequenzen liegt dieser Bereich in einem kleineren Radius.

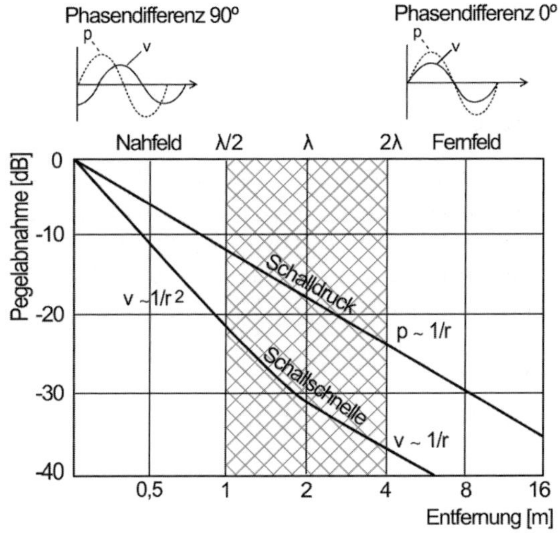

Abb. 2.2: Schalldruck und Schallschnelle für eine Frequenz von 170 Hz (λ ≈ 2 m)

2.3 Schallimpedanz Z

Die Schallimpedanz beschreibt den Widerstand, den das Ausbreitungsmedium den Schallwellen entgegensetzt. Über die Schallgeschwindigkeit und die Dichte des Ausbreitungsmediums lässt sich die für das Medium charakteristische Schallimpedanz Z berechnen:

$$Z = c \cdot \rho \qquad \text{(Formel 2.10)}$$

Einheit [N·s/m³]

c : Schallgeschwindigkeit [m/s]

ρ : Dichte des Ausbreitungsmediums [kg/m³]

Die Schallimpedanz kann auch durch Division des Schalldrucks p durch die Schallschnelle v berechnet werden:

$$Z = \frac{p}{v}$$ (Formel 2.11)

Die beiden Formeln für die Berechnung der Schallimpedanz gelten nur im Fernfeld, und wenn p und v mit 0° in Phase sind. Im Nahfeld einer Kugelschallquelle ist die Schallimpedanz allerdings in Abhängigkeit von der Phasendifferenz zu einem bestimmten Zeitpunkt zu betrachten, wird also eine komplexe Größe. Es gilt hier daher:

$$Z_{Kugel} = \frac{p(t)}{v(t)}$$ (Formel 2.12)

Die Schallimpedanz ist dann von Interesse, wenn Schall von einem Medium in ein anderes übertritt. Aufgrund des Sachverhaltes, dass Körpergewebe und Wasser eine größere Schallimpedanz als Luft haben, müssten Schallwellen, die auf unseren Kopf treffen, eigentlich vollständig reflektiert werden (Tab. 2.2). Da unser Gehör aber als Impedanzwandler funktioniert, können wir hören. (Mehr dazu in Kap. 4.)

Tab. 2.2: Vergleich verschiedener Schallimpedanzen

	c	ρ	Z
Luft 20 °C	344 m/s	1,21 kg/m³	416 N·s/m³
Wasser 20 °C	1484 m/s	998 kg/m³	1.480.000 N·s/m³
Körpergewebe	1540 m/s	1070 kg/m³	1.650.000 N·s/m³

Akustisch-elektrische Analogien

Für die Schallkenngrößen können Analogien zu elektrischen Größen (s. Kap. 6) gebildet werden. So entspricht beispielsweise der Schalldruck p der elektrischen Spannung U und die Schallschnelle v dem elektrischen Strom I.

Der elektrische Widerstand R ist damit die Analogie zur Schallimpedanz Z (man spricht hier auch von der akustischen Äquivalenz des Ohmschen Gesetzes):

$$R = \frac{U}{I} \rightarrow Z = \frac{p}{v}$$

2.4 Schallintensität I

Die bisher betrachteten Kenngrößen Schalldruck, Schallschnelle und Schallimpedanz sind lineare *Feldgrößen*. Die Schallintensität ist dagegen eine *Energiegröße* und kann aus den Feldgrößen abgeleitet werden.

Definition der Schallintensität: Die Schallenergie in Watt, die in einer bestimmten Zeiteinheit durch eine Fläche von 1 m^2 hindurch tritt. Folglich ist die Einheit [W/m^2].

Berechnung der Schallintensität I

$$I = p \cdot v \qquad \text{(Formel 2.13)}$$

Einheit [W/m^2]
p : Schalldruck [Pa]
v : Schallschnelle [m/s]

Schallintensitätspegel L_I

Zur Berechnung des Schallintensitätspegels wird die Bezugsschallintensität I_0 mit 10^{-12} W/m^2 als Referenz herangezogen. Dies entspricht einer Schallintensität bei einem sehr leisen, gerade noch wahrnehmbaren Ton mit einer Frequenz von 1 kHz.

$$L_I = 10 \cdot \lg \frac{I}{I_0} \qquad \text{(Formel 2.14)}$$

Einheit [dB_{SIL}], der Index ‚SIL' steht für Sound Intensity Level

Die Betrachtung der Schallintensität oder des Schallintensitätspegels ist vor allem bei Messungen zum Zwecke des Schallschutzes von Interesse. Besondere Messmethoden, die es erst seit wenigen Jahren gibt, erlauben die Erfassung. Die Schallintensität hat einen Betrag und eine Richtung, und so kann auch in lauten Umgebungen der Ursprung einer Schallemission lokalisiert werden. Beispiel: In einer Werkhalle mit mehreren lauten Maschinen soll die Lärmquelle mit der höchsten Intensität ermittelt werden, damit gezielte Maßnahmen zur Reduzierung der Schallemission durchgeführt werden können. Die Messung des Schalldruckpegels alleine kann dies aber nicht erbringen, da dabei Schall aus allen Richtungen erfasst wird und Reflexionen im Raum das Messergebnis mit beeinflussen.

2.5 Schallleistung P und Schallenergie W

Schallleistung P

Schall mit einer bestimmten Intensität dringt bei der Ausbreitung durch eine bestimmte Fläche, die senkrecht zur Ausbreitungsrichtung steht. Das Produkt von Schallintensität und Fläche ist die Schallleistung:

$$P = I \cdot A \qquad \text{(Formel 2.15)}$$

Einheit [W]
I : Schallintensität [W/m^2]
A : Durchschallte Fläche [m^2]

Diese Formel gilt streng genommen nur für das Fernfeld. Aufgrund der Phasenverschiebung von p und v im Nahfeld einer Schallquelle hat die Schallleistung hier einen Blind- und einen Wirkanteil. (Diese Begrifflichkeiten werden in Kap. 6.5 im Zusammenhang mit Wechselstrom näher erläutert.) In Tab. 2.3 sehen wir einige Beispiele für die Schallleistung verschiedener Schallquellen.

Tab. 2.3: Beispiele für die Schallleistung

Schallquelle	Ungefähre Schallleistung
Gespräch mit normaler Lautstärke	0,000007 W
Schreien	0,002 W
Klavier	0,2 W
Autohupe	5 W
Großes Orchester	70 W
Beschallung bei einem Rockkonzert	100 W
Sirene	1000 W

Schallleistungspegel L_W

Genauso wie für die Schallintensität kann auch für die Schallleistung ein Pegel berechnet werden. Für den Schallleistungspegel ist die Bezugsschallleistung P_0 mit 10^{-12} W definiert:

$$L_W = 10 \cdot \lg \frac{P}{P_0}$$ (Formel 2.16)

Einheit [dB_{SWL}], der Index ‚SWL' steht für Sound Work Level

Schallenergie W

Die Schallenergie kann zunächst für den Direktschall berechnet werden, also für den Schallanteil, der den Zuhörer bzw. ein Messmikrofon auf direkten Weg erreicht. In diese Berechnung fließt neben der Schallleistung P und der Schallgeschwindigkeit c auch der Abstand r zur Schallquelle ein. Die Direktschallenergie nimmt mit zunehmender Entfernung ab. Der Radius steht im Quadrat, da der Zusammenhang gilt: $L_I \sim 1/r^2$.

$$W_{direkt} = \frac{P}{4 \cdot c \cdot \pi \cdot r^2}$$ (Formel 2.17)

Einheit [$W \cdot s/m^3$] oder auch [$Joule/m^3$]
P : Schallleistung [W]
c : Schallgeschwindigkeit [m/s]

In geschlossenen Räumen kommt es aber auch zu Reflexionen durch die Wände, die Decke und den Boden. In einem gewissen Abstand zur Schallquelle sind schließlich nur noch Reflexionen (also der Diffusschall) zu hören und kein Direktschall mehr (s. Kap. 3.3).

Die Schallenergie des Diffusschalls berechnet sich wie folgt:

$$W_{diffus} = \frac{4 \cdot P}{A \cdot c}$$ (Formel 2.18)

Einheit [$W \cdot s/m^3$] oder auch [$Joule/m^3$]
P : Schallleistung [W]
c : Schallgeschwindigkeit [m/s]
A : äquivalente Absorptionsfläche des Raumes [m^2]

Die Herleitung des Schalldruckpegels

Erklärt von Tobias von Brockdorf (www.tonschieber.de)

Die Schallintensität I ist das Produkt aus Schalldruck p und Schallschnelle v:

$$I = p \cdot v$$

Die Schallintensität kann auch als Schallintensitätspegel L_I angegeben werden:

$$L_I = 10 \cdot \lg \frac{I}{I_0}$$

Das Verhältnis von Schalldruck p zur Schallschnelle v wird als Schallimpedanz Z bezeichnet:

$$Z = \frac{p}{v}$$

Wir stellen nach v = p / Z um und ergänzen die Gleichung der Schallintensität I:

$$I = p \cdot \frac{p}{Z} = \frac{p^2}{Z}$$

Dies wird wiederum in die Formel des Schallintensitätspegels L_I eingesetzt:

$$L_I = 10 \cdot \lg \frac{p^2 / Z}{p_0^2 / Z}$$

$$L_I = 10 \cdot \lg \frac{p^2}{p_0^2} + 10 \cdot \lg \frac{Z}{Z}$$

$$L_I = 20 \cdot \lg \frac{p}{p_0} + 10 \cdot \lg \frac{Z}{Z}$$

Es gilt außerdem:

$$Z = c \cdot \rho$$

Die Schallimpedanz ist also von der Schallgeschwindigkeit und der Dichte der Luft abhängig. Ist die Temperatur wie auch der Luftdruck im weitesten Sinne konstant, so sind die Dichte ρ der Luft und die Schallgeschwindigkeit c gleich bleibend. Egal welcher Schalldruck auftritt, das Verhältnis zur zugehörigen Schallschnelle wird im selben Medium immer dieselbe Impedanz hervorrufen. Wir können also sagen: Z = konstant! Somit wird der Term

$$10 \cdot \lg \frac{Z}{Z} = 0$$

Es ergibt sich die Schreibweise für den absoluten Schalldruckpegel L_p:

$$L_p = 20 \cdot \lg \frac{p}{p_0}$$

2.6 Übungsaufgaben

Aufgabe 1

Welchen Schalldruckpegel hat ein Schalldruck von 1 Pa? Wie groß ist der Pegel dagegen bei 2 Pa? Welche Schlussfolgerung kann man aus den Ergebnissen ziehen?

Aufgabe 2

Wie wird eine sehr tiefe Frequenz von 50 Hz bei der Messung des bewerteten Schalldruckpegels mit dem A-Filter bewertet?

Aufgabe 3

Was ist der Unterschied zwischen der Schallgeschwindigkeit und der Schallschnelle?

Aufgabe 4

Fasse in Stichworten zusammen, was jeweils das Nah- und Fernfeld charakterisiert.

Nahfeld	Fernfeld
...	...

Aufgabe 5

Recherchiere im Internet, wie Messungen der Schallintensität prinzipiell erfolgen können.

Aufgabe 6

Eine Kugelschallquelle strahlt eine Schallleistung von 10 Watt ab. Wie groß ist die Direktschallenergie in 1 m Entfernung?

Aufgabe 7

Diese Aufgabe ist nur für absolute „Cracks" (und liegt weit über dem Prüfungsniveau):

Im nächsten Kapitel wird der Hallradius r_H um eine Schallquelle herum erklärt, der so definiert ist, dass hier der Schalldruckpegel von Direkt- und Diffusschall identisch ist. Demnach sind hier auch die Schallenergie des Direktschalls und die Schallenergie des Diffusschalls gleich:

$$W_{direkt} = W_{diffus}$$

Leite aus diesen Erkenntnissen die Formel für den Hallradius ab.

Die Lösung findet sich nicht im Anhang, sondern in Kap. 3.3!

Literaturtipps

Dickreiter M, Dittel V, Hoeg W, Wöhr M. Handbuch der Tonstudiotechnik Band 1 und 2.
K.G. Saur Verlag, München 2008

Veit I. Technische Akustik.
Vogel Fachbuch, Würzburg 2005

3 Grundlagen der Akustik

Zusammen mit den beiden vorangegangenen Kapiteln komplettiert dieses Kapitel die physikalischen Grundlagen der Akustik und damit das Grundlagenwissen, welches im ersten Lehrjahr vermittelt wird.

3.1 Akustische Erscheinungen

3.1.1 Reflexion

Reflexion an ebenen Flächen

Trifft eine Schallwelle auf eine ebene Fläche, so wird sie mit dem gleichen Winkel reflektiert. Der Einfallswinkel α ist gleich dem Ausfallswinkel α' (Abb. 3.1).

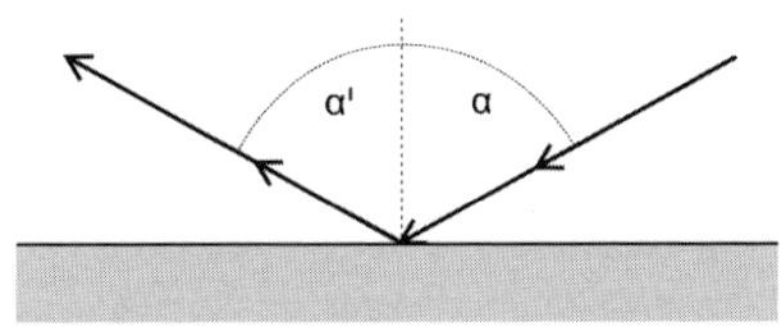

Abb. 3.1: Spiegelnde Schallreflexion

Die reflektierende Fläche muss allerdings wenigstens so groß sein wie mehrere Wellenlängen, andernfalls kommt es zur Beugung des Schalls um die Fläche (s. Kap. 3.1.3) oder zu einer Teilreflexion. Als ungefährer Anhalt kann angenommen werden, dass die Abmessungen der Fläche größer als ca. 4 bis 5 Wellenlängen sein müssen, damit es zur vollständigen, spiegelnden Reflexion kommt. Die untere Grenzfrequenz f_{gu} der spiegelnden Reflexion lässt sich für eine kreisrunde Reflexionsfläche mit dem Durchmesser d auch genau berechnen:

$$f_{gu} = \frac{2 \cdot c}{(d \cdot \cos\alpha)^2} \cdot \frac{a_1 \cdot a_2}{a_1 + a_2} \qquad \text{(Formel 3.1)}$$

c : Schallgeschwindigkeit [m/s]

d : Durchmesser; bei Reflektoren mit einer anderen Geometrie muss die Fläche auf eine kreisrunde Reflexionsfläche umgerechnet werden

α : Einfallswinkel

a_1 : Abstand von der Schallquelle zur Reflexionsfläche

a_2 : Abstand von der Reflexionsfläche zum Zuhörer

Die Rechenergebnisse, die diese Formel liefert, können wie folgt zusammengefasst werden: Der Wirkungsbereich von Reflektoren erweitert sich zu tiefen Frequenzen, je größer der Reflektor ist, je kleiner der Abstand zur Schallquelle und der Abstand zum Zuhörer ist und je steiler der Schall auf den Reflektor auftrifft.

Druckstau

Trifft Schall frontal ($\alpha = 0°$) auf ein Hindernis, das größer ist als die Wellenlänge, so kommt es zum Druckstau. Der einfallende und der reflektierte Schall überlagern sich gleichphasig; dies führt zu einer konstruktiven Interferenz und damit zu einer Erhöhung des Pegels (s. Kap. 1.2.2).

Reflexion an gewölbten Flächen

An konkav (nach innen) gewölbten Flächen kommt es zur Fokussierung oder Streuung der Schallwellen, je nach Abstand der Schallquelle zur Fläche. Abb. 3.2 zeigt exemplarisch drei Fälle mit verschiedenen Positionen der Schallquelle vor einer gekrümmten Fläche mit dem Kreisradius r.

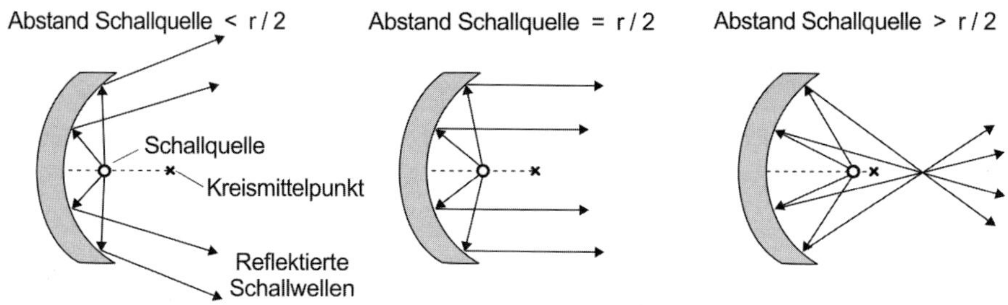

Abb. 3.2: Reflexion an gewölbten Flächen

Der Effekt der akustischen Fokussierung kann auch umgekehrt genutzt werden: Mit einem Parabolspiegelmikrofon – ein spezielles Richtmikrofon, das oft für Tierstimmenaufnahmen eingesetzt wird – kann Schall über weite Distanzen empfangen werden. Das Mikrofon befindet sich hier idealerweise in einem Abstand von r / 2, um die beste Richtwirkung zu erzielen.

An konvex (nach außen) gewölbten Flächen kann es nur zu einer Streuung der Schallwellen kommen. Ein praktisches Beispiel ist ein schallreflektierendes Deckensegel in einem Theater: Zur Lenkung des Schalls aus dem Orchestergraben in den Zuschauerraum ist das Deckensegel wie in Abb. 3.3 installiert.

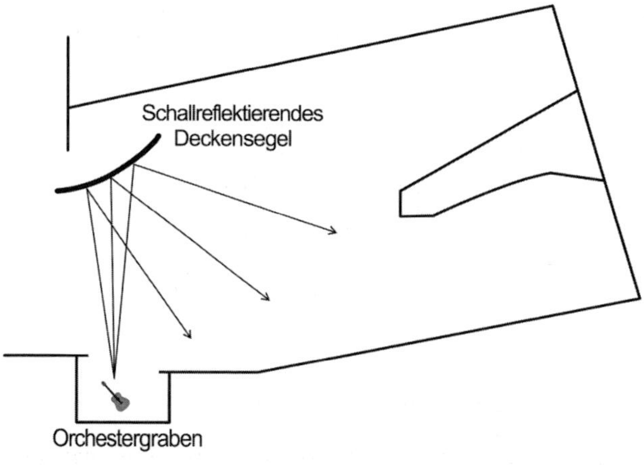

Abb. 3.3: Schallreflektierendes, konvexes Deckensegel in einem Theater

3.1.2 Diffuse Streuung

Trifft eine Schallwelle auf eine unregelmäßige Oberfläche, so muss auch dies wieder im Zusammenhang mit der Wellenlänge betrachtet werden. In Abb. 3.4 ist die Wellenlänge λ vergleichbar mit den Abmessungen der einzelnen Teilflächen. Hier kommt es zu einer diffusen Streuung des Schalls in alle Richtungen.

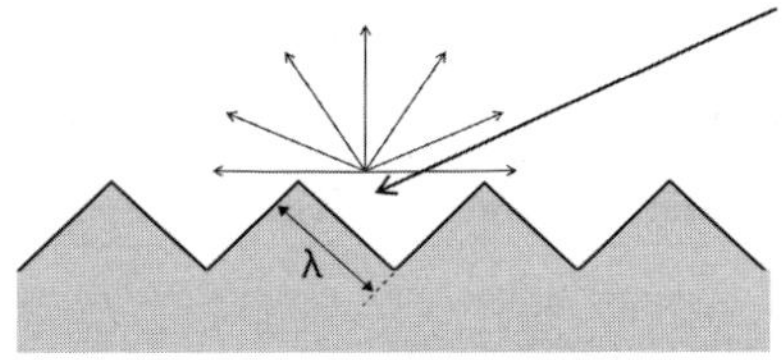

Abb. 3.4: Diffuse Streuung

Ist die Wellenlänge aber deutlich größer oder kleiner als die Teilflächen, dann tritt eine Reflexion nach den vorher beschriebenen Gesetzmäßigkeiten auf.

3.1.3 Beugung und Abschattung

Trifft eine Schallwelle auf ein Hindernis, so wird sie um dieses herum gebeugt, solange das Hindernis klein im Verhältnis zur Wellenlänge ist. Ist das Hindernis groß gegenüber der Wellenlänge, so entsteht ein Schallschatten hinter dem Objekt (Abb. 3.5).

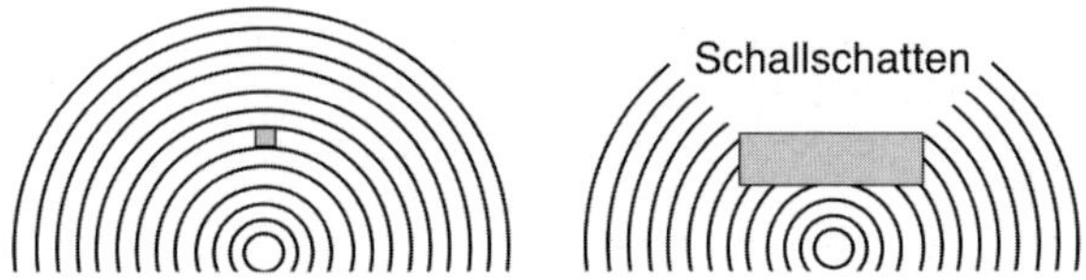

Abb. 3.5: Beugung und Abschattung

Trifft eine Schallwelle auf einen Spalt, zum Beispiel in einer Wand, dann wird der Schall hinter dem Spalt gebeugt, wenn die Wellenlänge groß gegenüber den Abmessungen des Spaltes ist. Der Schall breitet sich dann hinter dem Spalt punktförmig aus (Abb. 3.6).

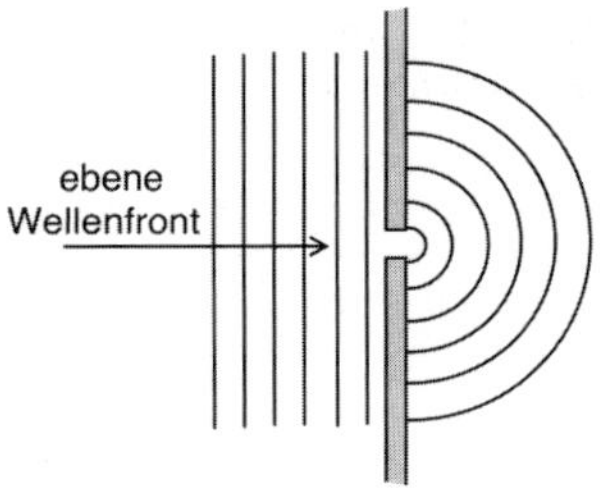

Abb. 3.6: Beugung an einem Spalt bei großer Wellenlänge

Ist die Wellenlänge klein gegenüber dem Spalt, so tritt der Schall als gerichteter Strahl durch die Öffnung (Abb. 3.7).

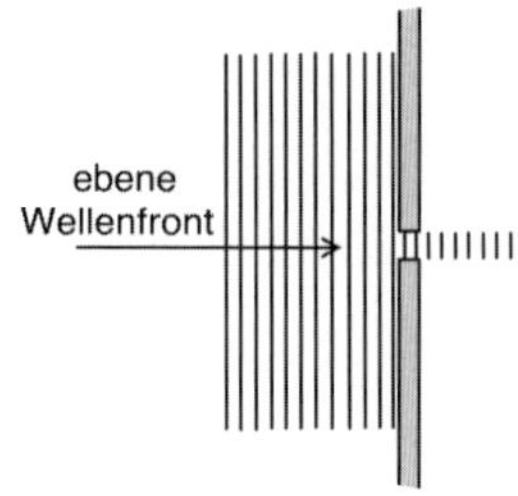

Abb. 3.7: Schallstrahl an einem Spalt bei kleiner Wellenlänge

3.1.4 Stehende Wellen (Moden)

Entsprechen die Entfernungen paralleler Flächen eines Raumes der halben Wellenlänge oder dem ganzzahligen Vielfachen davon, so bilden sich stehende Wellen, die so genannten Moden (Abb. 3.8). Stehende Wellen bilden im Raum ein Muster aus Schalldruckminima und -maxima, die ortsabhängig zur Überhöhung oder zur Auslöschung von Resonanzfrequenzen und damit zu Klangfarbenveränderungen führen.

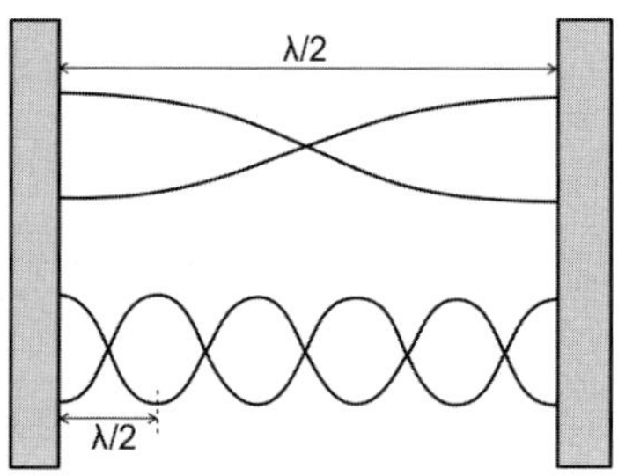

Abb. 3.8: Stehende Wellen zwischen zwei parallelen Flächen

Je größer der Raum ist, desto tiefer liegt der Bereich störender Raumresonanzen. Bei sehr großen Sälen oder Veranstaltungshallen spielen stehende Wellen daher eher eine untergeordnete Rolle. Trotzdem sollten generell bei einer akustisch guten Raumarchitektur parallele Flächen vermieden werden. In kleinen Räumen auch deshalb, da hier die Schallwellen zwischen den parallelen Flächen mehrfach hin und her laufen und so unangenehme Flatterechos auftreten können.

3.1.5 Kammfiltereffekt

Als Kammfiltereffekt bezeichnet man Verstärkungen (Überhöhungen) und Auslöschungen (Senken) im Frequenzspektrum (Abb. 3.9). Ursachen hierfür können sein:

- Frühe und pegelstarke Reflexionen ca. 1 bis 15 ms nach dem Direktschall, zum Beispiel durch ein Notenpult hinter dem Mikrofon oder die Skriptauflage eines Rednerpultes.
- Nah zusammen positionierte Mikrofone mit einer Distanz von unter einem Meter, die das gleiche Schallereignis aufnehmen. Bei der Zusammenmischung der Signale kommt es dann zum Kammfiltereffekt.
- Elektronische Effektgeräte wie Phaser und Flanger (s. Kap. 16.3.3).

Bei bekannter Laufzeitdifferenz Δt des Schalls lassen sich die Frequenzen der Senken (Notch → Index n) und Überhöhungen (Peak → Index p) wie folgt berechnen:

Erste Senke f_{n1}:

$$f_{n1} = \frac{1}{2 \cdot \Delta t} \qquad \text{(Formel 3.2)}$$

Weitere Senken f_{nx}:

$$f_{nx} = x \cdot f_{n1} \quad \text{für } x = 3, 5, 7, ... \qquad \text{(Formel 3.3)}$$

Überhöhungen im Spektrum f_{py}:

$$f_{py} = y \cdot f_{n1} \quad \text{für } y = 2, 4, 6, ... \qquad \text{(Formel 3.4)}$$

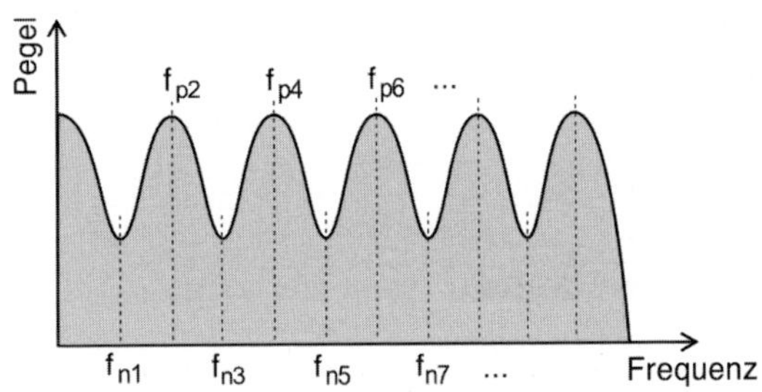

Abb. 3.9: Kammfiltereffekt

3.1.6 Dopplereffekt

Bei einer bewegten Schallquelle werden die Schallwellen in Bewegungsrichtung gestaucht und auf der abgewandten Seite gestreckt (Abb. 3.10). Die Wellenlänge in Bewegungsrichtung ist daher kleiner, und der hörbare Ton höher. Der Ton auf der Rückseite ist tiefer, da hier die Wellenlänge größer wird.

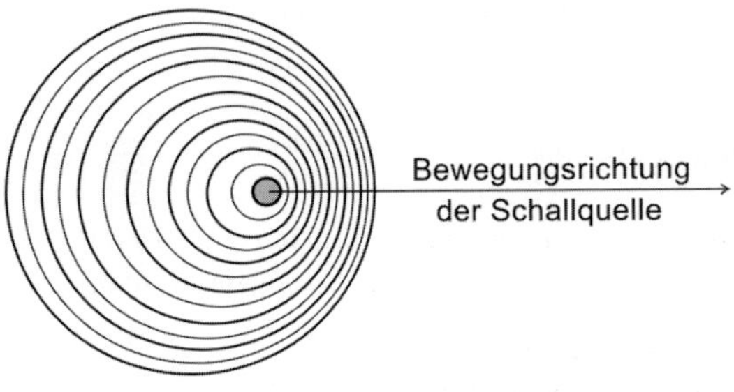

Abb. 3.10: Dopplereffekt bei einer bewegten Schallquelle

Berechnung der Dopplerfrequenzen

Schallquelle nähert sich einem unbewegten Zuhörer:

$$f_1 = \frac{f}{1 - v/c} \qquad \text{(Formel 3.5)}$$

Schallquelle entfernt sich:

$$f_2 = \frac{f}{1 + v/c} \qquad \text{(Formel 3.6)}$$

f : Frequenz [Hz]
c : Schallgeschwindigkeit [m/s]
v : Geschwindigkeit der Schallquelle [m/s]

Wie aus den Formeln ersichtlich ist, gibt es jeweils konstante Dopplerfrequenzen. In der Realität wird aber bei der Annährung einer Schallquelle ein stetiger Anstieg der Tonhöhe wahrgenommen und genauso eine kontinuierliche Abnahme bei der Wegbewegung. Dies ist ein psychoakustischer Effekt, wobei die Empfindung der Lautstärke mit zur Erfassung der Tonhöhe beiträgt. Die Lautstärke erhöht sich bei der Annäherung, und die Wahrnehmung täuscht uns vor, dass die Frequenz kontinuierlich steigt. Umgekehrt verhält es sich bei der Wegbewegung.

3.1.7 Absorption von Schall

Schallschnelleabsorber

Beim Schnelleabsorber hindert eine Schicht aus porösem Material (meist Schaumstoff) die schwingenden Luftmoleküle in ihrer Bewegung und wandelt die Bewegungsenergie des Schalls in Wärme um. Die Dicke der Schicht muss mindestens 1/4 der Wellenlänge der niedrigsten zu dämpfenden Frequenz entsprechen. Die Wirkung kann noch erhöht werden, wenn der poröse Absorber in einem gewissen Abstand zur Wand angebracht wird. Die Schallwelle wird von der Wand hinter dem Absorber reflektiert, im Punkt der Reflexion ist die Schnelle gleich Null. Im Abstand von 1/4 λ gibt es dagegen ein Schnellemaximum. Den schwingenden Luftteilchen kann hier die meiste Energie entzogen werden, und die Absorptionswirkung ist folglich am größten (Abb. 3.11).

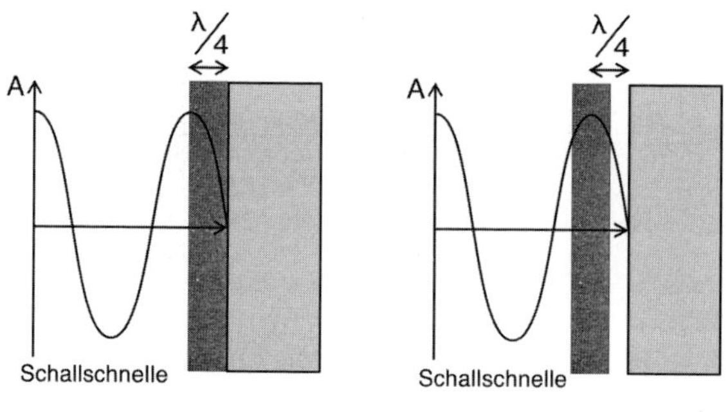

Abb. 3.11: Poröser Absorber an einer Wand

Um auch bei tiefen Frequenzen wirksam zu sein, müssten Schnelleabsorber sehr dick ausgelegt werden, was eher unpraktikabel ist. Schnelleabsorber werden daher nur für eine breitbandige Dämpfung hoher Frequenzen verwendet, sind damit also Höhenabsorber.

Schalldruckabsorber

A: Ausführung als Plattenschwinger

Hier ist eine Deckplatte auf einen Rahmen (beides meist aus Holz) in einem bestimmten Abstand zur Wand montiert. Die Konstruktion muss luftdicht abgeschlossen sein. Poröses Material im Rahmen erhöht den Absorptionsgrad, solange dieses die Platte nicht berührt und damit am Schwingen hindert. Ein Plattenschwinger funktioniert nach dem Masse-Feder-System: Die Schallenergie wird von einer Platte mit einer bestimmten Masse aufgenommen und in mechanische Energie umgewandelt. Die eingeschlossene Luft hinter der Platte wirkt als Feder und bedämpft die Schwingung der Platte. Die absorbierende Wirkung ist bei einer bestimmten Resonanzfrequenz am stärksten, die Anwendung ist daher auf eher schmalbandige Tiefen- und Mittenabsorber beschränkt.

Berechnung der Resonanzfrequenz f_r eines Plattenschwingers:

$$f_r = \frac{1}{2\pi} \cdot \sqrt{\frac{s'}{m' \cdot d}}$$ (Formel 3.7)

Oder vereinfacht auch:

$$f_r = \frac{600}{\sqrt{m' \cdot d}}$$ (Formel 3.8)

Einheit [Hz]

s' : Dynamische Steifigkeit der Luft im Rahmen (= 140.000 N/m^2)

m' : Flächenbezogene Masse der Platte [kg/m^2]

d : Tiefe des Rahmens [cm]

B: Ausführung als Helmholtzresonator

Im Prinzip ist ein Helmholtzresonator ein geschlossener Kasten, im Studiobau in der Regel aus Holz, mit einem bestimmten Innenvolumen und einer Öffnung definierter Größe (Abb. 3.12).

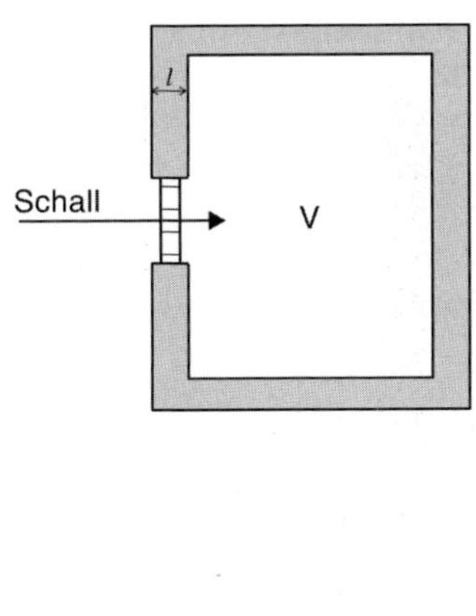

Abb. 3.12: Helmholtzresonator

Zum einen wird die Luftbewegung des in die Öffnung eintretenden Schalls durch turbulente Strömungen stark verlangsamt. Zum anderen spielen die Elastizität und die träge Masse des eingeschlossenen Luftvolumens eine Rolle, es entsteht also auch hier ein Masse-Feder-System, das dem Schall bei einer bestimmten Resonanzfrequenz Energie entzieht.

Berechnung der Resonanzfrequenz f_r für eine runde Öffnung im Resonator:

$$f_r = \frac{c}{2\pi} \cdot \sqrt{\frac{S}{V \cdot (l + \pi / 2r)}} \qquad \text{(Formel 3.9)}$$

Einheit [Hz]
c : Schallgeschwindigkeit [m/s]
S : Öffnungsfläche [m^2]
l : Öffnungstiefe [m]
r : Radius der Öffnung [m]
V : Volumen des Resonators [m^3]

Schalldruckabsorber nach dem Prinzip des Helmholtzresonators werden bevorzugt als schmalbandige Tiefenabsorber eingesetzt.

Der Absorptionsgrad

Die Wirkung eines Absorbers wird mit dem Absorptionsgrad α angegeben:

$\alpha = 0 \rightarrow$ Keine Absorption; einfallender Schall wird vollständig reflektiert.

$\alpha = 1 \rightarrow$ Vollständige Absorption der Schallenergie.

Der Absorptionsgrad von $\alpha = 1$ bezieht sich auf eine Fläche von 1 m^2 „offenes Fenster". Und in der Tat hat ein offenes Fenster in einem ansonsten geschlossenen Raum die maximale Schallabsorption, da hier der Schall einfach nach draußen geht und somit komplett „verschwindet".

Wie schon gesehen, gibt es Tiefen-, Mitten- und Höhenabsorber. Also hängt der Absorptionsgrad auch von der Frequenz ab, wie Abb. 3.13 beispielhaft zeigt.

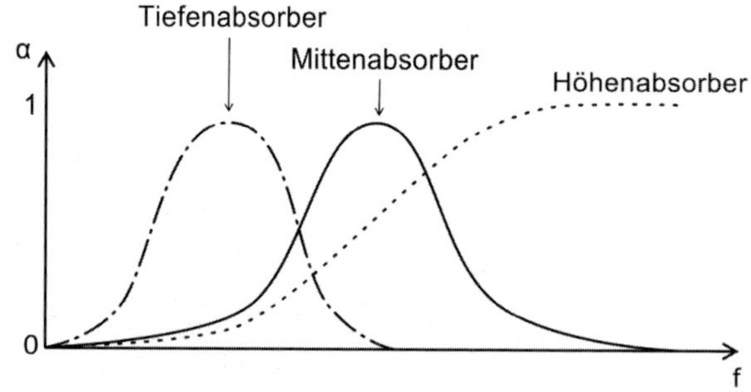

Abb. 3.13: Absorptionsgrade verschiedener Absorber

Für verschiedene (Bau-)Materialien und sogar für Menschen als Publikum wurden die frequenzabhängigen Absorptionsgrade in den genormten Oktavbändern ermittelt (s. Kap. 1.4.3). In Tab. 3.1 sind einige Beispiele aufgelistet.

Tab. 3.1: Beispiele für Absorptionsgrade verschiedener Materialien

Material	125 Hz	250 Hz	500 Hz	1 kHz	2 kHz	4 kHz
Wasseroberfläche	0,008	0,008	0,013	0,03	0,04	0,05
Beton	0,04	0,03	0,03	0,02	0,02	0,03
Gipskartonwand	0,25	0,12	0,10	0,10	1,12	0,15
Schwerer, faltenreicher Vorhang	0,25	0,35	0,50	0,60	0,60	0,70
Waffelprofil-Schalldämmelemente	0,27	0,77	0,76	0,88	0,94	0,97
Mineralwolle, 60 cm	0,90	1,00	1,00	1,00	1,00	1,00
Publikum in gepolsterten Stühlen	0,12	0,17	0,20	0,28	0,28	0,30
Stehendes Publikum	0,18	0,35	0,47	0,52	0,51	0,45

Hersteller von Baumaterialien geben manchmal einen Absorptionsgrad an, der größer als 1 ist (s. Tab. 3.1: Gipskartonwand bei 2 kHz). Das kommt dadurch zustande, dass die Fläche des Materials durch die Oberflächenstruktur größer sein kann als das theoretisch gedachte Fenster von 1 m^2.

3.2 Nachhall

Der Nachhall ist die akustische Reaktion der Umgebung auf die von einer Schallquelle abgestrahlten Schallwellen. Er entsteht durch mehrfache Reflexionen an den Raumbegrenzungen. In einem reflexionsarmen Raum gibt es demnach keinen Nachhall.

3.2.1 Raumimpulsantwort

Abb. 3.14 zeigt die Raumimpulsantwort einer Veranstaltungshalle. Das Direktschallsignal stammt von einem impulsartigen Schallereignis, in diesem Fall ein Pistolenschuss. Zuerst ist ein einzelner, starker Impuls zu hören, hervorgerufen durch den *Direktschall* des Schallerzeugers. Dann folgen als Raumimpulsantwort die *ersten Reflexionen* der Wände, Decke und des Bodens und anschließend schwächer werdende und immer schneller aufeinander folgende weitere Reflexionen. Wenn sich einzelne Reflexionen nicht mehr unterscheiden lassen, spricht man vom *Nachhall.*

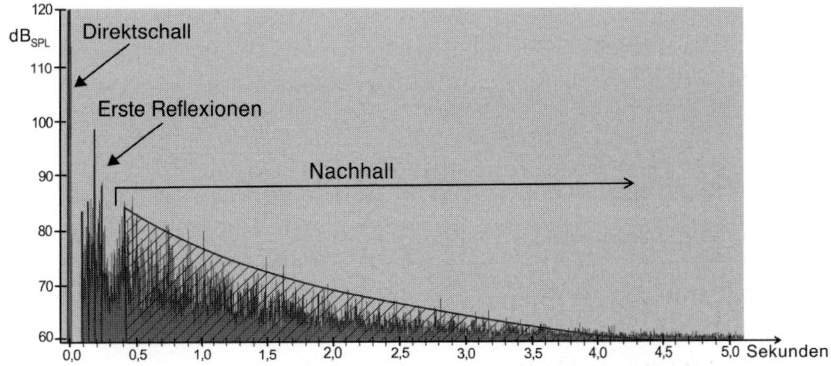

Abb. 3.14: Raumimpulsantwort

Der Direktschall ist für die richtige Lokalisierung einer Schallquelle wichtig, daneben für die Deutlichkeit von Sprache und die Klarheit bei musikalischen Aufführungen. Viel Direktschallanteil gibt ein Gefühl von Nähe zur Schallquelle und trägt übrigens nur wenig zum Lautstärkeempfinden bei.

Die Wirkung der ersten Reflexionen lässt sich nach deren zeitlichem Eintreffen beim Musiker bzw. Zuhörer unterscheiden:

- Erste Reflexionen bis 25 ms: Das gegenseitige Hören der Musiker untereinander wird gefördert, solange der Pegel der Reflexionen zwischen -15 und +5 dB liegt. Reflexionen über 30 ms wirken sich ungünstig auf das Zusammenspiel aus, vor allem wenn kein Sichtkontakt untereinander besteht.
- Erste Reflexionen bis 50 ms: Die Wirkung des Direktschalls auf den Zuhörer wird unterstützt.
- Erste Reflexionen bis 80 ms: Die Wirkung des Raumklangs wird unterstützt, es wird eine klangliche Verbreiterung erwartet, also mehr Klangvolumen. Reflexionen in diesem Zeitrahmen sind zudem maßgeblich für die Lautstärkeempfindung.
- Verzögert sich das Eintreffen der ersten Reflexionen weiter, so hat dies hauptsächlich einen Einfluss auf den Eindruck der Raumgröße.

Der Nachhall schließlich prägt das Nachklingen der Instrumente und sorgt für eine musikalische Bindung. Er hilft bei der Verschmelzung mehrerer Stimmen und Instrumente zu einem Gesamtklang, unterstützt aber auch solistische Gesangsstimmen. Der Nachhall erzeugt ein „Eingehülltsein" vom (Raum-)Klang, gibt damit aber auch ein Gefühl von Distanz zur Schallquelle. Der Frequenzgang des Nachhalls prägt die wahrgenommene Klangfarbe (s. Kap. 3.2.3). Ein langer Nachhall führt zu einer Trägheit beim Klangeinsatz und zur Verwischung rhythmischer Klangstrukturen.

3.2.2 Anregung bei Dauerschall

Wird anstatt eines impulshaften Schalls ein Dauerschall wiedergegeben, so ergibt sich ein Pegelverlauf wie in Abb. 3.15. In diesem Fall war das anregende Signal ein Rosa Rauschen als Testsignal (s. Kap. 19.4.1), das über die Beschallungsanlage im Apollo Theater in Stuttgart eingespielt wurde.

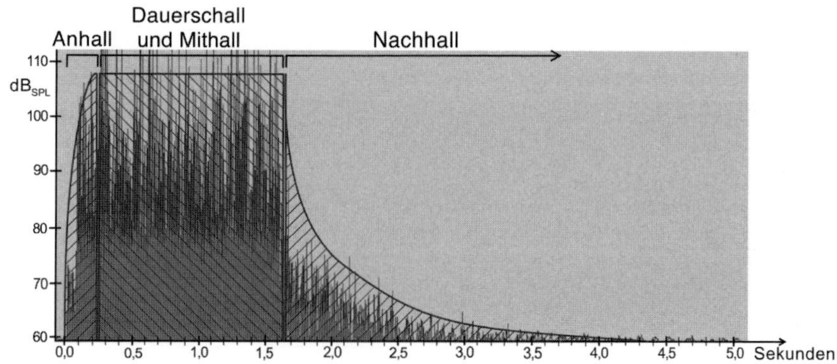

Abb. 3.15: Anregung eines Raumes bei Dauerschall

Bei einer Anregung mit Dauerschall können drei Phasen unterschieden werden:

A: Anhall

Wird die Schallquelle eingeschaltet, so baut sich unmittelbar das aus Reflexionen bestehende Diffusfeld auf. Man spricht von einem harten Anhall, wenn die Verzögerungen bis zum Eintreffen der ersten Reflexionen weniger als 50 ms betragen. Das ist zum Beispiel in kleinen Räumen mit glatten Wänden der Fall. Meist ist die Sprachverständlichkeit bei einem harten Anhall besser. Bei einem weichen Anhall treffen dagegen die ersten Reflexionen erst nach 50 ms und mit geringerem Pegel beim Zuhörer ein, wie beispielsweise in Räumen mit einem großen Raumvolumen.

B: Dauerschall bzw. Mithall

Der Mithall ist die Raumreaktion, die eine andauernde Schallabstrahlung begleitet. Ist der Mithall stark ausgeprägt, leidet die Transparenz des Klangbildes, und die richtige Lokalisation einzelner Schallquellen fällt schwerer.

C: Nachhall

Der Nachhall ist der Abklingvorgang der Reflexionen nach Verstummen der Schallquelle.

3.2.3 Nachhallzeit RT_{60}

Als Nachhallzeit RT_{60} bezeichnet man den Zeitabschnitt, innerhalb dessen nach Abschalten einer Schallquelle in einem Raum der Schalldruckpegel um 60 dB_{SPL} abfällt. Die Nachhallzeit ist abhängig von ...

... den Absorptionseigenschaften von Wänden, Decke und Boden.

... dem Raumvolumen.

Berechnung der Nachhallzeit nach Sabine

$$\text{Nachhallzeit } RT_{60} \approx k \cdot \frac{V}{A} \qquad \text{(Formel 3.10)}$$

Einheit [s]
k : Konstante; wird berechnet mit:

$$k = \frac{24 \cdot \ln 10}{c} = 0{,}161 \qquad \text{(Formel 3.11)}$$

ln : Natürlicher Logarithmus (s. Kap. 8.1)
V : Raumvolumen in $[m^3]$
A : Äquivalente Schallabsorptionsfläche in $[m^2]$.

Die äquivalente Schallabsorptionsfläche setzt sich aus den Teilflächen S des Raumes mit den dazugehörigen Absorptionsgraden α zusammen:

$$A = S_1 \cdot \alpha_1 + S_2 \cdot \alpha_2 + S_3 \cdot \alpha_3 + \ldots \qquad \text{(Formel 3.12)}$$

Es gibt außer der Formel von Sabine noch weitere Berechnungsmöglichkeiten entwickelt von Eyring, Millington-Sette oder Fitzroy. Diese sollen hier aber nicht weiter betrachtet werden.

Typische Werte von Nachhallzeiten

Tonstudio	0,2 bis 0,5 Sekunden.
Theatersaal	1,0 bis 1,5 Sekunden.
Konzertsaal	bis 2,0 Sekunden.
Kirchen	mehr als 2 Sekunden.

Frequenzabhängigkeit der Nachhallzeit

Unterschiedliche Oberflächen von Wänden, Decken und Boden absorbieren manche Frequenzen stärker als andere, und der Hall bekommt eine Klangfärbung. Dazu tragen auch Frequenzauslöschungen zwischen sich überlagernden Schallwellen bei. Zu hohen Frequenzen hin macht sich außerdem immer mehr die Absorptionsfähigkeit der Luft als deutliche Höhendämpfung bemerkbar. Die Nachhallzeit ist also für jede Frequenz individuell. Um ein genaues Bild über die akustischen Eigenschaften eines Raumes zu erhalten, müssen deshalb Nachhallberechnungen bzw. -messungen mit mehreren Frequenzen oder in verschiedenen Frequenzbereichen (Terz- oder Oktavbänder) erfolgen.

Beispiel: Für ein Theater wurden in einem akustischen Gutachten die Nachhallzeiten in den Oktavbändern von 125 Hz bis 4 kHz berechnet (Tab. 3.2 und Abb. 3.16; Datenquelle: Brüssau, 1992, Seite 18).

Tab. 3.2: Berechnete Nachhallzeiten für das Apollo Theater Stuttgart

Mittenfrequenz Oktavband	125 Hz	250 Hz	500 Hz	1 kHz	2 kHz	4 kHz
Saal ohne Bestuhlung	3,08 s	2,91 s	3,64 s	3,61 s	3,30 s	2,37 s
Saal mit Bestuhlung	1,90 s	1,44 s	1,37 s	1,58 s	1,50 s	1,40 s
Saal mit Personen	1,66 s	1,37 s	1,30 s	1,36 s	1,30 s	1,13 s

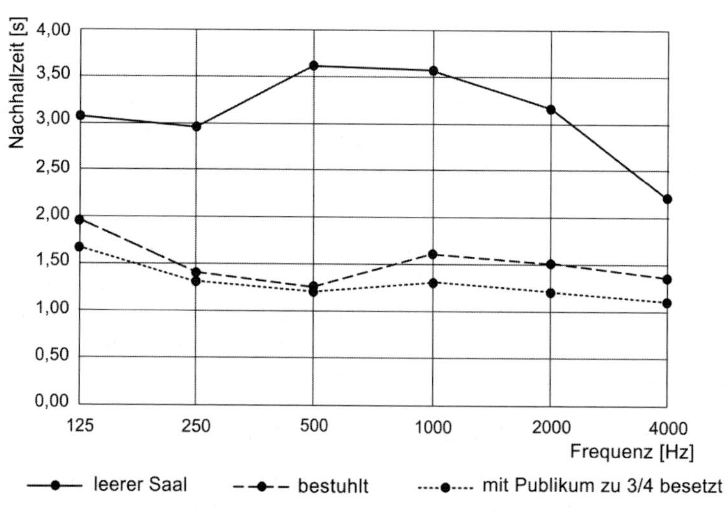

Abb. 3.16: Berechnete Nachhallzeiten für das Apollo Theater Stuttgart

Was sagen die Kurven der Frequenzabhängigkeit der Nachhallzeit aus?

Im Frequenzverlauf der Nachhallzeiten spielt der Oktavbereich um den Sängerformanten herum eine besondere Rolle, da dieser maßgeblich zur Tragfähigkeit der Gesangsstimme beiträgt (s. Kap. 1.7). So wurde bei anerkannt guten Konzertsälen festgestellt, dass der mittlere Frequenzbereich meist eine längere Nachhallzeit hat.

Ein Tiefenanstieg im Frequenzverlauf der Nachhallzeit bewirkt dagegen eine runde und sonore Klangfärbung. Zu lange Nachhallzeiten bei tiefen Frequenzen führen allerdings dazu, dass der Klang eines Orchesters gegenüber den Sängern zu massiv werden kann.

Die Nachhallzeit ist nicht der einzige Parameter, der die Akustik eines Saales beschreibt und sollte daher nicht überbewertet werden. Wichtig sind zum Beispiel auch die subjektiv empfundene Nachhalldauer, die Deutlichkeit bei Sprache und die Klarheit von Musik.

Verkürzung der Nachhallzeit durch Publikum im Saal

Mit der folgenden Formel kann die Verkürzung der Nachhallzeit mit Publikum im Saal abgeschätzt werden:

$$\text{Verkürzte Nachhallzeit } RT_{60}' \approx \frac{RT_{60}}{1+(5n \cdot RT_{60}/V)} \qquad \text{(Formel 3.13)}$$

RT_{60} : Nachhallzeit ohne Publikum [s]
n : Anzahl der Zuschauer
V : Raumvolumen [m^3]

Die Verkürzung der Nachhallzeit ist also hauptsächlich von der Zuschauerzahl und weniger von der Fläche des Zuschauerraums abhängig. Das ist interessant, da ein Zuschauer natürlich eine gewisse Fläche beansprucht (zwischen 0,6 bis 1 m^2); relevant ist dabei aber nur die tatsächlich durch das Publikum besetzte Fläche.

Nachhallzeit und Nachhalldauer

Die *Nachhallzeit* ist eine physikalische Messgröße. Die *Nachhalldauer* dagegen ist eine subjektive Empfindung. Für diese Empfindung ist der Pegel der Schallquelle ausschlaggebend. Je lauter ein Schallereignis, desto mehr Energie haben die Schallwellen, die dann ein länger andauerndes Diffusschallfeld erzeugen. Zusätzlich treten aber auch Störgeräusche im Raum in Erscheinung.

Beispiel Konzert-Beschallung: Ist die Halle beim Soundcheck leer und gibt es nur einen geringen Störpegel, so erscheint der Nachhall laut und voluminös. Später bei der Vorstellung übertönt das Publikum durch laute Gespräche und Geräusche die leisen Nachhallphasen, die Nachhalldauer erscheint jetzt deutlich kürzer. (Daneben haben sich durch die Zuschauer aber auch Absorptions- und Reflexionsparameter geändert.)

Bauliche Maßnahmen zur Beeinflussung der Nachhallzeit

Eine Verlängerung der Nachhallzeit kann durch eine Vergrößerung des Raumvolumens (Anbau von Hallkammern an den Saal) oder durch zusätzliche reflektierende Flächen (bevorzugt im rückwärtigen Bereich des Saals) erreicht werden. Eine Verkürzung der Nachhallzeit wird durch zusätzliche absorbierende Flächen erreicht. Diese werden in meist Form von Absorberkassetten (Baffles) senkrecht hängend im Deckenbereich angebracht.

Die beschriebenen Maßnahmen sind technisch aufwendig und daher auch sehr teuer. Und dabei ist der Nutzen oft eher bescheiden, da eine Änderung der Nachhallzeit von ungeübten Zuhörern erst ab einer Zeitdifferenz von ca. 5 bis 10 % wahrgenommen wird. Um diese Werte zu erreichen, sind aber eher umfangreiche bauliche Veränderungen notwendig.

Große Bühnenbilder im Theater können übrigens einen merklichen Einfluss auf die Nachhallzeit haben, und diese je nach Beschaffenheit der Oberflächen verlängern oder verkürzen.

Interessant ist auch, dass bevor die Möglichkeit einer elektroakustischen Beschallung bestand, Kompositionen an die Raumakustik angepasst wurden. Beispielsweise ist in vielen klassischen Stücken die Länge der musikalischen Pausen so gewählt, dass diese mit der Nachhalldauer eines bestimmten Saals (in der Regel der Ort der Erstaufführung) im Einklang sind. Heutzutage wird dagegen eher der Raumklang durch elektronisch erzeugten Nachhall an die Musik angepasst (s. Kap. 16.3.2).

3.2.4 Deutlichkeitsmaß C_{50}

Das Deutlichkeitsmaß ist ein Kriterium für gute Sprachverständlichkeit am Hörerplatz. Für diese sind vor allem die Konsonanten wichtig; sie haben im Sprachfluss eine zeitliche Dauer von ca. 30 bis 100 ms. Für die Berechnung des Deutlichkeitsmaßes wird ein mittlerer Wert von 50 ms herangezogen. Das Deutlichkeitsmaß ist damit das Verhältnis der bis 50 ms nach dem Direktschall am Ort des Zuhörers eintreffenden Schallenergie zur Restschallenergie. Berechnet wird dies über ein Integral. In diesem Fall wird der Schalldruck über die Zeit integriert (Abb. 3.17).

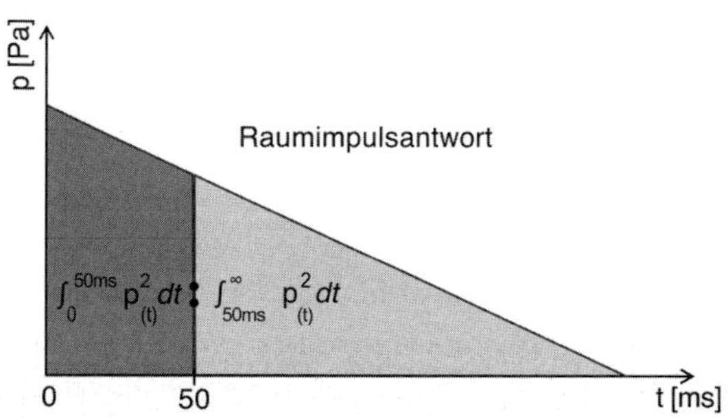

Abb. 3.17: Deutlichkeitsmaß

$$C_{50} = 10 \cdot \lg \frac{\int_0^{50ms} p_{(t)}^2 \, dt}{\int_{50ms}^{\infty} p_{(t)}^2 \, dt} \qquad \text{(Formel 3.14)}$$

Einheit [dB_{C50}]

p : Schalldruck [Pa]

t : Zeit [ms]

Für Werte von $C_{50} > 0 \ dB_{C50}$ kann von einer guten Sprachverständlichkeit ausgegangen werden (vgl. ZVEI, 1999, Seite 35).

3.2.5 Klarheitsmaß C_{80}

Bei einer Musikdarbietung sind die Erkennbarkeit und die Unterscheidbarkeit zeitlich aufeinander folgender Töne und gleichzeitig erzeugter Klänge verschiedener Instrumente wichtig. Musikinstrumente haben eine gewisse Ansprechzeit, in der sich ein Ton aufbaut. Diese variiert von Instrument zu Instrument und liegt zwischen ca. 20 und 200 ms. Ein mittlerer Wert von 80 ms wird bei der Beurteilung für das Klarheitsmaß als Kriterium für die Zeit- und die Registerdurchsichtigkeit zu Grunde gelegt. Das Klarheitsmaß ist das Verhältnis der bis 80 ms nach dem Direktschall eintreffenden Energie zur nachfolgenden Schallenergie (Abb. 3.18).

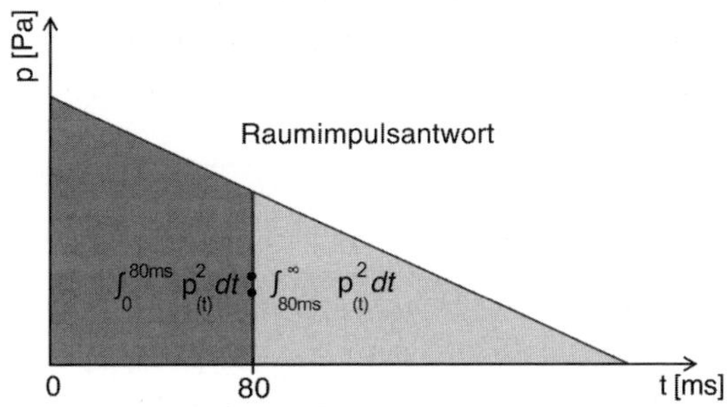

Abb. 3.18: Klarheitsmaß

$$C_{80} = 10 \cdot \lg \frac{\int_0^{80ms} p_{(t)}^2 \, dt}{\int_{80ms}^{\infty} p_{(t)}^2 \, dt} \qquad \text{(Formel 3.15)}$$

Einheit [dB_{C80}]

p : Schalldruck [Pa]

t : Zeit [ms]

In Bühnennähe sollte der C_{80}-Wert zwischen -2 und +12 dB_{C80} betragen, auf bühnenfernen Plätzen zwischen -5 und +9 dB_{C80} (vgl. ZVEI, 1999, Seite 35).

Sinfonieorchester der Musikhochschule Stuttgart bei den Proben

3.3 Direktschall und Reflexionen (Hallradius)

Wenn eine Schallquelle Direktschall abstrahlt, nimmt dieser mit zunehmender Entfernung im Pegel rasch ab. Außerdem entstehen in einem geschlossenen Raum Reflexionen, die nach einer gewissen Zeit überall im Raum den gleichen Pegel haben (aber nicht das gleiche Klangbild) (Abb. 3.19).

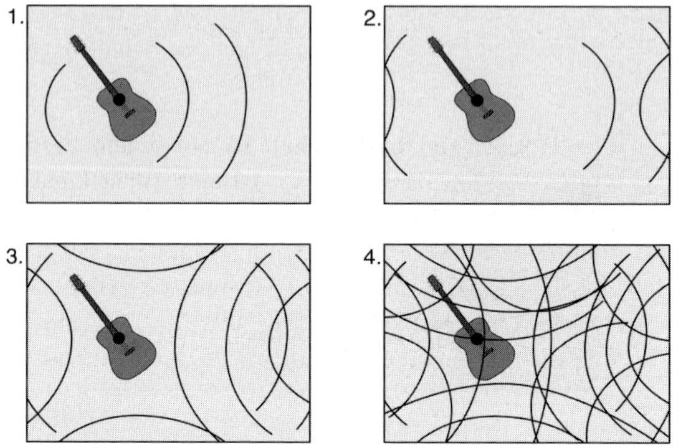

Abb. 3.19: Schallausbreitung in einem geschlossenen Raum

Das Freifeld

Mit Freifeld ist die Schallausbreitung im idealisierten freien Raum gemeint, wo keine Schallwellen reflektiert werden. In einem reflexionsarmen Raum gibt es solche Bedingungen und auch im Freien, allerdings reflektiert dort unter Umständen der Boden. Der Direktschall einer Schallquelle kann als Freifeld betrachtet werden, solange es zu keiner Überlagerung mit Reflexionen kommt. Daher wird das Freifeld oft auch als *Direktschallfeld* bezeichnet.

Im Freifeld nimmt der *Schalldruck* antiproportional zur Entfernung ab (1/r-Gesetz):

$$p \sim \frac{1}{r}$$ (Formel 3.16)

p : Schalldruck [Pa]
r : Radius um eine Schallquelle [m]

Beispiel: Der Schalldruck p_1 in 1 m Entfernung vor einer Schallquelle beträgt 2 Pa, bei der doppelten Entfernung sind es nur noch $p_2 = 1$ Pa. Die Abnahme des *Schalldruckpegels* (ΔL_P) mit der Entfernung lässt sich dann wie folgt berechnen:

$$\Delta L_p = 20 \cdot \lg \frac{p_1}{p_2}$$ (Formel 3.17)

$$\Delta L_p = 20 \cdot \lg \frac{2\ \text{Pa}}{1\ \text{Pa}} = 6\ \text{dB}_{SPL}$$

Je Entfernungsverdoppelung nimmt der Schalldruckpegel also um 6 dB_{SPL} ab. Der Schalldruckpegel in 1 m Entfernung von der Schallquelle beträgt in diesem Beispiel 100 dB_{SPL}, bei der doppelten Entfernung von 2 m sind es 94 dB_{SPL}, bei 4 m noch 88 dB_{SPL} usw.

Das Diffusfeld

Wird Schall in einem Raum so oft reflektiert, dass der Schalldruckpegel an jeder Stelle des Raums annähernd gleich ist, dann spricht man von einem Diffusfeld. Im Diffusfeld gilt das 1/r-Gesetz nur eingeschränkt, da dem direkten Schall reflektierter Schall hinzugefügt wird.

Der Hallradius r_H

Der Schalldruckpegel von Direkt- und Diffusschall ist bei einem bestimmten Abstand zur Schallquelle identisch. Dieser wird als Hallradius r_H definiert (manchmal wird auch die etwas treffendere Bezeichnung „Hallabstand" benutzt). In Abb. 3.20 liegt der Hallradius im Schnittpunkt von Direktschall- und Diffusschallpegel (gestrichelte Linien), in diesem Fall in einem Abstand von 4 m zur Schallquelle. Der Gesamtschallpegel (durchgezogene Linie) ergibt sich durch eine Addition von Direkt- und Diffusschallpegel. Im Punkt des Hallradius r_H liegt der Gesamtschallpegel 3 dB_{SPL} über dem Diffusschallpegel (s. Kap. 8.5, hier die Formel zur Addition nicht kohärenter Signale).

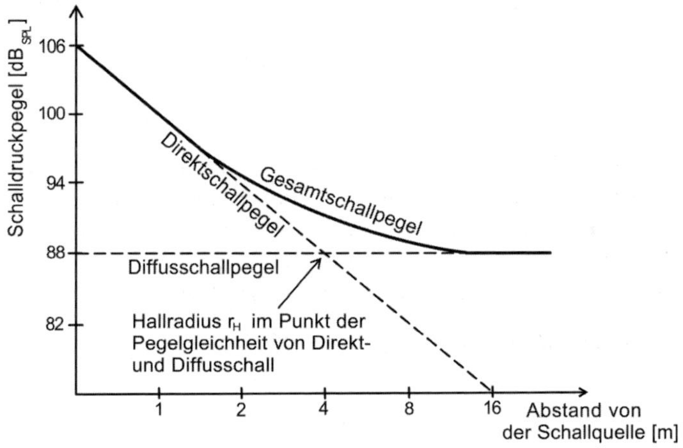

Abb. 3.20: Hallradius

Berechnung des Hallradius r_H

Der Hallradius kann bei bekanntem Raumvolumen und bekannter Nachhallzeit näherungsweise mit der folgenden Formel errechnet werden (die genaue Herleitung folgt am Ende dieses Kapitels):

$$r_H = \sqrt{\frac{24 \cdot \ln 10 \cdot V}{16\pi \cdot c \cdot RT_{60}}} \qquad \text{(Formel 3.18)}$$

Einheit [m]

V : Raumvolumen [m^3]

c : Schallgeschwindigkeit [m/s]

RT_{60} : Nachhallzeit nach Sabine [s]

Durch Einsetzen von c = 344 m/s und anschließendem Umformen und Ausrechnen ergibt sich die vereinfachte Formel:

$$r_H = 0{,}057 \cdot \sqrt{\frac{V}{RT_{60}}}$$ (Formel 3.19)

Der Hallradius ist außerdem abhängig von der Richtwirkung einer Schallquelle und der Richtwirkung des aufnehmenden Mikrofons. Die Richtwirkung kann als Bündelungsgrad γ ausgedrückt werden. Ein Bündelungsgrad von $\gamma = 1$ bedeutet keine Bündelung, es handelt sich also um eine Kugelschallquelle bzw. ein Mikrofon mit Kugelcharakteristik (s. Kap. 9.2). Je größer der Faktor, desto stärker die Richtwirkung. In Tab. 3.3 sind Bündelungsgrade für Schallquellen und Mikrofone mit verschiedenen Richtcharakteristiken aufgeführt.

Tab. 3.3: Mikrofonbündelungsgrade γ_M und Schallquellenbündelungsgrade γ_Q

Mikrofonrichtcharakteristik	γ_M	Schallquellenrichtcharakteristik	γ_Q
Kugel	1	Kugelschallquelle	1
Breite Niere	2	Einseitiger Strahler (Halbkugel)	2
Niere und Acht	3	Nierenstrahler	3
Richtrohrmikrofone	> 4	Linienstrahler	> 4

Eine genauere Berechnungsformel für den Hallradius unter Einbeziehung der Bündelungsgrade lautet:

$$r_H \approx 0{,}057 \cdot \sqrt{\gamma_M \cdot \gamma_Q \cdot \frac{V}{RT_{60}}}$$ (Formel 3.20)

Einheit [m]

γ_M : Bündelungsgrad des Mikrofons; Faktor 1 = keine Bündelung

γ_Q : Bündelungsgrad der Schallquelle; Faktor 1 = keine Bündelung

Der Bündelungsgrad ist frequenzabhängig; bei hohen Frequenzen tritt eine Fokussierung der Richtwirkung ein. Das gilt für Mikrofone genauso wie für natürliche Schallquellen und Lautsprecher.

Außerhalb des Hallradius spielt die Richtwirkung eines Mikrofons keine Rolle mehr, da der Schall von allen Seiten mit gleichem Pegel auf das Mikrofon trifft. Daher sollten Hauptmikrofone innerhalb aufgestellt werden. Bei Surround-Aufnahmen macht es dagegen Sinn, die Mikrofone für die hinteren Kanäle außerhalb des Hallradius aufzustellen (s. Kap. 10.2 und 10.3).

Zuhörer innerhalb des Hallradius nehmen zeitlich feine Klangstrukturen besser wahr als Zuhörer außerhalb.

Die Herleitung des Hallradius r_H

Gegeben sind...

... die Energie des Direktschalls $W_{direkt} = \frac{P}{4 \cdot c \cdot \pi \cdot r^2}$ Einheit [W·s / m³]

... die Energie des Diffusschalls $W_{diffus} = \frac{4 \cdot P}{A \cdot c}$ Einheit [W·s / m³]

P : Schallleistung [W]
c : Schallgeschwindigkeit
r^2 : Abnahme des Schallintensitätspegels mit der Entfernung (es gilt: $L_I \sim 1/r^2$)
A : äquivalente Absorptionsfläche des Raumes [m²]

Im Hallradius gilt:

$$W_{direkt} = W_{diffus}$$

$$\frac{P}{4 \cdot c \cdot \pi \cdot r^2} = \frac{4 \cdot P}{A \cdot c}$$

Auflösen der Gleichung nach r^2:

$$r^2 = \frac{P \cdot A \cdot c}{4 \cdot P \cdot 4 \cdot c \cdot \pi}$$

Herauskürzen von P und c, Ausrechnen und Auflösen nach r:

$$\text{Hallradius } r_H = \sqrt{\frac{A}{16\pi}}$$

Einheit [m]

Gegeben ist weiterhin RT_{60} nach Sabine:

$$RT_{60} = \frac{24 \cdot \ln 10 \cdot V}{c \cdot A}$$

Einheit [s]
V : Raumvolumen [m³]

Umformen nach A:

$$A = \frac{24 \cdot \ln 10 \cdot V}{c \cdot RT_{60}}$$

Einsetzen von A in die Formel des Hallradius r_H:

$$r_H = \sqrt{\frac{24 \cdot \ln 10 \cdot V}{16\pi \cdot c \cdot RT_{60}}}$$

Einsetzen von c, Ausrechnen und „Faktor vor die Wurzel bringen“:

$$r_H = 0{,}057 \cdot \sqrt{\frac{V}{RT_{60}}}$$

Einheit [m]

3.4 Übungsaufgaben

Aufgabe 1

In einem Tonstudio ist zwischen Aufnahmeraum und Regie eine Kabeldurchführung nicht verschlossen worden. Wie wirkt sich diese „Schallbrücke“ aus?

Aufgabe 2

Berechne die maximale und die minimale Dopplerfrequenz für ein bewegtes Lautsprechersystem – ein Leslie für eine Hammondorgel – welches sich mit 400 Umdrehungen pro Minute dreht. Der Durchmesser des rotierenden Systems beträgt 40 cm. Auf der Orgel wird die Note a'' mit 880 Hz gespielt.

Aufgabe 3

Wie groß muss die wirksame Dicke eines porösen Absorbers sein, der bei einer Frequenz von 200 Hz wirkungsvoll absorbiert?

Aufgabe 4

Stelle den frequenzabhängigen Absorptionsgrad eines schweren, faltenreichen Vorhangs in einem Diagramm dar.

Aufgabe 5

Wie ist die Nachhallzeit RT_{60} definiert?

Aufgabe 6

Was versteht man unter Freifeld, Diffusfeld und Hallradius?

Aufgabe 7

Berechne den Hallradius für eine punktförmige Schallquelle (Bündelungsgrad = 1) für drei verschiedene Räume:

a) Saal mit 1250 m^3 Raumvolumen und einer Nachhallzeit von 1,3 Sekunden.

b) Theater mit 15.000 m^3, Nachhallzeit 1,3 Sekunden.

b) Kirche mit 15.000 m^3, Nachhallzeit 3,5 Sekunden.

Welche Schlussfolgerungen lassen sich aus den Ergebnissen ziehen?

Literaturtipps

Fasold W, Veres E. Schallschutz & Raumakustik in der Praxis.
Huss-Medien Verlag Bauwesen, Berlin 2003

Meyer J. Akustik und musikalische Aufführungspraxis.
Edition Bochinsky, Bergkirchen 2004

4 Das menschliche Gehör

Das Wissen über die Funktion des Gehörs gehört zu den Grundlagen bei der Ausbildung und findet sich im Rahmenlehrplan unter dem Punkt „physiologische Grundlagen" im ersten Lehrjahr.

4.1 Anatomie des Gehörs

Abb. 4.1 zeigt als Schnittzeichnung die Anatomie des Gehörs. Das Gehör kann in Außenohr, Mittelohr und Innenohr unterteilt werden.

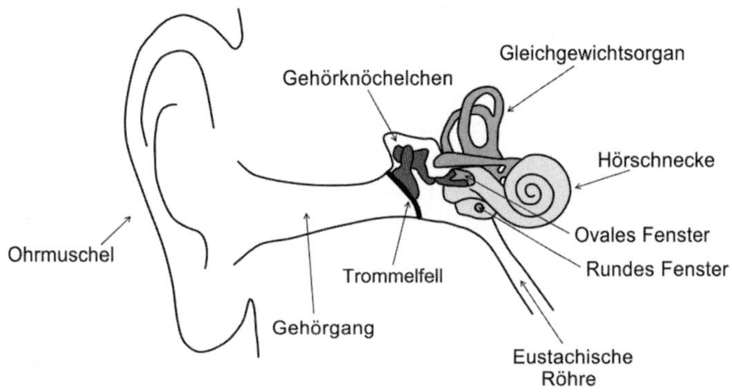

Abb. 4.1: Anatomie des Gehörs

Außenohr

Das äußere Ohr besteht aus der Ohrmuschel, dem Gehörgang und dem Trommelfell. Die Ohrmuschel sammelt den Schall und leitet ihn in den Gehörgang. Sie erfüllt die Funktion eines Beugungsfilters; das bedeutet, Schall aus verschiedenen Richtungen erhält eine differenzierte Klangfarbe. Die Ohrmuschel hat damit eine wichtige Aufgabe beim Richtungshören. Auch durch Resonanzen im Gehörgang erfährt der Schall Veränderungen in seiner Klangfarbe. Die Resonanzfrequenz liegt zwischen 2,5 und 3 kHz. Schall mit diesen Frequenzen wird bis zu einem Dreißigfachen verstärkt.

Das Trommelfell ist eine ca. 0,5 cm^2 große, trichterförmige Membran. Diese wird durch die Schallwellen zum Mitschwingen angeregt und überträgt so die Schwingungen des Luftschalls zum Mittelohr.

Mittelohr

Das Mittelohr stellt die Verbindung zwischen Trommelfell und Innenohr her. Die drei Gehörknöchelchen Hammer, Amboß und Steigbügel (Abb. 4.2) wirken als Hebelsystem, welches die mit max. 0,1 mm sehr geringen Auslenkungen des Trommelfells an das ovale Fenster weiterleitet. Die Fläche des Trommelfells ist ca. 20- bis 30-mal größer als die Auflagefläche des Steigbügels am ovalen Fenster, somit findet eine Verstärkung der Kraft statt.

Das Innenohr ist demnach ein Impedanzwandler (s. Kap. 2.4) zwischen dem Außenohr (Luft) und dem Innenohr (Gewebsflüssigkeit).

Andererseits können die Gehörknöchelchen aber auch durch die Muskelvorspannung eine dämpfende Wirkung und dadurch eine Schutzfunktion haben. Diese Muskeln können nicht willentlich gesteuert werden, sondern werden erst bei sehr großen Schalldruckpegeln durch den so genannten Stapediusreflex angespannt.

Das Mittelohr ist mit Luft gefüllt und besitzt über die Eustachische Röhre eine Verbindung zum Rachenraum. Durch Schlucken kann so ein Druckausgleich zwischen Außen- und Mittelohr erfolgen.

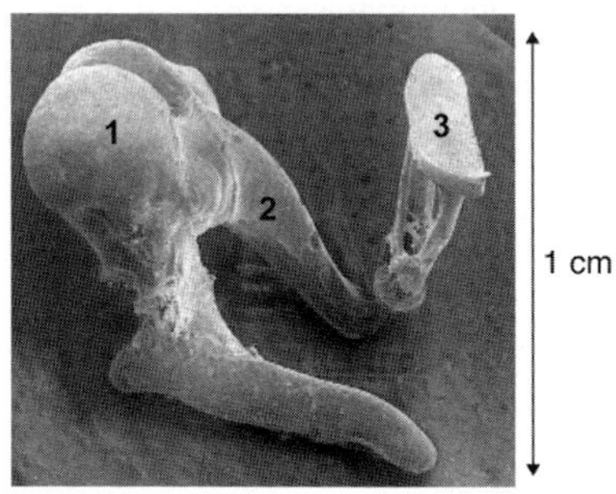

1 = Hammer
2 = Amboß
3 = Steigbügel

Abb. 4.2: Elektronenmikroskopaufnahme der Gehörknöchelchen

Innenohr

Das Innenohr wird aufgrund seiner Form auch Schnecke genannt. Es wandelt die empfangenen Schwingungen in Nervenströme um. Die Hörschnecke ist mit Gewebsflüssigkeit, der Perilymphe, gefüllt. Der Steigbügel überträgt seine Schwingungen auf das ovale Fenster und dadurch auf die Perilymphe im Innenohr. Das runde Fenster dient zum Ausgleich der entstehenden Druckunterschiede (Abb. 4.3).

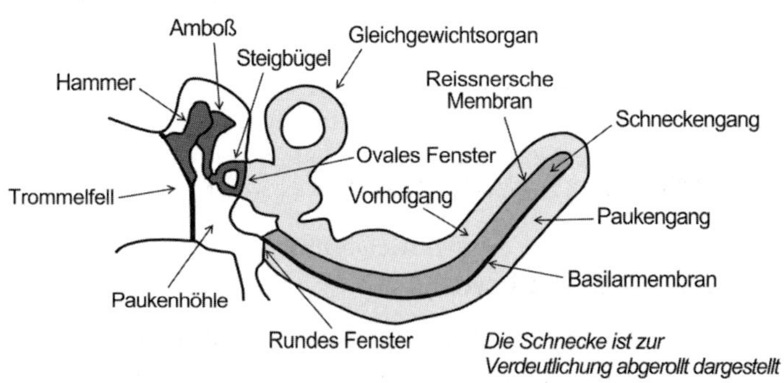

Abb. 4.3: Mittel- und Innenohr

Die Schwingungen breiten sich in der Schnecke als Wanderwelle aus und regen je nach Frequenz unterschiedliche Bereiche auf der Basilarmembran an. So kann einer bestimmten Tonhöhe ein ganz bestimmter Bereich zugeordnet werden. Direkt am Anfang der Schnecke werden die hohen Töne wahrgenommen, am Ende die tiefen (Abb. 4.4).

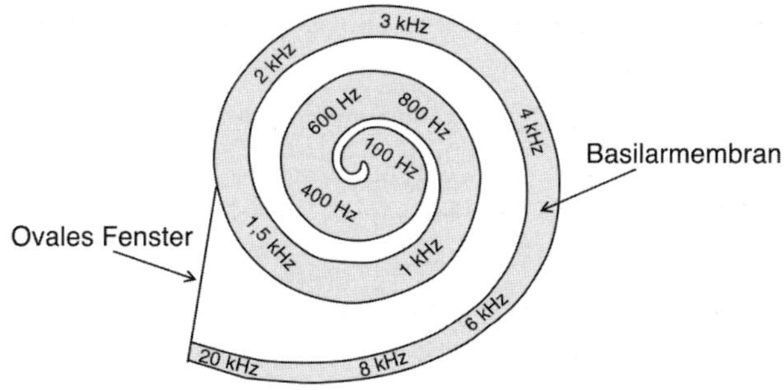

Abb. 4.4: Frequenzkodierung auf der Basilarmembran

Durch die Bewegungen der Basilarmembran wird in den darauf befindlichen Haarzellen eine elektrische Potentialänderung verursacht. Diese elektrischen Ströme werden vom Hörnerv an das Gehirn weitergeleitet, und erst dort wird eine Schallempfindung ausgelöst. Die Schnittzeichnung in Abb. 4.5 zeigt im Detail den inneren Aufbau der Hörschnecke, insbesondere die Haarzellen auf der Basilarmembran unterhalb der Deckmembran und den Hörnerv. Die Haarzellen, von denen es weit über 20.000 gibt, werden auch Stereozilien genannt. Sie sind an ca. 30.000 Hörnervfasern angeschlossen.

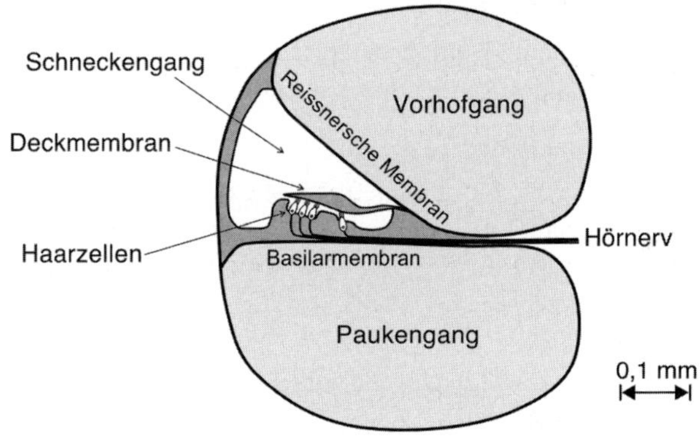

Abb. 4.5: Schnitt durch den Schneckenkanal

4.2 Wahrnehmung durch das Gehör

4.2.1 Lautstärkewahrnehmung

Die Lautstärke ist die wohl wichtigste Empfindung bei der Wahrnehmung von Schall. Diese Empfindung ist einerseits abhängig vom Schalldruckpegel, andererseits aber auch von der Frequenz. Ersichtlich wird dieser Zusammenhang aus den Kurven gleicher Lautstärkepegel, den so genannten Isophonen (Abb. 4.6).

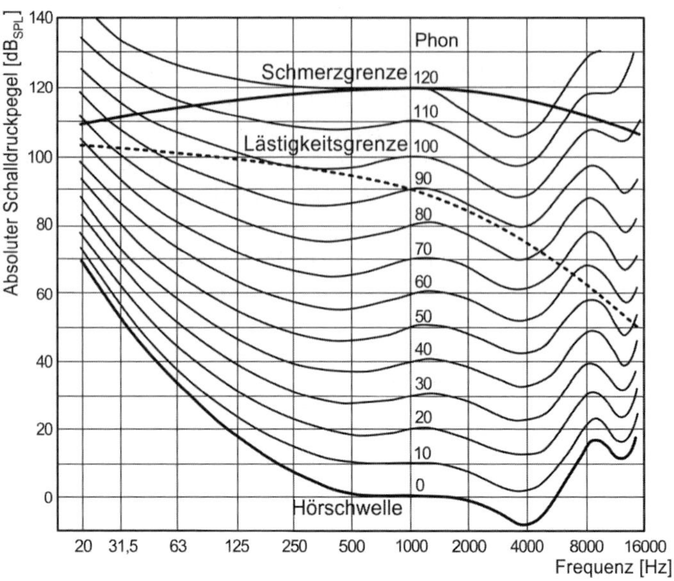

Abb. 4.6: Isophone

Lautstärkepegel L_N [Phon]: Jedem Isophon entspricht ein bestimmter absoluter Schalldruckpegel. Bei 1 kHz stimmen Schalldruckpegel und Lautstärkepegel zahlenmäßig überein.

Unterscheidung von Dezibel und Phon:

- *Ein Schallereignis* = Objektiv messbare Reizgröße. Einheit [dB].
- *Ein Hörereignis* = Subjektiv feststellbare Empfindungsgröße. Einheit [Phon].

Was sagen die Isophone aus?

Die unterste Kurve repräsentiert die Hörschwelle, oben ist die Schmerzgrenze eingezeichnet, der Bereich dazwischen wird als Hörfläche bezeichnet. Die Lästigkeitsgrenze eines Schallereignisses liegt deutlich unter der Schmerzgrenze. Das Lautstärkeempfinden ist frequenzabhängig, und diese Frequenzabhängigkeit ändert sich wiederum mit dem Schalldruck. Am empfindlichsten ist das Gehör in einem Frequenzbereich von ca. 2 bis 5 kHz, bei tiefen und hohen Frequenzen ist es wesentlich unempfindlicher.

Was bringt die Kenntnis über die Isophone in der Praxis?

Bei der Wiedergabe über eine Beschallungsanlage sind die Bässe und Höhen bei niedrigem Lautstärkepegel (z. B. 50 bis 60 Phon) weniger laut wahrzunehmen. Das Klangbild muss in diesem Fall durch Anhebung der tiefen und hohen Frequenzanteile gehörrichtig korrigiert werden. Laute Darbietungen (z. B. 85 bis 100 Phon) nimmt das Gehör dagegen ausgeglichen wahr, so dass eine zusätzliche Tiefen- und Höhenanhebung nicht mehr erforderlich ist, bzw. sogar störend wirkt.

Aus den Isophonen wurden die Filterkurven für den bewerteten Schalldruckpegel abgeleitet (s. Kap. 2.1).

Lautheit

Die Lautheit beschreibt das subjektive Lautstärkeempfinden. Als Einheit dafür wurde das [sone] eingeführt. Eine Lautheit von 1 sone entspricht dabei einem Lautstärkepegel von 40 Phon bei 1 kHz. Oberhalb von 1 sone zieht eine Lautstärkeerhöhung um 10 Phon eine Verdopplung der Lautheit nach sich, wie in Abb. 4.7 zu sehen ist (+10 Phon entsprechen bei 1 kHz einem Schalldruckpegel von +10 dB_{SPL}). Unterhalb von 1 sone führt schon eine geringere Lautstärkeerhöhung zum Gefühl der Lautheitsverdopplung. Bei sehr kurzen Klangereignissen unter etwa 100 ms (Schallimpulse) gilt: Je kürzer ein Ton wiedergegeben wird, desto geringer ist dessen empfundene Lautheit.

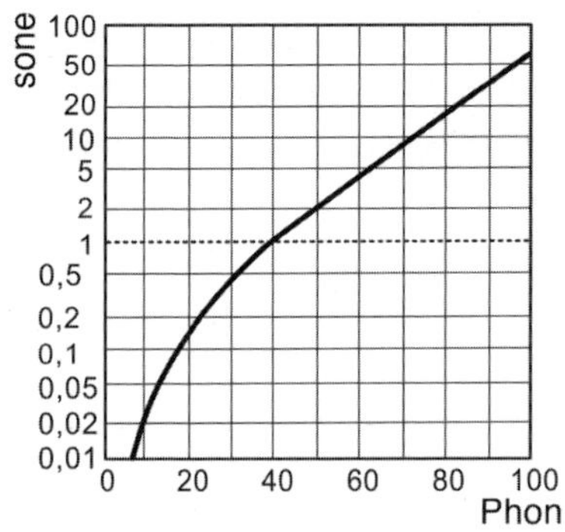

Abb. 4.7: Zusammenhang zwischen Lautheit in [sone] und Lautstärkepegel in [phon]

4.2.2 Räumliches Hören

Entfernungshören

Das Entfernungshören ist abhängig vom Schalldruckpegel. Darüber hinaus spielt auch die Dämpfung hoher Frequenzen durch die Luft eine Rolle; beispielsweise klingt naher Donner grell, ferner dumpf. Das Entfernungshören ist relativ schlecht ausgeprägt, wir irren uns oft beim Abschätzen von Entfernungen nur mittels akustischer Reize. Vor allem im Freien ist das Entfernungshören schwierig, da hier keine zusätzlichen Reflexionen mit ausgewertet werden können, wie das in Räumen möglich ist.

Richtungshören (Seitenlokalisation)

In Blickrichtung ist die Seitenlokalisation mit einer Lokalisationsschärfe von ca. 3° bis 5° links/rechts sehr gut ausgeprägt. Schall, der seitlich auf unsere Ohren trifft, also in 90° zur Blickrichtung, wird dagegen mit ca. ±10° eher schlecht lokalisiert. Bei Schall von hinten, 180° zur Blickrichtung, sind es ca. ±5,5°.

Drei Faktoren werden zur Seitenlokalisation vom Gehirn ausgewertet:

- Pegeldifferenzen zwischen beiden Ohren.
- Laufzeitdifferenzen zwischen beiden Ohren.
- Unterschiedliche Klangfarben an beiden Ohren.

Frequenzabhängigkeit

Sehr tiefe Frequenzen unterhalb ca. 500 Hz werden nur durch Laufzeitdifferenzen und daher eher schwer lokalisiert. Zwischen ca. 500 Hz bis 2 kHz erfolgt die räumliche Wahrnehmung durch Pegel- und Laufzeitunterschiede. Oberhalb von ca. 2 kHz werden hauptsächlich Pegel- und Klangfarbenunterschiede registriert. Klangfarbenänderungen kommen dadurch zustande, dass seitlich eintreffender Schall mit hoher Frequenz am zugewandten Ohr einen Druckstau hervorruft, während das abgewandte Ohr sich im Schallschatten befindet.

Höhenlokalisation

Die Höhenlokalisation beruht hauptsächlich auf Klangfarbenveränderungen und ist abhängig von der Hörerfahrung. Mit einer Lokalisationsschärfe von nur ca. 17° oben/unten ist sie relativ schlecht ausgeprägt. Durch spontanes Hinwenden des Kopfes in Richtung eines Hörereignisses wird die Lokalisation intuitiv verbessert.

4.2.3 Verdeckungseffekte

Zeitliche Verdeckung

Ein leiser Ton kann durch einen vorher, nachher oder gleichzeitig auftretenden lauten Ton verdeckt werden. Man spricht hier von einer Vor-, Nach- und Simultanverdeckung (Abb. 4.8).

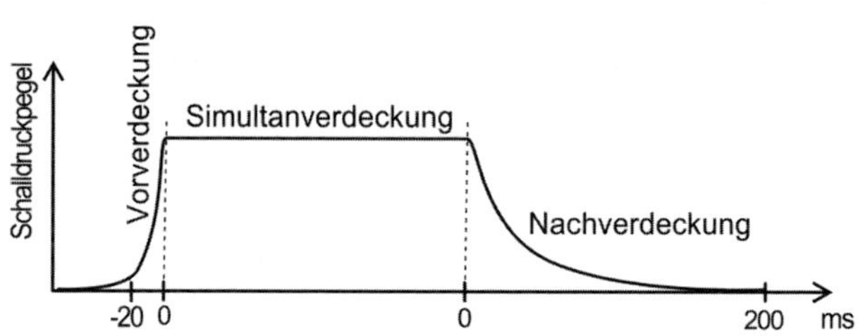

Abb. 4.8: Zeitliche Verdeckung

Die *Vorverdeckung* kann mit der verzögerten Wahrnehmung und Informationsverarbeitung von leisen Signalen durch das Gehirn erklärt werden und liegt unter 20 ms. Ein Erklärungsansatz dafür ist, dass laute Signale schneller verarbeitet werden, da sie von einer potentiellen Gefahrenquelle ausgehen könnten.

Die *Simultanverdeckung* resultiert aus der Addition nicht kohärenter Signale (s. Kap. 8.5). Hier bestimmt ab einem gewissen Pegelunterschied das jeweils lauteste Signal den Gesamtschalldruckpegel, andere Signale mit geringerem Pegel werden damit zum gleichen Zeitpunkt nicht mehr wahrgenommen.

Die *Nachverdeckung* kommt zustande, wenn das Gehör noch auf eine große Lautstärke adaptiert und daher für eine gewisse Zeit (ca. 200 ms) unempfindlich für nachfolgende, leise Töne ist.

Spektrale Verdeckung

Ein Schallereignis mit einer bestimmten Frequenz oder Frequenzbandbreite kann ein anderes verdecken, wenn beide im Spektrum dicht zusammen liegen. Das kommt dadurch zustande, dass Töne mit leicht unterschiedlicher Frequenz dieselben Hörzellen innerhalb der kritischen

Bandbreite anregen können. Die kritische Bandbreite beträgt für Frequenzen unter 1 kHz etwa 1 Hz und für höhere Frequenzen ca. 0,1 bis 0,2 % der jeweiligen Frequenz. (Die kritische Bandbreite wird auch als Zwicker-Effekt bezeichnet.)

Abb. 4.9 zeigt eine Anhebung der Hörschwelle, hervorgerufen durch drei gleichzeitig wiedergegebene Testsignale (schmalbandiges Rauschen, s. Kap. 19.4.1): 250 Hz, 1 kHz und 4 kHz mit jeweils gleichem Schalldruckpegel von 60 dB_{SPL}. Andere Schallereignisse mit Frequenzen nahe den Testsignalen, aber mit geringerem Pegel werden nicht wahrgenommen, wenn diese unterhalb der verschobenen Hörschwelle (auch Mithörschwelle genannt) liegen.

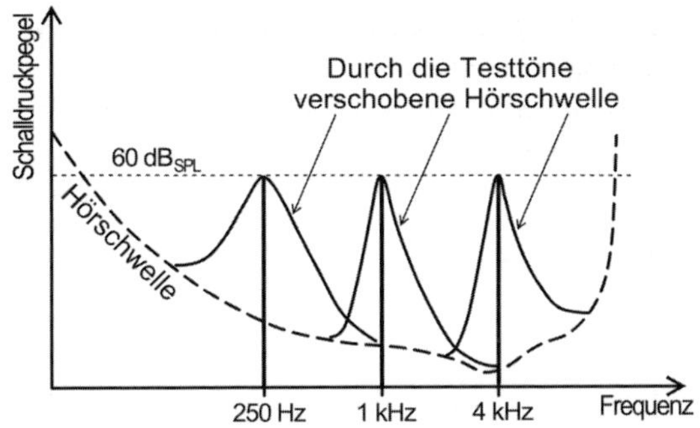

Abb. 4.9: Spektrale Verdeckung bei drei Testsignalen unterschiedlicher Frequenz

In Abb. 4.10 ist die Anhebung der Hörschwelle durch ein einzelnes 1 kHz-Testsignal mit jeweils unterschiedlichem Schalldruckpegel zu sehen. Mit zunehmendem Pegel wird auch der Bereich der spektralen Verdeckung unter der verschobenen Hörschwelle größer.

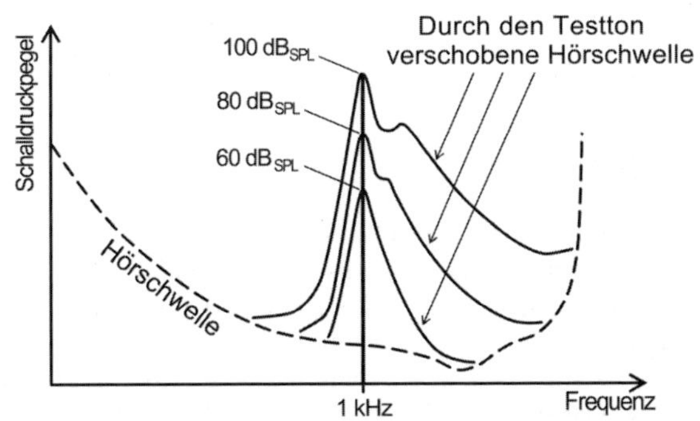

Abb. 4.10: Spektrale Verdeckung bei verschiedenen Schalldruckpegeln

Verdeckungseffekte müssen in der Wahrnehmung nicht immer zur kompletten Ausblendung eines verdeckten Schallereignisses führen. In manchen Fällen bewirken sie auch nur eine Dämpfung des verdeckten Signals. Ein schönes Beispiel dafür ist das Autoradio: Während der Fahrt verdecken Motor- und Fahrbahngeräusche Klanganteile des Radioprogramms, man erhöht deshalb den Pegel, um alles gut zu verstehen (oder eine elektronische Pegelanpassung erledigt dies automatisch). Beim Halt an einer Ampel fallen die Verdeckungsgeräusche weg, das Radio ist wieder mit dem vollen Klangspektrum und dadurch subjektiv lauter zu hören (die Automatische Pegelanpassung regelt wieder herunter).

Psychoakustischer Verdeckungseffekt

Durch das gezielte Steuern der Wahrnehmung können bewusst Schallereignisse ausgeblendet werden. Dies wird oft als „Cocktailparty-Effekt" umschrieben – es ist möglich, auf einer Party unterer mehreren lauten Unterhaltungen einem einzelnen Gespräch zu folgen, wenn wir uns auf den Gesprächspartner konzentrieren. Alle anderen Gespräche um uns herum werden somit ausgeblendet. Dadurch, dass wir einander ansehen und der Gestik und Mimik folgen, wird dieser Effekt natürlich unterstützt. Aber es ist auch ohne Sichtkontakt möglich, wenn die Stimme hinreichend bekannt ist.

4.2.4 Schallwahrnehmung bei elektroakustischer Wiedergabe

Phantomschallquellen bei stereofoner Wiedergabe

Beim natürlichen Hören gibt es für *eine* Schallquelle *eine* Wahrnehmung. Bei der elektroakustischen stereofonen Wiedergabe gibt es mindestens *zwei* Schallquellen (die Lautsprecher), die aber bei korrelierten Signalen ebenfalls nur *eine* Wahrnehmung hervorrufen.

Korrelation und Korrelationsgrad

Die *Korrelation* beschreibt die Ähnlichkeit zweier Signale im Zeitbereich. Es wird also die Wechselbeziehung der Phase zwischen zwei Signalen betrachtet. Mit einem *Korrelationsgradmesser* (Abb. 4.11) kann diese Phasenbeziehung messtechnisch erfasst werden. Identische Signale auf beiden Kanälen haben einen Korrelationsgrad von +1. Handelt es sich um komplett unterschiedliche Signale oder fehlt ein Wiedergabekanal, dann beträgt der Korrelationsgrad 0. Wird auf beiden Kanälen das gleiche Signal übertragen, aber ein Kanal ist verpolt (gegenläufige Phase), dann wird ein Wert von -1 angezeigt.

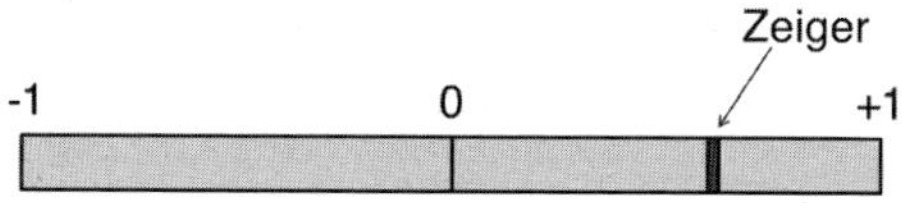

Abb. 4.11: Korrelationsgradmesser

Kommen aus zwei Lautsprechern kohärente und pegelgleiche Signale, so entsteht der Höreindruck einer fiktiven Schallquelle – der so genannten Phantomschallquelle – genau in der Mitte der Stereo-Basisbreite (Kohärenz: s. Kap. 1.2.2).

Die korrekte Lokalisation einer Phantomschallquelle ist allerdings nur gegeben, wenn der Zuhörer und beide Lautsprecher ein gleichseitiges Dreieck bilden (Abb. 4.12). Der Zuhörer sitzt dann an der optimalen Abhörposition, dem „Sweet Spot".

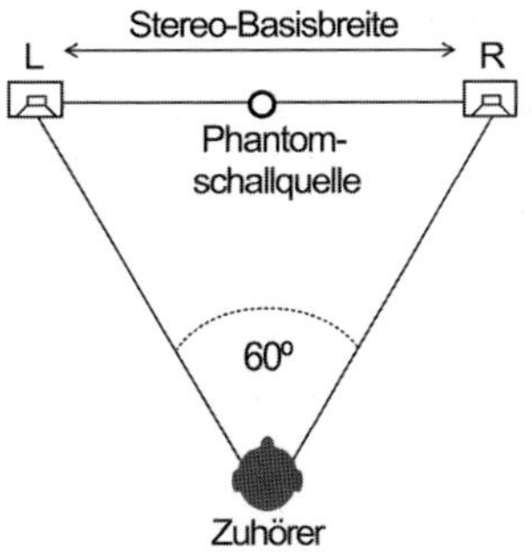

Abb. 4.12: Stereowiedergabe mit Phantomschallquelle

Intensitätsstereofonie (ΔL): Eine Phantomschallquelle kann zur Seite verschoben werden, indem mit dem Panorama-Regler am Mischpult (s. Kap. 15.3) auf den beiden Lautsprechern unterschiedliche Pegel wiedergegeben werden. Die Intensitätsstereofonie wird aber auch bei der Mikrofonierung eingesetzt; mehr dazu in Kap. 10.2.1.

Laufzeitstereofonie (Δt): Auch eine verzögerte Wiedergabe auf nur einem Lautsprecher mit Delay-Schaltungen (s. Kap. 16.3.1) ändert die Lokalisation der Phantomschallquelle. Auch die Laufzeitstereofonie kann bei der Mikrofonierung eingesetzt werden; mehr dazu in Kap. 10.2.2.

Tab. 4.1: Vergleich von Intensitäts- und Laufzeitstereofonie

Lokalisation	Intensitätsstereofonie ΔL		Laufzeitstereofonie Δt	
	Linker Kanal	Rechter Kanal	Linker Kanal	Rechter Kanal
Links	0 dB	-16 bis -20 dB	0 ms	1,5 bis 1,8 ms
Halblinks	0 dB	-6 dB	0 ms	0,4 bis 0,5 ms
Mitte	0 dB	0 dB	0 ms	0 ms
Halbrechts	-6 dB	0 dB	0,4 bis 0,5 ms	0 ms
Rechts	-16 bis -20 dB	0 dB	1,5 bis 1,8 ms	0 ms

Die Werte in Tab. 4.1 wurden empirisch in Hörversuchen ermittelt und sind nur als theoretische Anhaltspunkte zu sehen. In der Praxis bestimmen die Art des Schallsignals und die Raumakustik die tatsächlich notwendigen Pegel- und Laufzeitdifferenzen. Als minimale Werte für eine gerade noch wahrnehmbare Verschiebung einer Phantomschallquelle können aber $\Delta t = 0{,}01$ ms und $\Delta L = 0{,}5$ dB angenommen werden.

Wie genau eine Phantomschallquelle zustande kommt, ist noch strittig. Es gibt hier verschiedene Erklärungsansätze. Die schlüssigste Theorie dürfte die von Günther Theile sein, wonach bei der stereofonen Wiedergabe mit zwei Lautsprechern auch tatsächlich zwei getrennte Schallquellen lokalisiert werden, und erst bei der Signalverarbeitung im Gehirn kommt es zu einer Verschmelzung der Richtungswahrnehmung und dem Eindruck einer fiktiven Schallquelle zwischen den Lautsprechern. Diese Theorie beruht auf den Prinzipien der Gestaltwahrnehmung; demnach entsteht die Wahrnehmung nicht aus einer simplen Addition einzelner Sinnesreize, sondern ist durch ganzheitliche „Gestalten“ bestimmt. Bezogen auf die Audiowiedergabe bedeutet dies, dass nicht die einzelnen Schallereignisse ausschlaggebend sind, sondern die Wechselbeziehung zwischen ihnen und deren Verschmelzung zu einer Gestalt (Abb. 4.13).

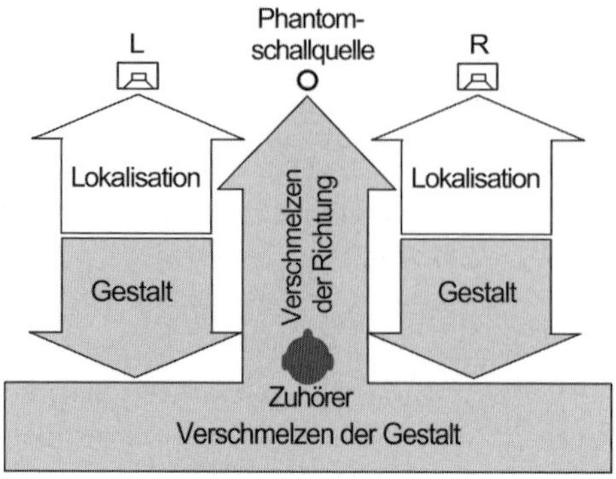

Abb. 4.13: Hören nach dem Prinzip der Gestaltwahrnehmung

Gesetz der ersten Welle

Kernaussage des Gesetzes der erste Welle: Die zuerst eintreffende Schallwelle bestimmt den Richtungseindruck. Dieser Zusammenhang wird oft auch Haas-Effekt genannt.

Praktisches Beispiel: Stützlautsprecher (Delay Line) bei einer Beschallungsanlage. Wird über die Delay Line das gleiche Signal wiedergeben wie auf den Lautsprechern an der Bühnekante, so verschiebt sich für die Zuhörer im hinteren Bereich der Höreindruck in Richtung der Delay Line. Das Schallereignis wird also räumlich nicht richtig lokalisiert. Zudem ist der Direktschall von der Bühne mit einer kurzen Zeitverzögerung als störendes Echo wahrnehmbar (Abb. 4.14).

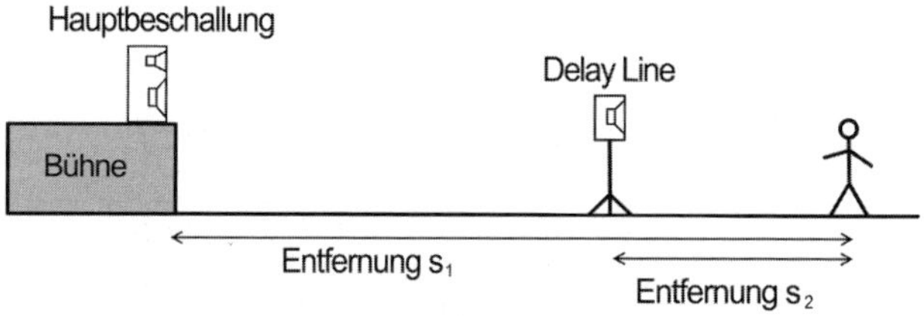

Abb. 4.14: Beschallung mit Delay Line

Durch eine elektronische Verzögerung wird das Audiosignal der Delay Line entsprechend später wiedergegeben. Um allerdings den räumlichen Höreindruck von der Delay Line zu lösen und um eine richtige Lokalisation der Schallquelle auf der Bühne zu ermöglichen, muss das Signal zusätzlich um ca. 1 bis 30 ms verzögert werden (s. Kap. 19.1):

$$\text{Verzögerungszeit } \Delta t = \frac{s_1 - s_2}{c} + 1 \text{ bis } 30 \text{ ms} \qquad \text{(Formel 4.1)}$$

s_1 : Distanz Hauptbeschallung – Zuhörer [m]
s_2 : Distanz Delay Line – Zuhörer [m]
c : Schallgeschwindigkeit [m/s]

Bei einer richtig eingestellten Verzögerungszeit kann der Schalldruckpegel für die Delay-Lautsprecher sogar zwischen 5 bis 10 dB_{SPL} größer sein als bei der Hauptbeschallung, ohne dass sich der Höreindruck in Richtung Delay Line verschiebt.

4.3 Hörschäden

Nachlassendes Hörvermögen im Alter

Mit zunehmendem Alter verengt sich der hörbare Frequenzbereich. Ein Erwachsener mit 35 Jahren hört vielleicht nur noch Töne zwischen 30 Hz und 16 kHz, während Kinder noch den vollen Frequenzbereich von 20 Hz bis 20 kHz wahrnehmen.

Hörermüdung durch Lärmeinwirkung

Ist das Gehör mehreren Stunden Lärm mit mehr als 85 dB_A ausgesetzt, so führt das zu einer vorübergehenden Verschiebung der Hörschwelle, die aber reversibel sein kann. Innerhalb von Stunden oder Tagen kommt es wieder zu einer Normalisierung des Hörvermögens. Daher wird diese Hörstörung auch vorübergehende Hörschwellenverschiebung genannt oder Temporary Threshold Shift (TTS). Der Mechanismus, wie genau laute Geräusche eine vorübergehende Hörschwellenverschiebung hervorrufen, ist noch nicht vollständig bekannt. Eine Theorie besagt, dass es aufgrund einer Verstopfung von Blutgefäßen zu einer zeitweisen Reduzierung der Blutversorgung im Innenohr kommt, und damit zu den beschriebenen Symptomen.

Irreversibler Gehörschaden durch Lärmeinwirkung

Bei einer dauerhaften Überbelastung des Gehörs über Tage, Wochen oder Jahre, können auch ganze Frequenzbereiche für immer ausfallen. Die Sinneszellen in der Gehörschnecke verkleben sich dabei oder knicken regelrecht ab, und haben damit keine Funktion mehr (Abb. 4.15 und 4.16). Die Haarzellen erholen sich von diesem Schaden nicht mehr, der Gehörschaden ist also irreversibel. Die lärminduzierte Schwerhörigkeit wird daher auch Permanent Threshold Shift (PTS) genannt.

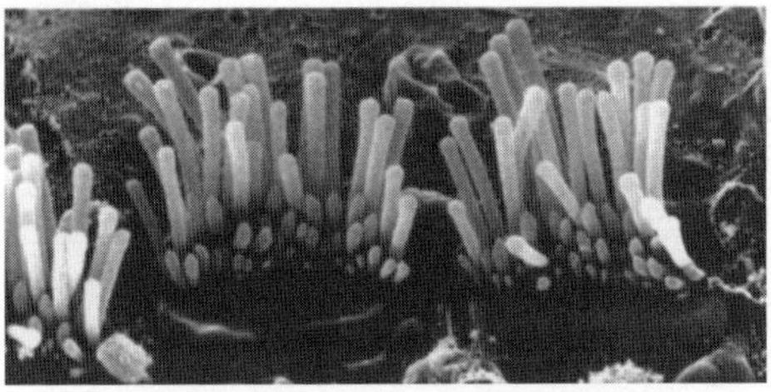

Abb. 4.15: Elektronenmikroskopaufnahme gesunder Haarzellen

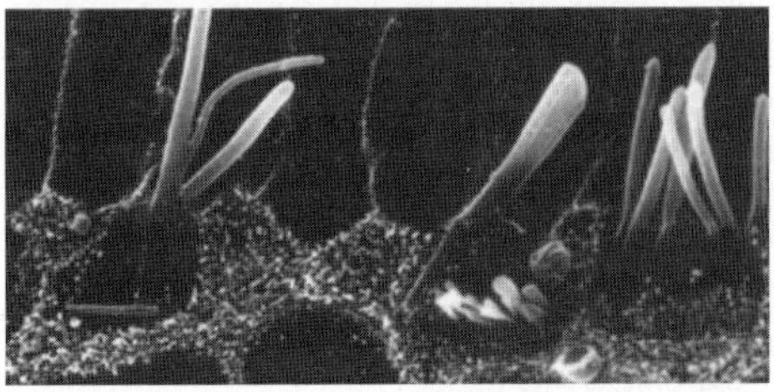

Abb. 4.16: Irreversibler Gehörschaden durch abgeknickte Haarzellen

Wie äußert sich ein dauerhafter Hörschaden?

Leise Töne können nicht mehr wahrgenommen werden, und der dynamische Bereich des Hörsystems reduziert sich. Daneben wird die Frequenzselektivität beeinträchtigt: Der Gehörverlust im hohen Frequenzbereich überwiegt, da zuerst Haarzellen am Anfang der Schnecke absterben. Insgesamt wird die sprachliche Verständigung immer schwieriger, da zum einen die Verständlichkeit sinkt und zum anderen Sprache bei verdeckenden Hintergrundgeräuschen schlechter wahrgenommen wird. Sehr oft treten auch die Symptome eines Tinnitus auf, dabei werden Störgeräusche wie zum Beispiel ein Pfeifen oder Rauschen wahrgenommen. Lärmbedingter Tinnitus kann so erklärt werden, dass die dauerhaft gekrümmten Haarzellen Signale senden, die vom Gehirn so interpretiert werden, als würde Schall das Ohr erreichen.

Durch einen Hörtest wird erfasst, bei welchem Pegel einzelne Töne mit bestimmten Frequenzen (meist Sinustöne im Oktavabstand) gerade eben noch wahrgenommen werden. Ein Audiogramm ist die graphische Darstellung des Ergebnisses dieser Hörschwellenaudiometrie. In Abb. 4.17 ist das Audiogramm eines gesunden Gehörs und das bei einer lärmverursachten Schwerhörigkeit zu sehen. Deutlich ist hier die so genannte c^5-Senke bei ca. 4 kHz zu erkennen. Ein Schwerhöriger nimmt dadurch vor allem die für die Sprachverständlichkeit wichtigen Konsonanten nicht mehr ausreichend wahr.

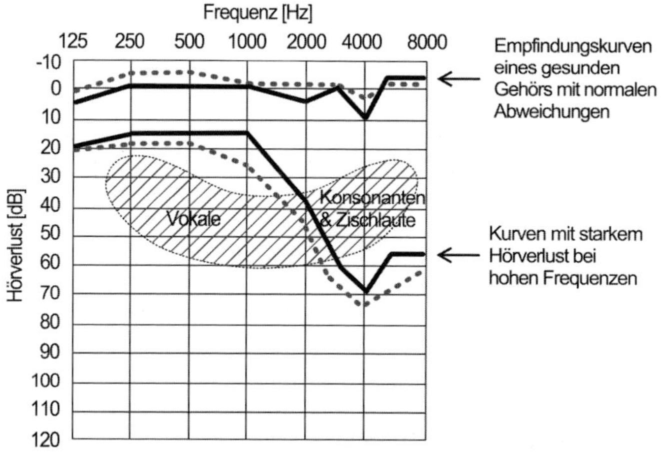

Abb. 4.17: Lärminduzierte Schwerhörigkeit

Doch nicht nur aufgrund des Risikos einer Lärmschwerhörigkeit sollten hohe Schalldruckpegel über längere Zeit vermieden werden. Generell hat eine Lärmeinwirkung negative psychische und physiologische Auswirkungen wie zum Beispiel:

- Allgemeine Störung des Wohlbefindens und Nervosität.
- Abnahme des Konzentrationsvermögens und der Lernfähigkeit.
- Übermüdung als Folge von Schlafstörungen.
- Leistungsminderung (in seltenen Fällen aber auch Leistungssteigerung).
- Kopfschmerzen und Überreizung.
- Erhöhtes Risiko für Herz-Kreislauf-Erkrankungen.

4.4 Übungsaufgaben

Aufgabe 1

Die Empfindlichkeit des Gehörs ist stark abhängig von der Frequenz; dies erfassen die Kurven gleicher Lautstärkepegel. Bei 1 kHz entsprechen 30 Phon einem Schalldruckpegel von 30 dB_{SPL}. Wie hoch muss der Schalldruckpegel bei einem Ton mit 125 Hz sein, damit er gleich laut wahrgenommen wird? Stelle dieselbe Überlegung für 80 Phon an. Bei 1 kHz beträgt der Schalldruck 80 dB_{SPL}. Wie verhält sich das bei 4 kHz?

Aufgabe 2

Vergleiche die Kurven gleicher Lautstärkepegel mit den Bewertungskurven aus Kapitel 2. Was lässt sich grob über deren Verlauf sagen, wie verlaufen die Kurven relativ zueinander?

Aufgabe 3

Wie interpretiert man den Anstieg eines Isophons zu niedrigen Frequenzen hin? Ist das Gehör für diese Frequenzen empfindlicher oder unempfindlicher?

Aufgabe 4

Was ist der Haas-Effekt?

Aufgabe 5

In einem Abstand von 28 Metern von der Hauptbeschallung einer Bühne ist eine Delay Line installiert. Welche Verzögerungszeit ist für die Delay Line notwendig, damit beide Schallereignisse gleichzeitig am Hörort eintreffen?

Aufgabe 6

Warum dürfen die Delay-Lautsprecher bei richtig eingestellter Verzögerungszeit bis zu 10 dB_{SPL} lauter sein als die Lautsprecher der Hauptbeschallung?

Aufgabe 7

Was bedeuten die Abkürzungen TTS und PTS?

Aufgabe 8

Wie äußert sich eine lärmbedingte Schwerhörigkeit?

Aufgabe 9

Was ist ein Audiogramm?

Literaturtipps

Eska G. Schall & Klang.
Birkhäuser Verlag, Basel 1997

Stickel A. Faszination Gehör.
PPV Medien, Bergkirchen 2003

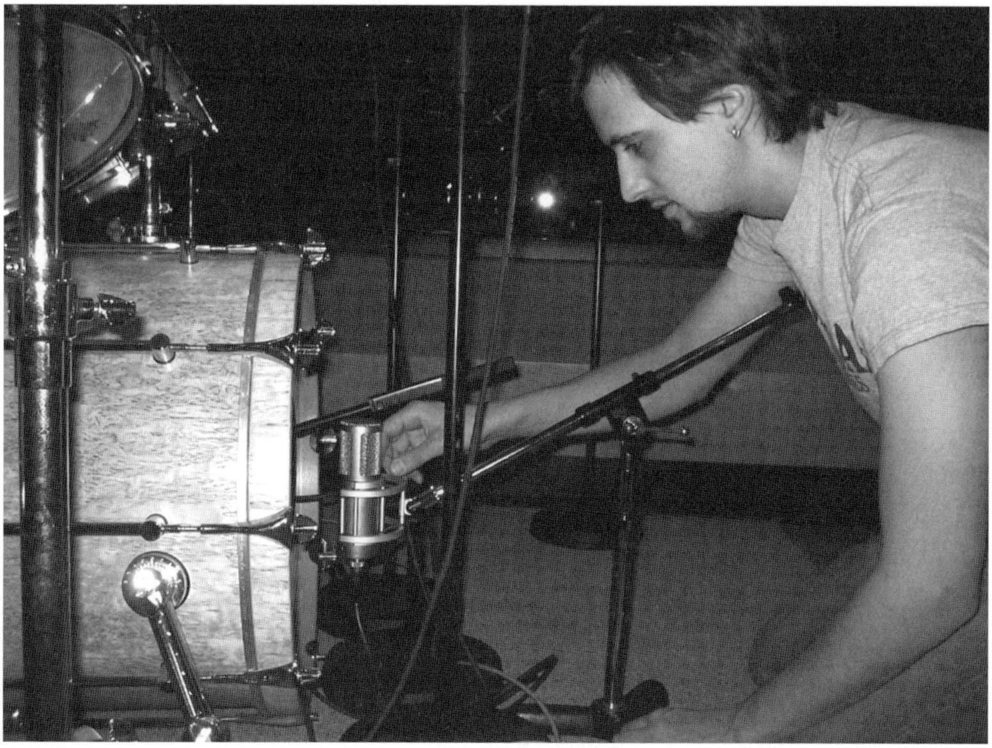

Mikrofonierung eines Schlagzeuges im Tonstudio (Hochschule der Medien, Stuttgart)

5 Lärmschutz

Die Unterweisung in die Lärmschutzvorschriften ist im zweiten Lehrjahr vorgesehen. Neben den theoretischen Inhalten zum Thema Lärmschutz sollen in der Praxis akustische Emissionen gemessen werden.

Wer muss vor Lärm bei einer Veranstaltung geschützt werden?

- Die Mitarbeiter.
- Das Publikum.
- Die Anwohner.

Für den Schutz jeder Personengruppe gelten jeweils andere Verordnungen, Normen oder Gesetze, die im Folgenden erläutert werden.

Emission, Immission und Exposition

Diese Ausdrücke werden des Öfteren fallen und dürfen nicht verwechselt werden. Deshalb hier eine Definition dieser Begrifflichkeiten:

Emission (lat.: emittere = Herauslassen): Eine Schallquelle sendet Schallwellen aus, sie *emittiert* Schall.

Immission (lat.: immittere = Hineinlassen): Auf einen Zuhörer wirkt der Schall ein. Der Zuhörer befindet sich am *Immissionsort*.

Exposition (lat.: expositio = Aussetzung): Der Zuhörer ist dem Schall als physikalische Erscheinung ausgesetzt. Der Schall ruft eine physiologische Wirkung im Körper des Zuhörers hervor.

5.1 Schutz der Mitarbeiter (LärmVibrationsArbSchV)

Anfang 2007 wurden europäische Richtlinien durch die Lärm- und Vibrations-Arbeitsschutzverordnung in deutsches Recht umgesetzt. In dieser Verordnung werden Maßnahmen beschrieben, wie Schalldruckpegel zu messen sind und eine Gefährdung der versicherten Personen (also aller Mitarbeiter, die einen Versicherungsschutz durch eine Berufsgenossenschaft haben) durch Lärm zu vermeiden ist.

5.1.1 Lärm- und Vibrations-Arbeitsschutzverordnung

Laut der LärmVibrationsArbSchV wird ein mit dem A-Filter bewerteter Schalldruckpegel über die Zeit gemittelt. Dabei wird entweder von einem Arbeitstag mit 8 Stunden oder einer Arbeitswoche mit 40 Stunden ausgegangen. Das Ergebnis ist der Tages- oder Wochen-Expositionspegel: $L_{EX,8h}$ und $L_{EX,40h}$.

Die besonders gefährlichen Pegelspitzen werden über die Grenzwerte des Spitzenschalldruckpegels L_{pCpeak} berücksichtigt (Messung mit dem C-Filter). Bereits ein einzelner Peak führt zur Überschreitung des Grenzwertes.

Die Messungen werden gemäß DIN 45645-2 durchgeführt (Ermittlung von Beurteilungspegeln aus Messungen, Teil 2: Geräuschimmissionen am Arbeitsplatz).

Auslösewerte laut der LärmVibrationsArbSchV

Die Verordnung definiert bestimmte Tages-Expositionspegel und Spitzenschalldruckpegel als Auslösewerte. Bei Erreichen oder Überschreitung dieser Auslösewerte hat der Arbeitgeber verschiedene Maßnahmen umzusetzen. Die unteren Auslösewerte liegen bei $L_{EX,8h} = 80\ dB_A$ und $L_{pCpeak} = 135\ dB_C$, die oberen Auslösewerte bei $L_{EX,8h} = 85\ dB_A$ und $L_{pCpeak} = 137\ dB_C$.

A: Allgemeine Maßnahmen

Generell hat der Arbeitgeber Schutzmaßnahmen nach dem Stand der Technik durchzuführen, um eine Gefährdung der Beschäftigten auszuschließen. Priorität vor der Verwendung von Gehörschutz hat dabei die Verhinderung oder Verringerung der Lärmemission am Entstehungsort.

B: Spezielle Maßnahmen

Bei Erreichen der unteren Auslösewerte $L_{EX,8h} = 80\ dB_A$ und $L_{pCpeak} = 135\ dB_C$:

→ Die Beschäftigten sind über die Ergebnisse der Gefährdungsbeurteilung zu informieren und hinsichtlich möglicher Gesundheitsgefährdung durch Lärm zu unterweisen.

Bei Überschreitung der unteren Auslösewerte, d. h. $L_{EX,8h} > 80\ dB_A$ und $L_{pCpeak} > 135\ dB_C$:

→ Es ist geeigneter Gehörschutz bereit zu stellen.

→ Eine arbeitsmedizinische Vorsorgeuntersuchung muss angeboten werden.

Bei Erreichen der oberen Auslösewerte $L_{EX,8h} = 85\ dB_A$ und $L_{pCpeak} = 137\ dB_C$:

→ Es sind Lärmbereiche zu erfassen, zu kennzeichnen und falls technisch möglich abzugrenzen.

→ Die Verwendung von Gehörschutz ist Pflicht.

→ Eine arbeitsmedizinische Vorsorgeuntersuchung ist Pflicht (s. Kap. 5.1.4).

Bei Überschreitung der oberen Auslösewerte, d. h. $L_{EX,8h} > 85\ dB_A$ und $L_{pCpeak} > 137\ dB_C$:

→ Es ist ein Lärmminderungsprogramm durchzuführen (s. Kap. 5.1.5).

5.1.2 Ermittlung von Beurteilungspegeln aus Messungen

Die Ermittlung von Beurteilungspegeln erfolgt entweder durch eine ortsfeste Messung mit Handschallpegelmesser (Abb. 5.1) in Ohrnähe des Beschäftigten oder als personengebundene Messung mit einem am Körper getragenen Pegelmessgerät, einem so genannten Schalldosismeter (Abb. 5.2). Hierbei wird ein Messmikrofon auf der Schulter angebracht und der Schallpegel über einen längeren Zeitraum erfasst und gespeichert. Für beide Varianten sind Schallmessgeräte der Genauigkeitsklasse 1 zu verwenden.

Spannungsverstärkungsfaktor V_U

$$V_u = \frac{U_a}{U_e}$$

Übertragungsfunktion Verstärker in Mitkopplung [V]

$$U_a = \frac{U_e \cdot V_d}{1+(k \cdot V_d)}$$

Kapitel 7

Leerlaufspannung einer Batterie [V]

$$U_0 = I \cdot R_i + U_{Kl}$$

C-Rate beim Laden und Entladen eines Akkus [h^{-1}]

$$\text{C-Rate} = \frac{\text{Strom [mA]}}{\text{Kapazität des Akkus [mAh]}}$$

Kapitel 9

Ausgangsspannung u_i eines dynamischen Mikrofons [V]

$$u_i = B \cdot l \cdot v \cdot z$$

Ausgangsspannung U eines Kondensatormikrofons [V]

$$\Delta U = \frac{Q}{\Delta C} \quad \text{mit Kapselkapazität C [F]}$$

$$C = \varepsilon_0 \cdot \varepsilon_r \cdot \frac{A}{d}$$

Nahbesprechungseffekt bei Mikrofon mit Nierencharakteristik

$$\frac{U_{Niere}}{U_{Kugel}} = \sqrt{1+\frac{\lambda^2}{16\pi^2 \cdot r^2}}$$

Grenzfrequenz f_g eines Grenzflächenmikrofons [Hz]

$$f_g = \frac{c}{d}$$

Kapitel 11

Elektrische Anpassung

Leistungsanpassung: $Z_a = Z_e$

Spannungsanpassung: $Z_a << Z_e$

Stromanpassung: $Z_a >> Z_e$

Grenzfrequenz f_g einer analogen Audioleitung [Hz]

$$f_g = \frac{1}{2\pi \cdot Z_A \cdot C' \cdot 10^{-12} \cdot l}$$

Kapitel 12

Wellenlänge λ bei elektromagnetischen Wellen [m]

$$\lambda = \frac{\text{Lichtgeschwindigkeit } c_0}{\text{Frequenz f}}$$

Kapitel 13

Abtasttheorem nach Whittaker-Shannon [Hz]

$$\text{Abtastfrequenz } f_S > f_o \cdot 2$$

Signal-Rausch-Abstand (SNR) bei der Pulsecodemodulation [dB]

$$SNR = N \cdot 6{,}02\ dB + 1{,}76\ dB$$

Periodendauer T_s der Abtastung [s]

$$T_s = \frac{1}{\text{Abtastfrequenz } f_s}$$

Tastgrad

$$\text{Tastgrad} = \frac{t}{T_s} = t \cdot f_s$$

Kapitel 16

Musikalischer Einsatz eines Delays: Viertelnotenverzögerung [s]

$$t = \frac{60\ s}{BPM}$$

Halbnotenverzögerung: t · 2

Achtelnotenverzögerung: t / 2

Kapitel 17

Dämpfungsfaktor D eines Verstärkers

$$D = \frac{\text{Nennimpedanz Lautsprecher } Z_e}{\text{Ausgangsimpedanz Verstärker } Z_a}$$

Kapitel 18

Wirkungsgrad η

$$\eta = \frac{P_{ab}}{P_{zu}}$$

Bündelungsmaß C einer Schallquelle [dB]

$$C = 10 \cdot \lg \gamma_Q$$

Grenzfrequenz f_g eines Linienstrahlers [Hz]

$$f_g = \frac{c}{2 \cdot d}$$

Ausdehnung r_n der Zylinderwelle eines Linienstrahlers [Hz]

$$r_n = \frac{l^2 \cdot f}{2c}$$

Kapitel 19

Koppelfrequenzen f_n einer Beschallungsanlage [Hz]

$$f_n = n \cdot \frac{c}{d}$$

Kapitel 21

Magnetische Feldstärke H [A/m]

$$H = I \cdot \frac{N}{l}$$

Obere Grenzfrequenz bei Bandmaschinen [Hz]

$$f_{go} = \frac{v}{\lambda_{min}}$$

Kapitel 22

Matrizierung eines RGB-Videosignals für Y, R–Y und B–Y

$$Y = 0{,}299R + 0{,}587G + 0{,}114B$$

Reduzierte Farbkomponenten

$$C_R = 0{,}713(R-Y) \qquad C_B = 0{,}564(B-Y)$$

$$V = 0{,}877(R-Y) \qquad U = 0{,}493(B-Y)$$

Brennweite bei Videoprojektoren [mm]

$$f = \frac{b}{1+(B/G)}$$

Mittelwertbildung ANSI-Lumen

$$\text{ANSI-Lumen} = \frac{E_1+E_2+E_3+E_4+E_5+E_6+E_7+E_8+E_9}{9} \cdot A$$

NZ

Alphabet griechischer Zeichen

Kleinbuchstabe	Großbuchstabe	
α	A	Alpha
β	B	Beta
χ	X	Chi
δ	Δ	Delta
ε	E	Epsilon
φ	Φ	Phi
γ	Γ	Gamma
η	H	Eta
ι	I	Iota
κ	K	Kappa
λ	Λ	Lambda
μ	M	My
ν	N	Ny
ο	O	Omikron
π	Π	Pi
ω	Ω	Omega
θ	Θ	Theta
ρ	P	Rho
σ	Σ	Sigma
τ	T	Tau
υ	Y	Ypsilon
ξ	Ξ	Xi
ψ	Ψ	Psi
ζ	Z	Zeta

Reihen- und Parallelschaltungen

	Reihenschaltung	Parallelschaltung
Widerstand R	$R_{Ges} = R_1 + R_2 + ... + R_n$	$\frac{1}{R_{Ges}} = \frac{1}{R_1} + \frac{1}{R_2} + ... + \frac{1}{R_n}$
Impedanzen Z	$Z_{Ges} = Z_1 + Z_2 + ... + Z_n$	$\frac{1}{Z_{Ges}} = \frac{1}{Z_1} + \frac{1}{Z_2} + ... + \frac{1}{Z_n}$
Induktivität L	$L_{Ges} = L_1 + L_2 + ... + L_n$	$\frac{1}{L_{Ges}} = \frac{1}{L_1} + \frac{1}{L_2} + ... + \frac{1}{L_n}$
Kapazität C	$\frac{1}{C_{Ges}} = \frac{1}{C_1} + \frac{1}{C_2} + ... + \frac{1}{C_n}$	$C_{Ges} = C_1 + C_2 + ... + C_n$
Spannungsquellen	$U_{Ges} = U_1 + U_2 + ... + U_n$	$U_{Ges} = U_1 = U_2 = ... = U_n$

Dezimalvorsätze

Vorsatzzeichen	Vorsatzsilbe	Potenz	Dezimalzahl
a	Atto-	10^{-18}	0,000 000 000 000 000 001
f	Femto-	10^{-15}	0,000 000 000 000 001
p	Pico-	10^{-12}	0,000 000 000 001
n	Nano-	10^{-9}	0,000 000 001
μ	Mikro-	10^{-6}	0,000 001
m	Milli-	10^{-3}	0,001
c	Zenti-	10^{-2}	0,01
d	Dezi-	10^{-1}	0,1
k	Kilo-	10^{3}	1 000
M	Mega-	10^{6}	1 000 000
G	Giga-	10^{9}	1 000 000 000
T	Tera-	10^{12}	1 000 000 000 000
P	Peta-	10^{15}	1 000 000 000 000 000
E	Exa-	10^{18}	1 000 000 000 000 000 000

Pegel

	Relative Pegel	Absolute Pegel
Verhältnisse von Schallkenngrößen		**Absoluter Schalldruckpegel L_P** $L_p = 20 \cdot \lg \frac{p}{0{,}00002\ Pa}$ Einheit [dB_{SPL}]
		Absoluter Schallintensitätspegel L_I $L_I = 10 \cdot \lg \frac{I}{10^{-12}\ W/m^2}$ Einheit [dB_{SIL}]
		Absoluter Schallleistungspegel L_W $L_w = 10 \cdot \lg \frac{P}{10^{-12}\ W}$ Einheit [dB_{SWL}]
Verhältnisse von elektrischen Größen	**Relativer Leistungspegel L_P** $L_P = 10 \cdot \lg \frac{P_2}{P_1}$ Einheit [dB_R] oder [dB]	**Absoluter Leistungspegel L_P** $L_P = 10 \cdot \lg \frac{P}{1\ mW}$ Einheit [dB_m] (an 600 Ω)
	Relativer Spannungspegel L_U $L_U = 20 \cdot \lg \frac{U_2}{U_1}$ Einheit [dB_R] oder [dB]	**Absoluter Spannungspegel L_U** $L_U = 20 \cdot \lg \frac{U}{0{,}775\ V}$ Einheit [dB_U]
		Rundfunknormpegel p $p = 20 \cdot \lg \frac{U}{1{,}55\ V}$ Einheit [dB_U]
Funktechnik	**Relativer Leistungspegel L_P** $L_P = 10 \cdot \lg \frac{P_2}{P_1}$ Einheit [dB_R] oder [dB]	**Absoluter Leistungspegel L_P** $L_P = 10 \cdot \lg \frac{P}{1\ mW}$ Einheit [dB_m] (an 50 Ω)

Genauigkeitsklassen bei Schallmessgeräten

1 = Präzisionsmessungen mit einem geeichten Messgerät mit einer Unsicherheit von 0 dB. Die Eichung erfolgt alle zwei Jahre durch eine zugelassene Eichbehörde; das Messgerät erhält anschließend eine Plakette mit dem Datum der Prüfung.

2 = Betriebsmessungen mit einem kalibrierten Messgerät mit einer Unsicherheit von ±1,5 dB. Die Kalibrierung erfolgt durch den Messtechniker vor Ort. Bei zwei Kalibrierungen an einem Messtag ist eine Abweichung von max. 0,5 dB zulässig; wird dieser Wert bei der Kalibrierung überschritten, ist die Messung ungültig.

3 = Orientierungsmessungen mit einem Messgerät, das weder geeicht noch kalibriert werden kann. Die Unsicherheit bei der Messung beträgt ±3 dB. Die Ergebnisse sollten regelmäßig durch eine Vergleichsmessung mit einem Messgerät der Klasse 1 oder 2 überprüft werden.

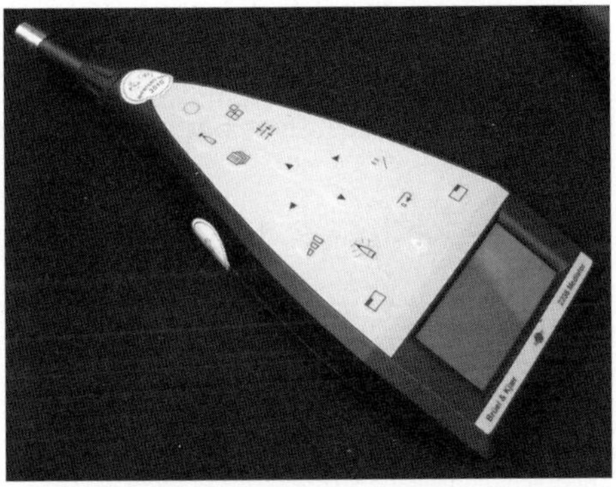

Abb. 5.1: Geeichter Handschallpegelmesser mit Prüfplakette (Brüel & Kjaer Mediator 2238)

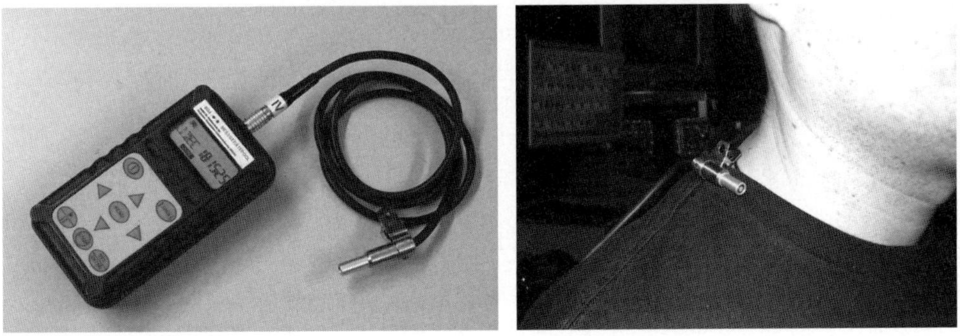

Abb. 5.2: Schalldosismeter

Aufgabenbezogene Messung

Die Tätigkeiten einer Arbeitsschicht werden in mehrere typische Teilzeiten mit gleicher Lärmexposition zerlegt. Der Expositionspegel kann dann durch separate Messungen in den einzelnen Teilzeiten und unter Berücksichtigung der jeweiligen Zeitanteile berechnet werden.

Beispiel: Abb. 5.3 zeigt den Schalldruckpegelverlauf für einen Arbeitstag mit dem Zeitraum T = 8 Stunden. In der Teilzeit T_1 mit 2 Stunden Dauer wurde ein durchschnittlicher Schalldruckpegel von $L_{m1} = 75\ dB_A$ gemessen, in der Teilzeit T_2 über 2,5 Stunden ein Pegel von $L_{m2} = 85\ dB_A$ und in T_3 innerhalb von 3,5 Stunden der Pegel $L_{m3} = 68\ dB_A$.

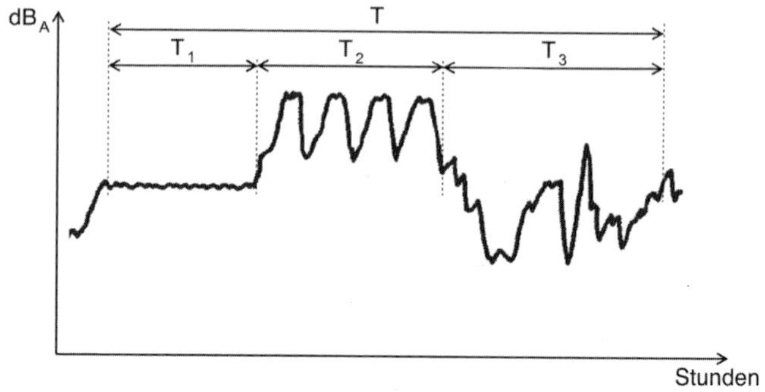

Abb. 5.3: Zerlegung einer Arbeitsschicht

Der Mittelungspegel L_m über die gesamte Arbeitszeit T berechnet sich dann:

$$L_m = 10 \cdot \lg\left[\frac{1}{T} \cdot \left(T_1 \cdot 10^{0,1 \cdot L_{m1}} + T_2 \cdot 10^{0,1 \cdot L_{m2}} + T_3 \cdot 10^{0,1 \cdot L_{m3}}\right)\right] \qquad \text{(Formel 5.1)}$$

$$L_m = 10 \cdot \lg\left[\frac{1}{8} \cdot \left(2,0 \cdot 10^{7,5} + 2,5 \cdot 10^{8,5} + 3,5 \cdot 10^{6,8}\right)\right]$$

$$L_m = 80,4\ dB_A$$

Berufsbildbezogene Messung

Für bestimmte Berufe oder eine Gruppe eines Berufsbildes mit Aufgaben von unbekannter Dauer erfolgt die Erfassung der Lärmexposition durch zufällige Stichprobenmessungen. Die Messdauer pro Stichprobe beträgt mindestens 15 Minuten, insgesamt summieren sich die Messzeiten aber auf mehrere Stunden.

Ganztagesmessung

Die Erfassung der Lärmexposition erfolgt hier durch Langzeitmessungen über mehrere vollständige Arbeitsschichten an mindestens drei Tagen. Ganztagesmessungen werden für mobil eingesetzte Beschäftigte mit unterschiedlichen Tätigkeiten empfohlen. Die Messungen sind mit personengebundenen Schalldosismetern durchzuführen.

Lärmdosis

Ohne Gehörschutz sollte die maximale Tagesdosis von 100 % nicht überschritten werden. Bei höheren Dosiswerten ist unbedingt ein geeignetes Gehörschutzmittel zu benutzen. Die individuelle Tagesdosis wird wie folgt berechnet:

$$D_{\%} = 100 \cdot \frac{T_e}{T_0} \cdot 10^{0{,}1 \cdot (L_m - L_0)} \qquad \text{(Formel 5.2)}$$

$D_{\%}$: Tagesdosis in %

T_e : Expositionsdauer, z. B. bei einer Veranstaltung 180 Minuten

T_0 : Bezugszeit 480 Minuten, d. h. ein Arbeitstag mit 8 Stunden

L_m : Gemittelter Schalldruckpegel über die Expositionsdauer

L_0 : Bezugsschalldruckpegel = 85 dB_A

5.1.3 Gehörschutzmittel

Wirksame Gehörschutzmittel müssen das Ohr vollständig abdichten, nur so wird Lärm effektiv gedämpft. Weiterhin sollte der Gehörschutz so leicht und bequem wie möglich sein und darf den Träger nicht ablenken oder irritieren.

Gehörgangverschließende Gehörschutzmittel

Hier gibt es verschiedene Arten:

Ohrgerecht vorgeformte *Gehörschutzwatte* mit oder ohne Folienumhüllung und *Gehörschutzpfropfen*, die fertig geformt sind oder aus Dehnschaumstoff bestehen können (Abb. 5.4).

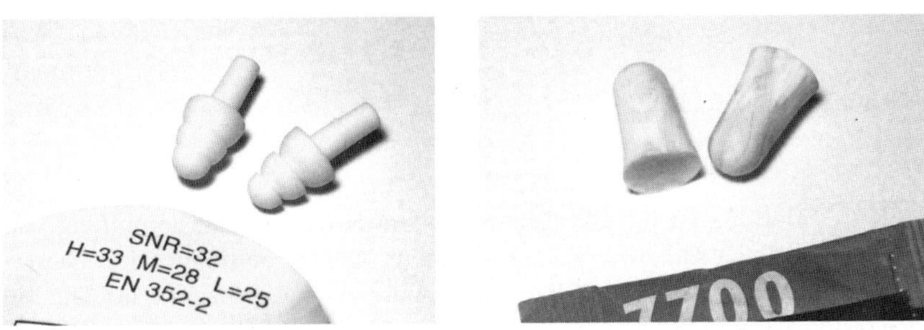

Abb. 5.4: Gehörschutzpfropfen

Otoplastiken: Werden nach Formabdrücken individuell an den Gehörgang angepasst. Von verschiedenen Herstellern gibt es Dämpfungsfilter mit möglichst linearem Frequenzgang. Beispiel Elacin® (Abb. 5.5): Hier werden Dämpfungsfilter mit 9, 15, 25 und 30 dB Dämpfung und Spezialfilter für impulshaften Schall angeboten. Die Filter sind herausnehmbar und können durch Ohrhörer ersetzt werden, sind damit also auch für In Ear-Monitoring einsetzbar (s. Kap. 19.2).

Abb. 5.5: Otoplastiken (links: Elacin® Stöpsel, rechts: Elacin® Concha)

Abdeckung des Gehörs

Durch *Gehörschutzkapseln* (Abb. 5.6) wird das Außenohr vollständig abgedeckt. Manche Kapseln haben auch eine elektronische Antischallfunktion. Hierbei wird der Schall durch ein Mikrofon erfasst und mit einer Phase von 180° über einen kleinen Kopfhörerlautsprecher in die Kapsel eingespielt (destruktive Interferenz, s. Kap. 1.2.2). Durch eine entsprechende Elektronik ist dabei auch eine pegelabhängige Schalldämmung möglich.

Daneben gibt es auch *Gehörschutzkapseln mit Hör- und Sprechfunktion*, die für den Anschluss an Kommunikationsanlagen geeignet sind.

Abb. 5.6: Gehörschutzkapseln

SNR-Wert

Laut DIN EN 352 und 458 ist für alle Gehörschutzmittel eine Baumusterprüfung vorgesehen, wobei hier der SNR-Schalldämmwert (Single Number Rating) bestimmt wird. Dieser gibt an, um wie viel Dezibel ein Normgeräusch bei einer Labormessung reduziert wird. Die Messungen für den SNR erfolgen in acht Oktavbändern von 63 Hz bis 8 kHz (s. Kap. 1.4.3). Zusätzlich werden Dämmwerte für hoch-, mittel- und tieffrequente Geräusche ermittelt:

- High (H) = 2 kHz bis 8 kHz
- Mid (M) = 1 kHz bis 2 kHz
- Low (L) = 63 Hz bis 1 kHz

In der Praxis wird durch unsachgemäße Benutzung des Gehörschutzes oft ein geringerer Dämmwert erreicht. Andererseits ist aber auch eine Überprotektion zu vermeiden, da sonst Warnsignale nicht mehr erfasst werden können.

5.1.4 Arbeitsmedizinische Vorsorgeuntersuchung (G20 Lärm)

Die ärztliche Vorsorgeuntersuchung G20 Lärm ist vor der erstmaligen Aufnahme einer Tätigkeit mit Gehörgefährdung von den Berufsgenossenschaften vorgeschrieben. Dabei werden die Gehörgänge untersucht und ein Hörtest in Luftleitung durchgeführt.

Werden dabei Hörverluste festgestellt, müssen zusätzlich weitere Untersuchungen erfolgen: Eine Kontrolle der Trommelfelle und ein Hörtest in Knochenleitung. Der Arzt muss außerdem ein Beratungsgespräch zum Thema Gehörschutz führen.

Die erste Nachuntersuchung erfolgt nach 12 Monaten; weitere Nachuntersuchungen alle 60 Monate bei Belastung zwischen 85 und 90 dB_A bzw. alle 36 Monate bei über 90 dB_A sind Pflicht.

5.1.5 Lärmminderungsprogramm

Ein Lärmminderungsprogramm umfasst technische Vorkehrungen und Maßnahmen zur Arbeitsgestaltung. Mit Prioritätenliste und Zeitplan sind – schriftlich protokolliert – folgende Punkte abzuarbeiten:

- Erstellen eines Lärmquellen-Katasters, d. h. eine Ermittlung und Auflistung der Lärmschwerpunkte mit Angabe der jeweiligen Schallkennwerte.
- Feststellung der Arbeitsplatz-Belegung: Welche Arbeitsplätze befinden sich im Lärmbereich?
- Erstellen einer Schallpegeltopografie: Anfertigung eines Grundrissplans der Arbeitsplätze mit eingezeichneten Lärmquellen und die Verteilung des Schalldruckpegels (meist mit farbigen Dezibel-Linien in 5 dB-Schritten).
- Durchführung einer Ursachenanalyse: Wo entsteht der Lärm und wie breitet sich der Schall im Arbeitsbereich aus?
- Aufstellung einer Lärmminderungsprognose: Abschätzung der zu erwartenden Pegelminderung nach Durchführung von Lärmminderungsmaßnahmen.

5.2 Schutz des Publikums (DIN 15 905-5)

Diese Norm beschreibt Maßnahmen zur Vermeidung einer Gehörgefährdung des Publikums durch hohe Schallemissionen bei elektroakustischer Beschallung. Anwendungsbereiche sind beschallte, für Publikum zugängliche Bereiche bei Veranstaltungen:

- Diskotheken
- Filmtheater
- Konzertsäle
- Mehrzweck- und Messehallen
- Räume für Shows, Events, Kabaretts und Varietés
- Studios für Hörfunk und Fernsehen
- Theater und Freilichtbühnen
- Open-Air-Veranstaltungen
- Festumzüge und Stadtfeste

5.2.1 Richtwerte

Für jede halbstündige Messperiode darf der durchschnittliche Pegel maximal 99 dB_A betragen (= L_{eq30}). Dieser Richtwert darf für jeweils eine halbstündige Messperiode innerhalb von zwei Stunden überschritten werden, wenn 99 dB_A über die gesamte Beurteilungszeit von zwei Stunden eingehalten werden (= L_{eq120}). Spitzenpegel dürfen 135 dB_C nicht überschreiten (= L_{peak}).

Die Einhaltung der geforderten Pegel wird durch Messungen nachgewiesen. Wenn die Richtwerte überschritten werden, muss eine Limitierung oder Leistungsbeschränkung der Beschallungsanlage erfolgen.

Die Messungen werden mit einem Messmikrofon und Geräten der Genauigkeitsklasse 2 am lautesten Punkt im Publikum durchgeführt (= maßgeblicher Immissionsort). Ein davon abweichender Messort macht Korrekturwerte erforderlich. Ein geeichter Schallpegelmesser wird nicht vorgeschrieben, aber vor und nach der Messung ist das Messgerät zu kalibrieren.

5.2.2 Maßnahmen

Bei 85 dB_A und mehr

- Eine protokollierte Messung ist durchzuführen und/oder die Beschallungsanlage zu begrenzen.
- Das Publikum ist über den hohen Schalldruckpegel zu informieren.
- Informationsmaterial zum Thema Gehörgefährdung ist bereitzustellen.

Bei 95 dB_A und mehr

- Gehörschutz muss bereitgestellt und das Publikum zum Tragen aufgefordert werden.

Generell empfohlen

- Eine Ampelanzeige am Mischerplatz:

  Unter 95 dB_A Grün,

  bei 95 bis 99 dB_A Gelb,

  über 99 dB_A Rot.

Als Beispiel eines Mess-Systems für Schallpegelmessungen nach DIN 15905-5 ist das Programm dBmess von der dBmess Franchise GmbH zu nennen (Abb. 5.7 und 5.8). Dies ist ein Windows-Programm in Kombination mit einem speziellen Vorverstärker mit integrierten Bewertungsfiltern. Eine handelsübliche Soundkarte dient als A/D-Wandler. Mit zwei Messmikrofonen kann während der Veranstaltung an verschiedenen Orten der Schalldruckpegel erfasst werden – zumeist in der Nähe der Hauptbeschallung und am Mischerplatz. Die Messung am Mischerplatz erfolgt dann jedoch nicht nach der DIN, sondern gemäß der Lärm-VibrationsArbSchV. Ein drittes Mikrofon direkt am Vorverstärker wird zur Kalibrierung vor und nach einer Messung benötigt.

Abb. 5.7: dBmess am Mischerplatz

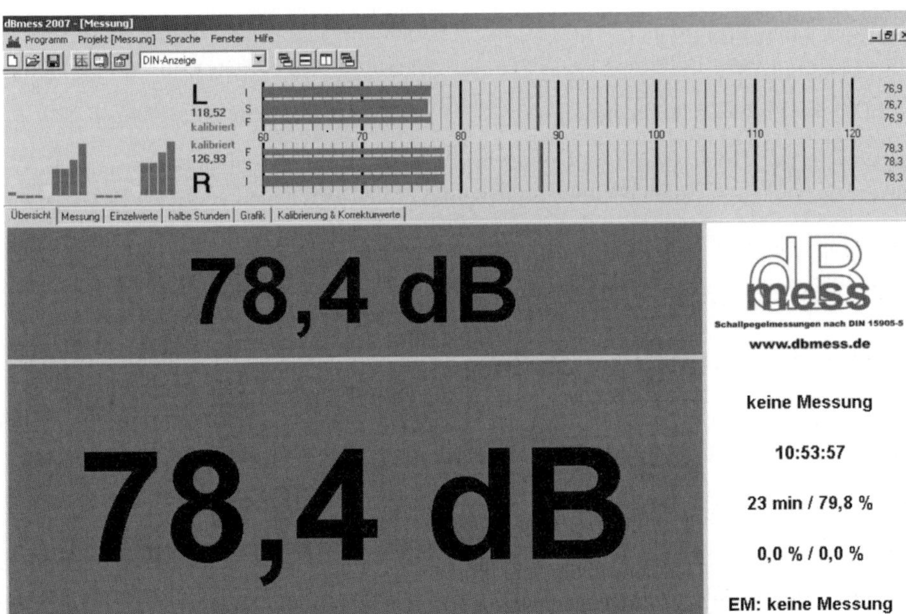

Abb. 5.8: Screenshot dBmess

Zeit	Anzahl	Leq	Lmax	Lpeak	Leq30	Leq120
29.03.08 13:30:00	0	0,0	0,0	0,0	0,0	0,0
29.03.08 14:00:00	0	0,0	0,0	0,0	0,0	0,0
29.03.08 14:30:00	9	76,8	85,0	99,9	71,6	65,6
29.03.08 15:00:00	30	77,0	79,6	93,5	77,0	72,1
29.03.08 15:30:00	30	90,1	104,9	128,2	90,1	84,4
29.03.08 16:00:00	30	89,9	104,8	118,1	89,9	87,1
29.03.08 16:30:00	30	93,7	105,5	119,7	93,7	90,4
29.03.08 17:00:00	30	92,2	106,0	119,1	92,2	91,8

Abb. 5.9: Beispiel Messprotokoll

In Abb. 5.9 ist ein Ausschnitt aus einem Messprotokoll zu sehen, welches mit dBmess erstellt wurde. In der ersten Spalte steht das Datum der Veranstaltung und die Uhrzeit bzw. Startzeit der halbstündigen Messperioden. Unter „Anzahl" stehen weniger als 30 Minuten, wenn die Messung innerhalb der halben Stunde gestartet oder gestoppt wurde (siehe dritte Reihe: In der Messperiode von 14:30 bis 15:00 Uhr wurde nur 9 Minuten lang gemessen, das bedeutet die Messung wurde um 14:51 Uhr gestartet).

L_{eq} = Level Energy Equivalent. Der L_{eq} ist der berechnete Dauerschallpegel, der zu einer gleichen physikalischen Belastung des Gehörs führen würde, wie der tatsächliche Pegelverlauf.

L_{max} = Maximum Level. Maximalpegel als RMS-Wert. (Root Mean Square; s. Kap. 6.5).

L_{peak} = Peak Level; mit dem C-Filter bewerteter Spitzenpegel (hier stehen bei dBmess allerdings nur die korrekten Werte, wenn auch tatsächlich ein C-Filter bei der Messung verwendet wurde).

$L_{eq30} = L_{eq}$ über 30 Minuten gemittelt.

$L_{eq120} = L_{eq}$ über 120 Minuten gemittelt.

5.2.3 Zeitbewertung bei Messungen

Nach DIN EN 60651 werden Zeitkonstanten für Schalldruckmessungen definiert. Im Prinzip soll damit bei den Messungen die Trägheit des Gehörsinns nachgebildet werden (Tab. 5.1).

Tab. 5.1: Zeitkonstanten für Schalldruckmessungen (Effektivwerte)

	Pegelanstieg	Pegelabfall
S = Slow	1 s	
F = Fast	125 ms	
I = Impuls	35 ms	1500 ms

P = Peak: Die Erfassung der Spitzenwerte ist durch extrem kurze Zeitkonstanten im µs-Bereich möglich.

5.3 Schutz der Anwohner (TA Lärm)

Die Technische Anweisung Lärm ist eine Ausführungsbestimmung des Bundesimmissionsschutzgesetzes. Die zuständige Behörde kann verlangen, dass eine Messung durch eine zugelassene Meßstelle gemäß §26 und §28 BImSchG durchgeführt wird. Die Messung erfolgt 50 cm vor dem Fenster des nächsten Anwohners mit einem geeichten Schallpegelmesser der Klasse 1. Die zulässigen Beurteilungspegel sind in Tab. 5.2 aufgeführt.

Tab. 5.2: Zulässige Schalldruckpegel gemäß der TA Lärm

	Tag (6 bis 22 Uhr)	Nacht (22 bis 6 Uhr)
Industriegebiet	70 dB_A	70 dB_A
Gewerbegebiet	65 dB_A	50 dB_A
Kern- / Mischgebiet	60 dB_A	45 dB_A
Wohngebiet	55 dB_A	40 dB_A
Reines Wohngebiet	50 dB_A	35 dB_A
Krankenhäuser	45 dB_A	35 dB_A

Einzelne, kurzzeitige Geräuschspitzen dürfen die Richtwerte am Tag um nicht mehr als 30 dB_A und in der Nacht um nicht mehr als 20 dB_A überschreiten.

Weiterhin sind Immissionsrichtwerte für so genannte seltene Ereignisse festgelegt: Eine Lärmbelastung an nicht mehr als zehn Tagen oder Nächten im Jahr und an nicht mehr als jeweils zwei aufeinander folgenden Wochenenden. Hier dürfen die Richtwerte von 70 dB_A am Tag und 55 dB_A in der Nacht nicht überschritten werden.

An Tageszeiten mit erhöhter Empfindlichkeit wird außerdem ein Zuschlag von 6 dB berücksichtigt:

- An Werktagen von 6 bis 7 Uhr und 20 bis 22 Uhr.
- An Sonn- und Feiertagen von 6 bis 9 Uhr, 13 bis 15 Uhr und 20 bis 22 Uhr.

Alle genannten Richtwerte gelten während der Tageszeit für einen Beurteilungszeitraum von 16 Stunden. In der Nacht wird die volle Stunde mit dem höchsten Beurteilungspegel herangezogen (z. B. 23 bis 0 Uhr).

In die Ermittlung bzw. Berechnung des Beurteilungspegels gemäß TA Lärm fließen weiterhin noch meteorologische Korrekturwerte und Zuschläge für Ton-, Informations- und Impulshaltigkeit mit ein.

Gedanken zur Lautstärke bei Konzerten

von Georg Hell

Mir fällt auf, dass die meisten musikalischen Live-Veranstaltungen sehr laut gemischt werden. Dabei würde ein Zurückfahren der Lautstärke nicht nur dem Gehörschutz, sondern auch meinem allgemeinen Wohlbefinden dienen. Laut klingt nicht immer besser.

Muss es sein, dass eine zu kleine oder falsch eingestellte Beschallungsanlage bis zum Verzerren aufgerissen wird, und mir nach dem dritten Song die Ohren so klingeln, dass ich mich in die hintere Ecke des Raumes zurückziehen muss? Hier wird dann der schlechte Mix, gedämpft durch die Gäste vor mir, unerträglich.

Der Grund für einen zu lauten Ton kann eine überdimensionierte Anlage sein, in Kombination mit einem Mischer, der versucht, eigene Defizite mit Lautstärke auszugleichen, oder der einfach gegen die zu laute Bühnenbeschallung der Musiker ankämpft.

Ein Ärgernis sind auch übermotivierte Musiker, welche sich bergeweise Gitarren- und Bassverstärker auf die Bühne stellen. So wird besonders in kleinen Locations die Aussicht auf einen guten Mix schnell zunichte macht. Überlaute Verstärker findet man leider oft bei unprofessionelleren Musikern. Hier fällt es dem Mischer oft schwer, Gehör zu erlangen, und gegen den Vollanschlag des Volumen-Reglers zu plädieren.

Thema Schlagzeug: In kleinen Clubs muss dieses nicht unbedingt komplett abgenommen werden. Oft reicht die Mikrofonierung von Kickdrum, HiHat plus zwei Overhead-Mikrofonen – je weniger Signalquellen, desto weniger Lärm ist zu erwarten.

Dass es auch angenehm „leise“ und dennoch fetzig geht, beweisen mir so etliche Popkonzerte. Ich erinnere mich gerne an das Konzert von „Anajo & das Pop-Orchester der Universität Augsburg“ zurück, die im relativ kleinen Kulturzentrum Merlin in Stuttgart ein Konzert gaben. Die Bühne war brechend voll mit Musikern (Gitarre, Bass, Schlagzeug, Percussion, Keyboard, Bläser, Gesang und Backgroundgesang), und dennoch kam ein klasse Sound rüber.

Wenn von der Schallquelle bis zur PA konsequent auf einen guten Ton geachtet wird, dann kann eine angenehme, schonende und dennoch wohlklingende Lautstärke erreicht werden. Und das auch bei Rock 'n' Roll!

5.4 Übungsaufgaben

Aufgabe 1

Welche Regelungen bzw. Vorschriften zum Lärmschutz gelten für die Mitarbeiter einer Veranstaltung, für das Publikum und die Anwohner?

Aufgabe 2

Bei einem mehrtägigen Konzertfestival wird am FOH-Mischpult der Auslösewert von $L_{EX,8h}$ von 85 dB_A überschritten, die Mitarbeiter dieser Veranstaltung müssen in diesem Bereich also Gehörschutz tragen. Welche weiteren Maßnahmen muss der Veranstalter bzw. Arbeitgeber für die versicherten Personen an diesem Arbeitsplatz treffen?

Aufgabe 3

Was bedeuten die Aufdrucke „H = 33, M = 28, L = 25“ auf der Verpackung eines Gehörschutzmittels?

Aufgabe 4

Bei einem Konzert wird am FOH-Mischpult ein L_{eq120} von 91,8 dB_A gemessen. Wie hoch ist die Lärmdosis des Tonmeisters mindestens bezogen auf einen achtstündigen Arbeitstag? Welche Folgerung ziehst Du aus dem berechneten Dosiswert?

Aufgabe 5

In welchen Fällen ist die ärztliche Vorsorgeuntersuchung G20 Lärm vorgeschrieben?

Aufgabe 6

Welche Richtwerte sind zum Schutz des Publikums vor Lärm einzuhalten und in welcher DIN ist das festgeschrieben?

Aufgabe 7

Die Ermittlung bzw. Berechnung des Beurteilungspegels gemäß der TA Lärm ist nicht einfach, da viele Faktoren berücksichtigt werden müssen. Nenne die wesentlichen Punkte, auf die geachtet werden muss.

Literaturtipps

Hoffmann H, Lüpke A, Maue JH. 0 Dezibel + 0 Dezibel = 3 Dezibel.
Erich Schmidt Verlag, Berlin 1999

Maute D. Technische Akustik und Lärmschutz.
Hanser Verlag, München 2006

Internet:
www.din15905.de

Eine kleine Gitarrensammlung („We Will Rock You“, Apollo Theater Stuttgart)

6 Grundlagen der Elektronik

Gewisse Grundlagenkenntnisse in der Elektronik sind notwendig, um die technischen Zusammenhänge besser verstehen zu können, die in den nachfolgenden Kapiteln behandelt werden.

6.1 Strom I

Bewegt sich eine gewisse Menge an elektrischen Ladungsträgern Q (Elektronen) in einer definierten Zeitspanne t durch einen Leiter, dann fließt der Strom I:

$$I = \frac{Q}{t} \qquad \text{(Formel 6.1)}$$

Einheit [A]
Q : Elektrische Ladung in Coulomb [C]
t : Zeit, in der die Ladungsmenge Q durch den Leiter fließt

6.2 Spannung U

Eine elektrische Spannung entsteht durch Ladungstrennung. Die getrennten Ladungen sind bestrebt, sich wieder auszugleichen. Dieses Ausgleichsbestreben wird als elektrische Spannung bezeichnet. Sind der Ohmsche Widerstand R (s. Kap. 6.6) eines Leiters und der Strom I, der durch diesen Leiter fließt bekannt, so lässt sich die Spannung U berechnen:

$$U = R \cdot I \qquad \text{(Formel 6.2)}$$

Einheit [V]
R : Ohmscher Widerstand [Ω]

6.3 Elektrische Leistung P und Energie W

Die elektrische Leistung P ist das Produkt aus der Spannung U und dem Strom I, welcher durch einen Leiter fließt:

$$P = U \cdot I \qquad \text{(Formel 6.3)}$$

Einheit [W]

Alternative Berechnungsmöglichkeiten für die elektrische Leistung:

$$P = \frac{U^2}{R} \qquad \text{(Formel 6.4)}$$

$$P = I^2 \cdot R \qquad \text{(Formel 6.5)}$$

Wirkt eine elektrische Leistung P über eine gewisse Zeit t, so wird die elektrische Energie W umgesetzt:

$$W = P \cdot t$$ (Formel 6.6)

Einheiten: Wattsekunden [Ws] oder Kilowattstunden [kWh]

6.4 Gleichstrom (=)

In einem Gleichstromkreis ist die Polarität der Spannungsquelle festgelegt, es gibt damit einen Plus- und einen Minuspol. Gleichstromquellen sind beispielsweise Akkumulatoren (Akkus) und Batterien. Strom und Spannung sind beim Gleichstrom über die Zeit konstant (Abb. 6.1).

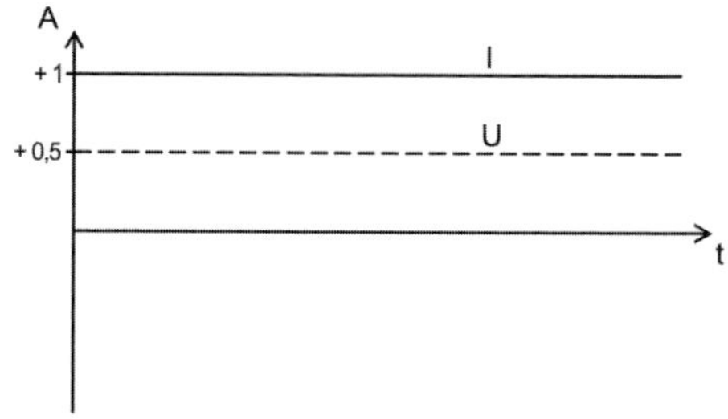

Abb. 6.1: Strom I und Spannung U bei Gleichstrom (Beispiel)

Stromrichtung im Leiter

- Technischer Stromfluss: Vom Plus- zum Minuspol (angenommener Stromfluss in elektronischen Schaltungen).
- Physikalisch: Die Elektronen bewegen sich vom Minus- zum Pluspol (tatsächlicher Stromfluss).

6.5 Wechselstrom (~)

Wie in Abb. 6.2 zu sehen ist, ändern sich der Strom i und die Spannung u beim Wechselstrom periodisch mit der Zeit in Form einer Sinusschwingung. (Zur besseren Unterscheidung zum Gleichstrom werden die Formelzeichen i und u klein geschrieben.)

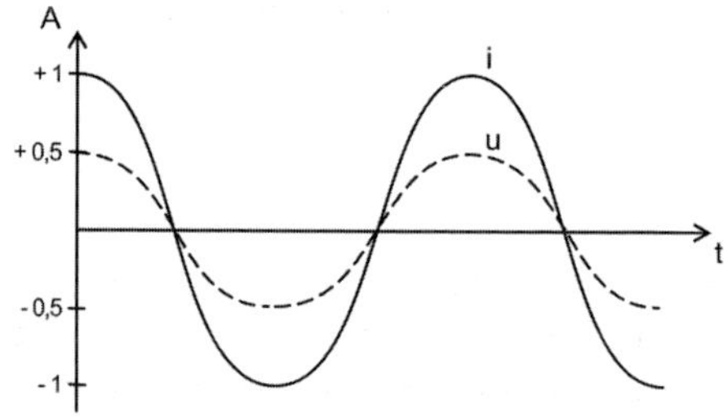

Abb. 6.2: Strom i und Spannung u bei Wechselstrom (Beispiel)

Typische Wechselstromquellen sind Generatoren, aber auch Niederfrequenz- und Hochfrequenzsignale in der Audio- und Nachrichtentechnik sind Wechselströme. Wechselstrom kann durch Transformatoren auf andere Spannungen transformiert und durch Gleichrichterschaltungen in Gleichstrom gewandelt werden (s. Kap. 6.3.4).

Bei Wechselstrom und Wechselspannung gibt es die Spitzenwerte i_{max} und u_{max}, aber auch die Effektivwerte I_{eff} und U_{eff}, die sich daraus ableiten lassen. Der Effektivwert ist der quadratische Mittelwert (RMS = Root Mean Square), der einem Gleichstrom bzw. einer Gleichspannung entspricht, die an einem Ohmschen Widerstand in der gleichen Zeit die gleiche Energie umsetzen.

Effektivwert des Wechselstroms I_{eff}

$$I_{eff} = \frac{i_{max}}{\sqrt{2}}$$ (Formel 6.7)

Effektivwert der Spannung U_{eff}

$$U_{eff} = \frac{u_{max}}{\sqrt{2}}$$ (Formel 6.8)

Crest-Faktor C

Der Crest-Faktor ist das Verhältnis zwischen dem Spitzenwert und dem Effektivwert einer Wechselspannung:

$$C = \frac{u_{max}}{U_{eff}}$$ (Formel 6.9)

Der Crest-Faktor einer Sinusschwingung ist demnach konstant und beträgt

$$C = \sqrt{2} = 1{,}414$$ (Formel 6.10)

Der Crest-Faktor nimmt bei nicht sinusförmigen Signalen auch andere Werte an und ist zum Beispiel bei der Komprimierung von Audiosignalen von Interesse (s. Kap. 16.1.2).

Leistung bei Wechselstrom $p_{(t)}$

Da sich Strom und Spannung beim Wechselstrom mit der Zeit ändern, ist auch die elektrische Leistung eine zeitabhängige Größe:

$$p_{(t)} = u_{(t)} \cdot i_{(t)}$$ (Formel 6.11)

Durch Induktivitäten (s. Kap. 6.8) oder Kapazitäten (s. Kap. 6.9) in einem Wechselstromkreis entsteht zudem eine Phasenverschiebung zwischen Strom und Spannung (Abb. 6.3). Diese Phasenverschiebung führt dazu, dass es bei Wechselstrom mehrere Leistungsdefinitionen gibt, nämlich die Wirk-, die Blind- und die Scheinleistung.

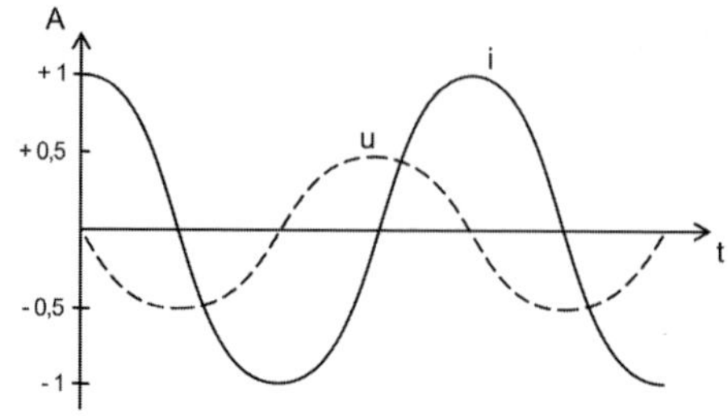

Abb. 6.3: Phasenverschiebung zwischen Strom und Spannung ($\varphi = 90°$)

Wirkleistung P

Die Wirkleistung gibt die für einen elektrischen Verbraucher effektiv nutzbare Energie an. Berechnung:

$$P = U_{eff} \cdot I_{eff} \cdot \cos\varphi \quad \text{(Formel 6.12)}$$

Einheit [W]

Die Wirkleistung ist dann am größten, wenn Strom und Spannung mit $\varphi = 0°$ in Phase sind. (Der Kosinus von 0° ist gleich 1.) Bei einer Phasendifferenz von $\varphi = 90°$ verschwindet die Wirkleistung. (Der Kosinus von 90° ist gleich 0.)

Blindleistung Q

Die Blindleistung ist praktisch nicht nutzbar, da sie vom elektrischen Verbraucher zwar aufgenommen, aber sofort wieder an die Quelle zurückgegeben wird. Berechnung der Blindleistung:

$$Q = U_{eff} \cdot I_{eff} \cdot \sin\varphi \quad \text{(Formel 6.13)}$$

Einheit [var]

Bei einer Phasenverschiebung von 90° ist die Blindleistung maximal. (Der Sinus von 90° ist gleich 1.) Bei 0° Phasendifferenz gibt es dagegen keine Blindleistung, sondern nur Wirkleistung. (Der Sinus von 0° ist gleich 0.)

Scheinleistung S

Die Scheinleistung S lässt sich aus der Wirkleistung P und die Blindleistung Q ableiten:

$$S = \sqrt{P^2 + Q^2} \quad \text{(Formel 6.14)}$$

Oder auch aus den Effektivwerten der Spannung und des Stroms:

$$S = U_{eff} \cdot I_{eff} \quad \text{(Formel 6.15)}$$

Einheit [VA]

Elektrische Leitungsnetze müssen für die Belastung durch die Scheinleistung ausgelegt sein. Transformatoren, Schaltanlagen, Sicherungen und Leitungsquerschnitte werden entsprechend der auftretenden Scheinleistung dimensioniert.

6.6 Widerstand R

Fließen Elektronen durch einen elektrischen Leiter, so verlieren sie Energie, da sie mit den Atomen des Leiters zusammenstoßen. Der Leiter setzt den Elektronen einen Widerstand entgegen. Bei diesem Vorgang wird Wärme freigesetzt.

Definition des Widerstandes R (Ohmsches Gesetz)

$$R = \frac{U}{I}$$ (Formel 6.16)

Die Einheit ist das Ohm [Ω]:

$$1\ \Omega = \frac{1\ V}{1\ A}$$

Leitwert G

Der Leitwert G ist der Kehrwert des Widerstandes R:

$$G = \frac{1}{R}$$ (Formel 6.17)

Die Einheit ist das Siemens [S]:

$$1\ S = \frac{1\ A}{1\ V}$$

Wenn ein Material Strom gut leitet, hat es einen hohen Leitwert und einen geringen Widerstand. Leitet ein Material schlechter, dann hat es einen hohen Widerstand und einen geringen Leitwert.

Spezifischer Widerstand ρ

Jedes Leitermaterial hat einen spezifischen Widerstand ρ. Die Einheit ist [Ω · m], allerdings wird oft auch der Leiterquerschnitt in mm^2 berücksichtigt:

$$\text{Spezifischer Widerstand } \rho = \frac{\text{Ohmscher Widerstand R } [\Omega] \cdot \text{Leiterquerschnitt A } [mm^2]}{\text{Länge des Leiters } [m]}$$

Bei dem am häufigsten eingesetzten Leitermaterial Kupfer beträgt $\rho = 0{,}017\ \Omega \cdot mm^2/m$.

Für die meisten leitenden Materialien gilt, dass sich der spezifische Widerstand mit steigender Temperatur erhöht. Dieser Zusammenhang wird durch den Temperaturkoeffizienten α ausgedrückt. Bei Kupfer beträgt der Temperaturkoeffizient $\alpha = 0{,}004\ K^{-1}$ ([K] = Kelvin), das bedeutet, bei einer Temperaturänderung von 100 K ändert sich der spezifische Widerstand um 40 %.

Der Ohmsche Widerstand als elektronisches Bauteil

Die Werkstoffe, die für Drahtwiderstände eingesetzt werden, sind spezielle Legierungen, zumeist aus Kupfer (Cu), Mangan (Mn) und Nickel (Ni). Diese Widerstandslegierungen haben einen größeren spezifischen Widerstand als die jeweiligen Materialen für sich alleine.

Eine oft verwendete Widerstandslegierung ist Konstantan (CuNi 44) mit einem spezifischen Widerstand von $\rho = 0{,}49\ \Omega \cdot mm^2/m$. Daneben gibt es noch Kohleschichtwiderstände und Metalloxid-Schichtwiderstände (Abb. 6.4).

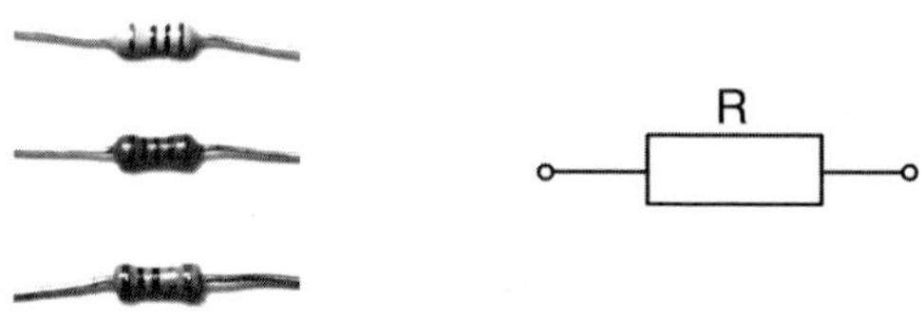

Abb. 6.4: Verschiedene elektrische Widerstände und Schaltsymbol

Elektrische Widerstände werden mit Farbringen gekennzeichnet, anhand derer der Widerstandswert abgelesen werden kann (Tab. 6.1).

Tab. 6.1: Farbcode zur Kennzeichnung von Widerständen

Farbe	1. Ring = 1. Ziffer	2. und 3. Ring = 2. und 3. Ziffer	4. Ring = Multiplikator	5. Ring = Toleranz	6. Ring = Temperaturkoeffizient α
Silber			0,01 Ω	±10 %	
Gold			0,1 Ω	±5 %	
Schwarz		0	1 Ω		$\pm 250 \cdot 10^{-6}\ K^{-1}$
Braun	1	1	10 Ω	±1 %	$\pm 100 \cdot 10^{-6}\ K^{-1}$
Rot	2	2	100 Ω	±2 %	$\pm 50 \cdot 10^{-6}\ K^{-1}$
Orange	3	3	1 kΩ		$\pm 15 \cdot 10^{-6}\ K^{-1}$
Gelb	4	4	10 kΩ		$\pm 25 \cdot 10^{-6}\ K^{-1}$
Grün	5	5	100 kΩ		$\pm 20 \cdot 10^{-6}\ K^{-1}$
Blau	6	6	1 MΩ		$\pm 10 \cdot 10^{-6}\ K^{-1}$
Violett	7	7	10 MΩ		$\pm 5 \cdot 10^{-6}\ K^{-1}$
Grau	8	8	100 MΩ		$\pm 1 \cdot 10^{-6}\ K^{-1}$
Weiß	9	9	0,1 Ω *	±10 % *	
(ohne)				±20 %	

* Gold- und Silberlack kann die Leitfähigkeit stören, daher wird manchmal Gold durch Weiß (für 0,1 Ω) und Silber durch Weiß (für ± 10 %) ersetzt.

Beispiel: Ein Widerstand ist mit den Farbringen Orange, Blau, Schwarz, Braun und Braun gekennzeichnet. Der Widerstandswert berechnet sich dann:

3 6 0 · 10 Ω = 3,6 kΩ, Toleranz ±1 %

Reihen- und Parallelschaltung von Widerständen

Widerstände können in Reihe oder auch parallel geschaltet werden. Der Gesamtwiderstand R_{Ges} einer Schaltung kann entsprechend den folgenden Formeln berechnet werden.

Reihenschaltung

$$R_{Ges} = R_1 + R_2 + R_3 + ... + R_n \qquad \text{(Formel 6.18)}$$

Parallelschaltung

$$\frac{1}{R_{Ges}} = \frac{1}{R_1} + \frac{1}{R_2} + \frac{1}{R_3} + ... + \frac{1}{R_n}$$ (Formel 6.19)

6.7 Impedanz Z

Der oben beschriebene Ohmsche Widerstand R ist der Gleichstromwiderstand. Dagegen ist die Impedanz Z der Scheinwiderstand des Wechselstroms. Berechnung von Z für einen sinusförmigen Strom und sinusförmige Spannung ohne Berücksichtigung der Phasendifferenz (Strom und Spannung sind in Phase mit $\varphi = 0°$):

$$Z = \frac{U_{eff}}{I_{eff}}$$ (Formel 6.20)

Einheit: Ohm [Ω]

Audiosignale sind in der Praxis nicht sinusförmig (außer Testsignale). Die Frequenz ändert sich stetig und damit auch die Phasendifferenz. Demnach ist hier die Impedanz Z frequenzabhängig. Wie wir noch sehen werden, haben Induktivitäten und Kapazitäten einen Einfluss auf die Impedanz und deren Verlauf über das Frequenzspektrum.

Die elektrische Impedanz ist nicht mit der Schallimpedanz zu verwechseln, diese wird in Kap. 2.4 „Schallimpedanz Z“ erklärt.

6.8 Induktivität L

Neben dem schon erwähnten Ohmschen Widerstand werden in elektronischen Schaltungen auch Induktivitäten verwendet. Eine typische Anwendung sind zum Beispiel passive Filterschaltungen (s. Kap. 6.10) bzw. Frequenzweichen (s. Kap. 17.1). In einer Induktivität wird die zugeführte elektrische Energie über ein magnetisches Feld zeitlich begrenzt gespeichert (Abb. 6.5).

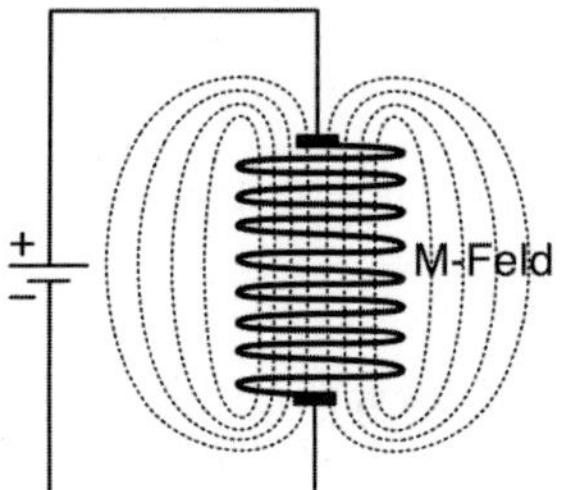

Abb. 6.5: Magnetisches Feld einer Spule

Das typische induktive Bauteil ist die Spule. Diese kann sehr klein gewickelt und in Kunstharz eingegossen sein, so dass sie äußerlich nicht mehr als Spule erkennbar ist (Abb. 6.6).

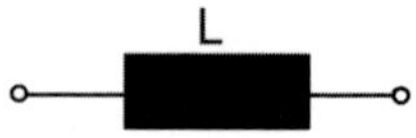

Abb. 6.6: Induktivität als Bauteil und Schaltsymbol

Verhalten der Induktivität bei Gleichstrom

Legt man eine konstante Spannung an eine Induktivität an, so steigt der Strom kontinuierlich. Die Spannung U sinkt proportional zur zeitlichen Änderung des Stromes I (Abb. 6.7). Eine Induktionsspannung entsteht immer nur dann, wenn sich die Stromstärke ändert.

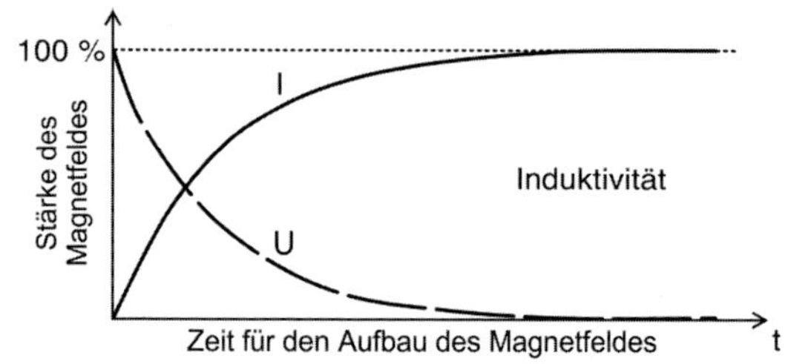

Abb. 6.7: Induktivität bei Gleichstrom

Definition der induktiven Einheit Henry [H]: Eine Spule hat eine Induktivität von 1 H, wenn bei einer gleichförmigen Stromänderung von einem Ampere in einer Sekunde eine Induktionsspannung von einem Volt entsteht.

$$1\ \mathrm{H} = \frac{1\ \mathrm{V} \cdot \mathrm{s}}{1\ \mathrm{A}}$$

Verhalten der Induktivität bei Wechselstrom

Die Impedanz Z erhöht sich mit steigender Frequenz f:

$$Z = 2\pi \cdot f \cdot L \qquad \text{(Formel 6.21)}$$

Z : Impedanz [Ω]
f : Frequenz [Hz]
L : Induktivität [H]

Das bedeutet, dass hohe Frequenzen durch eine Induktivität bedämpft werden, tiefe Frequenzen aber ungehindert passieren können.

Reihen- und Parallelschaltung von Induktivitäten

Reihenschaltung

$$L_{Ges} = L_1 + L_2 + L_3 + ... + L_n \qquad \text{(Formel 6.22)}$$

Parallelschaltung

$$\frac{1}{L_{Ges}} = \frac{1}{L_1} + \frac{1}{L_2} + \frac{1}{L_3} + \ldots + \frac{1}{L_n}$$ (Formel 6.23)

6.9 Kapazität C

Ein weiteres elektronisches Bauelement ist die Kapazität. Kondensatoren (Abb. 6.8) sind kapazitive Bauteile und werden zum Beispiel in Filterschaltungen (s. Kap. 6.10) oder in Gleichrichtern (s. Kap. 6.11.3) eingesetzt. Im einfachsten Fall besteht ein Kondensator aus zwei parallelen Metallplatten, wie es durch das Schaltsymbol angedeutet ist. Der Raum zwischen den Kondensatorplatten wird als Dielektrikum bezeichnet, im Fall der Metallplatten ist das die Luft. Bei miniaturisierten Bauteilen sind die Kondensatorplatten und das Dielektrikum aufgewickelte Folien.

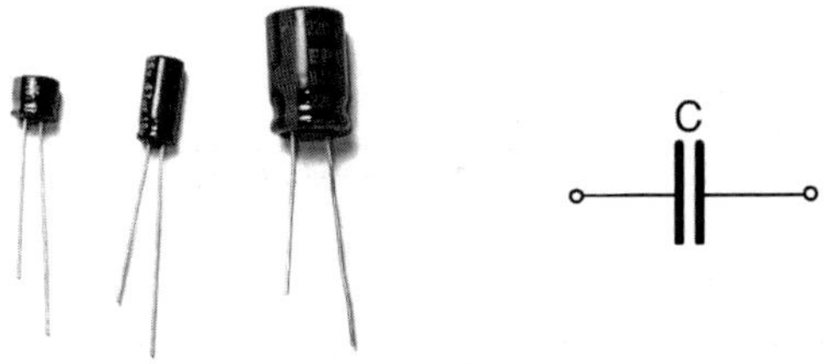

Abb. 6.8: Kondensatoren und Schaltsymbol

Wenn Strom in eine Kapazität fließt, wird diese geladen. Die Energie ist dann im elektrischen Feld zwischen den Kondensatorplatten gespeichert (Abb. 6.9).

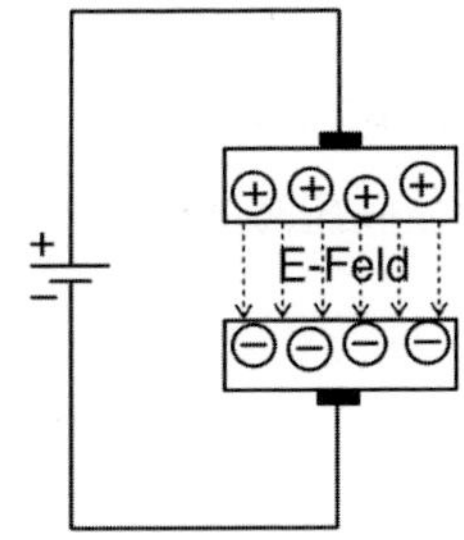

Abb. 6.9: Elektrisches Feld in einem Kondensator

Verhalten der Kapazität bei Gleichstrom

Speist man eine Kapazität mit einem konstanten Strom, so steigt die Spannung kontinuierlich an. Während der Ladezeit sinkt der Strom I proportional zur Spannung U. Nach Abschluss des Ladungsausgleichs fließt kein Strom mehr (Abb. 6.10).

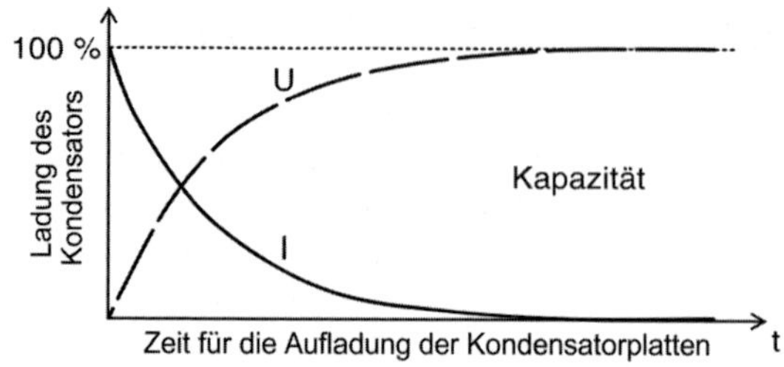

Abb. 6.10: Kapazität bei Gleichstrom

Definition der kapazitiven Einheit Farad [F]: Ein Kondensator hat die Kapazität von 1 F, wenn beim Anlegen einer Spannung von einem Volt eine Ladung von einem Coulomb (A · s) gespeichert wird.

$$1\,F = \frac{1\,A \cdot s}{1\,V}$$

Verhalten der Kapazität bei Wechselstrom

Die Impedanz Z sinkt mit steigender Frequenz f:

$$Z = \frac{1}{2\pi \cdot f \cdot C} \qquad \text{(Formel 6.24)}$$

Z : Impedanz [Ω]
f : Frequenz [Hz]
C : Kapazität [F]

Es werden also tiefe Frequenzen durch die Kapazität bedämpft (Gleichstrom als „tiefste" Frequenz mit 0 Hz wird sogar komplett gesperrt), hohe Frequenzen können aber ungehindert passieren.

Reihen- und Parallelschaltung von Kapazitäten

Reihenschaltung

$$\frac{1}{C_{Ges}} = \frac{1}{C_1} + \frac{1}{C_2} + \frac{1}{C_3} + ... + \frac{1}{C_n} \qquad \text{(Formel 6.25)}$$

Parallelschaltung

$$C_{Ges} = C_1 + C_2 + C_3 + ... + C_n \qquad \text{(Formel 6.26)}$$

6.10 Passive Filter

Filter sind frequenzabhängige Schaltungen, die in der Audiotechnik zur Klanggestaltung oder aus technischen Gründen eingesetzt werden (s. Kap. 16.2 und 17.1). Aus Kombinationen von Widerständen, Induktivitäten und Kapazitäten können verschiedene passive Filter gebaut werden. Was genau diese Schaltungen bewirken, werden wir uns im Folgenden ansehen.

6.10.1 RC-Kombinationen als Tief- und Hochpass

Wie aufgezeigt, sinkt die Impedanz eines Kondensators mit steigender Frequenz. Bezogen auf die RC-Schaltung in Abb. 6.11 bedeutet dies, dass hohe Frequenzen über den parallel geschalteten Kondensator „kurzgeschlossen" werden und damit nur abgeschwächt zu den Ausgangsklemmen U_a gelangen. Umgekehrt betrachtet können tiefe Frequenzen die Schaltung ungehindert passieren, daher auch die Bezeichnung „Tiefpass".

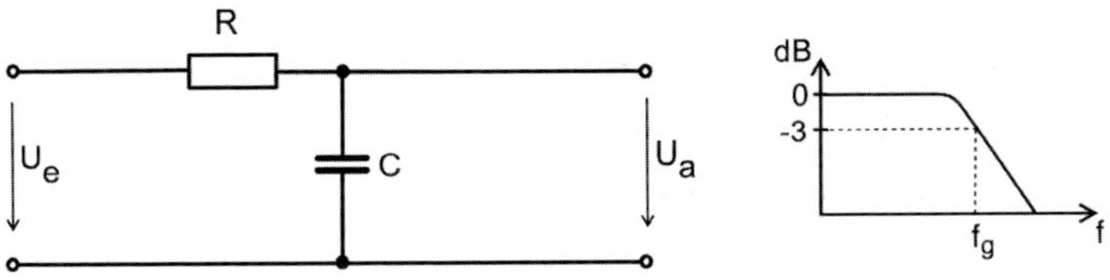

Abb. 6.11: RC-Tiefpass

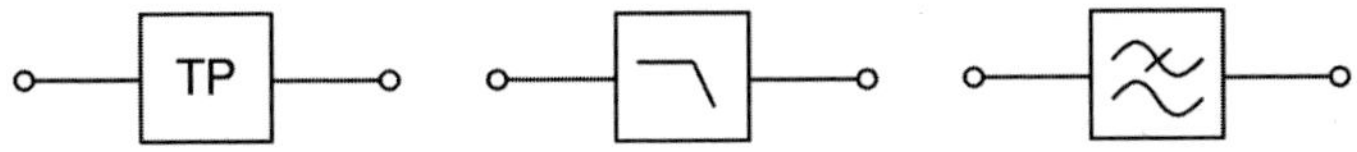

Abb. 6.12: Schaltbilder Tiefpass

Bei der Schaltungsanordnung in Abb. 6.13 werden die hohen Frequenzen ungehindert über den in Reihe geschalteten Kondensator geleitet. Tiefe Frequenzen werden dagegen durch den Kondensator abgeschwächt. Diese Schaltung nennt sich demnach „Hochpass".

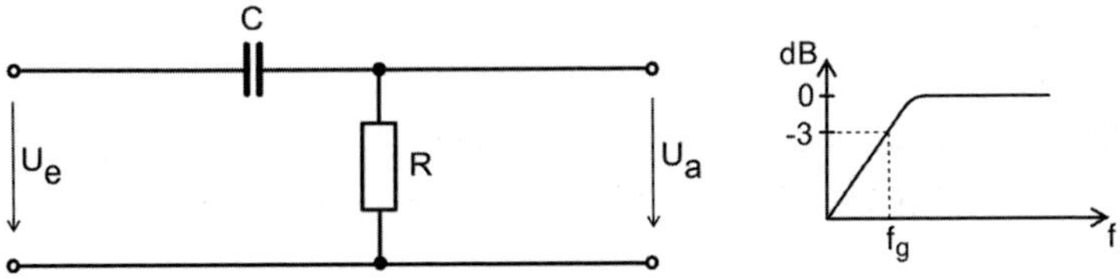

Abb. 6.13: RC-Hochpass

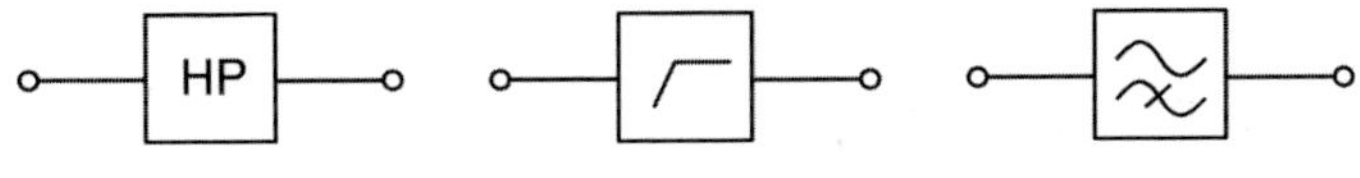

Abb. 6.14: Schaltbilder Hochpass

Bei beiden gezeigten RC-Schaltungen für einen Tief- und einen Hochpass ist die Grenzfrequenz f_g bei

$$U_a = \frac{U_e}{\sqrt{2}} \approx U_e \cdot 0{,}707 \qquad \text{(Formel 6.27)}$$

definiert. Das bedeutet, die Grenzfrequenz liegt bei 70 % der ursprünglichen Spannung. Das entspricht einem Pegelabfall um -3 dB (s. Kap. 8). Die Grenzfrequenz lässt sich mit der folgenden Formel berechnen:

$$f_g = \frac{1}{2\pi \cdot R \cdot C}$$ (Formel 6.28)

Durch veränderbare Widerstände oder Kapazitäten kann die Grenzfrequenz vom Benutzer eingestellt werden. Die Flankensteilheit der Dämpfungskurve beträgt bei beiden Schaltungen unabhängig von Widerstand R und Kapazität C immer -6 dB/Oktave bzw. -20 dB/Dekade; man nennt sie Filter 1. Ordnung (Oktave = Frequenzverdoppelung, Dekade = Frequenzverzehnfachung).

6.10.2 Filter höherer Ordnung

Filter höherer Ordnung haben eine größere Flankensteilheit:

- Filter 2. Ordnung = Flankensteilheit -12 dB/Oktave (-40 dB/Dekade)
- Filter 3. Ordnung = Flankensteilheit -18 dB/Oktave (-60 dB/Dekade)
- Filter 4. Ordnung = Flankensteilheit -24 dB/Oktave (-80 dB/Dekade) etc.

Abb. 6.15 zeigt als Beispiel einen Tiefpass 2. Ordnung, der durch eine Kettenschaltung von zwei RC-Kombinationen erreicht wird.

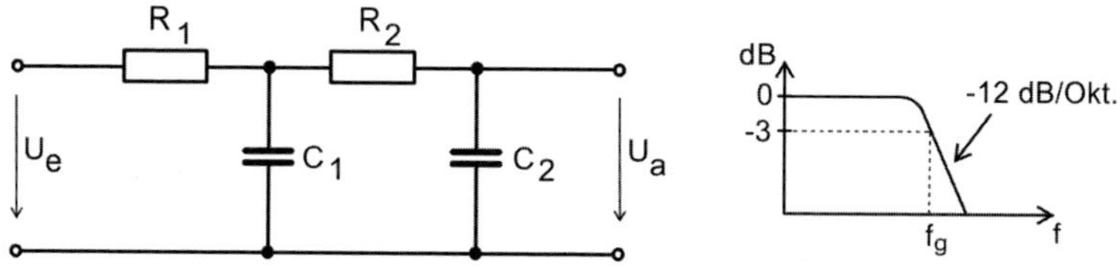

Abb. 6.15: RC-Kombination als Tiefpass 2. Ordnung

Bei der Schaltung in Abb. 6.16 werden die hohen Frequenzen zum einen durch die Induktivität in Reihe und zusätzlich durch die parallele Kapazität bedämpft. Dieser Filter hat damit eine Flankensteilheit von -12 dB/Oktave (-40 dB/Dekade) und ist ebenfalls ein Tiefpass 2. Ordnung.

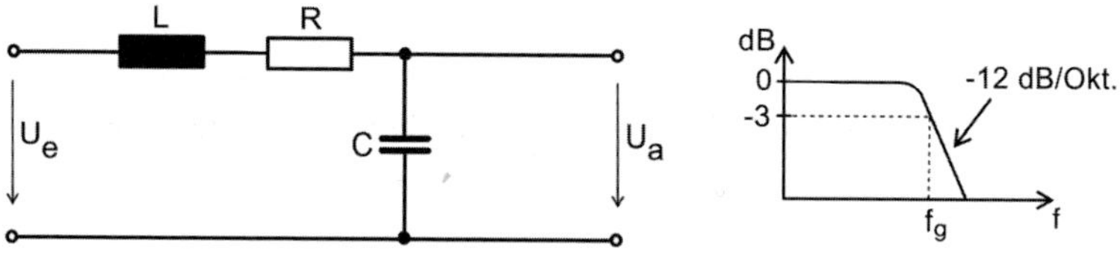

Abb. 6.16: RLC-Kombination als Tiefpass 2. Ordnung

Werden bei dieser Schaltung Induktivität und Kapazität vertauscht, wie in Abb. 6.17, so ergibt sich ein Hochpass 2. Ordnung.

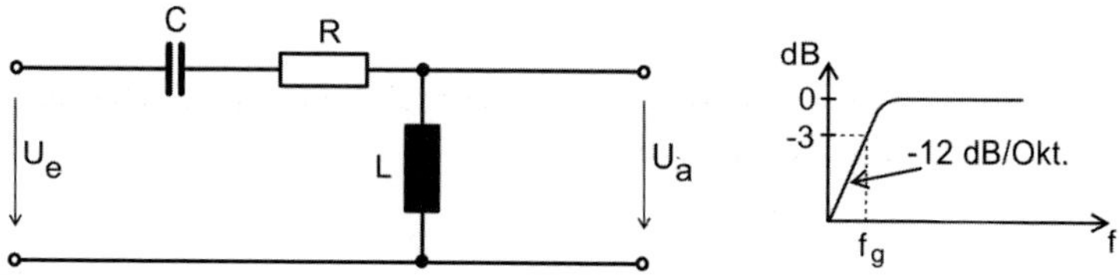

Abb. 6.17: RLC-Kombination als Hochpass 2. Ordnung

6.10.3 Bandfilter (Bandpass und Bandsperre)

Werden eine Induktivität und eine Kapazität in Reihe geschaltet (Abb. 6.18), dann entsteht ein Reihenschwingkreis mit einer bestimmten Resonanzfrequenz. Die Kapazität schließt hier die niedrigen Frequenzen kurz, die Induktivität die hohen. Es kann also nur ein Frequenzband um die Resonanzfrequenz passieren, und damit ist diese Schaltung ein Bandpassfilter (Flankensteilheit -6 dB/Oktave bzw. -20 dB/Dekade).

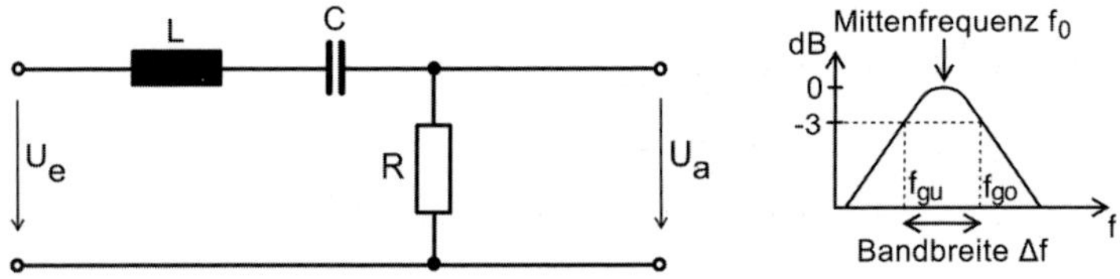

Abb. 6.18: RLC-Bandpass

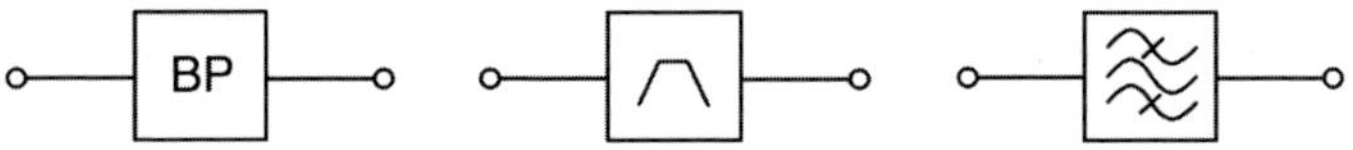

Abb. 6.19: Schaltbilder Bandpass

Mittenfrequenz f_0

Die Resonanz- bzw. Mittenfrequenz f_0 des Reihenschwingkreises lässt sich wie folgt berechnen:

$$f_0 = \frac{1}{2\pi \cdot \sqrt{L \cdot C}} \qquad \text{(Formel 6.29)}$$

Ein Bandpass hat eine untere und obere Grenzfrequenz f_{gu} und f_{go}, die jeweils bei den -3dB-Punkten liegen. Sind nur die beiden Grenzfrequenzen bekannt, kann die Mittenfrequenz auch wie folgt berechnet werden:

$$f_0 = \sqrt{f_{gu} \cdot f_{go}} \qquad \text{(Formel 6.30)}$$

Weiterhin kann die Bandbreite und die Güte aus den Grenzfrequenzen des Filters abgeleitet werden.

Bandbreite Δf

Die Bandbreite Δf ist die Differenz zwischen oberer und unterer Grenzfrequenz:

$$\Delta f = f_{go} - f_{gu} \qquad \text{(Formel 6.31)}$$

Filtergüte Q

Die dimensionslose Zahl Q beschreibt, ob der Filter schmalbandig (hohe Güte) oder breitbandig (niedrige Güte) ausgelegt ist. Berechnung der Güte:

$$Q = \frac{f_0}{\Delta f} \qquad \text{(Formel 6.32)}$$

Bandpass in Wien-Brückenschaltung

Eine Wien-Brücke kommt ohne Induktivität aus (Abb. 6.20). Ein RC-Hochpass und ein RC-Tiefpass 1. Ordnung werden in Reihe geschaltet, um dadurch einen Bandpass zu erhalten. Die Wien-Brücke hat eine Dämpfung von -6 dB/Oktave (-20 dB/Dekade) unterhalb der Grenzfrequenzen f_{gu} und f_{go}.

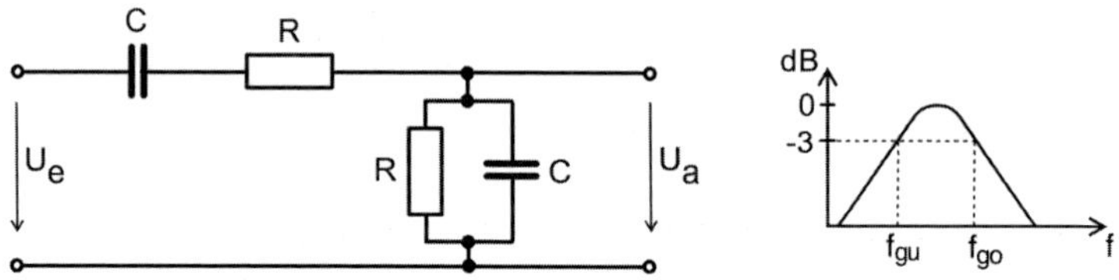

Abb. 6.20: Wien-Brücke als Bandpass

Doppel-T-Filter als Bandsperre

Ein Doppel-T-Filter ist eine Parallelschaltung von RC-Hochpass und -Tiefpass 1. Ordnung (Abb. 6.21) und funktioniert als Bandsperre mit einer Dämpfung von -6 dB/Oktave bzw. -20 dB/Dekade. Bandsperren verhalten sich umgekehrt wie Bandpässe. Sie werden zum Beispiel eingesetzt, um eine bestimmte (Stör-)Frequenz herauszufiltern. Sehr schmalbandige Bandsperren hoher Güte nennt man auch Kerbfilter.

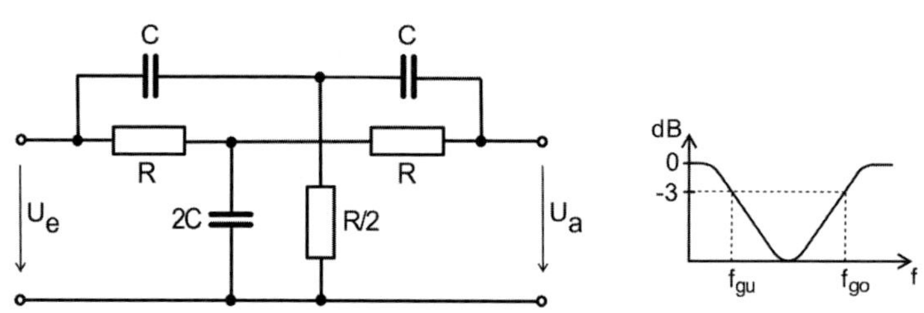

Abb. 6.21: Doppel-T-Filter als Bandsperre

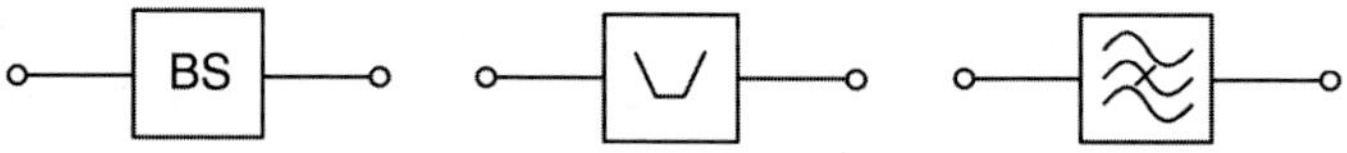

Abb. 6.22: Schaltbilder Bandsperre

Eine spezielle Anwendung für Bandpässe und Bandsperren sind Terz- und Oktavbandfilter. Hier werden mehrere Bandfilter mit Mittenfrequenzen im Abstand von genormten Terz- oder Oktavfrequenzen hintereinander geschaltet (s. Kap. 1.4.3).

6.10.4 Ideale und reale Filter

Der ideale Filter ist eine theoretische Modellvorstellung. Ein idealer Filter hat im Sperrbereich eine unendlich hohe Dämpfung, aber im Durchlassbereich keine Dämpfung und eine senkrechte Flankensteilheit beim Übergang vom Durchlass- in den Sperrbereich (Abb. 6.23). Daneben ist ein linearer Phasengang gegeben, d. h. alle Frequenzanteile die den Filter passieren, werden gleich verzögert.

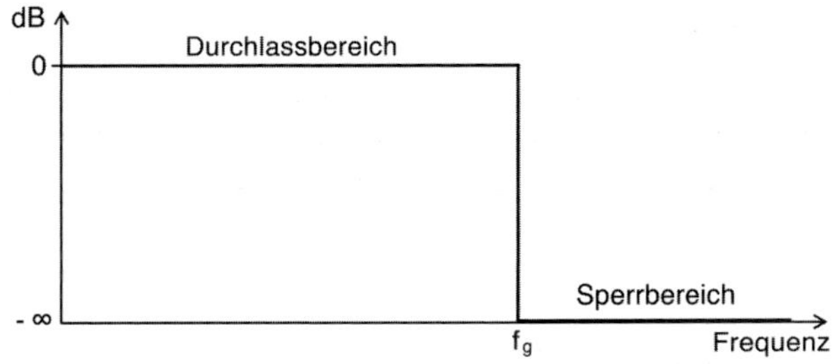

Abb. 6.23: Idealer Filter

Reale Filter weichen dagegen vom Ideal in allen Punkten ab. Wird versucht, einen Parameter zu optimieren, so bewirkt dies Nachteile bei den anderen Parametern. Ein Beispiel dafür ist in Abb. 6.24 zu sehen: Der Tschebyscheff-Tiefpass 4. Ordnung liegt zwar näher am Ideal einer senkrechten Flankensteilheit, aber es tritt hier ein erhebliches Überschwingen nahe der Grenzfrequenz auf, d. h. das Signal wird hier sogar noch verstärkt statt bedämpft.

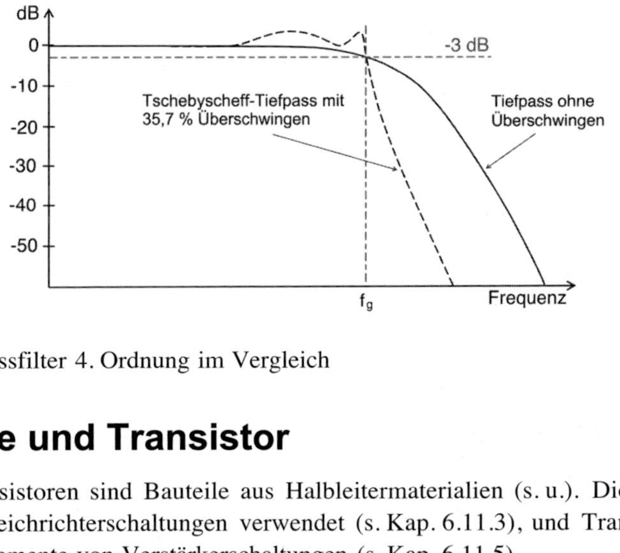

Abb. 6.24: Tiefpassfilter 4. Ordnung im Vergleich

6.11 Diode und Transistor

Dioden und Transistoren sind Bauteile aus Halbleitermaterialien (s. u.). Dioden werden beispielsweise in Gleichrichterschaltungen verwendet (s. Kap. 6.11.3), und Transistoren sind die wichtigsten Bauelemente von Verstärkerschaltungen (s. Kap. 6.11.5).

6.11.1 Leitfähigkeit verschiedener Materialien

Leiter

Leiter sind zum Beispiel Metalle, die freie Elektronen im Metallgitter aufweisen. Die Leitfähigkeit wird in Siemens pro Zentimeter angegeben. Gute Leiter haben eine Leitfähigkeit von mindestens 10^6 S/cm.

Nichtleiter (Isolatoren)

Nichtleiter sind zum Beispiel Kunststoffe oder Porzellan. Hier gibt es keine freien Ladungsträger, und die Leitfähigkeit ist verschwindend gering.

Halbleiter

Hauptbestandteil von Halbleitern sind die vierwertigen Elemente Silizium (Si) oder Germanium (Ge). Die Leitfähigkeit von Halbleitern ist temperaturabhängig und durch ein gezieltes Verunreinigen mit Fremdatomen, das so genannte Dotieren, beeinflussbar. Es ist möglich, Silizium und Germanium mit drei- und fünfwertigen Atomen anderer Elemente wie zum Beispiel Aluminium oder Phosphor zu dotieren. Dreiwertig dotierte Halbleiter nennt man p-Leiter, fünfwertig dotierte heißen n-Leiter.

6.11.2 Die Diode

Das einfachste Bauelement aus dotierten Halbleitermaterialien ist die Diode, die aus einem p- und einem n-Halbleiter besteht. Dioden werden vor allem zum Gleichrichten von Wechselströmen verwendet, es gibt aber noch eine Vielzahl von speziellen Bauformen wie zum Beispiel Fotodioden, Leuchtdioden und Laserdioden. Die beiden Anschlüsse der Diode werden Anode und Kathode genannt (Abb. 6.25).

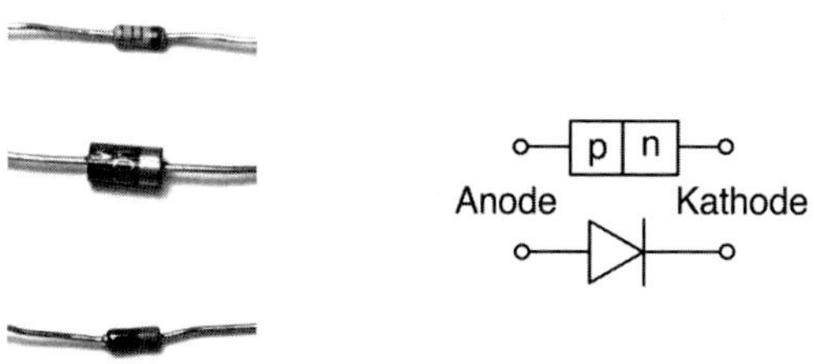

Abb. 6.25: Verschiedene Dioden (der Ring kennzeichnet die Kathode) und Schaltsymbol

Eine Diode hat für elektrischen Strom eine Sperr- und eine Durchlassrichtung. Liegt der Pluspol der Stromquelle an der Anode (p), lässt die Diode den Strom passieren. Liegt der Pluspol dagegen an der Kathode (n), sperrt die Diode. Diese Eigenschaft kommt durch die physikalischen Vorgänge am Übergang von p und n zustande, wo sich die beiden Halbleitermaterialien berühren. Vereinfacht ausgedrückt findet in der Diode eine Anziehung gegensätzlicher Ladungen oder eine Abstoßung gleicher Ladungen statt. Im n-Halbleiter überwiegen negative Ladungsteilchen, die vom Pluspol der Stromquelle von der Übergangsschicht weggezogen werden. Der Minuspol zieht entsprechend die positiven „Ladungsträger" (quasi ein Loch mit einem fehlenden Elektron) des p-Halbleiters an. An der Grenzschicht gibt es keine frei beweglichen Ladungen, es findet kein Stromfluss statt und die Diode sperrt (Abb. 6.26).

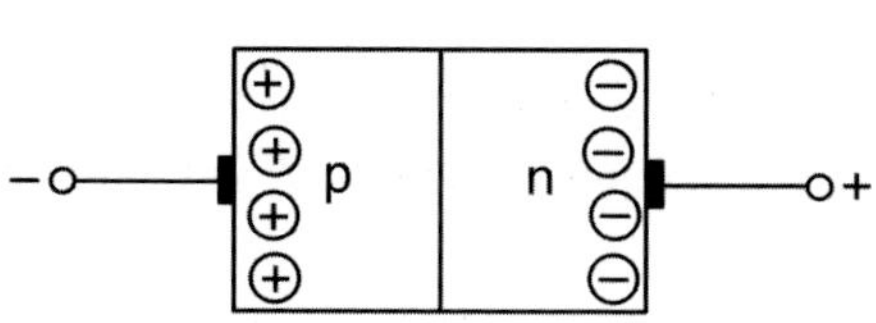

Abb. 6.26: Diode in Sperrrichtung

Wird die Stromquelle umgepolt, werden die Elektronen des n-Halbleiters vom negativen Pol abgestoßen und in Richtung Übergang gedrückt. Dort kommen sie den positiv geladenen Ladungslöchern des p-Halbleiters sehr nahe, und es kommt zu einem Übersprung der Elektronen in diese Löcher. Es fließt damit ein Strom durch die Diode (Abb. 6.27).

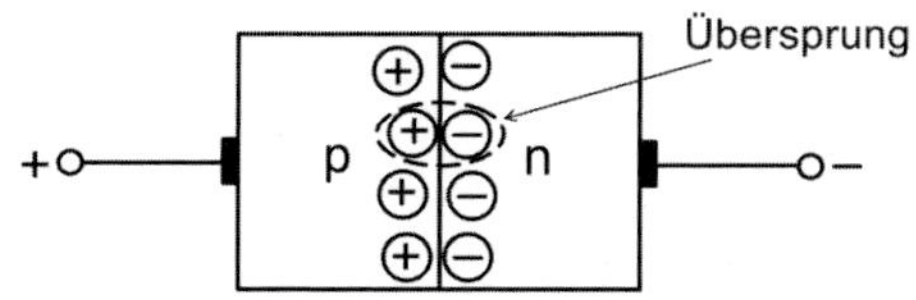

Abb. 6.27: Diode in Durchlassrichtung

Abb. 6.28 zeigt das Verhalten einer Diode in Durchlassrichtung. Die Diode lässt den Strom erst oberhalb einer gewissen Durchbruchspannung passieren. Das Verhältnis von Spannung U und Strom I ist erst knapp oberhalb der Durchbruchspannung annähernd linear. Diese für eine Diode typische Charakteristik ist zudem abhängig von der Temperatur.

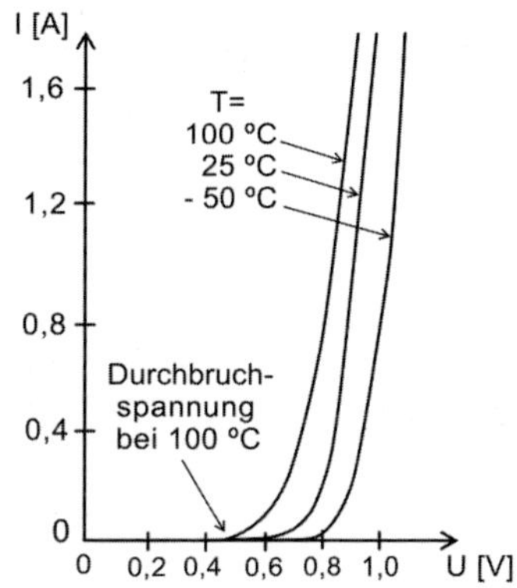

Abb. 6.28: Charakteristik einer Diode

6.11.3 Gleichrichterschaltungen

Dioden werden aufgrund ihrer Eigenschaft mit einer Sperr- und einer Durchlassrichtung zum Beispiel in elektronischen Schaltungen eingesetzt, die Wechselstrom in Gleichstrom umwandeln, also in Netzteilen (s. Kap. 7.2). Es gibt verschiedene Möglichkeiten, solche Gleichrichter zu bauen. Vier Schaltungsarten sollen hier aufgezeigt werden: Die Einweg-, die Zweiweg- und die Brückengleichrichtung sowie die Mittelpunktschaltung.

Einweggleichrichtung

Die Einweggleichrichtung ist das einfachste Schaltungsprinzip. Der erzeugte Gleichstrom weist eine Welligkeit (Abb. 6.29) auf. Diese hängt von der Kapazität des Kondensators ab. Je größer der Kondensator dimensioniert ist, desto geringer ist die Welligkeit von U_a. Ganz vermeiden lässt sie sich allerdings nicht, sie bleibt im Vergleich zu den anderen Schaltungen noch recht hoch.

Da immer nur eine halbe Schwingungsperiode des Wechselstroms gewandelt wird, hat der Einweggleichrichter zudem einen schlechten Wirkungsgrad.

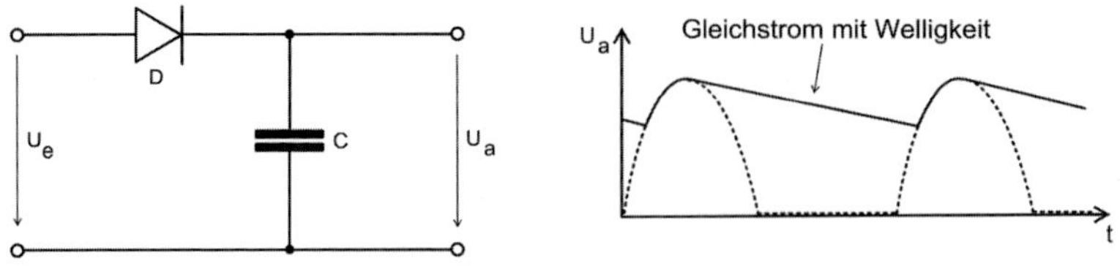

Abb. 6.29: Einweggleichrichter

Brückengleichrichtung

Bei der Brückengleichrichterschaltung ist die Restwelligkeit schon wesentlich geringer (Abb. 6.30), aber durch die zusätzlichen Dioden kommt es zu Verlusten. Trotzdem ist der Wirkungsgrad wesentlich besser als beim Einweggleichrichter, da jetzt die positive und die negative Schwingungsperiode des Wechselstroms gewandelt werden.

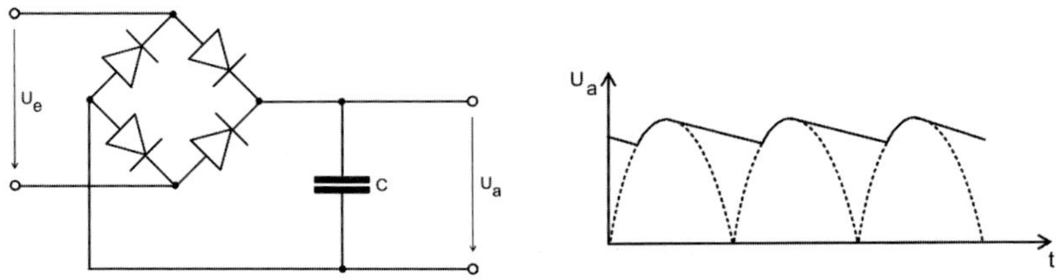

Abb. 6.30: Brückengleichrichter

Zweiweggleichrichtung

Bei einer Schaltung zur Zweiweggleichrichtung (Abb. 6.31) treten im Vergleich zum Brückengleichrichter weniger Diodenverluste auf. Ein Zweiweggleichrichter wird meist bei großen Strömen verwendet.

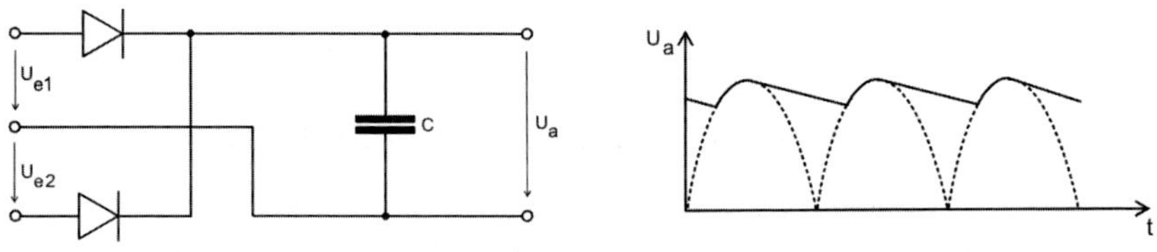

Abb. 6.31: Zweiweggleichrichter

Mittelpunktschaltung

Eine weitere Schaltung, die der Vollständigkeit halber noch erwähnt werden soll, ist die Mittelpunktschaltung. Hier stehen am Ausgang zwei Gleichspannungen mit positiver und negativer Polarität zu Verfügung (Abb. 6.32). Man kann diese Schaltung auch als Spannungsverdoppler sehen.

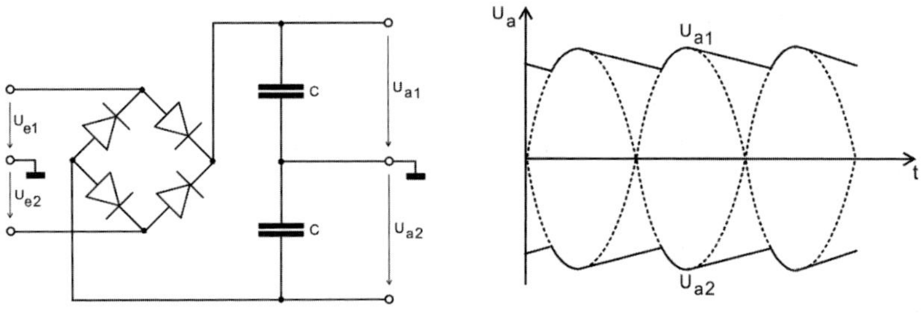

Abb. 6.32: Gleichrichter in Mittelpunktschaltung

6.11.4 Der Transistor

Im Prinzip ist ein Transistor ein durch eine Spannung oder Strom steuerbarer Widerstand. Aufgrund dieser Eigenschaft kann er elektrische Signale schalten oder verstärken. Transistoren sind in jedem Verstärker eingebaut und haben die früher verwendeten Röhren fast vollständig abgelöst. Es wird zwischen bipolaren Transistoren und unipolaren Transistoren (Feldeffekttransistoren, FET, siehe unten) unterschieden. Das Funktionsprinzip wird im Folgenden anhand eines bipolaren Transistors erklärt.

So wie die Diode besteht auch ein bipolarer Transistor aus n- und p-Halbleitern. Der Aufbau erfolgt schichtweise, wie in Abb. 6.33 dargestellt. Die drei Anschlüsse haben die Bezeichnung Basis (B), Emitter (E) und Kollektor (C).

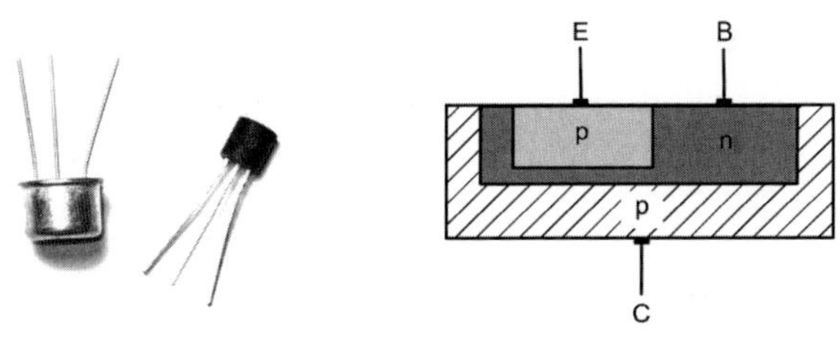

Abb. 6.33: Transistoren und schichtweiser Aufbau eines bipolaren Transistors

Je nach Bauart stoßen auf einer sehr dünnen Übergangsschicht entweder zwei p-dotierte Halbleiter zusammen (pnp-Transistor) oder zwei n-dotierte (npn-Transistor). Die entsprechenden Schaltbilder unterscheiden sich durch die Richtung des Pfeils am Emitter (Abb. 6.34).

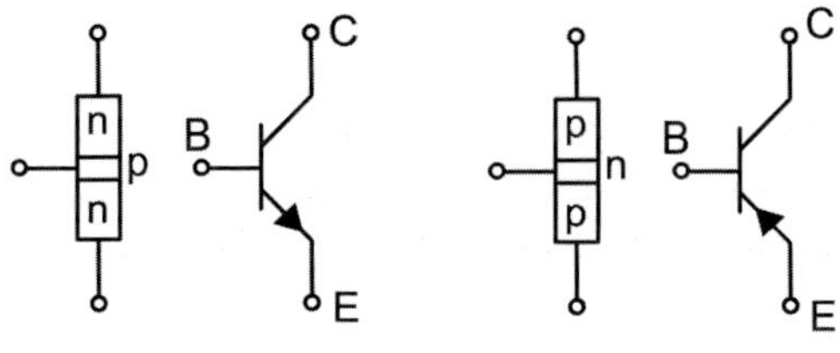

Abb. 6.34: Schaltbilder npn- und pnp-Transistor

Wie funktioniert ein Transistor?

Abb. 6.35 zeigt den einfachen Fall, dass ein npn-Transistor wie eine Diode beschaltet wird. An der Basis (p-Halbleiter) liegt der Pluspol der Stromquelle und am Emitter (n-Halbleiter) der Minuspol. Es findet ein Stromfluss über die Diode statt, wie schon beschrieben.

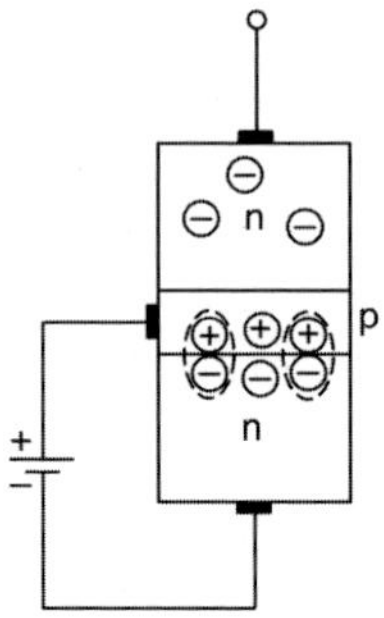

Abb. 6.35: Transistor beschaltet als Diode (Strom über Basis und Emitter)

In Abb. 6.36 ist jetzt eine Stromquelle an Kollektor und Emitter angeschlossen. Die obere Diodenhälfte des Transistors wird jetzt in Sperrrichtung betrieben, es findet kein Stromfluss statt.

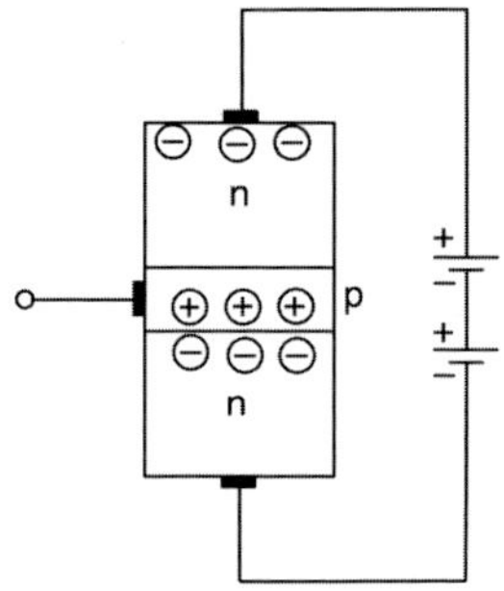

Abb. 6.36: Kein Stromfluss bei Stromquelle an Kollektor und Emitter

Die vollständige Beschaltung eines Transistors zeigt schließlich Abb. 6.37.

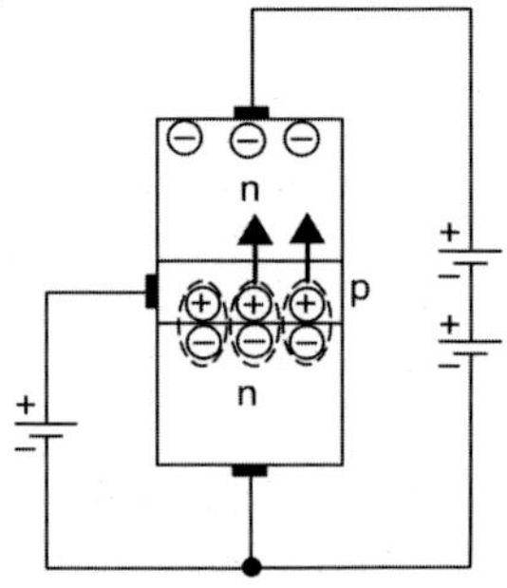

Abb. 6.37: Überspringen der Elektronen bei richtiger Belegung aller Anschlüsse

Die Diode zwischen Basis und Emitter wird in Durchlassrichtung betrieben. Durch die höhere Spannung an Kollektor und Emitter (angedeutet durch zwei in Reihe geschaltete Stromquellen) wird allerdings ein Großteil der Elektronen in den Kollektor gezogen. Somit ist auch der Stromkreis über Kollektor und Emitter geschlossen.

Beim Transistor steuern also kleine Steuerströme (bzw. Steuerspannungen) an der Basis große elektrische Ströme (Spannungen) zwischen Emitter und Kollektor. Transistoren werden daher für Verstärkerschaltungen eingesetzt. Das Verhältnis von Basisstrom zu Kollektorstrom ist die Stromverstärkung. Nach der Größe des Stromflusses wird unterschieden zwischen Kleinsignaltransistoren (für Ströme von 20 mA bis 1 A) und Leistungstransistoren (für Ströme über 1 A). Je nach Frequenzbereich, in welchem der Verstärker optimal arbeiten soll, gibt es spezielle Transistoren für Niederfrequenz- und Hochfrequenzsignale.

Transistoren können aber auch einfache Schaltfunktionen übernehmen; daher werden sie in digitalen Schaltungen verwendet. Auf einem Computerchip befinden sich auf einer Fläche von wenigen Quadratmillimetern Millionen von Transistoren.

Transistor-Schaltungsarten

Je nachdem welcher Kontakt des Transistors mit der Masse verbunden ist, wird zwischen der Basis-, der Kollektor- und der Emitterschaltung unterschieden (Abb. 6.38 und Tab. 6.2).

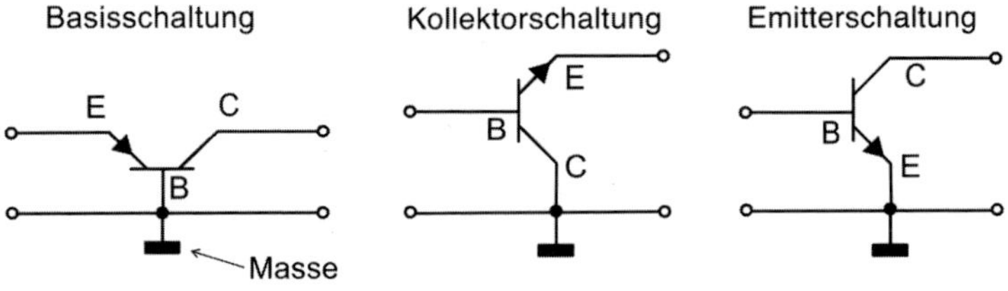

Abb. 6.38: Transistor-Schaltungsarten

Tab. 6.2: Eigenschaften der Transistorschaltungen

	Spannungs-verstärkung	Strom-verstärkung	Eingangs-widerstand	Ausgangs-widerstand
Basisschaltung	> 1	≈ 1	sehr klein	hoch
Kollektorschaltung	≈ 1	> 1	sehr hoch	sehr klein
Emitterschaltung	> 1	> 1	mittel	hoch

Anwendung verschiedener Transistorschaltungen

Eine *Basisschaltung* ist aufgrund des geringen Eingangswiderstands für Hochfrequenzverstärker geeignet. Es ist hier eine einfache Anpassung an niederohmige Leitungen und Antennen möglich (s. Kap. 11.1).

Eine *Kollektorschaltung* eignet sich als Impedanzwandler, d. h. zur Anpassung einer hochohmigen Quelle an einen niederohmigen Eingang (s. Kap. 11.1).

Eine *Emitterschaltung* ist für Niederfrequenzschaltungen wie zum Beispiel in einem Audioverstärker geeignet (s. u.).

Feldeffekttransistoren (FET)

Eine besondere Art von Transistoren sind Feldeffekttransistoren, die erst ab den 1970er Jahren in hohen industriellen Stückzahlen gefertigt werden. (Bipolare Transistoren waren dagegen bereits in den 1950er Jahren im Gebrauch.) Bei FET haben die Anschlüsse andere Bezeichnungen: Gate (G), Source (S) und Drain (D). Der Stromfluss wird durch ein elektrisches Feld gesteuert, welches zwischen den dotierten Schichten entsteht. Bei einem n-Kanal-Feldeffekttransistor wie in Abb. 6.39 bildet sich das elektrische Feld zwischen den beiden p-dotierten Schichten. Wird die negative Gate-Spannung erhöht, so wird aufgrund des stärkeren Feldes der Stromdurchfluss durch den n-Kanal geringer. Bei einem p-Kanal-FET kehren sich die Verhältnisse entsprechend um.

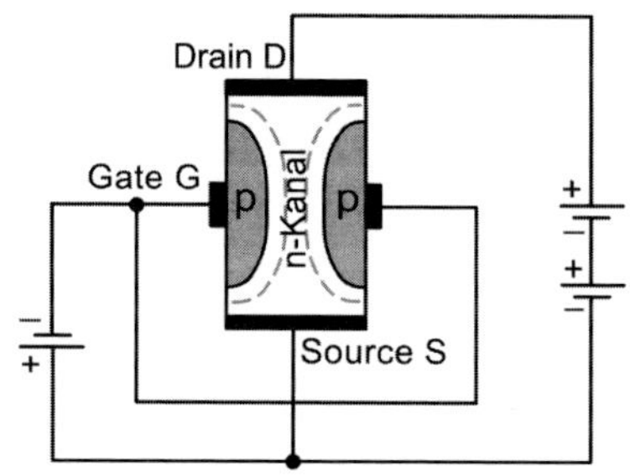

Abb. 6.39: n-Kanal-Feldeffekttransistor

FET heißen auch unipolare Transistoren, da der Strom im gesteuerten Weg nur durch eine Art von Halbleiter fließt (entweder n oder p). Im Gegensatz zum vorher aufgezeigten bipolaren Transistor; hier fließt der Strom durch zwei Sperrschichten (entweder np oder pn).

Von Vorteil ist bei FET die fast leistungslose Ansteuerung. Nachteilig ist, dass FET nicht für Hochfrequenzschaltungen geeignet sind.

6.11.5 Verstärker in Emitterschaltung

Die Emitterschaltung wird sehr häufig für Verstärkerschaltungen eingesetzt. Als Beispiel für einen Verstärker in Emitterschaltung soll hier ein einfacher Audioverstärker dienen (Abb. 6.40). Dazu verwenden wir den handelsüblichen bipolaren npn-Transistor mit der Typenbezeichnung BC 109.

Die Ziffern stehen für:

- *B* = Silizium-Transistor (*A* steht dagegen für Germanium).
- *C* = Tonfrequenztransistor, Kleinsignaltyp (*F* = Hochfrequenztransistor, *S* = Schalttransistor).
- *109* = Registriernummer des Herstellers.

Grenzwerte des BC 109 laut Datenblatt:

- Maximal zulässiger Kollektorstrom $I_{C\ max.} = 200$ mA.
- Maximal zulässige Spannung zwischen Kollektor und Emitter $U_{CE\ max.} = 20$ V.
- Obere Grenzfrequenz $f_g = 100$ MHz bei $I_C = 10$ mA und $U_{CE} = 5$ V.

Schaltbild des Verstärkers

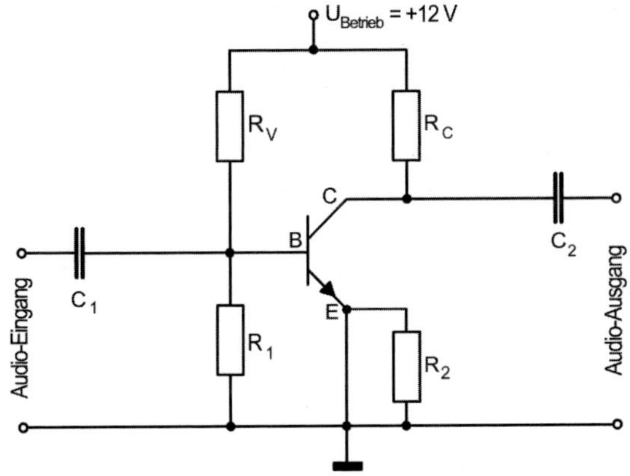

Abb. 6.40: Einstufiger Audioverstärker in Emitterschaltung

Werte der einzelnen Bauteile

Widerstand am Kollektor R_C = 5,6 kΩ.

Widerstand zur Einspeisung der Versorgungsspannung R_V = 270 kΩ.

C_1 und C_2 = 25 µF;Die beiden Kondensatoren sind notwendig zur Sperrung der Gleichspannung vor und nach der Schaltung.

R_1 = 47 kΩ und R_2 = 3,3 kΩ; Die Widerstände dienen zur Temperaturstabilisierung; der Transistor erwärmt sich während des Betriebs, und dadurch ändert sich der interne Widerstandswert.

Spannungen

Gleichspannung zum Betrieb der Verstärkers $U_{Betrieb}$ = +12 V.

Gleichspannung zwischen Basis und Emitter $U_{BE} \approx 0{,}6$ V. Die Wechselspannung des Audiosignals am Eingang überlagert diese Gleichspannung.

Gleichspannung zwischen Kollektor und Emitter $U_{CE} \approx 0{,}5 \cdot U_{Betrieb} \approx 6$ V. Die Ausgangswechselspannung überlagert diese Gleichspannung. Der Verstärker wird im verzerrungsfreien Bereich betrieben, wenn U_{CE} die Hälfte der Betriebsspannung $U_{Betrieb}$ beträgt. Nur dann lässt sich die Spannung in beide Richtungen gleich weit ändern, ohne dass es zu einer Begrenzung kommt. Man spricht in diesem Zusammenhang auch von der Einstellung des richtigen Arbeitspunktes für die Verstärkerschaltung (Abb. 6.41).

Anmerkung zur folgenden Abbildung: Die Wechselspannung des Ein- und Ausgangssignals sind bei der Emitterschaltung um 180° in der Phase gedreht.

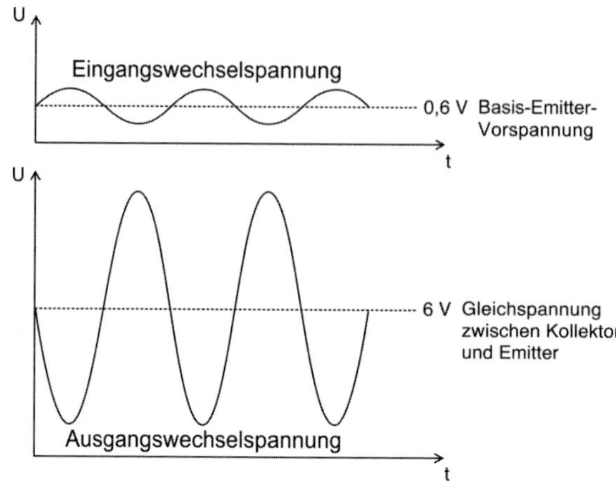

Abb. 6.41: Eingangs- und Ausgangssignal des Verstärkers

6.11.6 Anforderungen an Spannungsverstärker

A: Ein Wechselspannungsverstärker soll kleine Spannungen verstärken

Die gezeigte Emitterschaltung in Abb. 6.40 verstärkt eine kleine Eingangsspannung von $U_e \approx 0{,}6$ V auf eine größere Ausgangsspannung von $U_a \approx 6$ V.

Der Spannungsverstärkungsfaktor V_U lässt sich dann wie folgt berechnen:

$$V_U = \frac{U_a}{U_e} = \frac{6\ \text{V}}{0{,}6\ \text{V}} = 10 \qquad \text{(Formel 6.33)}$$

Beispiele für andere Verstärkungsfaktoren:

Verstärkung 1 : 1 → Keine Verstärkung, Verstärkungsfaktor $V_U = 1$

Verstärkung 20 : 1 → Verstärkungsfaktor $V_U = 20$

Verstärkung 1 : 2 → Verstärkungsfaktor $V_U = 0{,}5$ (Dämpfung!)

B: Der Verstärker soll möglichst wenig verzerren

Das bedeutet, der Kurvenverlauf der zu verstärkenden Spannung soll möglichst nicht verändert werden. Dieser Forderung steht zum einen die Begrenzung der Verstärkung durch die Betriebsspannung des Transistors entgegen (wird diese erreicht spricht man vom „Clipping“, Abb. 6.42) und zum anderen die Verstärkungskennlinie, die nicht über den ganzen Bereich linear ist (Abb. 6.43). In beiden Fällen werden dem verstärkten Signal nichtlineare Verzerrungen in Form zusätzlicher Oberschwingungen hinzugefügt.

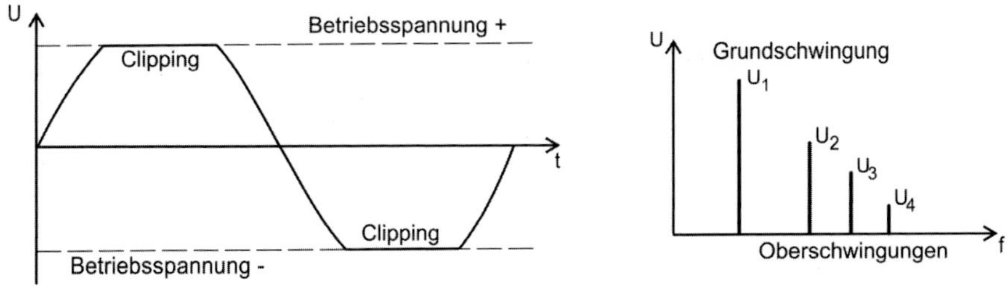

Abb. 6.42: Clipping (links) und die resultierenden Oberschwingungen (rechts)

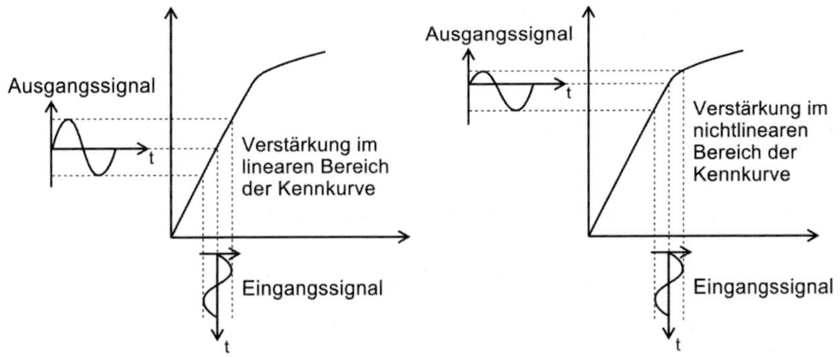

Abb. 6.43: Verstärkungskennlinie eines Transistors

Das Maß für die nichtlinearen Verzerrungen ist der Klirrfaktor k, welcher als THD-Wert (Total Harmonic Distortion) in Prozent angegeben wird. Berechnung von k:

$$k = \sqrt{\frac{\text{Effektivwert der Oberschwingungen}}{\text{Effektivwert des Gesamtsignals}}} \cdot 100 \; [\% \text{ THD}] \qquad \text{(Formel 6.34)}$$

Bezogen auf das in Abb. 6.42 gezeigte Beispiel mit den Signalspannungen der drei Obertöne U_2, U_3 und U_4 lautet dann die genaue Formel zur Berechnung des Klirrfaktors:

$$k = \sqrt{\frac{U_2^2 + U_3^2 + U_4^2}{U_1^2 + U_2^2 + U_3^2 + U_4^2}} \cdot 100 \; [\% \text{ THD}] \qquad \text{(Formel 6.35)}$$

Der Klirrfaktor wird für eine bestimmte Frequenz (meist 1 kHz) und für eine bestimmte Aussteuerung gemessen (in der Regel 0 dB_U, s. Kap. 8).

C: Die Verstärkung soll im relevanten Frequenzbereich konstant sein

Die zulässigen Toleranzen im Verstärkungsbereich innerhalb der unteren und oberen Grenzfrequenz f_{gu} und f_{go} werden vom Hersteller eines Verstärkers definiert. So dürfen diese Schwankungen im Frequenzgang beispielsweise zwischen 20 Hz und 20 kHz maximal ±1,5 dB betragen (Abb. 6.44).

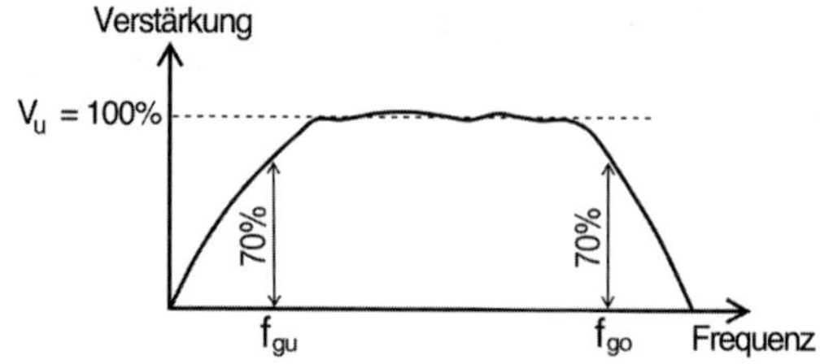

f_{gu} : untere Grenzfrequenz bei 70 % bzw. -3 dB

f_{go} : obere Grenzfrequenz bei 70 % bzw. -3 dB

100 % Signalpegel sind dabei auf eine Frequenz von 1 kHz bezogen.

Abb. 6.44: Bandbreite

6.11.7 Gegenkopplung bei Verstärkerschaltungen

Arten der Gegenkopplung:

- Rückkopplung: Das Ausgangssignal wird vollständig auf den Eingang gelegt, es entsteht ein elektrischer Kurzschluss (hier nicht weiter betrachtet).
- Mitkopplung: Nur ein Teil des Ausgangssignals wird auf den Eingang zurückgeführt. Es wird unterschieden zwischen einer Mitkopplung in Phase und gegen Phase:

Mitkopplung in Phase

Bei der Mitkopplung in Phase wächst die wirksame Verstärkung, daneben steigen aber auch die Verzerrungen. Das System wird instabil, und es entstehen eigenständige Schwingungen. Eine mögliche Anwendung liegt daher zum Beispiel in Tongeneratoren (s. Kap. 19.4.1).

Mitkopplung gegen Phase

Bei der Mitkopplung gegen Phase ist eine bessere Linearität gegeben, also ein verbesserter Frequenzgang. Das System wird stabiler, und die Verstärkung ist über den Rückkopplungsfaktor k einstellbar (Abb. 6.45).

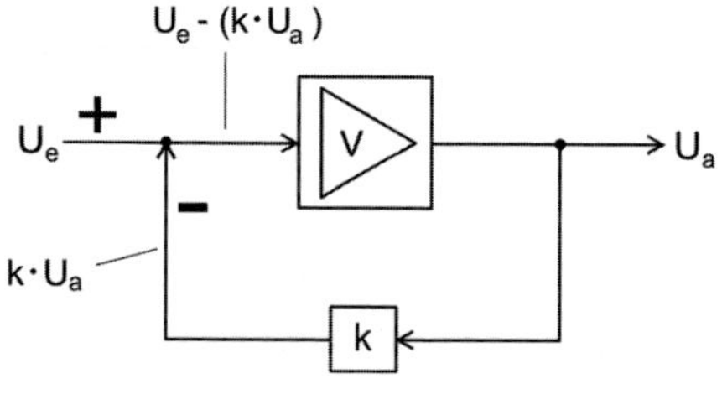

Abb. 6.45: Mitkopplung gegen Phase

Für die gezeigte Schaltung der Mitkopplung lässt sich eine Übertragungsfunktion ableiten, die den Zusammenhang zwischen U_a und U_e in Abhängigkeit vom Verstärkungs- und vom Rückkopplungsfaktor beschreibt:

$$U_a = \frac{U_e \cdot V}{1 + (k \cdot V)} \qquad \text{(Formel 6.36)}$$

Einheit [V]
U_e : Eingangsspannung
U_a : Ausgangsspannung
V : Verstärkungsfaktor
k : Rückkopplungsfaktor

6.12 Operationsverstärker

Operationsverstärker (OP) sind miniaturisierte Schaltungen, die aus mehreren Transistoren bestehen können. Sie verfügen über acht Anschlüsse (Abb. 6.46).

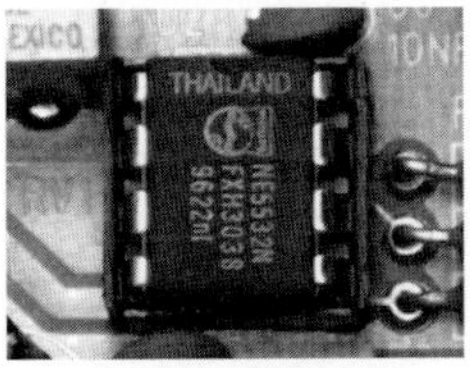

Abb. 6.46: Operationsverstärker auf einer Platine

In Schaltbildern werden zur Vereinfachung aber meist die Anschlüsse für die Betriebsspannung weggelassen (in Abb. 6.47 sind sie noch eingezeichnet):

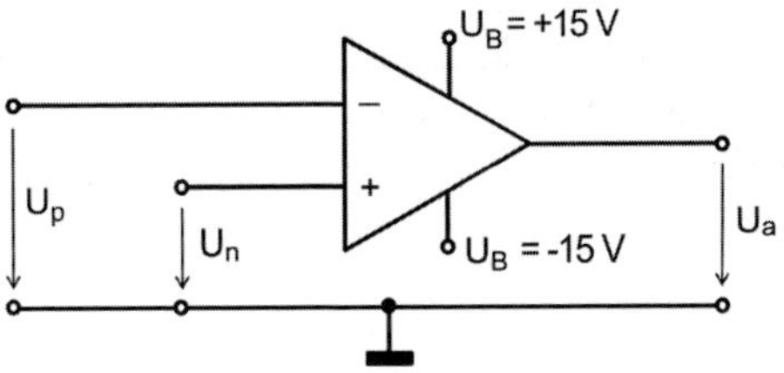

– : invertierender Eingang
+ : nicht invertierender Eingang
U_p : Spannung zwischen nicht invertierendem Eingang und Masse
U_n : Spannung zwischen invertierendem Eingang und Masse
U_a : Ausgangsspannung
U_B : Betriebsspannung

Abb. 6.47: Operationsverstärker

Im Folgenden werden einige einfache Schaltungen mit Operationsverstärkern gezeigt.

Nichtinvertierender Spannungsverstärker

Ein nichtinvertierender Spannungsverstärker wie in Abb. 6.48 behält die Polarität der Eingangsspannung bei (Phase $\varphi = 0°$).

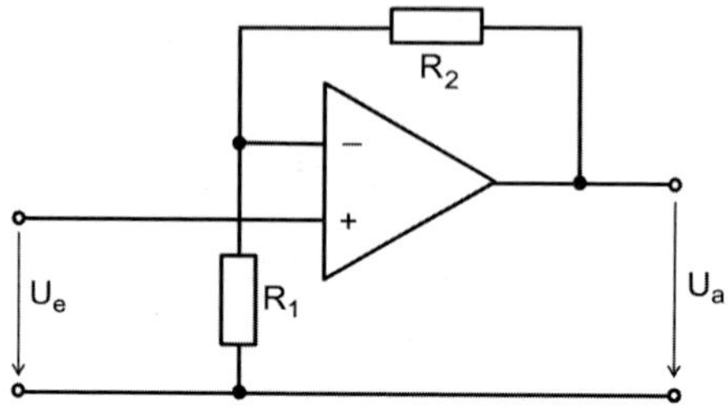

Abb. 6.48: Nichtinvertierender Spannungsverstärker

Berechnung der Verstärkung V:

$$V = \frac{U_a}{U_e} = 1 + \frac{R_2}{R_1}$$ (Formel 6.37)

Invertierender Spannungsverstärker

Beim invertierenden Spannungsverstärker wie in Abb. 6.49 ist die Polarität der Ausgangsspannung umgekehrt zur Eingangsspannung (Phase $\varphi = 180°$).

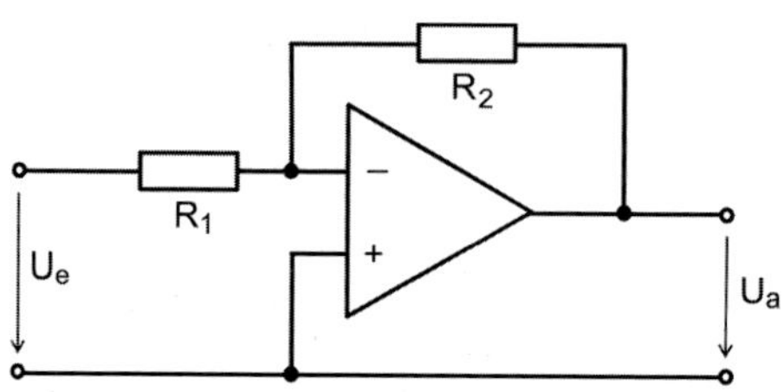

Abb. 6.49: Invertierender Spannungsverstärker

Berechnung der Verstärkung V:

$$V = \frac{U_a}{U_e} = \frac{R_2}{R_1}$$ (Formel 6.38)

Aktive Filter

Aktiver Tiefpass

Bei dieser Schaltung lässt der Kondensator in Gegenkopplung hohe Frequenzen durch. Diese werden zu dem invertierten Ausgangssignal addiert und löschen sich daher aus (Abb. 6.50).

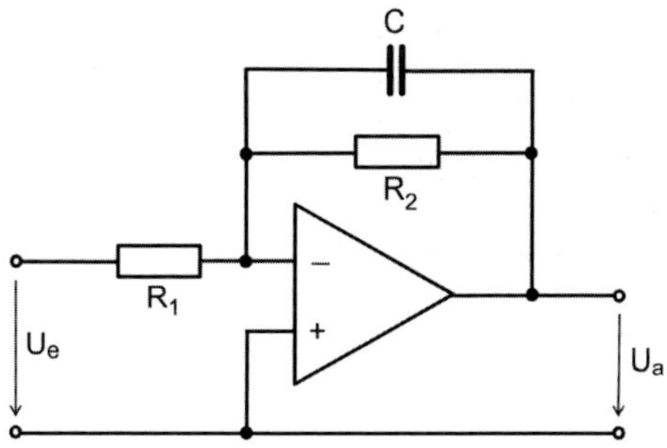

Abb. 6.50: Aktiver Tiefpass

Aktiver Hochpass

Die Spule in Gegenkopplung lässt hier tiefe Frequenzen durch. Diese werden zu dem invertierten Ausgangssignal addiert und löschen sich daher aus (Abb. 6.51).

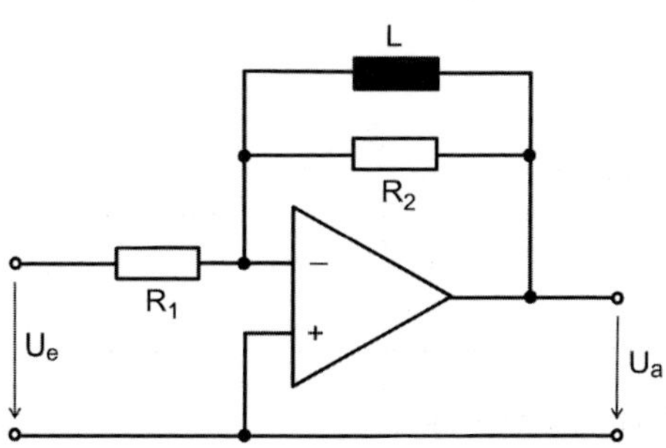

Abb. 6.51: Aktiver Hochpass

Allpass

Allpässe haben einen konstanten Amplituden-Frequenzgang, d. h. die Dämpfung ist für jede Frequenz gleich. Allerdings wird die Phase frequenzabhängig gedreht (Abb. 6.52 und 6.53).

Anwendung für Allpassfilter:

- Zum Ausgleich von Phasenfehlern bei Hochpässen, Tiefpässen und Bandfiltern.
- In Effektgeräten wie dem Phaser und dem Vibrato (s. Kap. 16.3.3).

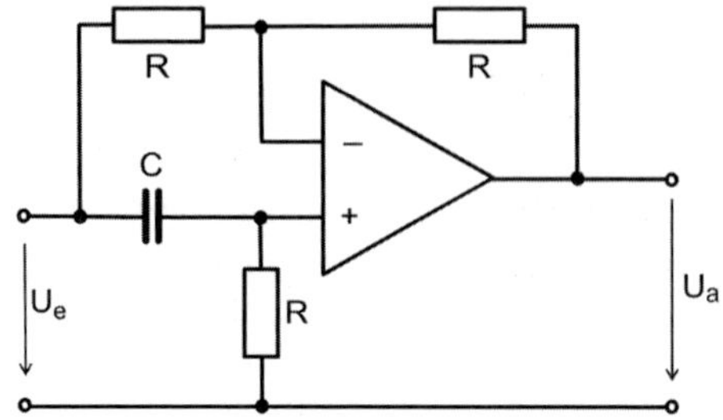

Abb. 6.52: Allpassfilter

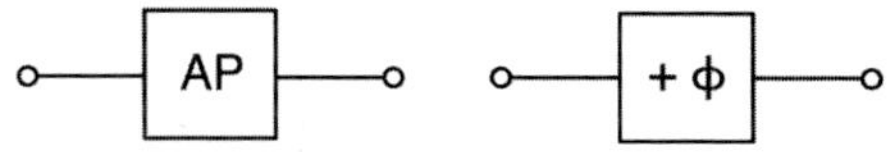

Abb. 6.53: Schaltbilder Allpass

6.13 Modulation

Bei der Übertragung oder Speicherung eines analogen (Audio-)Signals kann es sinnvoll sein, dieses in einen höheren Frequenzbereich zu verschieben (drahtlose Tonübertragung) oder es digital zu wandeln (Datenübertragung und Speicherung auf digitalen Medien). Dazu wird das Eingangssignal auf der Senderseite moduliert und auf der Empfängerseite wieder demoduliert (Abb. 6.54).

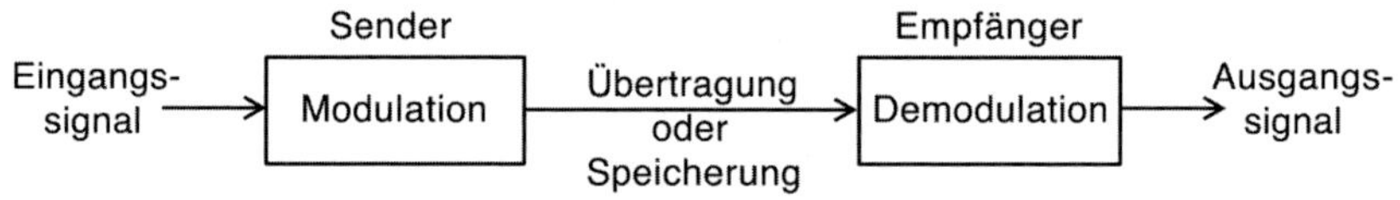

Abb. 6.54: Prinzip der Modulation und Demodulation

Mit einer analogen Modulatorschaltung kann wahlweise die Amplitude, die Frequenz oder die Phase eines sinusförmigen Trägersignals durch das Eingangssignal verändert werden. Entsprechend heißen diese Verfahren Amplituden-, Frequenz- oder Phasenmodulation.

Bei digitalen Modulationsverfahren wird das Eingangssignal in binäre Zahlenwerte 0 und 1 umgewandelt. Zur Übertragung und Speicherung werden dann nur nach zwei Spannungszustände (zum Beispiel 0 V und 1 V) benötigt. Man spricht hier auch von einem Pulsträger. Tab. 6.3 zeigt einige Modulationsverfahren.

Tab. 6.3: Modulationsverfahren

Sinusförmiges Trägersignal		Pulsträger	
Analoges Eingangssignal	Digitales Eingangssignal	Ohne Codierung	Mit Codierung
Amplitudenmodulation (AM) *	Amplitudenumtastung (ASK)	Pulsamplituden-modulation (PAM) *	Pulscodemodulation (PCM) *
Frequenzmodulation (FM) *	Frequenzumtastung (FSK)	Pulsweitenmodulation (PWM) *	
Phasenmodulation (PM)	Phasenumtastung (PSK)	Pulsfrequenzmodulation (PFM)	
		Pulsphasenmodulation (PPM)	
* Modulationsverfahren, die in diesem Buch beschrieben werden			

In den folgenden Kapiteln sehen wir uns die zwei wichtigsten Verfahren mit sinusförmigem Trägersignal an, die Amplitudenmodulation (AM) und Frequenzmodulation (FM).

Auf Modulationsverfahren mit Pulsträger (PAM, PCM und PWM) wird in Kap. 13 „Digitale Audiosignale" eingegangen.

6.13.1 Amplitudenmodulation (AM)

Bei der Amplitudenmodulation werden das Eingangssignal (Nutzsignal) und das Trägersignal miteinander multipliziert. Dies geschieht schaltungstechnisch in zwei Schritten: Zuerst werden die beiden Signale addiert bzw. gemischt (Abb. 6.55):

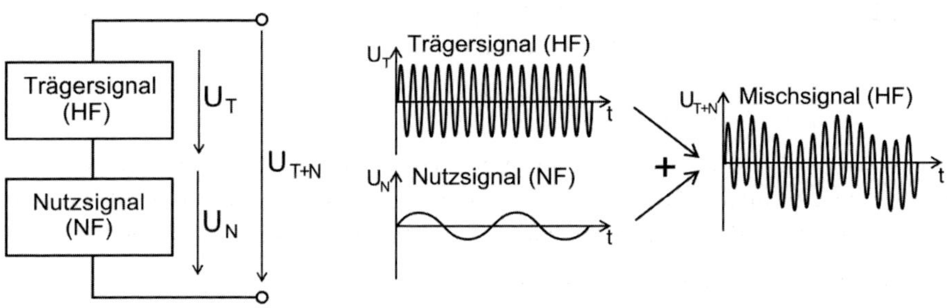

Abb. 6.55: Erste Stufe der AM

Das gemischte Signal durchläuft in einem zweiten Schritt die eigentliche Amplitudenmodulation (Abb. 6.56). Diese Schaltung besteht im Wesentlichen aus einer Diode, deren Arbeitspunkt durch den veränderbaren Widerstand R_1 so eingestellt ist, dass sie gerade noch leitfähig ist. In Abhängigkeit vom Mischsignal fließt ein kleinerer oder größerer Strom I_D durch die Diode. Analog zur Stromänderung durch die Diode ändert sich auch die Spannung, die am Widerstand R_2 abfällt. Der Bandpass im Ausgang filtert schließlich den Gleichspannungsanteil bzw. die niedrigen Frequenzen heraus und daneben die sehr hochfrequenten Anteile, die durch die Modulation entstanden sind. Der Kondensator C hält die Betriebs-Gleichspannung fern vom Nutz- und dem Trägersignal. Am Ausgang des Modulators liegt ein hochfrequentes Signal an, dessen Amplitude sich mit dem Verlauf des Nutzsignals ändert.

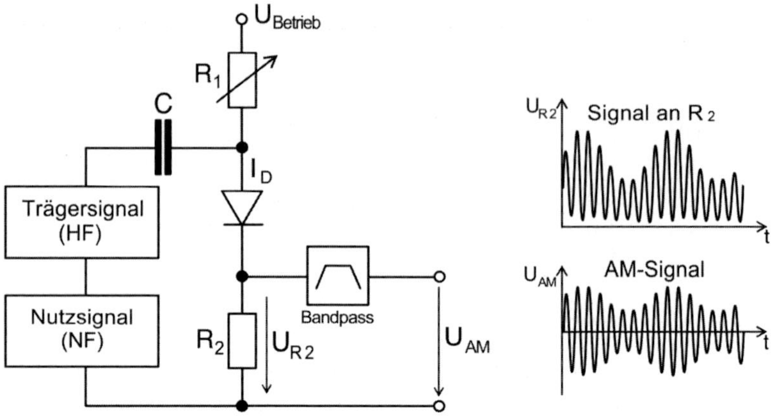

Abb. 6.56: Zweite Stufe der AM

In den Abb. 6.55 und 6.56 wurde als Nutzsignal eine Sinusschwingung mit konstanter Frequenz angenommen. In der Audiotechnik ist das Nutzsignal allerdings nicht nur eine einzelne Frequenz, sondern ein Frequenzgemisch mit einer Bandbreite, die dem Hörbereich von $f_u = 20$ Hz bis $f_o = 20$ kHz entspricht. Die gesamte Bandbreite des Nutzsignals wird im Zusammenhang mit der Modulation auch Basisband genannt. Wird nun eine Trägerfrequenz f_T mit dem Basisband amplitudenmoduliert, dann erscheinen im Spektrum oberhalb und unterhalb des Trägers ein Summenband und ein gespiegeltes Differenzband (Abb. 6.57).

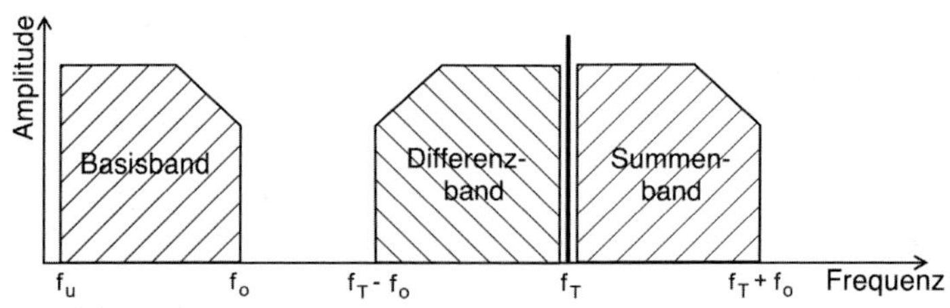

Abb. 6.57: Seitenbänder bei der Amplitudenmodulation

Demodulation des AM-Signals

Bei der Demodulation unterdrückt ein Gleichrichter die negativen Anteile des hochfrequenten AM-Signals. Übrig bleiben die oberen Halbwellen der Trägerwelle (Abb. 6.58).

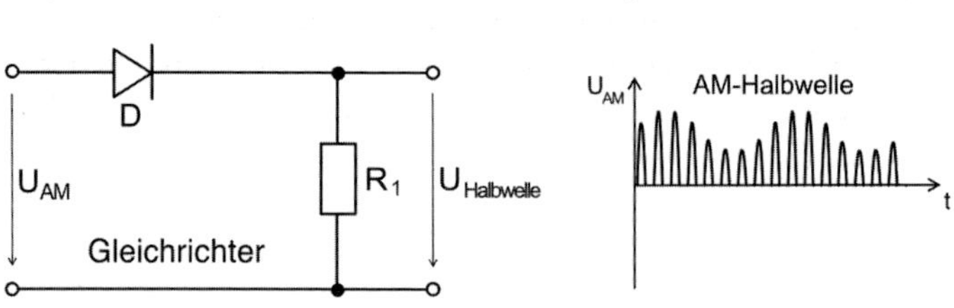

Abb. 6.58: Gleichrichterschaltung im Demodulator

Diese Schaltung wird noch erweitert (Abb. 6.59): Der Kondensator C_1 filtert die Trägerfrequenz heraus, es verbleibt die Einhüllende des Trägers. Kondensator C_2 entkoppelt den Gleichspannungsanteil. Am Ausgang des Demodulators kann schließlich das ursprüngliche Nutzsignal abgegriffen werden.

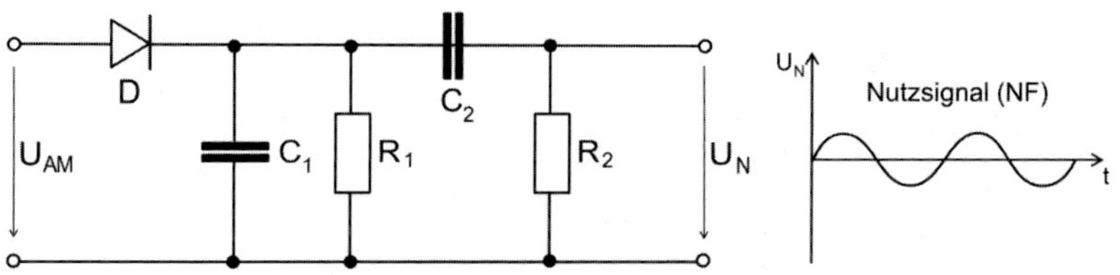

Abb. 6.59: Vollständige Demodulatorschaltung

Die Amplitudenmodulation ist das älteste Verfahren und wurde bereits in der Anfangszeit der Funksignalübertragung eingesetzt, also zu Beginn des letzten Jahrhunderts. AM wird heutzutage zum Beispiel beim Mittelwellenradio, der Flugnavigation und dem CB-Funk eingesetzt, daneben in bestimmten Bereichen der Telefonie. Trotz des Nachteils, dass das Nutzsignal nicht ganz vom Rauschen der Übertragungsstrecke getrennt werden kann und die Dynamik (s. Kap. 16.1) eingeschränkt ist, ist das Verfahren also noch aktuell und wird beständig weiterentwickelt.

6.13.2 Frequenzmodulation (FM)

Die Frequenzmodulation wurde erstmals 1922 mathematisch korrekt beschrieben, aber erst 1935 erhielt Edwin Howard Armstrong (1890 – 1954) verschiedene Patente, die mit diesem Verfahren zusammenhängen. Die Qualität der Funkübertragung konnte durch FM wesentlich verbessert werden. Die Information des Nutzsignals steckt in der Frequenz des Trägersignals. Daraus ergibt sich der Vorteil, dass die Amplitude des Trägers und damit auch die Sendeleistung bei der Funkausstrahlung konstant hoch bleiben. Auch wenn die Amplitude des Trägers durch eine Übertragungsstörung schwanken sollte, kann das Nutzsignal wieder zurück gewonnen werden (was bei AM nicht der Fall wäre).

Die Schaltungstechnik der Frequenzmodulation soll hier nicht weiter beschrieben werden, da das Verfahren nicht so einfach wie die Amplitudenmodulation aufgezeigt und erklärt werden kann. Nur so viel: Letztlich steckt eine Oszillatorschaltung bzw. ein Schwingkreis dahinter. Wir wollen uns aber ansehen, wie ein frequenzmodulierter Träger bei verschiedenen sinusförmigen Eingangssignalen aussieht.

Abb. 6.60: Eine niedrige Amplitude des Eingangssignals hat eine geringe Frequenzänderung des Trägers zur Folge. Eine hohe Amplitude des Eingangssignals führt zu einer großen Frequenzänderung des Trägers. Die maximale Abweichung von der ursprünglichen Trägerfrequenz wird Hub genannt (s. auch Abb. 6.62).

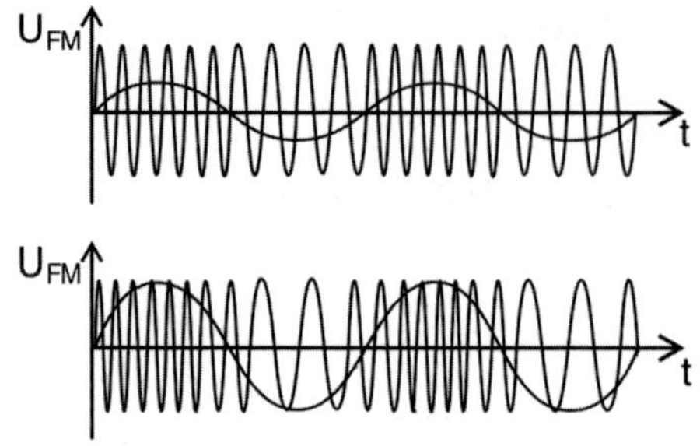

Abb. 6.60: FM bei verschiedenen Pegeln des Nutzsignals

Abb. 6.61: Die Frequenz des Eingangssignals steckt in der Häufigkeit der Frequenzänderung des Trägers.

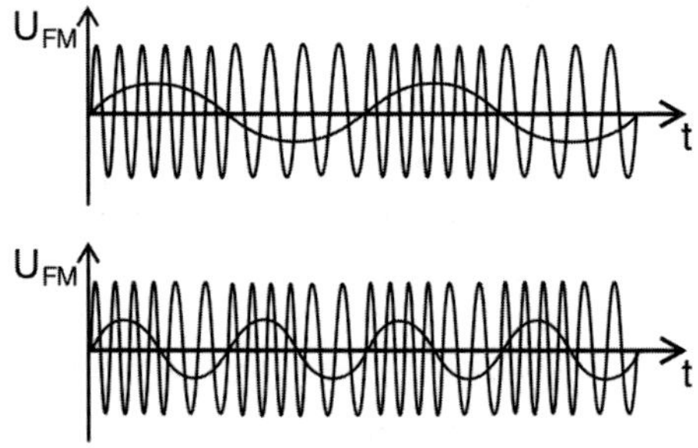

Abb. 6.61: FM bei unterschiedlicher Frequenz des Nutzsignals

Wie bei der Amplitudenmodulation entstehen auch bei der FM Seitenbänder. Allerdings nicht nur ein Summen- und ein Differenzband, sondern theoretisch unendlich viele. Je weiter sie von der Trägerfrequenz entfernt liegen, desto geringer wird ihr Pegel. Soll eine parallele Übertragung auf mehreren FM-Frequenzen stattfinden, müssen Bandpassfilter die Übertragungskanäle voneinander trennen (Abb. 6.62).

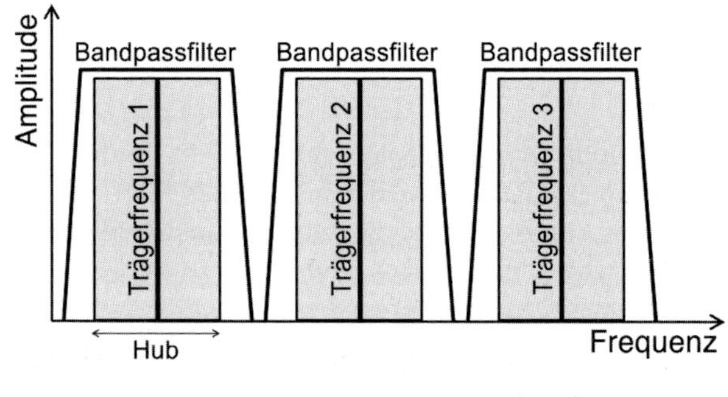

Abb. 6.62: Trennung der Übertragungskanäle bei FM

Die Frequenzmodulation wird zum Beispiel beim Kurzwellenradio, der analogen Fernsehausstrahlung und der drahtlosen Tonübertragung mit Mikroports angewendet (s. Kap. 12.1).

6.14 Übungsaufgaben

Aufgabe 1

Eine sinusförmige Wechselspannung hat einen Spitzenwert von 18 V. Wie groß ist der Effektivwert der Spannung?

Aufgabe 2

Eine Audiosignal hat eine Spitzenspannung von 1,4 V_{SS}, und eine effektive Spannung von 1,13 V_{eff}. Berechne den Crest-Faktor. Überlege und begründe: Was ist der „Grenzwert" des Crest-Faktors?

Aufgabe 3

Skizziere die elektrischen Impedanzverläufe in Abhängigkeit von der Frequenz für einen Widerstand, eine Spule und einen Kondensator.

Aufgabe 4

Recherchiere: Wie ist ein Hochpass und ein Tiefpass als RL-Glied aufgebaut? Skizziere die jeweilige Schaltung. Wie wird die Grenzfrequenz dieser Filter berechnet?

Aufgabe 5

Ein Bandpassfilter hat eine untere Grenzfrequenz von 600 Hz und eine obere Grenzfrequenz von 1,2 kHz. Berechne die Mittenfrequenz, die Bandbreite und die Güte.

Aufgabe 6

Bei einem Verstärker beträgt die Eingangsspannung U_e = 1 mV und die Ausgangsspannung U_a = 1 V. Wie groß ist der Verstärkungsfaktor?

Aufgabe 7

Erkläre mit einfachen Worten: Wie funktioniert die Frequenzmodulation?

Literaturtipps

Europa Lehrmittel (Hrsg). Tabellenbuch Elektrotechnik.
Verlag Europa Lehrmittel, Haan-Gruiten 2007

Kories R, Schmidt-Walter H. Taschenbuch der Elektrotechnik.
Harri Deutsch Verlag, Frankfurt am Main 2000

Weiterführende Informationen zum Thema FM finden sich auf der Webseite von Detlef Mietke unter: www.elektroniktutor.de/signale/fm.html

Heruntergefahrene Traverse für die Montage von Meyer Sound CQ-2-Lautsprechern als Center Cluster und Downfills („42nd Street“ im Apollo Theater Stuttgart)

7 Stromversorgung

Audiogeräte benötigen Strom. Allerdings wird nicht jedes über das öffentliche Stromnetz versorgt, mobile Geräte wie etwa Funksender zur drahtlosen Tonübertragung benötigen eine mobile Stromversorgung in Form von Batterien und Akkus.

7.1 Netzstrom

Die öffentliche Stromversorgung erfolgt in Deutschland über ein Dreiphasenwechselspannungsnetz (auch Drehstromnetz genannt) mit einer Netzfrequenz von 50 Hz. An den drei Außenleitern L1, L2 und L3 liegt die Wechselspannung jeweils zueinander phasenverschoben an. Die Verschiebung von Phase zu Phase beträgt 120°. Jeder Außenleiter hat gegenüber dem Neutralleiter N eine Spannung von 230 V, zwischen den Außenleitern beträgt die Spannung allerdings aufgrund der Phasenverschiebung knapp 400 V. Der Schutzleiter (PE) überträgt das 0 V-Potential der Erde auf das Gehäuse des angeschlossenen Gerätes (Abb. 7.1).

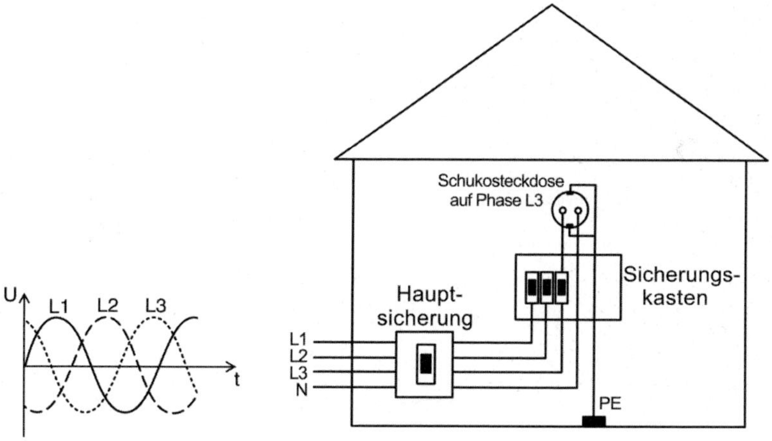

Abb. 7.1: Dreiphasen-Wechselspannungsnetz

Der Dreiphasen-Wechselstrom begegnet uns in der Veranstaltungstechnik in Form der genormten CEE-Drehstromsteckverbinder (Abb. 7.2; CEE = International Commission on Rules for the Approval of Electrical Equipment). Es gibt verschiedene Ausführungen für Stromstärken von 16 A, 32 A, 63 A und 125 A. Im Sicherungskasten ist eine entsprechende Überstromschutzeinrichtung (Sicherung) installiert, die den Stromfluss unterbricht, wenn die angegebene Ampere-Zahl überschritten wird.

Der Schutzkontakt ist bei CEE-Steckern dicker als die restlichen Kontakte ausgeführt und steht in einer bestimmten Position zur Außennase der Kupplung und des Steckergehäuses. Je nach Anwendung kann diese Position variieren. Zur besseren Unterscheidung sind die Stecker und Kupplungen daher farblich markiert. Im Theaterbetrieb werden die roten CEE-Steckverbinder mit der 6 Uhr-Position des Schutzkontaktes von der Haus- und der Lichttechnik verwendet, die schwarzen CEE-Steckverbinder mit dem Schutzleiter auf der 7 Uhr-Position dagegen von der Tontechnik – die Positionsangabe bezieht sich auf die Kupplung.

Abb. 7.2: CEE-Steckverbinder (Zeichnung links: Kupplungen, Foto rechts: Stecker)

Sinn der getrennten Stromversorgung von Licht- und Tontechnik: Störungen auf dem Stromnetz, hervorgerufen durch den Phasenanschnitt beim Dimmen von Lampen, werden dadurch von der Beschallungsanlage fern gehalten.

Fehlerstromschutzschalter (FI)

Der Fehlerstromschutzschalter ist eine Schutzeinrichtung, welche neben dem Überstromschutz im Sicherungskasten installiert ist (Abb. 7.3). Bei Überschreiten einer bestimmten Differenzstromstärke zwischen den Leitern trennt der FI den Stromkreis. Differenzströme treten zum Beispiel auf, wenn über eine schadhafte Isolierung ein Fehlerstrom fließt. Auch beim Berühren eines Leiters fließt über den Körper ein Fehlerstrom, der zum Auslösen des FI führt.

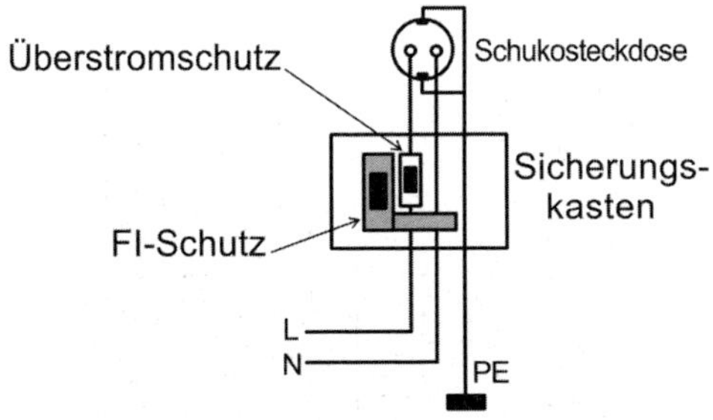

Abb. 7.3: Fehlerstromschutzschalter

Steckverbinder für 230 V / 16 A

Der Anschluss eines Audiogerätes an das Stromnetz erfolgt meist mit einem Schutzkontakt-Steckverbinder (Schuko-Steckdosen und Schuko-Stecker) mit Außenleiter, Neutralleiter und Schutzkontakt. In der Beschallungstechnik werden diese Anschlusskabel mit verschiedenen Kabelkupplungen versehen, deren Gegenstück an den jeweiligen Geräten montiert ist:

3-polige Kaltgerätekupplungen (Abb. 7.4): Für einen Stromfluss bis zu 10 A bei einer maximalen Wärmeentwicklung von 70 °C an den Verbindungsstiften.

Powercon-Kupplungen (Abb. 7.5): Verriegelbar, und damit geschützt gegen Herausfallen.

Abb. 7.4: Schuko- und Kaltgerätestecker

Abb. 7.5: Schuko- und Powercon-Stecker

Vereinzelt finden sich auch *Kleingerätestecker* wie in Abb. 7.6 gezeigt, zum Beispiel an Steckernetzteilen. Kleingerätestecker haben keine Erdverbindung und sind nur für Verbraucher bis max. 2,5 A zugelassen.

Abb. 7.6: Kleingerätestecker

Sicherheitshinweise beim Umgang mit elektrischen Anlagen

Der unsachgemäße Umgang mit elektrischem Strom kann zu schweren Unfällen führen. Körperdurchströmungen, Lichtbogeneinwirkungen und Sekundärwirkungen (zum Beispiel ein Absturz bei Arbeiten auf einer Leiter) rufen schwere Verletzungen hervor oder können tödlich enden. Es sind daher einige Sicherheitsregeln zu beachten:

- Vor Inbetriebnahme elektrischer Betriebsmittel ist eine Sichtkontrolle durchzuführen. Die Anschlussleitung, der Stecker und das Gehäuse sind auf äußere Schäden zu prüfen.
- Stecker stets am Griff anfassen, nie an der Leitung.
- Besondere Vorsicht ist bei Nässe an elektrischen Anlagen und Betriebsmitteln geboten.

- Beim Auftreten von Störungen sind elektrische Anlagen und Betriebsmittel auszuschalten. Schutzabdeckungen dürfen nicht geöffnet oder entfernt werden.
- Grundsätzlich dürfen Elektroinstallationen nur von ausgebildeten Elektrofachkräften errichtet werden. Es gelten uneingeschränkt die VDE-Vorschriften (VDE = Verband der Elektrotechnik, Elektronik und Informationstechnik).

7.2 Netzteile

Verstärkerschaltungen benötigen zum Betrieb eine Gleichspannung, wie schon in Kap. 6.11.5 „Verstärker in Emitterschaltung" gesehen. Die Wechselspannung des Stromnetzes muss also durch ein Netzteil gewandelt und gleichgerichtet werden. Jedes Gleichspannungsnetzteil besteht im Prinzip aus einem Transformator (Trafo), der die Eingangswechselspannung von 230 V auf den gewünschten Wert heruntertransformiert (zum Beispiel auf 9, 12, 18 oder 24 V), und einer Gleichrichterschaltung in Kombination mit einem Ladekondensator (s. Kap. 6.11.3). Es gibt ungeregelte, stabilisierte und getaktete Netzteile.

Wie funktioniert ein Transformator?

Ein Trafo hat zwei Spulenwicklungen um einen Eisenkern: Die Primärspule und die Sekundärspule. Die vom Strom durchflossene Primärspule erzeugt ein magnetisches Feld. Der magnetische Fluss ϕ wird über den Eisenkern auf die Sekundärspule übertragen. Immer wenn sich der magnetische Fluss ändert, also bei Umpolung der Primärspule, wird in der Sekundärspule eine Spannung induziert (Abb. 7.7).

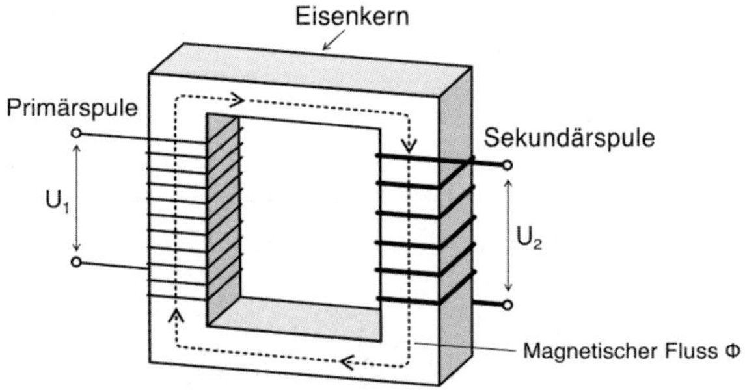

Abb. 7.7: Transformator

Eine primäre Wechselspannung wird im Verhältnis der Windungszahlen der Spulen in eine sekundäre Wechselspannung transformiert:

$$\frac{U_1}{U_2} = \frac{n_1}{n_2} \qquad \text{(Formel 7.1)}$$

U_1 und U_2 : Primär- und Sekundärspannung

n_1 bzw. n_2 : Primär- und Sekundärwindungszahl

Trafos in Audioschaltungen werden auch Übertrager genannt (Abb. 7.8). Sie erfüllen hier meist spezielle Funktionen, zum Beispiel die der galvanischen Trennung von zwei Stromkreisen (s. Kap. 11.2.3).

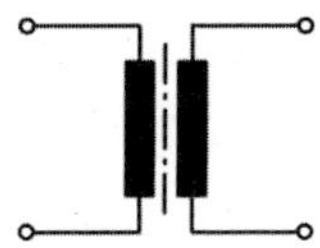

Abb. 7.8: Schaltbild Trafo bzw. Übertrager

7.2.1 Ungeregelte Netzteile

Ein ungeregeltes Netzteil wie in Abb. 7.9 ist aus einem Trafo, einem Gleichrichter mit Ladekondensator und einer Siebeschaltung aufgebaut.

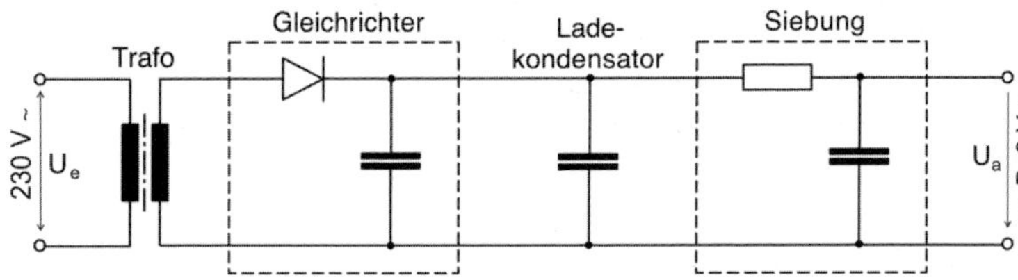

Abb. 7.9: Ungeregeltes Netzteil

Ungeregelte Netzteile sind die einfachste und damit billigste Variante. Sie werden hauptsächlich als Steckernetzteile angeboten.

Was ist bei Steckernetzteilen zu beachten?

Die Stromaufnahme des Verbrauchers darf den maximalen Ausgangsstrom des Netzteils nicht überschreiten, und der Verbraucher muss polungsrichtig angeschlossen werden. Daneben muss das Netzteil die richtige Ausgangsspannung haben.

Vorsicht: Manche Audiogeräte haben Buchsen, in die der Stecker eines Gleichspannungs-Standardnetzteils passt, obwohl das Gerät über diesen Anschluss mit Wechselspannung betrieben werden muss. Daher immer auf die Beschriftungen achten (Abb. 7.10).

Abb. 7.10: Steckernetzteil

7.2.2 Stabilisierte Netzteile (Analoge Spannungsstabilisierung)

Bei stabilisierten Netzteilen sorgt ein Regelelement für eine konstante Ausgangsspannung (Abb. 7.11).

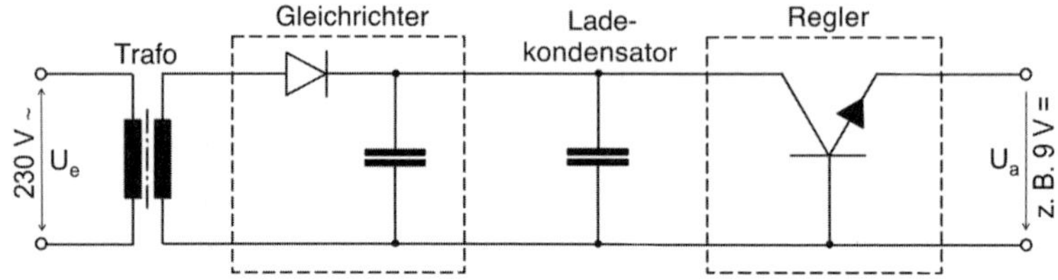

Abb. 7.11: Stabilisiertes Netzteil

Eigenschaften stabilisierter Netzteile

- Positiv: Geringe Restwelligkeit und stabile Ausgangsspannung bei verschiedenen Lasten.
- Negativ: Hohe Wärmeentwicklung; daher ist der Einsatz von Kühlkörpern und manchmal auch eines Lüfters notwendig. Folglich haben stabilisierte Netzteile oft eine große Bauweise und ein hohes Gewicht (Abb. 7.12).

Abb. 7.12: Stabilisierte Netzteile eines analogen Beschallungspultes (Cadac J-Type)

7.2.3 Getaktete Netzteile (Schaltnetzteile)

Ein Transistor, der als Schalter betrieben wird, „zerhackt" die Spannung nach dem Gleichrichter in ein Rechtecksignal. Diese Rechteckspannung lädt dann ständig den Ausgangskondensator nach (Abb. 7.13). Die Schaltfrequenz liegt bei 20 bis 1300 kHz, also außerhalb des Hörbereichs.

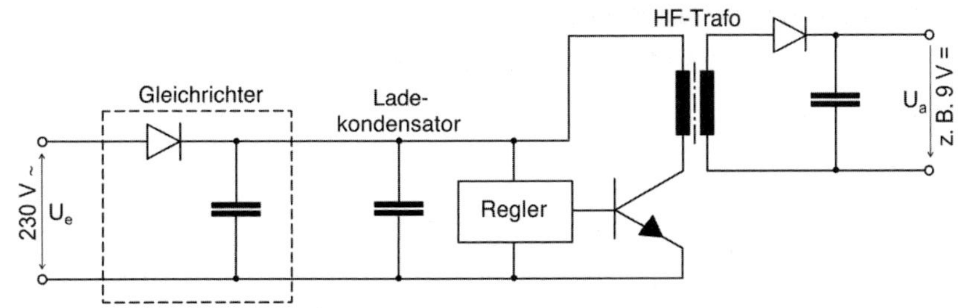

Abb. 7.13: Getaktetes Netzteil

Eigenschaften getakteter Netzteile

- Positiv: Wenig Wärmeentwicklung, geringe Baugröße, hoher Wirkungsgrad.
- Negativ: Das Netzteil kann HF-Störungen verursachen.

7.3 Batterien und Akkus

Bei Batterien und Akkumulatoren (Akkus) bilden zwei Elektroden und ein Elektrolyt ein galvanisches Element. Die Elektroden, Kathode und Anode, bestehen aus verschiedenen Metallen, und aufgrund der elektrochemischen Spannungsreihe baut sich eine Spannung zwischen ihnen auf. (Elektrochemische Spannungsreihe: Metalle nehmen bei Kontakt mit Elektrolyten unterschiedlich stark Elektronen auf oder geben diese in die Lösung ab.)

Bei Batterien (auch Einweg- oder Primärzellen genannt) kann die Anode aus Blei, Zink oder Lithium bestehen. Die Kathode besteht z. B. aus Kupfer, Silber oder Kohle. In Batterien laufen chemische Reaktionen ab, welche die Elektroden zerstören – somit ist dieser Prozess nicht umkehrbar. Die Anode verbraucht sich beim Entladen, und dabei verringert sich die chemisch wirksame Oberfläche. Der Innenwiderstand der Batterie steigt, und die Ausgangsspannung sinkt. Bei Akkus (Sekundärzellen) sorgen dagegen spezielle Metallkombinationen dafür, dass der Entladevorgang umkehrbar ist.

Tab. 7.1: Vor- und Nachteile von Batterien und Akkus

	Batterien	Akkus
Vorteile	Können mehr Energie als ein Akku vergleichbarer Größe speichern.	Bei häufigen Einsatz insgesamt billiger als Batterien.
	Behalten bei Lagerung die Energie über einen langen Zeitraum (Jahre).	Durch mehrmalige Verwendung weniger umweltschädlich im Vergleich zu Batterien.
	Standardbatterien sind überall erhältlich.	
Nachteile	Verbrauchte Batterien müssen über den Sondermüll entsorgt werden.	Akkusätze müssen oft nach einem Jahr komplett erneuert werden.
	Nachkauf von Batterien ist auf Dauer teurer als Akkus.	Gute Ladegeräte sind teuer.

7.3.1 Technische Parameter

Nennspannung

Die Nennspannung ist die ungefähre Größe der Spannung an den Kontakten. Die tatsächliche Spannung hängt von der Belastung, dem Ladezustand und der Temperatur ab.

Kapazität

Die Kapazität ist die Größe der gespeicherten Ladung; Einheit [Ah]. Ein Akku mit 500 mAh kann theoretisch über eine halbe Stunde 1 A Strom liefern, oder 50 mA über 10 Stunden etc.

Selbstentladung

Die chemische Reaktion in der Zelle findet auch bei ungenutzten Batterien und Akkus statt. Diese Selbstentladung ist verschieden stark ausgeprägt. Manche Bleiakkus können pro Tag bis zu 1 % der Ladung verlieren, während einige Batterietypen mehrere Jahre lagerfähig sind. Die Selbstentladung wird meist in [%] pro Monat angegeben.

Innenwiderstand und Modellvorstellung der „realen Spannungsquelle“

Die Batterie besteht aus zwei fiktiven Komponenten: Einer konstanten Spannungsquelle U_0 und dem Innenwiderstand R_i, der den Stromfluss begrenzt. Diese Ersatzschaltung beschreibt das reale Verhalten der Batterie (Abb. 7.14).

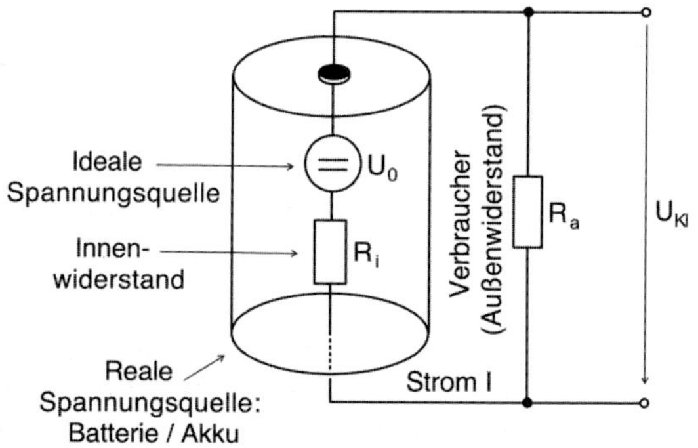

Abb. 7.14: Ersatzschaltung

Berechnung der Leerlaufspannung U_0

$$U_0 = I \cdot R_i + U_{Kl} \qquad \text{(Formel 7.2)}$$

Einheit [V]
I : Strom, der über einen Verbraucher fließt [A]
R_i : Innenwiderstand [Ω]
U_{Kl} : Klemmspannung [V]

Ohne Belastung durch einen Verbraucher mit dem Außenwiderstand R_a kann die Leerlaufspannung gemessen werden. Der Innenwiderstand ist dabei das Maß für den Ladezustand der Batterie. Je weniger Ladung sie enthält, desto größer ist der Innenwiderstand. Bei Belastung sinkt an den Polen der Batterie bzw. des Akkus die Spannung ab. Je mehr Strom entnommen wird, desto kleiner wird die Spannung. Im Extremfall gibt die Zelle den maximal möglichen Strom I ab, während die Spannung auf nahezu 0 V sinkt (Kurzschluss).

Reihenschaltung von Spannungsquellen

Die Gesamtspannung ergibt sich bei der Reihenschaltung durch die Addition der Einzelspannungen:

$$U_{Gesamt} = U_1 + U_2 + U_3 + ... + U_n \quad \text{(Formel 7.3)}$$

Die Innenwiderstände addieren sich in gleicher Weise:

$$R_{i\,Gesamt} = R_{i\,1} + R_{i\,2} + R_{i\,3} + ... + R_{i\,n} \quad \text{(Formel 7.4)}$$

Parallelschaltung von Spannungsquellen

Die Gesamtspannung U bleibt bei der Parallelschaltung gleich, solange die Einzelquellen gleiche Ausgangsspannungen haben.

$$U_{Gesamt} = U_1 = U_2 = U_3 = ... = U_n \quad \text{(Formel 7.5)}$$

Der Gesamt-Innenwiderstand sinkt bei Parallelschaltung und berechnet sich für drei Spannungsquellen wie folgt:

$$R_{i\,Gesamt} = \frac{R_1 + R_2 + R_3}{R_1 \cdot R_2 + R_2 \cdot R_3 + R_3 \cdot R_1} \quad \text{(Formel 7.6)}$$

7.3.2 Eigenschaften verschiedener Batterietypen

Zink-Kohle-Batterien (ZnC)

Zink-Kohle-Batterien sind in billigen Standardausführungen mit 1,5 V (Typ: D, C, AA und AAA)[1] oder als 9 V-Blockbatterie erhältlich. Meist haben Zink-Kohle-Batterien ein angedicktes Elektrolyt und sind daher auslaufsicher. Sie haben eine relativ niedrige Kapazität und sind deshalb nur für Geräte mit geringem Stromverbrauch geeignet.

Alkali-Mangan-Batterien (AlMn)

Alkaline-Batterien (Abb. 7.15) gibt es als teure Standardausführungen mit einer bis zu vierfach höheren Kapazität als Zink-Kohle-Batterien. Sie werden daher auch bevorzugt bei der drahtlosen Tonübertragung für die tragbaren Funksender und -empfänger eingesetzt (s. Kap. 12).

Silberoxid- und Lithium-Batterien

Silberoxid-Batterien sind in der Regel Knopfzellen, die in verschiedenen Baugrößen angeboten werden und meist eine Spannung 1,55 V haben. Lithium-Batterien gibt es in Spezialbauformen zum Beispiel für Fotoapparate mit 1,55 V und 3 V.

[1] Andere Bezeichnungen sind: D = Mono, C = Baby, AA = Mignon und AAA= Micro

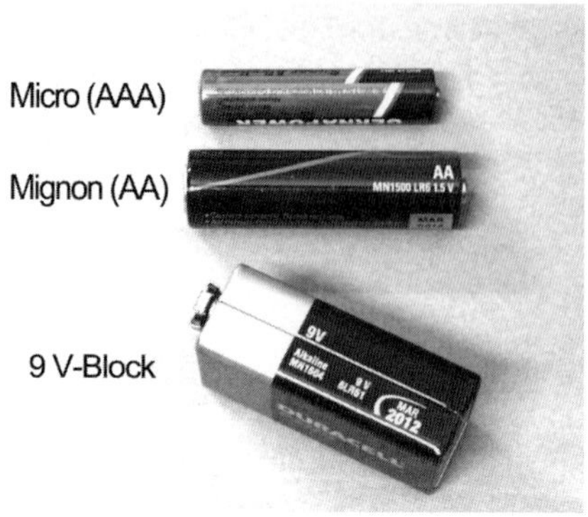

Abb. 7.15: Verschiedene Alkaline-Batterien in Standardbauformen

Was ist bei Batterien zu beachten?

- Immer komplette Batteriesätze austauschen, denn bei unterschiedlichen Ladungszustand fließen Ausgleichsströme zwischen den Zellen (dies gilt auch für Akkus).
- Wird ein batteriebetriebenes Gerät länger nicht benutzt, die Batterien wegen Auslaufgefahr entnehmen.
- Auf die Mindesthaltbarkeit achten.
- Batterien müssen als Sondermüll entsorgt werden.

7.3.3 Eigenschaften verschiedener Akkutypen

Bleiakkus (Pb)

Die Elektroden bestehen aus Blei (Kathode) bzw. Bleioxid (Anode), das Elektrolyt ist Schwefelsäure. Beim Laden entsteht Knallgas. Bleiakkus haben eine hohe Selbstentladung von ca. 1 % pro Tag und sind empfindlich auf Tiefentladung, die den Akku beschädigen oder vernichten kann. Ein Auslaufen der Säure ist möglich, außer bei wartungsfreien Blei-Gel-Akkus. Bleiakkus mit 12 oder 24 V werden in Kraftfahrzeugen eingesetzt.

Nickel-Cadmium-Akkus (NiCd)

NiCd-Akkus haben keine Probleme mit Tiefentladung, allerdings tritt stattdessen der Memory-Effekt auf: Der Akku verliert einen Teil der Kapazität durch eine Veränderung der Kristallstruktur im Inneren der Zelle. Kleine Kristalle wandeln sich zu großen Kristallen um, die dann eine weniger reaktionsfreudige Oberfläche aufweisen. Das passiert, wenn der Akku nicht oder nur teilweise belastet wird. Der Memory-Effekt ist durch ein langsames, vollständiges Entladen mit anschließender Vollaufladung reparabel. Die Spannung von NiCd-Akkus beträgt bei Standardtypen nur 1,2 anstatt 1,5 V wie bei vergleichbaren Batterien.

Nickel-Metallhydrid-Akkus (NiMH)

NiMH-Akkus sind in allen Standardbauformen erhältlich und haben den Vorteil, dass sie ohne das Schwermetall Cadmium auskommen. Bei gleicher Baugröße kann mehr Ladung als bei NiCd-Akkus gespeichert werden. Auch gibt es keinen Memory-Effekt, allerdings eine höhere Selbstentladung.

Lithium-Ionen Akkus (Li-Ion)

Die Nennspannung von Lithium-Ionen-Akkus ist ungefähr dreimal so hoch wie bei NiMH-Akkus. Die Kapazität verringert sich mit der Zeit ohne Benutzung, und eine Tiefentladung schädigt den Akku dauerhaft. Es sind für diesen Akkutyp spezielle Ladeschaltungen notwendig.

7.3.4 Kenndaten von Akkus

Entladeschlußspannung

Während des Entladens sinkt die Klemmspannung des Akkus nur geringfügig. Erst wenn der Akku die gespeicherte Energie fast komplett abgegeben hat, sinkt die Spannung rapide bis zur Entladeschlußspannung ab (Abb. 7.15).

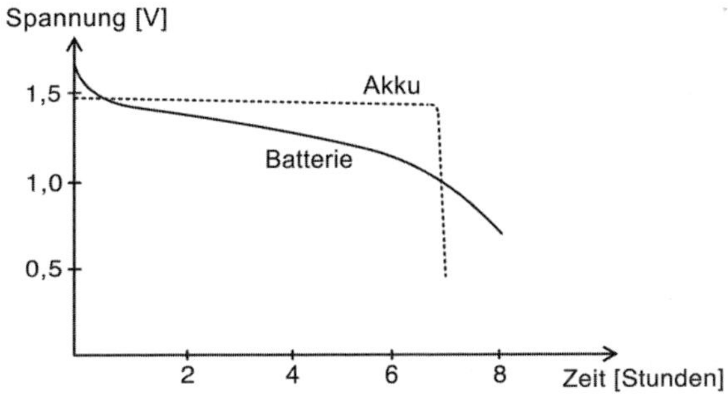

Abb. 7.16: Entladekurven Batterie und Akku

Die Kapazität eines Akkus ist immer im Bezug auf die Entladeschlußspannung zu sehen, bei NiCd-Akkus liegt sie beispielsweise bei 0,85 bis 1,0 V, bei NiMh-Akkus beträgt sie 1 V.

Ladeschlußspannung

Beim Laden steigt die Klemmspannung des Akkus erst schnell, dann langsamer an. Die Ladeschlußspannung ist der Wert bei vollständiger Ladung des Akkus. Längeres Überschreiten dieser Spannung führt zur Schädigung: Der Akku wird warm und fängt an zu gasen. Die Ladeschlußspannung liegt z. B. bei einer NiMH-Zelle bei 1,55 V.

C-Rate

Die C-Rate ist ein Maß für die Größe des Stromes, der bei Lade- und Entladevorgängen fließt. Der Strom wird dazu in Relation zur Kapazität des Akkus gesetzt:

$$\text{C-Rate} = \frac{\text{Strom}}{\text{Kapazität}} \qquad \text{(Formel 7.7)}$$

Beispiel: Ein Akku mit der Kapazität von 700 mAh wird mit 70 mA geladen. Wie hoch ist die C-Rate?

Lösung:

$$\text{C-Rate} = \frac{70\ \text{mA}}{700\ \text{mAh}} = 0{,}1\ \text{h}^{-1}$$

7.3.5 Laden von Akkus

Normalladung

Hier wird der Akku mit einer C-Rate von 0,1 über einen Zeitraum von 10 bis 16 Stunden geladen. Die Normalladung ist für jeden Akkutyp anwendbar, eine Überschreitung der Ladezeit um mehrere Stunden ist dabei unproblematisch.

Beschleunigtes Laden

Ladestrom mit einer C-Rate von ca. 0,3 bis 0,5 über drei bis fünf Stunden. Der Ladezustand muss ständig überwacht werden, um Schädigungen durch Überladen zu vermeiden.

Schnellladen

Ladeströme mit einer C-Rate = 1 über ca. 30 Minuten. Die Ladezeit darf nicht überschritten werden, sonst wird der Akku zerstört. Daher ist das Schnellladen nur für speziell ausgelegte Akkutypen geeignet, die entsprechend gekennzeichnet sind.

Erhaltungsladung

Hier wird der Akku wird bei einer C-Rate von 1/20 bis 1/30 auf voller Kapazität gehalten. Zur Vermeidung des Memory-Effekts (s. Kap. 7.3.3) erfolgt die Erhaltungsladung durch kurze Stromimpulse.

Gute Ladegeräte ...

... haben eine Timerfunktion bzw. eine Logikschaltung zur Auswertung des Ladezustandes für jeden Akku.

... passen den Ladestrom individuell für jeden Akku an.

... entladen den Akku bis zur Entladeschlußspannung vor einem erneuten Ladezyklus.

... haben eine Schaltung zur Erhaltungsladung.

7.4 Übungsaufgaben

Aufgabe 1

Bis vor wenigen Jahren wurden die großen Theatermischpulte des englischen Herstellers Cadac mit stabilisierten Netzteilen ausgeliefert. Inzwischen werden ausschließlich Schaltnetzteile verkauft. Was ist der Grund dafür?

Aufgabe 2

Warum lassen sich Batterien nicht erneut aufladen?

Aufgabe 3

Warum sollte man Batterie- oder Akku-Sätze immer komplett tauschen?

Aufgabe 4

Die Klemmspannung einer 9 V-Blockbatterie geht von 9,57 V auf 9,18 V zurück, wenn ein Verbraucher angeschlossen wird, der 22 mA Strom aufnimmt (Gitarren-Bodeneffektgerät). Wie hoch ist der Innenwiderstand der Batterie?

Nach 5 Stunden im Betrieb hat die gleiche Batterie eine gemessene Klemmspannung von 8,03 V (mit angeschlossenem Effektgerät) und im Leerlauf 8,73 V. Wie hoch ist jetzt der Innenwiderstand der Batterie?

Wie erklärst Du die verschiedenen Innenwiderstände?

Aufgabe 5

Für einen Funkmikrofon-Taschensender wird in der Bedienungsanleitung eine Stromaufnahme von 250 mA angegeben. Der Sender wird mit einem Akku Typ AA mit einer Kapazität von 1500 mAh betrieben. Wie lange ist die theoretische Betriebsdauer des Senders?

Aufgabe 6

Ein Akku mit einer Kapazität von 800 mAh wird mit einer Laderate von $C = 0{,}1$ aufgeladen. Welcher Ladestrom fließt? Um welche Ladungsart handelt es sich dabei?

Literaturtipps

Hanus B. Akkus und Batterien richtig pflegen und laden.
Franzis Verlag, Poing 2008

SRT (Hrsg). Ausbildungshandbuch audiovisuelle Medienberufe Band 1 bis 3.
Hüthig Verlag, Heidelberg 2003

Wartungsarbeiten an einem Mischpult; zu sehen ist die Unterseite des Pultes mit den Audio- und Datenbussen und der Stromversorgung für die Kanalzüge (Cadac J-Type)

8 Der Pegel

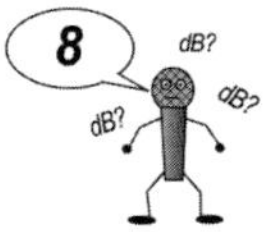

Im Lehrplan wird der Begriff „Pegel“ erst im zweiten Lehrjahr erwähnt. Allerdings sollte dieses Thema besser im ersten Lehrjahr unterrichtet werden, da es sich hier um absolutes Grundlagenwissen handelt.

Allgemein ausgedrückt ist ein Pegel in der Tontechnik das logarithmierte Verhältnis von zwei Werten mit der gleichen Einheit. In Kapitel 2 „Schallkenngrößen“ wurde bereits der Schalldruckpegel angesprochen, bei dem zwei Schalldrücke ins Verhältnis gesetzt werden. In diesem Kapitel geht es um die Pegel elektrischer Größen, wie der Leistung und der Spannung. Doch zuerst wird die Frage geklärt, was ein Logarithmus überhaupt ist.

8.1 Was ist ein Logarithmus?

Das Tonhöhen- und Lautstärkeempfinden des Menschen erfolgt in Verhältnissen, wie wir schon in den ersten beiden Kapiteln gesehen haben. Konstante Reizverhältnisse entsprechen also einer konstanten Reizerhöhung (Weber-Fechner-Gesetz). Die Empfindungsgrößen sind dabei nicht linear, sondern folgen einer logarithmischen Funktion, bei der gleiche Zahlenverhältnisse gleiche Abstände auf der Skala haben (Abb. 8.1). Auch um Werte besser vergleichen zu können, wurde der Logarithmus eingeführt.

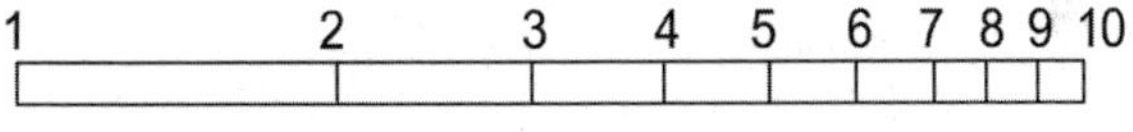

Abb. 8.1: Beispiel einer logarithmischen Skala

Allgemeine Definition eines Logarithmus

Mathematische Funktion:

$$x = \log_a b \qquad \text{(Formel 8.1)}$$

wenn gilt: $b = a^x$, dann

$$b = \underbrace{a \cdot a \cdot a \cdot \; \ldots \; \cdot a}_{\text{Anzahl der Multiplikationen}=x}$$

a ist also die Basis, *x* ist der Exponent (die Hochzahl), und *b* ist das „Ergebnis“ der Berechnung.

Zehnerlogarithmus (Dekadischer Logarithmus)

Die Basis ist hier die Zahl 10. Schreibweise: $\log_{10}$ oder einfach nur lg.

$$x = \lg b \qquad \text{(Formel 8.2)}$$

wenn gilt: $b = 10^x$, dann

$$b = \underbrace{10 \cdot 10 \cdot 10 \cdot \; \ldots \; \cdot 10}_{\text{Anzahl der Multiplikationen}=x}$$

Besondere Werte des dekadischen Logarithmus

$\lg 2 \approx 0{,}3$	$\lg 0 = -\infty$	
$\lg 4 \approx 0{,}6$	$\lg 1 = 0$	
$\lg 8 \approx 0{,}9$	$\lg 10 = 1$	$\lg 1/10 = -1$
$\lg 16 \approx 1{,}2$	$\lg 100 = 2$	$\lg 1/100 = -2$
$\lg 32 \approx 1{,}5$	$\lg 1000 = 3$	$\lg 1/1000 = -3$ ...

Natürlicher Logarithmus

Hier ist die Basis die Eulersche Konstante mit $e \approx 2{,}71828...$

Schreibweise: $\log_e$ oder abgekürzt ln.

$$x = \ln b \qquad \text{(Formel 8.3)}$$

wenn gilt: $b = e^x$, dann

$$b = \underbrace{e \cdot e \cdot e \cdot \; ... \; \cdot e}_{\text{Anzahl der Multiplikationen} = x}$$

Umrechnung dekadischer in natürlichen Logarithmus

$$\ln x = 2{,}303 \cdot \lg x \qquad \text{(Formel 8.4)}$$

Logarithmen beliebiger Basen mit dem Taschenrechner berechnen

$$\log_n x = \frac{\lg x}{\lg n} \qquad \text{(Formel 8.5)}$$

Einige Rechenregeln für Logarithmen

$$\lg a + \lg b = \lg (a \cdot b) \qquad \text{(Formel 8.6)}$$

$$\lg a - \lg b = \lg \frac{a}{b} \qquad \text{(Formel 8.7)}$$

$$b \cdot \lg a = \lg a^b \qquad \text{(Formel 8.8)}$$

8.2 Relative Pegel

Vorüberlegung: Ist ein Verstärker mit der doppelten Leistung [W] auch doppelt so laut?

Beispiel: Ein Gitarrenverstärker mit $P_1 = 50$ W elektrischer Leistung im Vergleich zu einem mit $P_2 = 100$ W.

$$\frac{P_2}{P_1} = \frac{100\text{ W}}{50\text{ W}} = \text{Verhältnis von } 2:1$$

Logarithmus aus diesem Zahlenverhältnis:

$$\lg\frac{2}{1} = 0{,}30103 \text{ Bel}$$

Die Benennung der Einheit [Bel] erfolgte zu Ehren von Graham Bell (1847 – 1922). Erst ein logarithmisches Verhältnis, welches als Ergebnis 1 Bel ergibt, bedeutet eine Lautstärkeverdopplung. Bezogen auf das Beispiel mit den Gitarrenverstärkern bedeutet dies, dass erst eine Ausgangsleistung von 500 W als doppelt so laut wahrgenommen wird:

$$\lg\frac{500 \text{ W}}{50 \text{ W}} = 1 \text{ Bel}$$

Die Einheit [Bel] ist allerdings noch zu grob und wird daher noch weiter in Zehntel unterteilt (1 Bel = 10 Dezibel [dB]). Das endgültige Ergebnis der Berechnung ist ein Pegel, genauer gesagt ein *relativer Leistungspegel*.

Relativer Leistungspegel L_P

Definition des relativen Leistungspegels:

$$L_P = 10 \cdot \lg\frac{P_2}{P_1} \qquad \text{(Formel 8.9)}$$

Einheit [dB_R] oder [dB]

Zur Kennzeichnung von relativen Pegelangaben kann der Index ‚R' an die Einheit [dB] angehängt werden = [dB_R]. Sollte die Einheit Dezibel ohne Index angegeben sein, kann davon ausgegangen werden, dass es sich um eine relative Pegelangabe handelt.

Ein positives Vorzeichen bedeutet eine Verstärkung (z. B. +10 dB), ein negativer Wert eine Dämpfung (z. B. -24 dB) des Signals. Eine Verdoppelung der elektrischen Leistung entspricht einer Pegelzunahme von +3 dB. ($10 \cdot \lg 2 = 3$).

Relativer Spannungspegel L_U

Der relative Spannungspegel kann aus dem relativen Leistungspegel mit den folgenden Rechenschritten A bis D abgeleitet werden.

A: Das Ohmsche Gesetz

Spannung [V] = Widerstand [Ω] · Stromstärke [A]

$$U = R \cdot I$$

Umformen zu:

$$I = \frac{U}{R}$$

B: Die elektrische Leistung

Leistung [W] = Spannung [V] · Stromstärke [A]

$$P = U \cdot I$$

Ersetzen von I durch das Ohmsche Gesetz:

$$P = U \cdot \frac{U}{R} = \frac{U^2}{R}$$

C: Einsetzen in den relativen Leistungspegel

Die Leistung P im relativen Leistungspegel durch das Ergebnis von oben ersetzen:

$$L_P = 10 \cdot \lg \frac{P_2}{P_1} = 10 \cdot \lg \frac{\left(U_2^{\,2} / R_2\right)}{\left(U_1^{\,2} / R_1\right)}$$

Bei der Leistungsanpassung gilt: Die Widerstände R_1 und R_2 haben den gleichen Wert (s. Kap. 11.1) → Herauskürzen von R.

D: Der relative Spannungspegel L_U als Ergebnis der Berechnung

$$L_U = 10 \cdot \lg \frac{U_2^{\,2}}{U_1^{\,2}}$$

Diese Gleichung wird noch endgültig umgeformt zu:

$$L_U = 20 \cdot \lg \frac{U_2}{U_1} \qquad \text{(Formel 8.10)}$$

Einheit [dB_R] oder [dB]

8.3 Absolute Pegel

Bei absoluten Pegeln gibt es einen festen Bezugswert. Beim absoluten Schalldruckpegel (s. Kap. 2.1) ist dies zum Beispiel der Bezugsschalldruck p_0. Beim absoluten Leistungspegel ist es dagegen eine Bezugsleistung P_0 und beim Spannungspegel eine Bezugsspannung U_0.

Absoluter Leistungspegel L_P

Beim absoluten Leistungspegel L_P ist die Bezugsleistung P_0 mit 1 mW an 600 Ω definiert. Diese Festlegung ist historisch begründet, denn zunächst wurde in der Tonstudiotechnik mit Leistungsanpassung (s. Kap. 11.1) gearbeitet, mit gleichen Ein- und Ausgangsimpedanzen von eben 600 Ω.

$$L_P = 10 \cdot \lg \frac{P}{1\ mW} \qquad \text{(Formel 8.11)}$$

Einheit [dB_m]

Zur Kennzeichnung des absoluten Leistungspegels wird der Index ‚m' an die Einheit [dB] angehängt = [dB_m].

Absoluter Spannungspegel L_U

Beim absoluten Spannungspegel L_U ist U_0 auf 0,775 V festgelegt (s. u.). Damit lautet die Formel:

$$L_U = 20 \cdot \lg \frac{U}{0{,}775\ V} \qquad \text{(Formel 8.12)}$$

Einheit [dB_U]

Zur Kennzeichnung des absoluten Spannungspegels wird der Index ‚U' an die Einheit [dB] angehängt = [dB_U].

Berechnung von U_0

Die Bezugsspannung U_0 leitet sich aus dem absoluten Leistungspegel ab, bei welchem eine Bezugsleistung von 1 mW an 600 Ω gemessen wird. Durch Umformen der Gleichung ...

$$P = \frac{U^2}{R} \qquad \text{(Formel 8.13)}$$

... und Einsetzen der Werte 600 Ω und 1 mW ergibt sich die Bezugsspannung U_0:

$$U^2 = P \cdot R$$

$$U = \sqrt{P \cdot R}$$

$$U = \sqrt{0{,}001\ W \cdot 600\ \Omega}$$

$$U_0 = 0{,}775\ V$$

Tab. 8.1 listet einige absolute Spannungspegel sowie die dazugehörigen Verstärkungsfaktoren und Spannungen auf.

Tab. 8.1: Spannungspegel, Verstärkungsfaktoren und Spannungen

Absoluter Spannungspegel [dB_U]	Verstärkungsfaktor	Spannung [V]
+20	10,0	7,75
+18	8,0	6,20
+12	4,0	3,10
+9 ↑	2,8	2,17
+6 ↑	2,0	1,55
+3 Verstärkung ↑	1,4	1,085
0	1,0	0,775
-3 Dämpfung ↓	0,70	0,5425
-6 ↓	0,50	0,3875
-9 ↓	0,36	0,27125
-12	0,25	0,19375
-18	0,13	0,10075
-20	0,10	0,07750
-40	0,01	0,00775
-60	0,001	0,000775
-80	0,0001	0,0000775
-100	0,00001	0,00000775

Andere Schreibweise im amerikanischen Bereich

Für den absoluten Spannungspegel ist auch die amerikanische Schreibweise mit dem Index (klein) ‚v' üblich = [dB_v].

Andere Referenzspannung für U_0

Viele japanische Hersteller von Audiogeräten vor allem für Homerecording benutzen als Referenzspannung U_0 = 1 V. Als Schreibweise hat sich dafür das [dB_V] mit dem Index (groß) ‚V' etabliert.

8.4 Aussteuerung

Damit Verstärkerschaltungen im linearen Bereich arbeiten (s. Kap. 6.11.6), müssen die Eingangspegel richtig ausgesteuert werden. Um vergleichbare Aussteuerungsbereiche für audiotechnische Geräte zu haben, wurden Normpegel eingeführt

VU-Meter

Wenn ein VU-Meter (VU = Volume Unit, Abb. 8.2) einen Vollaussteuerungspegel von 0 VU anzeigt, dann kann dies kann je nach verwendeter Bezugsspannung einen anderen absoluten Spannungspegel bedeuten:

- 0 VU bei Studiopegel (USA) = 1,23 V = +4 dB_v.
- 0 VU bei Rundfunknormpegel (Deutschland) = 1,55 V = +6 dB_U.
- 0 VU bei Homerecording-Pegel (Japan) = 0,316 V = -10 dB_V.

Abb. 8.2: VU-Meter

Rundfunknormpegel p

Pegelangaben werden beim Rundfunk als absoluter Spannungspegel angegeben. 0 dB Vollaussteuerung bzw. 100 % am Pegelmessgerät entsprechen einer Spannung von 1,55 V und damit einem absoluten Pegel von +6 dB_U. Die Definition des Rundfunknormpegels ist also:

$$p = 20 \cdot \lg \frac{U}{1{,}55\ V} \qquad \text{(Formel 8.14)}$$

Einheit [dB_U]

Umrechnung vom absoluten Spannungspegel L_U in den Rundfunknormpegel p:

$$p = L_U - 6\ dB \qquad \text{(Formel 8.15)}$$

Peak Program Meter (PPM)

Neben dem schon erwähnten VU-Meter wird zur Anzeige von Pegeln vor allem das Peak Program Meter verwendet (Abb. 8.3). Wie der Name schon sagt, werden hier die Spitzenpegel angezeigt. Die Anstiegszeit der Anzeige beträgt 5 ms und die Rücklaufzeit 1,5 s pro 20 dB. Damit ist das PPM 30-mal schneller als der Zeiger eines VU-Meters, das 300 ms benötigt, um vom Linksanschlag auf 99 % Vollausschlag zu kommen.

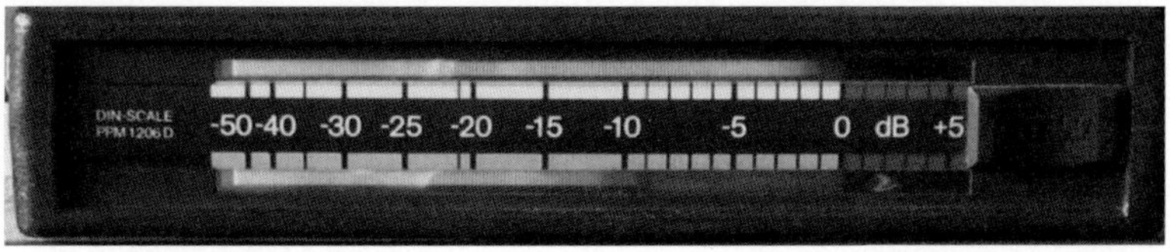

Abb. 8.3: Peak Program Meter

Die DIN-Skala eines PPM reicht von -50 dB bis +5 dB. 0 dB entsprechen dabei 1,55 V. Es gibt aber auch Peak Program Meter mit der Nordic-Skala, hier sind 0 dB auf der Anzeige mit 0,775 V gleichzusetzen. Die British-Skala hat ebenfalls die Bezugsspannung von 0,775 V, allerdings ist hier dieser Wert einfach nur mit der Ziffer ‚6' beschriftet (Abb. 8.4).

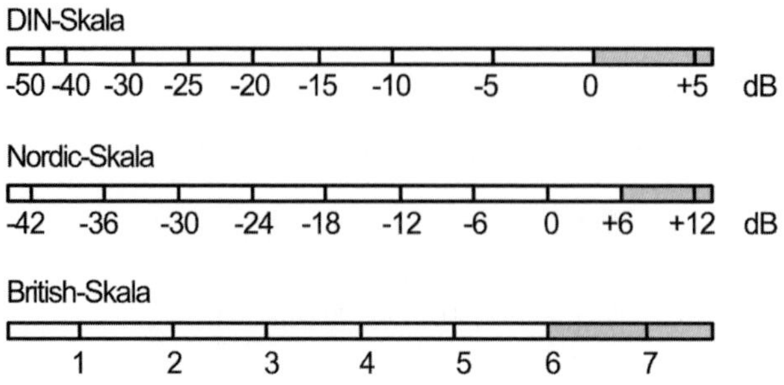

Abb. 8.4: Vergleich verschiedener PPM-Skalen zur Aussteuerung

8.5 Rechnen mit Pegeln

Pegel-Umkehrsatz

Bei bekanntem Bezugswert lässt sich ein Pegel wieder in ein Verhältnis zurückrechnen. Beispiele:

Relativer Leistungspegel L_P

$$L_P = 10 \cdot \lg \frac{P_2}{P_1}$$

Umkehrung → $\frac{P_2}{P_1} = 10^{\frac{L_P}{10}}$ (Formel 8.16)

Relativer Spannungspegel L_U

$$L_U = 20 \cdot \lg \frac{U_2}{U_1}$$

Umkehrung → $\frac{U_2}{U_1} = 10^{\frac{L_U}{20}}$ (Formel 8.17)

Absoluter Schalldruckpegel L_p

$$L_P = 20 \cdot \lg \frac{p}{p_0}$$

Umkehrung → $\frac{p}{p_0} = 10^{\frac{L_P}{20}}$ (Formel 8.18)

Aufgelöst zu p → $p = p_0 \cdot 10^{\frac{L_P}{20}}$ (Formel 8.19)

Pegeladdition

A: Addition nicht kohärenter Signale

Zur Addition von *Schalldruckpegeln* mehrerer *nicht kohärenter Signale* wird folgende Formel verwendet:

$$L_{p\,ges} = 10 \cdot \lg \sum_{i=1}^{N} 10^{\frac{L_{pi}}{10}} = 10 \cdot \lg \left(10^{\frac{L_{p1}}{10}} + 10^{\frac{L_{p2}}{10}} + 10^{\frac{L_{p3}}{10}} + \ldots \right) \qquad \text{(Formel 8.20)}$$

Beispiel: Addition von drei Schalldruckpegeln mit $L_{p1} = 70\ dB_{SPL}$, $L_{p2} = 73\ dB_{SPL}$ und $L_{p3} = 80\ dB_{SPL}$.

Lösung:

$$L_{p\,ges} = 10 \cdot \lg \left(10^{7,0} + 10^{7,3} + 10^{8,0}\right) = 81\ dB_{SPL}$$

Das Ergebnis von 81 dB_{SPL} liegt sehr nahe am größten auftretenden Einzelpegel von 80 dB_{SPL}. Bei einer Addition nicht kohärenter Signale trägt also das pegelstärkste Signal wesentlich zum Gesamtpegel bei.

B: Addition kohärenter Signale

Die Addition von *Schalldrücken kohärenter Signale* erfolgt mit dieser Formel:

$$L_{p\,ges} = 20 \cdot \lg \frac{p}{p_0} = 10 \cdot \lg \frac{p^2}{p_0^{\,2}} = 10 \cdot \lg \frac{(p_1 + p_2 + p_3 + \ldots)^2}{p_0^{\,2}} \qquad \text{(Formel 8.21)}$$

p_0 : Bezugsschalldruck mit 0,00002 Pa

Beispiel: Bei den vorher genannten Schalldruckpegeln handelt es sich jetzt um kohärente Signale. Zuerst müssen die Pegel in Schalldrücke umgerechnet werden (s. Kap. 2.1, Formel 2.4):

70 $dB_{SPL} \rightarrow p_1 = 0{,}0632$ Pa

73 $dB_{SPL} \rightarrow p_2 = 0{,}0893$ Pa

80 $dB_{SPL} \rightarrow p_3 = 0{,}2$ Pa

Anschließend erfolgt die Addition der Schalldrücke und die Umrechnung in einen Schalldruckpegel:

$$L_{p\,ges} = 10 \cdot \lg \frac{(0{,}0632 + 0{,}0893 + 0{,}2)^2}{0{,}00002^2} = 85\ dB_{SPL}$$

Die aufgezeigten Formeln lassen sich auch für Spannungspegel anwenden:

C: Addition von Spannungspegeln bei nicht kohärenten Signalen

$$L_{U\,ges} = 10 \cdot \lg \sum_{i=1}^{N} 10^{\frac{L_{Ui}}{10}} = 10 \cdot \lg \left(10^{\frac{L_{U1}}{10}} + 10^{\frac{L_{U2}}{10}} + 10^{\frac{L_{U3}}{10}} + \ldots \right) \qquad \text{(Formel 8.22)}$$

Beispiel:

Für $L_{U1} = L_{U2} = 0\ dB_U$ gilt:

$$L_{U\,ges} = 10 \cdot \lg\left(10^0 + 10^0\right) = 10 \cdot \lg(1+1) = 10 \cdot \lg 2 = +3\ dB_U$$

D: Addition von Spannungen bei kohärenten Signalen

$$L_{U\,ges} = 10 \cdot \lg \frac{\left(U_1 + U_2\right)^2}{U_0^{\,2}} \qquad \text{(Formel 8.23)}$$

Beispiel:

Für $L_{U1} = L_{U2} = 0\ dB_U$ gilt:

$$L_{U\,ges} = 10 \cdot \lg \frac{(0{,}775 + 0{,}775)^2}{0{,}775^2} = 10 \cdot \lg 4 = +6\ dB_U$$

Die Frage „Was ergibt 0 dB + 0 dB ?" ist also nur eindeutig zu beantworten, wenn bekannt ist, ob es sich um kohärente oder nicht kohärente Signale handelt.

8.6 Übungsaufgaben

Aufgabe 1

Anhand der Formel

$$L_U = 20 \cdot \lg \frac{U}{U_0} \qquad \text{Einheit } [dB_U]$$

lässt sich beweisen, dass die Verdoppelung einer Spannung einer Verstärkung von 6 dB_U entspricht. Erbringe diesen Beweis!

Aufgabe 2

a) Wie groß ist die jeweilige Bezugsspannung von [dB_U] und [dB_V]?

b) Um wie viel Dezibel ist bei gleicher Spannung das [dB_U] relativ größer als das [dB_V]?

Aufgabe 3

Ein Tonpult arbeitet mit Rundfunknormpegel. Welche Ausgangsspannung liefert es bei 100 % Aussteuerung?

Aufgabe 4

Zwei nicht kohärente Signale mit einem absoluten Spannungspegel von 0 dB_U werden in einem Mischpult zusammengemischt. Wie groß ist der resultierende Gesamtpegel?

Aufgabe 5

Gleiche Aufgabenstellung wie in Aufgabe 4, aber mit kohärenten Signalen.

Aufgabe 6

Ein Audiosignal, welches auf 0 dB_U ausgesteuert ist, passiert in einer Signalkette zwei Verstärker, die auf 0 dB eingesellt sind. Wie groß ist der Ausgangspegel am Ende der Signalkette?

Literaturtipps

Brixen EB. Audio Metering.
Broadcast Publishing & DK Audio A/S, Dänemark 2001

Friesecke A. Studio Akustik.
PPV Medien, Bergkirchen 2007

Rohde & Schwarz. dB or not dB?
Download: www2.rohde-schwarz.com/file/1MA98_4D.pdf

Gitarrenaufnahmen im Tonstudio (Das Bild zeigt Daniel Brück bei Aufnahmen der Band „The Chinaskies“ im Studio Walldorf in Dreieich)

9 Mikrofone

Die theoretischen Grundlagen der Mikrofontechnik sind ein Thema im ersten Lehrjahr. Spätestens im zweiten Lehrjahr ist dann der praktische Einsatz von Mikrofonen vorgesehen (in der Regel wird das sicherlich schon vorher geschehen).

9.1 Wandlerprinzipien

Mikrofone wandeln die Schallschwingungen der Luft in eine elektrische Wechselspannung um. Es gibt verschiedene Prinzipien, wie dies erfolgen kann.

Wandlerprinzip = Wie wird die Schwingung der Luftteilchen in eine elektrische Schwingung umgewandelt?

9.1.1 Kohlemikrofon

Das Kohlemikrofon ist das älteste Wandlerprinzip. Die Kapsel des Kohlemikrofons steht unter Gleichspannung. Wird die Membran durch Schall in Schwingung versetzt, werden die Kohlekörner in der Kapsel mehr oder weniger fest aneinander gedrückt, wodurch sich der Innenwiderstand der Kapsel ändert. Analog zu den Widerstandsänderungen wird damit dem Gleichstrom ein Sprechwechselstrom überlagert. Ein Übertrager am Ausgang (s. Kap. 7.2) trennt schließlich Gleichspannung und Wechselspannung (Abb. 9.1).

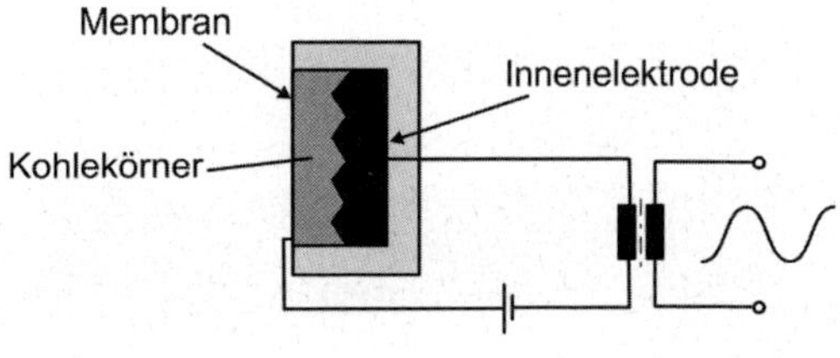

Abb. 9.1: Prinzip eines Kohlemikrofons

Proportionalität der Ausgangsspannung ΔU zum Ohmschen Widerstand ΔR:

$$\Delta U \sim \Delta R \quad \text{(Formel 9.1)}$$

Diese Proportionalität gilt allerdings nicht für den ganzen Frequenzbereich. Zudem erzeugen die Körner des Kohlegranulats bei der Verschiebung kleine Pegelspitzen im Ausgangssignal. Deswegen haben Kohlemikrofone einen sehr hohen Klirrfaktor (s. Kap. 6.11.6) von ca. 10 bis 40 %. Ein weiterer Nachteil ist das prägnante Eigenrauschen. Allerdings ist der prinzipielle Aufbau und damit die Herstellung eines Kohlemikrofons sehr einfach und damit kostengünstig. Abb. 9.2 zeigt ein Kohlemikrofon aus der Anfangszeit der Tonübertragung, als es noch keine anderen Wandlerprinzipien gab. (Erst im Jahr 1924 gab es die ersten Bändchenmikrofone, und ab 1928 dann auch Kondensatormikrofone.)

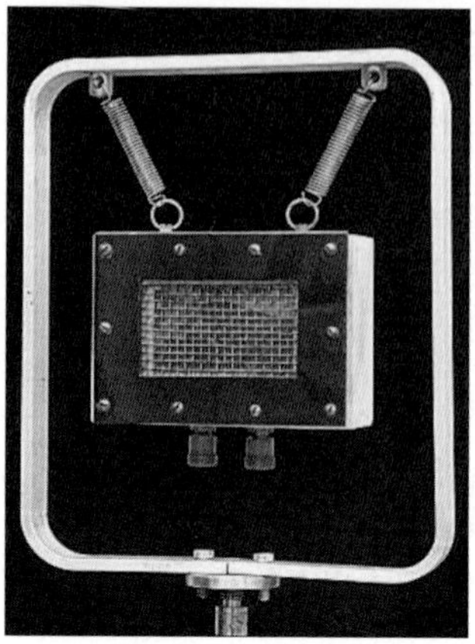

Abb. 9.2: Historisches Kohlemikrofon (Reiss)

9.1.2 Dynamische Mikrofone

Die Funktionsweise eines dynamischen Mikrofons beruht auf dem Induktionsgesetz: In einem elektrischen Leiter, der sich in einem Magnetfeld bewegt, wird eine Spannung induziert. Dieser Sachverhalt wird auch elektrodynamisches Prinzip genannt. Der bewegte Leiter kann die Mikrofonmembran selber sein (wie beim Bändchenmikrofon), oder aber eine Schwingspule, welche an einer Membran befestigt ist (wie beim Tauchspulenmikrofon).

Bändchenmikrofon

Das Bändchen im Magnetfeld ist nur einige Zentimeter lang und wenige Millimeter breit (Abb. 9.3).

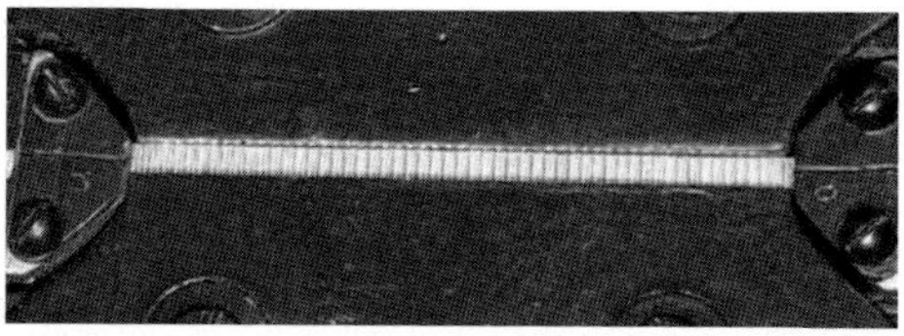

Abb. 9.3: Bändchen eines historischen Bändchenmikrofons (Siemens & Halske)

Als relativ kurzer elektrischer Leiter hat das Bändchen eine geringe Impedanz (s. Kap. 6.7). Daher ist ein Ausgangsübertrager notwendig, der die Impedanz auf die geforderten 200 Ω transformiert, damit das Prinzip der Spannungsanpassung (s. Kap. 11.1) eingehalten wird (Abb. 9.4).

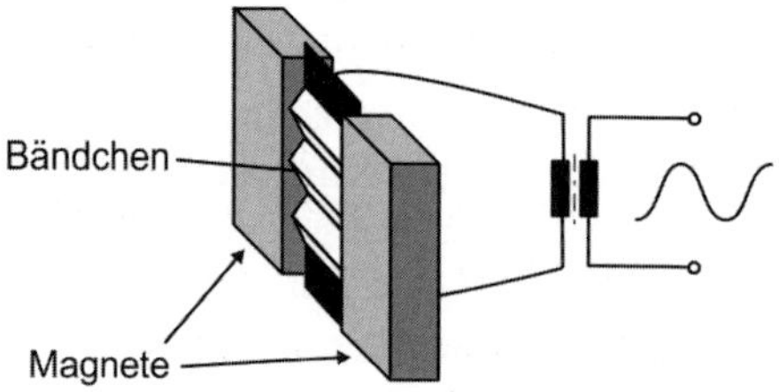

Abb. 9.4: Prinzip eines Bändchenmikrofons

Ableitung der Ausgangsspannung bei dynamischen Mikrofonen:

$$u_i = B \cdot l \cdot v \cdot z \qquad \text{(Formel 9.2)}$$

u_i : Induzierte Wechselspannung [V]
B : Magnetische Flussdichte [T]
l : Länge des Bändchens [m]
v : Geschwindigkeit des bewegten Bändchens [m/s]
z : Anzahl der Leiter im Magnetfeld; beim Bändchen gilt z = 1

Bändchenmikrofone besitzen allgemein einen sehr linearen Frequenzgang, daneben sorgt die leichte Membran für ein gutes Impulsverhalten. Allerdings reagiert das Bändchen empfindlich auf Wind, Erschütterungen und schnelle Bewegungen.

Tauchspulenmikrofon

Eine Spule ist aufgrund der vielen Wicklungen im Vergleich zu einem Bändchen ein sehr viel längerer Leiter. Und je länger der Leiter in einem Magnetfeld ist bzw. je mehr Windungen die Spule hat, desto größer ist die induzierte Wechselspannung u_i. Die Schwingspule eines Tauchspulenmikrofons ist an eine Kunststoffmembran geklebt und kann sich frei im Magnetfeld eines Permanentmagneten bewegen (Abb. 9.5).

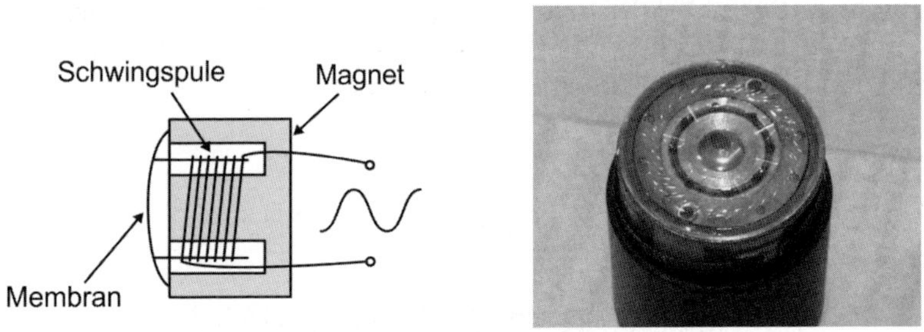

Abb. 9.5: Prinzip eines Tauchspulenmikrofons und Kapsel eines Shure SM57

Im Vergleich zu einem Bändchen- oder Kondensatormikrofon ist der Frequenzgang eines Tauchspulenmikrofons nicht besonders linear. Auch das Impulsverhalten ist nicht so gut, und es zeigt sich ein erheblich längeres Nachschwingen aufgrund der größeren Masse des Membransystems und der Nachgiebigkeit der Aufhängung (Abb. 9.6). Im Gegensatz zum Bändchenmikrofon wird aber kein Übertrager für die richtige Ausgangsimpedanz benötigt.

Aufwendig sind beim Tauchspulenmikrofon die Maßnahmen, den Frequenzgang im gesamten Übertragungsbereich einigermaßen linear zu halten. Dazu muss der Einfluss der Membranmasse auf das Übertragungsverhalten durch zusätzliche Resonanzräume im Mikrofongehäuse kompensiert werden. Die Schwingspule ist anfällig für elektromagnetische Störfelder, wie sie zum Beispiel von Lichtdimmern verursacht werden. Zur Brummkompensation kann eine zweite unbewegte Spule in der Kapsel eingebaut sein, deren Ausgangssignal in der Phase gedreht ist. Störgeräusche löschen sich dann beim Zusammenmischen der Signale der bewegten und der unbewegten Spule durch destruktive Interferenz aus.

Trotz aller messtechnischen Nachteile sind auf der Bühne fast ausschließlich Tauchspulenmikrofone im Einsatz – sie sind robust und arbeiten auch bei extrem hohen Schalldruckpegeln ohne Verzerrungen.

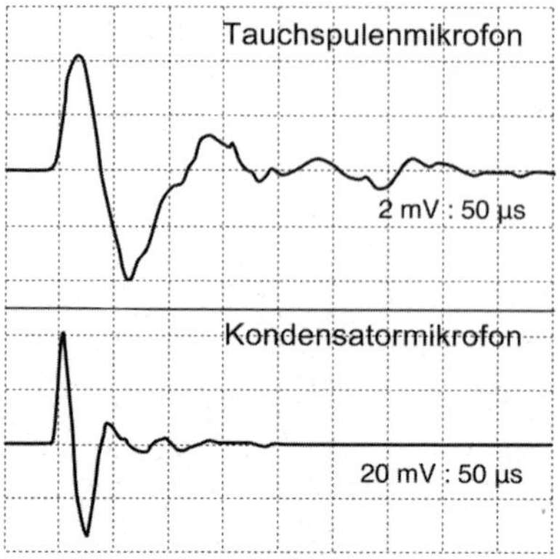

Abb. 9.6: Impulsverhalten von Tauchspulen- und Kondensatormikrofonen

9.1.3 Kondensatormikrofon

Niederfrequenzschaltung

Die Membran ist hier die Platte eines Kondensators (s. Kap. 6.9). Ändert sich durch die Schwingung der Membran der Abstand zur Gegenelektrode, so ändert sich proportional die Kapazität des Kondensators (elektrostatisches Prinzip). Kondensatormikrofone werden heutzutage hauptsächlich in Niederfrequenzschaltung hergestellt, die im Prinzip so aussieht wie in Abb. 9.7 gezeigt.

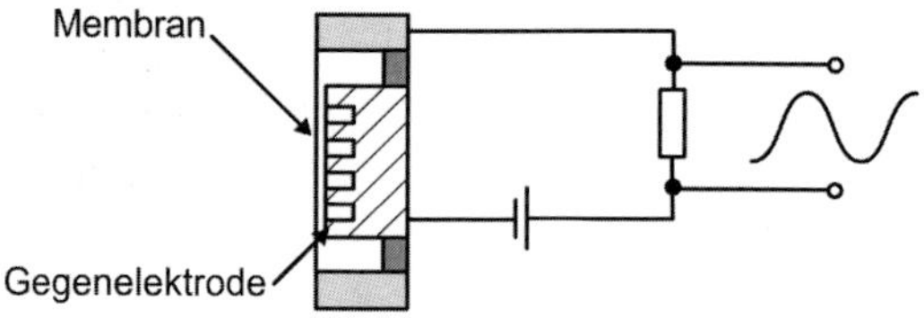

Abb. 9.7: Kondensatormikrofon in Niederfrequenzschaltung

Eine Änderung der Kapazität ΔC ruft an einem parallel geschalteten Widerstand eine Spannungsänderung ΔU hervor:

$$\Delta U = \frac{Q}{\Delta C} \qquad \text{(Formel 9.3)}$$

mit:

$$C = \varepsilon_0 \cdot \varepsilon_r \cdot \frac{A}{d} \qquad \text{(Formel 9.4)}$$

Q : Elektrische Ladung (Kapselvorspannung) [C]
C : Kapazität [pF]
ε_0 : Dielektrizitätskonstante (= 0,0885 As/Vm)
ε_r : Dielektrizitätszahl (= 1 in Luft bei 20 °C)
A : Plattenfläche [cm^2]
d : Plattenabstand [cm]

Die derart erzeugte Spannung kann jedoch nicht auf eine Mikrofonleitung gegeben werden, da der Ausgangswiderstand dieser Schaltung viel zu hoch ist. Ein in das Mikrofongehäuse integrierter Trennverstärker sorgt für die notwendige Impedanzwandlung (s. Kap. 11.1). In Abb. 9.8 sieht man die Elektronik eines geöffneten Kondensatormikrofons.

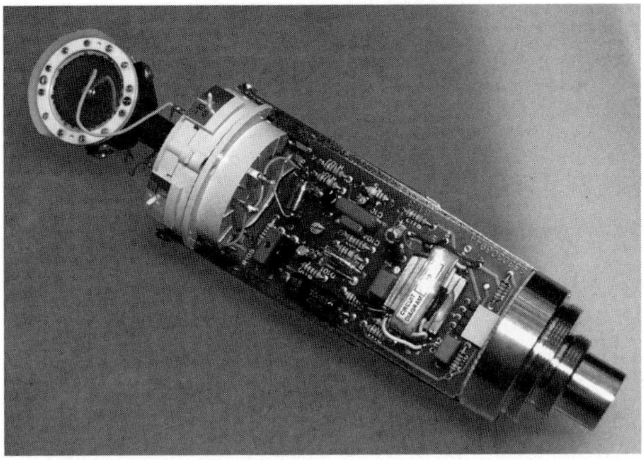

Abb. 9.8: Kondensatormikrofon (Neumann U87)

Hochfrequenzschaltung

Der Anwender kann von außen nicht erkennen, ob ein Kondensatormikrofon in Niederfrequenz- oder Hochfrequenztechnik gebaut ist. Als die Halbleitertechnik noch nicht so weit fortgeschritten war, bzw. es noch keine rauscharmen Feldeffekttransistoren (FET, s. Kap. 6.11.4) gab, wurden Kondensatormikrofone mit normalen, bipolaren Transistoren in Hochfrequenzschaltungen gebaut. Dabei steuert die Mikrofonmembran die Frequenz oder die Phase eines Hochfrequenz-Oszillators (Modulation: s. Kap. 6.13). Eine zusätzliche Demodulatorschaltung liefert dann erst das Audiosignal am Mikrofonausgang.

Phantomspeisung

Ein Kondensatormikrofon benötigt eine Versorgungsspannung, für die Kapselvorspannung und zum Betrieb des Trennverstärkers. Diese Spannung kann über eine eingebaute Batterie oder über eine separate Leitung zugeführt werden, allerdings ist beides wenig praktikabel. Sind Mikrofonleitungen symmetrisch ausgeführt (s. Kap. 11.2.3), so bietet sich die Möglichkeit, über diese Leitung gleichzeitig das Mikrofon mit einer Gleichspannung zu versorgen. Die heute gebräuchliche Speiseart ist daher die Phantomspeisung P48 mit einer Spannung von +48 V auf beiden Adern bezogen auf die Masse (Abb. 9.9). Das Wechselstrom-Audiosignal wird durch die Phantomspeisung nicht beeinträchtigt.

Die beiden Speisewiderstände haben einen genormten Wert von jeweils 6,8 kΩ mit einer sehr engen Toleranz von max. 0,4 %. Der Versorgungsstrom beträgt max. 10 mA, die Versorgungsspannung von 48 V darf um ±4 V schwanken.

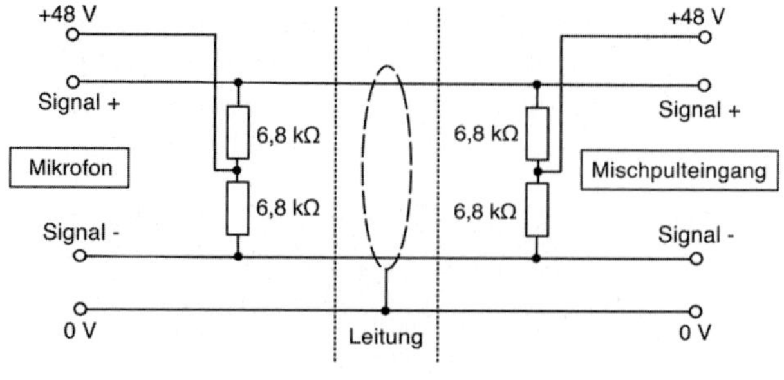

Abb. 9.9: Phantomspeisung P48

Kondensatormikrofon in Elektretbauweise

Durch spezielle Verfahren und geeignete Materialien ist es möglich, die Mikrofonmembran dauerhaft zu polarisieren. Damit kann auf eine externe Vorspannung verzichtet werden. Es ist nur eine Batterie mit niederer Gleichspannung notwendig, um den Trennverstärker mehrere hundert Sunden lang zu betreiben. Elektretmikrofone sind somit eine Alternative, wenn keine Phantomspeisung zur Verfügung steht, also bei mobilen Anwendungen. (Gleichwohl kann die Phantomspeisung aber dennoch zum Betrieb des internen Verstärkers eingeschaltet werden.) Elektretmikrofone werden industriell in hohen Stückzahlen hergestellt, denn in fast jedem Mobiltelefon ist eines eingebaut.

9.1.4 Piezoelektrischer Wandler

Piezoelektrische Wandler nutzen die Eigenschaft bestimmter Kristalle, auf mechanischen Druck mit einer elektrischen Ladungsverschiebung zu reagieren. Die Ladung und damit auch die Ausgangsspannung ist dabei proportional zu der Kraft, die auf die Piezofläche wirkt:

$$\Delta U \sim \Delta Q \sim \frac{\Delta F}{A} \qquad \text{(Formel 9.5)}$$

ΔU : Änderung der Spannung [V]

ΔQ : Änderung der elektrischen Ladung [C]

ΔF : Änderung der Kraft [N]

A : Fläche des Piezowandlers [m^2]

Ein Nachteil von Piezowandlern ist die Temperaturabhängigkeit der Empfindlichkeit und des Frequenzgangs. Die Anwendung bleibt daher meist auf spezielle Aufgaben beschränkt, zum Beispiel als Tonabnehmer bei Akustikgitarren und Kontrabässen (Abb. 9.10).

Es werden auch sehr preiswerte Mikrofone in Piezotechnik gebaut; diese haben allerdings schlechte Übertragungseigenschaften. Sie werden in der professionellen Audiotechnik lediglich als Triggermikrofone zur Ansteuerung von MIDI-Klangerzeugern eingesetzt (s. Kap. 14).

Abb. 9.10: Piezotonabnehmer unter dem Steg eines Kontrabasses

9.2 Empfängerprinzipien und Richtcharakteristiken

Die Membran eines Mikrofons kann je nach Ausführung der Kapsel auf verschiedene Schallkenngrößen reagieren. Man spricht hier auch vom Empfängerprinzip.

> *Empfängerprinzip* = Auf welche Schallkenngröße reagiert das Mikrofon?

Jedem Empfängerprinzip kann eine Richtcharakteristik zugeordnet werden (Abb. 9.11 und Tab. 9.1), d. h. Mikrofone sind für Schall aus verschiedenen Richtungen unterschiedlich empfindlich. Zur Veranschaulichung wird die Richtcharakteristik zweidimensional in einem Polardiagramm dargestellt. In Wirklichkeit muss man sich die Darstellung dreidimensional und rotationssymmetrisch vorstellen. Die Änderung der Empfindlichkeit des Mikrofons für einfallenden Schall ist bezogen auf die Einsprechrichtung bei 0°.

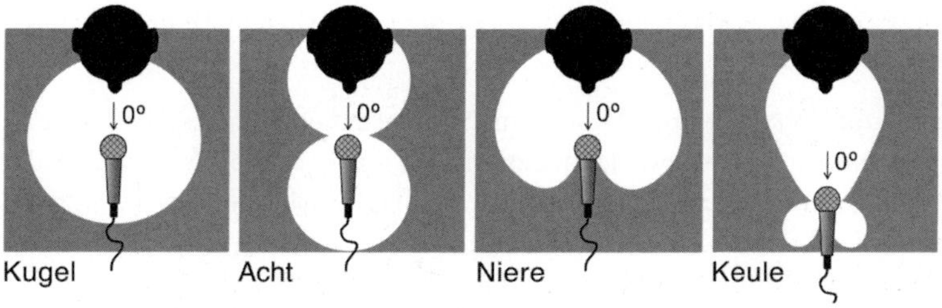

Abb. 9.11: Richtcharakteristiken

Tab. 9.1: Empfängerprinzipien und deren Richtwirkung

Empfängerprinzip	Richtwirkung	Richtcharakteristik
Druckempfänger	Ungerichtet	Kugel
Druckgradientenempfänger	Gerichtet	Acht und Niere
Interferenzempfänger	Gerichtet	Keule

9.2.1 Druckempfänger

Bei einem Druckempfänger ist nur eine Seite der Membran dem Schallfeld ausgesetzt. Die Rückseite ist dicht abgeschlossen. Zum Ausgleich des Atmosphärendrucks hat die Mikrofonkapsel eine kleine Kapillarbohrung. Die Membran spricht auf alle Schalldruckänderungen an, egal aus welcher Richtung die Schallwellen eintreffen. Ein Druckempfänger besitzt daher keine Richtwirkung und hat eine kugelförmige Richtcharakteristik (Abb. 9.12).

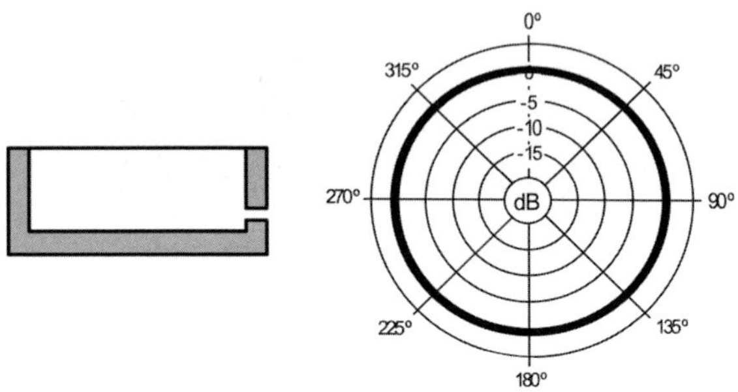

Abb. 9.12: Druckempfänger

Diese Kugelcharakteristik erfährt allerdings durch drei Phänomene eine Abweichung von ihrer idealen Form und nähert sich mit zunehmender Frequenz einer Nierencharakteristik:

1. Abschattung (s. Kap. 3.2.3). Der rückwärtige oder von der Seite auf die Membran treffende Schall wird nur dann um die Mikrofonkapsel gebeugt, wenn die Wellenlänge groß im Verhältnis zur Kapselgröße ist. Umgekehrt bedeutet dies, dass Wellen hoher Frequenzen abgeschattet werden. Schall direkt von vorne trifft dagegen immer ungehindert auf die Membran, unabhängig von der Wellenlänge.

2. Druckstau (s. Kap. 3.1.1). Trifft Schall frontal auf die Mikrofonkapsel, so kommt es zum Druckstau für Wellenlängen, die kleiner sind als der Membrandurchmesser. Der einfallende und der reflektierte Schall hoher Frequenz überlagern sich gleichphasig. Vor der Membran eines Druckempfängers kommt es daher zu einer natürlichen Höhenanhebung von +6 dB (s. Kap. 8.5).

3. Interferenzen unhabhängig vom Druckstau. Schräg ankommende Schallwellen treffen nicht gleichzeitig, sondern mit unterschiedlichen Phasenlagen auf die Membran. Dadurch resultiert eine Aufhebung der Membranauslenkung durch Phasenauslöschungen (s. Kap. 1.2.2).

Freifeld- und Diffusfeldentzerrung

Wenn Druckempfänger nahe einer Schallquelle im Direktschall, also im Freifeld positioniert werden sollen, können Mikrofone mit Freifeldentzerrung zur Anwendung kommen. Das bedeutet, dass hier die Höhenanhebung aufgrund des Druckstau-Effekts durch akustische oder elektronische Filter ausgeglichen wird. Druckempfänger ohne entsprechende Vorrichtungen heißen diffusfeldentzerrte Mikrofone und werden demnach in einiger Entfernung zur Schallquelle aufgestellt. Gegen diese „Regel“ kann allerdings auch bewusst verstoßen werden, und so werden manchmal diffusfeldentzerrte Mikrofone im Nahbereich einer Schallquelle eingesetzt. Die sich ergebende Höhenanhebung wird dann als Mittel der Klanggestaltung genutzt (Freifeld und Diffusfeld: s. Kap. 3.3).

9.2.2 Druckgradientenempfänger

Druckgradientenempfänger werden auch als Druckdifferenzempfänger bezeichnet, was deren Funktionsprinzip gut beschreibt. Die Membran ist dem Schallwellenfeld mit beiden Seiten ausgesetzt, und das Druckgefälle zwischen Vorder- und Rückseite lenkt die Membran aus. Die Richtcharakteristik eines idealen Druckgradientenempfängers hat die Form einer Acht (Abb. 9.13).

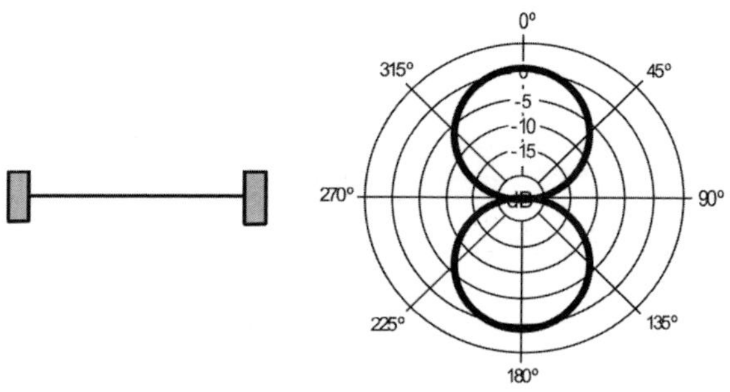

Abb. 9.13: Druckgradientenempfänger

Durch akustische Laufzeitglieder, also zusätzliche Umwege für den Schall innerhalb des Mikrofons, lässt sich die Richtwirkung einer Niere konstruieren (Abb. 9.14).

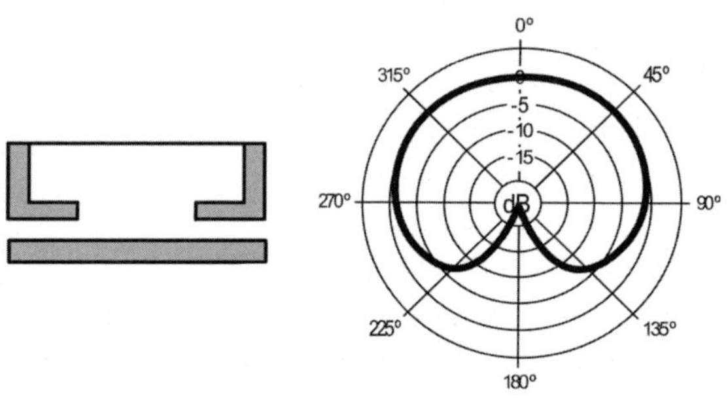

Abb. 9.14: Druckgradientenempfänger mit Laufzeitglied

Frequenzabhängigkeit der Membranauslenkung

Die Membran eines Druckgradientenempfängers wird dann maximal ausgelenkt, wenn die Distanz zwischen Membranvorderseite und -rückseite eine halbe Wellenlänge beträgt bzw. die Phasendifferenz 180° ist. Die Druckdifferenz Δp ist dann am größten (Abb. 9.15).

Ist die Wegstrecke für den Schall dagegen in der Größenordnung von genau einer Wellenlänge, ist die Phasen- und Druckdifferenz gleich Null. Die Membran wird bei einer Frequenz mit dieser Wellenlänge also nicht ausgelenkt.

Um eine Membranauslenkung zu erhalten, die von der tiefsten bis zur höchsten zu übertragenden Frequenz stetig zunimmt, wird die mittlere Wegstrecke durch die Konstruktion der Mikrofonkapsel so festgelegt, dass sie etwa der halben Wellenlänge der höchsten zu übertragenden Frequenz entspricht.

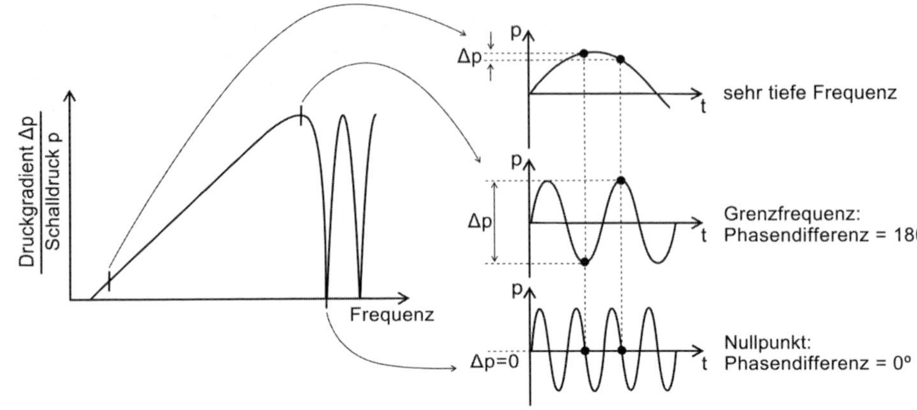

Abb. 9.15: Druckgradient bei verschiedenen Frequenzen

Die obere Grenzfrequenz von Druckgradienten liegt in der Praxis zwischen 8 und 16 kHz. Da eben dieser Frequenzbereich nicht mehr so gut übertragen werden kann, bauen viele Hersteller den so genannten „Survival Boost“ ein, wie es Jörg Wuttke (Schoeps Mikrofone) genannt hat. Es werden also akustische oder elektronische Filter eingesetzt, die den Frequenzgang (s. Kap. 9.3) im Bereich der Grenzfrequenz anheben. Aufgrund dieses Sachverhaltes haben viele Druckgradienten eine charakteristische Anhebung bei ca. 10 kHz.

Frequenzabhängigkeit der Richtcharakteristik

Durch Abschattung und Interferenzen, wie sie schon für den Druckempfänger beschrieben wurden, tendiert die Richtcharakteristik einer Niere zu hohen Frequenzen hin mehr zu einer Acht, zu tiefen Frequenzen zu einer Kugel. Der Druckstau spielt bei Druckgradientenempfängern keine Rolle.

Nahbesprechungseffekt bei Druckgradientenempfängern

Befindet sich ein Druckgradientenempfänger in einem geringen Abstand zu einer Schallquelle (weniger als 30 bis 40 cm), werden die tiefen Frequenzanteile des Schalls mit einem größerem Pegel erfasst. Diese Erscheinung heißt Nahbesprechungseffekt. Ein oft geäußerter Erklärungsansatz für das Zustandekommen des Nahbesprechungseffektes besteht darin, einen Druckgradientenempfänger als Schallschnelleempfänger zu betrachten. Die Schnelle steigt im Nahfeld einer Schallquelle im Vergleich zum Schalldruck überproportional an, und zwar frequenzabhängig, d. h. das Nahfeld ist bei tiefen Frequenzen weiter um die Schallquelle herum ausgedehnt (s. Kap. 2.3). Wie dieser Zusammenhang aber letztlich den Nahbesprechungseffekt bedingt, erschließt sich bisher nicht im Detail. Für ein Nierenmikrofon lässt sich die Anhebung der tiefen Frequenzen im Vergleich zu einem Mikrofon mit Kugelcharakteristik mit folgender Formel berechnen:

$$\frac{U_{Niere}}{U_{Kugel}} = \sqrt{1 + \frac{\lambda^2}{16 \cdot \pi^2 \cdot r^2}} \qquad \text{(Formel 9.6)}$$

U_{Niere} : Ausgangsspannung des Nierenmikrofons bei 0° Einsprechrichtung [V]

U_{Kugel} : Ausgangsspannung des Kugelmikrofons bei 0° Einsprechrichtung [V]

r : Abstand von einer Punktschallquelle [m]

λ : Wellenlänge [m]

Als Ergebnis erhält man ein Spannungsverhältnis, welches in einen relativen Spannungspegel umgerechnet werden kann (s. Kap. 8.2). Eine ähnliche Berechnung lässt sich auch für Mikrofone mit Achtercharakteristik durchführen (die Formel ist hier aber nicht aufgeführt); dabei zeigt sich, dass der Nahbesprechungseffekt im Vergleich zur Niere ungefähr eine Oktave höher einsetzt (Abb. 9.16).

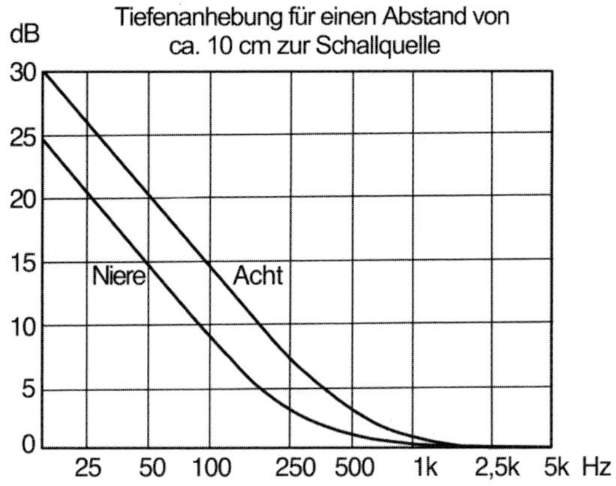

Abb. 9.16: Nahbesprechungseffekt bei Niere und Acht

Sänger und Sängerinnen nutzen den Nahbesprechungseffekt intuitiv als Mittel der Klanggestaltung. Das Volumen der Stimme in den tiefen Frequenzen kann durch die Variation des Mikrofonabstandes gezielt beeinflusst werden.

Vergleich von Druckgradienten-Charakteristiken

In Tab. 9.2 sind die Pegelabschwächungen verschiedener idealer Richtcharakteristiken für die Schalleinfallswinkel 0°, 90° und 180° aufgezeigt (siehe auch Abb. 9.17).

Tab. 9.2: Pegelabschwächung bei Nieren- und Acht-Charakteristiken

Schalleinfallswinkel	Breite Niere	Niere	Superniere	Hyperniere	Acht
0°	0 dB	0 dB	0 dB	0 dB	0 dB
90°	-2,5 bis -3,5 dB	-6 dB	-8,7 dB	-12 dB	-∞ dB
180°	-6 bis -10 dB	-∞ dB	-11,5 dB	-6 dB	0 dB

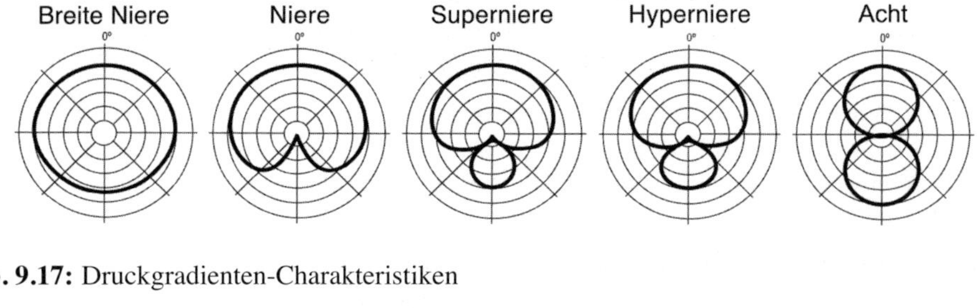

Abb. 9.17: Druckgradienten-Charakteristiken

9.2.3 Interferenzempfänger

Zur weiteren Verbesserung der Richtwirkung können Mikrofone mit einem Richtrohr versehen werden (Abb. 9.18 und 9.19). Im Rohr befinden sich Schaumstoffe mit verschiedenen Dämpfungseigenschaften, die den Schall an die Kapsel weiterleiten. Durch die Bauweise des Richtrohrs überlagern sich Schallwellen, die von der Seite eintreffen, ganz oder teilweise gegenphasig und löschen sich aus (destruktive Interferenz, s. Kap. 1.2.2). Schallwellen, die direkt von vorne kommen, überlagern sich dagegen gleichphasig und erfahren aufgrund konstruktiver Interferenz eine Verstärkung.

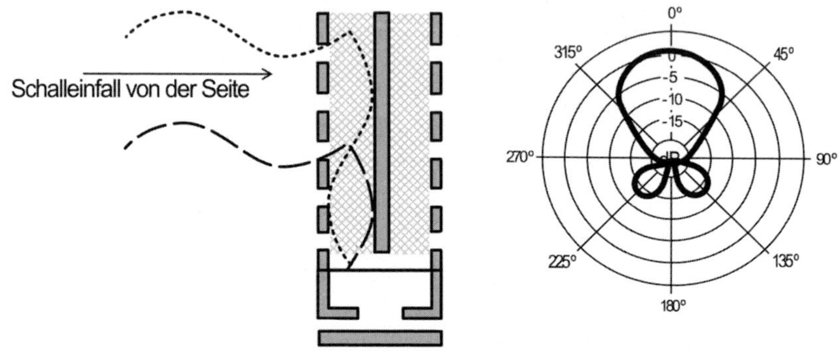

Abb. 9.18: Interferenzempfänger

Abb. 9.19: Richtrohrmikrofon (Schoeps CMIT 5U)

Die Charakteristik des Interferenzempfängers entspricht einer Keule, ist aber wie alle anderen Richtcharakteristiken frequenzabhängig. Die Wellenlänge der tiefsten Frequenz, die noch gebündelt wird, entspricht etwa der Länge des Rohres, und dieses kann zwischen 10 bis 40 cm lang sein. Eine Länge von 10 cm entspräche einer Grenzfrequenz von ca. 3440 Hz, bei 40 cm reicht die Richtwirkung schon bis ca. 860 Hz. Unterhalb der Grenzfrequenz hat das Mikrofon dann die Richtwirkung des verwendeten Empfängerprinzips, also der eigentlichen Kapsel. Diese ist zumeist ein Druckgradientenempfänger (Niere oder Superniere).

Druckgradienten- und Interferenzempfänger reagieren empfindlich auf Wind und Luftbewegungen, wie sie durch Sprechen oder Singen hervorgerufen werden. Die Folge sind tieffrequente Störgeräusche: Ein tiefes Rumpeln bei Wind bzw. „Plosivlaute" der menschlichen Stimme, vor allem „p" und „t". Eine mit Gaze ausgekleidete Draht- oder Blechkonstruktion schützt daher die Mikrofonkapsel vor Wind- und Popgeräuschen (Popschutz-Schirm, Abb. 9.20). Weitere Hilfsmittel, wenn dies nicht ausreichen sollte: Ein Schaumstoff-Windschutz oder Windschutzkorb, letzterer eventuell auch mit Fellüberzug (Abb. 9.21 und 9.22). Meist muss auch ein Hochpassfilter verwendet werden, der das tieffrequente Rumpeln bedämpft.

Abb. 9.20: Popschutz-Schirm vor einem Neumann TLM170

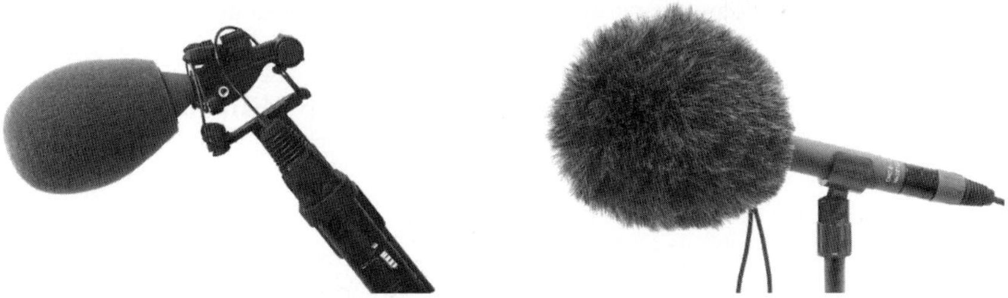

Abb. 9.21: links: Schaumstoff-Windschutz, rechts: Windschutzkorb mit Fellüberzug

Abb. 9.22: Schoeps Windschutzfamilie

9.2.4 Mikrofone mit veränderbarer Richtcharakteristik

Kondensatormikrofone mit Doppelmembran

Bei Kondensatormikrofonen mit zwei Mikrofonkapseln hat jede Kapsel für sich gesehen eine Nierencharakteristik. Je nach Beschaltung können verschiedene Charakteristiken daraus abgeleitet werden (Abb. 9.23 und 9.24).

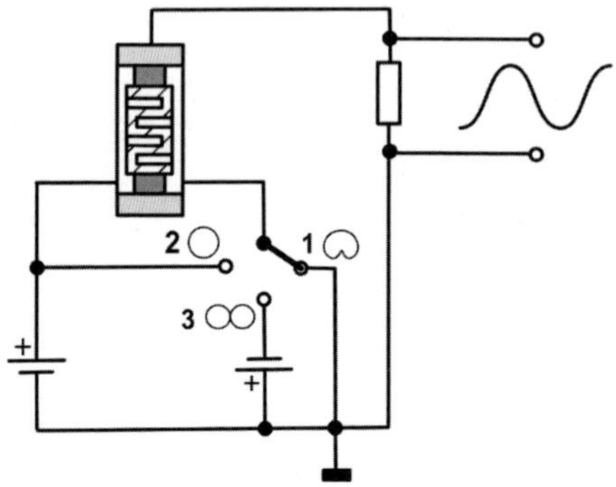

Abb. 9.23: Doppelmembranmikrofon mit schaltbarer Charakteristik

- In Schalterstellung 1 liegt nur an einer Membran eine Gleichspannung an, und das Mikrofon hat insgesamt eine Nierencharakteristik.
- Ist die Kapselvorspannung beider Kapseln identisch und mit gleicher Polarität wie bei Schalterstellung 2, so addieren sich die Ausgangssignale; insgesamt ergibt sich die Charakteristik einer Kugel.
- Ist die Polarität der beiden Kapseln entgegengesetzt, hat das Mikrofon eine Achtercharakteristik (Schalterstellung 3).

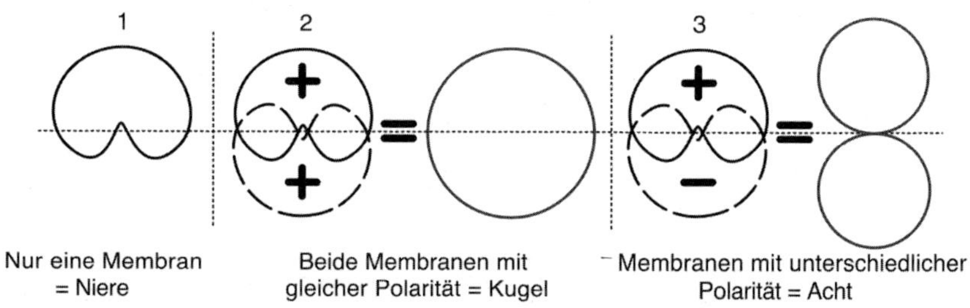

Abb. 9.24: Verschiedene Charakteristiken durch Kombination zweier Nieren

Variabel einstellbare Charakteristiken

Beim Doppelmembranmikrofon MKH800 TWIN von Sennheiser werden die Signale der beiden Kapseln über zwei getrennte Leitungen zum Mischpult geführt. Der Kanal der vorderen Kapsel wird auf einen festen Pegel eingestellt, während der Pegelsteller und Verpolungsschalter (s. Kap. 15.3.1) des Kanals für die hintere Kapsel variiert wird, um die gewünschte Richtcharakteristik zu erhalten (Abb. 9.25).

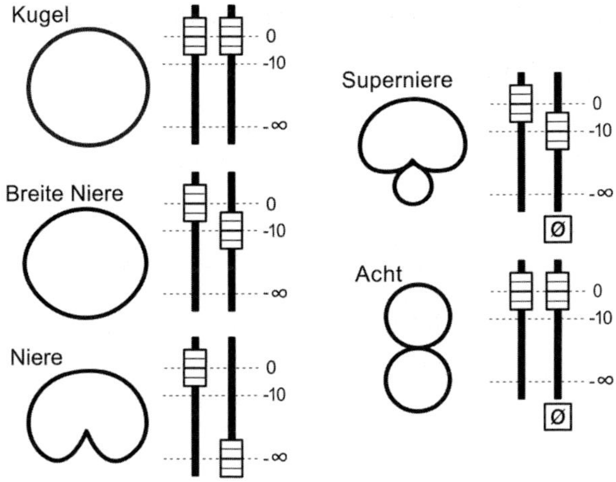

Abb. 9.25: Variable Richtcharakteristiken

Mechanisch veränderbare Richtcharakteristik

Sind alle rückwärtigen Öffnungen eines Druckgradientenempfängers mit Nierencharakteristik geschlossen, so funktioniert das Mikrofon als Druckempfänger und hat damit eine Kugelcharakteristik. Bei einer mechanischen Umschaltung der Richtcharakteristik wird die Schallführung durch Klappen in der Kapsel in dieser Weise geändert. Beispiel hierfür: Schoeps MK6.

Das gleiche Prinzip tritt in übrigens unbeabsichtigt in Erscheinung, wenn ein Handmikrofon direkt am Korb gehalten wird, und durch die Handfläche die rückwärtigen Öffnungen verdeckt werden. Da das Mikrofon dann als Kugel Schall von allen Richtungen empfängt, steigt damit bei einer pegelstarken Beschallung die Rückkopplungsgefahr.

9.3 Technische Daten von Mikrofonen

Exemplarisch werden in Tab. 9.3 die in der Bedienungsanleitung eines Mikrofons genannten Daten aufgezeigt und anschließend erläutert.

Tab. 9.3: Technische Daten eines Mikrofons (Sennheiser MD421)

1. Übertragungsbereich	30 Hz bis 17 kHz
2. Richtcharakteristik	Niere. Maximale Auslöschung bei 180°: -18 dB
3. Freifeld-Übertragungsfaktor	2 mV/Pa (= -54 dB_U) ±2,5 dB
4. Nennimpedanz	200 Ω
5. Nennabschlussimpedanz	200 Ω
6. Magnetfeldstörfaktor	< 5 µV / 5 µT (bei 50 Hz)

1. Übertragungsbereich

Der Übertragungsbereich ist der zur Schallaufnahme nutzbare Frequenzbereich. Ein typischer Übertragungsbereich für Kondensatormikrofone reicht von 30 Hz bis 20 kHz mit einer Abweichung von ±3 dB. Graphisch wird der Übertragungsbereich als Frequenzgang dargestellt; dieser zeigt die Abhängigkeit der Mikrofonempfindlichkeit von der Frequenz bei der

0°-Einsprechrichtung. In Abb. 9.26 ist als Beispiel der gemessene Frequenzgang des dynamischen Mikrofons Sennheiser MD421 zu sehen.

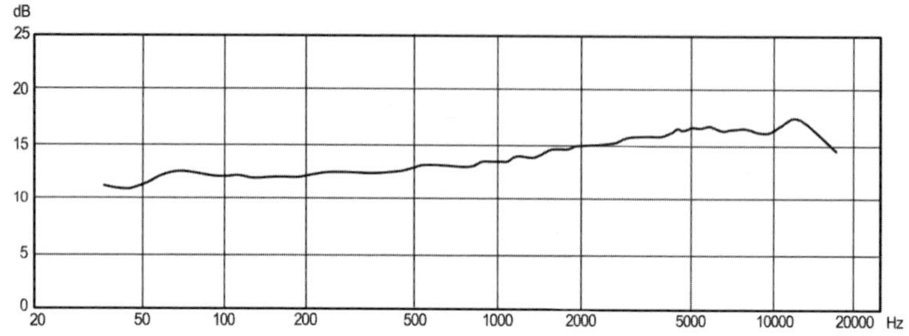

Abb. 9.26: Frequenzgang eines Mikrofons (Sennheiser MD421 Filter auf Stellung „M").)

Manche Mikrofonhersteller geben auch einen Rückwärtsfrequenzgang an. Hier wird zusätzlich die frequenzabhängige Empfindlichkeit für die 180°-Richtung in das Diagramm eingezeichnet. Weiterhin gibt es den Diffusfeldfrequenzgang, der als Mittelung der Frequenzgänge aus allen Richtungen gesehen werden kann. Messtechnisch kann der Diffusfeldfrequenzgang in einem Hallraum ermittelt werden.

2. Richtcharakteristik im Polardiagramm

Aus dem Polardiagramm lässt sich die Richtcharakteristik des Mikrofons für verschiedene Frequenzen ablesen. In Abb. 9.27 ist zu sehen, dass ein Nierenmikrofon zu tiefen Frequenzen hin fast eine Kugelcharakteristik hat und bei hohen Frequenzen den Schall zunehmend gerichtet aufnimmt. Nur bei 1 kHz ist eine echte Nierencharakteristik zu erwarten.

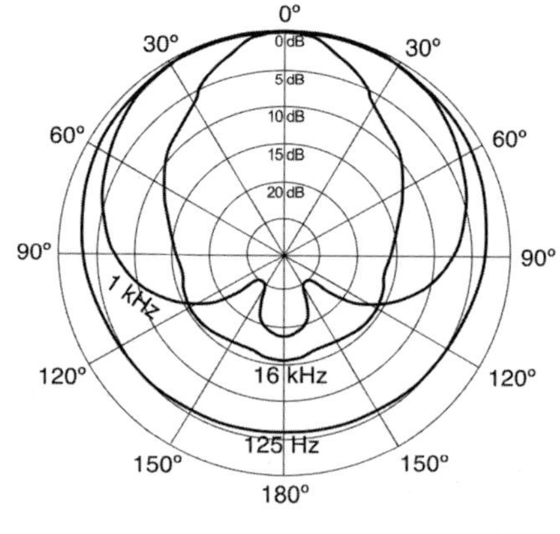

Abb. 9.27: Polardiagramm eines Mikrofons (Sennheiser MD 421)

Das Polardiagramm ist für den 0°-Frequenzgang einer idealen Kugel normalisiert. Für gerichtete Mikrofone sind die Pegel aus allen anderen Richtungen relativ dazu eingezeichnet.

Mikrofonbündelungsgrad γ_M

Für ein Mikrofon kann auch der Bündelungsgrad angegeben werden. Der Mikrofonbündelungsgrad wird messtechnisch im diffusen Schallfeld eines Hallraums ermittelt.

Er wird als Verhältnis der empfangenen Schallleistung P_{Kugel} eines Kugelmikrofons zu der aufgenommen Schallleistung $P_{gerichtet}$ eines vergleichbaren Mikrofons mit Richtwirkung angegeben:

$$\gamma_M = \frac{P_{Kugel}}{P_{gerichtet}} \quad \text{(Formel 9.7)}$$

Tab. 9.4: Mikrofonbündelungsgrade γ_M

Mikrofonrichtcharakteristik	γ_M
Kugel	1
Breite Niere	2
Niere und Acht	3
Richtrohrmikrofone	> 4

3. Freifeld-Übertragungsfaktor [mV/Pa]

Der Freifeld-Übertragungsfaktor gibt an, wie groß die Ausgangsspannung ist, wenn das Mikrofon einen Pegelton von 1 kHz mit einem Schalldruck von 1 Pa (= 94 dB_{SPL}) aufnimmt. Bei dynamischen Mikrofonen liegt dieser Wert bei ca. 1 bis 3 mV/Pa, bei Kondensatormikrofonen bei ca. 5 bis 25 mV/Pa. Der absolute Spannungspegel von Mikrofonen liegt damit zwischen -50 bis -30 dB_U. Das ist dann der so genannte Mikrofonpegel, den Mikrofonvorverstärker weiterverarbeiten (in Unterscheidung zum Leitungspegel mit 0 dB_U).

4. Nennimpedanz [Ω]

Unter Nennimpedanz versteht man den frequenzabhängigen Ausgangswiderstand des Mikrofons, der in Datenblättern für eine Frequenz von 1 kHz angegeben wird (s. Kap. 6.7). Die meisten Mikrofone haben eine Nennimpedanz zwischen 40 und 200 Ω und sind damit niederohmig. Daneben finden sich noch selten mittelohmige und hochohmige Mikrofone mit 1 kΩ bzw. 100 kΩ Nennimpedanz.

5. Nennabschlussimpedanz [Ω]

Die Nennabschlussimpedanz ist die minimale Eingangsimpedanz des Mikrofonverstärkers, an welchen das Mikrofon angeschlossen werden kann. Da in der Audiotechnik mit Spannungsanpassung gearbeitet wird (s. Kap. 11.1), muss die Eingangsimpedanz höher als die Nennimpedanz des Mikrofons sein. Je nach Mikrofontyp und Hersteller sind verschiedene Werte üblich; meist liegt dieser Wert für niederohmige Mikrofone jedoch bei ≥1 kΩ. Für mittelohmige und hochohmige Mikrofone werden noch höhere Werte gefordert: ≥5 kΩ und ≥1 MΩ.

6. Magnetfeldstörfaktor [µV/µT]

Der Magnetfeldstörfaktor ist ein Maß für die Empfindlichkeit eines Mikrofons für magnetische Einstreuungen, besonders für Brummeinstreuungen bei der Netzfrequenz von 50 Hz. Bei dynamischen Mikrofonen mit Brummkompensation werden Werte von 3 µV / 5 µT erreicht, ohne nur 30 µV / 5 µT. Kondensatormikrofone haben meist Werte unter 10 µV / 5 µT.

Weitere technische Parameter, die oft angegeben werden

Eigenstörspannung [mV]

Die an der Nennabschlussimpedanz gemessene Spannung, wenn kein Schall auf das Mikrofon trifft, heißt auch Eigenstörspannung. Wenn kein Schallsignal aufgenommen wird, ist das Eigenrauschen des Mikrofons hör- und messbar. Letztlich rauscht aber jedes elektronische Bauteil aufgrund der temperaturabhängigen Teilchenbewegungen (Brownsche Molekularbewegung). Bei Mikrofonen sollte das Rauschen möglichst gering sein, da das Signal durch nachfolgende Schaltungen eine große Verstärkung erfährt. Gute dynamische Mikrofone haben eine Eigenstörspannung von ca. 0,20 μV, bei Kondensatormikrofonen sind die Werte niedriger.

Geräuschspannung [mV]

Die Eigenstörspannung ist als Rauschen hörbar. Da ein Rauschen im mittleren Frequenzbereich bei 1 bis 2 kHz lauter wahrgenommen wird als ein Rauschen mit gleich großer Störspannung in tiefen bzw. hohen Frequenzbereichen, also etwa bei 50 Hz oder 15 kHz, wird bei der Messung ein Bewertungsfilter (s. Kap. 2.1) eingesetzt. Die Geräuschspannung ist somit die bewertete Eigenstörspannung. In Datenblättern wird oft anstatt einer Geräuschspannung in [mV] der umgerechnete Ersatzgeräuschpegel in [dB_A] angegeben. Der Ersatzgeräuschpegel von dynamischen Mikrofonen liegt bei ca. 15 bis 30 dB_A, bei Kondensatormikrofonen sind es ca. 10 bis 20 dB_A.

Grenzschalldruckpegel [dB_{SPL}]

Der Grenzschalldruckpegel ist der maximale Schalldruck, bei dem ein bestimmter Klirrfaktor (s. Kap. 6.11.6) noch nicht überschritten wird. Den höchsten erlaubten Klirrfaktor definiert der Hersteller, bei guten Studiomikrofonen kann er zum Beispiel 0,5 % betragen. Die Messung erfolgt bei einer Frequenz von 1 kHz.

Wird für ein Mikrofon der *Signal-Rausch-Abstand* angegeben, so ist darauf zu achten, welche Parameter für die Berechnung herangezogen wurden. Die obere Grenze ist der Grenzschalldruckpegel, die untere Grenze kann die Eigenstörspannung oder die Geräuschspannung sein.

9.4 Bauarten

9.4.1 Kleinmembranmikrofone

Bei Kleinmembranmikrofonen ist der Membrandurchmesser kleiner als 1 Zoll (Abb. 9.28). Mit zunehmender Verkleinerung sinkt allerdings die Empfindlichkeit, dagegen werden der Freifeldübertragungsfaktor und die Eigenstörspannung größer. Damit ergibt sich ein schlechterer Signal-Rausch-Abstand. Kleinmembranmikrofone haben meist sehr lineare Frequenzverläufe und sind oft als Modul-System mit austauschbaren Kapseln und verschiedenen Richtcharakteristiken erhältlich (zum Beispiel Schoeps-Mikrofonkapseln).

Weitere Beispiele für Kleinmembranmikrofone: Neumann KM184, AKG C1000, Rode NT-5, Sennheiser MKH40.

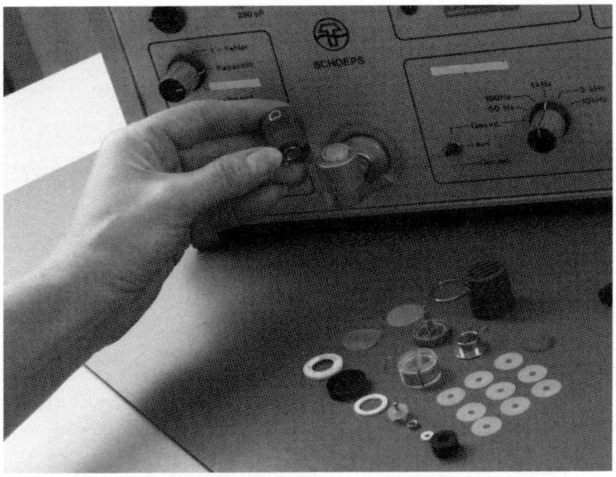

Abb. 9.28: Schoeps Kleinmembranmikrofon bei der Fertigung

9.4.2 Großmembranmikrofone

Bei Großmembranmikrofonen ist der Membrandurchmesser 1 Zoll und größer (Abb. 9.29). Sie haben eine höhere Empfindlichkeit im Vergleich zu Kleinmembranmikrofonen und einen besseren Signal-Rausch-Abstand. Je größer die Membran ist, desto schlechter wird allerdings die Übertragung hoher Frequenzen. Harmonische Verzerrungen und der nichtlineare Frequenzgang führen zu deutlich hörbaren Klangfärbungen. Dadurch ergibt sich ein warmer, präsenter Klang, der vom Anwender durchaus gewünscht sein kann. Großmembranmikrofone werden auch als Doppelmembransysteme mit umschaltbarer Richtcharakteristik angeboten.

Beispiele für Großmembranmikrofone: Neumann U87 und U89, AKG C414, Rode NT-1, Shure KSM27.

Abb. 9.29: Großmembranmikrofon (Neumann M149)

9.4.3 Miniaturmikrofone

Bei Miniaturmikrofonen handelt es sich um Kondensatorkapseln mit Kugel- oder Nierencharakteristik. Abb. 9.30 zeigt zwei verschiedene Modelle. Auf den Mikrofonkapseln stecken jeweils die dazugehörigen kurzen Schutzkappen, daneben liegen zum Vergleich die in der langen Ausführung.

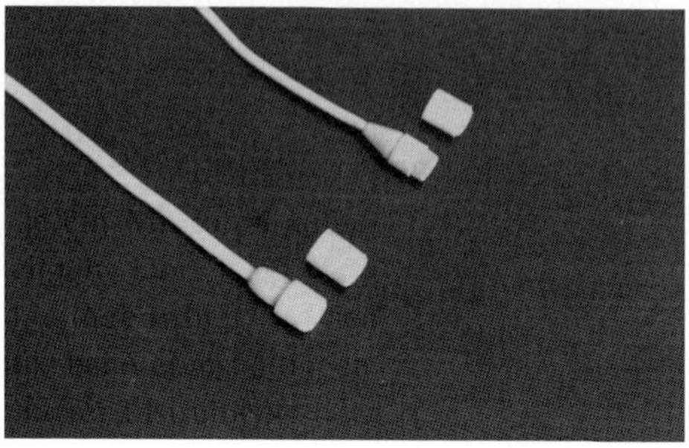

Abb. 9.30: Miniaturmikrofone (unten: Sennheiser MKE2, oben: DPA 4060)

Durch die verschiedenen Schutzkappen kann der Frequenzgang der Miniaturmikrofone gezielt verändert werden. So bewirkt die kurze Kappe des DPA eine Anhebung von +3 dB zwischen 8 und 20 kHz. Durch die lange Kappe wird eine eher schmalbandige Anhebung von +10 dB bei etwa 12 kHz erzielt.

Miniaturmikrofone können mit Klammern an die Kleidung geheftet (Anwendung Rundfunk/TV) oder mit einem speziellen Kleber am Haaransatz auf der Stirn bzw. der Wange befestigt werden (Anwendung Theater/Musical). Einfacher in der Handhabung sind meist Miniaturmikrofone an Kopfbügeln (s. Kap. 10.1.9).

9.4.4 Grenzflächenmikrofon

Ein Grenzflächenmikrofon wie in Abb. 9.31 kann auf den Boden gelegt oder auch an jeder anderen ebenen Fläche angebracht werden.

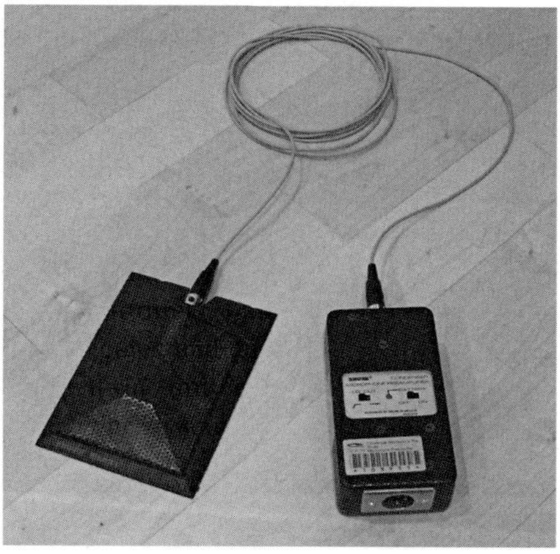

Abb. 9.31: Grenzflächenmikrofon (Shure SM91)

Abhängig von der Größe der Fläche hat ein Grenzflächenmikrofon aufgrund des Druckstau-Effekts des Druckempfängers oberhalb einer Grenzfrequenz f_g einen um 6 dB höheren Pegel verglichen mit einem baugleichen Mikrofon, welches nicht als Grenzfläche genutzt wird (Abb. 9.32).

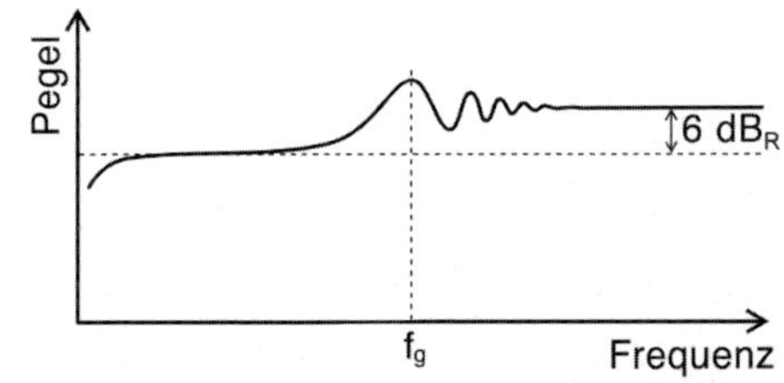

Abb. 9.32: Frequenzgang eines Grenzflächenmikrofons (Druckempfänger)

Berechnung der Grenzfrequenz f_g:

$$f_g = \frac{c}{d} \qquad \text{(Formel 9.8)}$$

Einheit [Hz]

c : Schallgeschwindigkeit

d : Durchmesser einer Kreisfläche; andere Flächengeometrien müssen entsprechend auf eine Kreisfläche umgerechnet werden

Beispiel:

Die Fläche, auf der das Grenzflächenmikrofon liegt, hat einen Durchmesser von 20 cm.

$$f_g = \frac{344 \text{ m/s}}{0{,}20 \text{ m}} = 1720 \text{ Hz}$$

Soll der Druckstau-Effekt auch bei tiefen Frequenzen genutzt werden, so muss die Fläche entsprechend groß dimensioniert sein. Beispiel: Die Fläche soll jetzt einen Durchmesser von 10 m haben.

$$f_g = \frac{344 \text{ m/s}}{10 \text{ m}} = 34{,}4 \text{ Hz}$$

Die eben betrachteten Zusammenhänge gelten nur für einen Druckempfänger, denn nur hier tritt der Druckstau-Effekt auf. Trotzdem werden auch Druckgradientempfänger als Grenzflächenmikrofone angeboten (meist Nieren und Supernieren). Das hat seinen Grund darin, dass bei allen Grenzflächenmikrofonen, gleich welchen Empfängerprinzips, der Diffusschall gegenüber dem Direktschall bedämpft wird.

Dieser Effekt lässt sich gut anhand eines Druckempfängers mit Kugelcharakteristik erklären (gilt aber wie gesagt für alle Empfängerprinzipien): Bei einem Mikrofon mit Kugelcharakteristik trifft der Diffusschall aus allen Richtungen mit gleicher Schallintensität I ein, die Schallleistung P verteilt sich damit auf die gesamte gedachte Kugeloberfläche um das Mikrofon herum (s. Kap. 2.6):

$$I_{Kugel} = \frac{P}{4\pi \cdot r^2} \qquad \text{(Formel 9.9)}$$

Wird das Mikrofon mit Kugelcharakteristik auf den Boden gelegt, so verteilt sich die Schallleistung des Diffusschalls nur noch auf eine halbe Kugelfläche (Abb. 9.33):

$$I_{Halbkugel} = \frac{P}{2\pi \cdot r^2} \qquad \text{(Formel 9.10)}$$

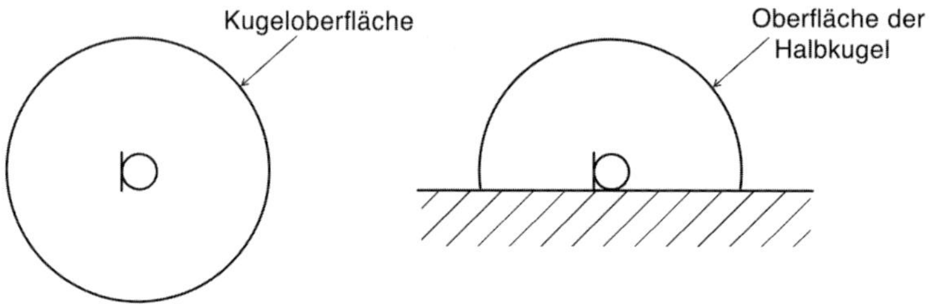

Abb. 9.33: Kugelmikrofon und Halbkugelcharakteristik der Grenzfläche

Für die Erfassung des Diffusschalls gilt also folgendes Verhältnis:

$$\frac{I_{Halbkugel}}{I_{Kugel}} = \frac{1}{2}$$

Der relative Pegelunterschied des Schallintensitätspegel L_I lässt sich dann so berechnen:

$$L_I = 10 \cdot \lg \frac{I_{Halbkugel}}{I_{Kugel}} = 10 \cdot \lg \frac{1}{2} = -3 \text{ dB}$$

Das bedeutet also, dass die Diffusschallintensität beim Grenzflächenmikrofon um -3 dB bedämpft ist.

9.4.5 Digitale Mikrofone

Bei einem digitalen Mikrofon (Abb. 9.34) wird ein Analog-Digital-Wandler im Mikrofongehäuse direkt hinter die Kapsel geschaltet und das digitale Signal des Mikrofons (nach dem AES42-Standard) ohne Verluste und Störungen zu einem digitalen Mischpult geleitet. Das eigentliche digitale Audiosignal entspricht einem AES/EBU-Datenstrom gemäß der AES3-Norm (s. Kap. 13.6). Besonderheiten digitaler Mikrofone:

- Die Stromversorgung des Vorverstärkers und des A/D-Wandlers erfolgt über eine besondere Phantomspeisung, die Digital Phantom Power (DPP) mit einer Versorgungsspannung von 10 V (+0,5 / -0,1 V) bei 250 bis max. 300 mA Stromaufnahme.
- Die Fernsteuerung von Mikrofonparametern ist über eine Modulation (s. Kap. 6.13) der DPP mit +2 V-Pulsen möglich. Dämpfung, Vorverstärkung, Hochpassfilter, Signalbegrenzung, Stummschalten und eine Umschaltung der Richtcharakteristik sind dadurch machbar.

- Eine Synchronisierung (ebenfalls über die DPP) ist bei mehreren parallel betriebenen Mikrofonen notwendig (Synchronisierung von digitalen Signalen: s. Kap. 13.7).
- Die Auflösung des digitalen Signals geht bis zu 24 Bit bei 192 kHz. Die Datenrate erreicht dabei bis zu 750 Bit/s.

Abb. 9.34: Digitales Mikrofon (Neumann D-01)

9.4.6 Messmikrofone

Messmikrofone (Abb. 9.35) sind Kleinmembran-Kondensatormikrofone und funktionieren immer als Druckempfänger. Sie werden freifeld- oder diffusfeldentzerrt angeboten und haben einen linearen Frequenzgang. Allerdings weisen sie ein hohes Eigenrauschen auf, was die Verwendung für Tonaufnahmen ausschließt. Aber für den vorgesehenen Verwendungszweck, also bei Schallpegelmessungen, spielt das Rauschen keine Rolle. Wichtig ist hier nur, dass die Pegel über alle Frequenzen hinweg gleich exakt erfasst werden.

Manche Messmikrofone brauchen für eine höhere Polarisation der Membran ein spezielles Speisegerät mit 200 V Versorgungsspannung. Aber es sind auch (günstigere) Elektret-Messmikrofone erhältlich, die mit der üblichen 48 V-Phantomspeisung für den Betrieb des Trennverstärkers auskommen. Es gibt bei Messmikrofonen einheitliche Kapseldurchmesser: 1 Zoll, 1/2 Zoll, 1/4 Zoll und 1/8 Zoll.

Abb. 9.35: Messmikrofon (NTI MiniSPL)

9.5 Übungsaufgaben

Aufgabe 1

Nenne die drei im Tonstudio und in der Beschallung gebräuchlichsten akustisch-elektrische Wandlerprinzipien und gebe in Stichworten deren Vor- und Nachteile an.

Aufgabe 2

Skizziere jeweils ein Polardiagramm mit der Richtcharakteristik eines Druckempfängers, eines Druckgradientenempfängers und eines Interferenzempfängers.

Aufgabe 3

Bei welchen Richtcharakteristiken tritt der Nahbesprechungseffekt auf?

Aufgabe 4

Für Schlaumeier wieder einmal eine Aufgabe, die weit über dem Prüfungsniveau liegt:

Wie groß ist der durch den Nahbesprechungseffekt hervorgerufene relative Pegelanstieg in Dezibel bei einem Mikrofon mit Nierencharakteristik bei einer Frequenz von 100 Hz in einer Entfernung von 10 cm zur Schallquelle?

Aufgabe 5

Warum kann man ein Mikrofon nicht beliebig klein bauen?

Aufgabe 6

Ein Grenzflächenmikrofon liegt mittig auf einem 1 x 1 m großen Tisch. Berechne die Grenzfrequenz, ab welcher der Druckstau-Effekt wirksam wird.

Aufgabe 7

Was charakterisiert ein Messmikrofon?

Literaturtipps

Boré G, Peus S. Mikrophone.
Georg Neumann GmbH, Berlin 1999
(Download: www.neumann.com).

Görne T. Mikrofone in Theorie und Praxis.
Elektor Verlag, Aachen 2007

Pawera N. Mikrofonpraxis.
Franzis Verlag, München 2007

Wuttke J. Mikrofonaufsätze.
Schoeps GmbH, Karlsruhe 2000
(Download: www.schoeps.de).

10 Verfahren zur Mikrofonierung

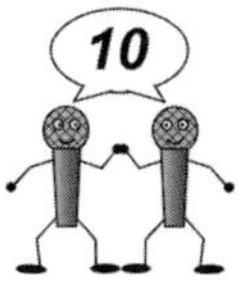

„Mikrofone auswählen und positionieren" steht für das zweite Jahr auf dem Lehrplan. Dieses Kapitel liefert dazu einige theoretische Grundlagen und gibt praktische Tipps zur Mikrofonierung.

10.1 Einzelmikrofonierung

Beim Einzelmikrofonverfahren wird im Nahbereich jeder Schallquelle je ein Mikrofon aufgestellt. Die Zusammenmischung der Einzelsignale erfolgt über ein Mischpult. Dort kann dann jedes Signal mittels des Panorama-Reglers in das Stereobild eingeordnet werden (s. Kap. 15.3.1). Dies ist heute die gebräuchlichste Mikrofonierungstechnik bei Veranstaltungen. Die Kanaltrennung ist bei dieser Technik groß (bzw. das Übersprechen anderer Instrumente oder Signalquellen gering), vor allem wenn gerichtete Mikrofoncharakteristiken verwendet werden. Daneben können Balance und räumliche Wirkung beinahe ohne Rücksicht auf die tatsächlichen Verhältnisse gestaltet werden. Allerdings ergeben sich Klangfarbenänderungen aufgrund der Positionierung im Nahfeld. Das Instrument klingt also nicht so, wie es sich bei einer üblichen Zuhörerposition anhören würde. Ein entsprechender Ausgleich über eine Klangregelung ist daher fast immer notwendig (s. Kap. 16.2).

Es gibt kein allgemeingültiges „Kochrezept" für die Auswahl und Positionierung von Mikrofonen, und daher können die folgenden Tipps nur Anhaltspunkte sein. Oft muss man einfach ausprobieren, um eine Mikrofonaufstellung zu finden, die klanglich den eigenen Vorstellungen entspricht. (Anmerkung: Bei Tonaufnahmen in einem Tonstudio oder Konzertsaal sind zum Teil abweichende Mikrofonpositionen besser geeignet!)

10.1.1 Schlagzeug

Kickdrum (Bassdrum)

Für die Kickdrum werden dynamische Mikrofone oder Kondensatormikrofone mit Nierencharakteristik verwendet. Hat das Resonanzfell ein ausgeschnittenes Loch, wird das Mikrofon im Kessel positioniert: Je näher am Schlagfell, desto mehr „Kick" ist im Klang zu erwarten (Abb. 10.1). Hat das Resonanzfell kein Loch, kann das Mikrofon nur direkt vor dem Resonanzfell positioniert werden. Der Klang ist dann wuchtiger, hat mehr Tiefenanteil, und es gibt nur wenig oder gar keine Anschlagsgeräusche. Hat man zwei Mikrofone zur Hand, kann eines für die tiefen Frequenzen nahe dem Resonanzfell und das andere für die perkussiven Anteile innerhalb der Kickdrum verwendet werden. Wird die Kickdrum innen durch Schaumstoff, ein Kissen oder eine Stoffdecke bedämpft, kann ein Grenzflächenmikrofon direkt daraufgelegt werden. Oft wird schon allein mit dem Grenzflächenmikrofon ein sehr gutes und ausgewogenes Klangergebnis erreicht. Dennoch wird es meist in Kombination mit einem weiteren „normalen" Mikrofon verwendet, um bei der Abmischung etwas flexibler zu sein.

Beispiele für oft verwendete Mikrofone: AKG D112, Sennheiser e902, ElectroVoice RE20, Shure Beta52 und SM91 (Grenzfläche).

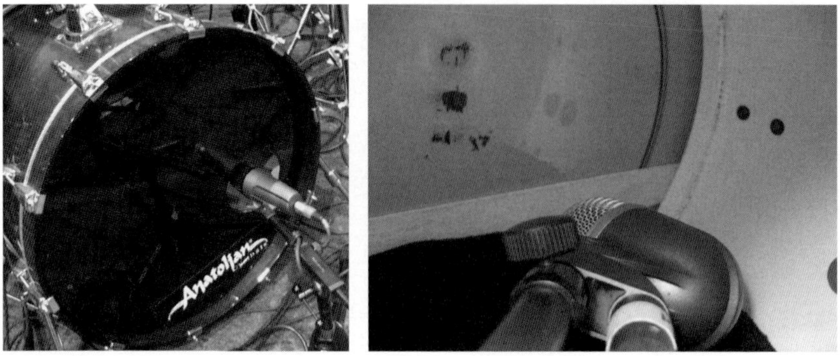

Abb. 10.1: Mikrofonierung einer Kickdrum (links: Sennheiser e902, rechts: Shure Beta 52)

Snaredrum

Auch für die Snare werden dynamische Mikrofone oder Kondensatormikrofone mit Nierencharakteristik eingesetzt. Das Mikrofon zeigt schräg von oben auf das Schlagfell wie in Abb. 10.2. Je mehr das Mikrofon in Richtung Rand zeigt, desto härter und obertonreicher wird der aufgenommene Klang. Das Übersprechen der HiHat auf das Snare-Mikrofon ist durch eine entsprechende Ausrichtung des Mikrofons reduzierbar.

Abb. 10.2: Mikrofonierung einer Snare von oben (links: Shure SM57, rechts: Shure Beta56)

Abb. 10.3: Mikrofonierung einer Snare von unten (Shure Beta56)

Ein zusätzliches Mikrofon kann von unten auf den Snare-Teppich zeigen (Abb. 10.3). Beim Anschlagen der Snare bewegt sich das Schlagfell zunächst vom oberen Mikrofon weg

(Unterdruck an der Mikrofonmembran), gleichzeitig bewegt sich das Resonanzfell auf das untere Mikrofon zu (Überdruck an der Mikrofonmembran). Damit sich die Signale des oberen und des unteren Mikrofons phasengleich mischen, muss für das untere der Verpolungsschalter am Mischpultkanal betätigt werden (s. Kap. 15.3.1).

Beispiele für Snare-Mikrofone: Shure SM57, Beta56 und 57, AKG C414, Beyerdynamic M201, Sennheiser MD421 und e905.

TomToms

TomToms werden bei der Beschallung eher selten mit Kondensatormikrofonen abgenommen; zumeist kommen dynamische Mikrofone mit Nierencharakteristik zum Einsatz. Die Mikrofonierung von oben bietet sich bei TomToms mit Resonanzfell an (Abb. 10.4); ohne Resonanzfell kann eventuell auch von unten abgenommen werden. Bei einem Mangel an Mischpultkanälen bzw. Mikrofonen ist eine paarweise Abnahme der Trommeln möglich. Für den Klang gilt das gleiche wie für die Snare: Je näher am Rand, desto mehr Anschlaggeräusche – je näher Richtung Mitte, desto voller der Sound.

Oft verwendete Mikrofone: Shure SM57, Sennheiser MD421, Audix D2 und D4, ElectroVoice ND408 oder Clipmikrofone wie z. B. das AKG C518 oder Opus88 von Beyerdynamic.

Abb. 10.4: Mikrofonierung von TomToms (links: Audix D4, rechts: Shure Beta56)

HiHat und Ride

Für HiHat und Ride wird je ein Kondensatormikrofon mit Nierencharakteristik verwendet. Die Abnahme erfolgt in der Regel von oben, möglich ist aber auch eine Mikrofonierung von unten (Abb. 10.5). Eine Positionierung am Rand ergibt einen eher satten und dunklen Klang, in Richtung Mitte wird der Sound zunehmend heller und metallisch („Glocke"). Das Mikrofon sollte von der Snare weg zeigen, um eine bessere Kanaltrennung zur Snare zu erhalten. Eine Position ist bei der HiHat absolut ungeeignet: Zeigt das Mikrofon direkt zwischen die beiden HiHat-Becken, wirkt beim Schließen der HiHat ein Luftstrom direkt auf das Mikrofon und erzeugt tieffrequente Störsignale.

Geeignete Mikrofone: Sennheiser MKH40, Neumann KM140 und KM184, AKG C391 und C461.

Abb. 10.5: HiHat von oben oder von unten mikrofoniert (Neumann KM140)

Overhead (OH)

Overhead-Mikrofone für das Schlagzeug sind meist hochwertige Kondensatormikrofone mit Nierencharakteristik, die in einem größeren Abstand oberhalb der Becken positioniert werden. Es bietet sich ein Stereo-Mikrofonverfahren (s. Kap. 10.2.) wie zum Beispiel ORTF- oder AB-Stereo an (Abb. 10.6). Alternativ kann auch nur ein einzelnes Mikrofon mit Achtercharakteristik zwischen zwei Becken aufgestellt werden. Zur Kompensation des Laufzeitenunterschieds von den Einzelmikrofonen der Trommeln zu den Overhead-Mikrofonen kann eine elektronische Verzögerung der Ersteren sinnvoll sein.

Geeignete OH-Mikrofone: Sennheiser MKH40, Neumann KM140 bzw. KM184, AKG C1000, Shure SM81.

Abb. 10.6: Overhead-Mikrofone (Neumann KM140 in AB-Stereo)

10.1.2 Percussion / Schlagwerk

Bei der Vielzahl von Perkussionsinstrumenten ist es schwierig, allgemeingültige Ratschläge für die Mikrofonierung zu geben. Kleine Instrumente werden meist mit nur einem Mikrofon, größere wie das Xylophon oder das Marimbaphon oft stereophon, also mit zwei oder manchmal auch mehr Mikrofonen abgenommen. Es folgen einige Beispiele für die Mikrofonierung von Perkussionsinstrumenten.

Pauken können ähnlich wie TomToms mikrofoniert werden, also mit einem Mikrofon am Kesselrand, welches auf das Fell zeigt. Sie klingen aber eventuell etwas voluminöser, wenn der Mikrofonabstand mit 50 cm bis 1 m etwas größer gewählt wird, zudem können dann zwei Pauken mit nur einem Mikrofon abgenommen werden (Abb. 10.7). Allerdings ist aufgrund des größeren Mikrofonabstandes das Übersprechen anderer Instrumente sehr hoch. Zu vermeiden ist auf jeden Fall eine Mikrofonposition mittig über einer Pauke, da hier die Abstrahlcharakteristik des Instruments ein Minimum aufweist.

Ein *Gong* kann von vorne oder hinten abgenommen werden, ebenso die *Chimes*. Mikrofonabstand: ca. 30 cm (Abb. 10.8).

Xylophone und Glockenspiele: AB-Stereomikrofonierung (s. Kap. 10.2) mit einem Abstand von ca. 50 cm zum Instrument.

Große Trommel: Mikrofonierung von hinten; die besten Klangergebnisse werden ohne Resonanzfell und bei einem Mikrofonabstand von ca. 30 bis 50 cm erzielt.

Congas und Bongos können auch paarweise mit einem Mikrofon abgenommen werden. Bei einem *Cajón* wird das Mikrofon direkt in das Schallloch gehalten (Abb. 10.9).

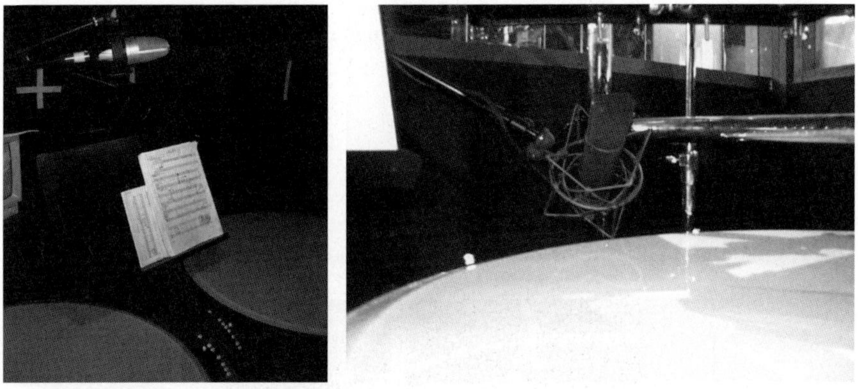

Abb. 10.7: links: Mikrofon für zwei Pauken (Shure KSM27), rechts: Pauke mit Mikrofon nahe am Kesselrand (Neumann U87)

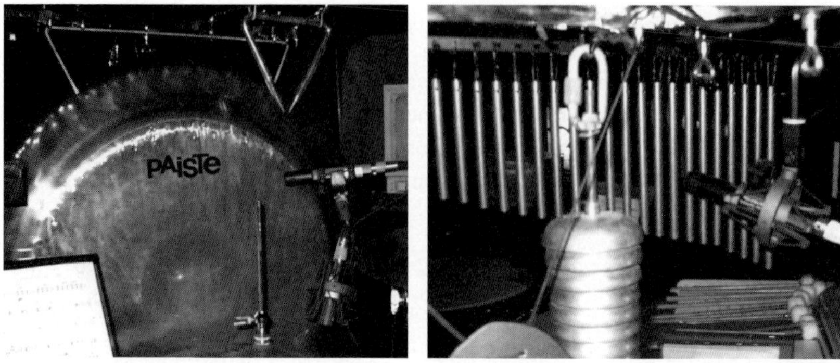

Abb. 10.8: links: Gong (Sennheiser MKH40), rechts: Chimes (Sennheiser MKH40)

Abb. 10.9: links: Congas (Shure Beta57), recht: Cajón (Sennheiser MD421)

10.1.3 Gitarre

E-Gitarre

Für die Abnahme von E-Gitarren nimmt man am besten ein dynamisches Mikrofon mit Nierencharakteristik und positioniert es unmittelbar vor dem Gitarrenlautsprecher (Abb. 10.10).

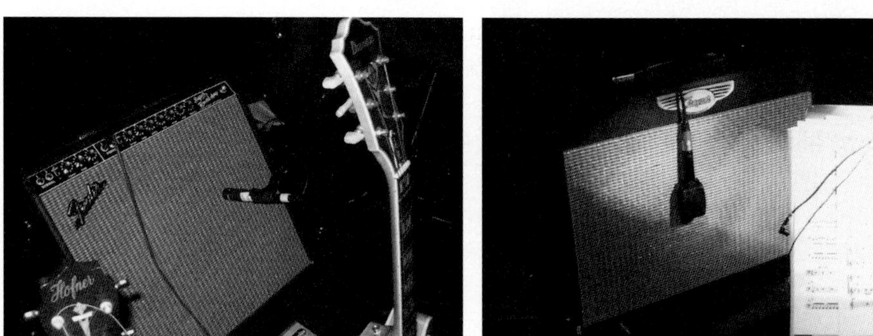

Abb. 10.10: Mikrofonierung von Gitarrencombos (links: Shure SM57, rechts: Sennheiser e609)

Die Mikrofonierung erfolgt sehr nahe an der Lautsprechermembran mit einem Abstand bis maximal 10 cm. Ein harter, höhenbetonter Klang ist bei der Ausrichtung auf die Mitte der Lautsprechermembran zu erwarten. In einem Bereich zwischen Mitte und Rand klingt es druckvoller und ausgewogener, ganz am Rand der Membran schließlich weich und obertonarm.

Übliche Mikrofone für Gitarrenboxen: Shure SM57, Sennheiser e606, e609 und MD421.

Akustik-Gitarre

Je näher das Mikrofon am Schallloch der Gitarre positioniert ist, desto voller ist der Klang. Eine Ausrichtung des Mikrofons zwischen Steg und Schallloch bringt aber meist die besten Ergebnisse für die Live-Beschallung. Der Abstand zum Instrument sollte nicht mehr als 30 cm betragen.

Häufig ist auch eine Kombination aus Piezo-Tonabnehmer unter dem Steg und Kondensatormikrofon im Korpus. Einige Gitarristen lassen sich dazu spezielle Tonabnehmer und Mikrofone fest in das Instrument einbauen. Es gibt aber auch abnehmbare Mikrofone mit Schwanenhals und einem Clip, die im Schallloch platziert werden (Abb. 10.11).

Abb. 10.11: Clip-Mikrofon für eine Akustikgitarre (AMT S3G)

10.1.4 Bass

E-Bass

Ein E-Bass wird fast immer mit einer DI-Box (s. Kap. 11.2.3) ans Mischpult angeschlossen (Abb. 10.12), eher selten wird auch der Basslautsprecher mikrofoniert. Die Positionierung des Mikrofons vor der Lautsprechermembran erfolgt dann wie bei E-Gitarren; allerdings werden abweichende Mikrofontypen eingesetzt, von denen man eine bessere Übertragung tiefer Frequenzen erwartet, zum Beispiel das ElectroVoice RE20 oder das Shure Beta52.

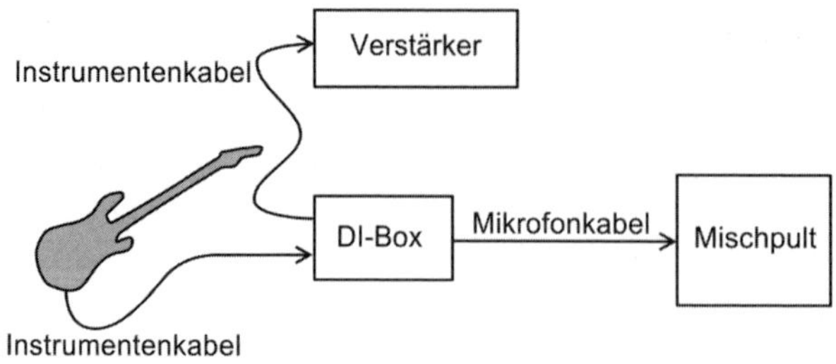

Abb. 10.12: Signalfluss E-Bass mit DI-Box

Kontrabass

Viele Kontrabässe sind mit Tonabnehmern bestückt, meist Piezo-Tonabnehmer. Zusätzlich kann ein Kondensatormikrofon in den Steg geklemmt werden (Abb. 10.13 und 10.14). Gut eignet sich ein Mikrofon mit Achtercharakteristik, welches so ausgerichtet ist, dass sowohl der Klang der schwingenden Decke als auch Saitengeräusche aufgenommen werden. Ein für den Kontrabass geeignetes Kondensatormikrofon mit Achtercharakteristik ist zum Beispiel das MKH80 von Sennheiser.

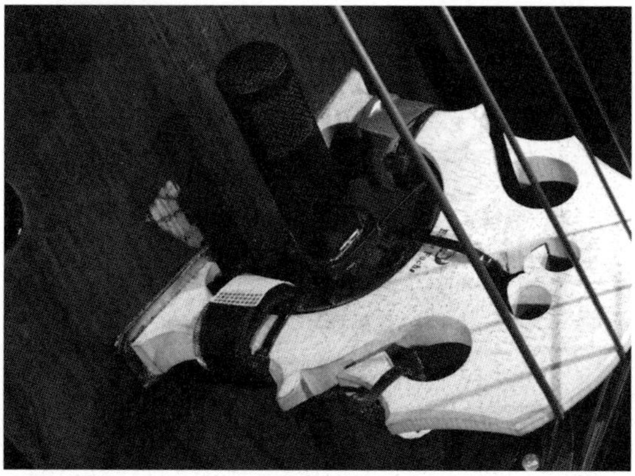

Abb. 10.13: Piezo-Tonabnehmer links unter dem Steg und zusätzliches Mikrofon (Sennheiser MKH80)

Abb. 10.14: Schoeps MK2S mit spezieller Klemmvorrichtung für den Kontrabass-Steg

10.1.5 Keyboards

Die Signale der Line-Ausgänge eines Keyboards werden über DI-Boxen (s. Kap. 11.2.3) an das Mischpult geleitet. Zusätzlich ist manchmal auch die Mikrofonierung eines Keyboard-Combos sinnvoll, falls einer vorhanden ist und dieser wesentlich zum Klangbild beiträgt (beispielsweise bei einem Fender Rhodes oder einem Hohner Clavinet).

Mikrofonierung eines Orgel-Leslies (s. Kap. 16.3.3): Zwei Mikrofone für den oberen Rotor (oft Shure SM57) und eines für den Bassrotor (zum Beispiel Sennheiser MD421). Eventuell einen Windschutz für die Mikrofone vorsehen, falls die durch die drehenden Lautsprecher erzeugten Luftbewegungen zu sehr stören.

10.1.6 Flügel und Klavier

Konzertflügel

Der Klang entfaltet sich erst richtig in einigen Metern Abstand zum Flügel. Auf der Bühne ist dennoch eine Nahabnahme sinnvoller, um ein Übersprechen anderer Instrumente in die Flügelmikrofone zu minimieren. Es sind verschiedene Varianten denkbar, etwa jeweils ein gerichtetes Kondensatormikrofon über den Bass- und den Diskantsaiten (Abb. 10.15). Je näher man mit den Mikrofonen an die Hämmer kommt, desto mehr Anschlaggeräusche sind zu hören. Klein- oder Großmembran-Kondensatormikrofone sind hier möglich, beispielsweise Neumann KM184, U87, M149 oder auch hochwertige dynamische Mikrofone wie das Sennheiser MD441.

Abb. 10.15: Großmembranmikrofone (Neumann TLM170) an einem Konzertflügel

Eine Stereomikrofonierung im Nahbereich der Hämmer (Abb. 10.16), zum Beispiel mit ORTF-Stereo (s. Kap. 10.2.), wird ebenfalls oft angewandt. Es dürfte klar sein, dass an dieser Position ein sehr anschlagsbetonter Klang zu erwarten ist. Eventuell ist das sogar gewünscht, und letztlich hängt das auch vom gespielten Musikstil ab (zum Beispiel werden bei einer Big Band mit dieser Mikrofonierung gute Ergebnisse erzielt, da sich der Flügel dann im Mix gut gegenüber den anderen Instrumenten durchsetzt).

Abb. 10.16: Kleinmembranmikrofone (Neumann KM140) an einem Konzertflügel

Das PianoMic®-System von Earthworks Precision Audio (Abb. 10.17): Miniaturmikrofone mit einer Kugelcharakteristik werden mit speziellen Haltevorrichtungen im Inneren des Flügels am Rahmen befestigt. Dieses System ist bei offenem oder geschlossenem Deckel anwendbar.

Abb. 10.17: PianoMic® System PM40

Bei geschlossenem Deckel können auch Grenzflächenmikrofone mit doppelseitigem Klebeband an die Deckelunterseite geklebt werden (beispielsweise Sennheiser E912 oder AKG C542). Dabei aber bitte nur Klebeband verwenden, welches sich wieder rückstandslos entfernen lässt und den Lack nicht beschädigt.

Klavier

Wie in Abb. 10.18 gezeigt, können bei geöffnetem Klavierdeckel zwei Mikrofone von oben angebracht werden, die auf das Hammerwerk zeigen.

Eine sehr gute Alternative sind aber auch Mikrofone von hinten, welche auf die Rückwand des Klaviers ausgerichtet sind (Abb. 10.19).

Abb. 10.18: Kleinmembranmikrofone (Sennheiser MKH40) an einem Klavier von oben

Abb. 10.19: Kleinmembranmikrofone (Schoeps MK4) auf der Rückseite des Klaviers

10.1.7 Bläser

Die Positionierung des Mikrofons ist hier abhängig von der Schallabstrahlung und der Richtwirkung des jeweiligen Blasinstrumentes.

Bei *Blechbläsern* ist die hauptsächliche Schallabstrahlung frontal aus dem Trichter (zum Beispiel beim Horn, Abb. 10.20 links).

Bei *Holzbläsern* mit Rohrblatt erfolgt die Schallabstrahlung zum einen über alle offenen Löcher bzw. Klappen und zum anderen über den Trichter; dabei sind aus dem Trichter vorwiegend hohe Frequenzanteile zu erwarten (*Oboe* und *Saxophon*, Abb. 10.20 rechts und 10.21).

In Frage kommen Kondensatormikrofone wie das Sennheiser MKH40 und das Neumann U89 oder dynamische Mikrofone, hier beispielsweise das Sennheiser MD421 und das ElectroVoice RE20. Weiterhin gibt es spezielle Mikrofone mit Klemmvorrichtungen zur Anbringung am Schalltrichter, zum Beispiel das AKG C419.

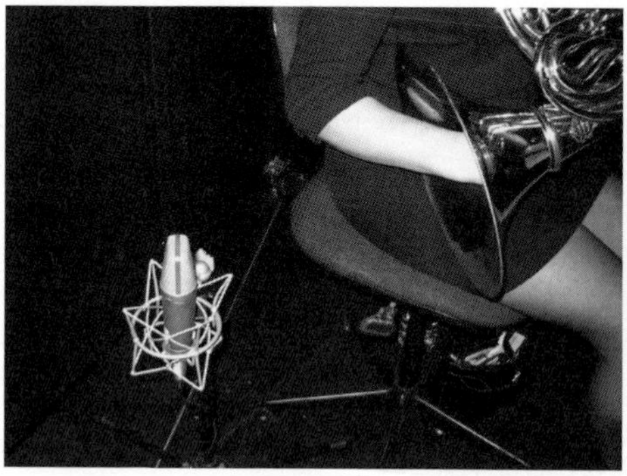

Abb. 10.20: links: Horn (Neumann U89), rechts: Oboe (Sennheiser MKH40)

Abb. 10.21: links: Clip-Halterung am Schalltrichter eines Saxophons (Schoeps MK4), rechts: Saxophon-Mikrofonierung mit größerem Abstand (Sennheiser MKH40)

Die *Flöte* ist ein Spezialfall: Hier kann eine Mikrofonierung im extremen Nahbereich des Mundstücks angebracht sein, da die Anblasgeräusche charakteristisch für dieses Instrument sind (Abb. 10.22). Die hauptsächliche Schallabstrahlung erfolgt bei der Flöte über das Mundstück und über das erste offene Loch, das nicht gegriffen wird.

Abb. 10.22: Clip-Mikrofon für eine Flöte (McGee Flutes)

10.1.8 Streicher

Die Schallabstrahlung erfolgt bei Streichern vorwiegend über die Decke des Resonanzkörpers. Deshalb werden bei Violinen und Bratschen meist Overhead-Mikrofone eingesetzt. In Frage kommen hierfür Kondensatormikrofone mit Nierencharakteristik.

Um eine größere Kanaltrennung zu erhalten, kann aber auch eine Einzelmikrofonierung direkt an den Instrumenten angebracht sein. Dafür kommen verschiedene Kondensator-Ansteckmikrofone in Frage. Diese werden an den Steg oder an den Korpus geklemmt und haben manchmal auch einen kleinen Schwanenhals zur Ausrichtung des Mikrofons auf die F-Löcher (Abb. 10.23). Dabei ist allerdings zu bedenken, dass aus den F-Löchern fast nur tiefe Frequenzanteile abgestrahlt werden. Wenn das klanglich erwünscht ist, stellt das natürlich kein Problem dar. Meist werden aber tiefe Frequenzen von Streichern bei der Live-Abmischung herausgefiltert; zum einen, um Rückkopplungen zu vermeiden, zum anderen, um die Streicher besser in den Mix zu integrieren (s. Kap. 16.4).

Mögliche Miniaturmikrofone sind hier das Sennheiser MKE2, DPA 4060 oder die speziellen Streichermikrofone von AMT.

Abb. 10.23: Violinenmikrofon mit Schwanenhals (AMT VS)

Die Firma Schoeps bietet Adapter für Streichinstrumente an: Hier wird ein Kleinmembran-Kondensatormikrofon wie das Schoeps MK4 oder CCM4 mit einer Klemmvorrichtung am Korpus befestigt. Es gibt verschiedene Ausführungen speziell für Violinen, Bratschen, Celli (Abb. 10.24) und Kontrabässe (Abb. 10.14).

Abb. 10.24: Clip-Halterung für ein Cello (Schoeps MK4)

10.1.9 Gesang und Sprache

Handmikrofone für Gesang

Neben der guten Sprachverständlichkeit ist bei der Gesangsmikrofonierung die Rückkopplungssicherheit bei hohen Schallpegeln ein vorrangiges Ziel. Für Sänger und Sängerinnen werden bei

Konzerten deshalb vorwiegend dynamische Handmikrofone mit Nierencharakteristik eingesetzt. Eine robuste Bauweise und zusätzliche innere Konstruktionen zur Handgeräuschkompensation zeichnen ein gutes Gesangsmikrofon aus. Drahtlose Handmikrofone bieten mehr Bewegungsfreiheit (Abb. 10.25; s. Kap. 12.1.5). Die rückwärtigen Schalleintrittsöffnungen dürfen nicht durch die Hand verdeckt werden, da sich dabei die Richtcharakteristik zur Kugel ändert und eher Rückkopplungen auftreten.

Oft verwendete Gesangsmikrofone sind das Shure SM58, Beta58 oder Beta87.

Abb. 10.25: Drahtloses Handmikrofon (Sennheiser SKM5000)
(Das Bild zeigt Lana O'Brien, Ensemble „We Will Rock You")

Drahtlose Miniaturmikrofone im Theater und Musical

Miniaturmikrofone werden möglichst unauffällig am Haaransatz auf der Stirn oder auf dem Wangenknochen befestigt. Mit einem Kopfbügel ist auch eine Positionierung näher am Mund möglich. Oft eingesetzte Miniaturmikrofone: Sennheiser MKE2, DPA 4060 und Countryman B3 oder B6 (Abb. 10.26 und 10.27).

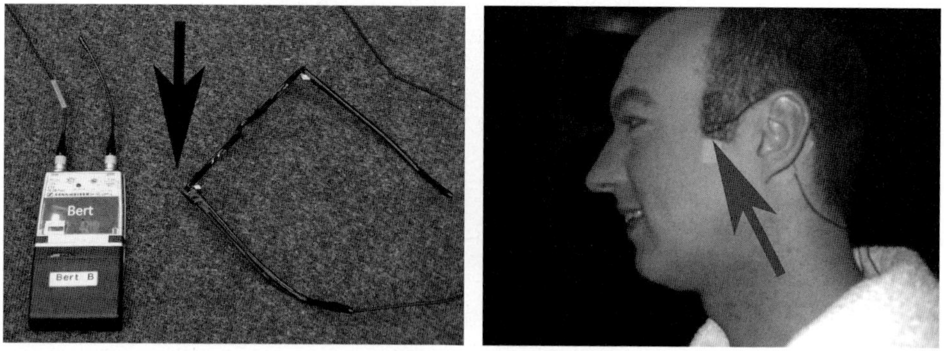

Abb. 10.26: Miniaturmikrofone an einer Brille (Sennheiser MKE2) und auf dem Wangenknochen (DPA 4060).
(Das Bild zeigt Axel Weidemann, der bei „42nd Street" die Rolle des Bert Barry hatte und daher in manchen Szenen eine Brille tragen musste.)

Abb. 10.27: Miniaturmikrofon auf der Stirn und als Kopfbügelmikrofon (Sennheiser MKE2) (Die Bilder zeigen Oliver Heim als Baron Kempen und Carsten Lepper als Lucheni im Musical „Elisabeth".)

Mikrofonierung bei einer Sprachbeschallung

Bei einer Sprachbeschallung ist der Abstand des Redners zum Mikrofon meist recht groß. Handmikrofone sind daher weniger geeignet oder nur dann, wenn der Redner in der Handhabung geübt ist (Mikrofone sind keine Zeigestäbe!). Besser ist also ein Kleinmembran-Kondensatormikrofon, angebracht auf einem Stativ – der Redner muss dann natürlich auch am Mikrofon stehen bleiben.

Redner an einem Pult

Hier entsteht oft durch eine schallreflektierende Skriptauflage ein Kammfiltereffekt (s. Kap. 3.1.5). Dies kann zum Beispiel durch die Optimierung der Mikrofonposition vermindert werden. Je nach Neigung der Skriptauflage muss ein größerer Abstand zum Pult gewählt werden, oder das Mikrofon muss näher an den Redner heran. Es gibt auch schalldurchlässige Skriptauflagen; zusätzlich können diese mit Stoff oder Filz überzogen sein. Generell sollte ein gerichtetes Mikrofon verwendet werden. Eventuell eignet sich auch ein Grenzflächenmikrofon, welches auf die Skriptauflage gelegt wird. Allerdings wird hier oftmals das Mikrofon von den Unterlagen des Redners verdeckt oder unerwünschtes Papierrascheln übertragen (Abb. 10.28).

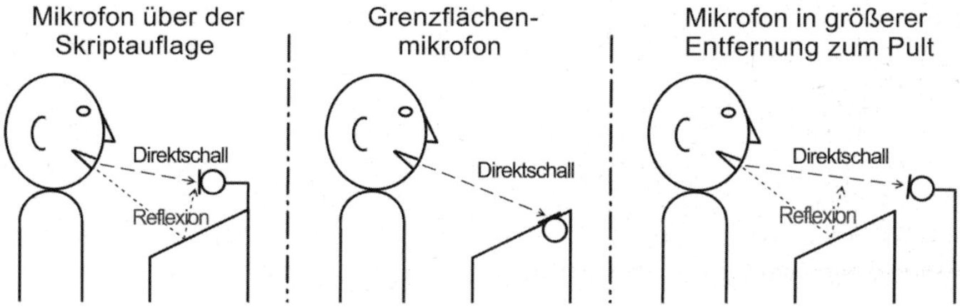

Abb. 10.28: Mikrofone an einem Rednerpult

Redner bewegt sich

Hier wird meist ein drahtloses Ansteckmikrofon verwendet, das an der Kleidung befestigt wird. Auch wenn Mikrofonkapseln mit Kugelcharakteristik verwendet werden, sollten diese aufgrund der Richtwirkung zu hohen Frequenzen hin so ausgerichtet sein, dass sie in Richtung Mund zeigen. Bei Ansteckmikrofonen sind starke Kopfbewegungen problematisch, da diese zu Pegelschwankungen führen. Der Techniker am Mischpult muss hierbei entsprechend schnell, aber feinfühlig nachregeln.

Podiumsdiskussion oder Gesprächsrunde

Sitzen die Gesprächsteilnehmer an einem Tisch, so bieten sich manchmal Kleinmembranmikrofone auf Tischstativen an, wenn der Einsprechabstand nicht zu groß ist. Ansonsten sind auch hier Ansteckmikrofone eine gute Alternative. Bei einer festgelegten Sitzordnung kennt man schon vorher die Blickrichtungen der Gesprächsteilnehmer und kann das Ansteckmikrofon auf der richtigen Seite der Kleidung anbringen.

10.2 Stereo-Aufnahmeverfahren

Wie schon in Kap. 4.2.4 gesehen, gibt es zwei Herangehensweisen für eine stereophone Lautsprecherwiedergabe: Die Intensitäts- und die Laufzeitstereofonie. Diese Verfahren können natürlich auch bei Stereoaufnahmen mit Hauptmikrofonen angewandt werden:

- Die Intensitätsstereofonie bietet bei der Wiedergabe eine gute Lokalisation der Schallquellen im Stereoklangbild (s. Kap. 10.2.1).
- Die Laufzeitstereofonie hat eine gute Abbildung der räumlichen Tiefe (s. Kap. 10.2.2).
- Gemischte Aufnahmeverfahren sind als Kompromisslösung zwischen guter Lokalisation und räumlicher Tiefe anzusehen (s. Kap. 10.2.3).
- Aufnahmetechniken mit Trennkörpern sollen durch eine Nachbildung des Kopfes das Prinzip des menschlichen Hörens nachbilden (s. Kap. 10.2.4).

10.2.1 Intensitätsstereofonie

Um ausschließlich Intensitätsunterschiede, also Pegeldifferenzen, zwischen den beiden Stereokanälen zu erhalten, werden zwei Mikrofone sehr dicht beieinander platziert. Es treten dann praktisch keine Laufzeitunterschiede des Schalls von der Schallquelle zu den einzelnen Mikrofonen auf. Bezüglich der Anordnung und der Richtcharakteristik der Mikrofone unterscheidet man zwei Verfahren der Intensitätsstereofonie: Die MS- und die XY-Mikrofonierung.

MS-Mikrofonierung

Beim MS-Verfahren wird ein Mikrofon mit der Charakteristik einer Niere oder Kugel wie bei einer Monoaufnahme direkt auf die Schallquelle ausgerichtet. Dieses ergibt das Mitten-Signal (M). Die zweite Kapsel hat eine Achtercharakteristik und wird um 90° zur M-Kapsel gedreht. Sie liefert die Seiteninformation -S und +S. Die 0°-Richtung der Acht muss nach links zeigen, andernfalls werden bei der Wiedergabe die Seiten vertauscht (Abb. 10.29).

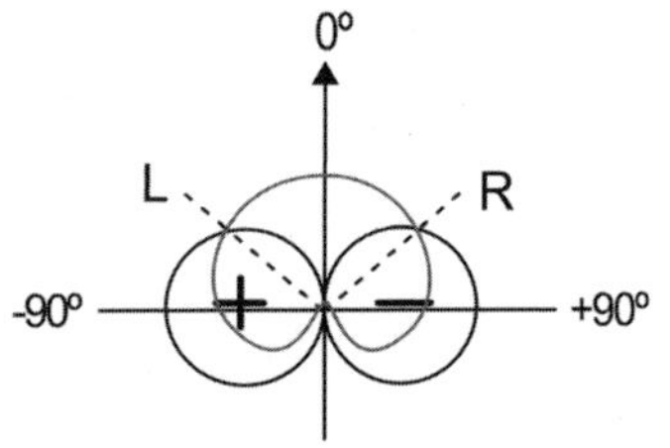

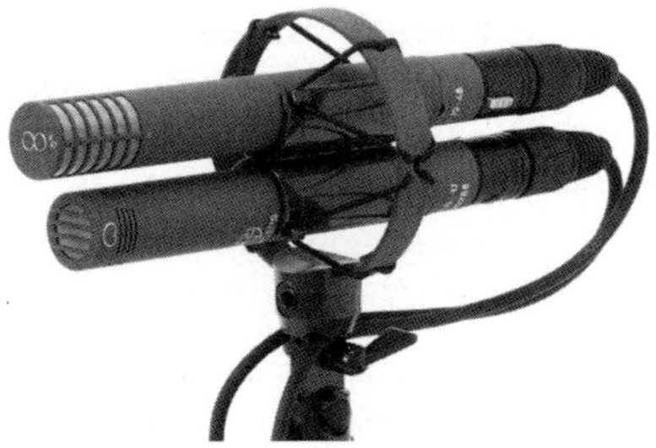

Abb. 10.29: Prinzip der MS-Technik und Mikrofone in einer MS-Anordnung (oben: Schoeps MK8 für S, unten: Schoeps MK4 für M)

Die Signale für die beiden Stereokanäle werden bei einer solchen Mikrofonanordnung nicht unmittelbar, sondern erst durch die Summen- und Differenzbildung aus den Signalen M und S gewonnen:

- Linker Kanal = M + S.
- Rechter Kanal = M - S.

Diese Summen- und Differenzbildung kann durch Summierverstärker erreicht werden, MS-Signale lassen sich aber auch mit einem Mischpult verarbeiten. Dazu sind drei Eingangskanäle notwendig:

- Kanal 1 = M-Signal, Panorama-Regler in der Mittelstellung.
- Kanal 2 = S-Signal, Panorama-Regler links.
- Kanal 3 = S-Signal, Panorama-Regler rechts; Verpolungsschalter betätigt (s. Kap. 15.3.1).

Bei der Abmischung kann der Anteil des Seitensignals und damit der Stereoeindruck noch variiert werden, indem beide S-Kanäle gemeinsam im Pegel verändert werden.

XY-Mikrofonierung

Beide Mikrofone haben hier die gleiche Richtcharakteristik, zumeist Niere, und werden im gleichen Winkel nach links (X-System) und nach rechts (Y-System) ausgerichtet (Abb. 10.30).

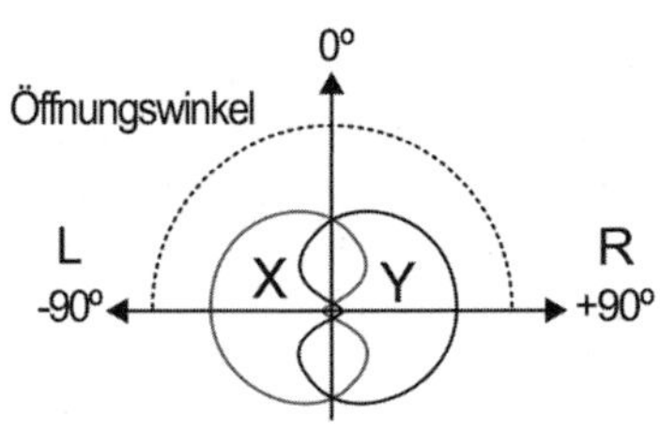

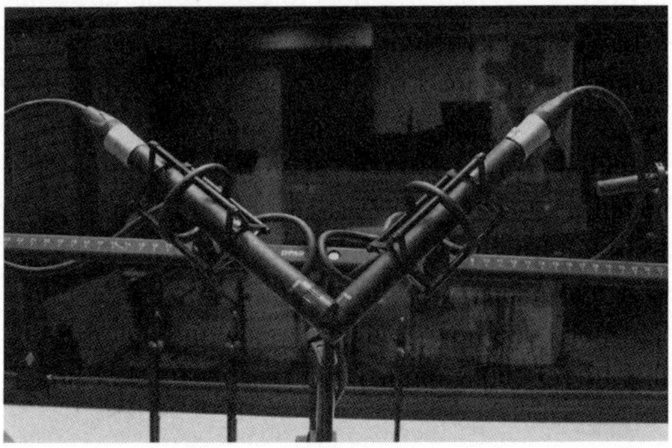

Abb. 10.30: Prinzip der XY-Technik und Mikrofone in XY-Anordnung (DPA 4011-TL)

Der Öffnungswinkel bestimmt den Aufnahmebereich einer solchen Mikrofonanordnung. (Manchmal ist auch vom Versatzwinkel die Rede: Das ist dann der Winkel von der 0°-Richtung heraus betrachtet, also der halbe Öffnungswinkel.) Beim maximalen Öffnungswinkel von 180° beträgt der Aufnahmebereich 90°. Der Zusammenhang zwischen Öffnungswinkel und Aufnahmebereich bei XY mit Nierenmikrofonen wird aus Abb. 10.31 ersichtlich:

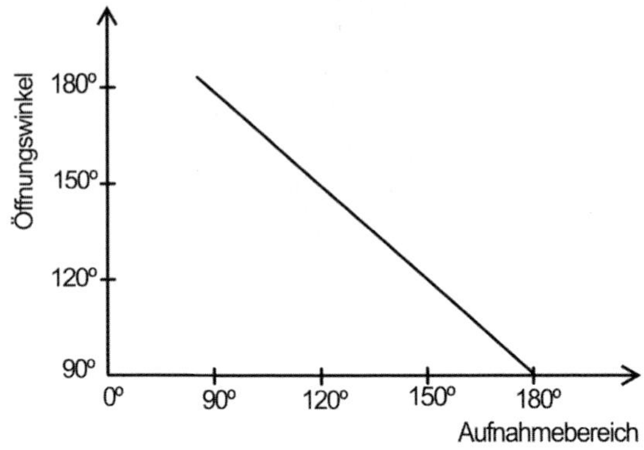

Abb. 10.31: Öffnungswinkel und Aufnahmebereich bei Nieren-XY

Wie zu sehen ist, wird der Aufnahmebereich größer, wenn der Öffnungswinkel verkleinert wird und umgekehrt. Der Öffnungswinkel bestimmt den Aufnahmebereich, der Abstand der Mikrofone vom Klangkörper bestimmt dessen Ausdehnung im Stereo-Panorama. Je größer der Aufnahmebereich der XY-Anordnung ist, desto enger wird die Stereo-Abbildung bei der Lautsprecherwiedergabe. Bildlich gesprochen muss ein großes, breit aufgestelltes Orchester in eine kleine Stereobasis „gepresst" werden. Ist der Aufnahmebereich dagegen zu klein gewählt, zerfällt das Klangbild bei der Wiedergabe. In der Mitte der Stereobasis entsteht ein „Loch", die aufgenommenen Schallquellen kommen nur noch aus dem jeweils linken oder rechten Lautsprecher. Bei korrekt gewähltem Aufnahmebereich und Abstand bietet die Intensitätsstereofonie aber eine gute Lokalisation der Schallquellen im Stereoklangbild.

Beim *Blumlein-XY* werden zwei Mikrofone mit der Richtcharakteristik einer Acht und einem Öffnungswinkel von 90° verwendet (Abb. 10.32). Aufgrund der Achtercharakteristiken gibt es zwei gleich große Aufnahmebereiche: vorne und hinten. Schall von der Seite wird maximal ausgeblendet. Im Vergleich zu einem Nieren-XY wird also auch der rückwärtige Raumanteil mit aufgenommen, allerdings mit vertauschen Seiten. Eine denkbare Anwendung ist, dass ein Blumlein-XY zwischen zwei Instrumenten positioniert wird.

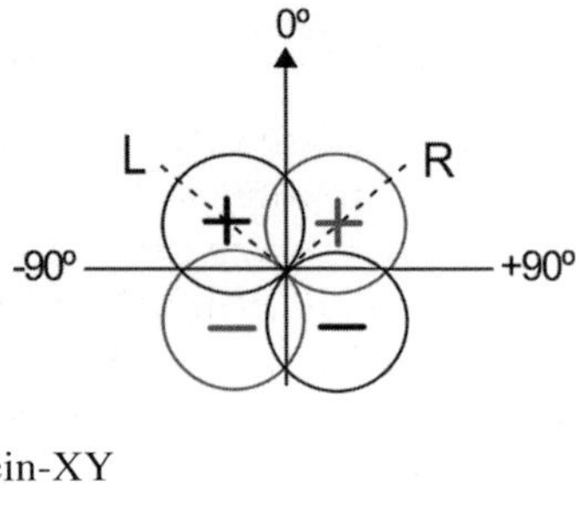

Abb. 10.32: Prinzip des Blumlein-XY

Für die Intensitätsstereoaufnahmen mit der XY-Technik wurde auch ein spezieller Typ von Mikrofon entwickelt, das *Koinzidenzmikrofon*. Dieses Mikrofon hat zwei Kapseln, die zueinander in jedem gewünschten Winkel verdreht werden können (Abb. 10.33).

Abb. 10.33: Koinzidenzmikrofon (Schoeps CMXY 4V)

10.2.2 Laufzeitstereofonie

Hier sind die beiden Mikrofone in einen gewissen Abstand parallel zueinander angebracht; man spricht von einer AB-Anordnung (Abb. 10.34). Üblicherweise werden Mikrofone mit Kugelcharakteristik eingesetzt, manchmal auch breite Nieren. Denkbar ist auch der Einsatz von Grenzflächenmikrofonen auf dem Boden oder an einer Wand. Stark gerichtete Mikrofone sind eher nicht geeignet. Aus dem Abstand der Mikrofone resultieren unterschiedliche Laufzeiten des Schalls von der Schallquelle zu den einzelnen Mikrofonen. (Daneben gibt es aber auch geringe Pegeldifferenzen.)

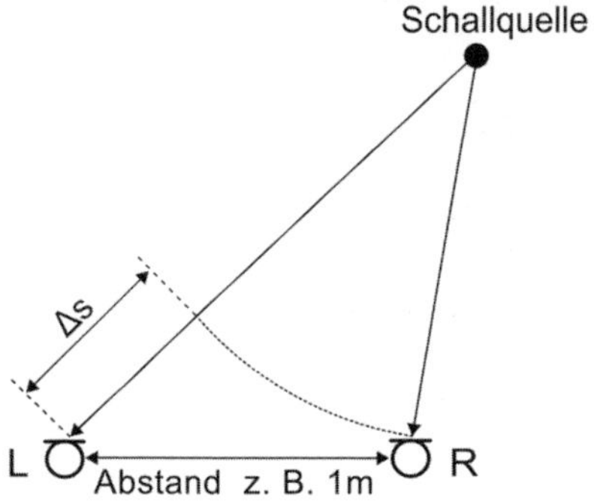

Abb. 10.34: Prinzip der AB-Technik und Mikrofone in AB-Anordnung (Schoeps MK2)

Um bei stereophoner Wiedergabe eine Lokalisation in nur einem Lautsprecher zu erzielen, ist eine Laufzeitdifferenz von 1,5 bis 1,8 ms notwendig (s. Kap. 4.2.4). Das entspricht einer Distanz Δs von ca. 52 cm. Bei ca. 38 cm Abstand zwischen den Mikrofonen ist der Aufnahmebereich maximal und erstreckt sich über 180°. Bei größeren Mikrofonabständen ergeben sich längere Laufzeiten und dadurch mehr Phasenunterschiede. Der Aufnahmebereich wird dann kleiner und die Stereoabbildung bei der Lautsprecherwiedergabe größer (akustischer Zoom). In der Praxis arbeitet man bei einer Klein-AB-Aufstellung mit Abständen von ca. 20 bis 40 cm, bei Groß-AB mit bis zu ca. 100 cm.

Bei der Laufzeitstereofonie ist die Lokalisation der Schallquellen im Stereoklangbild nicht so gut möglich wie bei der Intensitätsstereofonie. Allerdings ist bei AB-Stereo die Abbildung der räumlichen Tiefe besser.

10.2.3 Gemischte Aufnahmeverfahren

Gemischte Stereomikrofonverfahren nehmen sowohl Laufzeit- als auch Pegelunterschiede auf. Die Mikrofonabstände sind deutlich geringer als bei einer AB-Aufstellung. Ein sehr bekanntes gemischtes Aufnahmeverfahren wurde vom Office de Radiodiffusion-Télévision Française (ORTF) entwickelt. Hier haben die Kapseln mit Nierencharakteristik einen Abstand von 17,5 cm und einen Versatzwinkel von ±55° bzw. einem Öffnungswinkel von 110° (Abb. 10.35 und 10.36).

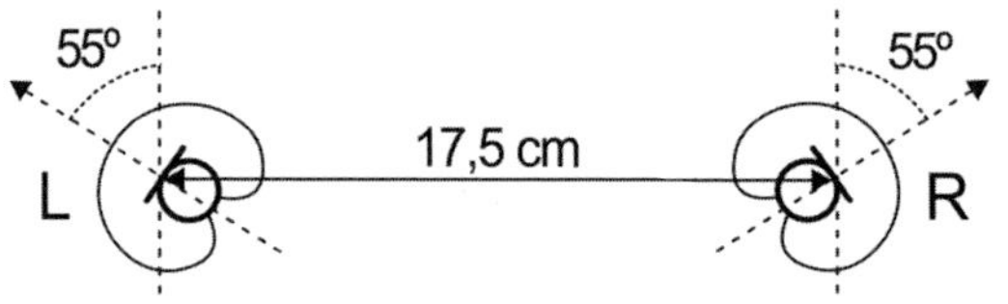

Abb. 10.35: ORTF-Anordnung

Abb. 10.36: Großmembranmikrofone in ORTF-Anordnung (Neumann TLM170)

Andere gebräuchliche gemischte Verfahren sind zum Beispiel die DIN-Anordnung mit einen Versatzwinkel von ±45°; der Mikrofonabstand beträgt 20 cm. Die vom niederländischen Rundfunk NOS verwendete Anordnung hat ebenfalls einen Versatzwinkel von ±45°, der Mikrofonabstand beträgt aber 30 cm.

Williams-Kurven (Abb. 10.37) stellen den Zusammenhang zwischen Mikrofonabstand, Versatzwinkel und Aufnahmebereich bei gemischten Aufnahmeverfahren dar. Die schraffierten Bereiche in der Zeichnung kennzeichnen ungeeignete Anordnungen von Nierenmikrofonen.

Gemischte Aufnahmeverfahren vereinen die Vor- und Nachteile der Laufzeit- und der Intensitätsstereofonie und sind daher als Kompromisslösung zwischen Lokalisation und räumlicher Tiefe anzusehen.

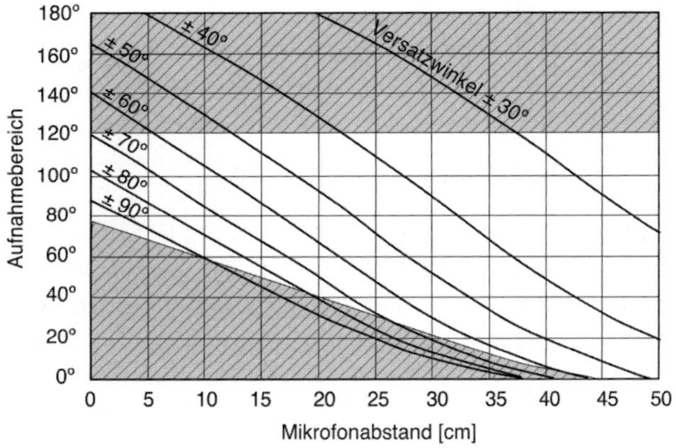

Abb. 10.37: Williams-Kurven für Mikrofone mit Nierencharakteristik

10.2.4 Mikrofonierung mit Trennkörper

Aufnahmeverfahren mit einem Trennkörper zwischen den Stereomikrofonen sind vom Prinzip des menschlichen Hörens abgeleitet, d. h. hier gibt es einen konstanten Laufzeitunterschied, frequenzabhängige Pegel- und Klangfarbenunterschiede und einen Druckempfänger als Wandler.

Die entsprechenden Verfahren nutzen Mikrofone mit Kugelcharakteristik mit Abständen von 17 bis 20 cm und einem Trennkörper unterschiedlichster Form.

Eigenschaften der Trennkörpermikrofonierung:

- Gute Lokalisation der Schallquellen im Stereoklangbild.
- Gute Wiedergabe tiefer Frequenzen durch die Verwendung von Druckempfängern.
- Gute Eignung für Kopfhörerwiedergabe.
- Gute Aufnahmeergebnisse auch bei hohem Diffusschallanteil, dies allerdings nur in akustisch guten Räumen (s. Kap. 3.2.3).
- Nachteil: Der Aufnahmebereich ist bei manchen Trennkörpern nicht variabel.

OSS bzw. Jecklin-Scheibe

Die Abkürzung OSS steht für „Optimales Stereo-Signal“. Für dieses Verfahren wird eine schallharte Scheibe mit 30 cm Durchmesser beidseitig mit Schaumstoff versehen und zwischen zwei Mikrofonen angebracht. Geeignet ist eine 1 cm dicke Holzplatte mit aufgeklebtem, offenporigem Polyurethan-Schaumstoff. Wie beim ORTF-Verfahren beträgt der Kapselabstand 17,5 cm. Allerdings werden Druckempfänger mit Kugelcharakteristik verwendet (Abb. 10.38).

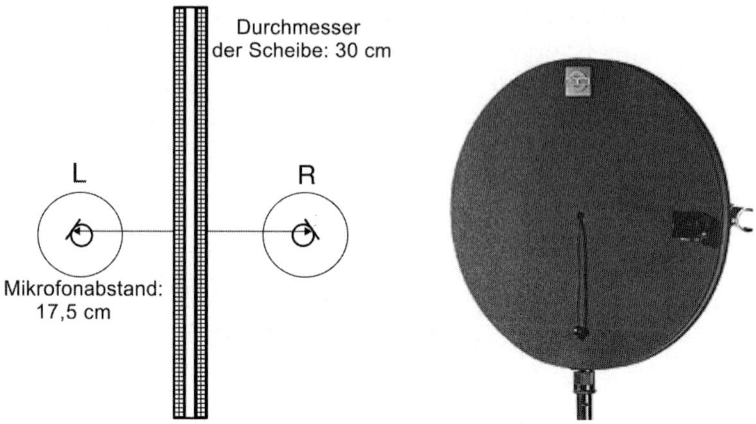

Abb. 10.38: Jecklin-Scheibe (MBHO, mit Halterungen für beliebige Kleinmembranmikrofone)

Kugelflächenmikrofon

Zwei Druckempfänger sind hier bündig in einen Kugelkörper mit einem Durchmesser von ca. 20 cm eingelassen (Abb. 10.39). Die Laufzeiten beim Kugelflächenmikrofon sind denen des natürlichen Hörens ähnlich. Der Frequenzgang des direkten Schalls von vorne und der des diffusen Schalls sind linear, und es treten keine Kammfiltereffekte auf.

Nachteile des Kugelflächenmikrofons: Der Aufnahmebereich beträgt konstant 90°, und es gibt Klangfärbungen durch Abschattung bzw. Druckstau von seitlich eintreffendem Schall. Beim jeweils einer Schallquelle zugewandten Mikrofon ist also eine deutliche Höhenanhebung hörbar.

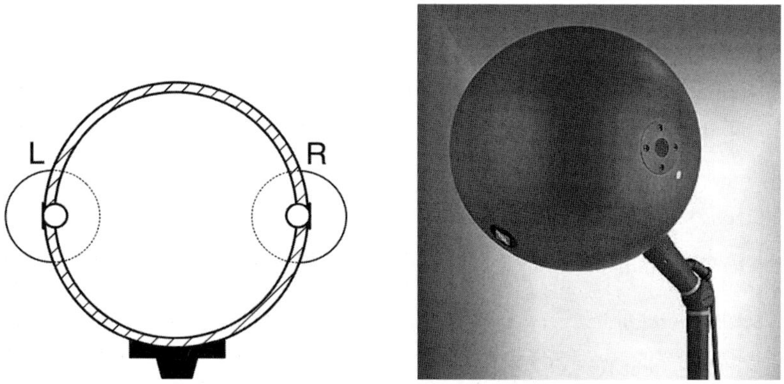

Abb. 10.39: Kugelflächenmikrofon (Neumann KFM100)

Kunstkopf

Der Kunstkopf ist eine Nachbildung des menschlichen Kopfes mit Außenohren, Gehörgängen und Mikrofonen an der Position der Trommelfelle (Abb. 10.40). Grundsätzlich ist dieses Aufnahmeverfahren für die binaurale Wiedergabe mit Kopfhörern vorgesehen (binaural = mit beiden Ohren). Und nur da zeigt sich ein natürliches Klangbild mit guter Lokalisation aus allen Richtungen. Eine Lautsprecherwiedergabe ist zwar möglich, verfälscht aber das Klangbild. Ursprünglich wurde der Kunstkopf für raumakustische Untersuchungen entwickelt, um verschiedene Räume messtechnisch vergleichen zu können. Bei Hörspielproduktionen wird der

Kunstkopf als dramaturgisches Stilmittel eingesetzt, seltener wird er auch für Musikaufnahmen verwendet. Die Schallablenkung durch die Form des Kopfes, der Ohrmuschel und der Gehörgänge wirkt als eine Art akustischer Filter. Diese Filterwirkung kann elektronisch nachgebildet werden, das Verfahren dazu nennt sich Head Related Transfer Function (HRTF). Mit Hilfe einer HRTF werden durch einen Computer binaurale Signale synthetisch erzeugt, etwa für Spieleanwendungen.

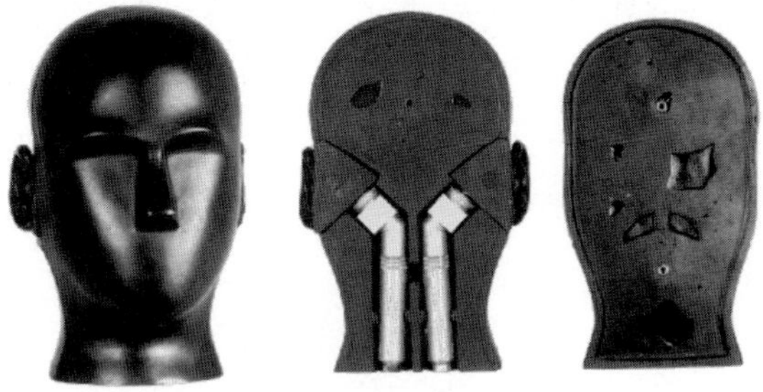

Abb. 10.40: Kunstkopf (Neumann KU 80 aus dem Jahr 1975)

10.3 Surround-Aufnahmeverfahren

Mikrofonaufnahmeverfahren für Surround wurden entwickelt, nachdem die DVD mit der Möglichkeit der Wiedergabe mehrerer Tonkanäle auf den Markt kam. Zusätzlich zu den Wiedergabekanälen für Links (L) und Rechts (R) gibt es weitere Kanäle für den Raumklang: Links Surround (LS) und Rechts Surround (RS). Daneben einen Center-Kanal (C) und einen Kanal für die tiefen Frequenzanteile, den Low Frequency Effects (LFE). Wenn alle sechs Kanäle genutzt werden, spricht man von 5.1-Surround, Die „1" hinter dem Punkt steht dabei für den LFE.

Meistens wurden bereits vorhandene Stereo-Aufnahmetechniken für Surround erweitert, aber es gibt auch einige Neuentwicklungen. Im Folgenden sollen einige Verfahren exemplarisch aufgezeigt werden.

Doppelt-MS

Doppelt-MS ist eine Erweiterung der normalen MS-Anordnung um eine weitere Niere, die nach hinten gerichtet ist. Da alle Kapseln nahe zusammen angeordnet sind, erfolgt eine Erfassung von Schallintensitätsunterschieden. Der Vorteil von Doppelt-MS im Vergleich zu den anderen Surround-Mikrofonverfahren liegt darin, dass nur drei Spuren bei der Aufzeichnung benötigt werden. Die Ausgangsignale L/C/R/LS/RS (5.0-Surround) werden erst nach einer Decodierung gewonnen (Abb. 10.41).

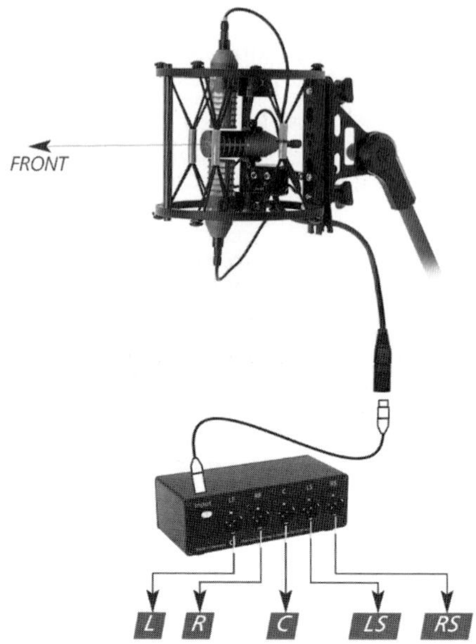

Abb. 10.41: Doppelt-MS von Schoeps

Soundfield

Beim Soundfield-Mikrofon von Ambisonics (Abb. 10.42 links) sind alle Kapseln nahe zusammen als Tetraeder angeordnet und liefern die drei Dimensionen X (vorne/hinten), Y (links/rechts) und Z (oben/unten). Zusätzlich erhält man den summierten Gesamtschalldruck W, entsprechend einem Mikrofon mit Kugelcharakteristik Erst ein Surround-Prozessor konvertiert das so genannte B-Format des Soundfield-Mikrofons in 5.1-Signale (Abb. 10.42 rechts). Die Aufnahmen im B-Format können als Audiodateien (vier einzelne .wav mit jeweils 24 Bit und 48 kHz) gespeichert und in digitalen Audio Workstations wie zum Beispiel ProTools oder Cubase weiterverarbeitet werden (s. Kap. 21.2.4). Zur Decodierung kann hier dann das Surround Zone Plug-In benutzt werden.

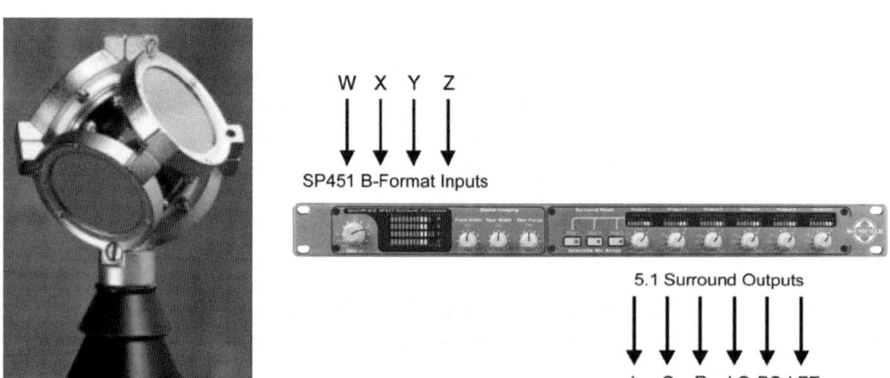

Abb. 10.42: Soundfield-Mikrofon und Soundfield-Prozessor (Ambisonics SP451)

INA-5

Die Abkürzung INA-5 steht für „Ideale Nieren-Anordnung" mit fünf Nierenmikrofonen (Abb. 10.43). Dieses Surround-Mikrofonverfahren wurde im Rahmen einer Diplomarbeit an der FH Düsseldorf von Ulf Herrmann und Volker Henkels entwickelt und wird inzwischen von Sound Performance Lab (SPL) unter dem Namen ASM5 vertrieben (Abb. 10.44).

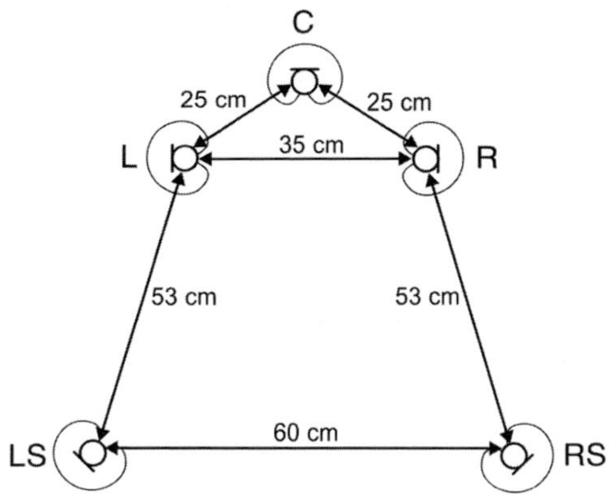

Abb. 10.43: INA-5-Anordnung

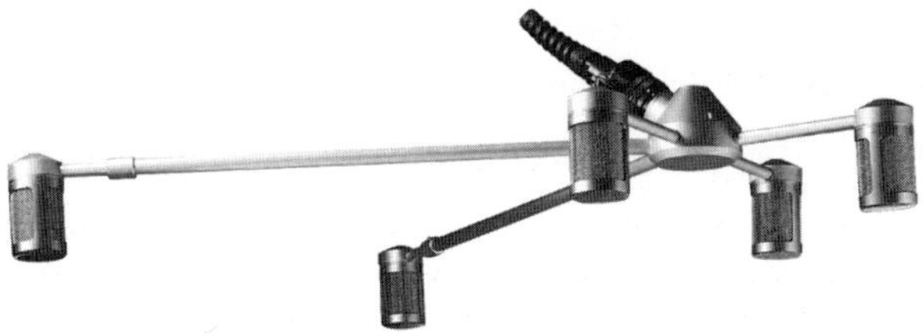

Abb. 10.44: INA-5-Mikrofone (SPL ASM5)

Vorteil: INA-5 ist ein einfach aufgebautes System, das aufgrund seiner Kompaktheit schnell einsetzbar ist.

Nachteil: Die Mikrofone für die Surround-Kanäle sind mit einem Abstand von 53 cm zu den Hauptmikrofonen bei Aufnahmen in geschlossenen Räumen in den meisten Fällen innerhalb des Hallradius. Die Entwickler setzen INA-5 daher hauptsächlich für Atmo- und Geräuschaufnahmen an Drehorten für Film und Fernsehen ein. Für diese Anwendung ist das System trotz der vermeintlichen Schwächen gut geeignet.

OCT mit Surrounderweiterung

OCT steht für „Optimal Cardoid Triangle" (Ideales Nierendreieck). Beim OCT-Frontsystem wird eine Niere für den Center-Kanal verwendet und je eine Superniere für den linken und den rechten Kanal (Abb. 10.45).

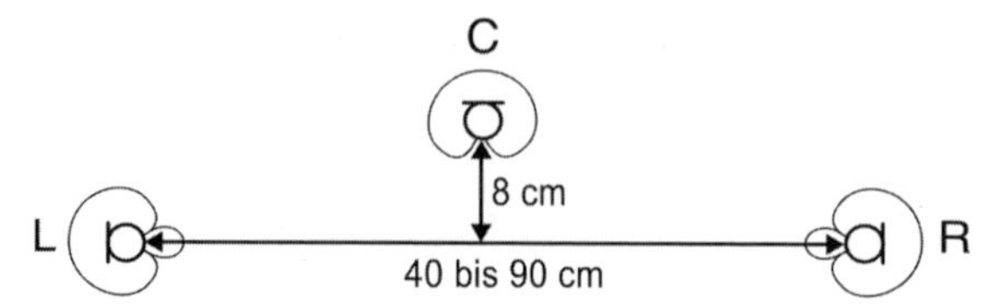

Abb. 10.45: OCT-Frontsystem

Für die OCT-Anordnung gibt es verschiedene Surround-Erweiterungen:

- In der einfachen Version zwei Kugeln oder Nieren für Links Surround und Rechts Surround.
- Das IRT-Kreuz (s.u.).
- Der Hamasaki-Square (s.u.).

Die Surround-Erweiterungen stehen weit außerhalb des Hallradius, bei großen Hallen 10 bis 15 m vom den Hauptmikrofonen entfernt. Um bei der Abmischung Echos zu vermeiden, müssen die Hauptmikrofone entsprechend verzögert werden.

IRT-Kreuz

Diese Mikrofonanordnung wurde vom Institut für Rundfunktechnik (IRT) definiert. Es handelt sich um eine vierkanalige (Quadrophonie-)Aufnahmetechnik mit Nierenmikrofonen für L/R und LS/RS. Die Links-Rechts-Signale des IRT-Kreuzes werden zu den Hauptmikrofonen des OCT-Frontsystems hinzugemischt, LS und RS sind eigenständige Surround-Kanäle. Es wird zwischen Klein-IRT und Groß-IRT unterschieden:

Klein-IRT: Abstände 20 bis 25 cm (Abb. 10.46). Anwendung beispielsweise für Atmo-Aufnahmen bei TV und Film.

Groß-IRT: Abstände bis 1 m. Anwendung: Aufnahme von Raumreflexionen und Nachhall bei Orchesteraufnahmen.

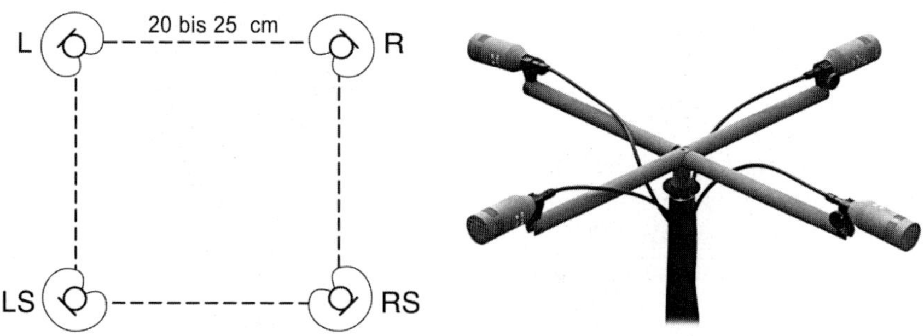

Abb. 10.46: IRT-Kreuz (Klein-IRT Schoeps CB250)

Hamasaki-Square

Diese Surround-Mikrofonierung wurde von Kimio Hamasaki vom NHK Science and Research Laboratory in Japan erdacht. Vier Mikrofone mit Achtercharakteristik sind in einem Abstand von ca. 2 bis 3 m angeordnet. Die positiven Hälften der Achten sind nach außen gerichtet (Abb. 10.47). Der Direktschall von vorne bzw. Reflexionen von der Rückwand des Aufnahmeraums werden dadurch maximal bedämpft. So erhält man eine sehr gute Trennung von Direkt- und Diffusschall.

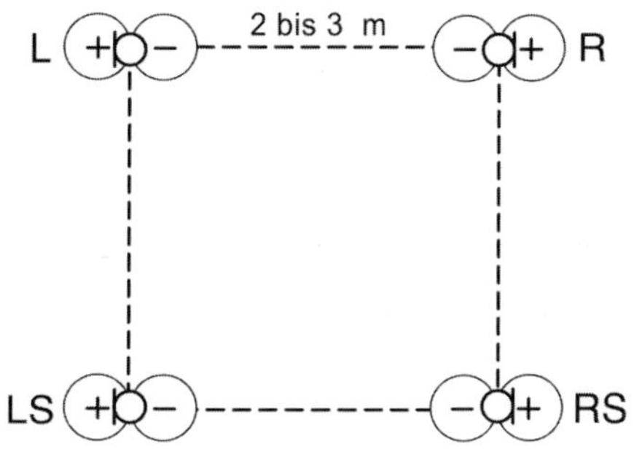

Abb. 10.47: Hamasaki-Square

Kugelflächenmikrofon mit Erweiterung

Ein Kugelflächenmikrofon wird mit zusätzlichen Achten an den Seiten erweitert, damit sind es insgesamt vier Mikrofone (Abb. 10.48 links). Das Ergebnis sind zwei MS-Mikrofonsysteme, wobei hier die beiden S-Signale die Information für vorne und hinten geben. Erst nach einer Dekodierung erhält man das 5.1-Surround-Format.

Holophone

Das Holophone von Rising Sun Productions ist im Prinzip ein Kugelflächenmikrofon mit einem eiförmigen Körper (Abb. 10.48 rechts). Es hat fünf Kapseln für die Richtungskanäle und eine LFE-Kapsel (5.1-Surround). Zielgruppe sind vorwiegend Film- und Fernsehproduktionen. So gibt es beispielsweise ein Holophone in sehr kleiner Ausführung, welches auf einer Videokamera angebracht werden kann.

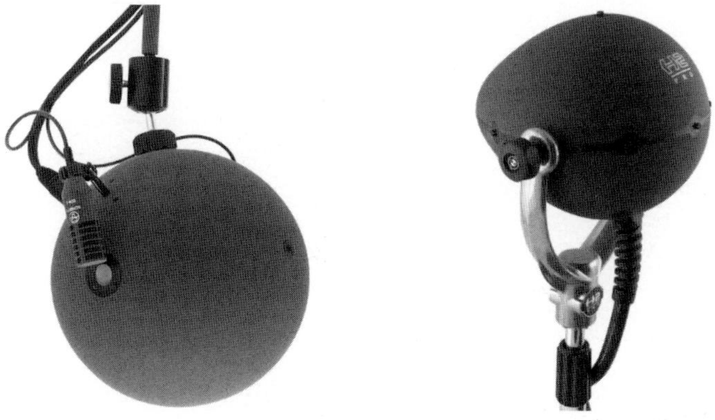

Abb. 10.48: links: Surround-Kugelflächenmikrofon (Schoeps KFM360), rechts: Holophone

10.4 Stützmikrofone

Sowohl bei Stereo- als auch bei Surround-Aufnahmen werden oftmals zusätzlich zu den Hauptmikrofonen Stützen aufgestellt. Von den Stützmikrofonen erwartet man eine bessere Lokalisation einzelner Instrumente in der Mischung und eine Verbesserung der Klangbalance zwischen Instrumentengruppen.

Verzögerung der Stützsignale

Die Stützmikrofone sind näher an den Schallquellen als die Hauptmikrofone. Stützsignale eilen deshalb den Signalen der Hauptmikrofone voraus (Abb. 10.49 und 10.50). Wenn die Stützen um den richtigen Wert verzögert werden, gewinnt der gesamte Klangeindruck an Natürlichkeit.

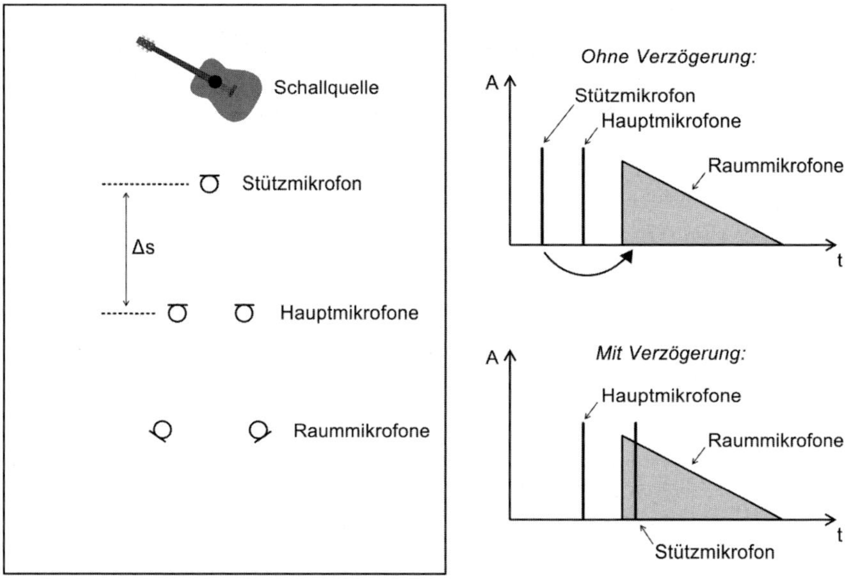

Abb. 10.49: Stützmikrofone

Berechnung der minimalen Verzögerungszeit:

$$\text{Verzögerung } \Delta t = \frac{\text{Abstand Stütze zum Hauptmikrofon } \Delta s}{\text{Schallgeschwindigkeit } c} \qquad \text{(Formel 10.1)}$$

Einheit [s]

Unter Berücksichtigung des Gesetzes der ersten Welle müssen noch ca. 1 bis 30 ms addiert werden (s. Kap. 4.2.4).

Abb. 10.50: Stützmikrofon vor dem ersten Kontrabass (Neumann U89)

Einfügen von Stützmikrofonen bei der Mischung

Man sollte die richtige Positionierung der Stützen im Panorama wählen, und der Pegel der Stützmikrofone darf nicht zu hoch angesetzt werden. Weiterhin ist zu beachten, dass es bei Druckgradientenempfängern und sehr geringem Mikrofonabstand zum Instrument zum Nahbesprechungseffekt kommt, d. h. tiefe Frequenzen werden angehoben (s. Kap. 9.2.2). Eventuell muss daher das Klangbild der Stützen mit einem Filter angeglichen werden.

Stützen nehmen weniger oder gar keinen Raumanteil auf und kommen in der Mischung dadurch „nach vorne". Eine Zumischung von künstlichem Hall, der dem natürlichen Nachhall des Aufnahmeraums möglichst ähnlich sein sollte, kann hier Abhilfe schaffen (s. Kap. 16.3.2).

10.5 Übungsaufgaben

Aufgabe 1

Welche Vor- und welche Nachteile hat die Einzelmikrofonierung?

Aufgabe 2

Wie nennt man den Effekt, der bei einer schallreflektierenden Oberfläche auftreten kann? Nenne eine Möglichkeit, diesen Effekt bei einem Rednerpult zu minimieren.

Aufgabe 3

Nach welchen grundlegenden Prinzipien können Stereo-Aufnahmeverfahren unterschieden werden?

Aufgabe 4

Zeichne in das Diagramm mit den Williams-Kurven die drei genannten gemischten Aufnahmeverfahren ein: ORTF, DIN und NOS. Welchen Aufnahmebereich haben die jeweiligen Mikrofonanordnungen?

Aufgabe 5

Wo wird der Kunstkopf hauptsächlich eingesetzt?

Aufgabe 6

Welchen Effekt erhofft man sich von zusätzlichen Stützmikrofonen?

Aufgabe 7

Ein Flügel wird nahe dem Hammerwerk mit ORTF-Stereo abgenommen, zusätzlich ist 1,20 m davon entfernt ein Klein-AB positioniert. Der Laufzeitunterschied zwischen diesen Mikrofonsystemen soll durch ein Delay in der Mischung ausgeglichen werden. Welches Stereosystem muss um wie viel Millisekunden verzögert werden?

Literaturtipps

Dickreiter M. Mikrofonaufnahmetechnik.
Hirzel Verlag, Stuttgart 2003.

Viele Mikrofonhersteller geben Tipps zur Anwendung ihrer Mikrofone auf den jeweiligen Internetseiten. Hier ein paar Beispiele:

www.dpamicrophones.com → Download.

www.neumann.com → Downloads.

www.schoeps.de → Technischer Anhang.

www.shure.com → Support → Tech Library.

11 Anpassung und Audioleitungen

Bereits im ersten Lehrjahr sollte der Begriff der elektrischen Anpassung erklärt werden. Daneben auch, welche speziellen Audioleitungen und Steckverbindungen zum Einsatz kommen.

11.1 Anpassung

In Kap. 9.3 „Technische Daten von Mikrofonen" wurde bereits die Nennimpedanz eines Mikrofons erwähnt, also dessen Ausgangsimpedanz, und daneben die Nennabschlussimpedanz, also die Eingangsimpedanz des Mikrofonverstärkers. Außerdem wurde der Begriff der Spannungsanpassung genannt. Hier soll jetzt genauer auf diese Zusammenhänge eingegangen werden.

Spannungsanpassung

Wie wir schon gesehen haben, hat ein Mikrofon eine sehr niedrige Ausgangsspannung im Millivolt-Bereich, und diese Spannung soll über die Leitung möglichst verlustfrei an den Mikrofonverstärker übertragen werden. Das Prinzip der verlustfreien Spannungsübertragung gilt natürlich nicht nur für Mikrofone, sondern für alle Audiogeräte.

Spannungsanpassung in der analogen Audiotechnik

Wenn zwei analoge Geräte miteinander verbunden werden, soll die Ausgangswechselspannung mit möglichst geringen Verlusten übertragen werden. Das bedeutet, dass der Stromfluss und die umgesetzte Leistung sehr gering sein müssen.

Die Spannungsverteilung zwischen zwei Geräten hängt von deren Ausgangs- und Eingangsimpedanzen ab (Abb. 11.1).

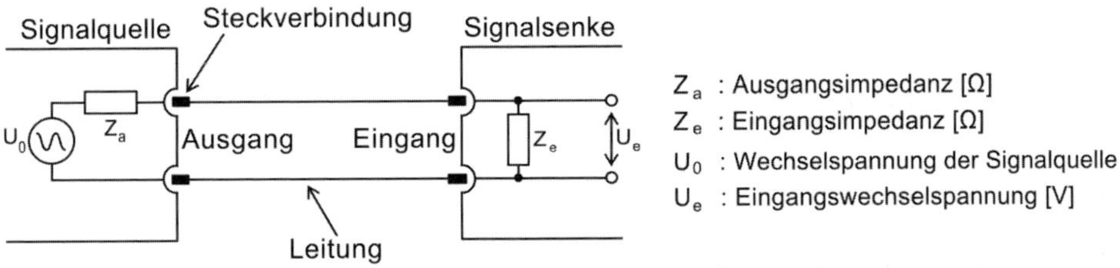

Abb. 11.1: Zusammenschaltung von zwei Audiogeräten

Ein kleiner Teil der Spannung fällt an der Ausgangsimpedanz der Signalquelle ab. Damit diese Verlustspannung aber möglichst gering bleibt, muss die nachfolgende Eingangsimpedanz sehr viel größer sein:

Ausgangsimpedanz Z_a << Eingangsimpedanz Z_e

Die meisten Audiogeräte haben eine Eingangsimpedanz von ca. 10 kΩ und eine Ausgangsimpedanz von ungefähr 100 Ω, was einem Verhältnis von 100 : 1 entspricht. Man bezeichnet diesen Fall auch als Überanpassung. Der Vorteil dieser Überanpassung liegt darin, dass an einen Ausgang auch mehrere Eingänge angeschlossen werden können. Das Ausgangssignal wird dabei in seinem Pegel oder Frequenzgang nicht beeinflusst. Der parallele Anschluss von zehn Geräten an einen Ausgang ist normalerweise kein Problem. Werden allerdings zu viele Geräte parallel zusammengeschaltet, wird irgendwann $Z_a = Z_e$, und damit findet keine Spannungsanpassung mehr statt, sondern eine Leistungsanpassung. Die Spannung des Ausgangssignals „bricht zusammen", die Folge sind lineare und nichtlineare Verzerrungen des Signals.

Leistungsanpassung

Sind die Ausgangsimpedanz und die Eingangsimpedanz gleich groß, so spricht man von einer Leistungsanpassung:

Ausgangsimpedanz Z_a = Eingangsimpedanz Z_e

Es wird dabei die maximale Leistung übertragen.

Hochfrequenzleitungen und Antennen werden nach dem Prinzip der Leistungsanpassung angeschlossen. In der Anfangszeit der Audiotechnik hatten die Geräte ein- und ausgangsseitig einheitliche Impedanzen von 600 Ω, es wurde hier also ebenfalls mit Leistungsanpassung gearbeitet. Ein Nachteil dieser Technik bestand aber darin, dass ein linearer Frequenzgang nur mit großem Schaltungsaufwand und mit hochwertigen und teuren Bauteilen zu realisieren war. Seit der Entwicklung von Transistorschaltungen wird ausschließlich das Prinzip der Spannungsanpassung zur Anwendung gebracht.

Stromanpassung

Hier ist die Eingangsimpedanz wesentlich kleiner als Ausgangsimpedanz, man spricht von Unteranpassung:

Ausganzsimpedanz Z_a >> Eingangsimpedanz Z_e

Es wird dabei ein maximaler Strom übertragen.

Die Stromanpassung wird zum Beispiel in der Mess- und Regeltechnik angewendet, spielt aber insgesamt eine untergeordnete Rolle.

Namenswirrwarr bei Impedanzen

Neben den hier benutzten Begriffen Ausgangsimpedanz Z_a und Eingangsimpedanz Z_e werden noch andere Bezeichnungen verwendet, die aber im Grunde das Gleiche ausdrücken (Tab. 11.1). Sehr häufig finden sich die Begriffe Innenwiderstand R_i und Außenwiderstand R_a, die ihren Ursprung daher haben, dass die Verhältnisse an einer Gleichspannungsquelle (also einer Batterie, s. Kap. 7.3) betrachtet werden. Die Signale in der Audiotechnik sind allerdings Wechselspannungen, und folgerichtig ist es hier sinnvoller, von Impedanzen und nicht von Widerständen zu sprechen.

Tab. 11.1: Unterschiedliche Namen für Impedanzen

Ausgangsimpedanz Z_a	Eingangsimpedanz Z_e
Innenwiderstand R_i	Außenwiderstand R_a
Ausgangswiderstand R_i	Eingangswiderstand R_a
Quellenwiderstand R_i	Lastwiderstand R_L
Mikrofon-Nennimpedanz	Mikrofon-Nennabschlussimpedanz
Verstärker-Impedanz	Lautsprecher-Nennimpedanz
Wellenimpedanz Z_W	Abschlussimpedanz

11.2 Audioleitungen

In der Audiotechnik arbeitet man mit folgenden Kabeltypen:

- Lautsprecherkabel (Kap. 11.2.2).
- Kabel für niederfrequente analoge Audiosignale (NF-Kabel, Kap. 11.2.3).
- Kabel für hochfrequente digitale Audiosignale oder zum Anschluss von Antennen (HF-Kabel, Kap. 11.2.4).

Bevor wir uns diesen einzelnen Kategorien zuwenden, werfen wir einen Blick auf die technischen Parameter eines Kabels, hier speziell auf die Leitungsbeläge.

11.2.1 Leitungsbeläge

Die Platten eines Kondensators (s. Kap. 6.9) werden auch als Beläge bezeichnet, und wie wir gleich sehen werden, hat ein Kabel ähnliche Eigenschaften wie ein Kondensator. Dies führt zu der Beschreibung des Kapazitätsbelags. Die Bezeichnung „Belag“ wurde aber auch für weitere elektrische Größen eines Kabels übernommen, wie dem Widerstandsbelag, dem Induktivitätsbelag und dem Ableitungsbelag (s. u.).

Kapazitätsbelag C’

Zwei parallel verlaufende Kabeladern wirken zusammen wie ein parallel geschalteter Kondensator. Der Kapazitätsbelag beschreibt die Kapazität des Kabels in Farad pro Meter:

$$[C'] = \frac{F}{m}$$

Der Kapazitätsbelag eines normalen Mikrofonkabels liegt etwa bei 60 pF/m von Ader zu Ader und bei ca. 115 bis 130 pF/m von einer Ader zum Kabelschirm.

Ein Audiokabel wirkt wie ein passiver Tiefpass (s. Kap. 6.10.1). Je länger die Leitung, desto größer ist die Kapazität und desto mehr Höhenanteile werden aus dem Signal herausgefiltert.

Für den „Kabel-Tiefpass“ lässt sich die Grenzfrequenz f_g wie folgt berechnen:

$$f_g = \frac{1}{2\pi \cdot Z_a \cdot C' \cdot 10^{-12} \cdot l} \qquad \text{(Formel 11.1)}$$

Einheit [Hz]
Z_a : Ausgangsimpedanz der Signalquelle [Ω]
C’ : Kapazitätsbelag [pF/m]
10^{-12} : Umrechnungsfaktor [pF] in [F]
l : Länge des Kabels [m]

Widerstandsbelag R’

Der Ohmsche Widerstand hängt vom Material, dem Querschnitt und der Länge des Leiters ab. Der Widerstandsbelag R’ beschreibt den Ohmschen Widerstand einer Ader im Kabel pro Meter:

$$[R'] = \frac{\Omega}{m}$$

Der Widerstandsbelag wird oft in Milliohm pro Meter angegeben. Bei einem üblichen Mikrofonkabel beträgt der Widerstandsbelag ca. 50 Ω auf 1000 m, das entspricht 0,050 mΩ/m.

Skin-Effekt

Der Widerstandsbelag erhöht sich mit steigender Frequenz aufgrund des Skin-Effekts. Dieser beruht auf einer Stromverdrängung im Inneren des Leiters, welche durch Induktivität zustande kommt. Bei sehr hohen Frequenzen findet damit der Stromfluss mehr am Rand des Leiters statt. Es wird oft behauptet, dass der Skin-Effekt hörbare Auswirkungen auf ein Audiosignal hat, welches über ein handelsübliches Kabel geleitet wird. (So sollen beispielsweise Kabel mit großem Querschnitt „basslastig“ klingen.) Allerdings ist dies eher fraglich. Bei digitalen Signalen im MHz-Bereich kann die Stromverdrängung aber sehr wohl eine Rolle spielen. Die für diesen Zweck konzipierten Leitungen und Verbindungen sind allerdings in der Regel so optimiert, das die Verluste auch hier vernachlässigbar sind.

Induktivitätsbelag L’ und Ableitungsbelag G’

Eine Leitung kann als eine in die Länge gezogene Spule betrachtet werden, demnach hat ein Kabel auch eine induktive Komponente. Der Induktivitätsbelag L’ beschreibt die Induktivität eines Leiters in Henry pro Meter:

$$[L'] = \frac{H}{m}$$

Der Ableitungsbelag G’ schließlich beschreibt den Isolationsverlust einer Leitung in Siemens pro Meter:

$$[G'] = \frac{S}{m}$$

11.2.2 Lautsprecherkabel

Lautsprecherkabel stellen die Verbindung zwischen Leistungsverstärker und Lautsprecher her. Um einen Lautsprecher betreiben zu können, muss das Kabel mindestens zwei Adern aufweisen (Abb. 11.2), über welche die Wechselspannung übertragen wird. Für den Betrieb von Mehrwegelautsprechern gibt es aber auch Kabel mit weiteren Aderpaaren (s. Kap. 17).

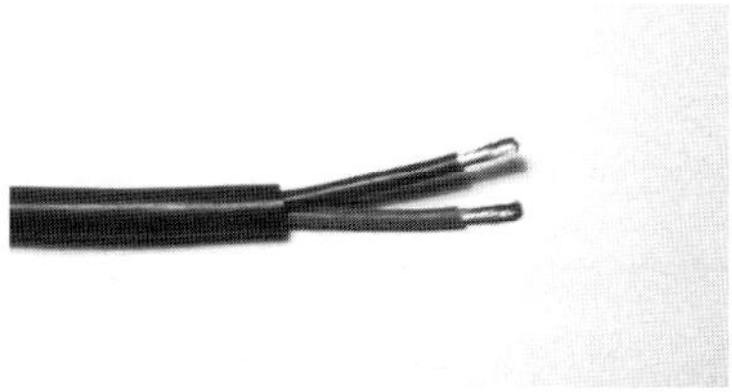

Abb. 11.2: Lautsprecherkabel mit zwei Adern

Pegelverluste bei Lautsprecherkabeln

Jedes Kabel hat einen Ohmschen Widerstand, der von der Länge, dem Querschnitt und dem spezifischen Widerstand des Leitermaterials abhängt:

$$\text{Kabelwiderstand } [\Omega] = \frac{\text{spezifischer Widerstand } [\Omega \cdot \text{mm}^2/\text{m}] \cdot \text{Länge } [\text{m}]}{\text{Querschnitt } [\text{mm}^2]} \qquad \text{(Formel 11.2)}$$

Anmerkung: Der spezifische Widerstand von Kupfer beträgt 0,0178 $\Omega \cdot \text{mm}^2/\text{m}$

Ist der Stromfluss durch das Kabel bekannt, so kann über das Ohmsche Gesetz ($U = R \cdot I$) der sich ergebende Spannungsabfall und anschließend auch der Pegelverlust in [dB] berechnet werden. Pegelverluste speziell bei Lautsprecherkabeln hängen daneben auch von der Nennimpedanz des angeschlossenen Lautsprechers ab. Wie in den Abb. 11.3 bis 11.5 zu erkennen ist, treten bei größerem Leiterquerschnitt, mit kürzeren Kabelstrecken und bei einer höheren Nennimpedanz weniger Pegelverluste auf.

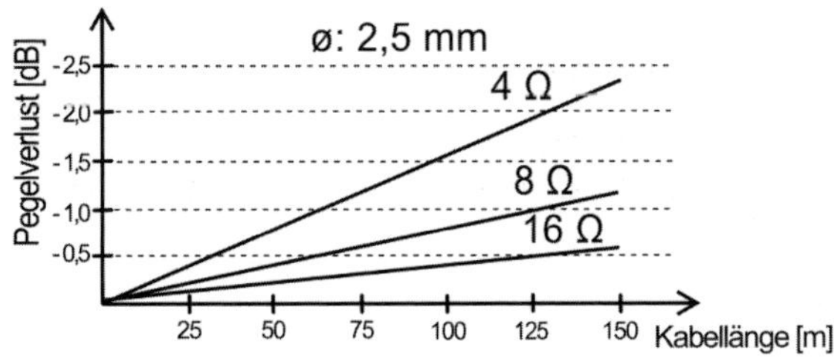

Abb. 11.3: Pegelverluste bei einem Kabel mit 2,5 mm Durchmesser

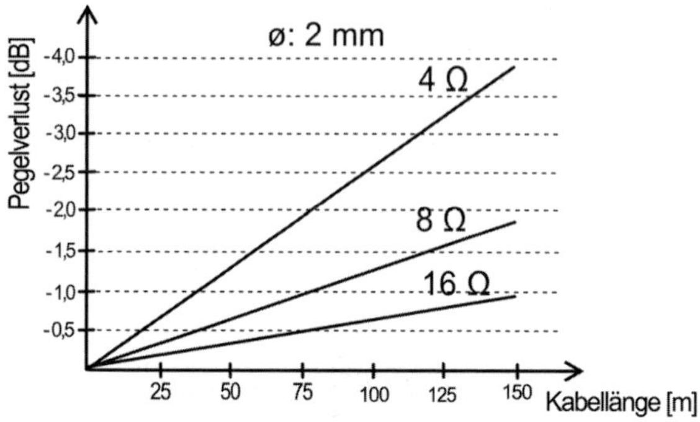

Abb. 11.4: Pegelverluste bei einem Kabel mit 2 mm Durchmesser

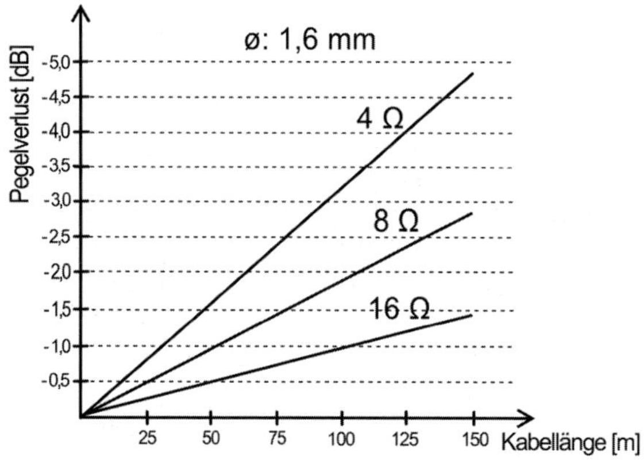

Abb. 11.5: Pegelverluste bei einem Kabel mit 1,6 mm Durchmesser

Mit der folgenden Formel lässt sich auch überschlägig der Leistungsverlust in [%] berechnen:

$$\text{Leistungsverlust } [\%] = 1 - \frac{Z}{Z + 0{,}034 \cdot l/q} \qquad \text{(Formel 11.3)}$$

Z : Nennimpedanz des Lautsprechers [Ω]
l : Länge des Kabels [m]
q : Querschnitt des Kabels [mm^2]

Steckverbinder für Lautsprecherkabel

Sehr oft sind (noch) XLR- und Klinkenbuchsen an Lautsprechern zu finden, und an den Kabeln die dazugehörigen Stecker (Abb. 11.6 und 11.7). Ein Nachteil dieser Verbindungsarten ist allerdings, dass die Kontakte dieser Stecker nicht berührungssicher sind. Außerdem sind die Abmessungen der Gehäuse und der Lötkontakte so dimensioniert, dass nur Kabel mit einem Leiterquerschnitt bis 2,5 mm^2 zum Einsatz kommen können. Müssen sehr lange Wege überbrückt werden, sind aber größere Querschnitte sinnvoller. XLR-Steckverbindungen sind verriegelbar und damit gegen unbeabsichtigtes Herausziehen gesichert, im Gegensatz zu Klinkensteckverbindungen, die oft über keine Verriegelung verfügen.

Ein weiterer Nachteil von Klinken ist, dass beim Herausziehen von Klinkensteckern aus der Buchse ein Kurzschluss entstehen kann.

Die Lötkontakte sind bei Klinkensteckern wie folgt belegt: Spitze = (+), Schaft = (–). Von den drei Lötkontakten im XLR werden bei Lautsprecherkabeln nur zwei belegt, nämlich Pin 1 = (–) und Pin 2 = (+).

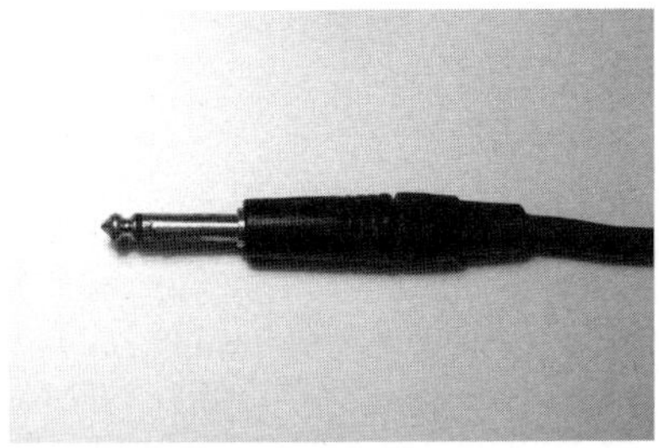

Abb. 11.6: Klinkenstecker an einem Lautsprecherkabel

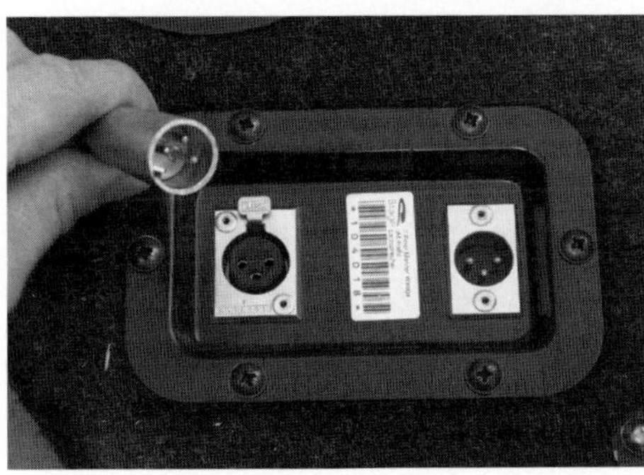

Abb. 11.7: XLR-Buchsen an einem Lautsprecher

Speakon®-Steckverbinder (Abb. 11.8) sind inzwischen zum Standard geworden. Das Kunststoffgehäuse ist berührungssicher, und die Kontakte weisen eine hohe Strombelastbarkeit bis 30 Ampere auf. Es gibt sie in zwei-, vier- und achtpoliger Ausführung, somit ist es möglich, Mehrwegesysteme über ein Kabel zu betreiben. Da Speakon® ein geschützter Produktname der Firma Neutrik ist, gibt es auch die alternativen Bezeichnungen NL 2, NL 4 und NL 8. An den Schraubkontakten von Speakons können problemlos Leiterquerschnitte bis 6 mm^2 befestigt werden. Aufgrund unterschiedlicher Anwendungen gibt es diverse Pin-Belegungen. Hier sei als Beispiel die oft verwendete Belegung eines NL 4 aufgeführt:

Pin 1 (+) = Lautsprecher A (+)	Pin 2 (+) = Lautsprecher B (+)
Pin 1 (–) = Lautsprecher A (–)	Pin 2 (–) = Lautsprecher B (–)

Abb. 11.8: Speakon®-Steckverbinder

Bevor Speakons auf den Markt kamen, wurden für mehradrige Lautsprecherkabel sehr häufig EP- und CA-COM-Steckverbinder verwendet (Abb. 11.9). In manchen Theatern finden sich daher Steckfelder für Lautsprecheranschlüsse, die mit CA-COM ausgestattet sind (Abb. 11.10). An die Kontakte dieser Stecker können Leiterquerschnitte bis 6 mm^2 angelötet werden. Aufgrund des Metallgehäuses sind EP und CA-COM etwas robuster als Speakons. Für die Pin-Belegung gibt es unterschiedlichste Varianten. Lautsprecherhersteller geben in ihren Datenblättern die verwendeten Belegungen an.

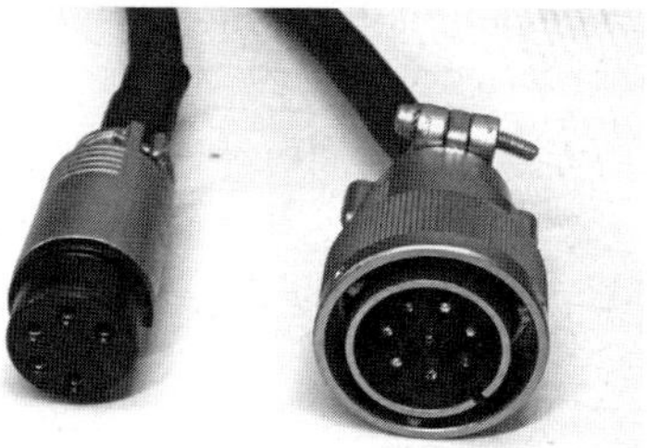

Abb. 11.9: EP5- (links) und CA-COM-Stecker (rechts)

Abb. 11.10: Lautsprecher-Steckfeld mit XLR- und CA-COM-Anschlüssen

11.2.3 NF-Kabel

Unsymmetrische Signalführung

Einadrige, geschirmte Audioleitungen werden auch unsymmetrische Leitungen genannt (Abb. 11.11). Die Abschirmung aus Drahtgeflecht oder Folie soll elektromagnetische Einstreuungen abhalten. Dies funktioniert aber nur bedingt, denn schon bei wenigen Metern Leiterlänge sind Störungen hörbar. Das liegt auch daran, dass der Schirm gleichzeitig die für den Stromkreis notwendige zweite Leitung ist (Abb. 11.12). Audiokabel sollten Stromkabel möglichst in 90° kreuzen und nicht parallel neben diesen liegen – so werden Einstreuungen gering gehalten.

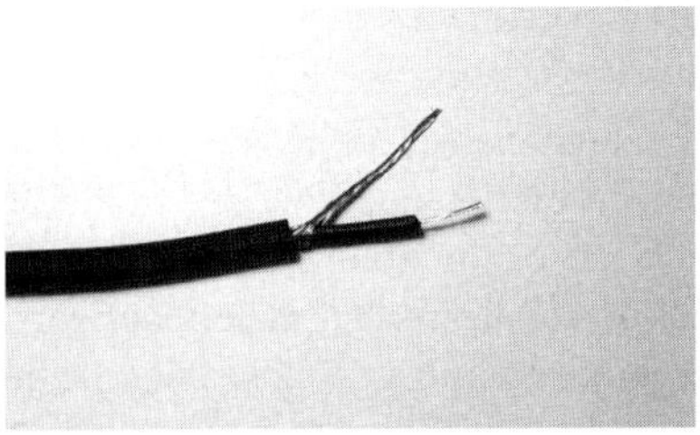

Abb. 11.11: Unsymmetrisches Audiokabel

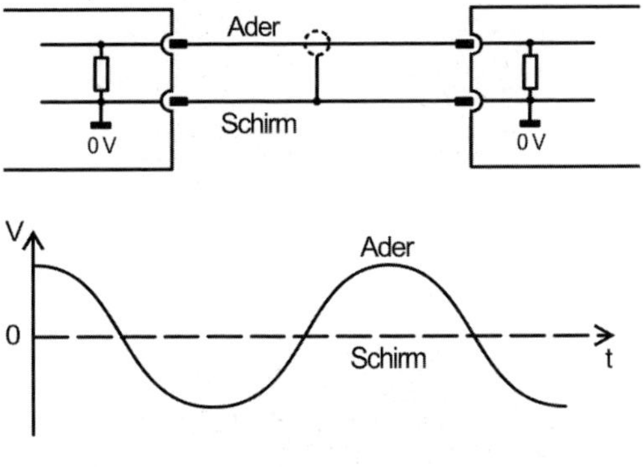

Abb. 11.12: Signalführung bei unsymmetrischen Audioleitungen

Übliche Steckverbinder für unsymmetrische Audioleitungen sind Cinch-Stecker (etwa für den Anschluss eines CD-Players) und Monoklinken (an Instrumentenkabeln) (Abb. 11.13). Die Ader der Leitung wird an den Kontakt für die Spitze angelötet, der Schirm an den Kontakt für den Schaft.

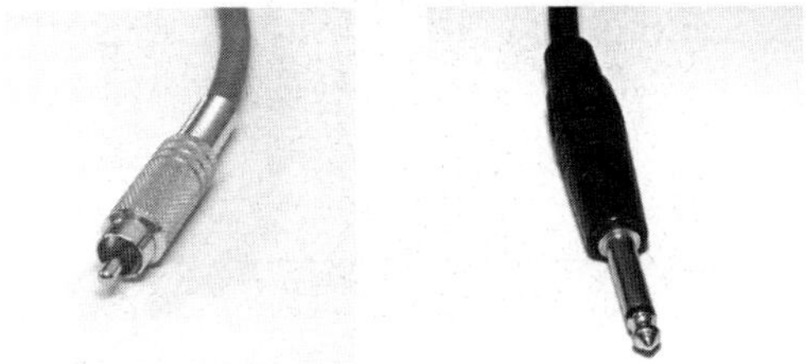

Abb. 11.13: links: Cinch-Stecker, rechts: unsymmetrische (Mono-)Klinke

Symmetrische Signalführung

Symmetrische Leitungen haben einen Kabelschirm und zwei Adern (Abb. 11.14).

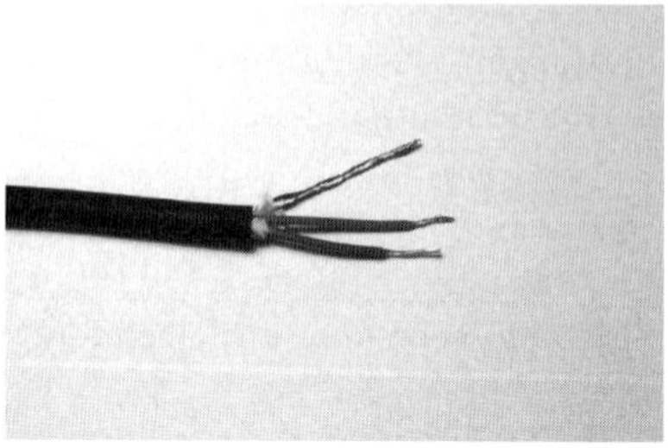

Abb. 11.14: Symmetrisches Audiokabel

Abb. 11.15 zeigt eine trafosymmetrische Schaltung mit Aus- und Eingangsübertragern in den angeschlossenen Geräten. Daneben gibt es noch die elektronische Symmetrierung, welche mit Operationsverstärkern aufgebaut ist wie in Abb. 11.16 zu sehen. Die elektronische Symmetrierung ist etwas kostengünstiger zu realisieren und daher häufiger anzutreffen als die Trafosymmetrierung. Die Trafos werden nur in geringen Stückzahlen hergestellt und sind daher entsprechend teuer.

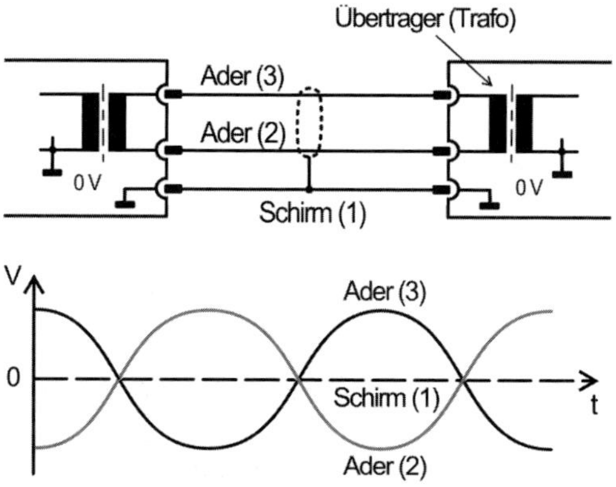

Abb. 11.15: Symmetrische Audioleitung (Trafosymmetrierung)

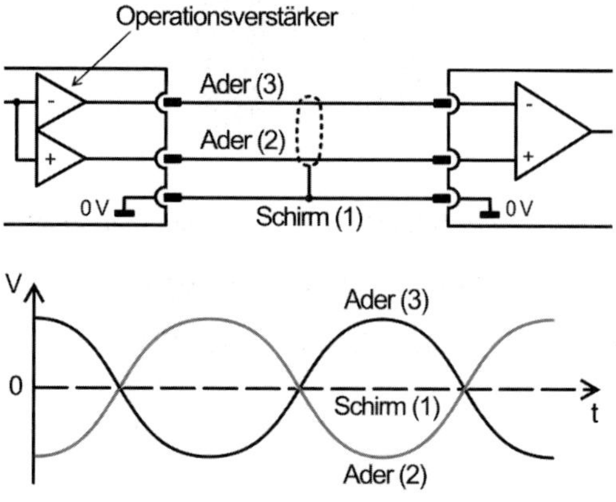

Abb. 11.16: Symmetrische Audioleitung (Elektronische Symmetrierung)

Störungen auf symmetrischen Leitungen

Elektromagnetische Einstreuungen wirken bei symmetrischen Leitungen auf beide Tonadern gleichermaßen ein. Im Eingang des Empfängergerätes wird jedoch die Polarität des Signals einer Ader gedreht. Das Störsignal löscht sich gegenphasig aus, wogegen der Pegel des Nutzsignals durch eine konstruktive Interferenz sogar um +6 dB angehoben wird (Abb. 11.17).

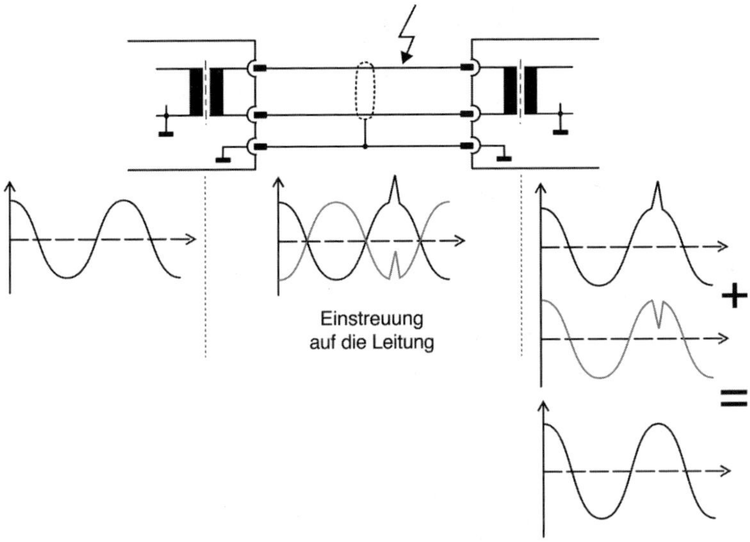

Abb. 11.17: Störung (Einstreuung) bei einer symmetrischen Leitung

Ein weiterer Vorteil von symmetrischen Kabeln ist, dass eine Phantomspeisung als Versorgungsspannung für Kondensatormikrofone (s. Kap. 9.1.3) und aktive DI-Boxen (s. u.) darüber geleitet werden kann.

An symmetrischen Kabeln finden sich XLR-Stecker oder Stereoklinken (Abb. 11.18 und 11.19).

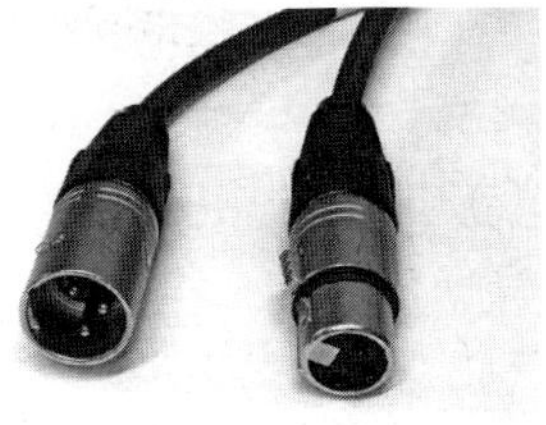

Abb. 11.18: XLR-Stecker an einem Mikrofonkabel (links: „männlich", rechts: „weiblich")

Es gibt leider in Europa und den USA unterschiedliche Belegungen der Lötkontakte.

XLR Pin-Belegung Europa	*XLR Pin-Belegung USA*
1 = Schirm	1 = Schirm
2 = (–)	2 = (+)
3 = (+)	3 = (–)

Um unerwünschte Verpolungen zu vermeiden, sollte auf eine einheitliche Pin-Belegung innerhalb einer Beschallungsanlage geachtetet werden. Inzwischen hat sich die amerikanische Variante durchgesetzt.

Abb. 11.19: Symmetrische (Stereo-)Klinke

Pin-Belegung bei symmetrischen Klinken

Schaft = Schirm

Ring = (–)

Spitze = (+)

Audio-Mehraderkabel (Multicore)

Ein Multicore ist im Prinzip ein zusammengefasstes Verlängerungskabel für mehrere parallele Audioleitungen. Jede einzelne Leitung im Multicore ist symmetrisch aufgebaut, hat also zwei Tonadern und einen Schirm (Abb. 11.20).

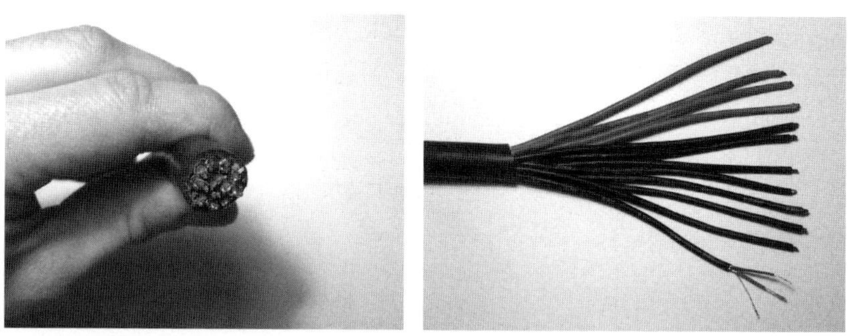

Abb. 11.20: Multicore

Gute Mehraderkabel sind für den harten Tour-Betrieb ausgelegt und haben einen entsprechend robusten Außenmantel, der zug- und trittfest ist. Trotzdem sollten sie flexibel und torsionsfrei sein. Es gibt Multicores mit jeweils einem XLR- oder Klinken-Stecker an jeder Leitung (gesplisste Enden), aber auch spezielle Multicore-Steckverbinder, in welchen die Leitungen zusammengefasst werden. In der Beschallungstechnik haben sich als Steckverbinder an Mehraderkabeln die Systeme von Harting und Amphenol durchgesetzt (Abb. 11.21 und 11.22).

Verriegelbarer Multicore-Stecker von Harting

Die in Tab. 11.2 aufgeführte Pin-Belegung für 20 Kanäle mit Einzelmasse wird in vielen deutschen Theatern verwendet, hat aber leider keine allgemeine Gültigkeit. Bei anderen Anwendungen werden auch abweichende Belegungen verwendet, zum Beispiel 32 Kanäle mit gemeinsamer Masse. Allerdings hat die konsequente symmetrische Leitungsführung im Multicore klare Vorteile gegenüber einer gemeinsamen Masse: Der Schirm der XLR Eingangsbuchse des Multicores entspricht exakt dem am Mischpulteingang, mit dem die Leitung verbunden ist. Bei aktivierter Phantomspeisung wird tatsächlich nur das Mikrofon an dieser Leitung mit einer Spannung versorgt. Auch die Fehlersuche bei Brummschleifen (s. u.) gestaltet sich einfacher, da nur einzelne Leitungen davon betroffen sind und nicht das ganze Multicore.

Abb. 11.21: Harting HAN64-Steckverbinder

Tab. 11.2: Pin-Belegung HAN64 mit 20 symmetrischen Wegen

	A	B	C	D
1	1 (+)	2 (+)	3 (+)	4 (+)
2	1 (–)	2 (–)	3 (–)	4 (–)
3	1 Schirm	2 Schirm	3 Schirm	4 Schirm
4	5 (+)	6 (+)	7 (+)	8 (+)
5	5 (–)	6 (–)	7 (–)	8 (–)
6	5 Schirm	6 Schirm	Schirm	8 Schirm
7	9 (+)	10 (+)	11 (+)	12 (+)
8	9 (–)	10 (–)	11 (–)	12 (–)
9	9 Schirm	10 Schirm	11 Schirm	12 Schirm
10	13 (+)	14 (+)	15 (+)	16 (+)
11	13 (–)	14 (–)	15 (–)	16 (–)
12	13 Schirm	14 Schirm	15 Schirm	16 Schirm
13	17 (+)	18 (+)	19 (+)	20 (+)
14	17 (–)	18 (–)	19 (–)	20 (–)
15	17 Schirm	18 Schirm	19 Schirm	20 Schirm
16	-	-	-	-

Amphenol Socapex

Wie auch schon beim HAN64, so gilt auch hier wieder, dass je nach Verwendung des Multicores verschiedene Belegungen genutzt werden können. Ein Beispiel ist in Tab. 11.3 aufgeführt.

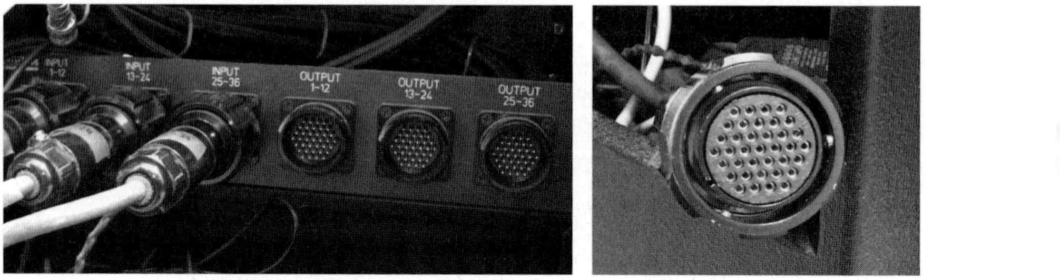

Abb. 11.22: Amphenol Socapex 337P (37-Pin)

Tab. 11.3: Pin-Belegung Socapex 37-Pin mit 12 symmetrischen Wegen

Pin Nr.		Pin Nr.		Pin Nr.		Pin Nr.	
1	1 (+)	10	4 (+)	19	7 (+)	28	10 (+)
2	1 (–)	11	4 (–)	20	7 (–)	29	10 (–)
3	1 Schirm	12	4 Schirm	21	7 Schirm	30	10 Schirm
4	2 (+)	13	5 (+)	22	8 (+)	31	11 (+)
5	2 (–)	14	5 (–)	23	8 (–)	32	11 (–)
6	2 Schirm	15	5 Schirm	24	8 Schirm	33	11 Schirm
7	3 (+)	16	6 (+)	25	9 (+)	34	12 (+)
8	3 (–)	17	6 (–)	26	9 (–)	35	12 (–)
9	3 Schirm	18	6 Schirm	27	9 Schirm	36	12 Schirm
-	-	-	-	-	-	37	-

DI-Box

Die Abkürzung DI steht für „Direct Injection". In einer DI-Box (Abb. 11.23 und 11.24) wird über einen Trafo ein unsymmetrisches Signal in ein symmetrisches gewandelt, gleichzeitig wird die Impedanz angepasst. So können Instrumentensignale von einem E-Bass oder von Keyboards störungsfrei über längere Strecken zum Mischpult übertragen werden. Zur Vermeidung von Brummschleifen (s. u.) ist meist ein Schalter integriert, der die Verbindung der Leitungsschirme auftrennt (Ground Lift). Viele DI-Boxen haben auch einen zusätzlichen Dämpfungsschalter zur Absenkung des Pegels um -20 dB oder -40 dB. Nur DI-Boxen mit hochwertigen Übertragern gewährleisten eine Wandlung ohne große Klangverluste. Zudem muss auf die Eingangs- und Ausgangsimpedanz geachtet werden. Die Signalquelle sollte eine Ausgangsimpedanz von einigen kΩ aufweisen, der Eingang des Gerätes nach der DI-Box dagegen niederohmig ausgelegt sein (ca. 200 Ω).

Passive DI-Boxen können in beide Richtungen betrieben werden (dabei aber immer auf die richtigen Impedanzen achten). Bei aktiven DI-Boxen geht das nicht, da diese neben dem Trafo eine integrierte Verstärkerschaltung besitzen. Die Betriebsspannung für den Verstärker kommt über Phantomspeisung vom Mischpult oder durch eine Batterie.

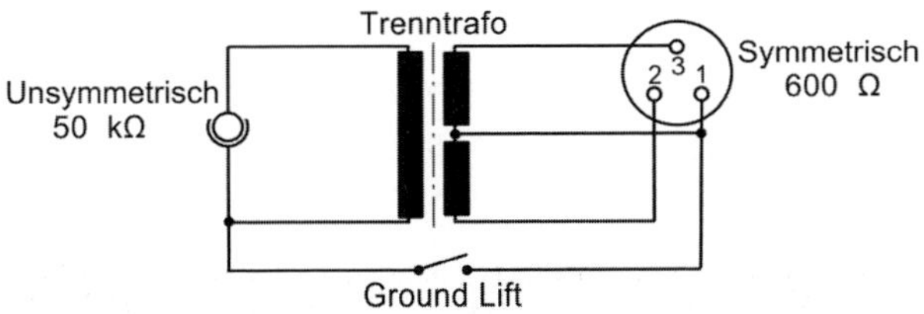

Abb. 11.23: Passive DI-Box

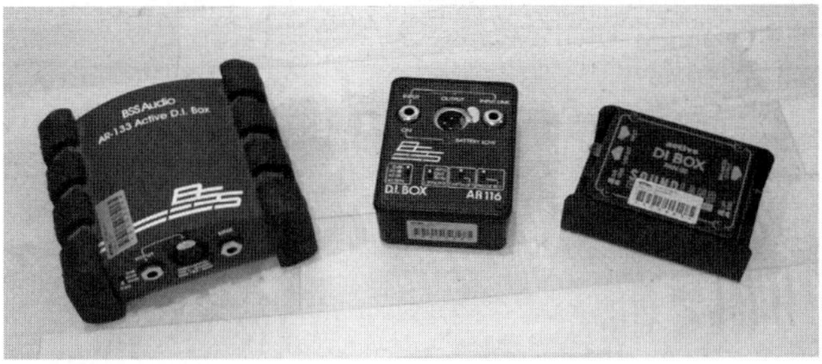

Abb. 11.24: Verschiedene DI-Boxen

Brummschleifen

Eine Brummschleife entsteht dadurch, dass die Schutzleiter mit der Abschirmung der Audioleitung eine Masseschleife bilden (Abb. 11.25). Durch unterschiedliche Ohmsche Widerstände der Netzkabel und Übergangswiderstände der Steckverbindungen resultiert ein ungleiches Erdpotential an den Gehäusen. Dadurch fließen geringe Ausgleichsströme über den Kabelschirm und die Erdleiter. Die Folge davon sind hörbare Brummgeräusche, das „Netzbrummen". Abhilfe schaffen kann hier das Auftrennen des Kabelschirms der Audioverbindung (Ground-Lift). Niemals den Schutzleiter im Stromkabel auftrennen oder gar am Netzstecker abkleben, da dann bei einem Fehlerstrom im Gerät der FI (Fehlerstromschutzschalter, s. Kap. 7.1) nicht mehr anspricht!

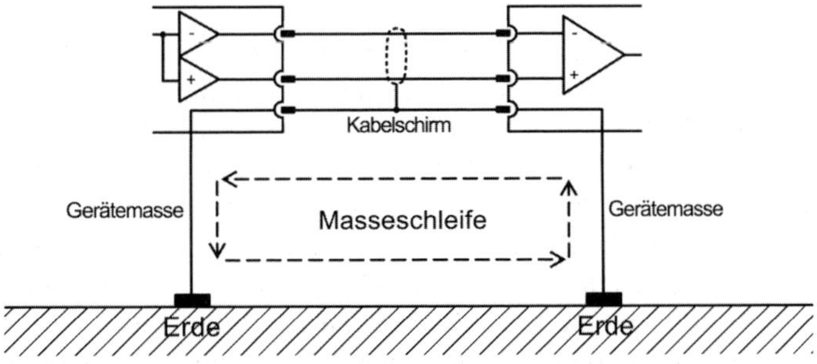

Abb. 11.25: Brummschleife

In 19 Zoll-Racks kann eine Brummschleife auch durch die elektrisch leitende Verbindung der Rack-Schienen oder direkt über die Gehäuse der Geräte zustande kommen, wenn diese sich berühren. Mit speziellen Kunststoff-Unterlegscheiben („Humfrees") können die Geräte von der Schiene isoliert werden. Und nicht nur wegen möglicher Brummschleifen, sondern auch wegen der Wärmeentwicklung sollte ein gewisser Abstand zwischen den Geräten eingehalten werden.

11.2.4 HF-Kabel

Koaxialkabel

Digitale Signale oder Signale für Funkantennen weisen sehr hohe Frequenzen im MHz-Bereich auf. Zur Übertragung dieser HF-Signale werden Koaxialkabel verwendet (Abb. 11.26). Wichtig ist hierbei die richtige Anpassung: In diesem Fall wird mit Leistungsanpassung gearbeitet, die Ausgangs- und Eingangsimpedanz sind also gleich groß, ebenso der Wellenwiderstand Z_W der Leitung (Abb. 11.27).

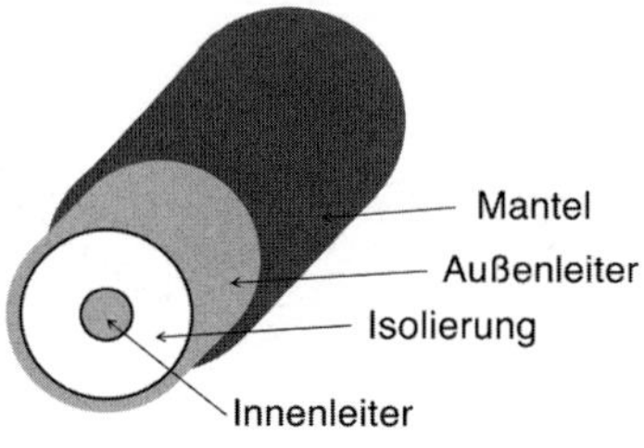

Abb. 11.26: Koaxialkabel

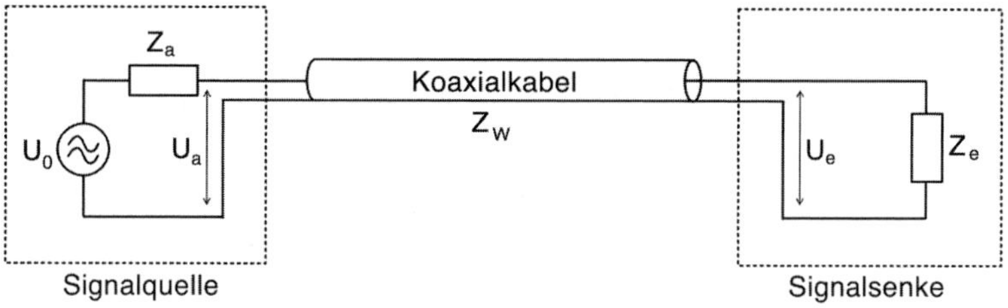

Abb. 11.27: Koaxialleitung für HF-Signale: $Z_a = Z_W = Z_e$

Berechnung des Wellenwiderstandes Z_W aus den Leitungsbelägen:

$$Z_W = \sqrt{\frac{L'}{C'}}$$ (Formel 11.4)

Einheit [Ω]
L' : Induktivitätsbelag
C' : Kapazitätsbelag

Innenleiter mit kleinem Querschnitt führen bei Koaxialleitern zu einem höheren Wellenwiderstand (Abb. 11.28).

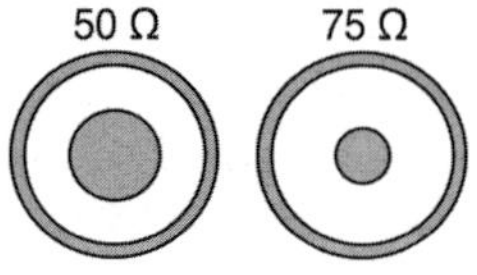

Abb. 11.28: Verschiedene Innendurchmesser bei Koaxialleitern

Der Wellenwiderstand hängt nicht von der Kabellänge oder der Frequenz ab. Trotzdem können Koaxialkabel nicht beliebig lang ausgeführt werden, da sie eine deutliche Kabeldämpfung zu hohen Frequenzen hin aufweisen. Hersteller von HF-Kabeln geben daher die Dämpfungswerte in [dB] für verschiedene Längen und Frequenzen an. Manchmal wird auch nur eine maximale Kabellänge vorgegeben, bis zu der eine Übertragung ohne große Verluste möglich ist.

Für Koaxialkabel wird ein minimaler Biegeradius vorgegeben, der bei der Verlegung des Kabels nicht unterschritten werden darf (Abb. 11.29). Üblich ist ein minimaler Biegeradius von etwa dem Fünffachen des Außendurchmessers. Wird das Koaxialkabel zu sehr geknickt, dann verformt sich der Innenleiter durch die Dehnung, der Querschnitt verringert sich und die Impedanz steigt.

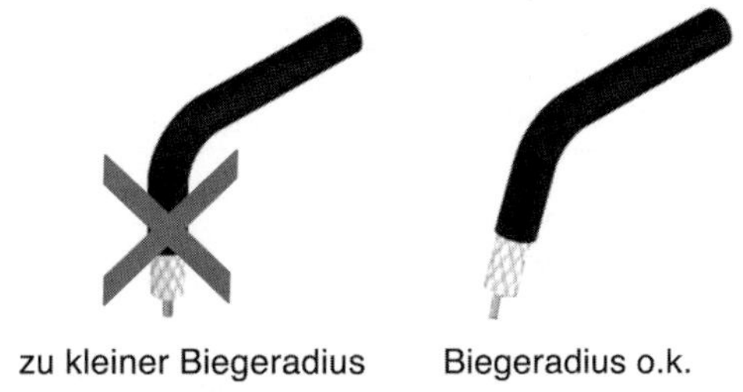

Abb. 11.29: Minimaler Biegeradius bei einem Koaxialkabel

Koaxialkabel werden meist mit verriegelbaren BNC-Steckverbindern angeschlossen (Abb. 11.30 links). Bei einer nicht abgeschlossenen Leitung entstehen an den Kabelenden Reflexionen. Zurücklaufende Wellen des HF-Signals überlagern sich innerhalb des Leiters mit dem Nutzsignal und erzeugen Störungen durch Interferenzen. Eine offene Leitung ist daher zu vermeiden und muss mit einer Abschlussimpedanz versehen werden (Abb. 11.30 rechts).

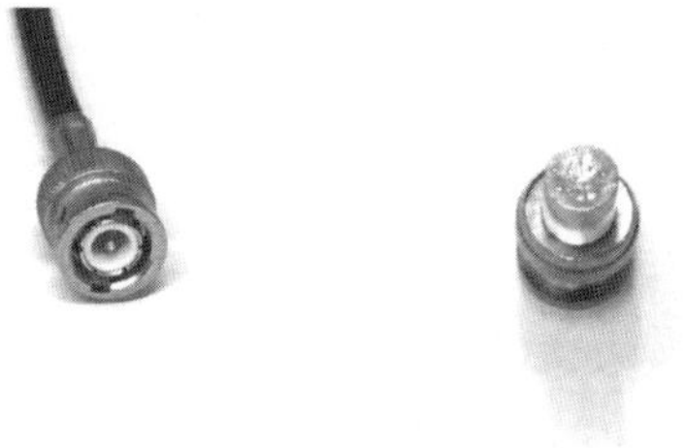

Abb. 11.30: links: BNC-Stecker an einem Koaxialkabel, rechts: Abschlussimpedanz

Lichtwellenleiter (LWL)

Der Lichttransport im LWL erfolgt nach dem Prinzip der Totalreflexion. Licht trifft unter einem bestimmten Winkel auf die Grenzfläche von einem optisch dichteren Medium (lichtleitender Kern) zu einem optisch dünneren Medium (Mantel) und wird reflektiert. Bei der digitalen Signalübertragung gibt es einen Sender und einen Empfänger, bei langen Strecken ist eventuell auch ein zusätzlicher Leitungstreiber notwendig, also ein Verstärker, der Leitungsverluste auf der Strecke ausgleicht (Abb. 11.31).

Lichtwellenleiter gibt es aus Kunststoff oder aus Glasfaser. Die Lichtleitung ist in Kunststoff schlechter als bei einer Glasfaser, das begrenzt die Länge von Kunststoff-LWL auf maximal 15 m. Lichtwellenleiter sind unanfällig für elektromagnetische Störungen. Bei der Verlegung ist auf den minimalen Biegeradius zu achten, dieser darf nicht unterschritten werden, sonst können die lichtleitenden Fasern im Kabel brechen.

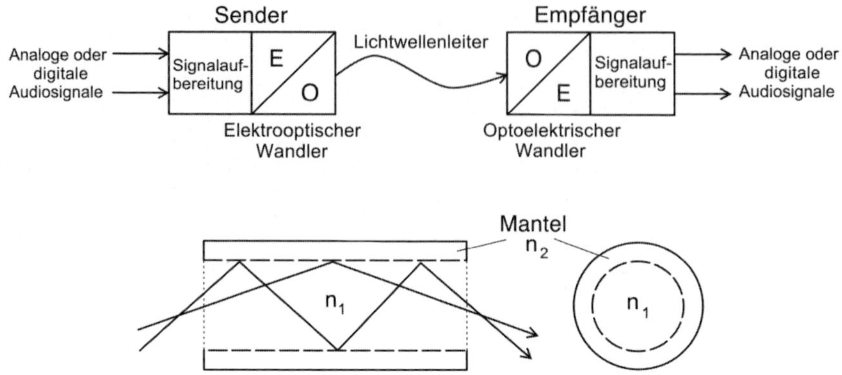

Abb. 11.31: Lichtwellenleiter (n = Brechungsindex)

Multi Mode Fiber (MMF)

MMF haben im Vergleich zu Single Mode Fiber (s. u.) einen relativ großen Kerndurchmesser. Dadurch werden die Lichtstrahlen an der Grenzschicht zwischen Kern und Mantel häufig und unterschiedlich reflektiert. Die Folge sind verschiedene Laufzeiten der Lichtstrahlen. MMF-Lichtleiter sind daher für die Übertragung über große Distanzen nicht geeignet. Bei einer Gigabit-Verbindung beträgt die maximale Übertragungsstrecke ca. zwei Kilometer.

Single Mode Fiber (SMF)

SMF-Lichtwellenleiter haben einen sehr kleinen Kerndurchmesser; das Licht wird dadurch nahezu parallel zur Achse übertragen. Es sind mit bis zu 80 Kilometern wesentlich längere Übertragungsstrecken möglich.

Aufgrund unterschiedlicher optischer Systeme und Filter sind MMF und SMF nicht kompatibel.

Steckverbinder für Lichtwellenleiter

An Kunststoff-LWL sind in der Regel TosLink-Steckverbinder angebracht (Abb. 11.32). „TosLink“ kommt von Toshiba-Link, dem ursprünglichen Hersteller. Manchmal wird auch die Bezeichnung „F05“ verwendet.

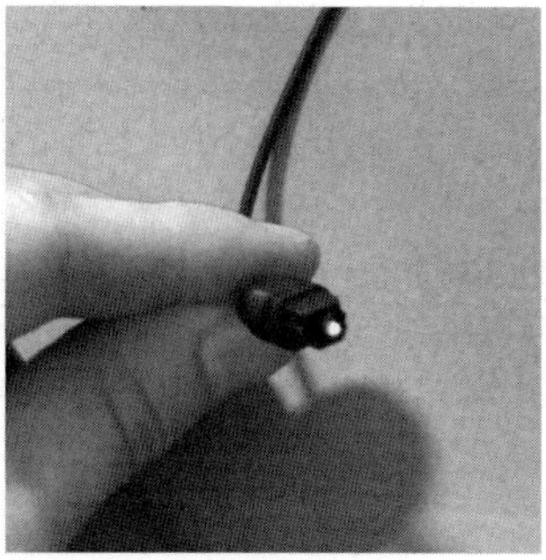

Abb. 11.32: Kunststoff-LWL mit TosLink-Stecker

Glasfaserkabel werden entweder mit Steckverbindern aus Kunststoff angeschlossen oder mit Steckern in stabilen Ausführungen mit Metallgehäuse (Abb. 11.33).

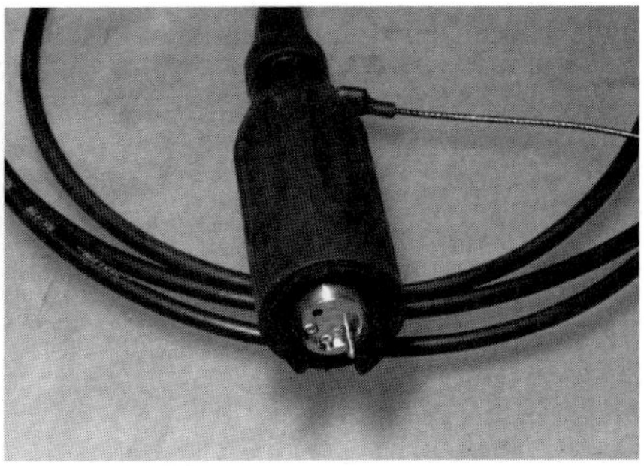

Abb. 11.33: links: Kunststoff-Steckverbinder (digitales Mischpult Studer Vista7), rechts: Stabile Steckerausführung für Glasfaserkabel (Optocore)

11.2.5 Handhabung von Kabeln

Tobys Kabeltipps

von Tobias Mancinella

Beim Aufwickeln den Eigendrall des Kabels beachten, und es daher NICHT über den Arm wickeln (Abb. 11.34). Die Folge davon wäre ein Korkenziehereffekt, der mehr als nur ein Schönheitsfehler ist: Die Kabeladern überdrehen sich dabei in Richtung der Längsachse, und das ist die Vorstufe zum Kabelbruch. Am besten das Kabel zwischen Daumen und Zeigefinger im Eigendrall drehen, die einzelnen Wickel fallen dann wie von selbst in Form. Die Windungen sollten jeweils ca. 1 m lang sein, dann kann später die Länge in Metern anhand der Windungszahl ermittelt werden.

Abb. 11.34: So bitte nicht!

Aufgewickelte Kabel werden mit einem Klettband zusammengehalten (Abb. 11.35), alternativ eignet sich auch ein Klebeband, welches keine Rückstände hinterlässt. Es kann hilfreich sein, die Länge auf Etiketten an den Kabeln zu vermerken; dafür eignet sich auch eine Farbkodierung: Grau für 1 m, Schwarz für 2 m, Blau für 5 m, Gelb für 10 m und Rot für 20 m. Durchsichtiger Schrumpfschlauch fixiert die Längenmarkierungen dauerhaft am Kabel oder Stecker.

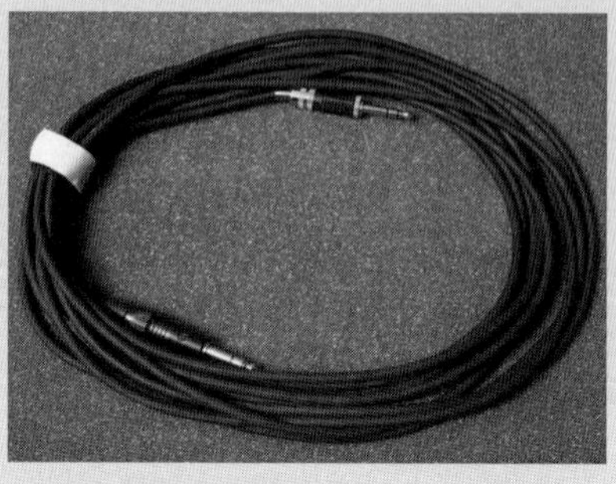

Abb. 11.35: Aufgewickeltes Kabel mit Klettband

Eine schöne Lösung zur Aufbewahrung von Kabeln ist ein „Kabelbaum" wie in Abb. 11.36. Auf die einzelnen Äste können zum Beispiel verschiedene Kabellängen aufgehängt werden oder Kabel mit unterschiedlichen Steckverbindungen. So hat man bei Bedarf immer das richtige Kabel zur Hand.

Abb. 11.36: „Kabelbaum" im Lagerraum

Die Haken zum Aufhängen sollten eine breite und abgerundete Auflagefläche haben (Stahlrohre mit 5 cm Durchmesser), damit die Kabel nicht zu sehr geknickt werden. Andernfalls könnten einzelne Adern brechen oder der Innenleiter von Koaxialkabeln zu sehr gedehnt werden (s. Kap. 11.24).

Kabel und vor allem die Stecker mögen weder Schmutz noch Feuchtigkeit! Die unangenehme Folge sind Kriechströme zwischen den Kontakten, die dann auch als Störgeräusche hörbar sind („Bruzzeln"). Daher die Steckverbindungen immer sauber und trocken halten, vor allem beim Open-Air-Einsatz.

11.3 Übungsaufgaben

Aufgabe 1

Wie verhalten sich die Ausgangs- und Eingangsimpedanz bei...

... der Spannungsanpassung?

... der Leistungsanpassung?

... der Stromanpassung?

Aufgabe 2

a) Berechne die Grenzfrequenz f_g der Höhendämpfung eines 10 m langen Instrumentenkabels, welches eine Kapazität zwischen Ader und Schirm von 75 pF auf einen Meter hat. Das Kabel wird für eine E-Gitarre verwendet; die Ausgangsimpedanz des Tonabnehmers beträgt 10 kΩ.

b) Stelle die selbe Berechnung wie bei a) auf, aber jetzt ist das Kabel 20 m lang. Ist ein Instrumentenkabel mit dieser Länge sinnvoll? Begründe die Antwort.

c) Berechne die Grenzfrequenz f_g für ein symmetrisches Kabel von 100 m Länge (Leitung eines Multicores). Die maximale Kapazität tritt hier zwischen einer Ader und dem Schirm auf und beträgt 130 pF/m. Ein daran angeschlossenes Mikrofon hat eine Ausgangsimpedanz von 200 Ω.

d) Warum ist es sinnvoll, einen E-Bass nur mit Hilfe einer DI-Box an ein Mischpult anzuschließen?

Aufgabe 3

Wie sind die Kontakte 1 bis 3 in einem XLR-Stecker belegt (amerikanische Norm, symmetrische Signalführung)?

Aufgabe 4

Warum darf ein Koaxialkabel nicht zu sehr geknickt werden, und warum haben auch Lichtwellenleiter einen minimalen Biegeradius?

Aufgabe 5

Recherchiere: Was sind die Vorteile eines Lichtwellenleiters für die Übertragung digitaler Audiodaten?

Literaturtipp

Dickreiter M, Dittel V, Hoeg W, Wöhr M. Handbuch der Tonstudiotechnik Band 1 und 2. K.G. Saur Verlag, München 2008

Aufbau „Best of Musical 2007“ in der Arena Leipzig

12 Drahtlose Tonübertragung

Die drahtlose Tonübertragung ist bei Veranstaltungen nicht mehr wegzudenken, und inzwischen wird sehr oft ein Audiokabel durch eine Funkstrecke ersetzt. Der Lehrplan sieht dieses Thema für das zweite Lehrjahr vor.

12.1 Mikroport-Technik

Der Begriff „Mikroport“ ist eine Produktbezeichnung von Sennheiser, die inzwischen aber schon als Synonym für die drahtlose Hochfrequenz-Tonübertragung gilt (Abb. 12.1).

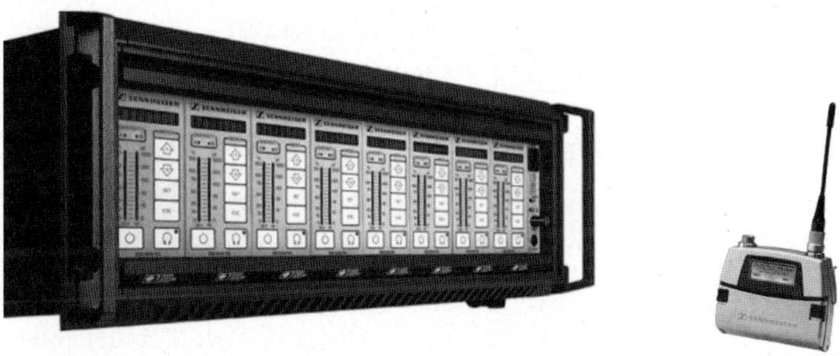

Abb. 12.1: Aktuelle Mikroporttechnik von Sennheiser
(links: Empfänger EM1046, rechts: Taschensender SK5212)

Natürlich gibt es auch andere Anbieter professioneller Drahtlostechnik die hier nicht unerwähnt bleiben sollen, beispielsweise AKG, Shure, Beyerdynamic und weitere.

Anwender von Mikroport-Anlagen sind:

- Rundfunk- und Fernsehanstalten
- Theater
- Mehrzweckhallen
- Universitäten (in Hörsälen)
- Firmen (bei Präsentationen oder Pressekonferenzen)
- Musiker bei Konzerten

12.1.1 Sendefrequenzen

Funksignale

Das Wechselspiel von elektrischen und magnetischen Feldern auf einem beidseitig offenen Leiter – also einer Antenne – erzeugt eine elektromagnetische Welle, die sich durch den Raum bewegt (s. Kap. 12.1.6).

Die Wellenlänge von elektromagnetischen Wellen berechnet sich nach der Formel

$$\lambda = \frac{c_0}{f} \qquad \text{(Formel 12.1)}$$

Einheit [m]

„c_0“ steht hier für die Lichtgeschwindigkeit, mit der sich die elektromagnetischen Wellen in Luft und im Vakuum ausbreiten (Vakuum-Lichtgeschwindigkeit = 299.792.458 m/s).

Funksignale werden nach Wellenlänge und Verwendung in unterschiedliche Bereiche aufgeteilt (Tab. 12.1).

Tab. 12.1: Frequenzbereiche

Bezeichnung	Frequenzbereich	Wellenlänge	Anwendung
Low Frequency (LF)	bis 300 kHz	im Kilometerbereich	Langwellenradio
Mid Frequency (MF)	300 kHz bis 3 MHz	100 m bis 1 km	Mittelwellenradio
High Frequency (HF)	3 bis 30 MHz	10 bis 100 m	Kurzwellenradio
Very High Frequency (VHF)	30 bis 300 MHz	1 bis 10 m	Richtfunk, UKW-Radio, terrestrisches analoges Fernsehen, drahtlose Mikrofone
Ultra High Frequency (UHF)	300 bis 3000 MHz	10 cm bis 1 m	Radioastronomie, Mobiltelefone, terrestrisches digitales Fernsehen, drahtlose Mikrofone
Super High Frequency (SHF)	3 bis 30 GHz	1 bis 10 cm	Radar, Satelliten-kommunikation

Gesetzliche Vorgaben in Deutschland

Im Telekommunikationsgesetz (TKG) ist festgelegt, dass es für jede Frequenznutzung einer Zuteilung durch eine Regulierungsbehörde, in diesem Fall der Bundesnetzagentur, bedarf. Die genehmigungsfähigen und -pflichtigen VHF- und UHF-Bereiche für drahtlose Mikrofone liegen nämlich in Kanälen der terrestrischen Fernsehübertragung:

- Funkmikrofone im VHF-Bereich: 174 bis 223 MHz = TV-Kanal 5 bis 11.
- Funkmikrofone im UHF-Bereich: 470 bis 790 MHz = TV-Kanal 21 bis 37 und 39 bis 60.

Für die UHF-Bereiche von 790 bis 814 MHz und 838 bis 863 MHz (die TV-Kanäle 61 bis 63 und 67 bis 69) ist keine Anmeldung bei der Bundesnetzagentur notwendig. Allerdings ist genau festgelegt, welche Frequenzen von bestimmten Nutzergruppen verwendet werden dürfen.

Einteilung der Nutzergruppen a) bis f):[1]

a) Öffentlich-rechtliche Rundfunkanstalten.

b) Private Programmanbieter und -produzenten.

[1] Bundesnetzagentur, Vfg. 91/2005, gültig bis 31.12.2015

c) Sonstige professionelle Veranstalter wie zum Beispiel Wanderbühnen.

d) Weitere professionelle Anwender wie zum Beispiel Musikgruppen.

e) Innerhalb geschlossener Räume dürfen die Anwender dieser Nutzergruppe, wie beispielsweise Theater und Messen, beliebige Frequenzen in den freien Frequenzbereichen bedarfsorientiert nutzen. Die einzige Einschränkung ist hier, dass die genutzten Frequenzen mindestens 100 kHz von der Kanalgrenze entfernt sind und auf einem 25 kHz-Raster liegen.

f) Drahtloses In Ear-Monitoring (IEM) und Kommandofunk fallen in diese Nutzergruppe. Es gelten die gleichen Bestimmungen wie für drahtlose Mikrofone. Die Frequenznutzung durch drahtlose Mikrofone hat aber immer Vorrang, falls an einem Veranstaltungsort mehrere Anwender gleichzeitig Funktechnik einsetzen möchten. Neben den Frequenzen ist die maximale Strahlungsleistung der Sender festgelegt. Diese muss auf 50 mW beschränkt sein. Die Bandbreite darf 200 kHz nicht überschreiten.

Eine so genannte „Allgemeinzuteilung", also eine freie Frequenznutzung für drahtlose Mikrofone, die nicht an Nutzergruppen gebunden ist, gilt für den UHF-Bereich von 863 bis 865 MHz. Die Anwender sind an keinen bestimmten Standard gebunden, allerdings muss die maximale Strahlungsleistung auf 10 mW begrenzt sein.[2] Weiterhin gilt eine Allgemeinzuteilung für den UHF-Bereich von 1795 bis 1800 MHz mit max. 50 mW und 200 kHz Bandbreite.[3]

Der UHF-Bereich von 2400 bis 2483,50 MHz ist prinzipiell ebenfalls für einen genehmigungsfreien Betrieb von drahtlosen Mikrofonen offen, allerdings werden diese Frequenzen inzwischen hauptsächlich für Wireless-LAN verwendet.[4]

Über die Suchfunktion der Webseite www.bundesnetzagentur.de sind jeweils aktuelle Informationen zur Frequenzzuteilung verfügbar.

12.1.2 Signalweg einer UHF-Mikroportanlage

Der Schall wird durch das Mikrofon in ein elektrisches Audiosignal umgewandelt. Der Mikroport-Sender wandelt dieses Niederfrequenz-Audiosignal (NF) in ein hochfrequentes Signal im UHF-Bereich um und strahlt es über die Sendeantenne ab. Über die Empfangsantenne gelangt das UHF-Signal in den Mikroport-Empfänger, der wieder ein NF-Audiosignal daraus erzeugt, welches schließlich über Kabel zum Mischpult geleitet wird (Abb. 12.2).

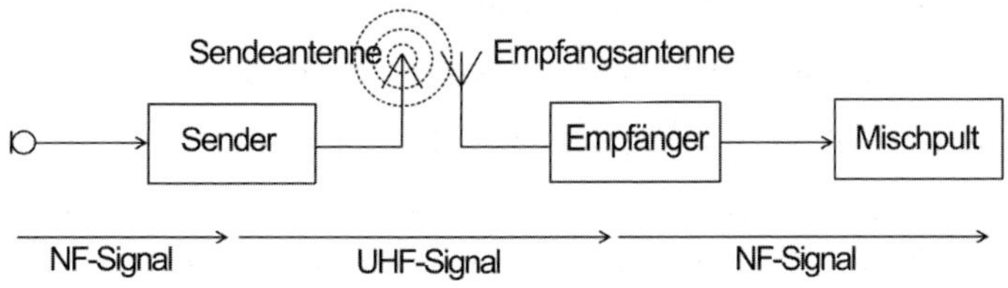

Abb. 12.2: Signalweg einer UHF-Funkübertragung

[2] Bundesnetzagentur, Vfg. 07/2006, gültig bis 31.12.2016

[3] Bundesnetzagentur, Vfg. 18/2006, gültig bis 31.12.2016

[4] Bundesnetzagentur, Vfg. 89/2003, gültig bis 31.12.2013

12.1.3 Modulation bei Mikroports

Mikroports arbeiten mit Frequenzmodulation (FM, s. Kap. 6.13). Dabei wird für ein Signal, das übertragen werden soll, jeweils eine aufeinander abgestimmte Kombination von Sender und Empfänger mit gleicher Frequenz benötigt. Sollen mehrere Signale übertragen werden, sind mehrere Frequenzen notwendig. Vorteil der Frequenzmodulation: Die Information des Nutzsignals ist in der Frequenzänderung des Trägersignals enthalten. Die Amplitude des Trägersignals kann also schwanken, ohne dass die Nutzinformation verloren geht. Änderungen in der Stärke des Sendesignals haben daher keinen Einfluss auf die Übertragung, es sei denn, der Empfang bricht vollständig ab.

Hub

Der Hub ist bei der Frequenzmodulation die maximale Abweichung von der Trägerfrequenz. Die Größe dieser Abweichung wird durch die Amplitude des NF-Signals bestimmt. Aus dem Hub ergeben sich die Abstände der einzelnen Trägerfrequenzen zueinander. Es wird bei Funkübertragungen im UHF-Bereich zwischen der Breitband- und der Schmalbandtechnik unterschieden (Abb. 12.3).

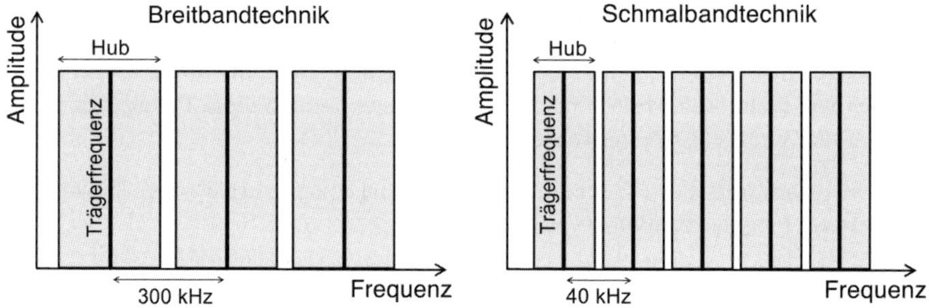

Abb. 12.3: Breitband- und Schmalbandtechnik

Bei der *Breitbandtechnik* sollten die Kanäle einen Mindestabstand von 300 kHz haben, um einen störungsfreien Betrieb zu ermöglichen. Es lassen sich nur wenige Kanäle innerhalb eines festgelegten Frequenzbereichs unterbringen. Anwendung: Übertragungen von Sprache und Gesang in Studioqualität mit einem Frequenzumfang des Basisbandes von ca. 20 Hz bis 20 kHz.

Bei der *Schmalbandtechnik* haben die Kanäle nur einen Abstand von 40 kHz. In den gleichen Frequenzbereich passen damit mehr Übertragungskanäle. Anwendung: Sprachübertragungen zur Kommunikation (s. Kap. 20) mit einem eingeschränkten Frequenzumfang des Basisbandes von ca. 30 Hz bis 12 kHz.

Unterscheidung von Nennhub und Spitzenhub

Der Nennhub wird bei einer Vollaussteuerung des Senders erreicht. Der Spitzenhub ist der Maximalwert, der nicht überschritten werden darf, da sonst Nachbarkanäle gestört werden. Zur Vermeidung eines zu großen Hubs haben die Sender eine Hubbegrenzung in Form eines Limiters (s. Kap. 16.1.2) eingebaut, welcher das Audiosignal bei Pegelspitzen herunterregelt.

12.1.4 Intermodulation und Frequenzplanung

Bei mehrkanaligen Mikroportanlagen ist darauf zu achten, dass es bei nicht aufeinander abgestimmten Sendefrequenzen zu Intermodulationsstörungen kommen kann. Intermodulation tritt in Sendern und Empfängern auf. Sendefrequenzen mit hohen Hochfrequenzpegeln bilden dabei ein Mischprodukt aus nichtlinearen Verzerrungen. Es entstehen vollkommen neue Summen- und Differenzfrequenzen, die unter Umständen direkt in andere Empfangskanäle fallen, wie in Abb. 12.4 gezeigt. Auf den gestörten Kanälen sind dann typische Zwitschergeräusche im Hintergrund zu hören.

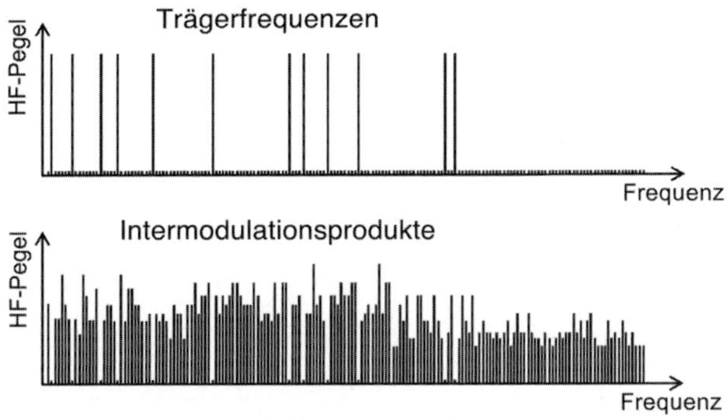

Abb. 12.4: Spektrum von Intermodulationsprodukten

Beim Umgang mit Taschen- oder Handsendern (s. Kap. 12.1.5) ist Folgendes zu beachten: Nähern sich zwei Sendeantennen bis auf wenige Zentimeter (< 10 cm), kann Hochfrequenzstrahlung in umgekehrter Richtung in die Ausgangsstufe gelangen. Dadurch werden Intermodulationsstörungen hervorgerufen.

Intermodulationsprodukte lassen sich bei bekannten Sendefrequenzen berechnen. Bei zwei Signalen ist diese Berechnung noch recht einfach. Für die Berechnung von Intermodulationen mehrkanaliger Anlagen gibt es geeignete Computerprogramme.

Berechnungsbeispiel Intermodulationsprodukte von zwei Trägerfrequenzen

$f_1 = 808$ MHz und $f_2 = 810$ MHz

A: Harmonische der Grundfrequenzen

$2 \cdot f_1 = 2 \cdot 808 \text{ MHz} = 1616 \text{ MHz}$

$2 \cdot f_2 = 2 \cdot 810 \text{ MHz} = 1620 \text{ MHz}$

$3 \cdot f_1 = 3 \cdot 808 \text{ MHz} = 2424 \text{ MHz}$

$3 \cdot f_2 = 3 \cdot 810 \text{ MHz} = 2430 \text{ MHz}$

→ Die Harmonischen der Grundfrequenzen liegen außerhalb des Empfangsbereichs und stören daher nicht.

B: Einfache Summen- und Differenzfrequenzen

$f_1 + f_2 = 808\ \text{MHz} + 810\ \text{MHz} = 1618\ \text{MHz}$

$f_2 - f_1 = 810\ \text{MHz} - 808\ \text{MHz} = 2\ \text{MHz}$

→ Auch diese Frequenzen stören nicht.

C: Summen- und Differenzfrequenzen 3. Ordnung (IM 3)

$2 \cdot f_1 - f_2 = (2 \cdot 808\ \text{MHz}) - 810\ \text{MHz} = 806\ \text{MHz}$

$2 \cdot f_2 - f_1 = (2 \cdot 810\ \text{MHz}) - 808\ \text{MHz} = 812\ \text{MHz}$

→ Diese Frequenzen liegen innerhalb des Empfangsbereichs. Würden weitere Sender auf 806 oder 812 MHz betrieben, könnten Störungen auftreten.

D: Intermodulationsprodukte höherer Ordnung

IM 5 = $3f_1 - 2f_2$ (= 804 MHz) und IM 5 = $3f_2 - 2f_1$ (= 814 MHz)

IM 7 = $4f_1 - 3f_2$ (= 802 MHz) und IM 7 = $4f_2 - 3f_1$ (= 816 MHz)

→ Diese Frequenzen liegen innerhalb des Empfangsbereichs. Intermodulationsprodukte höherer Ordnung haben allerdings einen deutlich geringeren Pegel, wie Abb. 12.5 verdeutlicht, und stören daher bei richtig eingestelltem Squelch (s. u.) nicht.

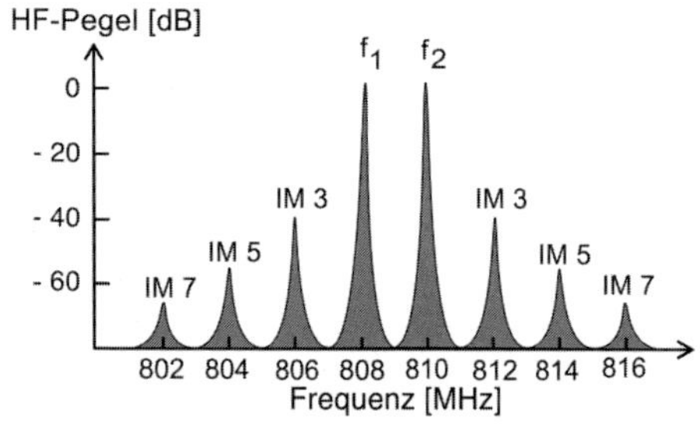

Abb. 12.5: Pegel von Intermodulationsprodukten

Squelch

Ist ein Mikroportsender ausgeschaltet, so können im dazugehörigen Empfänger eventuell Intermodulationen höherer Ordnung mit geringem Pegel empfangen werden. Mit dem Parameter „Squelch" kann der Empfänger darauf eingestellt werden, dass das Audiosignal nur dann weitergeschaltet wird, wenn das Hochfrequenzsignal einen definierten Pegel überschreitet. Störsignale werden somit ausgeblendet.

12.1.5 Sender

Funkstrecken haben ein deutliches Eigenrauschen. Um dennoch eine gute Klangqualität zu erreichen, kann ein Kompandersystem eingesetzt werden (Kompandertechnik: siehe auch Kap. 21.1.1). Die Dynamik des Nutzsignals wird vor der Übertragung eingeengt, und im Empfänger die ursprüngliche Dynamik wieder hergestellt. Bei Mikroports von Sennheiser heißt dieses Verfahren „HiDyn plus" (Abb. 12.6).

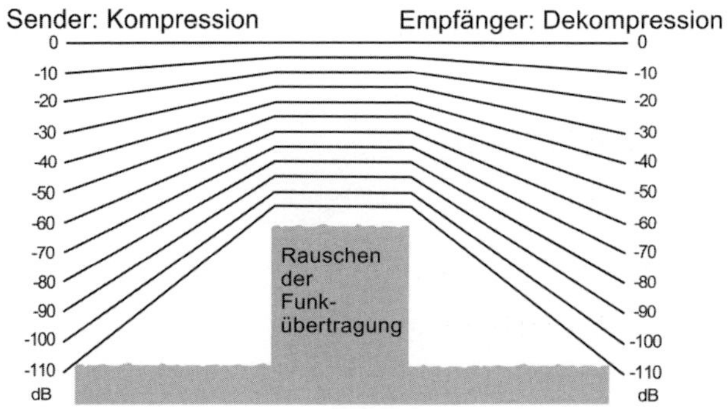

Abb. 12.6: Kompanderprinzip

Ohne Kompandersystem wird ein Signal-Rausch-Abstand von ca. 60 dB erreicht, mit HiDyn plus kommt man auf einen Wert von annähernd 110 dB. Achtung: Andere Hersteller nutzen eigene Systeme zur Rauschunterdrückung. Diese sind unter Umständen nicht kompatibel.

Schaltungstechnik eines Senders

Das Mikrofonsignal wird im Vorverstärker auf Leitungspegel gebracht. Die Kompanderschaltung komprimiert die Dynamik, um Rauschen und Störungen auf der UHF-Funkstrecke zu minimieren. Der Limiter setzt eine feste Obergrenze für die Dynamik des NF-Signals, damit der Hub des UHF-Signals einen festgelegten Bereich nicht überschreitet. Durch den Oszillator wird eine hochfrequente Schwingung erzeugt. Das NF-Signal dient als Steuerspannung für die Frequenzänderung des Schwingkreises (Oszillator und Modulator). Durch Frequenzvervielfachung wird die eigentliche Sendefrequenz erreicht. Die Endstufe verstärkt das UHF-Signal, und über die Sendeantenne wird dieses dann abgestrahlt (Abb. 12.7).

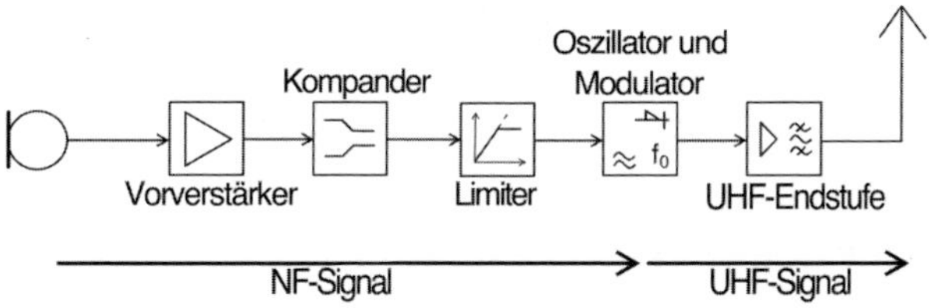

Abb. 12.7: Senderprinzip

Hand- und Taschensender

Bei der Mikroporttechnik kommen zwei Arten von Mikrofonen bzw. Sendern zum Einsatz: Handmikrofone mit integrierten Sendern und Miniaturmikrofone, die an Taschensender angeschlossen sind (Abb. 12.8, siehe auch Kap. 10.1.9).

Bei einem *Handsender* sind Mikrofon, Sender und Antenne in einem Gerät integriert. Es gibt Handsender mit dynamischen Kapseln und Kondensatorkapseln (auch mit verschiedenen Richtcharakteristiken). Die bevorzugte Anwendung ist die Übertragung von Sprache und Gesang.

- Vorteile: Einfach in der Handhabung, Nahbesprechungseffekt nutzbar (s. Kap. 9.2.2).
- Nachteil: Nur wirklich sinnvoll für Personen, die im Umgang mit Mikrofonen geübt sind (das Handmikrofon muss immer nahe an den Mund gehalten werden).

Eine günstige Alternative ist ein eventuell schon vorhandenes, normales Handmikrofon in Kombination mit einem XLR-Anstecksender.

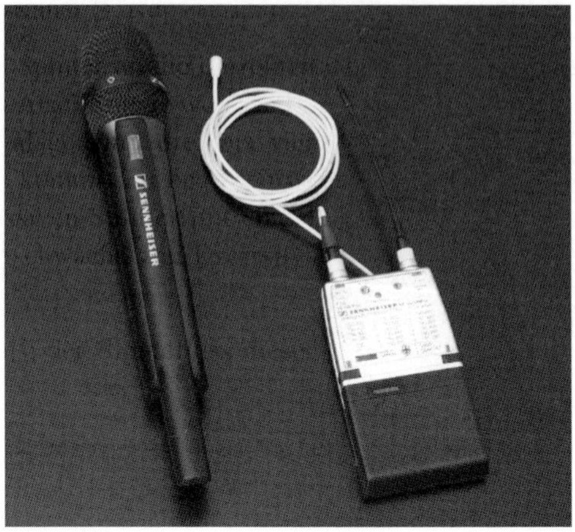

Abb. 12.8: Handsender und Taschensender mit Miniaturmikrofon (Sennheiser SKM5000/SK50)

Taschensender mit Miniaturmikrofon: Mikrofon und Sendeantenne werden über Anschlussbuchsen an einen Taschensender angeschlossen. Anwendungsbeispiele für Taschensender: Beim Fernsehen als Ansteckmikrofon, im Theater als „unsichtbare" Mikrofonierung oder zur Live-Abnahme von Blasinstrumenten. Statt einem Mikrofon kann auch ein elektroakustisches Instrument (meist eine E-Gitarre) angeschlossen werden.

- Vorteil von Taschensendern: Kleines Mikrofon, dadurch kaum sichtbar. Der Sender kann unter der Kleidung versteckt getragen werden → erhöhte Mobilität der Akteure.
- Nachteil: Sender und Mikrofon müssen getrennt gekauft werden → nicht so kostengünstig wie ein Handsender.

12.1.6 Antennen

In einem Funksender wird das Nutzsignal durch den Oszillator und Modulator in einen hochfrequenten Bereich gebracht, verstärkt und über eine Sendeantenne abgestrahlt. Die Antenne, welche die elektromagnetischen Wellen aussendet, wird in diesem Zusammenhang auch Luftschnittstelle genannt. Eine Antenne ist ein Schwingkreis, der aus einer Kapazität und einer Induktivität besteht, die parallel geschaltet sind (Abb. 12.9). Dieser Parallelschwingkreis hat eine bestimmte Resonanzfrequenz, die von der Dimensionierung der Bauteile abhängt (vgl. hierzu auch den Reihenschwingkreis in Kap. 6.10.3).

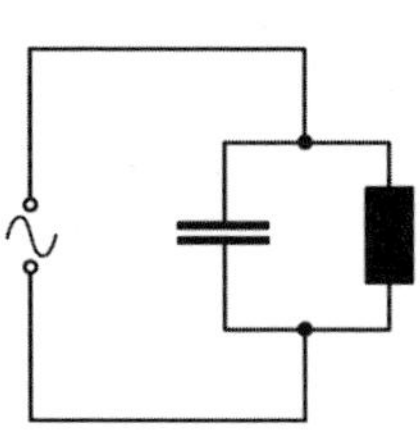

Abb. 12.9: Parallelschwingkreis mit einer Kapazität und einer Induktivität

Das magnetische Feld einer Induktivität bzw. Spule und das elektrische Feld in einer Kapazität bzw. einem Kondensator wurden bereits in Kap. 6.8 und 6.9 angesprochen. Was ist nun ein *elektromagnetisches Feld*, und wie wird es durch den Parallelschwingkreis erzeugt? Betrachten wir dazu zunächst nur die Spule für sich alleine: Das magnetische Feld befindet sich zum einen innerhalb der Spule, geht an den Enden aber auch in den Raum über (Abb. 12.10). Alleine dadurch entsteht aber noch keine Antenne.

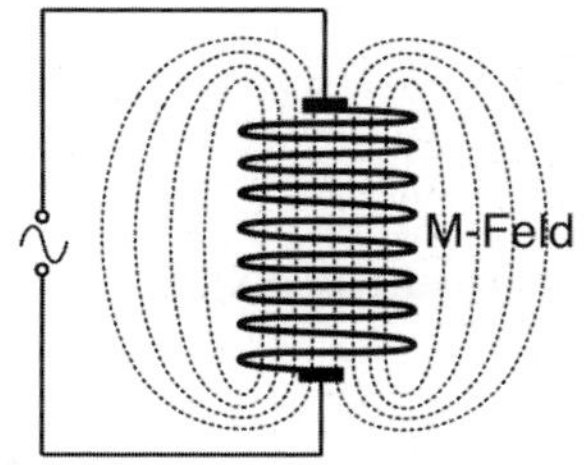

Abb. 12.10: Magnetisches Feld einer Spule

Jetzt zum *elektrischen Feld*: Bei einem Kondensator befindet sich das elektrische Feld zwischen den Platten. Die Feldlinien breiten sich aber auch am Rand in den Raum aus – allerdings nicht sehr weit (Abb. 12.11 links).

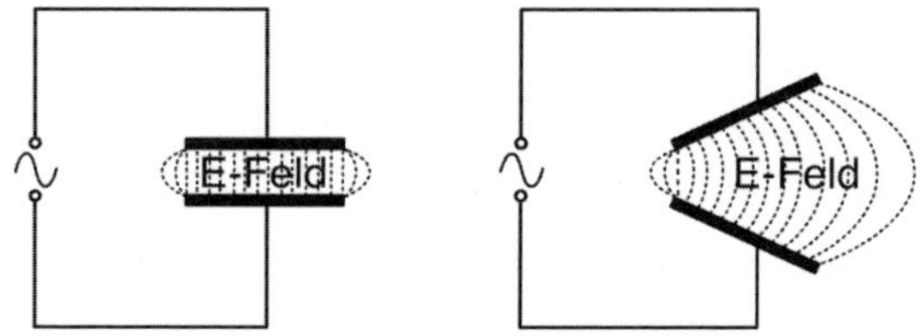

Abb. 12.11: links: Elektrisches Feld eines Kondensators, rechts: Kondensatorplatten werden auseinandergezogen

Der Effekt der Raumausbreitung des elektrischen Feldes lässt sich verstärken, wenn die Platten des Kondensators auseinandergezogen werden (Abb. 12.11 rechts). Bei einer Antenne wird der Kondensator sogar vollständig geöffnet. Darüber hinaus wird die Fläche der Platten auf die Oberfläche eines Drahtes reduziert. Die elektrischen Feldlinien liegen jetzt senkrecht zum Draht und werden vertikal in den Raum ausgestrahlt. Auch die Spule wird auf die Induktivität des Drahtes reduziert, die magnetischen Feldlinien liegen nun radial um den Draht und breiten sich horizontal aus (Abb. 12.12).

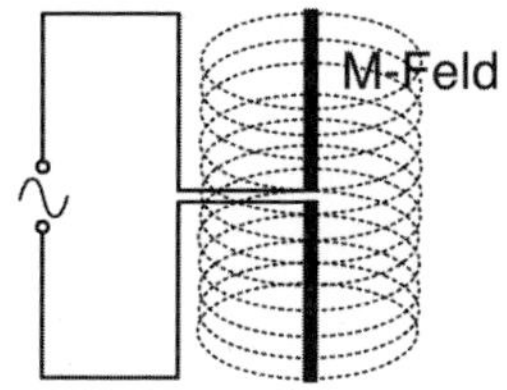

Abb. 12.12: Radiales Magnetfeld

In der Mitte ist der Draht unterbrochen, und genau hier wird die Energie zur Aussendung der elektromagnetischen Wellen eingespeist. Eine Anordnung dieser Art wird Dipolantenne (s. u.) genannt.

Das von der Antenne abgestrahlte elektromagnetische Feld breitet sich kugelförmig aus. Mit zunehmender Entfernung wird die Wellenfront aber zu einer ebenen Welle (vgl. Nah- und Fernfeld beim Schall, s. Kap. 1.1.3). Das elektrische und das magnetische Feld der Wellenfront stehen senkrecht aufeinander; die relative Lage der Feldlinien zur Erdoberfläche wird als Polarisation bezeichnet.

Dipolantenne

Die einfachste Bauweise für eine Antenne ist ein Dipol. Dies kann eine ausziehbare Stabantenne sein oder auch nur ein gerader Draht, wie oben beschrieben. Der Dipol als Empfangsantenne empfängt das vom Sender abgestrahlte elektromagnetische Feld nur dann optimal, wenn er parallel zur Sendeantenne ausgerichtet ist. Wenn also die Sendeantenne senkrecht getragen wird, muss auch die Empfangsantenne senkrecht angebracht sein. In geschlossenen Räumen gibt es durch Reflexionen an Wänden, Decke und Boden aber auch Änderungen in der Polarisation des elektromagnetischen Feldes. Ein quer ausgerichteter Dipol empfängt hier einen um ca. 3 bis 6 dB geringeren Funkpegel (im Freien, also ohne Reflexionen, nimmt die Feldstärke wesentlich stärker ab).

Ein Dipol muss in der Länge auf die Empfangsfrequenz abgestimmt sein. Optimal ist die halbe Wellenlänge der Empfangsfrequenz. Man spricht dann von einem $\lambda/2$-Dipol. Für den UHF-Bereich ist die Empfangsantenne ca. 30 cm lang (Abb. 12.13 links).

Halbdipolantenne

Wenn ein „Gegengewicht" vorhanden ist, kann die Hälfte des Dipols eingespart werden, es bleibt ein $\lambda/4$-Dipol übrig (Abb. 12.13 rechts). Das Gegengewicht ist dabei der Erdboden. Um die Antenne herum bilden sich „Bodenwellen", die der Erdoberfläche folgen. Das Gegengewicht kann auch eine geerdete Stahlplatte oder ein Metallstativ sein.

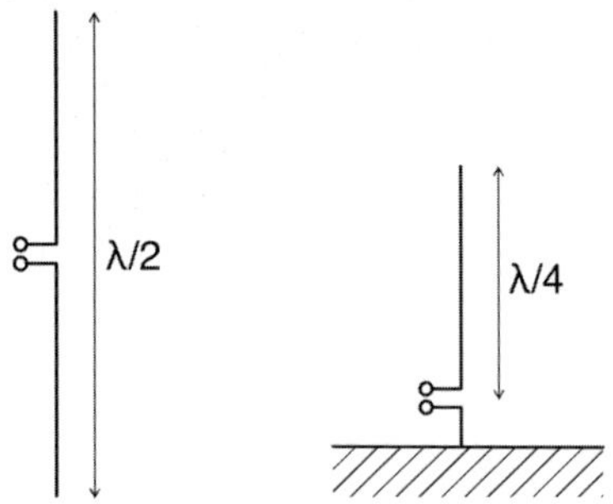

Abb. 12.13: links: Dipolantenne, rechts: Halbdipolantenne

Ground Plane-Antenne

Ground Plane-Antennen empfangen unsymmetrisch; bei senkrechter Aufstellung befindet sich oben der beste Empfangsbereich. Aber auch die nach unten gerichteten Stäbe empfangen elektromagnetische Wellen, und zwar in diesem Fall hauptsächlich die vom Boden reflektierten Anteile. Daher auch die Bezeichnung „Ground Plane" (Abb. 12.14).

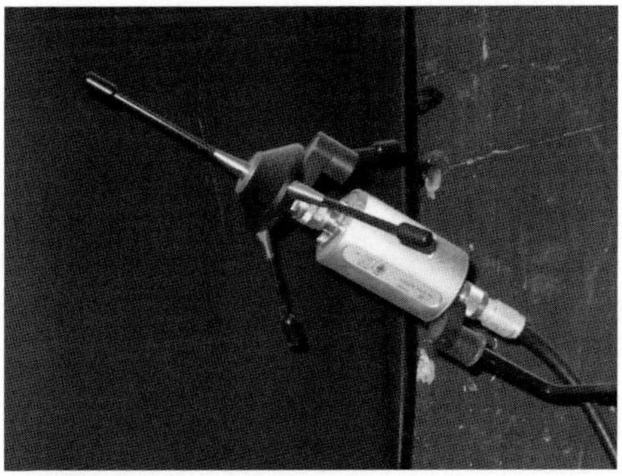

Abb. 12.14: Ground Plane-Empfangsantenne

Richtantenne (Logarithmisch-Periodische Antenne)

Eine Richtantenne ist aus mehreren Dipolen mit unterschiedlichen Längen und Abständen zusammengesetzt. In Vorwärtsrichtung bündelt sich damit die Energie, und es kommt zur typischen Keulenform als Richtcharakteristik. Die Gesamtmenge der Energie bleibt aber konstant. Der Abstrahlwinkel einer Richtantenne wird in [°] angegeben, manchmal auch als Vorne-/Hinten-Dämpfung in [dB]. Richtantennen sind oft breitbandig, es wird also ein großer Frequenzbereich übertragen. Beispiel: Die Sendeantenne Sennheiser A2003-UHF (Abb. 12.15) ist für Frequenzen von 450 bis 960 MHz ausgelegt. Sie wird meist für drahtloses In Ear-Monitoring eingesetzt (s. Kap. 19.2).

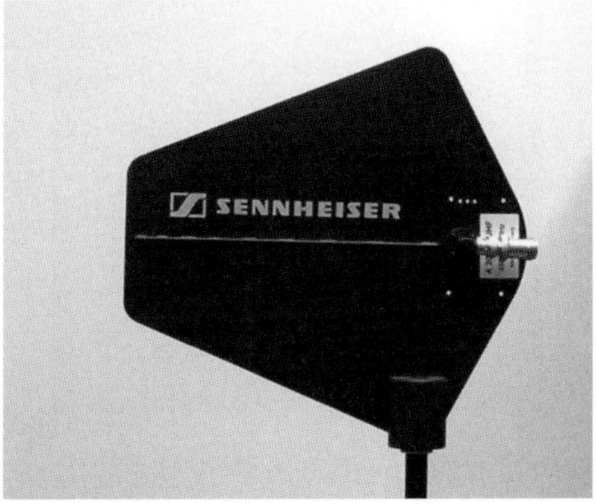

Abb. 12.15: Richtantenne (Sennheiser A2003-UHF)

Verkleinerung von Antennen

Um Antennen in Mikroportsendern möglichst klein zu halten, wird ein Schaltungstrick angewandt: Mit Hilfe einer Induktivität in der Nähe des Einspeispunktes kann die Antenne elektrisch verlängert werden. Das geht aber nur bis zu einem gewissen Grad, eine ideale Senderantennenanpassung ist daher kaum möglich. Deshalb muss mit Verlusten bedingt durch die Fehlanpassung gerechnet werden – die Sendeausgangsleistung ist damit immer größer als die von der Antenne abgestrahlte Leistung.

Antennenkabel

Antennenkabel sind Leitungen, die speziell für die Hochfrequenzübertragung ausgelegt sind. Sie verbinden eine abgesetzte Antenne mit einem Empfänger. Beim Anschluss der Antenne an den Empfänger wird mit Leistungsanpassung gearbeitet (s. Kap. 11.1). Die Impedanz der Antenne und die des Antenneneingangs müssen dabei mit der der Leitung übereinstimmen. Üblich sind 50 Ω Impedanz. Typisch ist der koaxiale Aufbau eines Antennenkabels (s. Kap. 11.2.4); es gibt Ausführungen mit verschiedenen frequenzabhängigen Dämpfungswerten, wie in Tab. 12.2 für die Kabeltypen RG58, RG213 und RG218 exemplarisch aufgeführt.

Tab. 12.2: Dämpfungswerte verschiedener Antennenkabel

	10 MHz	30 MHz	100 MHz	200 MHz	400 MHz	500 MHz	800 MHz	1 GHz
RG58	-5 dB	-9 dB	-17 dB	-24 dB	-34 dB	-39 dB	-51 dB	-56 dB
RG213	-2 dB	-3,7 dB	-7 dB	-10,2 dB	-15 dB	-17 dB	-23 dB	-28 dB
RG218	-0,8 dB	-1,5 dB	-2,9 dB	-4,5 dB	-7 dB	-8,1 dB	-11,2 dB	-14 dB
Die in der Tabelle angegebenen Dämpfungswerte beziehen sich auf eine Kabellänge von 100 m bei einer Temperatur von 20 °C.								

Bei sehr langen Kabelwegen sind Antennenkabel mit geringerer Dämpfung vorzuziehen. Ein häufig verwendetes Antennenkabel für UHF und VHF ist das doppelt geschirmte H2000 von der Firma Belden, das ähnliche Dämpfungswerte wie ein RG218-Kabel hat. Der Durchmesser über den Außenleiter beträgt ca. 8 mm. Als Steckverbinder wird ein N-Stecker montiert (Abb. 12.16).

Abb. 12.16: Antennenkabel mit N-Stecker (Belten H2000)

Antennen-Booster

Falls die Dämpfung durch die Leitung zu hoch sein sollte, können Antennen-Booster zur Verstärkung des hochfrequenten Signals eingesetzt werden. Der Booster sollte dabei direkt hinter der Empfangsantenne angebracht sein, und nicht etwa am Empfänger, da sonst das Leitungsrauschen mit verstärkt wird (s. Abb. 12.14: hier ist der silbernfarbene Booster direkt an der Ground Plane-Antenne angebracht).

Antennen-Splitter

Bei mehrkanaligen Anlagen werden Empfangsantennen eingesetzt, die auf einen bestimmten Frequenzbereich abgestimmt sind – meist jeweils eine Antenne pro TV-Kanal (s. Kap. 12.1.1).

Das Hochfrequenzsignal der jeweiligen Antenne wird dann über einen Splitter an die einzelnen Empfänger verteilt. Es gibt Antennen-Splitter in passiver und aktiver Ausführung, wobei eine passive Signalverteilung (also ohne Verstärkung) nur für kleinere Anlagen mit drei bis vier Kanälen und kurze Antennenleitungen von weniger als 10 m in Frage kommt. Zu beachten ist die Dämpfung des Antennensignals bei der Verteilung: Bei einem passiven Splitter mit einem Eingang und drei Ausgängen wird das Signal bereits um ca. 6 dB abgeschwächt. Bei Diversity-Anlagen (s. Kap. 12.1.11) ist die doppelte Anzahl Splitter notwendig.

Abb. 12.17 zeigt die Empfänger-Racks eines großen Mikroportsystems; der Signalfluss dieser Anlage wird in Abb. 12.18 skizziert.

Abb. 12.17: Empfänger-Racks eines großen Mikroportsystems

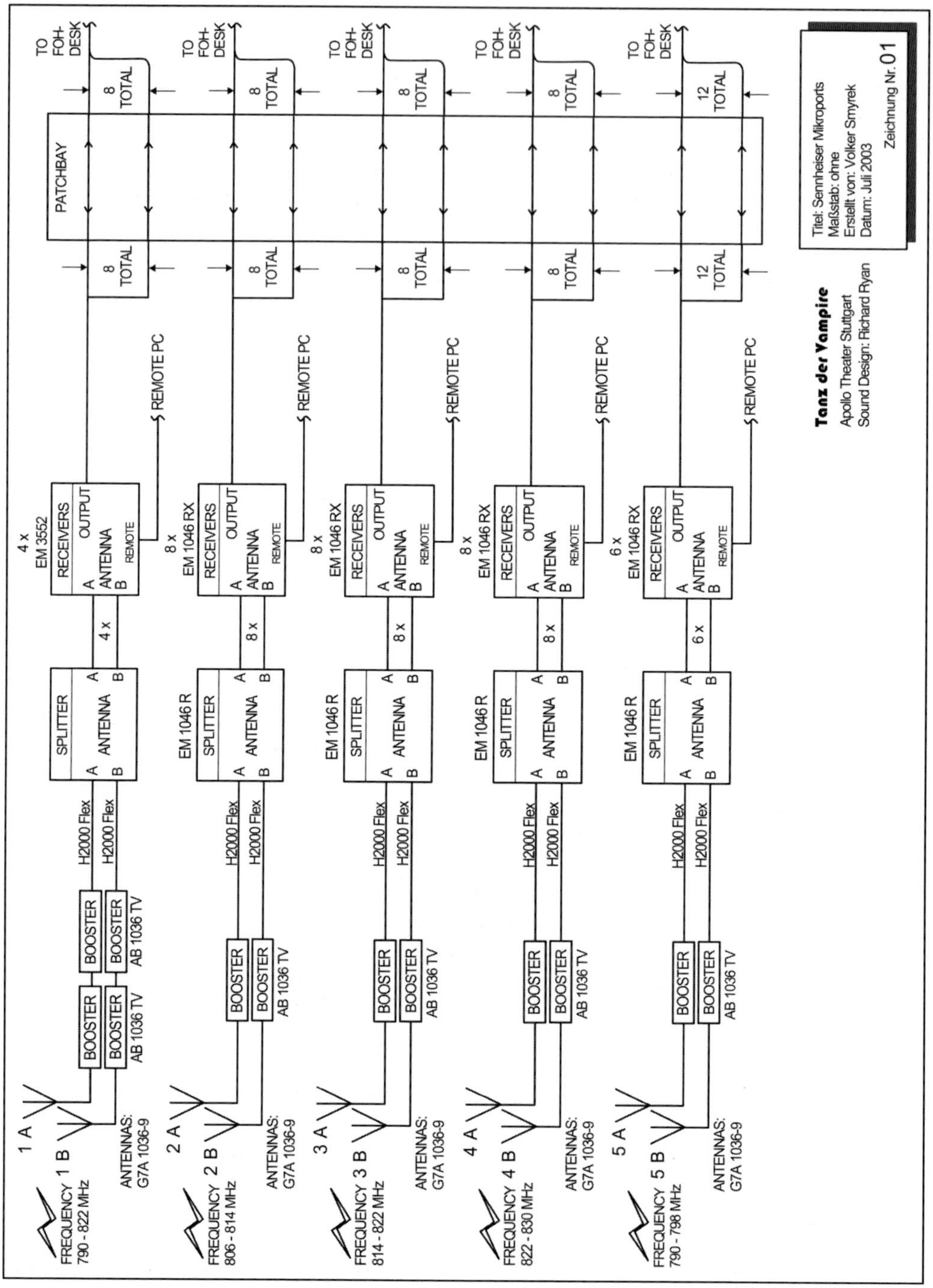

Abb. 12.18: Signalfluss eines Mikroportsystems mit 44 Sendern. In dieser Zeichnung wurden die genormten Symbole der USITT verwendet (s. Kap. 19.5.3)

12.1.7 Empfänger

In der UHF-Vorstufe wird das empfangene Frequenzgemisch durch einen Bandpassfilter selektiert und der Bereich der Empfangsfrequenz vorverstärkt. Unterschiedliche Pegel werden hier angeglichen. Im Mischer wird die Empfangsfrequenz auf eine Zwischenfrequenz (ZF) von 10,7 MHz umgesetzt. Der Demodulator gewinnt aus dem ZF-Signal ein niederfrequentes Audiosignal. In der Kompanderbaugruppe wird die ursprüngliche Dynamik des NF-Signals wiederhergestellt. Der NF-Verstärker bringt dann das Signal auf Leitungspegel (Abb. 12.19).

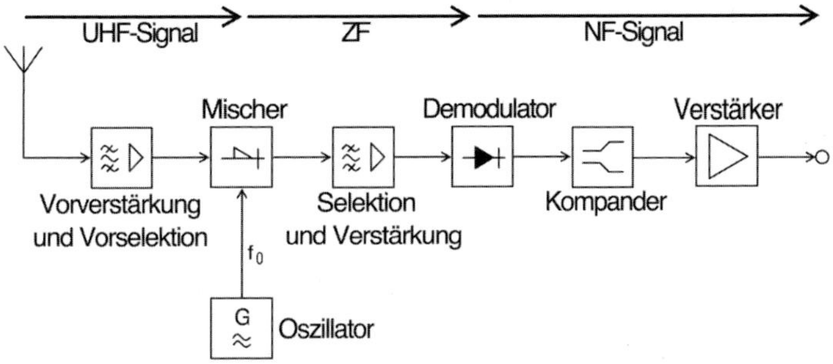

Abb. 12.19: Empfängerprinzip

12.1.8 Diversity-Verfahren

Eine Empfangsantenne, die im Raum installiert ist, empfängt nicht nur das direkt vom Sender ausgestrahlte Funksignal, sondern auch reflektierte Signale. Wenn ein direktes und ein reflektiertes Signal mit gleichem Pegel aber entgegen gesetzter Phase an der Empfangsantenne eintreffen, so löschen sich diese Signale aus. Es entsteht ein Funkloch, und es kommt zu *Dropouts* im Empfänger (Abb. 12.20).

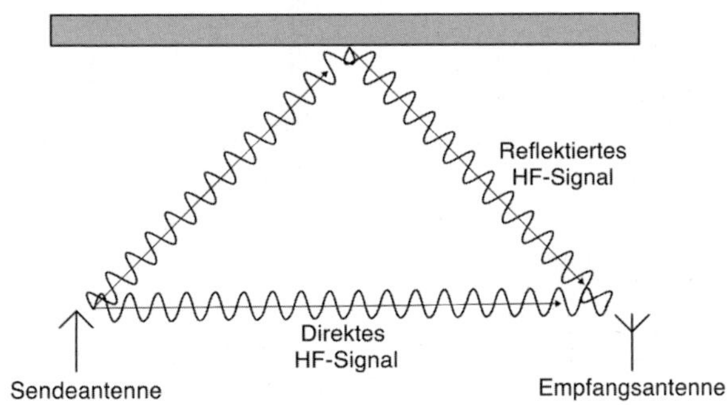

Abb. 12.20: Mehrwege-Empfang

Eine zweite Antenne an einem anderen Ort im Raum liegt dabei eventuell außerhalb dieses Funkloches. Genau das führt zum Prinzip des Diversity-Verfahrens. Hier erfolgt ein Vergleich der Hochfrequenzpegel zweier Empfangsantennen, wobei immer nur das Signal mit dem höheren Pegel zum Demodulator im Empfänger durchgeschaltet wird. Dadurch sollen Dropouts möglichst vermieden werden.

Abb. 12.21 zeigt den Aufbau eines Diversity-Empfängers. Es gibt hier zwei komplette Empfangszüge; ein Komparator schaltet das Audiosignal des Empfängers weiter, an welchem der jeweils höhere ZF-Pegel anliegt.

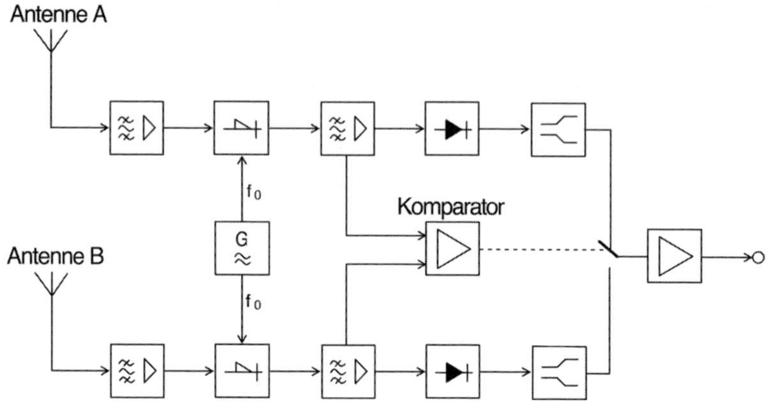

Abb. 12.21: Diversity-Prinzip

Woher stammt die Bezeichnung „Funkübertragung"?

Die entscheidenden Experimente zur Aussendung von elektromagnetischen Wellen unternahm Heinrich Hertz in den Jahren 1886 bis 1889. Durch einen Zufall entdeckte er, dass sich diese Wellen im Raum ausbreiten können. Von den Funken, die Hertz an seinen Versuchsapparaturen (Abb. 12.22) beobachtete, wurde später der Begriff "Funktechnik" abgeleitet.

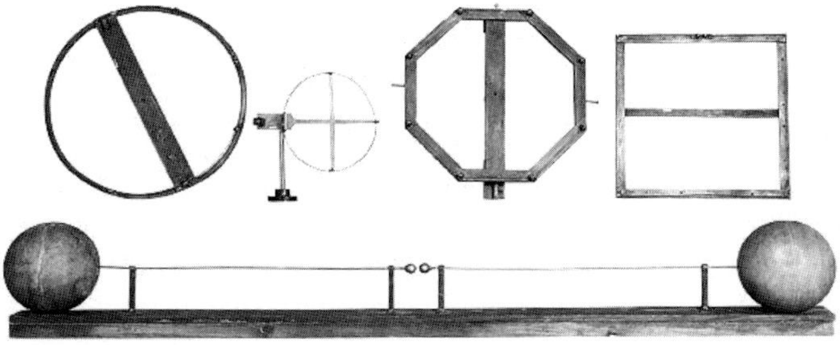

Abb. 12.22: Originalapparate von Heinrich Hertz im Deutschen Museum München

12.2 Infrarot-Technik

Die Übertragung von Signalen durch das für Menschen unsichtbare Infrarotlicht (IR) ist eine weitere Alternative zur kabelgebundenen Anlagentechnik. Die IR-Übertragung wird vorwiegend bei Dolmetscher-Anlagen und Informationssystemen, beispielsweise in Museen, eingesetzt. Eine Sonderanwendung sind Hörbehinderten-Anlagen in Theatern.

Ein Hörgerät kann Störgeräusche beispielsweise vom Publikum oder einer Lüftung nicht vom Nutzschall unterscheiden. Störgeräusche sind daher für Hörbehinderte sehr viel unangenehmer als für normal Hörende. Eine Verbesserung ist möglich, wenn man Nutzern von Hörgeräten über einen speziellen Empfänger ein Audiosignal anbietet, das möglichst frei von Störschall ist. Daher wird eine separate Abmischung der Vorstellung über Infrarotsender im Saal übertragen. Die IR-Technik bietet hier gegenüber einer Funkübertragung den Vorteil, dass die Reichweite auf den Zuschauerbereich beschränkt bleibt. Da unsichtbares Infrarotlicht verwendet wird, gibt es keine optischen oder elektrischen Störungen. Deshalb können Infrarotsender ohne Probleme parallel zu den drahtlosen VHF- und UHF-Anlagen betrieben werden.

12.2.1 Signalweg einer IR-Anlage

Von der Quelle gelangt das niederfrequente Signal mit Leitungspegel über ein Audiokabel zum Steuersender. Dieser moduliert eine hochfrequente Trägerfrequenz mit der Information des Audiosignals (IR-Modulation: s. u.). Über eine koaxiale Kabelverbindung wird dieses HF-Signal dem Infrarotstrahler zugeführt. Spezielle Dioden im Strahler emittieren Infrarotlicht, welches dann vom Empfänger aufgefangen wird. Im Empfänger wird das Lichtsignal wieder in ein Audiosignal zurückgewandelt (Abb. 12.23).

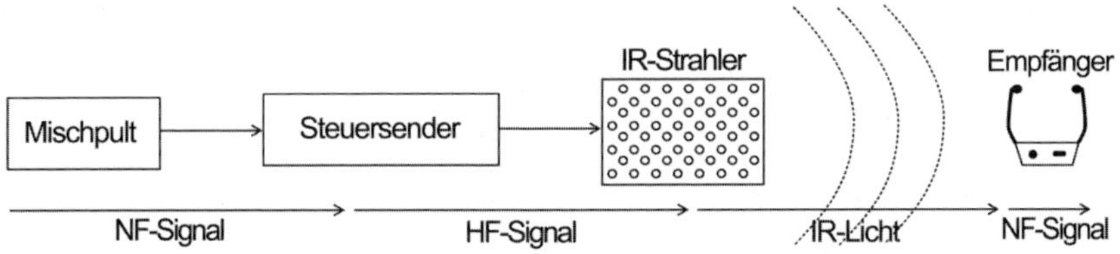

Abb. 12.23: Signalweg IR-Technik

12.2.2 IR-Modulation

Ein Lichtsignal, das über eine Infrarot-Sendediode ausgestrahlt werden soll, kann nur über die Intensität moduliert sein (s. Kap. 6.13). Es wäre zwar möglich, ein Audiosignal mit der Bandbreite von 20 Hz bis 20 kHz direkt zu modulieren, also das Licht im Takt der anliegenden Frequenz auf- und abschwellen zu lassen. Allerdings senden Leuchtstofflampen ein starkes, oberwellenreiches 100 Hz-Signal aus, welches dann die Übertragung stören würde. Um diese niedrigen Frequenzen zu vermeiden, ist eine weitere Trägerung des Audiosignals erforderlich. Bei der IR-Übertragung wird daher eine kombinierte Amplituden- und Frequenzmodulation verwendet. Der Diodenstrom wird durch einen Hilfsträger intensitätsmoduliert. Die Hilfsfrequenz wird dann wiederum durch das Audiosignal frequenzmoduliert (Abb. 12.24).

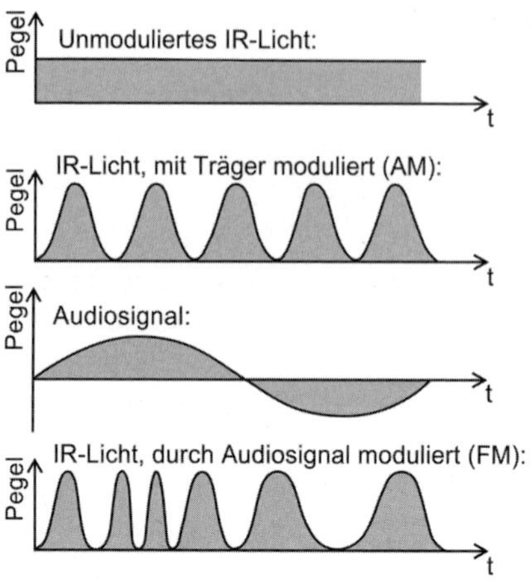

Abb. 12.24: IR-Modulation

Unterscheidung IR-Breitband- und IR-Schmalbandtechnik

IR-Breitbandtechnik

- Hub: ±50 kHz.
- Genormte Trägerfrequenzen: 95 und 250 kHz bzw. 2,3 und 2,8 MHz für Zweikanal- bzw. Stereoübertragung.
- Bandbreite des Audiosignals: 20 Hz bis 20 kHz.

IR-Schmalbandtechnik

- Hub: ±7 kHz.
- Mehrkanalige Anlagen mit bis zu 32 Kanälen auf genormten Trägerfrequenzen.
- Bandbreite des Audiosignals: 50 Hz bis 8 kHz.

12.2.3 Probleme bei der IR-Übertragung

Nur bei einer Sichtverbindung zwischen Strahler und Empfänger bestehen optimale Übertragungsbedingungen. Mauern, Holz, dichte Vorhänge usw. verhindern eine Ausbreitung des Infrarotlichts. Glas lässt Infrarotlicht dagegen passieren, spiegelnde Flächen reflektieren es vollständig.

Starke Kunstlichtlampen mit mehr als 2000 Lux bzw. Leuchtstofflampen mit mehr als 10.000 Lux und direkte Sonneneinstrahlung beeinflussen die Infrarotübertragung negativ.

Bei abgeschaltetem Strahler kann eventuell ein stark einfallender Langwellensender in den Empfängern gehört werden.

12.2.4 Anlagenteile der IR-Technik

Steuersender

Der Steuersender verstärkt das anliegende Audiosignal und moduliert es auf die Trägerfrequenz. Nach Vorverstärkung und Begrenzung des Audiosignals erfolgt die Frequenzmodulation. Ein Tiefpassfilter verhindert das Auftreten zu starker Oberwellen, die bei der FM entstehen. Das verstärkte HF-Signal liegt dann an der BNC-Ausgangsbuchse des Steuersenders an (Abb. 12.25).

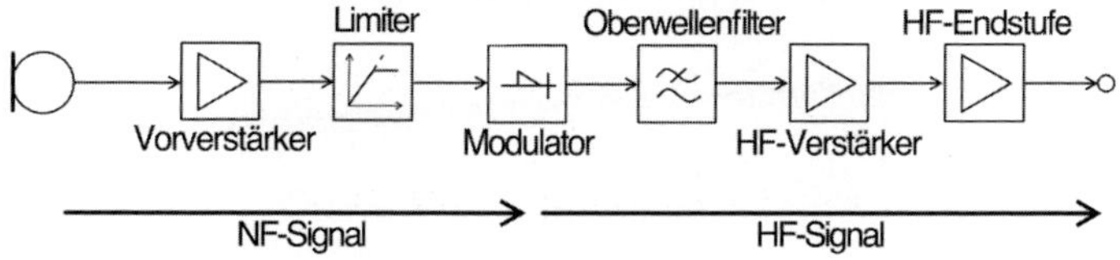

Abb. 12.25: Prinzipaufbau eines IR-Steuersenders

Strahler

Der Strahler wird über ein Koaxialkabel (50 Ω) an den Steuersender angeschlossen. Im Strahler emittieren die Sendedioden Infrarotlicht mit einer Wellenlänge von 880 bzw. 950 nm, je nach verwendetem Diodentyp. Es sind mehrere Strahler notwendig, um einen Raum diffus auszuleuchten. Erst dadurch kann in jedem Punkt des Raumes ein guter Empfang gewährleistet werden. Sollte das Rauschen im Empfänger zu groß sein, muss die Aufstellung der Strahler optimiert oder die Anzahl der Strahler erhöht werden (Abb. 12.26 und 12.27).

Erläuterung zur Abb. 12.26: Der Übertrager sorgt für eine galvanische Trennung, um Brummschleifen zu verhindern. Ein VCA (s. Kap. 15.3.1) steuert die Eingangsspannung der Infrarot-Endstufe, die wiederum die Intensität der Sendedioden regelt.

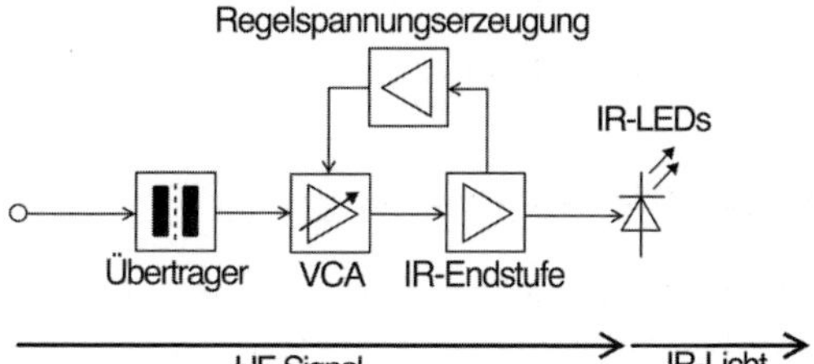

Abb. 12.26: Prinzipaufbau eines IR-Strahlers

Abb. 12.27: IR-Strahler (Sennheiser SZI1219)

Empfänger

Über eine Sammellinse mit optischem Filter wird nur Infrarotlicht zu einer lichtempfindlichen Empfangsdiode durchgelassen. Nach einer Bandpassfilterung des HF-Signals erfolgt die Demodulation. Die Rauschsperre verhindert das Aufrauschen des Empfängers bei unzureichender Empfangssignalstärke. Die Niederfreqenz-Endstufe verstärkt schließlich das Signal für einen Kopfhörer oder ein angeschlossenes Hörgerät (Abb. 12.28 und 12.29).

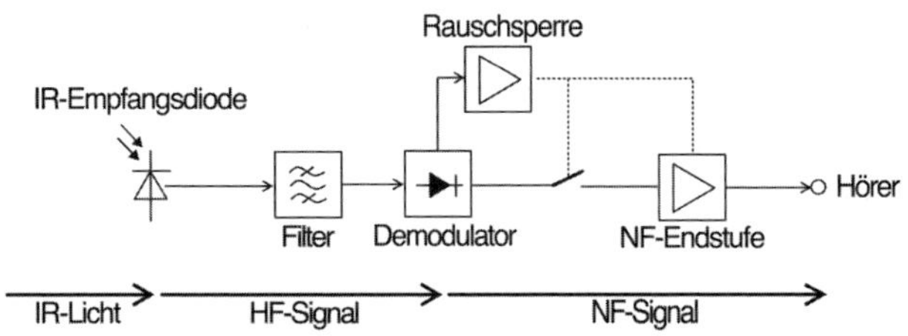

Abb. 12.28: Prinzipaufbau eines IR-Empfängers

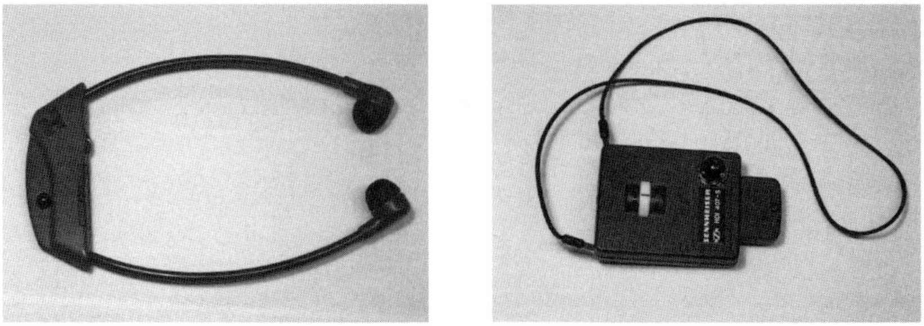

Abb. 12.29: IR-Empfänger Sennheiser HDI91 und HDI407

12.3 Übungsaufgaben

Aufgabe 1

In welchem Frequenzbereich liegen die VHF-Trägerfrequenzen einer drahtlosen Mikrofonanlage?

Aufgabe 2

Welche Wellenlänge hat ein Funksignal mit der Trägerfrequenz von 800 MHz?

Aufgabe 3

Bei einer Konferenzbeschallung werden zwei Mikroportsender mit den Frequenzen 760,000 MHz und 774,100 MHz eingesetzt. Ein Kamerateam möchte bei dieser Veranstaltung ein drahtloses Reportagemikrofon mit der Trägerfrequenz 788,125 MHz einsetzen. Berechne die Intermodulationsfrequenzen dritter Ordnung für die beiden Mikroportsender. Kann das Reportagemikrofon zusätzlich in Betrieb genommen werden, oder ist davon abzuraten?

Aufgabe 4

Erkläre den Begriff „Squelch“.

Aufgabe 5

Antennen müssen in der Länge auf die Trägerfrequenz abgestimmt werden. Welche Möglichkeiten gibt es, die Länge bei gleicher Frequenz zu reduzieren?

Aufgabe 6

Welche Art elektrischer Anpassung wird beim Anschluss von Antennenkabeln und Funkantennen realisiert, und welche beim IR-Steuersender und IR-Strahler?

Aufgabe 7

Was sind die Vor- und die Nachteile einer Infrarotübertragung?

Aufgabe 8

Recherchiere: Wie ist eine Dolmetscheranlage in Infrarotsendetechnik aufgebaut?

Literaturtipp

Albrecht F-W, Mayer-Fasold C, Veit I, Korthals T. Beschallungstechnik.
Expert Verlag, Renningen-Malmsheim 1995

Taschensender für ein Musical („42nd Street“ im Apollo Theater Stuttgart)

13 Digitale Audiosignale

In diesem Kapitel werden die Grundlagen digitaler Audiosignale behandelt, außerdem die Problematik der Synchronisation von digitalen Geräten. Der Rahmenlehrplan sieht diese Themen für das erste Lehrjahr vor.

Die Signalverteilung in der Audiotechnik basiert heutzutage hauptsächlich auf digitalen Systemen. Oft sind nur noch wenige Meter als analoge Leitungen ausgeführt, etwa um ein Mikrofon an einen Analog-Digital-Wandler (A/D) anzuschließen, oder das Ausgangssignal eines Digital-Analog-Wandlers (D/A) zu einem Verstärker mit angeschlossenem Lautsprecher zu führen.

Digitale Geräte rechnen mit binären Zahlen, die ausschließlich aus den Ziffern 0 und 1 bestehen (Dualsystem). Als Anwender rechnen wir aber mit Dezimalzahlen von 0 bis 9. Als Einleitung in das Thema Digitaltechnik folgt daher eine kurz Einführung in Zahlensysteme, bevor digitale Audioschaltungen vorgestellt werden.

13.1 Zahlensysteme

Dezimalsystem

Die *Basis* des Dezimalsystems ist die Zahl „10", der *Zeichenvorrat* Z umfasst die Zeichen $\{0, 1, 2, 3, 4, 5, 6, 7, 8, 9\}$.

Beispiel einer *Zeichenkette* im Dezimalsystem: „4711". Jede Ziffer in der Zeichenkette steht an einer bestimmten Stelle und nimmt damit einen bestimmten Wert ein. Es handelt sich also um ein *Stellenwertsystem*:

Beispiel einer Zeichenkette:	4 7 1 1
Stellenwertsystem:	3. 2. 1. 0. Stelle

Die Stellen werden also von rechts an gezählt. Das kommt daher, da wir mit arabischen Ziffern arbeiten. Wie auch arabische Texte werden diese von rechts nach links gelesen.

Die Dezimalzahl lässt sich mit Hilfe des Stellenwertsystems „berechnen"; das machen wir in der Regel intuitiv, da wir von klein auf gelernt haben, Zahlen des Dezimalsystems anzuwenden:

$4 \cdot 10^3 + 7 \cdot 10^2 + 1 \cdot 10^1 + 1 \cdot 10^0 = 4711_{Dec}$

Der Index ‚Dec' kennzeichnet im Folgenden Dezimalzahlen.

Es wird hier also die Basis mit der jeweiligen Position im Stellenwertsystem potenziert und anschließend mit der Ziffer auf der Stelle multipliziert.

Dualsystem

Die Basis beim Dualsystem ist die Zahl „2", der Zeichenvorrat umfasst die beiden Ziffern 0 und 1. Ein Zeichen im Dualsystem wird auch „Bit" genannt (Abkürzung von „Binary Digit").

Beispiel einer Zeichenkette: 1 0 1 1

Stellenwertsystem: 3. 2. 1. 0. Stelle

Umrechnung der Binärzahl aus dem Beispiel in eine Dezimalzahl mit Hilfe des Stellenwertsystems:

$1 \cdot 2^3 + 0 \cdot 2^2 + 1 \cdot 2^1 + 1 \cdot 2^0 = 11_{Dec}$

Hexadezimalsystem

- Die Basis ist hier die Zahl „16".
- Zeichenvorrat Z = {0, 1, 2, 3, 4, 5, 6, 7, 8, 9, A, B, C, D, E, F}.
- Beispiel einer Zeichenkette: 3 F_{Hex} Der Index ‚Hex' kennzeichnet Hexadezimalzahlen.
- Stellenwertsystem: 1. 0. Stelle.

Umrechnung der Hexadezimalzahl aus dem Beispiel in eine Dezimalzahl mit Hilfe des Stellenwertsystems:

$3 \cdot 16^1 + 15 \cdot 16^0 = 63_{Dec}$

Bitfolgen

Eine Bitfolge ist eine Zeichenkette aus Binärzahlen. Beispiel: 0100 1111 1000.

Wie gezeigt, werden Bitfolgen in Gruppen von je vier Bit aufgeteilt, um sie besser lesbar darstellen zu können. Für eine Bitfolge mit vier Bit kann alternativ auch ein Zeichen aus dem Hexadezimalcode verwendet werden (Tab. 13.1).

Tab. 13.1: Umrechnung Vier-Bitfolgen in Hexadezimalcode

0000	$= 0_{Hex}$	1000	$= 8_{Hex}$
0001	$= 1_{Hex}$	1001	$= 9_{Hex}$
0010	$= 2_{Hex}$	1010	$= A_{Hex}$
0011	$= 3_{Hex}$	1011	$= B_{Hex}$
0100	$= 4_{Hex}$	1100	$= C_{Hex}$
0101	$= 5_{Hex}$	1101	$= D_{Hex}$
0110	$= 6_{Hex}$	1110	$= E_{Hex}$
0111	$= 7_{Hex}$	1111	$= F_{Hex}$

Die binäre Zeichenkette 0100 1111 1000 kann also auch als $4F8_{Hex}$ geschrieben werden. Praktische Anwendung: MIDI-Befehle können in Hexadezimalcode angegeben werden (s. Kap. 14).

Zeichenketten aus Binärzahlen tragen je nach Anzahl der Bits verschiedene Bezeichnungen (Tab. 13.2). In der Datenverarbeitung bezeichnet die Vorsilbe „kilo" übrigens nicht 1000, sondern $2^{10} = 1024$ und „Mega" nicht 1.000.000, sondern $2^{20} = 1.048.576$.

Tab. 13.2: Bezeichnung für Bitfolgen

Anzahl der Stellen	Bezeichnung	Anzahl der darstellbaren Zeichenketten
1	Bit	$2^1 = 2_{Dec}$
4	Halfbyte oder Nibble	$2^4 = 16_{Dec}$
8	Byte	$2^8 = 256_{Dec}$
16	Double Byte	$2^{16} = 65.536_{Dec}$
24	-	$2^{24} = 16.777.216_{Dec}$
32	Word	$2^{32} = 4.294.967.296_{Dec}$
64	Long Word	$2^{64} \approx 2 \cdot 10^{19}_{Dec}$

13.2 Pulscodemodulation (PCM)

Die Pulscodemodulation ist das am häufigsten genutzte Prinzip zur A/D- und D/A-Wandlung von Audio- und Videosignalen. Die einzelnen Schritte dieses Verfahrens wie es in Abb. 13.1 dargestellt ist, werden im Folgenden der Reihe nach aufgegriffen und erklärt.

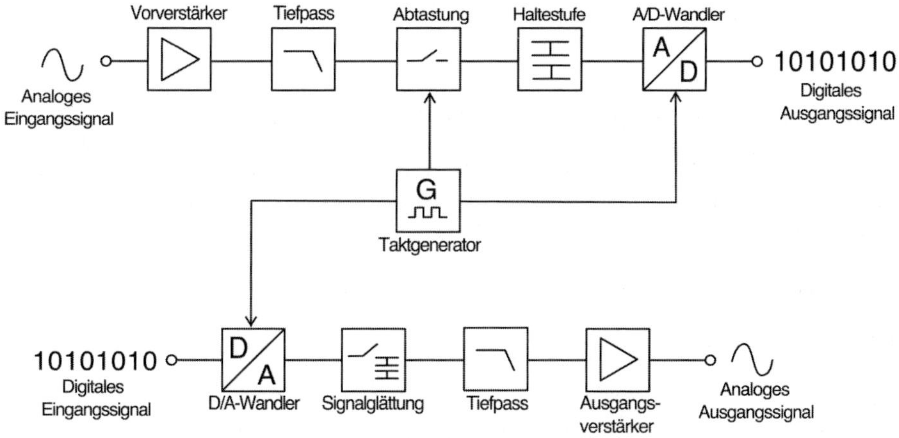

Abb. 13.1: Signalfluss A/D- und D/A-Wandlung bei der Pulscodemodulation

Vorverstärker

Der Vorverstärker hat die Aufgabe, das analoge Eingangssignal je nach anliegendem Pegel zu verstärken oder zu bedämpfen, um dadurch die optimale Aussteuerung bei der folgenden Wandlung zu erreichen.

Analoge Signale

Zu jedem Zeitpunkt auf der x-Achse kann die Signalspannung jeden beliebigen Wert auf der y-Achse annehmen. Ein analoges Signal wie in Abb. 13.2 ist also *zeitkontinuierlich* und *wertkontinuierlich*. Man kann diesen Zusammenhang auch so ausdrücken: Ein Zeitintervall auf der x-Achse wird durch unendlich viele Zeitpunkte repräsentiert, und die Werteskala der y-Achse hat wiederum unendlich viele Funktionswerte für die Amplitude im betrachteten Zeitintervall.

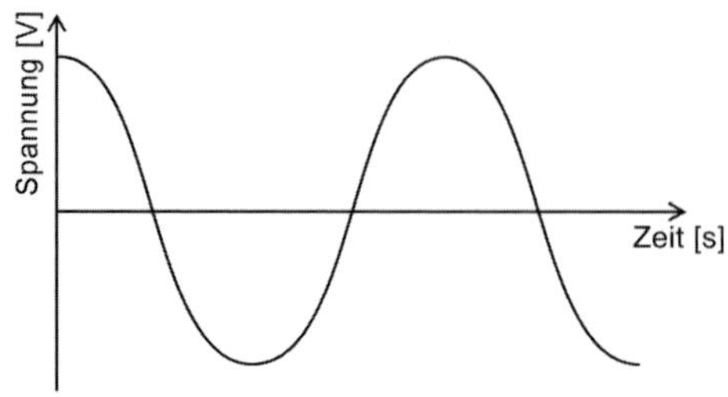

Abb. 13.2: Analoges Eingangssignal

Tiefpassfilter im Eingang

Damit das Abtasttheorem (s. u.) eingehalten wird, müssen sehr hohe Tonfrequenzen oberhalb des Hörspektrums vor der A/D-Wandlung herausgefiltert werden.

Abtastung

Das tiefpassgefilterte, analoge Eingangssignal wird durch die Signalabtastung in gleichmäßigen Zeitabständen im Takt der Abtastfrequenz quasi „zerhackt" (Abb. 13.3). Oder technisch exakter ausgedrückt: Ein Pulsträger wird durch das Nutzsignal in der Amplitude moduliert, es kommt also das Prinzip der Pulsamplitudenmodulation (PAM) zur Anwendung. Die Spannungswerte des PAM-Signals sind jetzt immer noch *wertkontinuierlich*, aber aufgrund der Unterteilung in diskrete Abtastschritte pro Zeitintervall *zeitdiskret*.

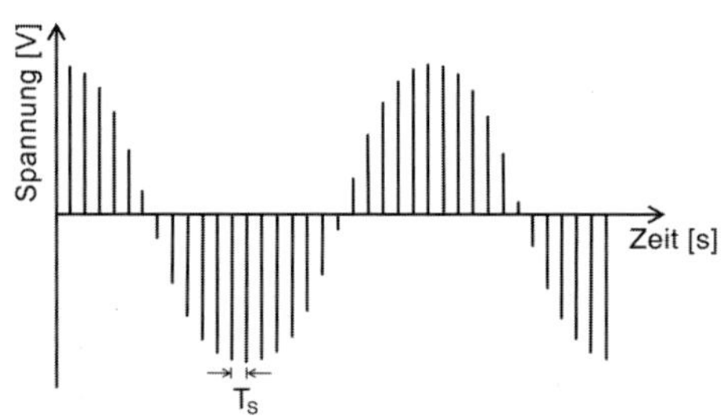

Abb. 13.3: Abtastung

Berechnung der Abtastfrequenz f_S

$$f_S = \frac{1}{T_S} \qquad \text{(Formel 13.1)}$$

T_S : Periodendauer (Zeitdauer zwischen zwei abgetasteten Signalen)

Beispiele für verschiedene Abtastfrequenzen in der Praxis:

Audio-CD: Periodendauer T_S = 22,7 µs

$$f_S = \frac{1}{22{,}7\ \mu s} = 44{,}1\ \text{kHz}$$

Audio-DVD: Periodendauer T_S = 10,4 µs

$$f_S = \frac{1}{10{,}4\ \mu s} = 96{,}0\ \text{kHz}$$

Das Frequenzspektrum des zu wandelnden Tonsignals nennt man Basisband, dieses reicht von einer unteren Frequenz f_u bis zu einer oberen Frequenz f_o. Durch die Abtastung, also der Überlagerung von der Abtastfrequenz f_S und einem Basisband, entstehen zusätzliche Differenz- und Summenbänder im Spektrum (Abb. 13.4).

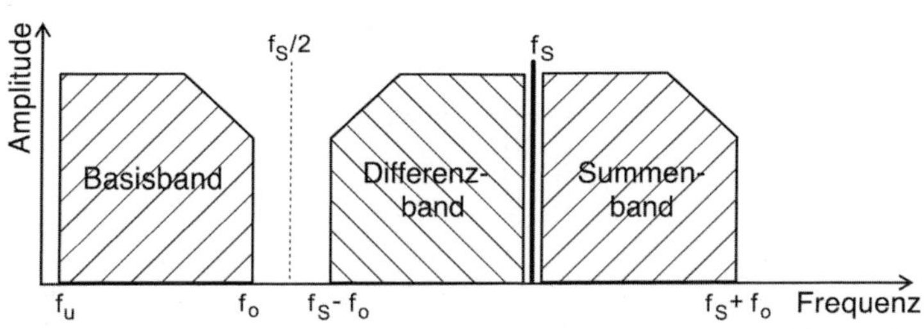

Abb. 13.4: Abtasttheorem erfüllt (Überabtastung)

Für die Abtastfrequenz gilt das Abtasttheorem nach Whittaker-Shannon: Um ein analoges Signal mit begrenzter Bandbreite digital exakt abbilden zu können, muss die Abtastfrequenz mehr als doppelt so hoch sein wie die höchste zu übertragende Frequenz des Nutzsignals.

$$f_S > 2 \cdot f_o \qquad \text{(Formel 13.2)}$$

Wird f_S zu tief angesetzt, so überlappen sich Basis- und Differenzband (Abb. 13.5). Die Folge sind nichtlineare Verzerrungen bei hohen Frequenzen, die so genannten Aliasing-Fehler. Bei einer späteren D/A-Wandlung kann das Signal dann nicht mehr störungsfrei rekonstruiert werden.

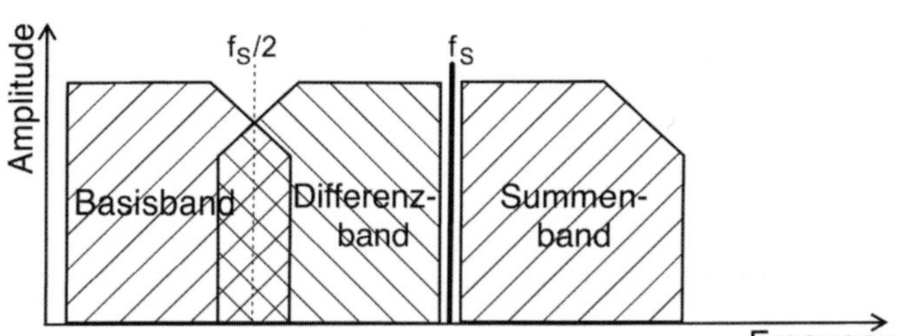

Abb. 13.5: Abtasttheorem nicht erfüllt (Unterabtastung)

Damit die Abtastfrequenz nicht zu hoch angesetzt werden muss, wird durch den schon vorher aufgeführten Tiefpassfilter das Basisband noch oben hin so begrenzt, dass das Abtasttheorem sicher eingehalten werden kann und keine Aliasing-Fehler auftreten. Aufgrund seiner Funktion wird dieser Tiefpass auch Anti-Aliasing-Filter genannt. Bei der Audio-CD beträgt die Abtastfrequenz 44,1 kHz, also darf das Basisband nach dem Abtasttheorem nur bis 22,05 kHz reichen. Um dies zu gewährleisten, ist vor den Wandler ein Tiefpassfilter hoher Ordnung geschaltet.

Haltestufe

Durch die Haltestufe werden die Spannungswerte für die Zeitdauer einer Abtastperiode gehalten (Abb. 13.6). Dies ist notwendig, da der nachfolgende A/D-Wandler eine gewisse Zeit braucht, um eine anliegende Spannung in einen binären Zahlenwert zu übersetzen.

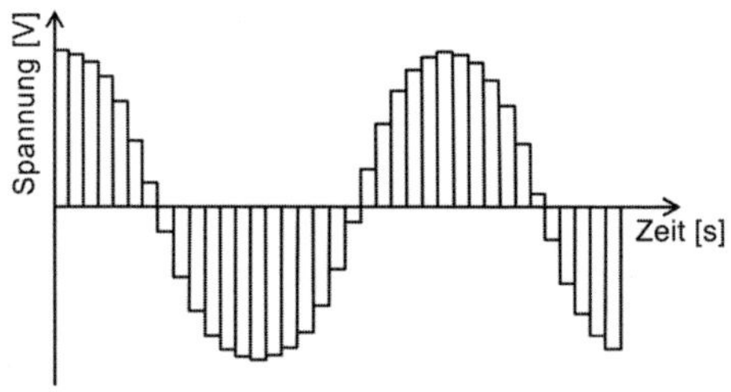

Abb. 13.6: Haltestufe

A/D-Wandler

Der eigentliche A/D-Wandler übersetzt schließlich die für eine Abtastperiode gehaltenen Spannungswerte in binäre Zahlen bzw. Audiosamples (Abb. 13.7).

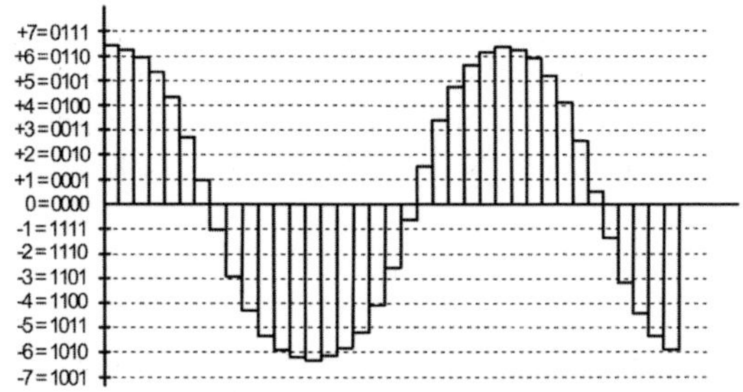

Abb. 13.7: Quantisierung

Erst jetzt spricht man von der eigentlichen Pulscodemodulation. Das digitale PCM-Signal ist durch die vorherige Abtastung *zeitdiskret* und durch die vorgegeben Quantisierungsschritte in der Amplitude *wertdiskret*.

Quantisierung

Quantisierung ist die Umwandlung der Amplitudenwerte des PAM-Signals in digitale Zahlenwerte des Binärsystems. Die Quantisierung erfolgt bei der Audio-CD mit 16 Bit (65.536_{Dec} mögliche Werte) und bei der Audio-DVD mit 24 Bit ($16.777.216_{Dec}$ mögliche Werte). Wird also mit mehr Bit gewandelt, werden die Spannungswerte genauer erfasst. Man spricht hier auch von der *Auflösung*. 24-Bit-Signale haben eine höhere Auflösung als 16-Bit-Signale.

Quantisierungsfehler

Fallen zwei unterschiedliche Amplitudenwerte in das gleiche Quantisierungsintervall, so werden beide mit der gleichen Binärzahl gewandelt. Diese Wandlungsfehler sind nicht mehr zu beheben und äußern sich bei der Wiedergabe als hörbares Quantisierungsrauschen.

Signal-Rausch-Abstand (Signal to Noise Ratio = SNR)

Eine vereinfachte Berechnungsformel für den SNR bei der Pulsecodemodulation lautet:

$$\mathrm{SNR} = \mathrm{N} \cdot 6{,}02\ \mathrm{dB} + 1{,}76\ \mathrm{dB} \qquad \text{(Formel 13.3)}$$

Einheit [dB]

N : Anzahl der Quantisierungsstufen [Bit]

Bei einer Quantisierung mit zum Beispiel 16 Bit beträgt gemäß Formel 12.3 der theoretische SNR für ein Sinussignal mit Vollaussteuerung 98,08 dB. Mit 24 Bit liegt er bei 146,24 dB. Eine höhere Auflösung bringt also Vorteile im Signal-Rausch-Abstand, da hier die Quantisierungsfehler geringer sind.

Dither

Durch Hinzufügen eines Zufall-Rauschsignals (Dither Noise) vor der D/A-Wandlung wird der Quantisierungsfehler vor allem bei niedrigen Eingangspegeln verringert. Dither sollte auch beim Requantisieren von Audiodateien verwendet werden, also wenn eine 24 Bit-Datei in eine 16 Bit-Datei gewandelt wird. Werden von den 24 Bit einfach 8 Bit „abgeschnitten", um auf 16 Bit zu kommen, dann ergibt sich ein Fehler, der hörbare harmonische Verzerrungen verursacht, und das abhängig von der aktuellen Wellenform der 24 Bit-Eingangsdaten. Das Dither-Rauschen wird vor der Requantisierung hinzugefügt, um diesen Fehler zu verringern – der Fehler tritt jetzt willkürlich auf und nicht mehr abhängig vom Audiosignal. Das 16 Bit-Signal hat anstelle der harmonischen Verzerrungen ein Zufallsrauschen, das subjektiv als weniger störend empfunden wird.

Noise Shaping

Das Dither-Rauschen wird beim Noise Shaping so gefiltert, dass die Energie des Quantisierungsrauschens in einen höheren Bereich des Frequenzspektrums verschoben wird, in welchem das menschliche Gehör weniger empfindlich ist (Abb. 13.8).

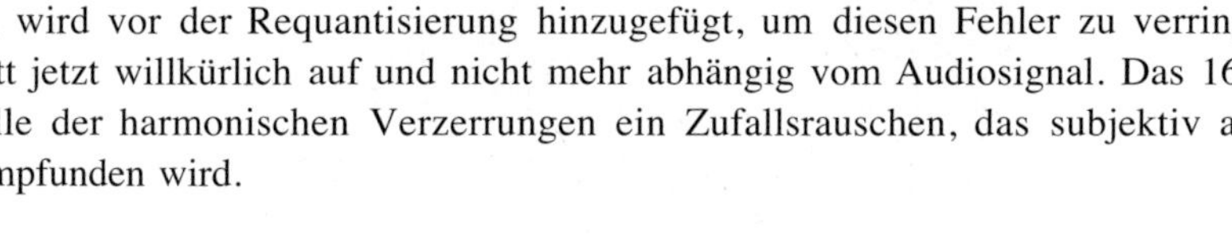

Abb. 13.8: Spektrum von Dither mit Noise Shaping (Apogee UV22)

Emphasis

Analoge Signale können vor der Digitalisierung mit einer Pre-Emphase versehen werden, d. h. die Pegel werden oberhalb einer bestimmten Frequenz angehoben. (Das geschieht noch vor dem Anti-Aliasing-Filter.) Durch eine gegenläufige De-Emphase auf der Empfängerseite werden die Pegel wieder in das richtige Verhältnis gebracht (Abb. 13.9). Insgesamt erreicht man dadurch eine Verbesserung des Signal-Rausch-Abstands zu hohen Frequenzen hin.

Wenn eine digitale Aufnahme mit Emphasis versehen ist, wird dies durch ein spezielles Bit im Datenstrom angezeigt.

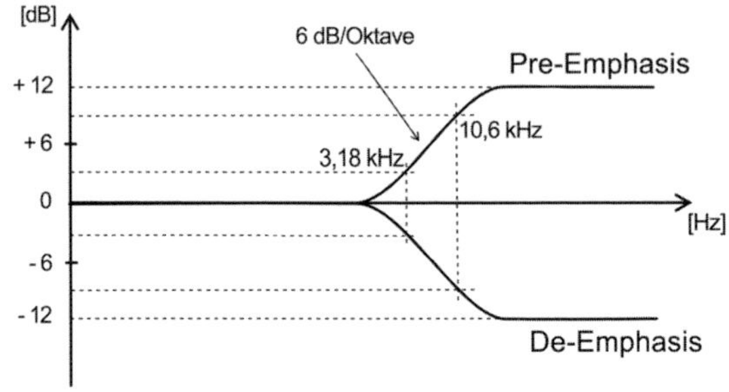

Abb. 13.9: Emphasis (50/15 µs)

D/A-Wandler

Nachdem das digitale Audiosignal in irgendeiner Weise bearbeitet, übertragen und/oder gespeichert wurde, muss es zur Wiedergabe in ein analoges Signal zurückgewandelt werden. Ein D/A-Wandler überführt binäre Zahlenwerte in Amplitudenwerte einer elektrischen Spannung (Abb. 13.10).

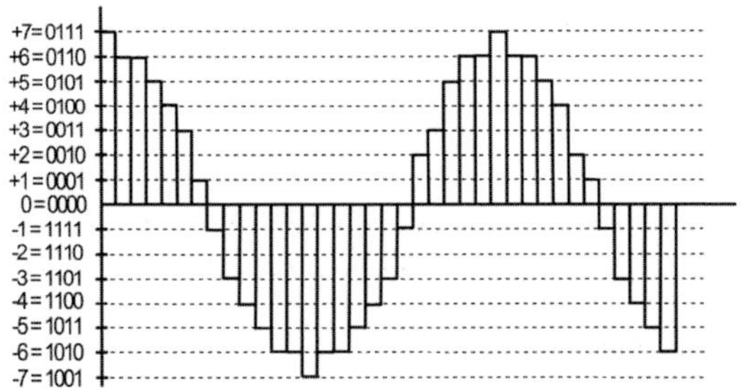

Abb. 13.10: D/A-Wandlung

De-Glitcher, Tiefpass und Ausgangsverstärker

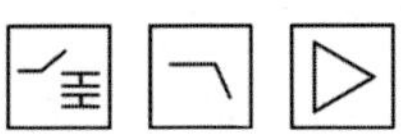

Der De-Glitcher glättet die Schaltflanken, die durch den D/A-Wandler entstehen. Der Tiefpass dient dazu, die Abtastfrequenz und die Summen- und Differenzbänder herauszufiltern. Der Ausgangsverstärker bringt schließlich das analoge Audiosignal auf Normpegel (Abb. 13.11).

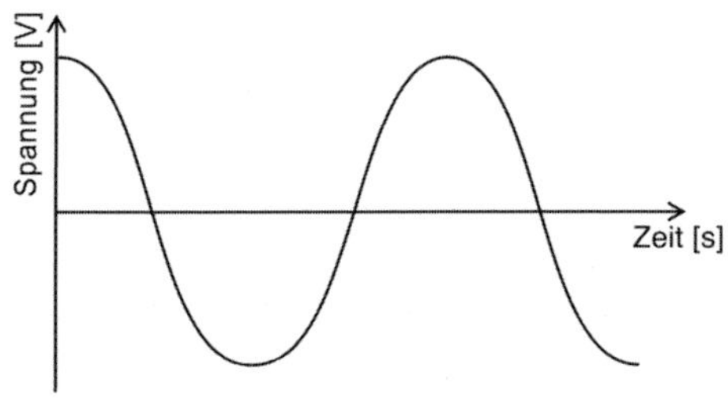

Abb. 13.11: Analoges Ausgangssignal

Taktgenerator

Der Taktgenerator erzeugt den zur Wandlung benötigten Abtastimpuls mit der Abtastfrequenz f_S (Abb. 13.12).

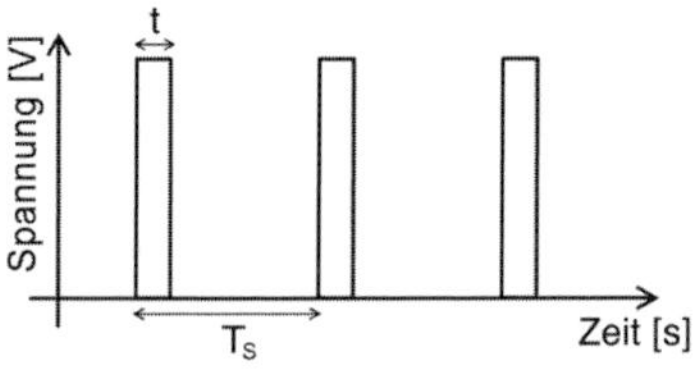

Abb. 13.12: Abtastimpuls

Berechnung des Tastgrades eines Abtastimpulses:

$$\text{Tastgrad} = \frac{t}{T_S} = t \cdot f_S \qquad \text{(Formel 13.4)}$$

Der Tastgrad wird in [%] angegeben
t : Impulsdauer
T_S : Periodendauer
f_S : Abtastfrequenz

Die Pulscodemodulation arbeitet mit einem konstanten Tastgrad. Wir werden mit der Pulsweitenmodulation aber noch ein Verfahren mit variablen Tastgrad kennen lernen (s. Kap. 13.3).

Fehler bei der Pulscodemodulation

Neben den schon erwähnten, unvermeidlichen Quantisierungsfehlern gibt es noch weitere Fehler, welche bei der Wandlung auftreten können (Abb. 13.13). Bei hochwertigen Wandlern sollten diese allerdings minimal sein:

- Nichtlinearitäten = Abweichungen von der idealen Übertragungskurve des Wandlers.
- Nullpunktfehler = Die Kennlinie des Wandlers verläuft nicht durch den Nullpunkt, sondern hat einen Offset.
- Steilheitsfehler = Drehung der Wandlerkennlinie um den Nullpunkt.

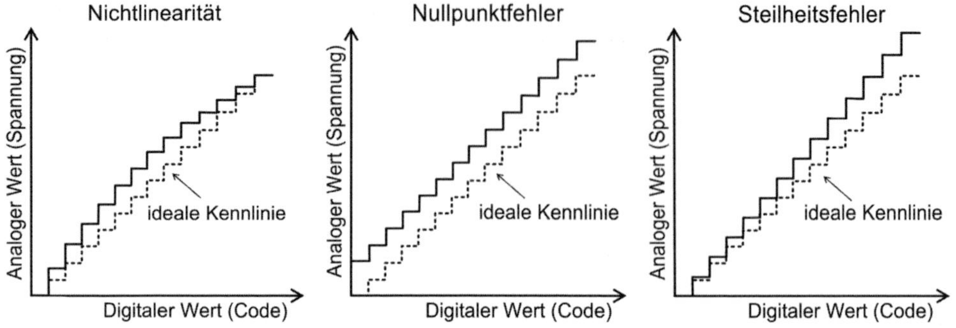

Abb. 13.13: Fehler bei der A/D- bzw. D/A-Wandlung

13.3 Pulsweitenmodulation (PWM)

Wie schon gesehen, bleibt bei der PCM der Tastgrad immer konstant. Ein anderes Verfahren zur A/D-Wandlung ist die Pulsweitenmodulation; hier wird bei konstanter Frequenz der Tastgrad ständig in Abhängigkeit vom Eingangssignal verändert (Abb. 13.14).

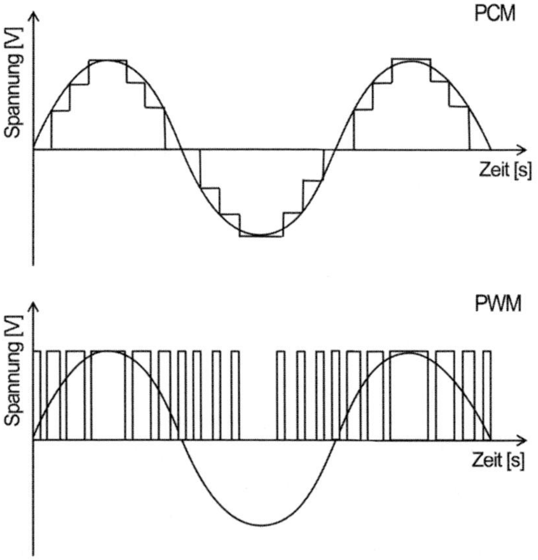

Abb. 13.14: Vergleich PCM und PWM

Das Pulsweiten-Signal wird durch eine Schaltung erzeugt, die sich 1 Bit-Wandler nennt (Abb. 13.15). Es werden hier nicht absolute Spannungswerte, sondern die Spannungsunterschiede von einem Abtastwert zum folgenden digital gewandelt. Ist ein Abtastwert höher als der vorherige, dann erhält er eine „1“, ist der Abtastwert niedriger, dann erhält er eine „0“. Das geschieht durch den Integrator und den Quantisierer. Der 1 Bit-Wandler erzeugt daraus wieder eine positive oder negative Spannung, die als Regelkreis wieder zum Eingang zurückgeführt wird und den Integrator auf Null zieht – der Vorgang wiederholt sich wieder und ein neues Bit wird gesetzt. Die Schaltung ist allerdings erst komplett funktionsfähig mit einem digitalen Filter vor dem Ausgang, der den hochfrequenten Bit-Strom in diskrete Werte umsetzt, die dann sowohl seriell als auch parallel ausgegeben werden können.

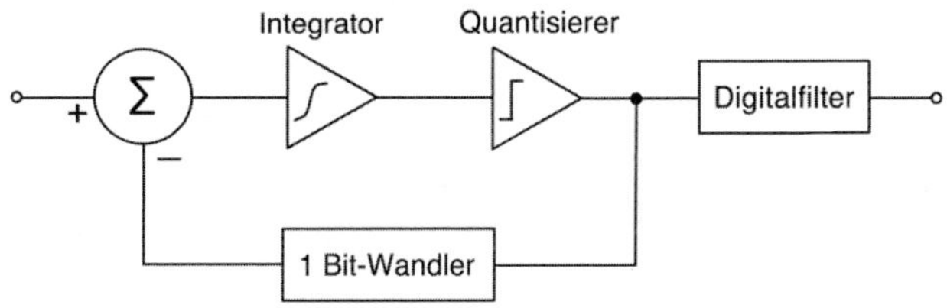

Abb. 13.15: 1 Bit-Wandler

1 Bit-Wandler haben ein hohes Wandlungsrauschen; daher ist ein Noise Shaping absolut notwendig. Das Rauschen liegt danach bei Frequenzen oberhalb von 20 kHz (s. Kap. 13.2).

PWM wird zum Beispiel bei der Super Audio CD (SACD) bzw. bei der Wandlung nach dem Prinzip des Direct Stream Digital (DSD) eingesetzt (Abb. 13.16).

Abb. 13.16: Signalfluss bei DSD

Da immer nur jeweils ein Bit gewandelt werden kann, muss die Abtastfrequenz im Vergleich zur Pulscodemodulation sehr viel höher sein. Die Abtastfrequenz bei der SACD beträgt 2,8224 MHz, das entspricht 64-mal der CD-Abtastrate mit 44,1 kHz (64-faches Oversampling). Das Audio-Basisband der SACD reicht damit hinauf bis ca. 100 kHz. Der theoretische Signal-Rausch-Abstand beträgt ca. 120 dB.

13.4 Leitungskodierung

Ein A/D-Wandler erzeugt digitale Signale in Form von diskreten Spannungswerten. Die binäre Ziffer 1 entspricht im einfachsten Fall einer Spannung von 1 Volt (High = H), eine binäre 0 wären dann zum Beispiel 0 Volt (Low = L). Bei dieser Methode gibt es allerdings ein Problem: Wenn jeweils viele Nullen oder Einsen hintereinander folgen, so entspricht das Ausgangssignal des Wandlers für diesen Zeitraum einer Gleichspannung. Ein empfangendes Gerät kann nicht mehr unterscheiden, wo ein Bit beginnt oder endet. Aufgrund dessen und auch aus weiteren Gründen wurden Leitungskodierungen entwickelt. Das sind konkrete „Anweisungen", wie das digitale Signal auf einen Übertragungskanal angepasst werden muss, um ein Datensignal verlustfrei übertragen zu können. Folgende Anforderungen muss eine Leitungskodierung erfüllen:

- Auch Gleichspannungsanteile, also lange Folgen von Nullen oder Einsen, müssen übertragen werden können.
- Die zeitliche Zuordnung der einzelnen Bits muss beim Auslesen wieder hergestellt werden können.

- Der Leitungskode muss verpolungssicher sein. (Auch beim Vertauschen von Plus- und Minuspol sollten die Daten rekonstruierbar sein.)
- Der Übertragungskanal muss die volle Bandbreite des digitalen Signals übertragen können.

Beispiele für Leitungskodierungen

RZ-Code

Die Abkürzung RZ steht für „Return to Zero". Bei jeder binären 1 überschreitet das Signal die Nullspannungslinie. Eine binäre 0 entspricht einer Spannung von 0 Volt (Abb. 13.17). Der Gleichspannungsanteil des RZ-Codes ist sehr hoch; daher ist zwingend die Übertragung eines zusätzlichen Taktsignals erforderlich, damit der Empfänger die einzelnen Bits erkennen kann.

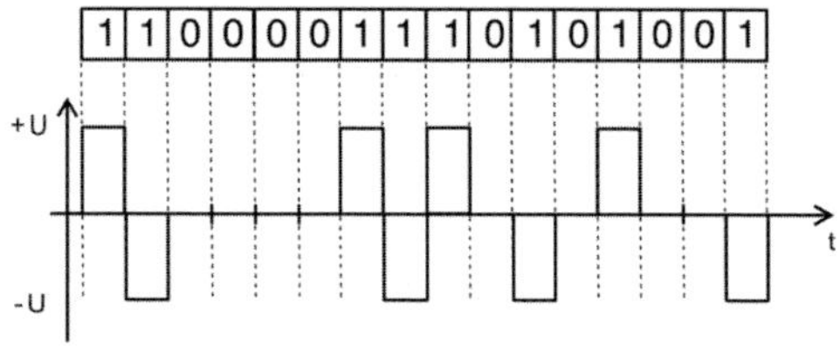

Abb. 13.17: RZ-Code

NRZ-Code

Die Abkürzung NRZ steht für „Non Return to Zero". Bei *keinem* Bitwechsel wird die Nulllinie überschritten. Der NRZ-Code hat ebenfalls einen hohen Gleichspannungsanteil, und demnach ist auch hier ein Taktsignal erforderlich. Zwei Beispiele für NRZ-Codes zeigen die Abb. 13.18 und 13.19: NRZL (L = Level) und NRZI (I = Invers).

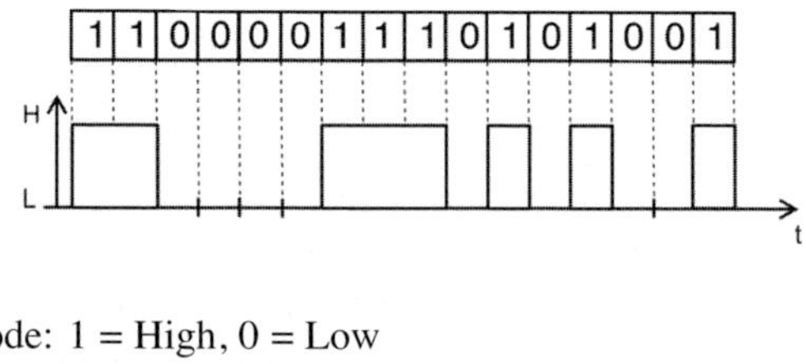

Abb. 13.18: NRZL-Code: 1 = High, 0 = Low

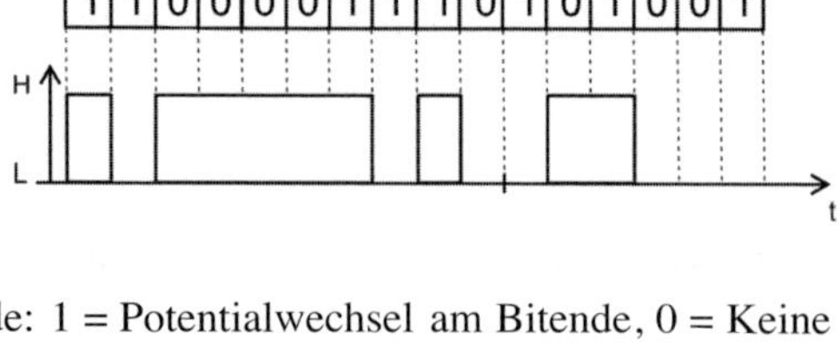

Abb. 13.19: NRZI-Code: 1 = Potentialwechsel am Bitende, 0 = Keine Änderung des Potentials

Biphase-Mark-Code

Beim Biphase-Mark-Code findet bei einer binären 1 in der Mitte und am Ende eines Bits ein Potentialwechsel statt. Bei einer binären 0 gibt es dagegen nur am Ende eines Bits einen Potentialwechsel. Der große Vorteil dieses Verfahrens: Der Biphase-Mark-Code ist ein selbsttaktendes Signal ohne Gleichspannungsanteil (Abb. 13.20).

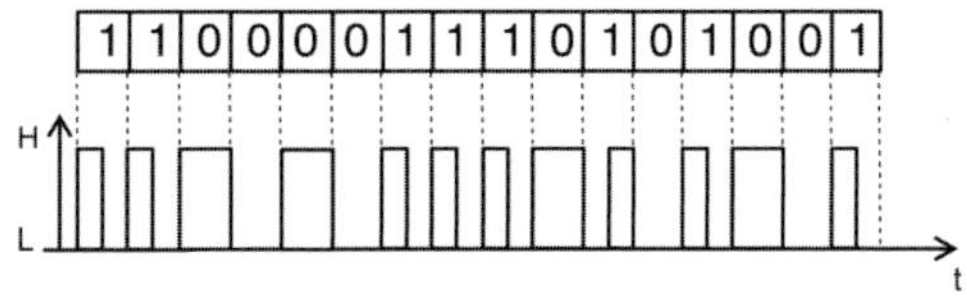

Abb. 13.20: Biphase-Mark-Code

13.5 Maßnahmen zur Verhinderung von Datenverlust

Warum treten Fehler bei der Speicherung oder Übertragung digitaler Daten auf?

- Bei Magnetbändern: „Dropouts" durch Abheben des Bandes von der Kopftrommel oder durch verschmutzte Köpfe (s. Kap. 21.1.2).
- Bei optischen Speichermedien: Kratzer oder Schmutz auf der Oberfläche (s. Kap. 21.2.2).
- Bei der Übertragung über Kabel: Falsche Anpassung, elektromagnetische Einstreuungen (s. Kap. 11.2).
- Bei der drahtlosen Übertragung: unzureichende Empfangsstärken (s. Kap. 12.1).

Es besteht also die Notwendigkeit zur Erkennung und Korrektur von digitalen Fehlern.

Fehlererkennung

Der Empfänger erkennt durch zusätzlich übertragene Prüfbits (Parity-Bits) fehlerhafte Datenpakete. Beispiel gerade Parität (Even Parity): Es wird das Datenbyte „1110 0101" übertragen. Die Anzahl der Einsen beträgt Fünf, und um auf eine gerade Parität von Sechs zu kommen, wird als Parity-Bit noch eine zusätzliche „1" angehängt. Ein Übertragungsfehler wird zwar anhand des Parity-Bits im Empfänger erkannt, da die errechnete Prüfsumme nicht mehr eine gerade Zahl ergibt, kann aber nicht korrigiert werden, da nicht bekannt ist, an welcher Stelle in einem Byte fehlerhafte Bits aufgetreten sind. Eine Fehlererkennung kann aber Grundlage einer bidirektionalen Kommunikation sein, bei der Fehler nicht korrigiert, sondern die Daten einfach erneut angefordert und durch den Sender wiederholt übertragen werden. Ein Beispiel dafür sind Bluetooth-Systeme zur Tonübertragung; Bluetooth wird allerdings aufgrund der unvermeidlichen Zeitverzögerungen durch die Neuanforderung von Datenpaketen nicht in der professionellen Audiotechnik eingesetzt.

Fehlerkorrektur

Bei einer Fehlerkorrektur werden mehrere Verfahren (sowohl einzeln, also auch in Kombination) angewandt:

Hold / Mute: Bei fehlenden Bits wird der vorhergehende Wert gehalten (Hold) oder der Ausgang stummgeschaltet (Mute). Das ist die einfachste Variante einer Fehlerkorrektur, die bei sehr kurzen Übertragungsstörungen schon ausreichen kann.

Interpolation: Fehlerhafte Bits werden als Durchschnittswert des vorherigen und des nachfolgenden Wertes neu berechnet (Abb. 13.21).

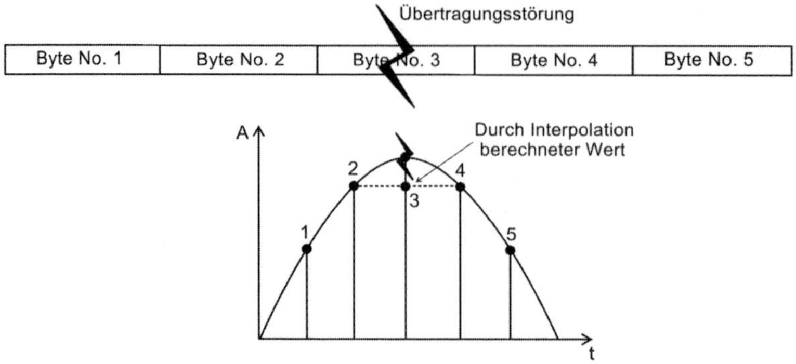

Abb. 13.21: Interpolation

Cyclic Redundancy Check (CRC): Hier werden zusätzliche Prüfsummen übertragen, die über mehrere Bytes hinweg gebildet werden. Ein fehlerhaftes Bit kann mit Hilfe des CRC-Bytes wieder voll hergestellt werden (Abb. 13.22). Anwendungsbeispiele: Fehlerkorrektur bei der Audio-CD und DVD.

	Bit 1	Bit 2	Bit 3	Bit 4	Bit 5	Bit 6	Bit 7	Bit 8	Parity-Bit
Byte No. 1:	0	1	0	1	0	1	1	1	1
Byte No. 2:	1	1	1	0	0	0	1	1	1
Byte No. 3:	0	0	0	1	0	0	0	1	0
Byte No. 4:	0	1	1	1	0	1	1	1	0
Byte No. 5:	1	1	1	1	1	1	1	1	0
Byte No. 6:	0	1	1	1	0	0	1	1	1
Byte No. 7:	0	0	0	1	0	1	1	1	0
Byte No. 8:	1	1	0	1	1	1	1	1	1
CRC-Byte:	1	0	0	1	0	1	1	0	0

Abb. 13.22: CRC zur Fehlerkorrektur über einen Block von acht Bytes

Interleaving (Verschachtelung)

Die Datenbytes werden nicht mehr sequenziell übertragen, sondern zeitlich verschachtelt. Tritt zu einem bestimmten Zeitpunkt ein Fehler bei der Übertragung auf, so wird dieser statistisch gleichmäßig im Datenstrom verteilt. Eine anschließende Fehlerkorrektur durch Interpolation oder CRC liefert dadurch bessere Ergebnisse.

Fehlerverschleierung

Als Anwendungsbeispiel ist hier der Digital Audio Broadcast (DAB) zu nennen: Bei einer gestörten Übertragung ist hier neben einer Fehlerkorrektur auch eine Fehlerverschleierung vorgesehen. Ist die lediglich ein Stereokanal gestört, so wird kurzzeitig auf Mono-Wiedergabe umgeschaltet. Der gestörte Kanal wird also durch das Signal des jeweils anderen Kanals ersetzt. Wenn diese Mono-Wiedergabe nicht besonders lange dauert (wenige Audio-Samples), fällt das dem Zuhörer nicht auf.

13.6 Digitale Audioprotokolle

Eine digitale Informationsübermittlung findet nur statt, wenn der Empfänger den Anfang eines Datenwortes erkennt und den Sinn der übertragenen Daten interpretieren kann. Ein digitales Protokoll ist vereinfacht ausgedrückt nichts anderes als eine Sprache, mit der zwischen zwei Geräten kommuniziert wird. Sender und Empfänger müssen dieselbe Sprache sprechen, also das gleiche Übertragungsprotokoll benutzen. Inzwischen gibt es eine Vielzahl von digitalen Protokollen zur Audioübertragung, von denen die wichtigsten hier erläutert werden sollen.

AES/EBU nach der AES3-Norm

AES/EBU ist ein von der Audio Engineering Society in Zusammenarbeit mit der European Broadcast Union spezifiziertes, professionelles Übertragungsformat für digitale Audiosignale. Der Standard basiert auf der AES3-Norm. Diese Norm wird ständig weiterentwickelt, so gibt es beispielsweise inzwischen AES42; hier wird die Signalübertragung von digitalen Mikrofonen festgelegt (s. Kap. 9.4.5). Über eine AES/EBU-Kabelverbindung werden im Zeitmultiplexverfahren (Time Division Multiplex, TDM) zwei digitale Audiokanäle übertragen. Das bedeutet, dass immer abwechselnd zuerst ein Audio-Sample von Kanal 1 und direkt danach ein Audio-Sample von Kanal 2 übertragen wird. Die Datenübertragung erfolgt blockweise, dabei ist ein Block in 192 Frames unterteilt. Ein Frame besteht wiederum aus zwei Subframes, welche jeweils 32 Bit lang sind. Subframe A beinhaltet die Audiodaten von Kanal 1 (Stereo Links) und Subframe B die Audiodaten von Kanal 2 (Stereo Rechts) (Abb. 13.23).

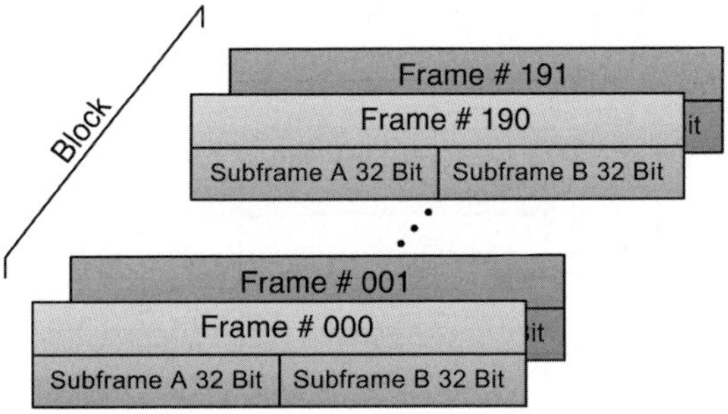

Abb. 13.23: AES/EBU Block, Frame und Subframe

In einem Subframe können Audio-Samples mit maximal 24 Bit Wortlänge übertragen werden. Bei kleineren Wortlängen können die nicht genutzten Bits als Auxiliary Sample Bits für andere Zwecke verwendet werden (Tab. 13.3 und 13.4).

Tab. 13.3: AES/EBU-Bitverteilung im Subframe mit 24 Bit-Audio

0 bis 3	4 bis 27	28	29	30	31
Preamble	Audio Sample Word (24 Bit)	Validity	User Data	Channel Status	Parity

Tab. 13.4: AES/EBU-Bitverteilung im Subframe mit 16 Bit-Audio

0 bis 3	4 bis 11	12 bis 27	28	29	30	31
Preamble	Auxiliary	Audio Sample Word (16 Bit)	Validity	User Data	Channel Status	Parity

Zusatzdaten im Subframe

Preamble: Die Preamble ist die Einleitung eines Subframes. Diese zeigt an, ob es sich um Kanal 1 oder 2 handelt. Weiterhin wird in der Preamble nach 192 Frames die Einleitung für einen Blockanfang gesetzt.

Validity: Dieses Bit ist dazu gedacht, fehlerhafte Datenwörter zu kennzeichnen. Als valide gekennzeichnete Wörter sind ungültig und werden vom Empfänger nicht verarbeitet.

User Data: Beliebige Daten, die vom Benutzer gesetzt werden können.

Channel Status: Mit den Channel Status Bits von Frame 0 bis 191 können weitere Informationen übertragen werden, zum Beispiel ob es sich um einen Datenstrom in AES3 oder in S/P-DIF (s. u.) handelt, oder ob eine Emphasis verwendet wird.

Parity Bit (Prüfsumme)*:* Dieses Bit wird vom Sender so gesetzt, dass innerhalb eines Subframes die Anzahl der „1"-Bits gerade ist. Der Empfänger erkennt einen Fehler in der Übertragung, wenn die errechnete Prüfsumme inklusive Parity Bit nicht mehr eine gerade Zahl ergibt.

AES/EBU mit symmetrischen Anschlüssen

Es werden symmetrische Kabel mit 110 Ω Impedanz (s. Kap. 6.7) und XLR-Stecker verwendet. Die Signalamplitude beträgt 2 bis 7 V. Das AES/EBU-Signal ist ein selbsttaktender Biphase-Mark-Code, aber eine zentrale Taktversorgung ist dennoch möglich. Der EQ (Equalizer = Filter) im Empfänger dient der Entzerrung des Kabelweges durch einen gegenläufigen Frequenzgang zur Kabeldämpfung; hohe Frequenzanteile werden durch den EQ wieder angehoben. Abb. 13.24 und 13.25 zeigen eine AES/EBU-Schnittstelle mit symmetrischen Ein- und Ausgängen.

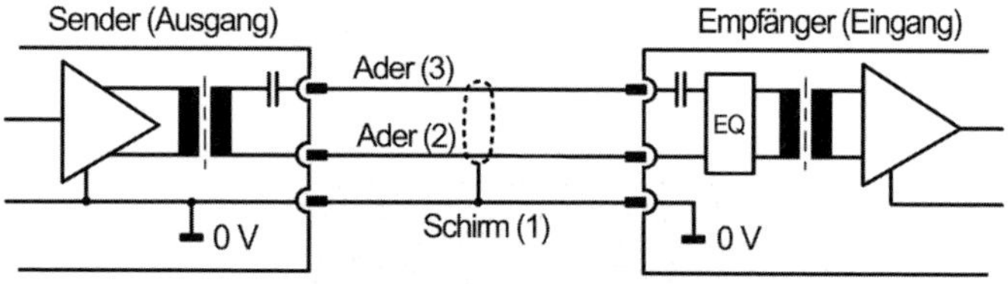

Abb. 13.24: Symmetrisches AES/EBU-Interface

Abb. 13.25: Symmetrische AES/EBU-Anschlüsse

AES/EBU mit unsymmetrischen Anschlüssen

Die Schnittstelle mit unsymmetrischen Anschlüssen wurde eingeführt, damit Rundfunkanstalten die schon vorhandene Videoverkabelung auch für die digitale Tonübertragung nutzen können. Es werden hier Koaxialkabel mit 75 Ω Impedanz (s. Kap. 6.7) und BNC-Stecker verwendet.

S/P-DIF

Das Datenformat von S/P-DIF (Sony/Philips Digital Interface) wurde ähnlich dem AES/EBU-Standard definiert. Da aber S/P-DIF für den Consumer-Markt gedacht ist, wurde ein zusätzlicher Kopierschutz in Form von Copy-Bits integriert. Außerdem gibt es zusätzliche Channel-Status-Bytes. Diese beinhalten Category Codes, die beispielsweise so aussehen können:

- Compact Disc (CD) = 1000 0000.
- Digital Audio Tape (DAT) = 1100 0000.
- Spezielle PCM-Wandler, z. B. Sony PCM = 0100 0000.

Der Empfänger interpretiert einzelne Bits des Channel Status je nach Category Codes unterschiedlich. Etwa als Start- und Pausenzeiten bei der Audio-CD oder als Track-Start beim DAT (s. Kap. 21.1.2).

Für die Signalübertragung werden Koaxialkabel mit Cinch-Stecker (Impedanz: 75 Ω, Signalamplitude: 1 V) oder auch Lichtwellenleiter mit TosLink-Stecker verwendet. Abb. 13.26 zeigt das Schaltbild eines S/P-DIF-Senders und eines S/P-DIF-Empfängers, welche mit einem Koaxialkabel verbunden sind. Auf Abb. 13.27 sind die Cinch-Buchsen von S/P-DIF-Anschlüssen an einem Gerät zu sehen.

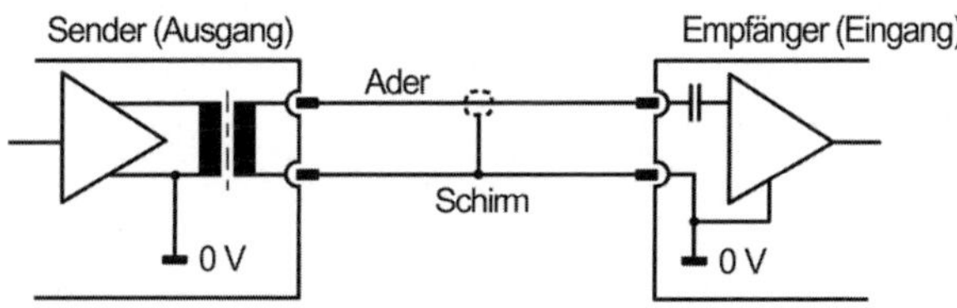

Abb. 13.26: S/P-DIF mit unsymmetrischem Koaxialkabel

Abb. 13.27: Unsymmetrische S/P-DIF-Anschlüsse

MADI

Die Abkürzung MADI steht für „Multichannel Audio Digital Interface". Bei MADI werden bis zu 64 Audiokanäle mit jeweils 24 Bit Auflösung über eine Koaxialleitung mit 75 Ω oder einen Lichtwellenleiter übertragen. Die Bandbreite des digitalen Signals beträgt ca. 50 MHz. Das Audio-Datenformat ist vergleichbar mit AES/EBU, mit Ausnahme der ersten 4 Bits, also der Preamble. MADI ist nicht zwingend selbsttaktend; deshalb wird eine zusätzliche Wordclock-Leitung (s. Kap. 13.7) empfohlen (Abb. 13.28).

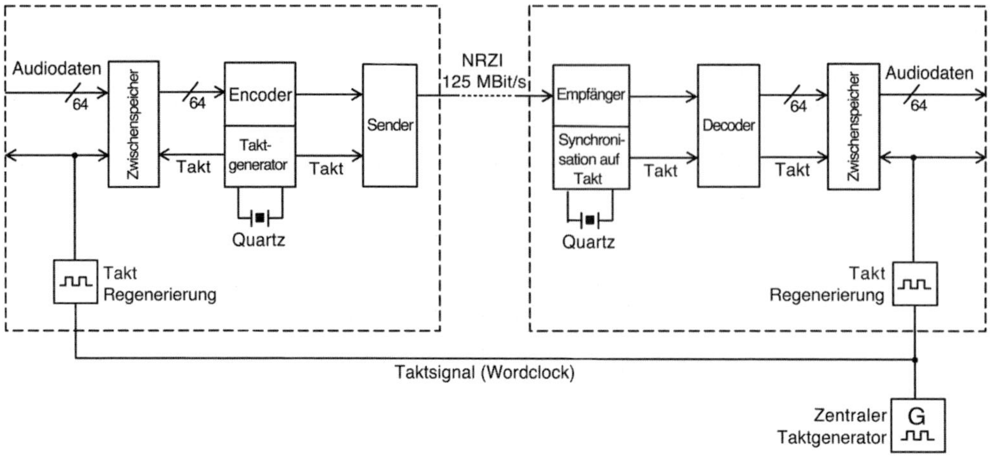

Abb. 13.28: MADI-Blockdiagramm

Die digitalen Audiosignale der einzelnen Tonkanäle werden sequenziell innerhalb eines Frames übertragen. Tab. 13.5 zeigt die Gliederung eines MADI-Datenframes am Beispiel einer Übertragung mit 56 Kanälen. Ein Frame ist hierbei 20,8 µs lang; das ist die so genannte Latenz, also die Zeitverzögerung, die auftritt, bis die nachfolgenden Daten (n+1) eines Kanals übertragen werden.

Tab. 13.5: MADI-Datenframe bei 56 Kanälen (Abtastfrequenz 48 kHz)

MADI Subframe	0	1	2	3	...	54	55	0
Audiokanal	Ch. 0	Ch. 1	Ch. 2	Ch. 3	...	Ch. 54	Ch. 55	Ch. 0
Sample-Nummer	n	n	n	n	...	n	n	n + 1
AES3 Subframe	A	B	A	B	...	A	B	A
Zeitfenster	← 20,8 µs →							

Abb. 13.29: MADI-Anschlüsse

ADAT-Lightpipe

Dieses digitale Audioprotokoll hat seinen Ursprung bei den ADAT-Bandrecordern des Herstellers Alesis. Es können acht Audiokanäle mit bis zu 24 Bit bei einer Abtastrate von 48 kHz übertragen werden. Bei zwei parallelen Leitungen kann die Abtastrate auf 96 kHz erhöht werden. ADAT-Lightpipe sichert eine selbsttaktende Übertragung durch einen NRZI-Code mit zusätzlichen Synchron-Bits. Ein Datenframe hat damit 256 Bit (Tab. 13.6). An das Interface (Abb. 13.30) wird ein Kunststoff-Lichtwellenleiter mit TosLink-Steckverbinder angeschlossen.

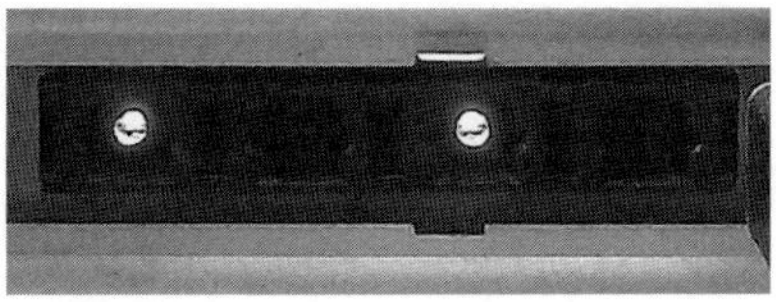

Abb. 13.30: Optische TOSLink-Schnittstellen an einer Soundkarte

Tab. 13.6: ADAT-Datenframe

Bit im Frame	Funktion	Daten
0 bis 4	Anfang des Frames	00000
5	Synchronisations-Bit	1
6 bis 9	User Bit	MIDI & Timecode
10	Synchronisations-Bit	1
11 bis 14	Kanal 1, Bit 0 bis 3	Audio
15	Synchronisations-Bit	1
16 bis 19	Kanal 1, Bit 4 bis 7	Audio
20	Synchronisations-Bit	1
21 bis 24	Kanal 1, Bit 8 bis 11	Audio
25	Synchronisations-Bit	1
26 bis 29	Kanal 1, Bit 12 bis 15	Audio
30	Synchronisations-Bit	1
31 bis 34	Kanal 1, Bit 16 bis 19	Audio
35	Synchronisations-Bit	1
36 bis 39	Kanal 1, Bit 20 bis 23	Audio
40 bis 69	Kanal 2 (Gleiche Struktur wie Kanal 1)	Audio / Sync.
70 bis 99	Kanal 3 (Gleiche Struktur wie Kanal 1)	Audio / Sync.
100 bis 129	Kanal 4 (Gleiche Struktur wie Kanal 1)	Audio / Sync.
130 bis 159	Kanal 5 (Gleiche Struktur wie Kanal 1)	Audio / Sync.
160 bis 189	Kanal 6 (Gleiche Struktur wie Kanal 1)	Audio / Sync.
190 bis 219	Kanal 7 (Gleiche Struktur wie Kanal 1)	Audio / Sync.
220 bis 249	Kanal 8 (Gleiche Struktur wie Kanal 1)	Audio / Sync.
250	Synchronisations-Bit	1
251 bis 255	Ende des Frames	00000

13.7 Synchronisation

Immer wenn zwei Geräte im „Gleichtakt“ laufen sollen, ist Synchronisation ein Thema. Zum einen ist das bei der Übertragung von digitalen Audioprotokollen der Fall, zum anderen müssen aber auch bewegte Bildmedien (Computeranimationen, Video und Film) synchron zu den Tonspuren laufen.

Jitter und Wordclock

Schwankungen oder „Zittern“ des digitalen Taktes auf der Zeitebene werden als Jitter bezeichnet. Erfolgen diese Schwankungen periodisch, liegt ein systematischer Jitter vor. Bei einem nichtsystematischen Jitter werden dagegen die Fehler durch zufällige „Einmalereignisse“ verursacht. Ursachen für Jitter können zum Beispiel sein: Elektromagnetische Einstreuungen auf Kupferleitungen, eine fehlerhafte Erdung, fehlerhafte Anpassung oder eine chromatische Streuung des Lichts bei Lichtwellenleitern.

Auswirkungen:

Systematischer Jitter → Das Signal wird in der Phase verzerrt, und es entstehen zusätzliche Seitenbänder im Spektrum.

Nichtsystematischer Jitter (Abb. 13.31) → Erzeugt ein zusätzliches Rauschen, welches in der Amplitude schwankt.

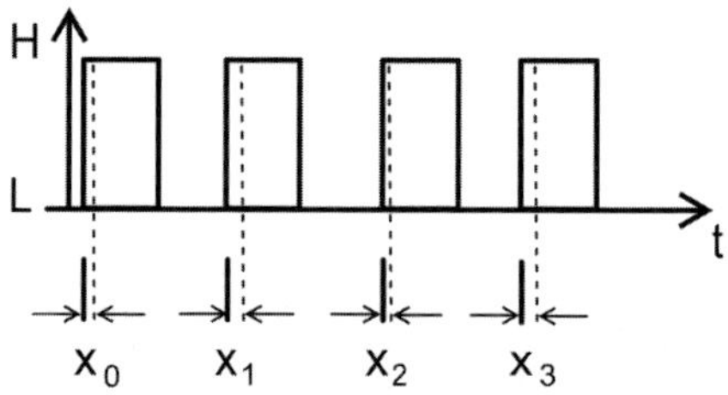

Abb. 13.31: Digitales Taktsignal mit Zeitfehlern (Jitter)

Grundsätzlich müssen zur Verminderung von Jitter digitale Geräte bei der Signalübertragung synchronisiert werden. Als Taktsignal kann die Abtastfrequenz dienen, die in diesem Zusammenhang „Wordclock“ genannt wird. Ein Gerät im digitalen Verbund ist die Quelle (Master) dieser Wordclock, die anderen laufen synchron dazu (Slaves). Für professionelle Studioumgebungen wird die *zentrale Wordclock-Verteilung* empfohlen. Der Takt wird hier durch einen Wordclock-Generator erzeugt. Die Verteilung an die Slaves erfolgt über einen Wordclock-Verteiler beispielsweise mit einem Eingang und acht Ausgängen. Das Taktsignal wird über ein Koaxialkabel mit 75 Ω übertragen (Abb. 13.32), die Amplitude beträgt zwischen 1 und 5 V.

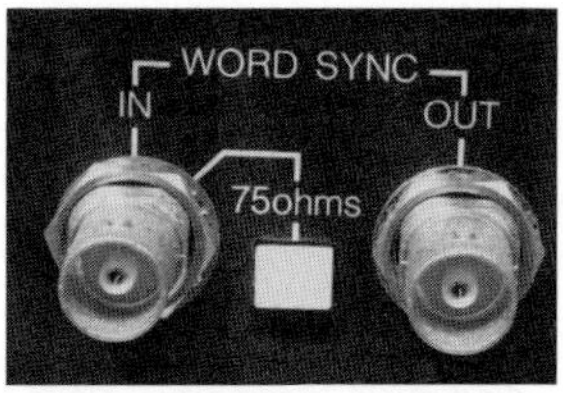

Abb. 13.32: Wordclock-Anschlüsse

Weitere Methoden zur Wordclock-Generierung

- *Embedded Sample-Rate Clock:* Das digitale Audiosignal am Eingang liefert den Takt. Ein Nachteil bei diesem Verfahren ist der zunehmende Zeitfehler zwischen den Geräten bei einer Reihenschaltung. Dieses Verfahren wird daher nicht empfohlen.

- *Global Positioning System (GPS):* Das Zeitsignal eines GPS-Empfängers dient als Referenz zur Berechnung einer Wordclock. Dies setzt natürlich voraus, dass ein GPS-Signal empfangen werden kann.

- *Videosignal als Referenz:* Die Wordclock wird mit Hilfe der Austastlücke eines Videosignals generiert. Diese Methode ist bei kombinierten Audio- und Videoumgebungen anwendbar.

Rückgewinnung des Taktsignals bei MADI

Innerhalb eines MADI-Datenstroms kann das Taktsignal stark schwanken. Es gibt daher spezielle Schaltungen, die einen stabilen Takt zurückgewinnen und so den Jitter minimieren. Zum Beispiel die SteadyClock des Herstellers RME: Das Oszillatorbild in Abb. 13.33 zeigt oben eine Schaltflanke einer MADI-Wordclock mit einem Jitter von ca. 80 ns, unten ist dagegen die regenerierte Clock mit Schwankungen von weniger als 2 ns zu sehen.

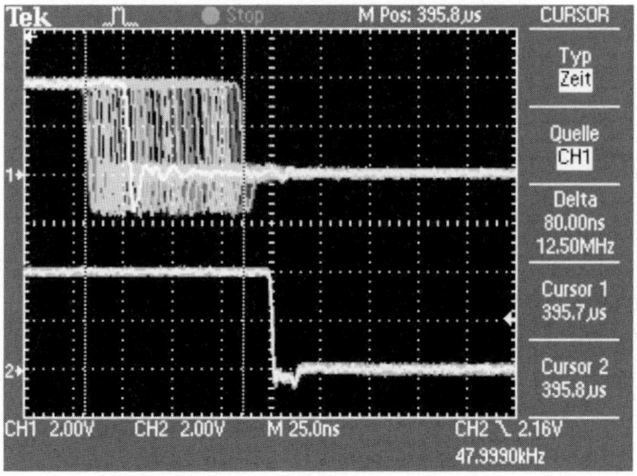

Abb. 13.33: Rückgewinnung einer MADI-Wordclock (RME SteadyClock)

Timecode

Ein Timecode-Signal, wie es in Abb. 13.34 eingeblendet ist, wird zum Beispiel zur Synchronisation von Zuspiel- und Aufnahmemedien oder für eine dynamische Mischpultautomation benötigt (s. Kap. 15.5).

Abb. 13.34: Videobild mit eingeblendetem Timecode

Datenformat des SMPTE Timecode

Der SMPTE Timecode (Society of Motion Picture and Television Engineers) hat das Zeitformat: Stunden : Minuten : Sekunden : Frames.

Eine Sekunde kann je nach verwendetem Standard (TV oder Film) in eine unterschiedliche Anzahl von Frames unterteilt werden (Tab. 13.7).

Tab. 13.7: Timecode-Standards und Anzahl der Frames

Standard	Frames pro Sekunde
SMPTE 30	30
NTSC 30 (Dropframe)	29,97
PAL 25 EBU	25
Film	24

Inzwischen gibt es auch Bildformate in High-Definition mit 48, 50 oder 60 Frames pro Sekunde. Allerdings gibt es noch keinen konkreten Lösungsvorschlag des SMPTE-Ausschusses, wie diese Bildraten in den Timecode integriert werden sollen. Prinzipiell ist es möglich, ein Frame weiter in Subframes zu unterteilen, zum Beispiel in 100 Subframes. Dies ist aber nur ein Notbehelf.

Bandbreite des SMPTE Timecodes

Der SMPTE Timecode wird als Biphase-Mark-Code generiert. Die geringe Bitrate mit 80 Bit pro Frame erlaubt dabei eine Übertragung als Audiosignal über symmetrische Leitungen (Abb. 13.35).

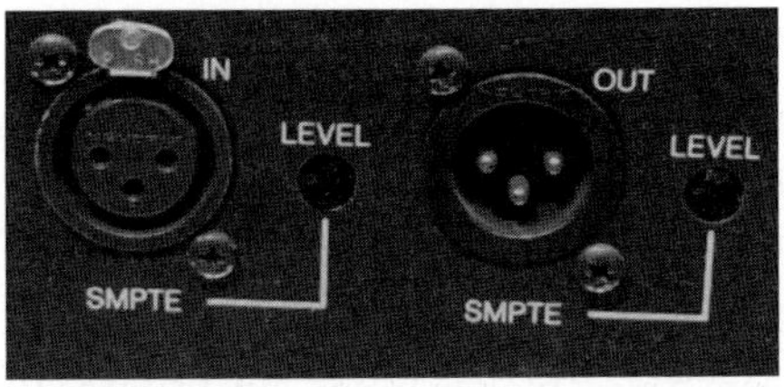

Abb. 13.35: Anschlüsse für SMPTE Timecode

Zur Synchronisierung analoger Bandmaschinen (s. Kap. 21.1.1) wird das Timecode-Signal auf eine freie Tonspur aufgezeichnet. Genau für diese Anwendung wurde die Bandbreite des Timecodes optimiert. Die Bandbreite, die ein digitales Signal beansprucht, lässt sich prinzipiell aus der Anzahl der übertragenen Bits pro Sekunde berechnen. Exemplarisch soll dies hier für den SMPTE Timecode aufgezeigt werden.

Die höchste Frequenz $f_{o\,(30F)}$ tritt im Timecode auf, wenn bei 30 Frames pro Sekunde alle 80 Bits auf „1" gesetzt sind (Abb. 13.36 oben). Die tiefste Frequenz $f_{u\,(24F)}$ ist bei 24 Frames pro Sekunde gegeben, und wenn nur Nullen übertragen werden. Dieser Wert muss noch durch zwei geteilt werden, da die Signalspannung bei den Nullen des Biphase-Mark-Codes doppelt so lange gehalten wird (Abb. 13.36 unten).

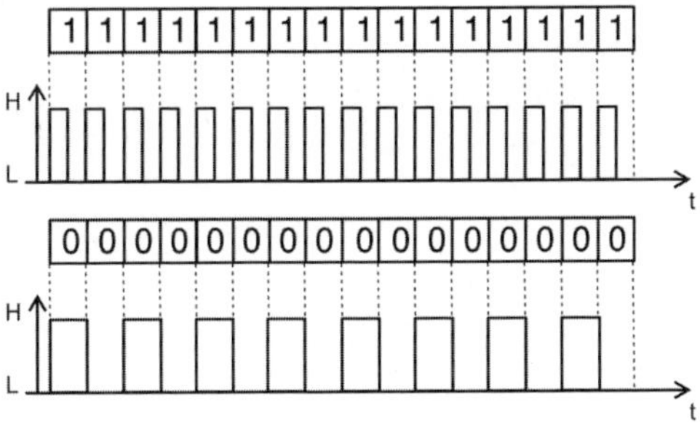

Abb. 13.36: Biphase-Mark: oben: nur Einsen, unten: nur Nullen

Berechnung von f_o bei der höchsten Frame-Anzahl (30 Frames), alle Bits auf „1" gesetzt:

$$f_{o\,(30F)} = 30\ \text{Frames} \cdot 80\ \text{Bit} = 2400\ \text{Hz}$$

Berechnung von f_u bei der niedrigsten Frame-Anzahl (24 Frames), alle Bits auf „0" gesetzt:

$$f_{u\,(24F)} = \frac{f_{o\,(24F)}}{2} = \frac{24\ \text{Frames} \cdot 80\ \text{Bit}}{2} = 960\ \text{Hz}$$

Die maximale Bandbreite Δf des Timecodes ist dann die Differenz aus beiden Frequenzen:

$$\Delta f = f_{o\,(30F)} - f_{u\,(24F)} = 2440\ \text{Hz} - 960\ \text{Hz} = 1440\ \text{Hz}$$

Longitudinal Timecode (LTC)

Der LTC wird bei der Aufzeichnung auf Magnetbändern mit feststehendem Tonkopf in eine Längsspur geschrieben (s. Kap. 21.1.1). Bei Tonbändern muss dazu eine freie Audiospur verwendet werden, bei Videobändern gibt es eine dafür reservierte LTC-Spur. Das Auslesen des Timecodes ist nur möglich, wenn das Band bewegt wird.

Am Anfang und Ende jedes 80 Bit-Wortes steht ein Synchronwort. Die eigentliche Zeitinformation findet sich in den Bits, wie sie in Tab. 13.8 aufgeführt sind.

Tab. 13.8: Aufteilung der Bits beim LTC

Stunden		Minuten		Sekunden		Frames	
Bit 56 und 57	Bit 48 bis 51	Bit 40 bis 42	Bit 32 bis 35	Bit 24 bis 26	Bit 16 bis 19	Bit 8 und 9	Bit 0 bis 3
h	h	m	m	s	s	f	f

Die „Lücken“ im Byte werden mit Userbits aufgefüllt, die zur Übertragung beliebiger Daten herangezogen werden können, wie dem Datum oder einer Szenennummer. Für einige Bits gibt es bisher auch noch keine Festlegung durch den SMPTE-Ausschuss.

Vertical Interval Timecode (VITC)

Die Aufzeichnung und Wiedergabe des VITC erfolgt über eine schräg stehende, rotierende Kopftrommel wie sie Videorecorder haben (s. Kap. 21.1.2 und 22.4). Das Auslesen ist dann auch bei stehendem Band möglich, da sich die Kopftrommel weiter dreht und Daten ausliest (Abb. 13.37).

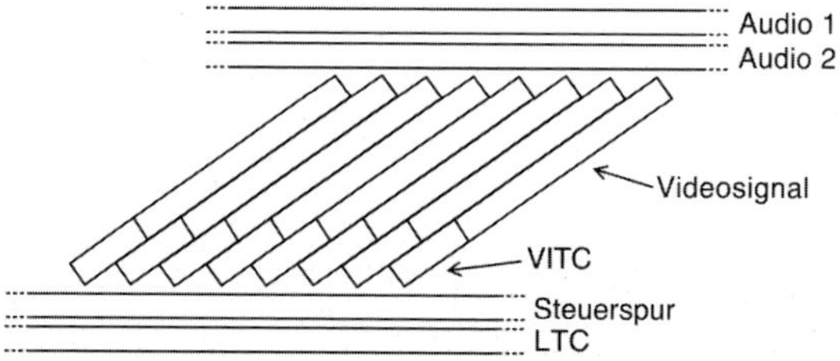

Abb. 13.37: Spurbild eines Videobandes mit LTC und VITC

Die Aufteilung der Bits ist bei VITC und LTC unterschiedlich (Tab. 13.9). Zudem werden noch zusätzliche Bits für eine Prüfsumme (CRC) angehängt, so dass ein LTC-Datenframe insgesamt 90 Bits umfasst.

Tab. 13.9: Aufteilung der Bits beim LTC

Stunden		Minuten		Sekunden		Frames	
Bit 72 und 73	Bit 62 bis 65	Bit 52 bis 54	Bit 42 bis 45	Bit 32 bis 34	Bit 22 bis 25	Bit 12 und 13	Bit 2 bis 5
h	h	m	m	s	s	f	f

MIDI Timecode (MTC)

Hier wird der SMPTE Timecode als „System Common Message" in das MIDI-Protokoll eingebettet. MTC-Konverter müssen die Signale zur Synchronisation verschiedener Geräte umwandeln, da MIDI-Hardware mit einer besonderen Art der Synchronisierung arbeitet (UART, s. Kap. 14). Beim MTC wird zwischen einer Short Message und einer Full Message unterschieden:

MTC Short Message: Diese wird bei laufendem System kontinuierlich gesendet und dient damit der ständigen Synchronisation.

MTC Full Message: Dies ist eine Locator-Funktion zur Positionierung von Zuspielern auf eine bestimme Timecode-Position. Sie wird nur bei Bedarf gesendet.

Schöne Hände an einem schönen Digitalpult (Studer Vista 7)

13.8 Übungsaufgaben

Aufgabe 1

Was sind Vor- und Nachteile der digitalen Audiotechnik? Finde jeweils drei Argumente.

Aufgabe 2

Rechne die binäre Ziffernfolge 1111 0101 in die entsprechende Dezimal- und Hexadezimalzahl um.

Aufgabe 3

Was besagt das Abtasttheorem? Wie heißt der Fehler, wenn das Abtasttheorem nicht eingehalten wird?

Aufgabe 4

Bei AES/EBU-Verbindungen kann auf die Mitübertragung von Synchronwörtern verzichtet werden. Warum?

Aufgabe 5

Was sind die wesentlichen Merkmale von Steckverbindungen für ein AES/EBU- und ein S/P-DIF-Interface?

Aufgabe 6

Welche maximale Auflösung für ein Audiosample ist im AES/EBU-Standard definiert?

Aufgabe 7

Wie viele Audiokanäle können maximal über MADI übertragen werden und mit welcher Auflösung?

Aufgabe 8

a) Warum müssen digitale Audiogeräte mit einer Wordclock synchronisiert werden?

b) Welche Art von Wordclock-Synchronisierung wird für eine Studioumgebung empfohlen?

Aufgabe 9

Beim SMPTE Timecode kann eine Sekunde je nach Bildzahl in unterschiedliche viele Frames unterteilt werden. Nenne drei Varianten.

Aufgabe 10

Über AES/EBU können digitale Audiosignale mit Abtastraten zwischen 22,05 und 384 kHz übertragen werden. Wie groß ist damit die theoretische maximale Bandbreite?

Literaturtipp

Görne T. Tontechnik.
Hanser Verlag, München 2006

14 MIDI

Das Thema MIDI kann in Verbindung mit Kapitel 13 „Digitale Audiosignale" im ersten Lehrjahr unterrichtet werden. Eventuell auch im zweiten Lehrjahr im Zusammenhang mit dem Einsatz von Effektgeräten.

Die Abkürzung MIDI steht für „Musical Instrument Digital Interface". Diese digitale Schnittstelle wurde ursprünglich dafür entwickelt, Tastaturbefehle von Keyboards an Klangerzeuger zu senden (Abb. 14.1). Inzwischen wird MIDI auch für andere Anwendungen eingesetzt, zum Beispiel zur Übermittlung von Steuersignalen zwischen Mischpulten und Effektgeräten.

Abb. 14.1: Typische MIDI-Anwendung: Keyboard mit Sampler als Klangerzeuger

Die ersten Keyboards und Klangerzeuger mit MIDI-Anschlüssen kamen 1983 auf den Markt. Bereits vor Einführung von MIDI gab es die Möglichkeit, Synthesizer durch eine Control Voltage (CV) zu steuern. Diese Steuerspannung lag zwischen +10 V und -10 V und konnte eine Gleich- oder Wechselspannung sein, je nach Hersteller. Eine Normung des CV-Interfaces gab es also nicht. Erst nachdem einige Hersteller die MIDI Manufacturers Association gegründet hatten, wurde die MIDI-Spezifikation entwickelt und als Standard etabliert (www.midi.org, Mitglieder sind u. a. Yamaha, Microsoft, Texas Instruments, Kurzweil und Line 6).

14.1 Physikalische MIDI-Schnittstelle

Als Verbindung zwischen zwei MIDI-Geräten wird ein zweiadriges Kabel mit Schirm und 5-poligen DIN-Steckern verwendet (Abb. 14.2). Auf Pin 4 und 5 liegt das digitale MIDI-Signal, an Pin 2 ist der Kabelschirm angelötet.

Abb. 14.2: MIDI-Stecker

Geräte können prinzipiell drei MIDI-Anschlüsse haben (Abb. 14.3 und 14.4):

Abb. 14.3: MIDI-Anschlüsse

MIDI In: Hier werden MIDI-Daten empfangen. Durch einen Optokoppler erfolgt eine galvanische Trennung zur Vermeidung von Brummschleifen. Das funktioniert so: Eine Leuchtdiode im Inneren des Optokopplers leuchtet im Takt der anliegenden MIDI-Signalspannung; die nachfolgende lichtempfindliche Photodiode wandelt das Licht wieder in eine Spannung um.

MIDI Out: Hier liegen die Daten an, die das Gerät selbst erzeugt hat.

MIDI Thru: Die Daten vom MIDI In werden auf den Thru durchgeschleift. Hier können dann weitere Geräte angeschlossen werden, die das gleiche Signal erhalten sollen.

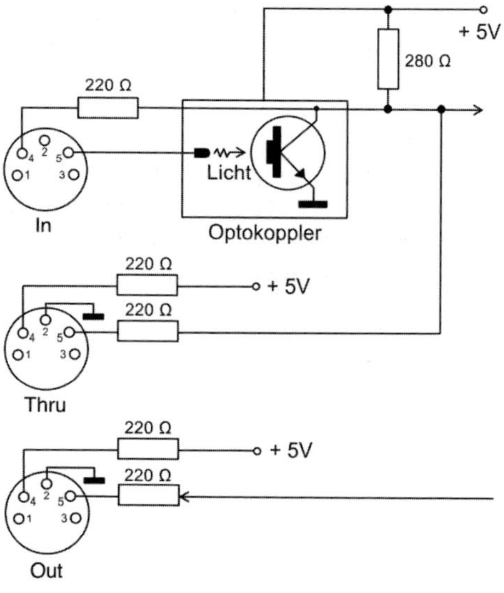

Abb. 14.4: MIDI-Schnittstelle

Technische Parameter

Die Daten werden seriell übertragen, d. h. die MIDI-Befehle werden, so wie sie hintereinander folgen, auf einer Leitung übertragen. Ein MIDI-Datenbyte hat 8 Bit. Am Anfang und am Ende jedes Bytes stehen zusätzlich ein Startbit (0) und ein Stopbit (1).

Mit 320 μs ist eine feste Übertragungszeit für ein Datenwort inklusive Kontrollbits definiert. Die daraus resultierende Übertragungsrate beträgt 31.250 Bit/s. Durch diese Definitionen zur Datenübertragung kann der Empfänger den Anfang und das Ende des Datenbytes erkennen und sich auf das Signal synchronisieren. Diese Art der Synchronisierung wird auch UART (Universal Asynchronous Receiver Transmitter) genannt.

Über die MIDI In-Buchse ist eine Gleichstromversorgung des empfangenden Gerätes möglich. Dies funktioniert aber meist nur, wenn der MIDI-Ausgang des Senders der MIDI-Spezifikation entspricht, also bei +5 V über 220 Ω an Pin 4 und dem Schirm an Pin 2.

14.2 MIDI-Daten

MIDI-Nachrichten werden systematisch unterteilt in Channel Voice, Channel Mode, System Common, System Realtime und System Exclusive Messages (Tab. 14.1).

Tab. 14.1: MIDI Message-Hierarchie

Message				
Channel		System		
Channel Voice	Channel Mode	System Common	System Realtime	System Exclusive

Channel Voice Messages (Noten- und Kontrollbefehle)

Noten- und Kontrollbefehle sind jeweils einem von 16 MIDI-Kanälen zugeordnet. Es handelt sich hierbei um „virtuelle" Kanäle, die auf einer Leitung übertragen werden. Die Empfängergeräte müssen auf einen Empfangskanal eingestellt werden, auf dessen Befehle sie reagieren sollen.

Tab. 14.2 zeigt, wie eine Channel Voice Message aufgebaut ist und welche Befehle übertragen werden können. Am Anfang steht immer ein Statusbyte, bei dem das erste Bit (das Most Significant Bit = MSB) immer eine 1 ist, gefolgt von einem oder zwei Datenbytes mit MSB = 0. Da bei den Datenbytes das MSB also immer feststeht, bleiben für die eigentliche Information nur sieben frei nutzbare Bits, also $2^7 = 128$ dezimale Werte.

Tab. 14.2: Channel Voice Messages

Statusbyte (MSB = 1)		1. Datenbyte	2. Datenbyte
1. Status-Halfbyte	2. Status-Halfbyte	(MSB = 0)	(MSB = 0)
Befehlsdefinition	MIDI-Kanalnummer 2^4 = 16 Kanäle (von 0 bis 15_{Dec})	Notennummer 2^7 = 128 Noten (von 0 bis 127_{Dec})	Anschlagsstärke 2^7 = 128 Velocity-Werte (von 0 bis 127_{Dec})
1000 Note Off	xxxx	0xxx xxxx	0xxx xxxx
1001 Note On	xxxx	0xxx xxxx	0xxx xxxx
1010 Key Pressure	xxxx	0xxx xxxx	0xxx xxxx
1011 Control Change	xxxx	0xxx xxxx	0xxx xxxx
1100 Program Change	xxxx	0xxx xxxx	Keine Daten
1101 Channel Pressure	xxxx	0xxx xxxx	Keine Daten
1110 Pitch Bend	xxxx	0xxx xxxx	0xxx xxxx

Erläuterung der Befehle

- Note On / Off: Eine Taste am Keyboard wird gedrückt bzw. losgelassen.
- Polyphonic Key Pressure: Druckänderung beim Anschlag jeder einzelnen Taste; zur Steuerung eines Vibratos.
- Control Change:
  - Erstes Datenbyte = Controller-Nummer.
  - Zweites Datenbyte = Controller-Wert.
  - Beispiele: Controller Nr. 64_{Dec} ist für das Dämpferpedal reserviert, Nr. 120_{Dec} bis 127_{Dec} sind für Channel Mode Messages vorgesehen (s. u.).
- Program Change: Hier gibt es nur ein Datenbyte und damit Werte von 0 bis 127_{Dec}
- Channel Pressure: Daten zur Druckänderung beim Anschlag; jedoch wird für die ganze Tastatur immer nur ein Wert gesendet. Werden zwei Tasten mit unterschiedlichem Anschlag gleichzeitig gespielt, dann wird ein gemittelter Wert für beide Tasten übertragen.
- Pitch Bend: Daten zur fließenden Tonhöhenänderung; in der Regel vom Pitchbend-Rad erzeugt.

Beispiel einer Channel Voice Message

Ein Befehl mit den binären Daten „1001 0101 0011 1100 0111 1001" steht für:

Statusbyte: 1001 = Note On und 0101 = MIDI-Kanal 5_{Dec}

Datenbyte 1: 0011 1100 = Notennummer 60_{Dec} (Note c^5)

Datenbyte 2: 0111 1001 = Anschlagsstärke 121_{Dec}

Channel Mode Messages (Kanalbetriebsart)

Die Befehle für die Kanalbetriebsart sind Control Change Messages mit Controller-Nummern von 120_{Dec} bis 127_{Dec}.

Die Controller-Nummern und ihre Bedeutung bei der Kanalbetriebsart

- 0111 1000 = 120_{Dec} All Sound Off (wird manchmal auch „Panik-Funktion“ genannt).
- 0111 1001 = 121_{Dec} Reset all Controllers.
- 0111 1010 = 122_{Dec} Local Control On/Off: Trennung der Tastatur vom eingebauten Klangerzeugermodul. Dies kann sinnvoll sein, wenn nur ein externer Klangerzeuger von der Tastatur angesprochen werden soll.
- 0111 1011 = 123_{Dec} All Notes Off. Folgt auf einen Note On-Befehl für einen bestimmten Ton nicht auch ein Note Off-Befehl, dann ist ein „Notenhänger“ die Folge. Abhilfe schafft hier ein All Notes Off.
- 0111 1100 = 124_{Dec} Omni Mode Off. Empfang auf allen MIDI-Kanälen.
- 0111 1101 = 125_{Dec} Omni Mode On. Kanaltrennung; das Empfängergerät reagiert nur auf den eingestellten Empfangskanal.
- 0111 1110 = 126_{Dec} Mono Mode On (= Poly Mode Off). Einstimmiges Spiel: Der Klangerzeuger kann auf jedem MIDI-Kanal nur eine Note spielen.
- 0111 1111 = 127_{Dec} Poly Mode On (= Mono Mode Off). Mehrstimmiges Spiel: Der Klangerzeuger kann auf jedem Kanal mehrere Noten gleichzeitig spielen.

System Common Messages (Allgemeine Systembefehle)

Die allgemeinen Systembefehle dienen zur Steuerung von Sequenzern, also von Hard- oder Software, welche MIDI-Befehle aufzeichnet und wiedergibt. System Common Messages beginnen mit einem Statusbyte, gefolgt von einem, zwei oder auch gar keinem Datenbyte.

Die Statusbytes und deren Bedeutung

- 1111 0000 = Reserviert für System Exclusive Messages (s. u.).
- 1111 0001 = MIDI Timecode (MTC, s. Kap. 13.7). Für die Kodierung der Position in Stunde, Minute, Sekunde und Frame sind insgesamt acht MTC-Bytes notwendig.
- 1111 0010 = Song Position Pointer. Positionsangabe als Anzahl verstrichener 1/16-Noten. Mit zwei Datenbytes können maximal 1024 4/4-Takte adressiert werden.
- 1111 0011 = Song Select. Es kann zwischen 128 gespeicherten Songs auf dem Sequenzer ausgewählt werden.
- 1111 0110 = Tune Request: Stimmung von Oszillatoren in Klangerzeugern (Synthesizer).
- 1111 0111 = End of System Exclusive (EOX), d. h. es folgen der Message keine weiteren systemexklusiven Daten.

System Realtime Messages (Echtzeit-Systembefehle)

Die Echtzeit-Systembefehle müssen nur dann aktiv sein, wenn mehrere Geräte synchronisiert werden sollen. Die MIDI-Clock sendet dann als Taktgeber regelmäßige Impulse (24-mal pro Viertelnote).

Statusbytes von System Realtime Messages

- 1111 1000 = MIDI Clock.
- 1111 1010 = Start (Abspielposition immer am Anfang des MIDI-Songs).
- 1111 1011 = Continue (Abspielposition beim letzen Stop).
- 1111 1100 = Stop.
- 1111 1110 = Active Sensing max. alle 300 ms; falls kein Active-Sensing-Signal mehr kommt, stoppt der Empfänger und schaltet wieder in den normalen Betriebsmodus zurück.
- 1111 1111 = System Reset: Setzt alle Geräteeinstellungen zurück.

System Exclusive Messages (Gerätebezogene Daten)

Bei diesen gerätebezogenen Daten kann im Prinzip jeder Hersteller den Verwendungszweck selber definieren. Das einleitende Statusbyte von System Exclusive Messages lautet: 1111 0000.

Mögliche Anwendungen

- Common System Exclusive Messages, zum Beispiel die Übertragung eines Herstellercodes (Tab. 14.3).
- MIDI Sample Dump Standard: Zur Sicherung digitaler Audiodaten, allerdings mit einer sehr langsamen Datenübertragung. Ein Audiosample von einer Sekunde Länge braucht ca. 40 Sekunden für die Übertragung.
- SysEx Data Dump: Zur MIDI-Datensicherung, also Archivierung von Geräteeinstellungen.

Tab. 14.3: Beispiel einer Nachricht mit SysEx-Daten

1111 0000	„Es folgen systemexklusive Daten“
0xxx xxxx	Hersteller ID; so steht z. B. 43_{Hex} = 0100 0011 für Yamaha
0xxx xxxx	Device ID = eine spezifische Gerätenummer
0xxx xxxx	SysEx-Daten jeglicher Art; vom Hersteller festgelegt
1111 0111	EOX
Alle Bytes zwischen dem Status und EOX müssen ein MSB = 0 haben	

Eine Besonderheit ist die MIDI Machine Control als ein erweiteter MIDI-Befehl. Damit können Zuspiel- und Aufnahmemedien ferngesteuert werden (Tab. 14.4).

Tab. 14.4: MIDI Machine Control (MMC)

1111 0000	„Es folgen systemexklusive Daten“
0111 1111	„Es folgen Real-Time-Daten“
0000 0110	„Es folgen MIDI Machine Control-Befehle“
0000 xxxx	Beispiele für MIDI-Machine-Befehle: 01_{Hex} Stop 02_{Hex} Play 03_{Hex} Deferred Play 04_{Hex} Fast Forward 05_{Hex} Rewind 06_{Hex} Record Strobe (Punch In) 07_{Hex} Record Exit (Punch Out) 08_{Hex} Record Ready 09_{Hex} Record Pause $0A_{Hex}$ Eject $0B_{Hex}$ Chase $0C_{Hex}$ Command Error Reset
1111 0111	EOX
Alle Bytes zwischen dem Status und EOX müssen ein MSB = 0 haben	

14.3 MIDI-Signalverteilung

MIDI Thru- & MIDI Merge-Boxen

MIDI Thru-Boxen verteilen ein Eingangssignal auf mehrere Ausgänge. MIDI Merger dagegen „mischen“ mehrere Eingangssignale auf einen Ausgang (Abb. 14.5). Dabei werden die MIDI-Befehle der Eingänge abwechselnd und ohne weitere Prüfung der Daten auf den Ausgang geleitet. Der Benutzer hat dafür zu sorgen, dass keine widersprüchlichen MIDI-Befehle von zwei Geräten über einen Merger zusammengeführt werden.

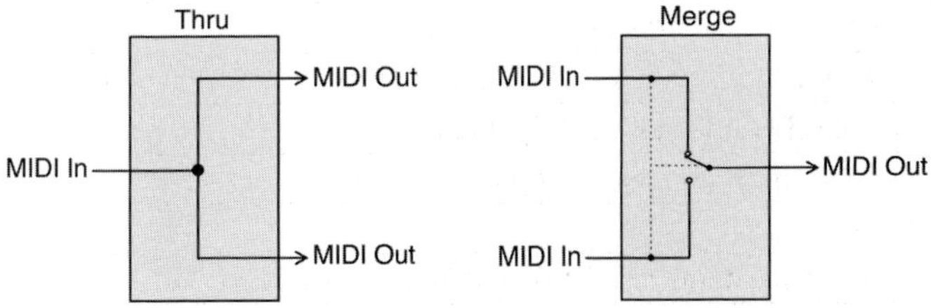

Abb. 14.5: MIDI Thru & Merge

MIDI Router / Patchbay

Ein MIDI Router ist etwas flexibler in der Signalverteilung als MIDI Thru und MIDI Merge. Per Hardware oder Software können in einer Schaltmatrix Ein- und Ausgänge beliebig verknüpft werden. Bei dem in Abb. 14.6 gezeigten Router kann jeder der vier Eingänge per Schieber auf jeden der acht Ausgänge geschaltet werden. Es handelt sich also um eine sehr einfache 4 x 8-Schaltmatrix.

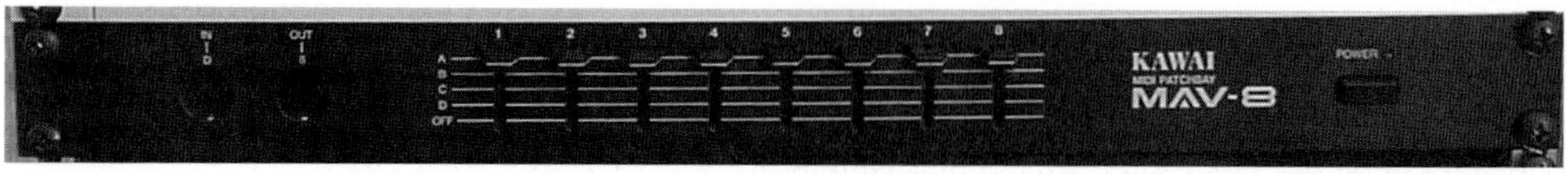

Abb. 14.6: MIDI Router (Kawai MAV-8)

MIDI-Leitungstreiber (Line Driver)

Die Datenübertragung über ein normales MIDI-Kabel ist nur bis zu einer gewissen Länge sicher (ca. 15 m). Soll ein MIDI-Signal über längere Wegstrecken übertragen werden, muss man einen Leitungsverstärker verwenden. Das verstärkte MIDI-Signal kann dann über ein symmetrisches Audiokabel geleitet werden. Es ist so eine Übertragung des Signals über mehrere hundert Meter möglich (Abb. 14.7).

Abb. 14.7: MIDI Line Driver (EES LDM-4)

MIDI-Signale über Funkstrecken

Es ist auch möglich, MIDI-Signale per Funk zu übertragen, was natürlich besonders für mobile Anwendungen in Frage kommt. Das in Abb. 14.8 gezeigte System von Kenton arbeitet im UHF-Band (s. Kap. 12.1) und gewährleistet bei direkter Sichtverbindung von Sender zu Empfänger eine sichere Datenübertragung über eine Strecke von 80 Metern im Freien und 30 Metern in geschlossenen Räumen.

Abb. 14.8: Drahtlose MIDI-Übertragung (Kenton MidiStream System)

MIDI-Signalverteilung: Anwendungsbeispiel

Abb. 14.9 zeigt das Blockschaltbild eines MIDI-Setups bei einer großen Live-Beschallung. In Tab. 14.5 sind die entsprechenden MIDI-Kanäle für dieses Setup aufgelistet.

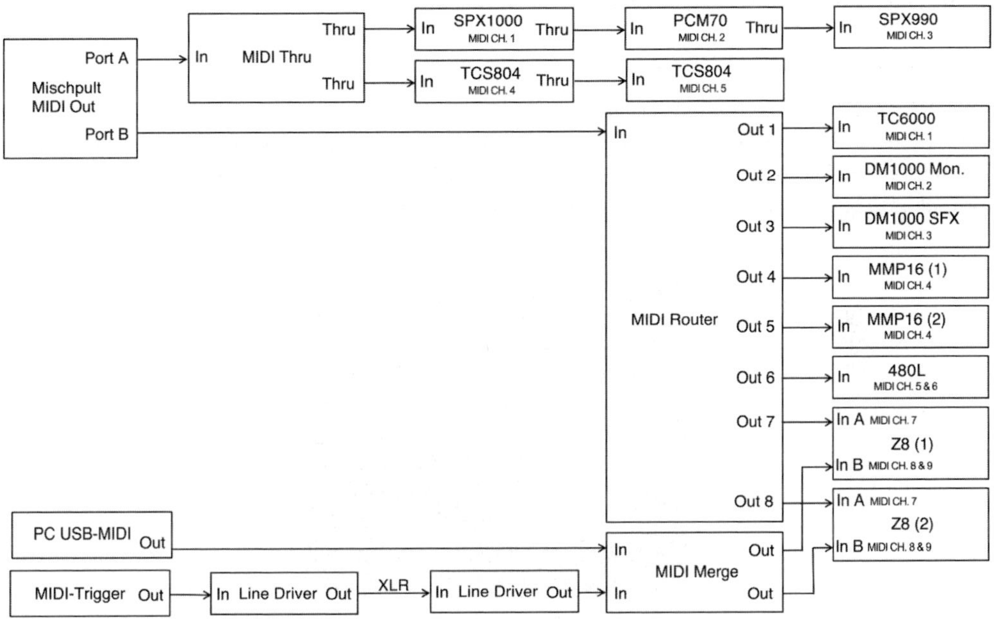

Abb. 14.9: MIDI Beispiel-Setup

Tab. 14.5: MIDI-Kanäle des Beispiel-Setups

Signalquelle	Kanal	Signalsenke	Steuerung von
Mischpult MIDI Port A	1	SPX1000	Hall für Bläser
Mischpult MIDI Port A	2	PCM70	Hall für Streicher
Mischpult MIDI Port A	3	SPX990	Echo-Effekt auf Stimmen
Mischpult MIDI Port A	4	TCS804	Delay Vocals A + B
Mischpult MIDI Port A	5	TCS804	Delay Vocals C
Mischpult MIDI Port B	1	TC6000	Surround Hall
Mischpult MIDI Port B	2	DM1000	Monitor-Mischpult
Mischpult MIDI Port B	3	DM1000	Soundeffekt-Mischpult
Mischpult MIDI Port B	4	MMP16	Playback
Mischpult MIDI Port B	5	480L Machine A	Hall für Stimmen
Mischpult MIDI Port B	6	480L Machine B	Hall für Rhythmusgruppe
Mischpult MIDI Port B	7	Z8 MIDI In A	Einspielung von Atmos
Szenenliste auf PC (USB-MIDI)	8	Z8 MIDI In B	Einspielung von Geräuschen
MIDI Trigger-Schalter	9	Z8 MIDI In B	Einspielung von Geräuschen

14.4 MIDI über USB und FireWire

Computer haben inzwischen standardmäßig USB- und/oder FireWire-Anschlüsse, und diese Schnittstellen können auch für die Übertragung von MIDI verwendet werden. Die MIDI-Daten werden dabei in die jeweiligen Datenprotokolle eingebettet. Die MIDI Manufacturers Association macht für FireWire einen Vorschlag, wie diese Einbettung geschehen soll, allerdings nicht für die USB-Schnittstelle. Hier gibt es neben verschiedene herstellerspezifische Lösungen eine Spezifikation durch das USB Implementors Forum (USB-IF)[1].

USB und FireWire

Die Abkürzung USB steht für Universal Serial Bus. Über diese Schnittstelle können externe Geräte an einen Computer angeschlossen werden. In einem USB-Kabel gibt es vier Adern; über zwei symmetrische Adern erfolgt die Datenübertragung, zwei weitere Adern dienen zur Stromversorgung der angeschlossenen Geräte. Die Spezifikation von USB 2.0 sieht eine Datenübertragungsrate von 480 MBit/s vor, der neue Standard USB 3.0 wird mindestens 4,8 Gbit/s erreichen. Bei USB gibt es einen zentralen (Host-)Controller, an dem die einzelnen Geräte (Clients) angeschlossen werden.

FireWire (IEEE 1394) ist ebenfalls eine serielle Schnittstelle, die von Apple für den Datenaustausch von Multimediageräten mit dem Computer entwickelt wurde. Vier Adern im Kabel sind für den Datentransfer notwendig, zwei weitere für die Stromversorgung (optional). Im Gegensatz zu USB ermöglicht FireWire eine direkte Kommunikation aller Geräte untereinander (Peer-to-Peer). Die Datenübertragungsraten hängen von der jeweiligen FireWire-Version ab. Bei FireWire 800 sind es ca. 800 MBit/s, bei der neuesten Version S3200 sind es ca. 3200 MBit/s.

mLAN

Die Abkürzung mLAN steht für „Music Local Area Network“ und wurde von der Firma Yamaha entwickelt. Anstatt eine Vielzahl von Kabeln zu verwenden, werden bei mLAN Audio-, MIDI-, Takt- und weitere Steuersignale über ein einzelnes, bidirektionales FireWire-Kabel übertragen.

Es sind dabei bis zu 63 physikalische Geräte anschließbar. Die Datenübertragungsrate beträgt max. 800 MBit/s, das ist genug, um mehrere Audio- und MIDI-Kanäle parallel zu nutzen. Es wird eine Steuersoftware angeboten, die über ein graphisches Interface die virtuelle „Verkabelung“ von angeschlossenen Geräten bzw. der geöffneten MIDI-Anwendungen erlaubt.

Inzwischen haben auch andere Hersteller mLAN-Produkte im Programm, so dass es nicht länger nur eine Insel-Lösung darstellt; zum Beispiel gehören Korg, Kurzweil, Apogee und PreSonus zur so genannten mLAN-Alliance. Dennoch ist diese Technik noch nicht sehr verbreitet.

[1] www.usb.org

14.5 Übungsaufgaben

Aufgabe 1

Wie viele MIDI-Kanäle können über eine physikalische Verbindung übertragen werden?

Aufgabe 2

Nenne die zwei wichtigsten Channel Voice Messages.

Aufgabe 3

Wie lautet das Status-Byte für einen Note On-Befehl auf MIDI-Kanal 01 als Binär-, Hexadezimal- und Dezimalzahl?

Aufgabe 4

In der Szenenliste eines Cue-Player (s. Kap. 21.2.4) ist ein MIDI-Befehl in der folgenden Form dargestellt:

90_{Hex} 010_{Dec} 127_{Dec}

Was bewirkt dieser Befehl bei einem angeschlossenen Sampler?

Aufgabe 5

Was ist ein MIDI Line Driver, und zu welchem Zweck wird dieses Gerät eingesetzt?

Aufgabe 6

Worin liegt der Vorteil eines mLAN gegenüber der herkömmlichen MIDI-Verkabelung?

Aufgabe 7

Wieder einmal eine Recherche-Aufgabe: Es wurde in diesem Kapitel die drahtlose Übertragung von MIDI-Signalen im UHF-Band angesprochen, die im professionellen Bereich zum Einsatz kommt. Daneben gibt es für den semiprofessionellen Bereich auch Geräte, die bei einer Übertragungsfrequenz von 2,4 GHz arbeiten. Warum ist dieses System für die Anwendung bei einer Live-Beschallung eher nicht geeignet (auch wenn die Werbung gerne das Gegenteil behauptet)?

Literaturtipps

Conrad JF. Recording.
PPV Medien, Bergkirchen 2006

Roland. MIDI-Guide.
Roland Elektronische Musikinstrumente, Norderstedt 2003
(Online-Version: http://unseretollepage.de/hosted/midiguide/)

Man beachte die Uhrzeit! (Tonstudio Hochschule der Medien, Stuttgart)

15 Mischpulte

Ein Mischpult ist die „Schaltzentrale" einer Beschallungsanlage. Die Funktionsweise von Mischpulten wird meist anhand des prinzipiellen Signalflusses erklärt. Im Lehrplan ist das Thema Mischpulte für das zweite Lehrjahr vorgesehen.

Mischpulte fassen als Hauptaufgabe zunächst einmal verschiedene Audioquellen zusammen. Daneben gibt es die Möglichkeit zur Klangbearbeitung durch integrierte Filter und über extern angeschlossene Effektgeräte. Über diverse Ausgänge findet eine Signalverteilung statt. Mischpulte können anhand ihrer Bauweise und ihres Einsatzgebiets unterschieden werden.

15.1 Bauweisen

Mischpulte in analoger Technik: Analoge Pulte zum Mischen mehrerer Audiosignale gibt es bereits seit der Mitte der 1940er Jahre. Die ersten Mischpulte hatten nur wenige Eingangskanäle (anfangs vier bis acht) und konnten die Signale lediglich auf eine Mono-Summe zusammenmischen. Inzwischen gibt es analoge Konsolen mit weit über 100 Eingangskanälen, Surround-Bussen und umfangreichen Möglichkeiten, den Klang zu beeinflussen.

Mischpulte in analoger Technik mit digitaler Steuerung: Wurden erstmals in den 1980er Jahren gebaut. Pulte in dieser Technik erlaubten es, Einstellungen abzuspeichern und später wieder abzurufen. Oft war das „Mischpult" nur die Bedienoberfläche für die Audioschaltungen, welche in einem Schaltschrank ausgelagert waren. Diese Pulte konnten sich nicht lange auf dem Markt halten, sie wurden inzwischen durch volldigitale Mischpulte abgelöst.

Digitalpulte: Seit Mitte der 1990er Jahre gibt es leistungsfähige Pulte, bei denen die Audio- und die Steuersignale ausschließlich digital verarbeitet werden. Im Prinzip ist ein digitales Mischpult ein Computer, der die Signale mittels Rechenoperationen manipuliert. Das Herzstück sind hier mehrere DSP (Digital Sound Processor).

15.2 Einsatzgebiete

Mischpulte für Mehrspuraufnahmen (Studiopulte)

Studiomischpulte für Mehrspuraufnahmen bieten umfangreiche Schaltmöglichkeiten zur Anwahl der gewünschten Aufnahmespur (Routing). Neben den Eingangskanälen gibt es eine Monitor-Section für eine Abhörmischung der aufgenommen Signale. Studiopulte können im Split- oder im Inline-Konzept aufgebaut sein.

Splitpulte: Input- und Monitor-Section sind auf der Bedienoberfläche räumlich getrennt. Bei der Aufnahme und der späteren Abmischung wird jeweils ein anderer Signalfluss realisiert (Abb. 15.1 bis 15.3).

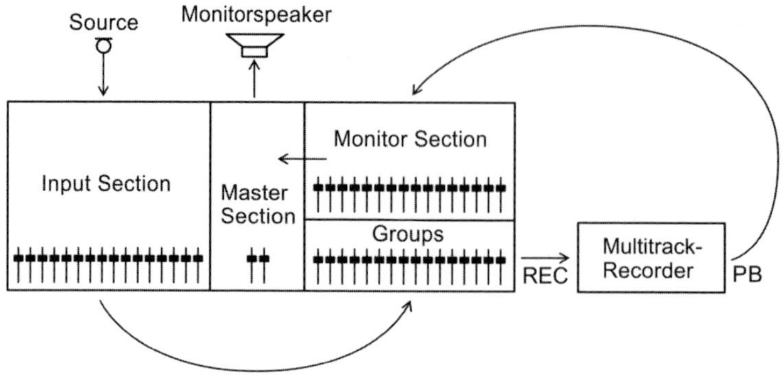

Abb. 15.1: Split-Konzept – Signalfluss bei der Aufnahme

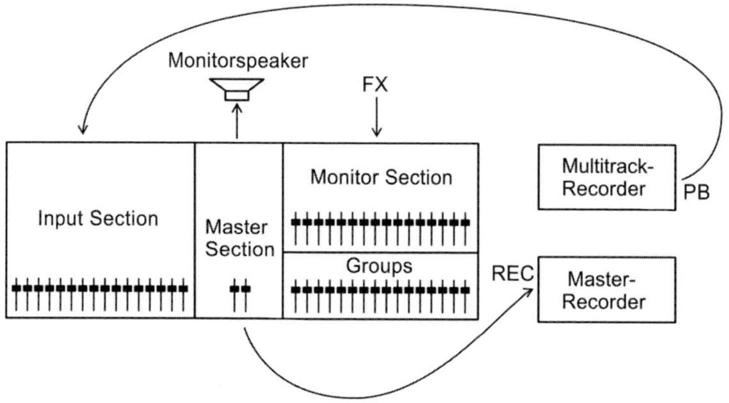

Abb. 15.2: Split-Konzept – Signalfluss bei der Abmischung

Abb. 15.3: Splitpult in einem Tonstudio (DDA AMR24; Fotografie von 1996)

Inline-Pulte: Input und Monitor sind hier im Kanalzug vereint. Ein Kanal hat also zwei Eingänge und auch zwei Pegelsteller (meist einen großen und einen kleineren). Den Signalfluss bei der Aufnahme und der Abmischung zeigen Abb. 15.4 und 15.5. Ein typisches Inline-Studiopult ist in Abb. 15.6 zu sehen.

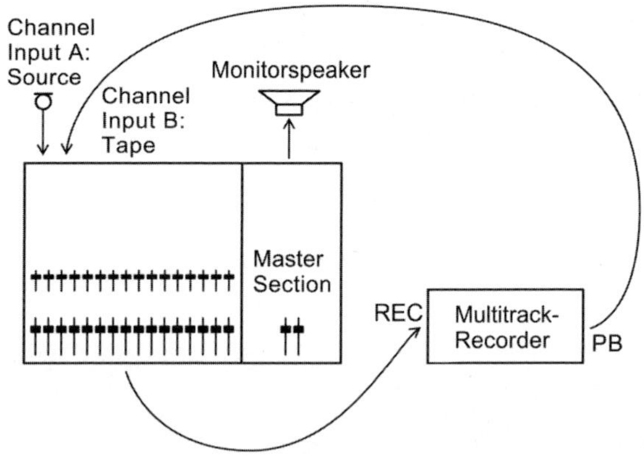

Abb. 15.4: Inline-Konzept – Signalfluss bei der Aufnahme

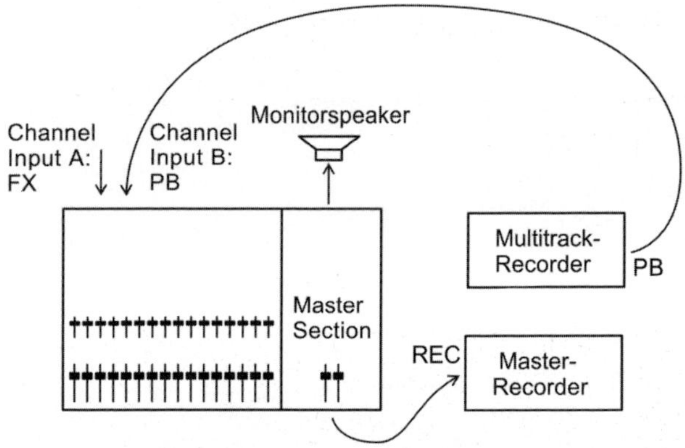

Abb. 15.5: Inline-Konzept – Signalfluss bei der Abmischung

Abb. 15.6: Inline-Konsole (MCI JH500 aus den 1970er Jahren)

Die Unterscheidung nach Mischpultkonzepten war sinnvoll, als es noch ausschließlich analoge Pulte auf dem Markt gab. Heutzutage werden in fast allen Bereichen digitale Mischpulte eingesetzt, die aufgrund ihrer Flexibilität sowohl im Studio als auch für die Beschallung verwendet werden können. Die meisten Digitalmischer haben ausreichend Kanäle für die zusätzliche Abhörmischung einer Mehrspuraufnahme, und es kann so problemlos der Signalfluss wie bei einem Splitpult realisiert werden. Wenn das digitale Pult pro Kanal zwei umschaltbare Eingänge hat, ist auch eine ähnliche Arbeitsweise wie beim analogen Inline-Konzept möglich.

Mischpulte für die Beschallung

Im Vergleich zu Studiopulten ist der Signalfluss bei einem Beschallungspult (Abb. 15.7) eher einfach gehalten. Als Besonderheit haben professionelle Beschallungspulte eine Mischmatrix, die eine umfangreiche Signalverteilung von verschiedenen Gruppenmischungen ermöglicht (Abb. 15.8). Auf den genauen Signalfluss eines analogen Beschallungspultes geht Kap. 15.3 ein.

Abb. 15.7: Analoges Beschallungspult (Cadac J-Type)

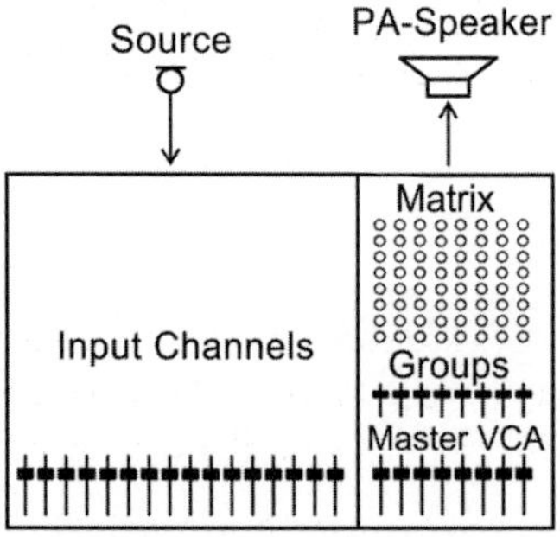

Abb. 15.8: Beschallungspult mit Mischmatrix

Ein Monitormischpult ist eine besondere Ausführung eines Beschallungspultes mit zusätzlichen, übersichtlich gestalteten Ausspielwegen für verschiedene Monitormischungen. Daneben verfügt es über umfangreiche Vorhörschaltungen. Große Monitormischpulte wie das in Abb. 15.9 haben ebenfalls eine Mischmatrix. Allerdings werden hier nicht die Gruppen, sondern die Ausspielwege weiter verteilt.

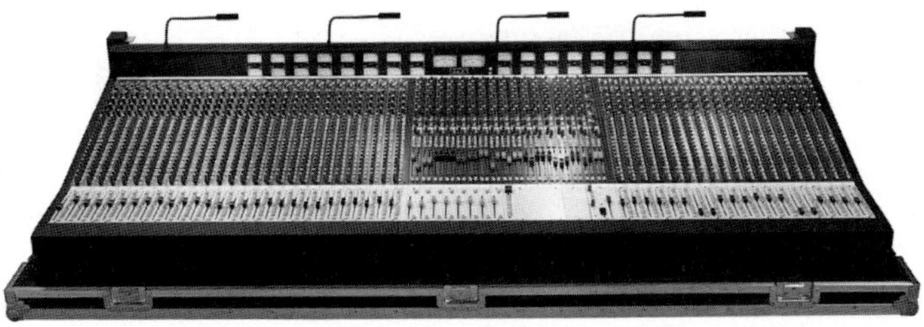

Abb. 15.9: Analoges Monitor-Mischpult (Soundcraft Monitor5)

Broadcast-Pulte

Broadcast-Pulte für TV und Radio (Abb. 15.10) haben eine Faderstart-Funktion integriert. Wird ein Fader aufgezogen, so wird durch einen Schaltkontakt im Regler das entsprechende Zuspielgerät eingestartet. Oft sind auch Kompressoren oder Gates in den Kanälen integriert (s. Kap. 16.1.2. „Regelverstärker"). Weiterhin gibt es manchmal eine n–1-Matrix, die beispielsweise bei einer Sendung mit Telefonschaltung zur Anwendung kommt: Der Anrufer hört hier alle (n) Signale aus dem Studio, nicht aber sich selber (Minus 1). So werden Rückkopplungen und störende Echos bei Schaltgesprächen vermieden.

Abb. 15.10: Broadcastpult in einem Radiostudio (Hochschule der Medien, Stuttgart)

Tragbare Mischer für mobile Einsätze

Tragbare Mischer werden bei Fernseh- oder Filmtonaufnahmen am Drehort eingesetzt und nutzen daher Akkus zur Stromversorgung. Aufgrund der handlichen Baugröße kann es natürlich nur eine begrenzte Anzahl von Ein- und Ausgangskanälen geben.

Der in Abb. 15.11 gezeigte tragbare Mischer SQN-4S Mini hat vier Eingänge – jeweils zwei für Mikrofonsignale und zwei für Signale mit Leitungspegel – und zwei Ausgänge. Integriert ist auch eine MS-Dekodierung, damit eine MS-Mikrofonierung (s. Kap. 10.2.1) schon am Drehort in Stereo abgehört werden kann.

Abb. 15.11: Tragbarer Mischer (SQN-4S Mini)

DJ-Mixer

DJ-Pulte erlauben den direkten Anschluss von Plattenspielern. Dazu ist ein Phono-Vorentzerrer im Kanaleingang integriert, und mit diesem wird das Signal der Schallplatte mit dem richtigen Frequenzgang wiedergegeben (RIAA-Wiedergabekennlinie, Abb. 15.12 rechts).

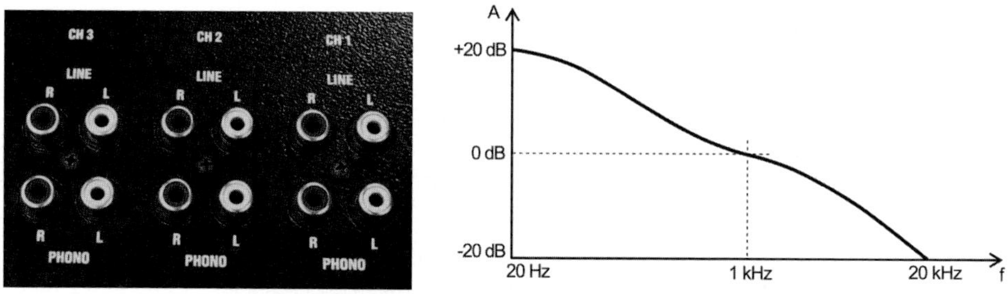

Abb. 15.12: Phono-Eingänge an einem DJ-Mixer und die RIAA-Wiedergabekennlinie

Zudem gibt es einen quer eingebauten Cross-Fader, der ein einfaches und schnelles Überblenden von zwei Stereokanälen ermöglicht (Abb. 15.13).

Abb. 15.13: DJ-Mixer (GMR PM400)

Line-Mixer

Line-Mixer sind reine Sammelschienen für Signale mit Leitungspegel. Sie kommen oft ohne Klangbearbeitung aus und sind meist im 19 Zoll-Rackformat gebaut. Anwendungsbeispiele: Vormischungen von mehreren Keyboards, Einspielungen in ein Theaterfoyer etc.

15.3 Signalfluss eines analogen Beschallungspultes

Durch die *Vorverstärker* werden die Pegel der Quellsignale angepasst. *Filter* bieten die Möglichkeit zur Klangbearbeitung, und mit den *Inserts* gibt es Einschleifwege für externe Effekte. Über die *Busse* werden mehrere Signale zusammengefasst; ein Mischpult ist damit eine Sammelschiene. In diesem Kapitel wird dieser Signalfluss Schritt für Schritt anhand eines analogen Beschallungspultes erläutert.

15.3.1 Mono-Eingangskanal

Abb. 15.14 zeigt das Schaltbild eines Mono-Eingangskanals. Im Folgenden werden die einzelnen Baugruppen bzw. Funktionseinheiten dieses Kanals systematisch im Signalfluss verfolgt und erklärt.

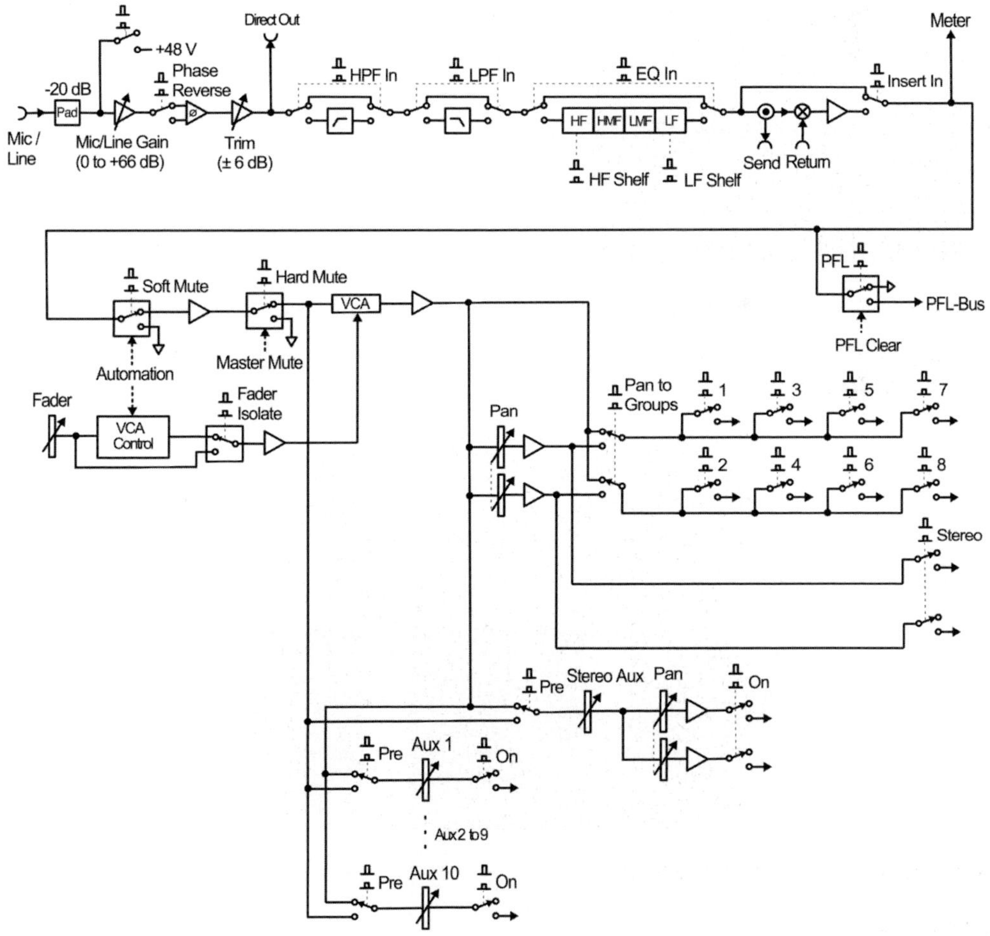

Abb. 15.14: Signalfluss Mono-Eingangskanal

Mikrofonvorverstärker

Am Anfang des Signalweges steht der Mikrofonvorverstärker (Abb. 15.15 und 15.16), der die relativ kleine Ausgangsspannung eines Mikrofons auf Leitungspegel verstärken soll. Über den mit „Gain“ beschrifteten Drehregler kann die Verstärkung eingestellt werden. Zur optischen Kontrolle gibt es im einfachsten Fall eine Peak-LED, die aufleuchtet, wenn der Pegel zu hoch ist. Die meisten Mischpulte haben inzwischen aber richtige Pegelanzeigen für jeden Kanal. Liegen Signale mit Leitungspegel an, muss meist der Dämpfungsschalter (Pad) gedrückt werden, mit dem der Pegel um 20 dB abgeschwächt wird. Der Mikrofonvorverstärker liefert auch die Phantomspeisung für Kondensatormikrofone und aktive DI-Boxen. Daneben gibt es noch einen Verpolungsschalter. Liegt zum Beispiel aufgrund einer unterschiedlichen XLR-Pinbelegung ein verpoltes Signal an, kann hiermit Pin 2 und 3 der Eingangsbuchse vertauscht werden.

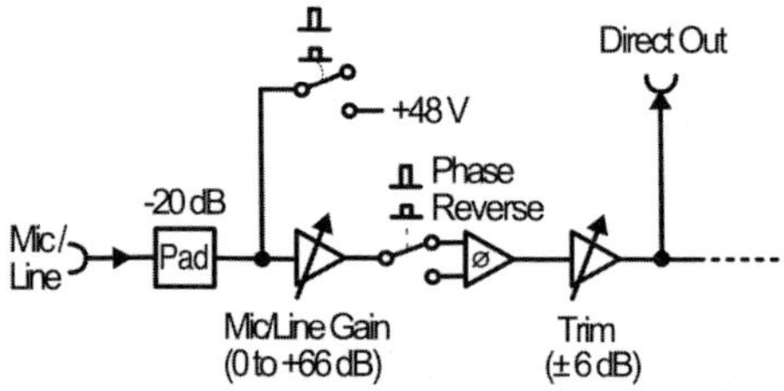

Mic/Line: *XLR-Eingangsbuchse für Signale mit Mikrofonpegel (-50 bis -30 dB_U) und Leitungspegel bzw. Rundfunknormpegel (+6 dB_U).*

Pad: *Zuschaltbare Vordämpfung mit -20 dB für Signale mit Leitungspegel.*

48 V: *Zuschaltbare Phantomspeisung für Kondensatormikrofone oder aktive DI-Boxen.*

Mic/Line Gain: *Drehregler mit 12 Positionen für 0 bis +66 dB_U Vorverstärkung. Einrastbare Gain-Regler haben den Vorteil, dass bei Stereosignalen beide Kanäle auf den exakt gleichen Pegel eingestellt werden können.*

Phase Reverse ø: *Verpolungsschalter.*

Trim: *Feinjustage der Vorverstärkung (±6 dB_U).*

Direct Out: *Direkter Abgriff des Signals hinter dem Vorverstärker, z. B. für Mehrspuraufnahmen.*

Abb. 15.15: Mikrofonvorverstärker

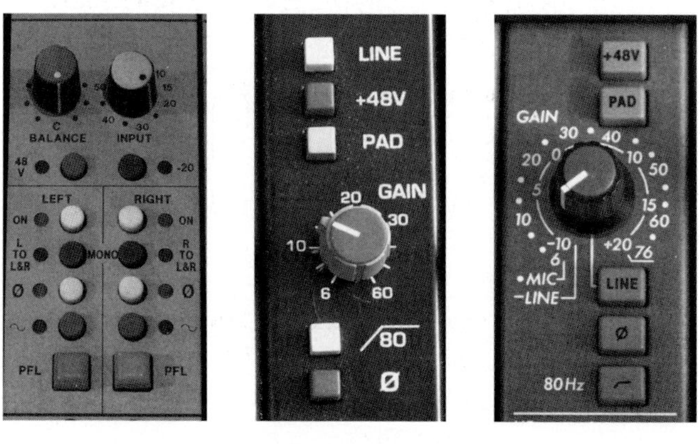

Abb. 15.16: Mikrofonvorverstärker verschiedener Pulte (Cadac, Crest und DDA)

Filter und Equalizer (EQ)

Nach dem Mikrofonvorverstärker durchläuft das Signal die Klangregelung (Abb. 15.17 und 15.18). Der Klang kann hier in verschiedenen Frequenzbändern bearbeitet werden: Tiefen, Mitten und Höhen. Wie Filter schaltungstechnisch aufgebaut sind, wurde bereits in Kap. 6.1 und 6.12.3 erläutert. Wie sie zur Klanggestaltung eingesetzt werden, folgt in Kap. 16.2.

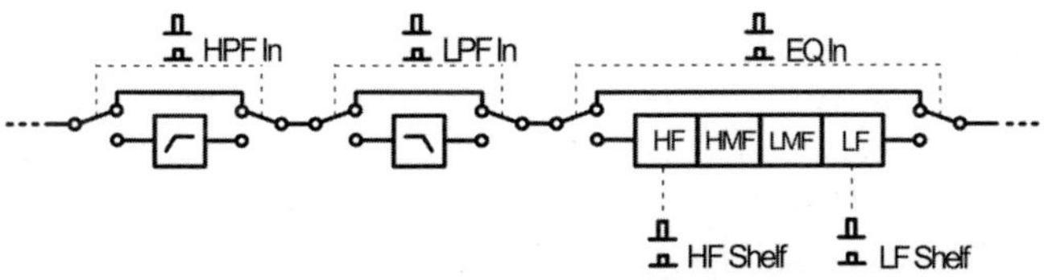

HPF/LPF In: *Die Hoch- und Tiefpassfilter können hier separat ein- und ausgeschaltet werden.*
EQ In: *Auch der Equalizer kann separat ein- und ausgeschaltet werden.*
HF/LF Shelf: *Die Höhen- und Tiefenklangregelungen können hier entweder als Filter mit Glockencharakteristik (Bell) oder als Kuhschwanz (Shelf) genutzt werden (s. Kap. 16.2).*

Abb. 15.17: Filter und Equalizer (EQ)

Abb. 15.18: Filter verschiedener Pulte (Cadac, Crest und DDA)

Insert

Insert-Buchsen ermöglichen das Einschleifen von externen Effektgeräten in den Signalweg des Kanalzuges (Abb. 15.19).

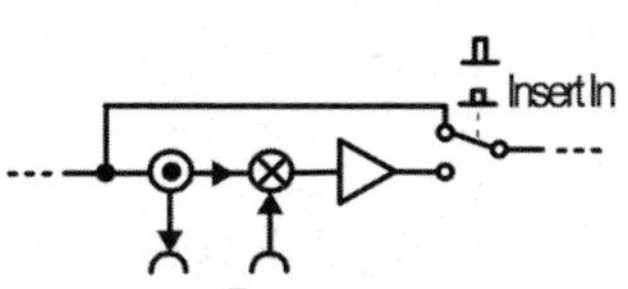

Abb. 15.19: Insert

Insert Send: *Das Signal kann hier für Effektgeräte über eine symmetrische Klinkenbuchse abgegriffen werden.*

Insert Return: *Ausführung als symmetrische Trennklinkenbuchse, d. h. erst beim Einstecken eines Return-Kabels wird der interne Signalfluss unterbrochen und stattdessen das externe Signal weitergeleitet.*

Insert In: *Der Einschleifweg kann hier ein- und ausgeschaltet werden.*

An manchen Mischpulten gibt es für den Insert Send und den Insert Return keine getrennten Anschlüsse. Diese Funktion übernimmt dann eine einzelne (Stereo-)Klinkenbuchse, die schlicht mit „Insert" beschriftet ist (Abb. 15.20). Um ein Effektgerät an diese Buchse anschließen zu können, braucht man spezielle Insert-Kabel (Abb. 15.21).

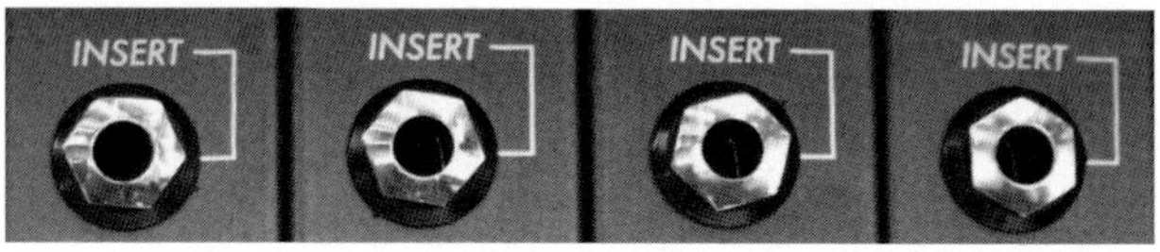

Abb. 15.20: Insert-Buchsen an einem Mischpult (DDA)

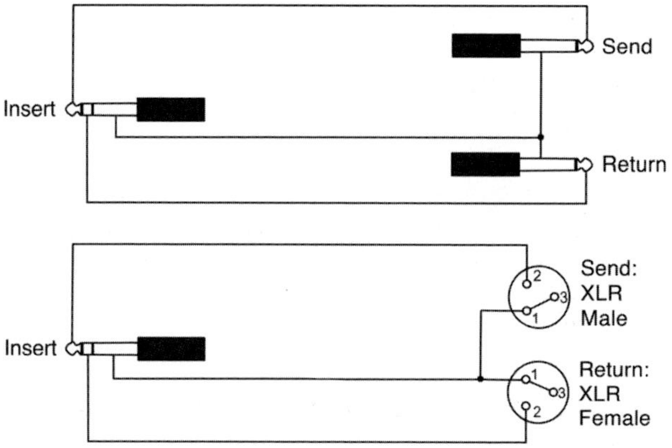

Abb. 15.21: Pin-Belegungen von Insert-Kabeln

Vorhören eines Signals (Solo-Abhören)

Mischpulte bieten meist mehrere Möglichkeiten zum Vorhören eines Signals:

Pre Fader Listening (PFL) = Der Abhörpunkt befindet sich vor dem Fader (Abb. 15.22 und 15.23).

After Fader Listening (AFL) = Der Abhörpunkt befindet sich nach dem Fader.

Solo in Place (SiP) = Abhören nach Fader und Panorama über den Summenbus. Dazu werden alle nicht angewählten Kanäle stummgeschaltet. Oft gibt es daher auch eine Safe-Schaltung, mit welcher einzelne Kanäle von der SiP-Funktion ausgenommen werden können, zum Beispiel die Effektrückwege. Mögliche Anwendung von Solo in Place: Gesangsspuren sollen mit dem dazugehörigen Hall pegelrichtig und im Panorama angeordnet abgehört werden. Solo in Place ist eher bei Studiopulten als bei Beschallungspulten zu finden.

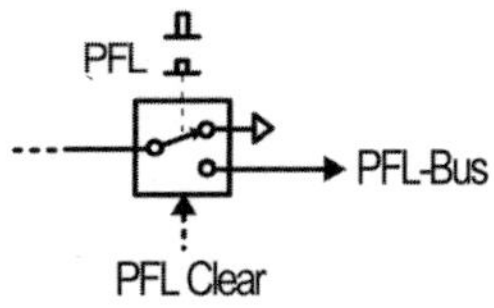

PFL: *Das Vorhörsignal wird hier vor dem Fader abgegriffen.*

PFL Clear: *Durch einen Taster auf dem zentralen PFL-Modul können alle angewählten Vorhörknotenpunkte wieder gelöst werden.*

PFL-Bus: *Das ist die Sammelschiene der PFL-Signale.*

Abb. 15.22: PFL

Abb. 15.23: PFL-Schalter (Crest und DDA)

Mute und Voltage Controlled Amplifier (VCA)

Was ist ein Voltage Controlled Amplifier?

Das Tonsignal wird nicht direkt über den Fader geführt, sondern zunächst einem Verstärker zugeleitet, dessen Verstärkungsmaß über eine Gleichspannung gesteuert wird. Durch den Fader wird dann nur eine Gleichspannung verändert, welche die Verstärkung des VCA steuert (Abb. 15.24 und 15.25).

Vorteile:

- Steuerung und Signalführung sind getrennt – somit wird eine Automatisierung von Abmischungen möglich.
- Der VCA im Kanalzug wird bei machen Pulten auch gleichzeitig zur Bearbeitung der Signaldynamik verwendet (Kompressoren oder Gates, s. Kap. 16.1.2).

Abb. 15.24: VCA-Pegelsteller (Cadac)

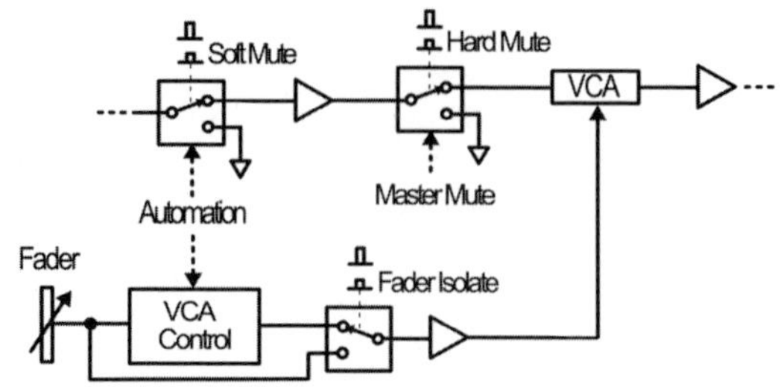

Soft Mute: *Stummschaltung des Kanals über ein Relais, welches auch über die Mischpultautomation ferngesteuert werden kann.*

Hard Mute: *Stummschaltung über ein Relais, das auch über einen zentralen Master-Mute geschaltet werden kann.*

VCA Control: *Zuweisung des VCA des Kanalzuges zu den VCA-Gruppen und Fernsteuerung über die Automation.*

VCA: *Voltage Controlled Amplifier.*

Fader Isolate: *Die Automation wird für diesen Kanal ausgeschaltet.*

Abb. 15.25: Mute und VCA

Alternative zu VCA: Servogetriebene Pegelsteller (Motorfader)

Servogetriebene Pegelsteller sind Fader, die sowohl von Hand, als auch mit einem Motor bewegt werden können (Abb. 15.26).

Motorfader bieten die Möglichkeit einer voll programmierbaren Motorsteuerung. Es ist aber auch jederzeit ein Eingreifen in automatisch ablaufende Einstellungen von Hand möglich. Von Vorteil ist auch, dass die Einstellung der Automation am Motorfader „abgelesen" werden kann.

Abb. 15.26: Ausgebaute Motorfader (Sony)

Panning und Routing

Nach dem VCA oder Fader folgt der Panorama-Regler (PanPot), durch den die Position des Signals im Stereo-Panorama eingestellt werden kann. Über das Routing wird das Signal des Kanals schließlich auf die Busse geschaltet (Abb. 15.27 und 15.28).

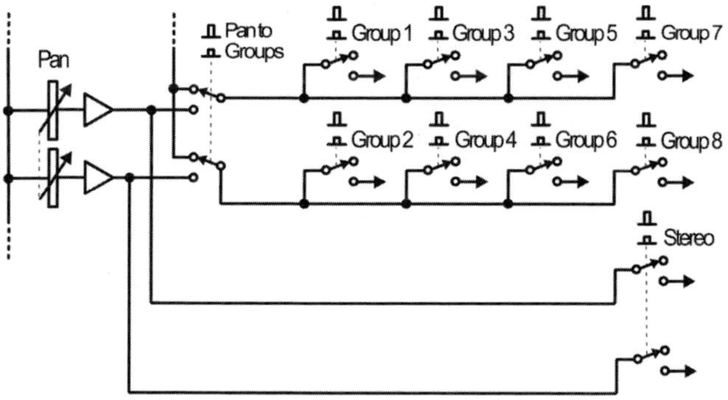

Pan: *Panorama-Regler. Pegelverteilung zwischen den geraden und ungeraden Gruppen.*

Pan to Groups:

Schalter nicht gedrückt = Das Signal wird direkt zur Gruppen-Anwahl geleitet (Mono-Signal für alle Gruppen).

Schalter gedrückt = Das Signal wird über die Panpots zur Gruppen-Anwahl geleitet (links für ungerade Gruppen, rechts für gerade Gruppen).

Group 1...8: *Aufschalten des Signals auf die jeweiligen Gruppen-Busse.*

Stereo: *Aufschalten des Stereo-Signals auf den Stereo-Bus.*

Abb. 15.27: Panning und Routing

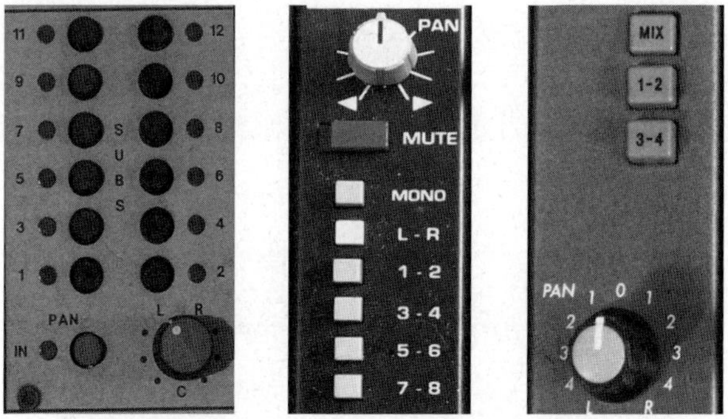

Abb. 15.28: Panning und Routing verschiedener Pulte (Cadac, Crest und DDA)

Ausspielwege (Auxiliaries)

Über die Ausspielwege werden separate Mischungen für externe Effektgeräte oder den Monitormix erstellt. Über eine Pre/Post-Schaltung kann bestimmt werden, ob das Signal vor oder nach dem VCA bzw. Fader abgezweigt werden soll. Monitormischungen werden in der Regel Pre Fader ausgespielt, Signale für Effektgeräte meist Post Fader (Abb. 15.29 bis 15.31).

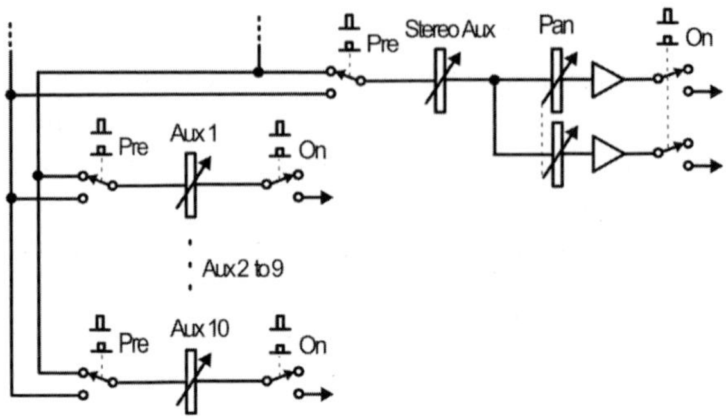

Pre: *Die Ausspielwege können hier Pre oder Post Fader geschaltet werden.*
Aux 1...10 / On: *Mono-Ausspielwege; Pegelregelung und Ein- und Ausschalten des Ausspielweges.*
Stereo Aux / Pan / On: *Stereo-Ausspielweg mit Panorama; Pegelregelung und Ein- und Ausschalten des Ausspielweges.*

Abb. 15.29: Aux Sends

Abb. 15.30: Ausspielwege (Cadac)

Abb. 15.31: Ausspielwege (Crest)

15.3.2 Gruppen und Matrix

Die zusammen gemischten Signale auf den Gruppen- und Summenbussen werden von den Gruppenmodulen wieder abgegriffen und über eine Mischmatrix auf die Pultausgänge geleitet. Kleine Beschallungspulte kommen auch ohne Matrix aus und haben lediglich eine Stereo-Summe. Sollen allerdings mehrere Lautsprechergruppen mit getrennten Signalen versorgt werden, wie dies bei großen Beschallungsanlagen die Regel ist (s. Kap. 19), ist eine Mischmatrix schon fast unentbehrlich (Abb. 15.32 bis 15.34).

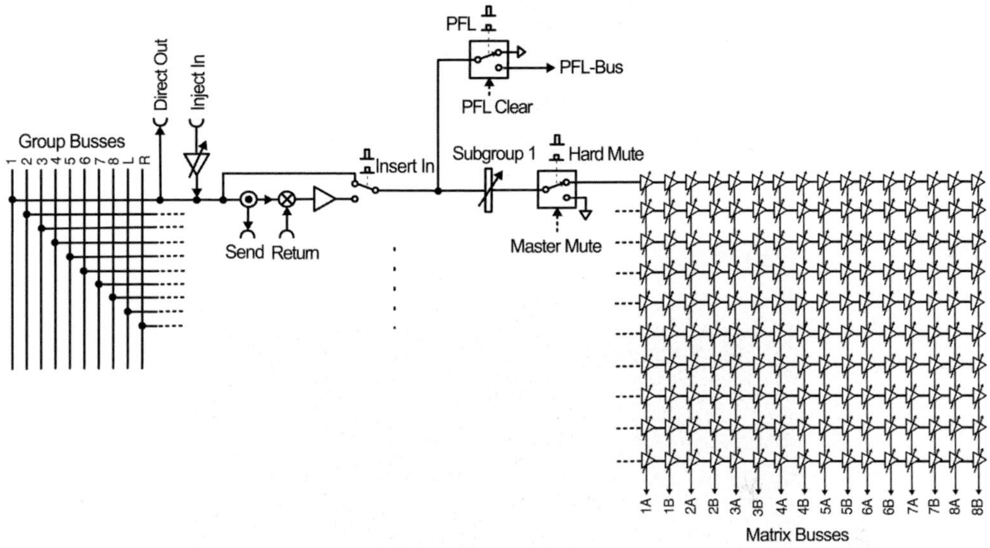

Group Busses 1 to 8: *Gruppen-Sammelschienen.*

Busses L/R: *Stereo-Sammelschienen.*

Direct Out: *Externer Abgriff des Gruppensignals, z. B. für Aufnahmen.*

Inject In: *Zumischen eines externen Signals, z. B. eines Submischers.*

Insert: *Einschleifweg.*

PFL: *Vorhören vor dem Gruppensummenregler.*

Subgroup-Fader: *Gruppensummenregler.*

Hard Mute: *Stummschalten der Gruppe unabhängig vom Master Mute.*

Matrix-Busses 1A to 8B: *Mischmatrix auf die Matrix-Busse (10 Eingänge und 16 Ausgänge).*

Abb. 15.32: Subgruppen und Matrix

Abb. 15.33: Gruppenregler (Cadac)

Abb.15.34: Mischmatrix (Cadac)

15.3.3 Aux-Master

Das Signal jedes einzelnen Ausspielbusses geht über einen Aux-Master-Regler, mit dem der Gesamtpegel der Mischung eingestellt werden kann (Abb. 15.35 und 15.36). Kombiniert mit einer PFL- oder AFL-Taste kann dieser Mix hier auch vorgehört werden.

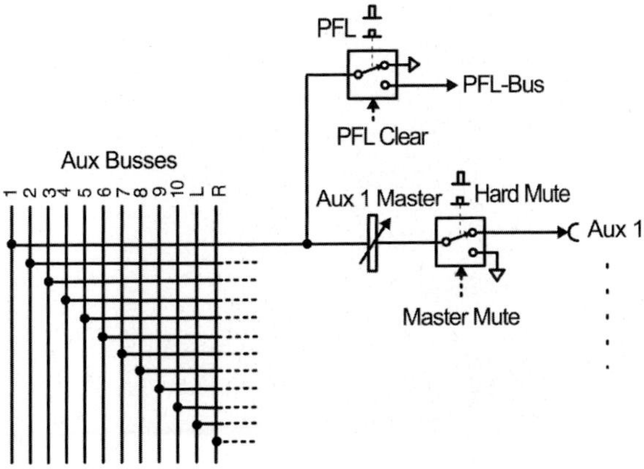

PFL: *Vorhören vor dem Aux-Summenregler.*
Aux 1 Master: *Summenregler des ersten Ausspielweges.*
Hard Mute: *Stummschalten des Ausspielweges.*
Aux 1: *Ausgangsbuchse des ersten Ausspielweges.*

Abb. 15.35: Aux-Master

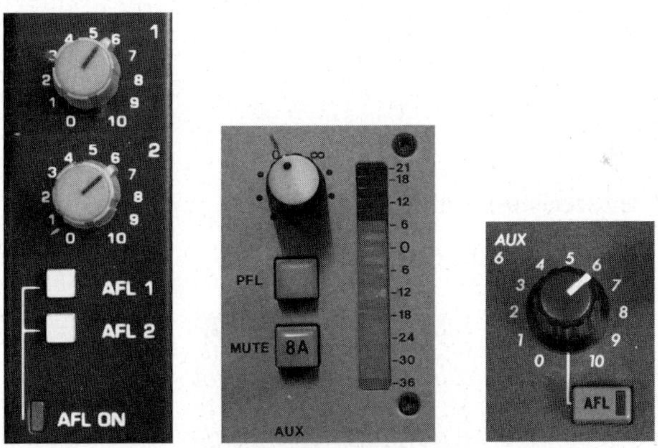

Abb. 15.36: Aux-Master verschiedener Pulte (Crest, Cadac und DDA)

15.3.4 Kopfhörerverstärker und Oszillator

Oft sind die Bedienelemente für die verschiedenen Vorhörfunktionen und für den Kopfhörerverstärker mit dem Testtongenerator gemeinsam auf einem Modul angebracht.

Bei großen und unübersichtlichen Pulten gerät man schnell in die Verlegenheit, einen gedrückten PFL-Schalter in einem Kanalzug zu suchen. Eine sehr nützliche Funktion ist hier eine zentrale PFL-Clear Taste, welche alle angewählten Vorhörknotenpunkte wieder löst.

Die Testsignale (s. Kap. 19.4.1) des Oszillators können zum Beispiel auf die Eingangskanäle oder Busse geschaltet werden. Viele Pulte haben einen Pegeltongenerator mit einer festen Frequenz (in der Regel 1 kHz), bei einer besseren Ausstattung kann zwischen mehreren Frequenzen ausgewählt werden (Abb. 15.37 links).

Abb. 15.37: Oszillator und Kopfhörerverstärker (Cadac und Crest)

15.3.5 Central Control Module (CCM)

Nur große Beschallungspulte haben ein Automation und damit auch ein Central Control Module wie in Abb. 15.38. Die Automationsdaten sind hier auf einen Speicherchip abgelegt. Die Standard-Funktionen einer einfachen, statischen Pultautomation (s. Kap. 15.5) sind:

- Szene speichern (Save).
- Szene abrufen (Recall).
- Szene löschen (Clear).
- Nächste Szene in der Szenenliste aufrufen (Next).
- Vorherige Szene in der Szenenliste aufrufen (Previous).

Abb. 15.38: CCM (Cadac)

Bei vielen Pulten kann an das CCM ein externer Computer angeschlossen werden, der dann über eine graphische Oberfläche zusätzliche Funktionen bietet, etwa zur Bearbeitung der Szenenliste. Die Automationsdaten können natürlich auch auf der Festplatte des Computers gespeichert werden (s. Kap. 15.5).

Sehr praktisch ist auch eine Anzeige der Betriebsspannungen der angeschlossenen Netzteile (Abb. 15.39). Dies erleichtert eine Fehlersuche, falls Probleme mit der Stromversorgung auftreten.

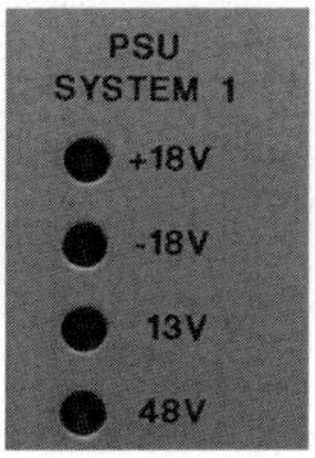

Abb. 15.39: Anzeige der Betriebsspannungen

Bei den Mischpulten von Cadac finden sich auf dem CCM zudem auch die Master Mutes zum Stummschalten aller Kanäle, Subgruppen, Matrix-Ausgänge und Ausspielwege (Abb. 15.40). Mit einem Handgriff werden so die jeweiligen Signalwege komplett unterbrochen.

Abb. 15.40: Master Mutes (Cadac)

15.4 Digitale Mischpulte

Das „Herz" eines digitalen Mischpultes wie in Abb. 15.41 sind dessen digitale Audioprozessoren (Digital Sound Processor = DSP). Hier werden verschiedene Rechenregeln (Algorithmen) zur Bearbeitung der Signale angewandt:

Pegelveränderungen: Multiplikation mit einem Übertragungsfaktor

- Dämpfung: Faktor zwischen 0 und 1.
- Verstärkung: Faktor größer 1.

Mischung: Addition der einzelnen Signale.

Signalverzögerung: Ablegen in einen Zwischenspeicher und anschließendes Auslesen mit der gewünschten Verzögerungszeit.

Filterung: Kombination von Multiplikation, Addition und Verzögerung (s. Kap. 16.2.2).

Abb. 15.41: Digitale Konsole (Yamaha PM1D)

Besonderheiten bei digitalen Pulten

Digitale Konsolen bieten im Prinzip die gleiche Funktionalität wie ihre analogen Vorgänger. Hier gibt es also genauso Vorverstärker, Filter, Einschleifwege, ein Routing usw. Aber die integrierten digitalen Audioprozessoren bieten einige weitere Möglichkeiten zur Signalbearbeitung, die bei einem analogen Mischpult nicht vorhanden sind.

Die meisten Digitalpulte erlauben eine Bearbeitung der Dynamik (s. Kap. 16.1) in allen Eingangskanälen und auch in den Ausgangswegen. Daneben kann jedes Signal beliebig verzögert werden, wie oben schon angedeutet. Effekte wie Hall, Echo, Chorus und weitere (s. Kap. 16.3) sind im Pult integriert und müssen nicht unbedingt als externe Geräte eingeschleift werden. Man erspart sich dadurch so manches Effekt-Rack und die dafür notwendige Verkabelung. Einige Pulte haben sogar ein integriertes Processing für angeschlossene Verstärker und Lautsprecher (s. Kap. 17). Darüber hinaus kann sogar ein komplettes Einmess-System (s. Kap. 19.4) im Leistungsumfang enthalten sein.

Im Allgemeinen haben digitale Pulte eine hohe Anzahl an Ein- und Ausgängen bei einer relativ kleinen Bedienoberfläche. (Analoge Mischpulte mit der gleichen Anzahl an Kanälen sind erheblich größer und schwerer.) In der Regel wird auf der Oberfläche dadurch Platz eingespart, dass über verschiedene Ebenen (Layer) hinweg gemischt wird. Zwei nebeneinander oder auch übereinander liegende Kanäle können zu einem Stereokanal verknüpft werden (Stereo-Link). Daneben gibt es auch Fadergruppen über mehrere Kanäle hinweg. Motorfader sind obligatorisch, und viele Pulte haben – als Pendant zum VCA – Digital Controlled Amplifier (DCA), welche über DCA-Gruppen ferngesteuert werden können.

Oft gibt es mehr Busse als bei analogen Pulten, etwa für Surround-Mischungen, und daneben ein entsprechendes Surround-Panning. Viele digitale Pulte bieten Copy- und Paste-Funktionen für die Einstellungen in den Kanälen. Automation: Ein statischer Szenenspeicher ist die Regel und auch eine dynamische Automation mit Timecode-Verkoppelung.

Digitale Konsolen werden in drei Varianten angeboten:

- Kompakte Pulte, die alle Funktionen in einem Gerät beinhalten.
- Modulare Pulte, bei denen Bedienoberfläche und DSP räumlich voneinander getrennt sind.
- Hybridlösungen, die eine Kombination aus den vorher genannten Varianten darstellen.

Die Kompaktlösung ist sozusagen die erste Generation von digitalen Mischpulten, die mit dem Ziel entwickelt wurden, analoge Konsolen in bestehenden Installationen zu ersetzen. Die vorhandenen analogen Kabelwege sollten dabei aus Kostengründen weiter genutzt werden (Abb. 15.42). A/D- und D/A-Wandler und daneben die DSP sind im Pult integriert. Digitale Pulte in Kompaktbauweise lassen sich verbinden, etwa um die Anzahl der Eingangskanäle zu erhöhen (Kaskadierung). Spezielle Funktionen der einzelnen Pulte werden dann verkoppelt, wie der Solobus, die Mixbusse und die Automation.

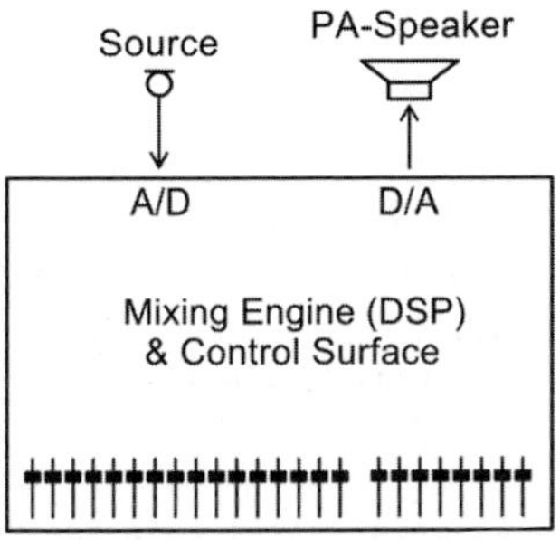

Abb. 15.42: Kompaktes digitales Pult

Beim modularen Konzept ist das Mischpult nur noch eine reine Bedienoberfläche, welche lediglich Steuersignale über eine Netzwerkleitung an die ausgelagerten Wandler und Audioprozessoren sendet. Es geht also kein einziges Audiosignal durch das Pult (Abb. 15.43). Die Audiosignale werden über ein Netzwerk verteilt. In Frage kommen hier sowohl spezielle Kupferkabel als auch Lichtwellenleiter (s. Kap. 11.2.4).

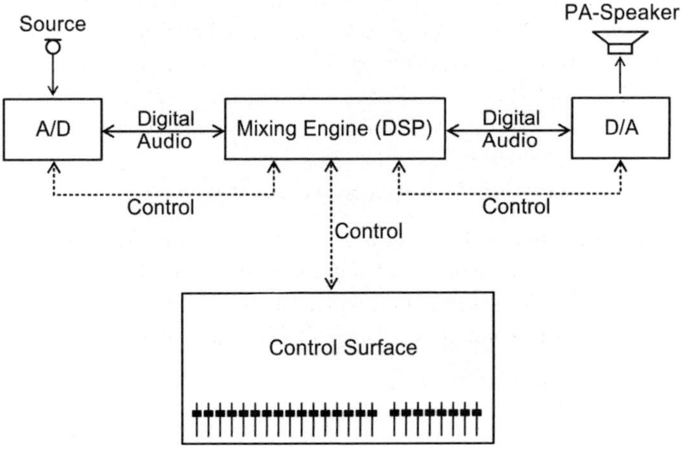

Abb. 15.43: Modulares digitales Pult

Sind einige Wandler und DSP im Pult integriert, aber zusätzlich weitere über ein Netzwerk angeschlossen, so spricht man von einem hybriden Digitalpult (Abb. 15.44). Die Hardware mit Mikrofonvorverstärkern und A/D-Wandlern wird nahe der Bühne aufgestellt, um dadurch die Anschlussleitungen von den Mikrofonen und den anderen Klangerzeugern möglichst kurz zu halten. Die Geräte mit den D/A-Wandlern, also den Signalausgängen, stehen bei den jeweiligen Verstärkern. Um am Mischerplatz externe Effekte oder Zuspieler einbinden zu können, sind hier sowohl Eingangswandler als auch Ausgangswandler vorhanden.

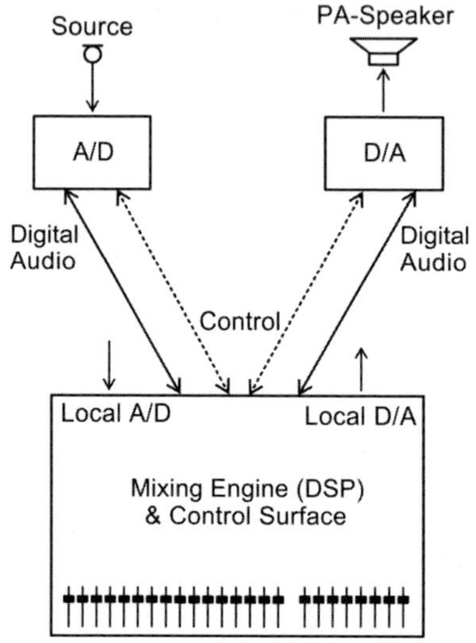

Abb. 15.44: Hybrides Digitales Pult

Das modulare sowie das hybride System erlauben über ein Netzwerk eine umfangreiche Signalverteilung. Der Anschluss von weiteren Pulten, zum Beispiel für den Monitormix, ist kein Problem. Abgesetzte Bedieneinheiten erleichtern den Probenbetrieb oder das Mischer-Training (Abb. 15.45).

Abb. 15.45: Abgesetzte Bedieneinheit (DiGiCo D5T-12-RE FaderPod)

Um eine gewisse Ausfallsicherheit gewährleisten zu können, bieten einige Mischpulthersteller eine Havarieschaltung über eine Redundant Engine an (Abb. 15.46 und 15.47). Die Umschaltung auf die redundanten DSP kann in der Regel während des Betriebs erfolgen, und bleibt ohne hörbare Auswirkungen auf die Audiosignale.

Redundanz (lat.: redundare = im Überfluss vorhanden sein).

In der Datenverarbeitung ist damit das mehrfache Vorhandensein von Hardware, Software und Nutzdaten gemeint, um Ausfallsicherheit zu gewährleisten.

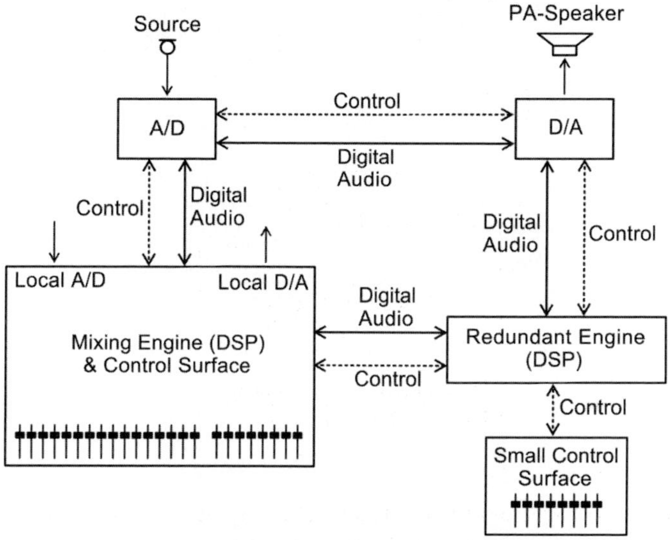

Abb. 15.46: Digitales Mischpult mit Havariesystem in einem Audionetzwerk

Abb. 15.47: Havariesystem (DiGiCo Redundant Digital Engine)

Bedienkonzepte digitaler Pulte

Viele kleinere digitale Mischpulte haben eine zentrale Bedienoberfläche. Hier wird ein Kanal über eine Auswahltaste selektiert, und dessen Parameter können anschließend über die Bedienelemente eines zentralen Moduls bearbeitet werden (Abb. 15.48 bis 15.50).

Abb. 15.48: Digitales Mischpult mit zentralem Bedienkonzept (Yamaha DM1000)

Abb. 15.49: Select-Taste (Yamaha DM1000)

Abb. 15.50: Zentrales Bedienfeld für Routing und EQ (Yamaha DM1000)

Digitalpulte können aber auch einzelne Bedienelemente für jede Funktion in den Kanalzügen haben, ähnlich wie bei einem analogen Mischpult. Allerdings ist dadurch die Bedienoberfläche auch entsprechend groß dimensioniert (Abb. 15.51).

Abb. 15.51: Großes Digitalpult (Stagetec Aurus)

Um etwas Platz zu sparen, werden daher oft mehrere Kanäle zu einem Block mit gemeinsamen Bedienelementen zusammengefasst. Zumeist sind dies Achterblöcke (Abb. 15.52), bei manchen Pulten aber auch Zehnerblöcke. Einige digitale Pulte arbeiten mit einem Touchscreen in jeweils einem Block; die „analoge" Bedienoberfläche wird hier über den Bildschirm graphisch nachgebildet (Abb. 15.53),

Abb. 15.52: Digitales Mischpult mit „analogem" Feeling (DiGiCo D5T)

Abb. 15.53: Die Bedienung der Kanäle erfolgt über einen Touchscreen (DiGiCo D5T)

Die jeweiligen Bedienkonzepte haben Vor- und Nachteile bezüglich der räumlichen Abmessungen und des Preises (Tab. 15.1). Bei allen Digitalpulten ist eine intensive Einarbeitung notwendig. Eine intuitive Handhabung, wie sie ein analoges Mischpult ermöglicht, ist derzeit noch bei keiner digitalen Konsole gegeben.

Tab. 15.1: Vor- und Nachteile verschiedener digitaler Bedienkonzepte

Zentrale Bedienoberfläche	„Analoge" Bedienoberfläche
+ Kleine räumliche Abmessung.	- Große Abmessung.
+ Meist gutes Preis-Leistungs-Verhältnis.	- Teuer.
- Unübersichtlich und gewöhnungsbedürftig.	+ Übersichtlich und ermöglicht den direkten Zugriff auf alle Parameter.
- Es können immer nur die Parameter eines selektierten Kanals bearbeitet werden.	+ Gleichzeitiges Arbeiten an mehreren Kanälen möglich.

15.5 Automation von Mischpulten

Die Automation bestimmter Mischpultfunktionen ist für die Bedienperson eine wesentliche Erleichterung bei der Abmischung einer großen Anzahl von Einzelsignalen. Es ist sogar so, dass das Mischen großer Shows oder Musicals durch eine Person dadurch erst ermöglicht wird.

Statische Automation

Eine statische Automation beruht auf einem Szenenspeicher und ermöglicht meist nur einfache Schaltfunktionen wie Soft Mute, VCA-Gruppenzuweisung, Auxiliary On/Off etc. Die Verwaltung der Szenen erfolgt mit einer Szenenliste (Abb. 15.54). Eine statische Automation kann in der Regel MIDI-Signale ausgeben, bzw. umgekehrt ist auch eine Fernsteuerung der Automation über externes MIDI-Signal möglich.

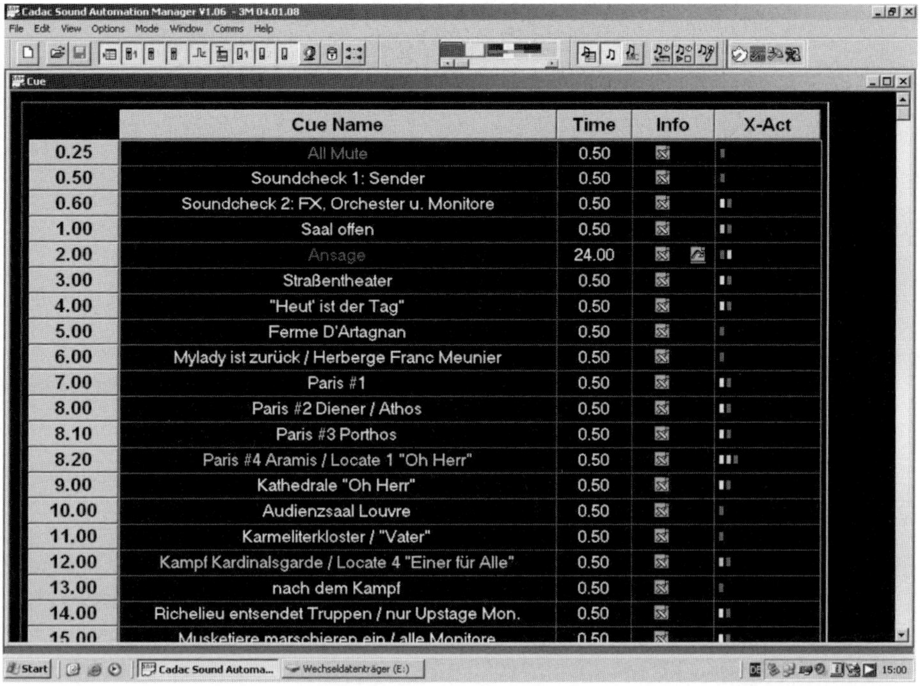

Abb. 15.54: Screenshot des Cadac Sound Automation Manager (SAM); Showfile von „3 Musketiere“, Apollo Theater Stuttgart

Anwendungsbeispiel Cadac Pultautomation

Das Herzstück für die Automation bei den Tonpulten von Cadac ist das Central Control Module (s. Kap. 15.3.5). Alle für die Automation wichtigen Daten werden als *Cue* abgespeichert. Mehrere fortlaufend nummerierte Cues ergeben ein *Showfile*. An das CCM kann ein externer Computer angeschlossen werden. Mit der Automations-Software *SAM* können dann die Cues und Showfiles verwaltet und editiert werden. Die wichtigste Automationsfunktion ist das szenenweise Umschalten des VCA-Routings und der Mute-Gruppen. Bei bestimmten Kanalzügen kann auch das Subgruppen- oder Matrix-Routing automatisch umgeschaltet werden, oder es gibt Schaltfunktionen für Filter On/Off. Durch die Ausgabe von MIDI-Befehlen können externe Geräte ferngesteuert werden, etwa über MIDI-Program-Change, um in einem Effektgerät ein neues Programm aufzurufen. Zusätzlich können über einen *Event-Port* automatisch gesteuerte Relaisschaltungen genutzt werden. Das Automationsprogramm läuft mit dem gleichen Showfile parallel auf zwei Computern. Über einen Havarie-Schalter kann jederzeit zwischen den beiden Rechnern umgeschaltet werden. Die *Seance-Box* dient als Interface zwischen den beiden PCs und dem CCM. In der Seance-Box läuft ein eigenes Betriebssystem, das die Befehle der PCs (Anschluss über Ethernet) für das Mischpult (Anschluss über serielle Schnittstelle) umsetzt und umgekehrt. Mit der Software SAM kann das Pult auch online bedient werden – per Ethernet und auch über WLAN (s. Kap. 21.3.3). Dadurch wird die Flexibilität im Probenbetrieb enorm erhöht. Prinzipiell ist es auch möglich, ein komplettes Showfile offline zu erstellen, um dann mit diesem ans reale Mischpult zu gehen und die Vorstellung damit zu mischen.

Dynamische Automation

Die dynamische Automation wird von einem Timecode (s. Kap. 13.7) gesteuert. Dieser kann von einem externen Gerät stammen oder auch intern im Pult generiert werden. Mögliche Automationsfunktionen:

- Einfache Schaltfunktionen wie bei einer statischen Automation.
- Dynamische Standardfunktionen: Auf- und Abblenden der VCA/DCA bzw. Motorfader.
- Zusätzlich bei einigen Pulten: Steuerung von Filterkurven und der Kompressoren bzw. Gates.
- Standard-Automationsmodi für die einzelnen Pegelsteller (Abb. 15.55):
  - *Write:* Automationsdaten werden neu geschrieben.
  - *Trim:* Bereits vorhandene Automationsdaten werden geändert.
  - *Read:* Die Automationsdaten werden bei der Wiedergabe ausgelesen.
- Weitere Automationsmodi sind zum Beispiel:
  - *Touch:* Die Automationsdaten werden ausgelesen. Wenn ein Pegelsteller berührt wird, werden neue Daten für diesen Kanal geschrieben. Beim Loslassen fährt der Regler wieder in die Ausgangsposition (Abb. 15.55 oben).
  - *Latch:* Der Regler bleibt beim Loslassen in der letzten Position (Abb. 15.55 unten).

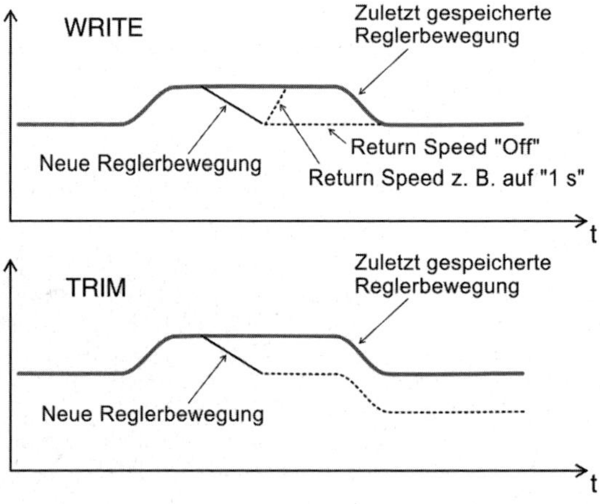

Abb. 15.55: Dynamische Automation

Die Datenverwaltung von Abmischungen kann über einen Mixbaum mit Undo- und Redo-Funktionen wie in Abb. 15.56 erfolgen. Sollte eine Abmischung nicht funktioniert haben oder nicht mehr gefallen, kann schnell auf eine vorherige Version zurückgegriffen werden.

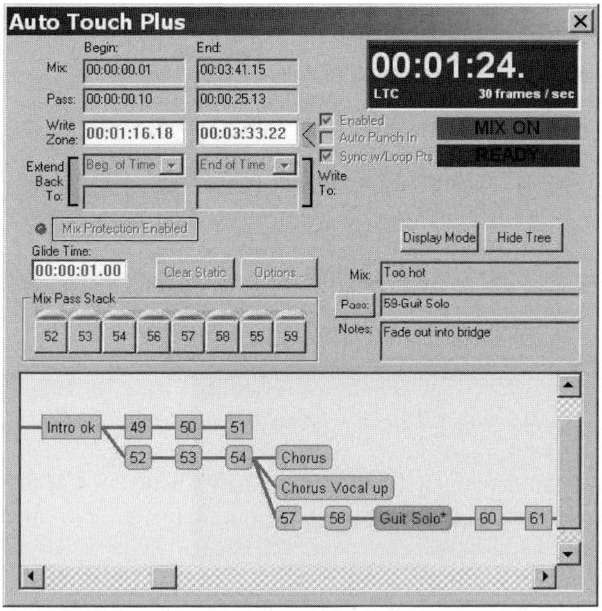

Abb. 15.56: Dynamische Automation mit Mixbaum (Studer Vista7)

Studer Vista7 (Tonstudio Hochschule der Medien, Stuttgart)

Analog klingt besser?

Ein Essay von Sven Raff (www.raffmix.de)

„Analog klingt aber besser" höre ich Leute immer wieder sagen. Doch es ist mit den digitalen Konsolen genauso wie mit den analogen Konsolen – es gibt gut klingende und schlecht klingende. Ab einer gewissen Qualitätsstufe ist es sowieso eine sehr subjektive Empfindung. Fakt ist, ein Kompaktmischer wird nun einmal nicht so gut klingen wie eine hochwertige, „große" Konsole. Da ist es egal, ob sie digital oder analog ist. Und außerdem ist der wichtigste Faktor der Mensch, der die Konsole bedient.

Bleiben wir bei den hochwertigen Konsolen. Hier gibt es eine Fülle von verschiedenen Modellen. Da ist es wie bei den Analogen – ist erstmal der Hersteller und das Modell des Vertrauens gefunden, bleibt man meist auch dabei. Man fühlt sich doch wohler an einem Pult, dass man gut kennt und dessen Bedienung im Schlaf beherrscht wird. Denn in der Bedienung liegen die größten Unterschiede. Wenn man ein Pult nicht kennt und den falschen Knopf drückt, hat man mal eben seine 130 Szenen alphabetisch geordnet! Außerdem lernt man schnell die kleinen Macken der Pulte kennen, und das sollte man auch. Denn bei digitalen Konsolen kann leider nicht wie früher einfach dagegen gehauen oder mal ein Kanal ausgebaut werden, um einen Fehler zu beheben. Was mich gleich zum nächsten Punkt bringt, der Automation.

Die Automation ist eine sehr hilfreiche Funktion, die viele Möglichkeiten und Erleichterungen mit sich bringt, wenn sie richtig eingesetzt wird. Die Gefahr dabei ist nur, dass viele (vor Allem junge) Mischer diese Möglichkeit ins Extrem führen, indem sie alles automatisieren, und dabei das Mischen gänzlich vergessen. Das funktioniert im Live-Betrieb nun mal leider nicht. So lange die Eingangsquelle den Faktor Mensch beinhaltet, muss man einfach „manuell" und schnell reagieren können, um das optimale Ergebnis zu erzielen.

Automationen sind lediglich eine gute Unterstützung beim Mischen. Vor allem aber sind sie in der Vorbereitung eine große Hilfe, speziell im Bereich Musical. Da sind die Zeiten von Bleistiftstrichen auf dem Pult vorbei, um die Gain- und EQ-Einstellungen der verschiedenen Besetzungen zu markieren. Man speichert sich einen Equalizer, oder gar sämtliche Kanaleinstellungen inklusive Dynamics, in die Cues für die ganze Show.

Abgesehen von der Tatsache, dass die meisten digitalen Konsolen bunt leuchten und so viele Touchscreens haben, dass sogar der Lichtoperator neidisch wird, haben sie einen weiteren Vorzug: sie sind nicht mehr so groß. Der Produzent freut sich, dass er mehr Sitzplätze verkaufen kann, und der Mischer, dass weniger lästige Fragen von Zuschauern kommen, wie: „Wissen sie denn, wofür die ganzen Knöpfe sind?" – sind ja nicht mehr so viele da!

Und letztendlich ist die Technik doch nur ein Werkzeug, um Kreativität umzusetzen.

Also Ohren auf!

15.6 Übungsaufgaben

Aufgabe 1

Ein Mischpult hat wie folgt beschriftete Bedienelemente: GAIN, PAD, PAN, ∅, 48 V.

Beschreibe die jeweiligen Funktionen. Was gehört nicht zum Mikrofonvorverstärker, und an welcher Position im Signalfluss befindet sich stattdessen diese Funktion im Signalweg eines Kanalzuges?

Aufgabe 2

Was bedeuten die Abkürzungen PFL und AFL?

Aufgabe 3

Auf der Rückseite eines Tonpultes befindet sich eine 6,3 mm-Klinkenbuchse mit der Beschriftung „Insert". Wie muss ein Anschlusskabel gelötet werden, um daran ein externes Effektgerät betreiben zu können?

Hinweis: Es handelt sich um ein Mono-Effektgerät mit einem Eingang und einem Ausgang.

Aufgabe 4

Was ist ein VCA? Was ist der Unterschied zwischen VCA-Steuerung und einem herkömmlichen Fader?

Aufgabe 5

Skizziere mit Blockschaltbildern den Signalfluss eines Eingangskanals mit Vordämpfung, Phantomspeisung, Vorverstärkung, Verpolungsschalter, Hochpassfilter, einem EQ mit drei Bändern und einem Pre-/Post Fader schaltbaren Ausspielweg. Das Signal des Eingangskanals soll über einen Panoramaregler auf einen Stereobus geleitet werden. Zusätzlich gibt es einen Bus für den Ausspielweg.

Aufgabe 6

Was macht die Redundant Engine (RE) eines digitalen Mischpultes?

Aufgabe 7

Wie erfolgt der Szenenwechsel bei einer statischen Automation, und wie wird eine dynamische Automation gesteuert?

Literaturtipp

Henle H. Das Tonstudio Handbuch.
Gunther Carstensen Verlag, München 2001

Analoge und digitale Mischpulte (Cadac J-Type und Yamaha DM1000 bei „3 Musketiere“ im Apollo Theater Stuttgart)

16 Klangbearbeitung

In diesem Kapitel finden sich die Themen „Kenngrößen der Filter" und „Klangbeeinflussung", die im Lehrplan für das erste Lehrjahr vorgesehen sind. Der „Einsatz von Effektgeräten" gehört dagegen ins zweite Lehrjahr.

16.1 Dynamikbeeinflussung

16.1.1 Definition der Dynamik

In der Audiotechnik versteht man unter Dynamik den Abstand vom kleinsten bis zum größten auftretenden Pegel. Der Begriff der Dynamik kann weiter differenziert werden in:

- Musikalische Dynamik
- Mikrofondynamik
- Systemdynamik
- Programmdynamik
- Wiedergabedynamik

Musikalische Dynamik

Die musikalische Dynamik ist die Differenz zwischen dem höchsten und dem niedrigsten Schalldruckpegel bei der Aufführung (daher auch: Aufführungsdynamik). Die untere Grenze liegt bei einem großen Sinfonieorchester bei ca. 35 bis 40 dB_{SPL}, das ist nur wenig über den Störgeräuschen in einem Saal, zum Beispiel der Klimaanlage und nicht zuletzt den Geräuschen des Publikums. Als obere Grenze werden bei lauten Passagen bis zu 110 dB_{SPL} erreicht. Damit erreicht die Aufführungsdynamik in diesem Fall ca. 70 bis 75 dB. Bei Orchesteraufnahmen im Studio tritt eine größere Dynamik als bei Konzerten mit Publikum auf, weil in einem geräuschlosen Aufnahmeraum kleinere Pegel vorkommen. Damit ist hier eine Aufführungsdynamik von ca. 80 dB möglich. In Partituren werden die musikalischen Dynamikstufen wie in Tab. 16.1 angegeben; die angegebenen Pegeldifferenzen sind dabei nur Anhaltswerte. Es ist weiterhin anzumerken, dass sich mit dem Schalldruckpegel auch die Klangfarbe der Instrumente ändert.

Tab. 16.1: Musikalische Dynamikstufen (vgl. Dickreiter, 2003, Seite 51)

ppp	pianissimo possibile	so leise wie möglich
pp	pianissimo	sehr leise
p	piano	leise
mp	mezzopiano	halbleise
mf	mezzoforte	halblaut
f	forte	laut
ff	fortissimo	sehr laut
fff	forte fortissimo	so laut wie möglich
Die Pegeldifferenz zwischen zwei Dynamikstufen beträgt ca. 6 bis 10 dB_{SPL}		

Mikrofondynamik

Die Mikrofondynamik wird zwischen der Eigenstörspannung und dem Grenzschalldruckpegel des Mikrofons gemessen. Beispiel Grenzflächenmikrofon Shure Beta91: Das Eigenrauschen wird im technischen Datenblatt mit 35 dB_A angegeben, der Dynamikbereich beträgt 125 dB bei 800 Ω Last.

Systemdynamik

Die Systemdynamik ist die Dynamik der technischen Übertragungskette, das ist die Signalführung durch ein Mischpult und der weiteren Komponenten zur Klangbearbeitung. Sie wird zwischen dem Gerätegrundrauschen und der Übersteuerungsgrenze gemessen. Beispiel analoges Mischpult Midas Venice: Die Systemdynamik wird hier für den Frequenzbereich von 20 Hz bis 20 kHz mit -86 dB_U angegeben. Die Messung erfolgte dabei über die Line-Eingänge von zusammen 16 Eingangskanälen (Fader auf 0 dB-Position, Panorama-Regler in der Mitte), die auf die Stereosumme geschaltet waren; Midas nennt diese Messmethode „Line to Mix Noise" (Abb. 16.1).

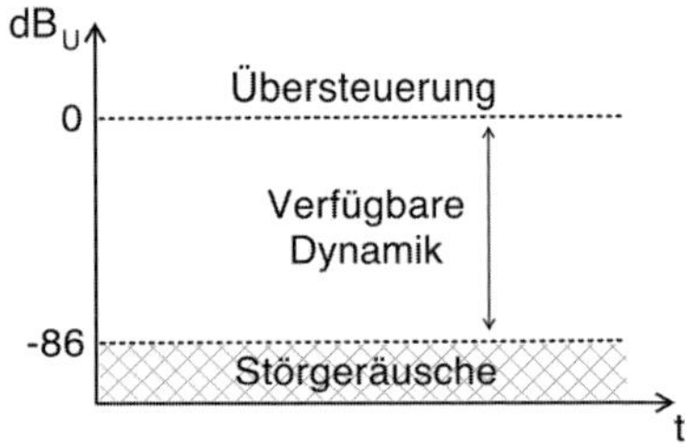

Abb. 16.1: Systemdynamik

Programmdynamik

Die Programmdynamik ist die vom Toningenieur eingestellte Dynamik. Dies kann durch verschiedene Maßnahmen erfolgen:

- Der Toningenieur verändert aktiv den Pegel an den Reglern des Mischpultes. Dazu ist meist viel Erfahrung und eventuell auch Notenlesen wichtig.
- Einsatz eines Regelverstärkers, zum Beispiel eines Kompressors (s. u.).
- Durch musikalische Einschränkungen, also gezielte Anweisungen an die Musiker.

Wiedergabedynamik

Die Wiedergabedynamik beschreibt die dynamischen Grenzen des Wiedergabesystems; in der Veranstaltungstechnik ist das die Kombination von Leistungsverstärker und Lautsprecher. Die Wiedergabedynamik kann nicht losgelöst von den Abhörbedingungen betrachtet werden, wie das bei der Systemdynamik der Fall ist. Der maximale Schalldruckpegel ist in einem Kammertheater sicherlich wesentlich geringer als in einer großen Veranstaltungshalle. Dennoch ist es trotz einer kleineren Beschallungsanlage im Kammertheater wahrscheinlich eher möglich, große dynamische Pegelunterschiede zu realisieren, da das Publikum sich leise verhält und aufmerksam zuhört (der Störpegel ist hier also geringer).

16.1.2 Regelverstärker

Regelverstärker sind Geräte, deren Verstärkungsgrad durch eine Steuerspannung beeinflusst wird. In einem Regelverstärker ist ein VCA eingebaut (s. Kap. 15.3.1). Die Verstärkung eines VCA kann über eine Gleichspannung gesteuert werden, und diese wird in den meisten Anwendungen aus dem Eingangssignal abgeleitet. Das Signal, welches bearbeitet werden soll, liefert gleichgerichtet also auch die Steuerspannung (Abb. 16.2).

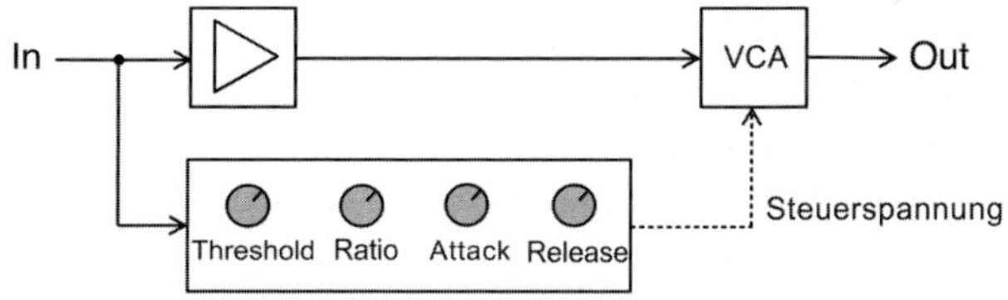

Abb. 16.2: Prinzipschaltbild eines Regelverstärkers

Es sind folgende, grundlegende Betriebsfunktionen möglich: Kompressor und Limiter bzw. Expander und Noise Gate.

Kompressor und Limiter

Ein Kompressor ist eine Art automatischer Regler: Übersteigt das Eingangssignal einen bestimmten, einstellbaren Wert, den Threshold, wird die Verstärkung durch den Kompressor verringert. Das Ausgangssignal wird also bedämpft und die Dynamik eingegrenzt. Der Threshold eines Kompressors wird normalerweise einige Dezibel unter dem gewünschten maximalen Pegel eingestellt.

Der Parameter Ratio beschreibt, um welchen Faktor das Signal nach Überschreiten des Thresholds bedämpft werden soll.

$$\text{Ratio} = \frac{\text{Eingangspegel}}{\text{Ausgangspegel}} \qquad \text{(Formel 16.1)}$$

Eine Ratio von 1 : 1 bedeutet, dass das Eingangssignal unverändert im Pegel auf den Ausgang gegeben wird. Dagegen wird bei einer Ratio von 2 : 1 das Signal um die Hälfte heruntergeregelt (Abb. 16.3).

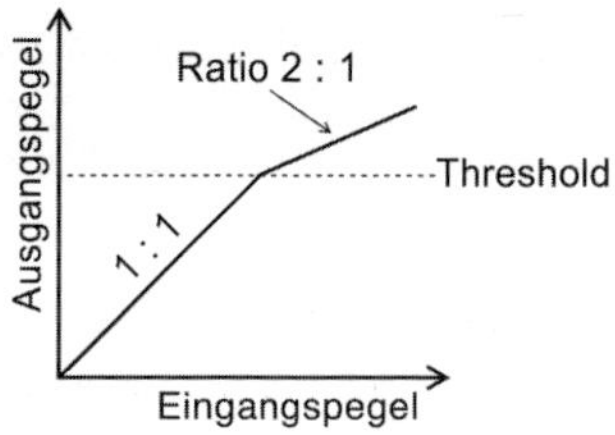

Abb. 16.3: Verstärkungskennlinie eines Kompressors

Nachdem die Pegelspitzen durch die Kompression geglättet wurden, ist das Ausgangssignal zunächst leiser als das ursprüngliche Signal. Mit einem Regler, der mit „Output Level“ oder „Make-Up Gain“ beschriftet sein kann, wird der Gesamtpegel wieder angeglichen.

Ein Limiter ist ein Kompressor mit einer Ratio von mindestens 10 : 1, oft beträgt die Ratio sogar 20 : 1 und mehr. Ein Limiter verhindert durch die Signalbegrenzung die Übersteuerung nachfolgender Komponenten oder der Übertragungsstrecke, z. B. bei der Funkübertragung von Audiosignalen (Abb. 16.4).

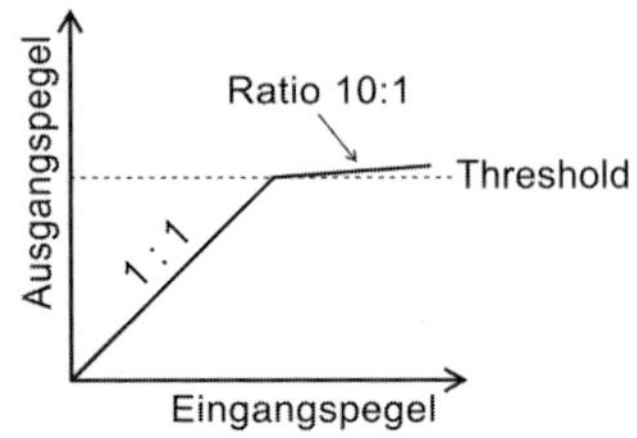

Abb. 16.4: Verstärkungskennlinie eines Limiters

Kompressoren und Limiter erhöhen die Lautheit eines Audiosignals. Die Lautheit (s. Kap. 4.2.1) ist dabei aber nicht mit dem Lautstärkepegel oder mit der maximalen Aussteuerung zu verwechseln. In Abb. 16.5 ist oben die Wellenform eines unkomprimierten Musiksignals zu sehen, unten das gleiche Musikstück nach der Komprimierung. Beide Signale sind auf -3 dB_{FS} normalisiert, haben also den gleichen Spitzenpegel. Die komprimierte Musik hat allerdings einen höheren Crest-Faktor (s. Kap. 6.5) und damit auch eine größere Lautheit.

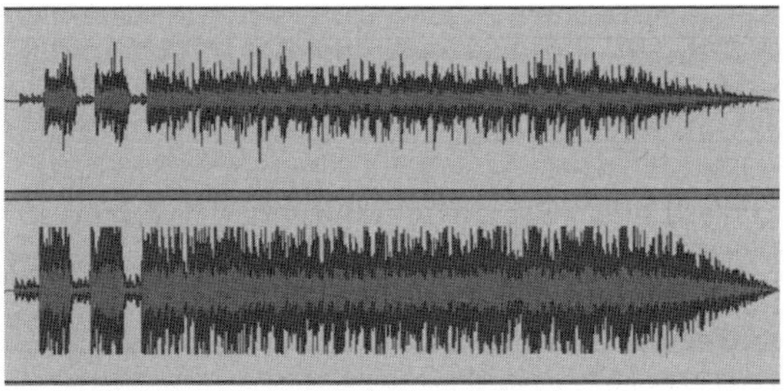

Abb. 16.5: oben: original Musiksignal, unten: komprimiertes Musiksignal

Abb. 16.6: Noise Gate und Kompressor (dbx 166)

Expander und Noise Gate

Ein Expander hat die umgekehrte Funktion eines Kompressors, er vergrößert die Dynamik des Eingangssignals. Beim Expander bzw. Noise Gate beschreibt die Ratio, um welchen Faktor das Signal nach Unterschreiten des Thresholds bedämpft werden soll. Mit dem Parameter Range kann eingestellt werden, um wie viel Dezibel das Signal direkt unterhalb des Threshold vermindert werden soll, bevor die Ratio wirksam wird (Abb. 16.7).

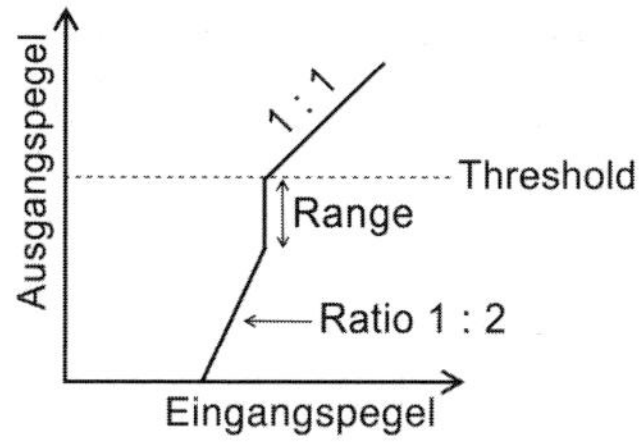

Abb. 16.7: Verstärkungskennlinie eines Expanders

Ein Noise Gate ist ein Expander mit einer Ratio von mindestens 1 : 10 bis 1 : 20 und einer Dämpfung von bis zu 80 dB_U. Praktisch schaltet damit ein Noise Gate bei Unterschreiten des Threshold das Eingangssignal völlig ab (Abb. 16.8).

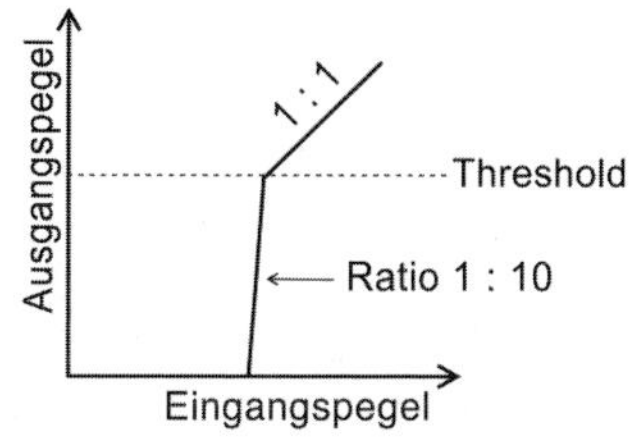

Abb. 16.8: Verstärkungskennlinie eines Noise Gates

Expander und Noise Gates werden in der Praxis zur Unterdrückung störender Geräusche in Modulationspausen eingesetzt.

Abb. 16.9: Kompressor (Avalon Vt 747 SP)

Zeitbezogene Parameter von Regelverstärkern

Die oben aufgezeigten Verstärkungskennlinien zeigen das statische Verhalten eines Regelverstärkers. Mit Attack, Hold und Release gibt es zusätzlich noch zeitbezogene Parameter.

Attack Time kann mit Ansprechzeit übersetzt werden kann und *Release Time* mit Rücklaufzeit. Diese Parameter bestimmen also, mit welcher Verzögerung der Regelverstärker auf das Über- bzw. Unterschreiten des Threshold reagieren soll.

Der Parameter *Hold* findet sich oft bei Expandern und Gates. Hiermit kann eingestellt werden, wie lange die Schaltung nach Überschreiten des Threshold offen bleiben soll (minimale Öffnungszeit).

Hard Knee und Soft Knee

Im Bereich des Thresholds kommt es durch den Knick in der Kennlinie zu Übernahmeverzerrungen. Eine Knieschaltung vermindert diese Verzerrungen. Je nachdem wie stark der Knick geglättet wird, spricht man von einem Hard oder Soft Knee (Abb. 16.10).

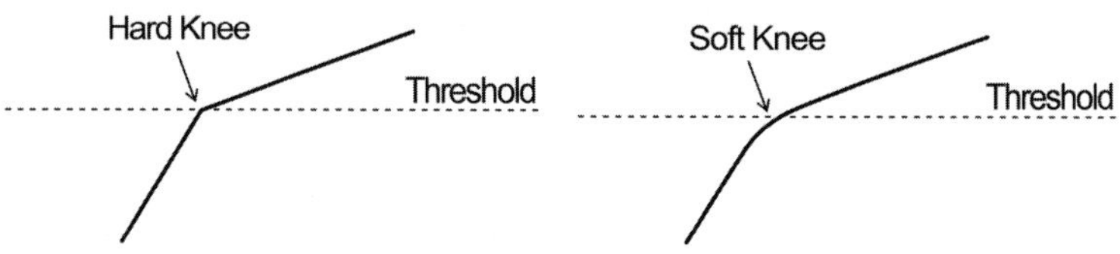

Abb. 16.10: Hard Knee und Soft Knee

16.1.3 Spezielle Regelverstärker

Ducker

Beim Ducker wird der Regelverstärker durch ein externes Signal (= Key) gesteuert (Abb. 16.11). Sobald ein Key-Signal anliegt, regelt der Ducker den Pegel des Eingangssignals herunter. Mit dem Parameter Attenuation wird das Maß der Pegelminderung eingestellt. Die Parameter Attack und Release sind beim Ducker relativ lang, somit wird das Eingangssignal sanft ab- und aufgeblendet.

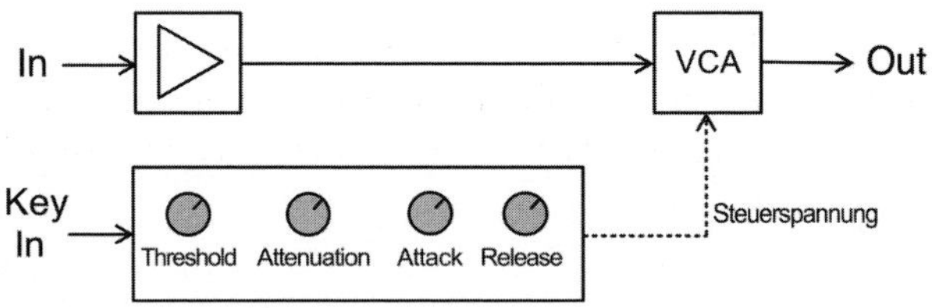

Abb. 16.11: Schaltprinzip eines Duckers

Anwendungsbeispiele für einen Ducker:

- Rundfunk: Das laufende Programm wird während einer Moderation automatisch um einen einstellbaren Wert abgesenkt.
- Automatische Pegelregelung von Delay- oder Nachhall-Effekten: Der Ducker regelt während des Spielens eines Instrumentes den Effektpegel herunter, erst in Spielpausen wird das Effektsignal hochgeregelt. Damit wird ein klarer Sound beim Spielen und ein hoher Effektpegel in den Nachklingphasen erzielt.

De-Esser

Ein De-Esser ist ein frequenzselektiver Kompressor. Meist wird er zur Verminderung von S- und Zischlauten bei Sprache und Gesang eingesetzt. Diese liegen meist zwischen 5 und 7 kHz.

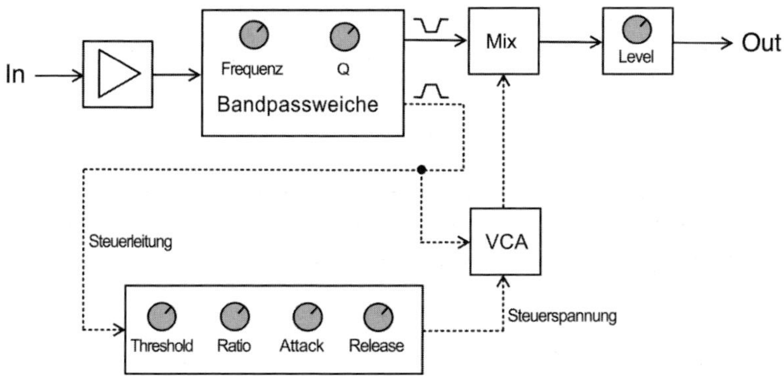

Abb. 16.12: Schaltprinzip eines De-Essers

Abb. 16.12 zeigt das Schaltungsprinzip eines typischen De-Essers. Mit der Bandpassweiche wird der Frequenzbereich eingestellt, welcher dynamisch bearbeitet werden soll.

Multibandkompressor

Beim Multibandkompressor können mehrere Frequenzbereiche in der Dynamik beeinflusst werden. Beispiel BSS DPR-901: Im Zweikanalbetrieb stehen in jedem Kanal zwei Frequenzbereiche zur Verfügung, im Einkanalbetrieb sind es dann vier. Jedes Frequenzband kann komprimiert oder expandiert werden; damit ist eine dynamische Klangregelung möglich. Der Multibandkompressor bietet sich für die Bearbeitung eines einzelnen Signals an, meist einer Gesangsstimme. Aber auch für Summensignale – hier zur Erhöhung der Lautheit einer Abmischung.

Leveller

Ein Leveller hat prinzipiell die gleiche Funktion wie ein normaler Kompressor, der Bemessungszeitraum des Signals ist aber mit einigen Sekunden wesentlich länger. Anwendung: Eine Aussteuerungsautomatik bei Consumer-Aufnahmegeräten, wie der MiniDisc oder bei DV-Kameras.

Transient Designer

Ein Transient Designer (Sound Performance Lab, Abb. 16.13) bearbeitet nur die ersten Millisekunden des Signals. Dabei werden die schnellen, steilflankigen Pegel des Einschwingvorgangs verstärkt. Vor allem perkussive Instrumente erhalten so einen durchsetzungsfähigeren Klang in der Mischung. In Abb. 16.14 sehen wir die Wellenform einer Kickdrum vor und nach einer Bearbeitung der Transienten.

Abb. 16.13: Transient Designer (SPL Model 9842)

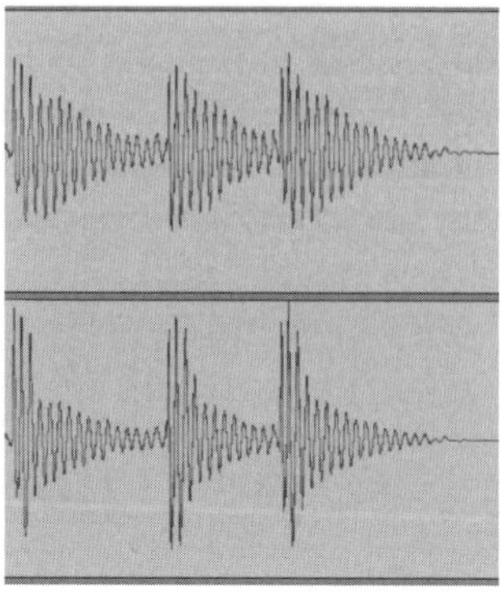

Abb. 16.14: oben: original Kickdrum, unten: Kickdrum mit verstärkten Transienten

Slow Gear

Der Slow Gear (Boss) erzeugt den gegenteiligen Effekt des Transient Designer: Die Einschwingphase gespielter Töne wird unterdrückt. Damit wird der Sound eines Instruments meist stark verfremdet. Der Slow Gear-Effekt wird oft für E-Gitarre und Bass eingesetzt (Abb. 16.15).

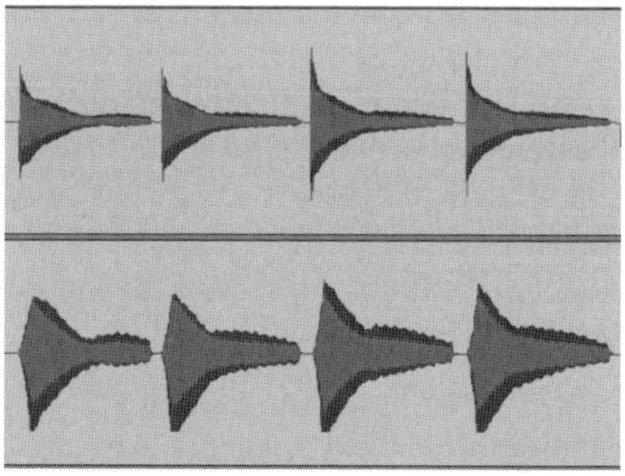

Abb. 16.15: oben: original Kontrabass, unten: Kontrabass mit Slow Gear-Effekt

16.2 Filter (Equalizer)

Wie Filter schaltungstechnisch aufgebaut sind, wurde bereits in Kapitel 6 „Grundlagen der Elektronik“ beschrieben. Hier soll es nun um ihre praktische Handhabung gehen.

Filter beeinflussen den Frequenzgang bzw. die Klangfarbe. Das kann aus technischen Gründen notwendig sein oder auch der künstlerischen Gestaltung dienen.

Technische Gründe

- Störschall herausfiltern, z. B. den Trittschall über ein Mikrofonstativ.
- Rauschen vermindern, z. B. bei der Wiedergabe von Archivaufnahmen.
- Raumresonanzen dämpfen, z. B. beim Einmessen einer Beschallungsanlage.

Künstlerische Gestaltung

- Zuweisen von Frequenzbereichen bei einer musikalischen Mehrspurmischung: Jedes Instrument sollte für den jeweils typischen Klang genug Platz im Frequenzspektrum haben. Hierbei sind spektrale Verdeckungseffekte zu vermeiden.
- Klangliche Verfremdung: z. B. aus einer sauberen Sprachaufnahme eine Telefonstimme erzeugen.

16.2.1 Analoge Filter

Hochpass- und Tiefpassfilter

Hoch- und Tiefpässe sind reine Dämpfungsfilter. Die Grenzfrequenz f_g liegt bei -3 dB des ursprünglichen Pegels (Abb. 16.16). Meist gibt es nur einen Regler, um die Grenzfrequenz einzustellen. Um wie viel Dezibel pro Oktave der Filter unterhalb der Grenzfrequenz absenkt, wird also vom Hersteller vorgegeben.

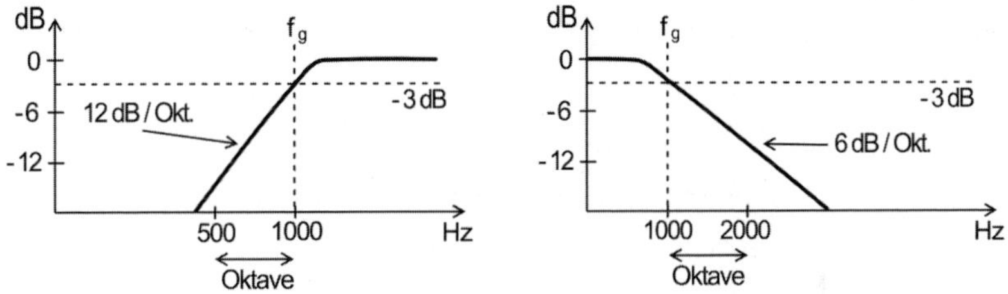

Abb. 16.16: Hoch- und Tiefpass

Bandpassfilter

Ein Bandpassfilter ist im Prinzip eine Kombination von Hoch- und Tiefpass. Der Übertragungsbereich wird hier eingeschränkt; zwischen der unteren und oberen Grenzfrequenz wird das Signal bandbegrenzt (Abb. 16.17).

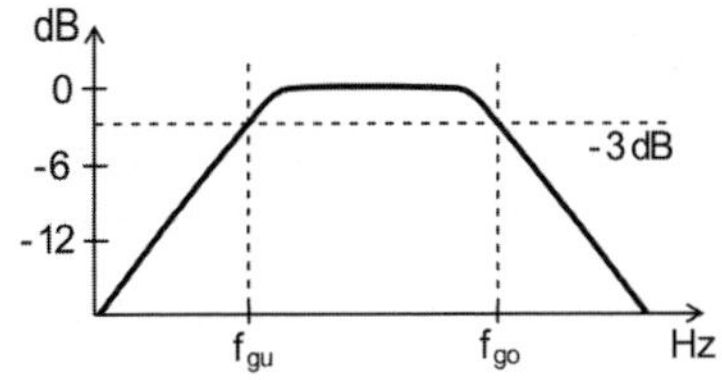

Abb. 16.17: Bandpass

Kuhschwanzfilter

Beim Kuhschwanzfilter ist eine Anhebung oder Absenkung einstellbar. Die Grenzfrequenz liegt -3 dB unterhalb der maximalen Anhebung bzw. +3 dB über der minimalen Absenkung (Abb. 16.18).

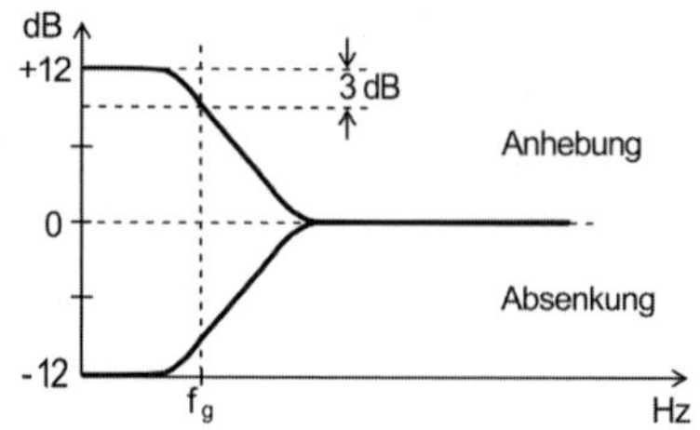

Abb. 16.18: Kuhschwanzfilter

Kuhschwanzfilter haben einen großen Wirkungsbereich, daher ist ein sparsamer Gebrauch zu empfehlen. Meist werden Einstellungen von max. ±6 dB vorgenommen.

Glockenfilter

Bei Glockenfiltern können prinzipiell folgende Parameter verändert werden (Abb. 16.19):

- Mittenfrequenz f_0
- Anhebung oder Absenkung
- Bandbreite bzw. Filtergüte Q

Sind tatsächlich Regler für alle drei Parameter vorhanden, spricht man von einem vollparametrischen Filter (Abb. 16.20).

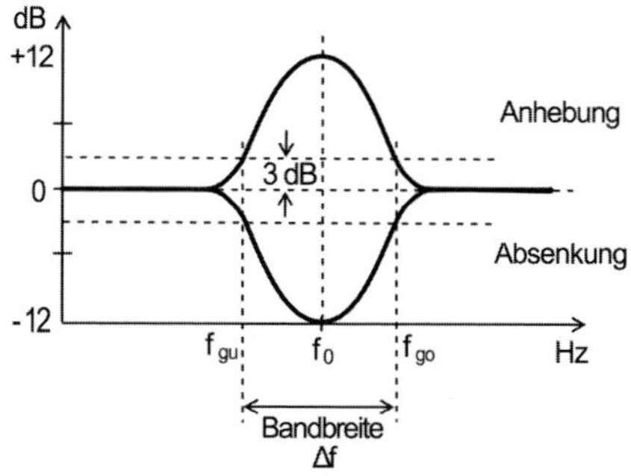

Abb. 16.19: Glockenfilter

Berechnung der Mittenfrequenz f_0 bei bekannten Grenzfrequenzen f_{gu} und f_{go}:

$$f_0 = \sqrt{f_{gu} \cdot f_{go}} \qquad \text{(Formel 16.2)}$$

Berechnung der Bandbreite Δf:

$$\Delta f = f_{go} - f_{gu} \qquad \text{(Formel 16.3)}$$

Berechnung der Filtergüte Q:

$$Q = \frac{f_0}{\Delta f} \qquad \text{(Formel 16.4)}$$

Die Filtergüte Q ist eine dimensionslose Zahl, welche die Flankensteilheit des Filters beschreibt. Oder einfacher ausgedrückt: Ist die Filtercharakteristik schmal oder breit? Glockenfilter mit Q-Werten zwischen 1 und 5 arbeiten eher breitbandig, bei einem Q-Wert größer 10 kann dagegen die Mittenfrequenz sehr schmalbandig bearbeitet werden (Kerbfilter, s. u.).

Rechenbeispiel: Mittenfrequenz, Bandbreite und Filtergüte eines Glockenfilters mit den Grenzfrequenzen 1,5 kHz und 2 kHz.

$$\text{Mittenfrequenz } f_0 = \sqrt{1500\ \text{Hz} \cdot 2000\ \text{Hz}} = 1732\ \text{Hz}$$

$$\text{Bandbreite } \Delta f = 2000\ \text{Hz} - 1500\ \text{Hz} = 500\ \text{Hz}$$

$$\text{Filtergüte } Q = \frac{1732\ \text{Hz}}{500\ \text{Hz}} = 3{,}5$$

Abb. 16.20: Vollparametrischer Filter (Meyer Sound CP-10)

Kerbfilter

Ein Kerbfilter ist ein Glockenfilter sehr hoher Güte (Q größer 10) und ist oft nur als reiner Dämpfungsfilter ausgelegt (Abb. 16.21).

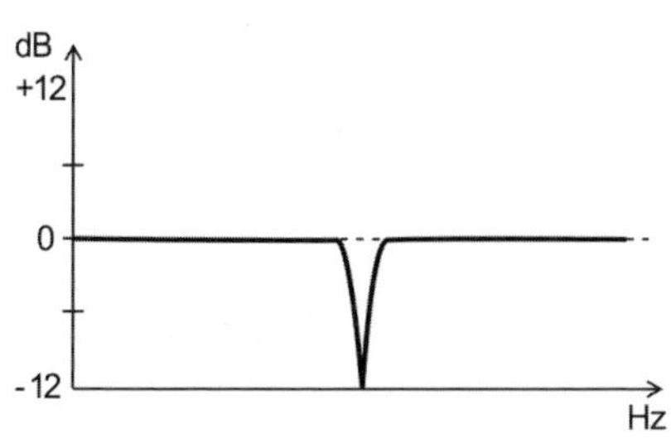

Abb. 16.21: Kerbfilter

Kerbfiltern werden unter anderem zur Unterdrückung akustischer Rückkopplungen in Monitoranlagen verwendet. Die Koppelfrequenzen werden hier sehr schmalbandig herausgefiltert (s. Kap. 19.4.3).

Graphischer EQ (Graphic Equalizer)

Es ist hier eine Anhebung oder Absenkung für festgelegte Frequenzbänder möglich (meist ±12 dB oder ±15 dB). Der graphische EQ muss auch bei maximaler Anhebung mehrerer

Bänder übersteuerungsfest sein. Meist zeigt daher eine Overload-LED, wenn die Übersteuerungsgrenze überschritten wird.

Graphische Equalizer können als Oktavbandfilter mit 10 Bändern (Abb. 16.22), als 2/3-Oktavbandfilter mit 16 Bändern oder als Terzbandfilter mit 30 und manchmal auch 31 Bändern ausgeführt sein. Oft sind zusätzlich ein Hoch- und ein Tiefpass integriert (Abb. 16.23).

Abb. 16.22: Graphischer EQ mit 10 Oktavbändern (Dynacord EQ 210)

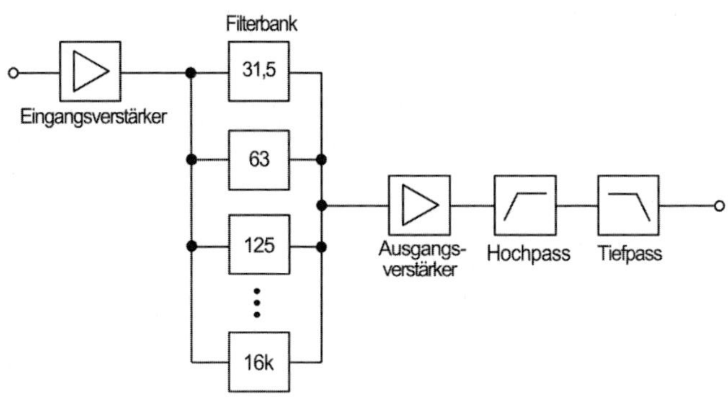

Abb. 16.23: Schaltbild graphischer EQ

Dynamischer Filter (Dynamic EQ)

Bei dynamischen Filtern variiert der Frequenzgang abhängig vom Eingangssignal. Der Pegel des Audiosignals wird zur Steuerung eines parametrischen Filters eingesetzt. Der Einsatzpunkt und der maximale Effekt lassen sich relativ dazu einstellen (Abb. 16.24).

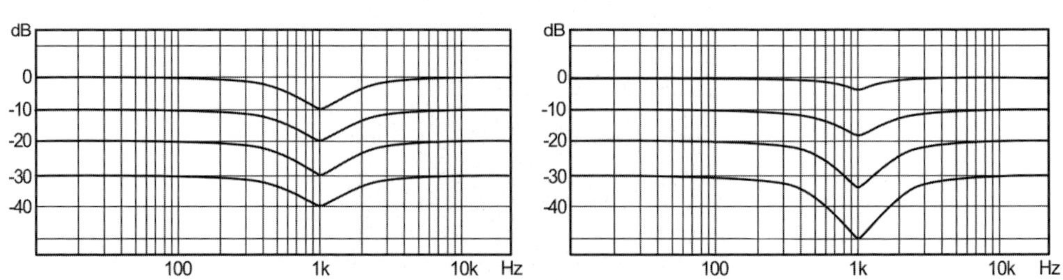

Abb. 16.24: links: normaler EQ, rechts: dynamischer EQ

Da die Technik der eines Multibandkompressors ähnelt, finden sich auf der Bedienoberfläche eines dynamischen Filters teilweise die gleichen Regler: Beispielsweise der Threshold, mit dem der Einsatzpunkt für eine bestimmte Filterkurve eingestellt wird, daneben Attack und Release.

Die klangliche Wirkung von Filtern ist oft schwer in Worte zu fassen. Und verschiedene internationale Begrifflichkeiten machen die Kommunikation unter Toningenieuren nicht gerade leichter. Kai Harada hat sich auf humorvolle Weise dieses Problems angenommen und die „Internationale subjektive Klangbezeichnungs-Vergleichstabelle" entwickelt:

International Subjective Sound Quality Nomenclature Comparison Chart

von Kai Harada (http://harada-sound.com)

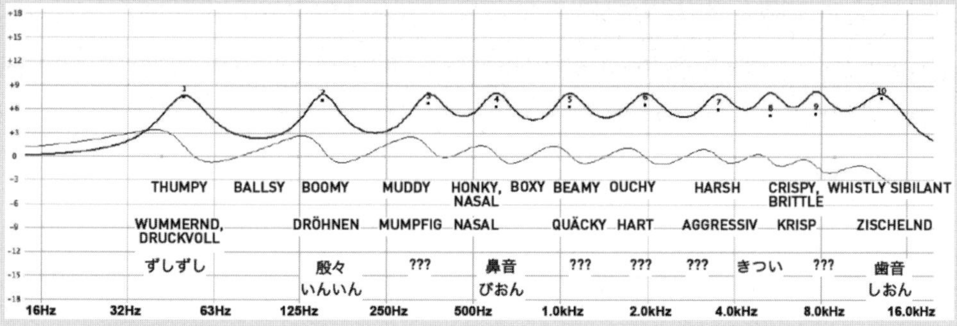

16.2.2 Digitale Filter

Digitale Filter sind zumeist als Software-Plug-Ins in Digital Audio Workstations (DAW) integriert. Es gibt sie aber auch als eigenständige Hardware-Filter im 19 Zoll-Format. Bei beiden Varianten erfolgt die Bedienung über eine grafische Oberfläche (Abb. 16.25). Die Speicherung von Einstellungen oder der Zugriff auf mehrere werkseitige Voreinstellungen sind obligatorisch.

Abb. 16.25: EQ einer Digital Audio Workstation (Cubase SE)

Die unterschiedlichen Frequenzverläufe werden bei digitalen Filtern durch mathematische Operationen wie Addition und Multiplikation und/oder durch eine Signalverzögerung erzeugt.

Es kann zwischen zwei Filterprinzipien unterschieden werden: Nichtrekursive und rekursive digitale Filter.

Nichtrekursive digitale Filter (Finite Impulse Response Filter = FIR): Der Ausgangswert wird aus dem Eingangswert abgeleitet. Mehrere unterschiedlich gewichtete und zeitlich verschobene Abtastwerte werden addiert (Abb. 16.26).

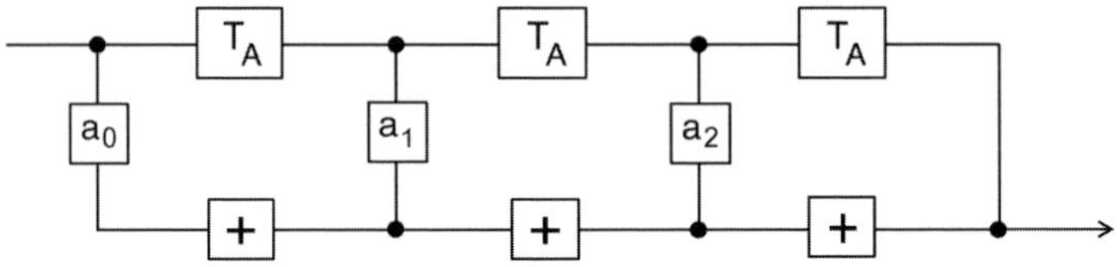

T_A : Speicher für einen Abtastwert und eine Abtastperiode

a_0 bis a_2 : Gewichtungskoeffizienten

+ : Addition

Abb. 16.26: Digitale FIR-Filter

Rekursive digitale Filter (Infinite Impulse Response Filter = IIR): Rückführung der Ausgangswerte und Gewichtung mit einem Koeffizienten (Abb. 16.27).

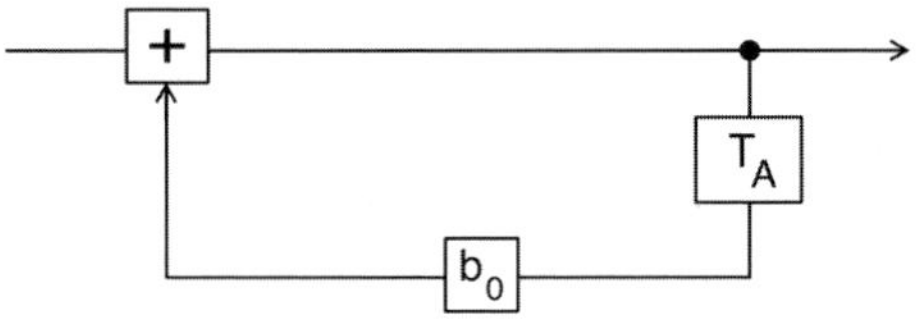

b_0 : Gewichtungskoeffizient

Abb. 16.27: Digitale IIR-Filter

Nichtlinearitäten bei digitalen Filtern

Die weitläufige Annahme, dass alle digitalen Filter einen linearen Phasengang haben, ist falsch. Unterschiedliche Algorithmen erzeugen durchaus Phasenfehler. Es ist aber grundsätzlich möglich, digitale Filter mit linearem Phasengang zu konstruieren bzw. zu programmieren; als so genannte LTD-Filter (= Linear Time-Invariant Discrete Filter).

Grenzen von digitalen Filtern

Die Grenzen von digitalen Filtern liegen in der Genauigkeit der Abtastwerte und Koeffizienten. Entsprechend kann es zu Fehlern bei den Rechenoperationen kommen. Die Berechnungen können mit Festkomma oder Gleitkomma durchgeführt werden. Bei der Festkomma-Berechnung gibt es eine fest definierte Stellenzahl für die Werte vor und hinter dem Komma.

Beispiel für das Gleitkomma: Die dezimale Zahl 0,000056 lässt sich auch als $56 \cdot 10^{-6}$ ausdrücken. Die Ziffer vor dem Malzeichen, hier die ‚56' wird auch Mantisse genannt. Hinter der Basis (‚10') steht die Hochzahl, die auch Exponent heißt (hier ‚-6'). Ein Computer rechnet mit binären Ziffern und damit immer zur Basis 2. Es reicht daher aus, wenn nur die Mantisse und der

Exponent mit Vorzeichen gespeichert werden. Das dezimale Zahlenbeispiel sähe dann so aus: 56E-6, wobei „E" für den Exponenten steht.

Vorteil der Gleitkomma-Berechnung: Bei gleicher Anzahl der Bits ergibt sich ein größerer Dynamikbereich im Vergleich zu Festkomma-Algorithmen. Nachteil: Kompliziertere Rechenvorgänge und damit größere Verzögerungszeiten (Latenzen) bei der Wiedergabe des Audiosignals.

16.3 Effektgeräte

16.3.1 Echo

Das Echo (Delay) ist zunächst ein akustisches Phänomen: Schall wird reflektiert und zurückgeworfen. Das Delay als elektronisches Effektgerät simuliert diese Echos. Dabei kann es als Zumischeffekt genutzt werden, etwa um eine E-Gitarre „breit zu machen" oder auch als Einschleifeffekt, hier dann meist, um Laufzeitunterschiede einer Beschallungsanlage auszugleichen.

Mechanisches Analog-Delay (Bandecho)

Eine Endlos-Tonbandschleife wird am Aufnahmekopf und mehreren Wiedergabe-Tonköpfen vorbeigezogen (s. Kap. 21.1.1). Abhängig von der Bandgeschwindigkeit ergeben sich verschiedene Verzögerungszeiten. Bei Bandechos mit drei Wiedergabeköpfen kann zum Beispiel passend zum Songtempo ein Achtel-, ein Viertel- und ein Halbnoten-Delay eingestellt werden. Über den Feedback-Regler wird das verzögerte Signal nochmals auf den Aufnahmekopf zurückgeführt. Dies führt zu mehrfachen Wiederholungen mit abnehmendem Pegel (Abb. 16.28).

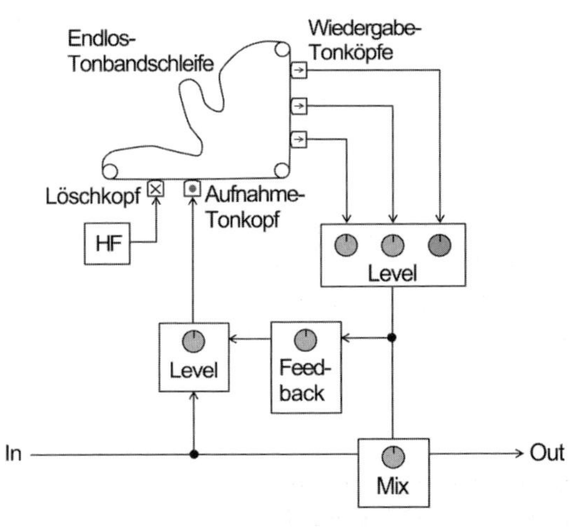

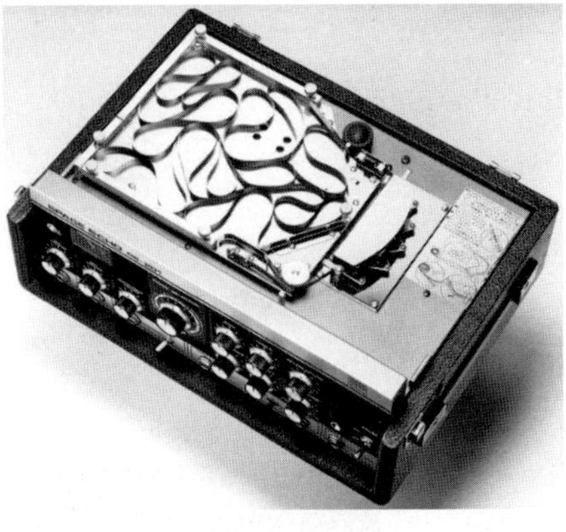

Abb. 16.28: links: Bandecho-Prinzip, rechts: Roland Space Echo RE201 aus dem Jahr 1973

Elektronisches Analog-Delay

Ein elektronisches Analog-Delay ist aus einem Eimerkettenspeicher aufgebaut. Das ist im Prinzip eine größere Anzahl von Speichern (Kondensatoren), in die das Eingangssignal nacheinander geleitet wird. Die beim Auslesen der Speicher entstehenden Treppenstufen im

Signal werden durch den Tiefpassfilter im Ausgang wieder geglättet. Gegenüber dem Bandecho hat ein elektronisches Analog-Delay den Vorteil, dass es keine mechanischen Verschleißteile hat. Nachteile sind allerdings die eingeschränkte Bandbreite und ein höhenarmer Klang aufgrund des notwendigen Tiefpasses (Abb. 16.29).

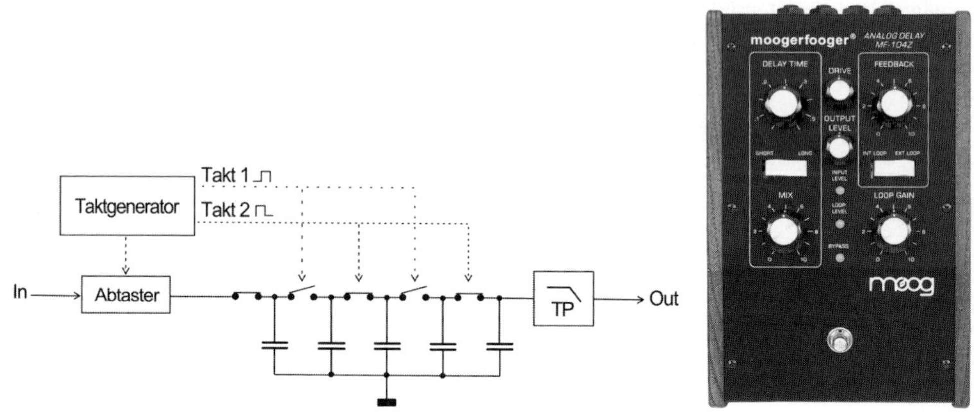

Abb. 16.29: links: Prinzip eines Analog-Delays, rechts: Moog MF-104Z

Digitales Delay

Das digitalisierte Audiosignal wird über einen Digital Sound Processor (DSP) in einem Random Access Memory (RAM) geleitet und dort zwischengespeichert. Nach einer gewissen Zeit werden diese Daten wieder ausgelesen und zum D/A-Wandler geleitet (Abb. 16.30). Die maximale Verzögerungszeit ist dabei von der Größe des RAM-Speichers abhängig. Im Read Only Memory (ROM) sind das Betriebssystem und die Steuerbefehle für das Gerät abgelegt.

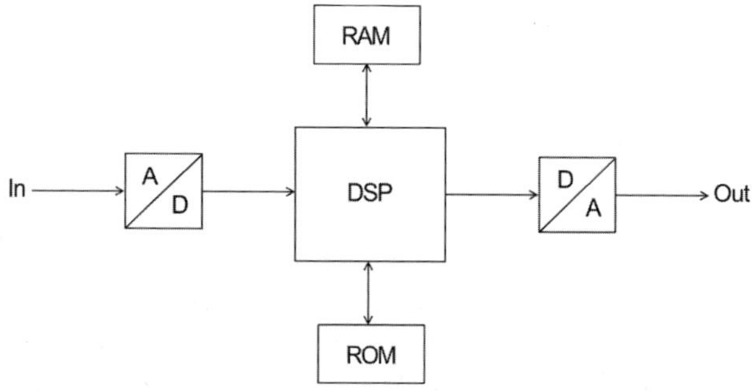

Abb. 16.30: Digitales Delay

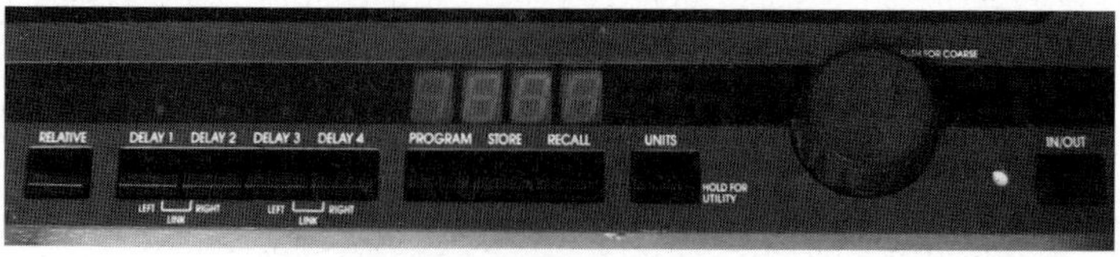

Abb. 16.31: Digitales Delay (BSS TCS804)

Musikalischer Einsatz des Echos

Die Delay-Zeit kann an die rhythmische Struktur des Musikstücks angepasst werden. Bei bekannten Beats per Minute (BPM) lässt sich die Verzögerungszeit für Viertelnoten berechnen:

$$\text{Verzögerungszeit } t = \frac{60\text{ s}}{\text{BPM}} \qquad \text{(Formel 16.5)}$$

Einheit [s]

Beispiel: Ein Lied hat ein Songtempo von 110 BPM, das Viertelnoten-Delay beträgt dann:

$$\text{Verzögerungszeit } t = \frac{60\text{ s}}{110} = 0{,}545\text{ s} = 545\text{ ms}$$

Ein Halbnoten-Delay hätte die doppelte Verzögerungszeit von 1,091 s, ein Achtelnoten-Delay dagegen nur 273 ms.

16.3.2 Hall

Natürliche Hallerzeugung

Raummikrofone

Zusätzliche Mikrofone werden im Aufnahmeraum platziert, um die Akustik aufzufangen. So können zum Beispiel bei einem Konzert zwei Nierenmikrofone außerhalb des Hallradius (s. Kap. 3.3) aufgestellt werden, ausgerichtet in die der Bühne abgewandten Raumecken.

Hallraum

Das zu verhallende Signal wird trocken aufgenommen und über einen Lautsprecher in einen Hallraum übertragen. Dort installierte Mikrofone nehmen die Raumantwort auf, diese Signale werden dann dem Originalsignal beigemischt.

Mechanische Hallerzeugung

Federhall

Der Federhall ist bei E-Gitarrenverstärkern gebräuchlich. Eine Spule am einen Ende der Feder erzeugt mit einer elektrischen Wechselspannung (das Signal der E-Gitarre) ein Magnetfeld, welches mit dem Feld eines Dauermagneten in Wechselwirkung tritt. Die dabei wirkenden Kräfte versetzen die Feder in Schwingung. Eine Aufnahmespule am anderen Ende der Feder induziert wieder eine Wechselspannung, die verstärkt als Hallsignal zumischbar ist (Abb. 16.32).

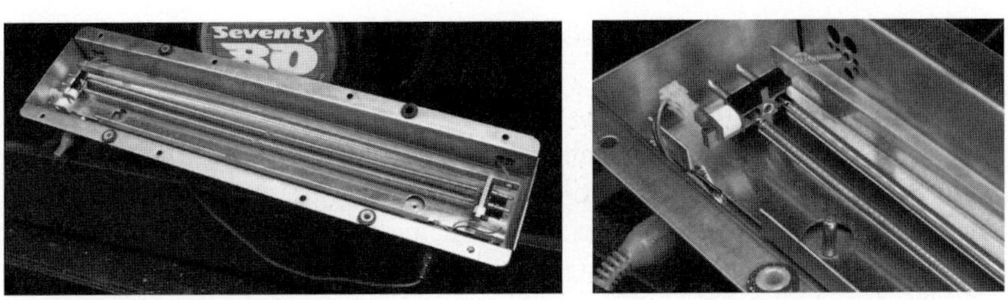

Abb. 16.32: Federhall (Accutronics)

Hallplatte

Die Hallplatte ist eine ca. 1 x 2 m große, rechteckige dünne Stahlplatte, die mit gespannten Federn in einem Rahmen aufgehängt ist. Mit Kontaktlautsprechern wird diese Platte in Schwingung versetzt. Mehrere Piezo-Wandler nehmen diese auf und liefern so das Hallsignal (Abb. 16.33).

Abb. 16.33: Hallplatte (EMT 140ST, Hallplatten wurden von EMT ab 1957 gebaut)

Hallfolie

Hallfolien sind mit ca. 20 x 30 cm wesentlich kleiner als Hallplatten. Eine hauchdünne, galvanisch hergestellte Goldfolie wird durch einen miniaturisierten Schwingungsgeber angeregt, und ein ebenso kleiner Schwingungsaufnehmer liefert dann das Hallsignal (Abb. 16.34).

Abb. 16.34: Hallfolie (EMT 240; sehr populär in den 1970er Jahren)

Digitale Hallgeräte

Digitale Hallgeräte sind im Prinzip aufgebaut wie ein Computer. Sie verfügen damit auch über die entsprechenden Speicherbereiche (RAM und ROM). Bei einem Faltungshall sind im Speicher des Hallgeräts Reflexionsmuster realer Räume abgelegt (s. Kap. 3.2); damit ist eine täuschend echte Simulation verschiedenster Raumakustiken möglich (Abb. 16.35). Herkömmliche digitale Hallgeräte versuchen dagegen durch Berechnungsalgorithmen die Akustik eines

Raumes nachzubilden. Für die Algorithmen gibt es Voreinstellungen (Presets), welche die Bezeichnung des Raumes tragen, dessen Nachhall simuliert werden soll. Beispiele für solche Presets:

- *Hall:* Konzertsaal
- *Room:* Wohnraum
- *Chamber:* Kammermusiksaal
- *Cathedral / Church:* Kathedrale bzw. Kirche

Auch für die vorher aufgeführten Methoden der natürlichen und mechanischen Hallerzeugung gibt es entsprechende Algorithmen zur digitalen Nachbildung:

- *Ambience:* Simuliert Raummikrofone
- *Spring:* Hallfeder
- *Plate:* Hallplatte

Durch die digitale Signalbearbeitung sind aber auch unnatürliche Effekte möglich:

- *Gated-Reverb:* Der Nachhall wird hier vorzeitig durch ein Gate abgeschnitten
- *Reverse:* Rückwärtsecho

Wenn ein Algorithmus am Hallgerät ausgewählt wurde, kann dieser in seinen Parametern verändert werden. Die wichtigsten Parameter sind:

- *Pre Delay:* Verzögerung bis zum Eintreffen der ersten Reflexionen in [ms]
- *Reverb Time:* Nachhallzeit RT_{60} in [s]
- *Density / Diffusion:* Halldichte bzw. Zerstreuung. Damit ist der zeitliche Abstand zwischen den einzelnen Reflexionen gemeint.
- *Room Size:* Raumgröße in [m^2]
- *High Frequency Damp:* Höhenabsenkung, welche die Dämpfung durch die Luft simuliert

Abb. 16.35: Anzeigenfeld eines digitalen Hallgerätes (Sony DRE-S777)

Bei der Konzertbeschallung wird eigentlich immer elektronischer Nachhall zur Band bzw. dem Orchester und den Stimmen dazugemischt. Dabei muss je nach Musikstil und -tempo ein jeweils passendes Hallprogramm ausgewählt werden. Der Nachhall fördert das Verschmelzen der einzelnen Stimmen und Instrumente zu einem geschlossenen Gesamtklang. Wird allerdings ein Hallprogramm mit zu langer Nachhallzeit gewählt, so verwischt das Klangbild, kurze Schallereignisse wie die von perkussiven Instrumenten oder etwa Stakkato spielende Streicher werden durch den überhängenden Hall verdeckt. Ohne zusätzliche Einspielungen einer Monitormischung ist es dann für die Musiker sehr schwer, im Timing zu bleiben, die Intonation und die richtige Dynamik zu finden. Aber auch eine zu kurze Nachhallzeit ist für die Musiker nicht sehr angenehm. Der einzelne Instrumentalist hört sich selber zu laut und zu wenig vom Rest der Band bzw. des Orchesters. Es leidet dadurch vor allem die Intonation, während eine rhythmische Präzision aber durchaus gegeben sein kann. Es gilt hier also, eine ausgewogene Balance zu finden.

Hallgeräte werden natürlich nicht nur zur Simulation einer bestimmten Raumakustik benutzt, sondern auch als Werkzeug für die künstlerische Umsetzung eines bestimmten Klangbildes. So wird eine Theater-Spielszene in einem gekachelten Badezimmer auch einen entsprechenden Nachhall mit sehr vielen frühen Reflexionen und einen eher höhenbetonten Klang erhalten. Oder wenn sich die Akteure in einer Gruft bewegen, dann ist vielleicht ein sehr langer Nachhall mit leichten Echos gefragt, so wie es eben in einer Gruft klingen mag. Wichtig ist dabei, den visuellen Eindruck durch das entsprechende Hörerlebnis zu unterstützen.

16.3.3 Weitere Effekte

Flanger

Beim Flanger wie in Abb. 16.36 wird ein leicht verzögertes Signal dem Originalsignal hinzugemischt. Durch eine phasenverschobene Addition entstehen Kammfiltereffekte (s. Kap. 3.1.5), die mit einer veränderbaren Geschwindigkeit und Intensität durch das Spektrum wandern und dadurch den Klang leicht „schwebend" erscheinen lassen.

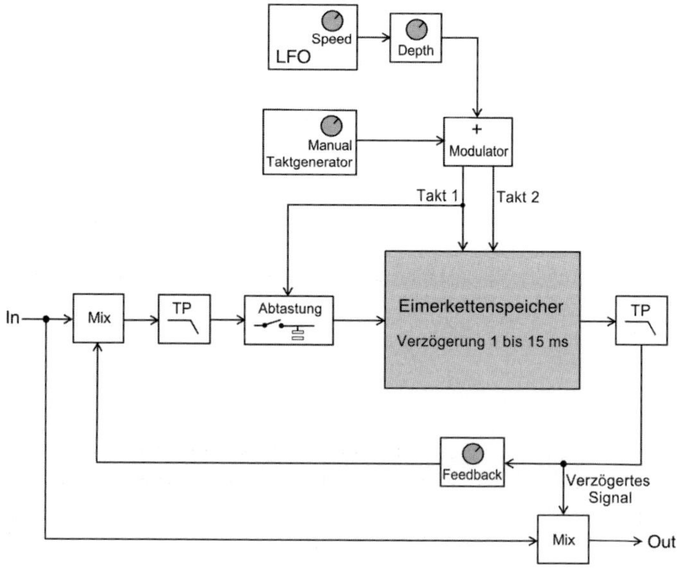

Abb. 16.36: Flanger

Die Parameter eines Flangers

- *LFO:* Low Frequency Oscillator. Ein langsam schwingender Oszillator, der die Taktfrequenz und damit die Kammfilterfrequenzen ständig ändert.

- *Speed:* Frequenz des LFO-Signals. Beeinflusst die Geschwindigkeit, mit der die Kammfilterfrequenzen durchs Spektrum wandern.
- *Depth:* Amplitude des LFO-Signals. Beeinflusst die Intensität des Effekts.
- *Manual:* Verändern der Taktfrequenz. Beeinflusst die Verzögerungszeiten und damit die Einsatzfrequenz der Kammfilter (kleiner Wert = Kammfilter nur auf hohen Frequenzen; großer Wert = Kammfiltereffekt über das gesamte Spektrum).
- *Feedback:* Mit dem Feedback-Regler kann das Ausgangssignal zurück auf den Eingang gegeben werden.

Phaser

Ein Phaser (Abb. 16.37) hat eine ähnliche Funktion wie ein Flanger, es entsteht also auch ein Kammfiltereffekt durch eine phasenverschobene Addition. Schaltungstechnisch ist ein Phaser allerdings mit Allpassfiltern aufgebaut, was wesentlich kürzere Verzögerungszeiten als beim Eimerkettenspeicher des Flangers ermöglicht. Die Bezeichnungen „4-Stage" bis „12-Stage" geben an, wie viele Allpässe hintereinander geschaltet sind und damit auch, wie viele Kammfilterfrequenzen im Spektrum auftreten. Beispielsweise sind es bei 4-Stage-Phasern zwei Kammfilterfrequenzen. Die Wirkung des Phaser-Effekts wird meist mit dem Klang eines vorbeifliegenden Düsenjets umschrieben.

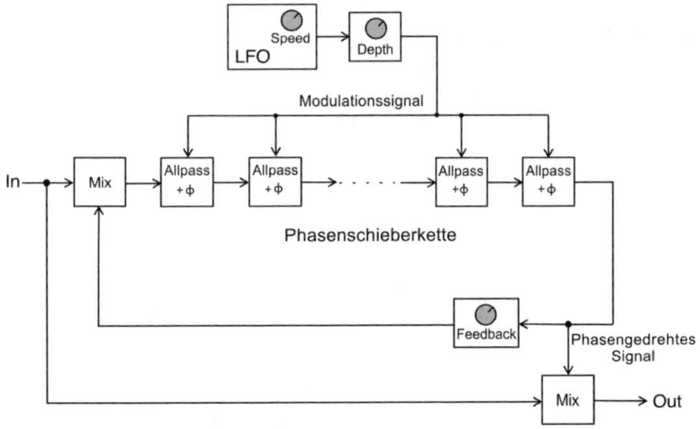

Abb. 16.37: Phaser

Chorus

Der Chorus (Abb. 16.38) hat im Prinzip das gleiche Schaltbild wie ein Flanger. Allerdings ist die Verzögerungszeit mit mehr als 30 ms wesentlich länger. Es treten keine hörbaren Kammfiltereffekte mehr auf, stattdessen sind zwei getrennte Klangereignisse wahrzunehmen. Wie der Name schon sagt, wird durch den Chorus ein Chor nachgebildet. Ein echter chorischer Effekt tritt zum Beispiel bei mehreren gleichzeitigen Singstimmen auf. Der Einsatz, aber auch die Tonhöhe der Einzelstimmen variiert hier leicht – bei geübten Vokalensembles zwischen ca. -20 und +20 Cent. Der Chorus-Effekt wird daher auch oft in Kombination mit einem Pitch Shifter (s. u.) verwendet.

Abb. 16.38: Chorus-Bodeneffekt (Boss Super Chorus)

Die Parameter des gezeigten Chorus

- *Effect Level:* Zumischen des Effekts zum Direktsignal (entspricht „Mix")
- *EQ:* Einfache Klangregelung durch einen Tiefpass
- *Rate:* Frequenz des LFO-Signals (entspricht „Speed")
- *Depth:* Amplitude des LFO-Signals

Tremolo

Das Tremolo ändert die Lautstärke des Eingangssignals in Abhängigkeit von einem internen Oszillator. Dies entspricht im Prinzip einer Amplitudenmodulation (s. Kap. 6.13.1). Für die Modulation kann zum Beispiel ein Optokoppler eingesetzt werden (Abb. 16.39 und 16.40). Das ist eine Kombination aus einer LED und einem lichtempfindlichem Widerstand. Je nach einfallender Lichtintensität ändert sich der Widerstandswert und damit der Pegel des Eingangssignals. Der „Umweg" über den Optokoppler wird gegangen, da dies schaltungstechnisch die einfachste Art ist, ein amplitudenmoduliertes Signal zu erzeugen. Ein nützlicher Nebeneffekt ist, dass durch den Optokoppler eine galvanische Trennung erfolgt, Brummschleifen werden so vermieden (s. Kap. 11.2.3). Durch ein Tremolo wird eine Erhöhung der wahrgenommenen Lautstärke erreicht, das Instrument oder die Stimme setzt sich besser durch.

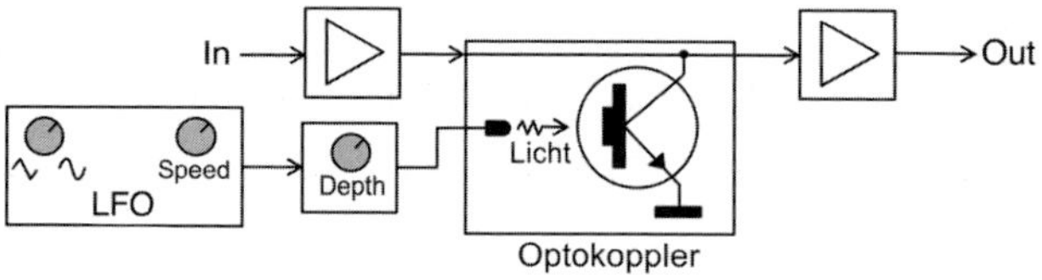

Abb. 16.39: Tremolo

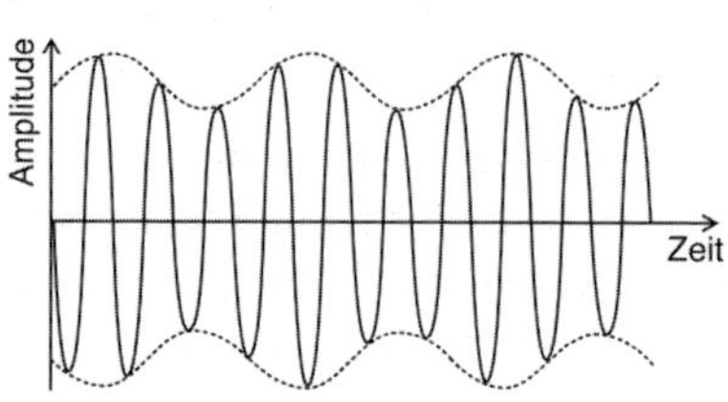

Abb. 16.40: Amplitudenmodulation

Vibrato

Das Vibrato ändert in Abhängigkeit von einem LFO die Tonhöhe des Eingangssignals. Es wird also die Frequenz moduliert (s. Kap. 6.13.2). Dies wird ähnlich wie beim Phaser durch eine Reihenschaltung von Allpässen bewirkt (Abb. 16.41 und 16.42). Der typische Wert für die Modulation der Frequenz liegt bei ca. ±5 bis ±8 Hz. Dadurch wird eine Verbreiterung des Klangs erreicht. Bei Vibratofrequenzen von mehr als ±10 Hz wird dagegen eine zunehmende, unangenehme Rauhigkeit im Klang empfunden.

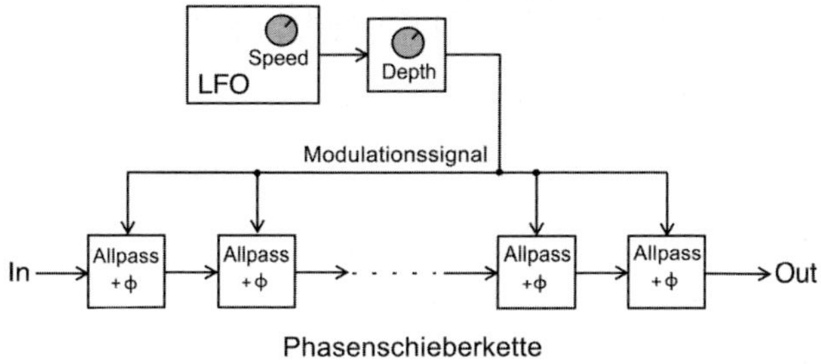

Abb. 16.41: Vibrato

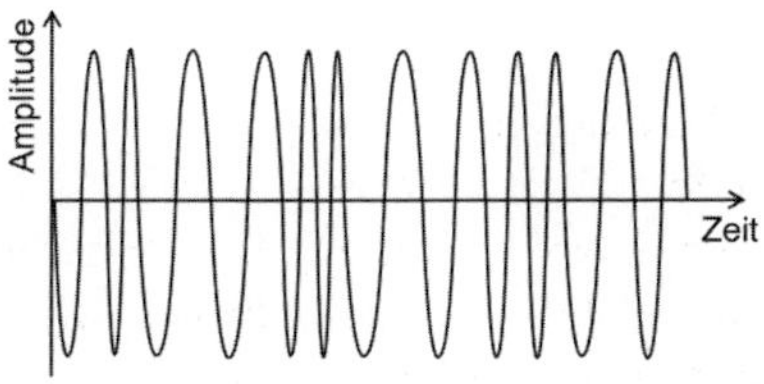

Abb. 16.42: Frequenzmodulation

Pitch Shift

Ein Pitch Shift (Abb. 16.43) ist ein Effekt zur dauerhaften Veränderung der Tonhöhe, also der Transponierung. Anwendungsbeispiele für diesen Effekt:

- Ein vorsichtiger Einsatz bei solistischem Gesang, um einen leichten chorischen Effekt zu erzielen (Zumischung von ca. +5 Cent links und -5 Cent rechts, mit einem leichten Delay).
- Stärkerer Einsatz bei Gitarre und Bass. (Hier kann z. B. eine ganze Terz transponiert und als Effekt hinzugemischt werden.)

Eine Tonhöhenverschiebung mit einem statischen Transpositionsintervall wird in den meisten Fällen nicht besonders harmonisch klingen. Daher kann bei einem „intelligenten" Pitch Shifter, der dann auch *Harmonizer* genannt wird, die gespielte Tonart eingestellt werden. Der Harmonizer generiert jeweils die zur Tonart passenden Harmonietöne.

Ein *Octaver* ist eine besondere Bauform des Pitch Shifts, der dem Originalsignal lediglich eine weitere, tiefere Oktave hinzufügt. Er wird als Spezialeffekt meist nur dem E-Bass leicht hinzugemischt. Bei sehr leisen Signalen beginnt der Octaver allerdings zu „flattern". Er kann daher nur sinnvoll bei konstanten Pegeln eingesetzt werden, also in Verbindung mit einem Kompressor.

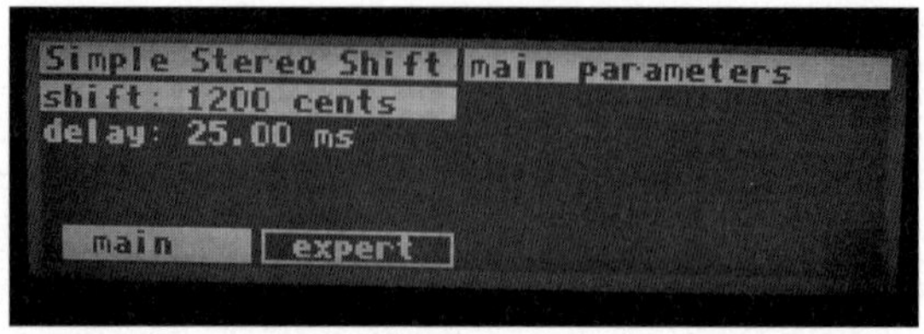

Abb. 16.43: Anzeigenfeld eines Pitch Shifters (Eventide DSP4000 Harmonizer)

Wah Wah

Ein Wah Wah ist ein Bandpassfilter mit variabler Mittenfrequenz. Als Bodeneffekt ist es manuell zu bedienen (Abb. 16.44). Es gibt diesen Effekt aber auch als 19 Zoll-Gerät, dann meist mit einer automatischen „Rate", mit der die Mittenfrequenz des Bandpassfilters über das Spektrum wandert. Die Bezeichnung „Wah Wah" beschreibt lautmalerisch den Klang dieses Effekts, wobei menschliche Sprachlaute durch ein Anheben der Vokalfrequenzbereiche (Formanten, s. Kap. 1.7) imitiert werden. Bei Blasinstrumenten kann dieser Effekt übrigens rein akustisch über einen Dämpfer im Schalltrichter erzeugt werden.

Abb. 16.44: Wah-Wah-Fußpedale (Dunlop und DOD)

Verzerrer

Das Prinzip eines Verzerrers beruht auf dem Effekt, dass beim Übersteuern eines Verstärkers nichtlineare Verzerrungen entstehen. Es werden dabei dem ursprünglichen Signal harmonische Oberschwingungen hinzugefügt (s. Kap. 6.11.6). Dabei ist es gleichgültig, ob es sich um einen Röhren- oder einen Transistorverstärker handelt. Allerdings gibt es Unterschiede im Klang, da eine Röhre eine andere Verstärkungskennlinie hat als ein Transistor. Bei Röhren setzen die Verzerrungen langsam ein, während bei einem Transistor aufgrund der stärker abknickenden Kennlinie das Signal schneller ins Clipping geht. Röhrenschaltungen werden daher für Verzerrer mit einem so genannten „Soft Clipping" eingesetzt; der Effekt wird dann meist „Overdrive" genannt. Transistoren verzerren dagegen mit einem „Hard Clipping", diesen Effekt nennt man schlicht „Distortion". In Abb. 16.45 sehen wir verschiedene Verzerrer für E-Gitarren als Bodeneffektgeräte.

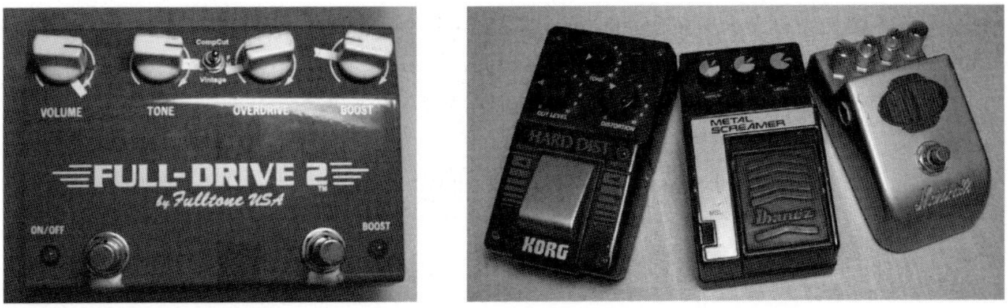

Abb. 16.45: Verzerrer-Fußpedale (Fulltone, Korg, Ibanez und Marshall)

Vocoder

Das Kunstwort Vocoder steht ausgeschrieben für „Voice Coder". Der Vocoder wurde in den 1930er Jahren von den Bell Laboratories entwickelt – ursprünglich, um eine menschliche Stimme elektronisch nachbilden zu können. Codierte Sprache sollte dadurch abhörsicher übertragen werden können. Als musikalisches Effektgerät wurde der Vocoder ab den 1970ern eingesetzt.

Ein Vocoder besteht aus einem Analyse- und einem Syntheseteil. Bei der Analyse werden aus dem Originalsprachsignal verschiedene Sprachparameter abgeleitet, die dann als Steuersignale an die Synthesebaugruppen weitergegeben werden (Abb. 16.46).

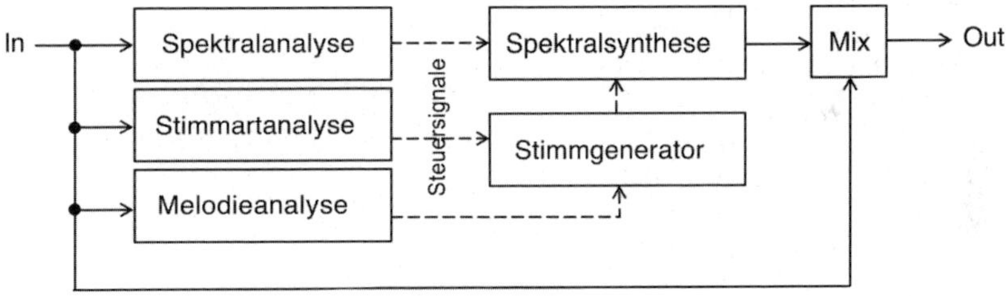

Abb. 16.46: Vocoder

Die Analyse geschieht in drei parallelen Funktionsblöcken. Bei der *Spektralanalyse* werden die Frequenzanteile des Eingangssignals erfasst und daraus Steuersignale gewonnen für Filter, welche die Resonanzfrequenzen von Mund-, Rachen- und Nasenraum des Menschen nachbilden. Im Prinzip funktioniert das durch eine gewisse Anzahl von Bandpassfiltern, etwa mit 20 Bändern (s. Kap. 16.2.1). Bei der *Stimmartanalyse* wird zwischen stimmlosen und stimmhaften Lauten unterschieden. Das resultierende Steuersignal ist dann nur eine Ja/Nein-Information. Bei der *Melodieanalyse* wird der Grundton des Stimmsignals erfasst und als Melodiekennwert weitergeleitet.

Die Synthese ist in nur zwei Blöcke aufgeteilt: Der *Stimmgenerator* erzeugt bei stimmlosen Lauten ein Rauschen und bei stimmhaften Lauten eine Impulsfolge mit den entsprechenden Obertönen. Der Melodiekennwert steuert die Frequenz dafür. Das Ausgangssignal des Stimmgenerators durchläuft dann noch die Filterbank der *Spektralsynthese*.

Mit einem Vocoder als Effektgerät kann ein beliebiges Audiosignal bearbeitet werden. Dies muss nicht die menschliche Stimme, sondern kann auch ein Instrument sein. Anstatt des Rauschsignals des Stimmgenerators wird ein zweites Eingangssignal, zum Beispiel das eines anderen Instrumentes, für die Synthese verwendet. Dieses Signal wird dann entsprechend der spektralen Zusammensetzung des ersten Eingangssignals moduliert. Verwendet man tatsächlich eine Stimme als Steuersignal, so ist es möglich, ein Musikinstrument „sprechen" zu lassen.

Exciter und Enhancer

Exciter und Enhancer beeinflussen die Höhenwiedergabe durch künstlich erzeugte Oberwellen. Dazu wird in einem Exciter ein Verzerrer, der neue Obertöne erzeugt, mit einem Hochpass kombiniert (Abb. 16.47). Ein Enhancer besteht dagegen aus mehreren Bandpassfiltern und Verzerrern; diese Schaltung erzeugt keine neuen Obertöne, sondern verstärkt bereits vorhandene Harmonische. Der Effekt eines Enhancers klingt damit etwas weicher als der eines Exciters.

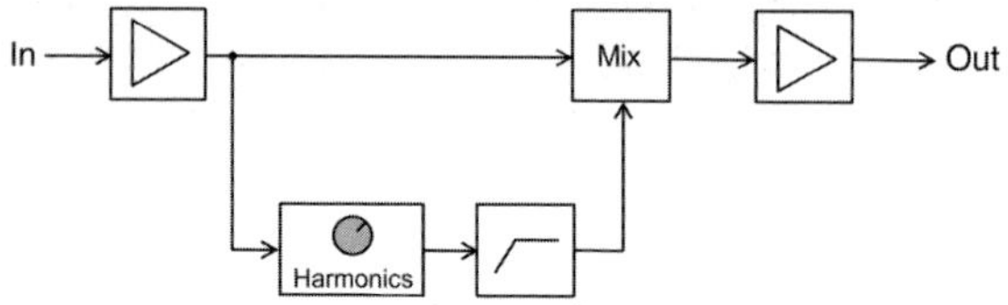

Abb. 16.47: Exciter

Manchmal sind bei Excitern und Enhancern auch zusätzliche Schaltungen zur Beeinflussung tieffrequenter Signalanteile integriert. So kann beim Aural Exciter von Aphex die Dynamik und die Phase in den Bässen beeinflusst werden. (Aphex nennt diese Funktion „Big Bottom", Abb. 16.48.)

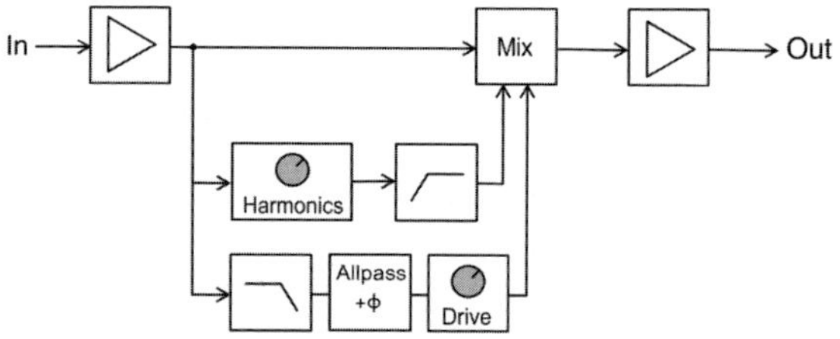

Abb. 16.48: Exciter mit zusätzlichem „Big Bottom"

Wie der Name schon sagt, werden Exciter und Enhancer dazu verwendet, ein Signal, meist einen Stereo-Mix, „aufzufrischen". Die Wirkungsweise ist dabei etwas subtiler als bei einem einfachen Filter zur Anhebung der hohen Frequenzen. Ein zu starker Einsatz ist nicht zu empfehlen, da sich das Gehör schnell an die Veränderung der Klangfarbe gewöhnt und man geneigt ist, den Pegel des Effektsignals immer mehr zu erhöhen.

Leslie

Beim Leslie wird durch rotierende Lautsprecher (Abb. 16.49) ein akustischer Dopplereffekt erzeugt (s. Kap. 3.1.6). Die Drehgeschwindigkeiten von Horn- und Bassrotor können dabei zum Beispiel 60 und 400 Umdrehungen pro Minute betragen, das entspricht einer Modulation von 1 Hz bzw. 6,7 Hz. Typisch ist der „Anlauf-Effekt" beim Einschalten des Motors, bis dieser die Enddrehzahl erreicht. Erfinder des Effekts war Don Leslie (1911 – 2004), der in den 1940er Jahren zunächst selber die Fertigung übernahm, ehe die Firma Hammond neben den nach ihnen benannten Orgeln auch die dazu passenden Leslie-Cabinets baute.

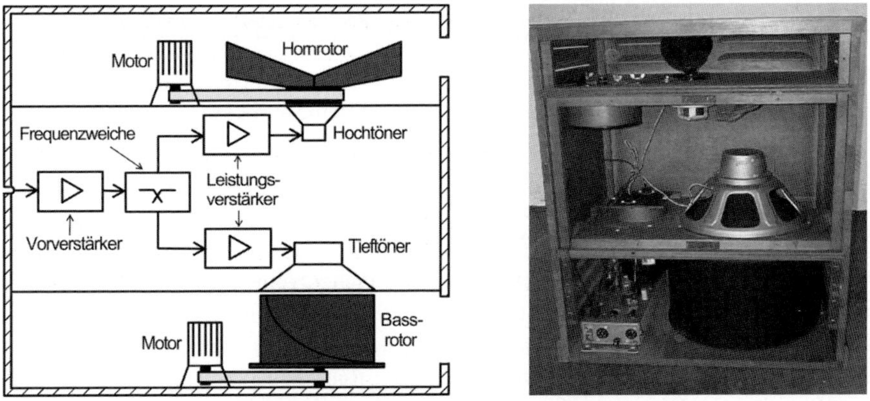

Abb. 16.49: links: Prinzip eines Leslies, rechts: Hammond Leslie 251 (offene Rückseite)

Mikrofonierung eines Leslies: Üblich sind zwei Mikrofone für den Hornrotor, auf dessen Drehachse gerichtet, und zusätzlich ein Mikrofon für den Bassrotor (s. auch Kap. 10.1.5). Aufgrund der Luftbewegungen der Rotoren müssen eventuell Schaumstoffwindschütze auf den Mikrofonen verwendet werden.

Es gibt inzwischen auch elektronische Nachbildungen eines Leslies als 19 Zoll-Geräte oder Bodeneffekt; Beispiele hierfür sind der Hughes & Kettner Tube Rotosphere (Abb. 16.50) oder der RT-20 von Boss.

Abb. 16.50: Leslie-Simulator (Hughes & Kettner Tube Rotosphere)

16.4 Wie ist ein musikalischer Mix aufgebaut?

Bei der Abmischung muss den einzelnen Signalen ein Platz im Mix zugewiesen werden, um eine transparentes Klangbild ohne unerwünschte Verdeckungseffekte (s. Kap. 4.2.3) zu erzielen. Diese „Sortierung“ erfolgt durch Anhebung oder Absenkung bestimmter Frequenzen, durch Pegel und Panorama und mit Delays und Nachhall.

Mix unterteilt nach Frequenzbereichen

Damit ein Instrument einem bestimmten Frequenzbereich zugeordnet werden kann, müssen erst einmal dessen typische Frequenzen herausgehört werden (Formanten, s. Kap. 1.7). Es macht wenig Sinn, einen Frequenzbereich anzuheben, in dem das betreffende Instrument nur wenige Schallanteile produziert. Im Prinzip wird dadurch nur Rauschen verstärkt. Tab. 16.2 zeigt einige Beispiele für mögliche Filtereinstellungen.

Tab. 16.2: Beispiele für Filtereinstellungen

Instrument	Verstärkung (+) Dämpfung (-)	Frequenz(-bereich)
Kick Drum	+	60 bis 80 Hz
Kick Drum und Tom Toms	-	250 bis 300 Hz
Becken	+	6 kHz
E-Bass	+	80 bis 100 Hz und 800 Hz
E-Bass	-	180 bis 250 Hz
E-Gitarre	+	120 Hz und 2 bis 3 kHz
Akustikgitarre	-	100 bis 200 Hz
Akustikgitarre	+	5 bis 10 kHz
Klavier	-	300 bis 400 Hz
Stimme	+	1 bis 2 kHz und 12 kHz
Stimme	-	alles unter ca. 100 Hz (Hochpass)

Die aufgeführten Filtereinstellungen sind nur eine grobe Orientierung – letztlich hängt der Klang eines Instruments immer davon ab, wie es gespielt wird und in welchem musikalischen Kontext. Die mit den Fingern gezupften Saiten eines E-Basses einer Jazz-Combo haben einen anderen Klang im Vergleich zu einem mit Plektrum gespielten E-Bass bei einer Rock-Band. Ähnliches gilt für viele andere Instrumente und auch die Gesangsstimme.

Sollen bestimmte Instrumente in der Mischung eher „hinten liegen“, dann können die hohen Frequenzanteile bedämpft werden. Soll ein Instrument dagegen „nach vorne kommen“, dann werden die Höhen angehoben. Anstatt eines Filters wird hier auch oft ein Exciter oder Enhancer benutzt.

Pegel und Panorama

Über den Fader wird die Lautstärke im Mix geregelt, und mit dem Panorama-Regler wird das Signal im Panorama eingeordnet. „Weit vorne“ im Mix steht oft der Gesang, also mit der größten Lautheit – diese wird durch Kompression erzielt – und mittig im Panorama. Alle anderen Instrumente müssen ihren Platz um den Gesang herum finden (Abb. 16.51).

Die Lautstärkeverhältnisse zwischen den Instrumenten sollten im Prinzip schon durch das musikalische Arrangement oder professionell agierende Musiker vorgegeben sein. Ist das der Fall, hat der Mischer nicht mehr viel zu tun. (Meist betreibt man aber eher eine Schadensbegrenzung.)

Die Rhythmusinstrumente werden mit einer mittleren Lautstärke gemischt. Solo-Einsätze und Verzierungen werden meist geringfügig lauter gemischt als der Rhythmus, aber noch unterhalb des Gesangs. Streicher und Flächensounds von Keyboards werden eher leise abgemischt.

Beim Panorama orientiert man sich oft an der Aufstellung der Band auf der Bühne. Klavier und Keyboards werden stereo auf beide Seiten des Klangbildes verteilt (meist links die Töne der tiefen Tasten und rechts die hohen Töne). Die TomToms des Schlagzeugs lässt man gerne über das gesamte Panorama wandern.

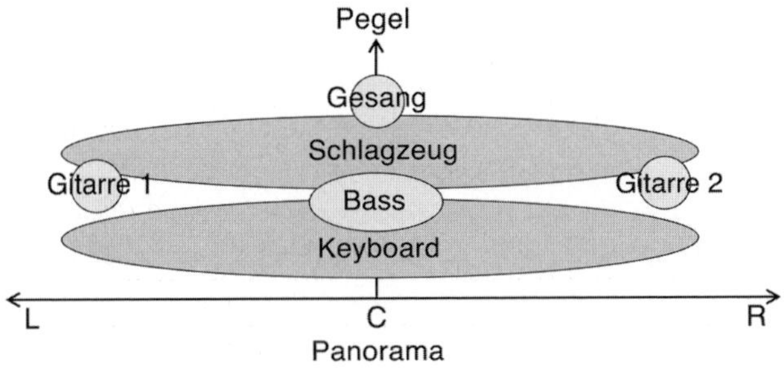

Abb. 16.51: Pegel und Panorama

Delays und Nachhall

Eine gewisse räumliche Tiefe in der Abmischung erzielt man durch Delays und Nachhall.

Anwendungsbeispiele für Delays im Mix

- Rhythmusgitarre: unverzögerter Originalklang auf die eine Seite und leicht verzögertes Signal auf die andere Seite des Panoramas.
- Längere Delays für Gitarrensolos, eventuell hier auch zusätzlich ein leichter Chorus.
- Gesang: Betonung bestimmter Textpassagen durch Echos im Songtempo.
- Verzögerung von Stützmikrofonen wie schon in Kap. 10.4 erwähnt.

Anwendungsbeispiele für Nachhall im Mix

- Das Schlagzeug bekommt einen eher kürzeren Hall (Room).
- Beim Gesang steigen Verständlichkeit und Transparenz, wenn ein Pre Delay von bis zu 100 ms eingestellt wird. Manchmal wird der Nachhall noch mit einem Chorus versehen.
- Streicher und Bläser erhalten oft einen „weicheren“ und längeren Nachhall.
- Bestimmte Musikstile verlangen einen authentischen Klang aus der jeweiligen Epoche; so sollte beim Rock'n'Roll auf den Gesang ein Plattenhall und auf die Gitarren ein Federhall gelegt werden.

Vorne am Haus... ein Blick über den Mischpultrand

Ein Essay von Nik Reiff (www.studioconsulting.de)

Wir betreten den Veranstaltungsort auf der Suche nach unserem Arbeitsplatz am Front Of House. Heute über dem Balkon, hinter einer Glasscheibe, oder mit dem Ohr einen Meter von der Hauptbeschallung entfernt? Schick aussehen soll es mal wieder, mit unsichtbarer Technik. Aber ein klasse Mix sollte schon an jedem einzelnen Sitzplatz ankommen.

Der Sänger beglückt uns mit einem bis auf drei Nanometer an den Mund gebogenem Headset und singt doppelt so laut wie beim Soundcheck. Der Kollege am Bass hat noch eben schnell seine neue Röhren-DI dazwischengeschaltet, die quer durch den gesamten Signalweg zerrt wie Hölle. Die bestellten und geliebten Mikrofone wurden unerklärlicherweise vom Verleiher durch China-Plagiate ersetzt. Die Feldstärke der Funkmikros bricht pünktlich zum Veranstaltungsbeginn ein. Eine gute Handvoll Signale versumpft in den wunderbaren Schaltkreisen des Analogpultes. Das Digitalpult daneben vergisst alle Einstellungen und weiß nicht einmal mehr, dass es ein Mischpult ist. Also genau der richtige Zeitpunkt, sich ein paar philosophische Gedanken zur Kunst des Mischens zu machen – denn in wenigen Sekunden gehen die Regler hoch...

Was macht eigentlich einen guten Live-Mix aus? Zufriedene Gäste, glückliche Künstler und Veranstalter, die einen wieder buchen – das sollte das Ergebnis sein. Ein paar neidvolle Blicke und anerkennende Worte von anwesenden Kollegen und Musikern möglichst inbegriffen. Aber wie kommen wir dahin? Nachdem wir unseren Mix lehrbuchgerecht in Höhe (Frequenzen), Breite (Panorama) und Tiefe (Hall und Delays) gestaffelt haben und die PA-Laufzeiten bis auf Nachkomma-Millisekunden eingestellt sind, scheint hier oft das Mischergehirn zu 100 % ausgebucht – Buffer Overflow!

Ein Blick über den Mischpultrand kann da helfen. Da wäre erst einmal die Stil-Frage: Was mischen wir denn da eigentlich gerade? Ein dezenter Jazzgig braucht nicht die lauteste Gitarre aller Zeiten. Bei einer Ragga-/Dancehall-Party dürfen audiophile Ansprüche gerne draußen bleiben, denn hier zählt der fetteste Bass, und verzerrte Stimmen sind genauso Stilmittel wie beim Heavy Metal. Die Stimmen bei einem Rockkonzert so laut wie beim Musical zu mischen kann zur Steinigung des Mischers führen. Umgekehrtes gilt im Musical, wenn Schlagzeug, Bass und Gitarren mit Rockkonzert-Pegel gemischt werden. Egal ob Theaterstück, Musical oder Konzert: Passt der Ton eigentlich zum Bild? Bombastisch aussehende Ensembleszenen mit 50 Menschen auf der Bühne sind wenig überzeugend, wenn sie unter einer Viermann-Band akustisch versumpfen. Der dezenteste Bandsound nützt nichts, wenn der Star des Abends – ein Vibraphonist – unhörbar ist, weil der Mischer (als einziger im Saal) dies nicht mitbekommen hat.

Ein Gespür für das Publikum zu haben, wie es ein guter DJ besitzt (der durch seine Musikauswahl den Laden leer spielen oder aber die Meute zum Kochen bringen kann), ist essentiell für den FOH-Mann bzw. die FOH-Frau. Nerven wir das Publikum gerade durch überflüssige Lautstärke? Schlafen uns die Gäste ein, weil die Show dynamisch nur so vor sich hinplätschert statt einen mitzureißen? Die Gäste einer Premierenparty sind anfangs vielleicht noch in Champagner-Smalltalk-Laune, zwei Stunden und vier Mojitos später wollen sie zur selben Band hemmungslos tanzen. Lautstärke allein bringt es hier nicht, ein kräftiger Schub bei Bass und Drums hingegen schon. Unaufmerksames (meist jüngeres) Theater-Publikum kann man bei leisen Szenen übrigens prima züchtigen, indem man einfach noch leiser mischt. Der interessierte Teil der Gäste übernimmt die Bestrafung umgehend durch „Psssst"-Rufe.

Schon einmal probiert?

16.5 Übungsaufgaben

Aufgabe 1

Ein Kompressor hat folgende Bedienelemente: THRESHOLD, RATIO, ATTACK, RELEASE. Beschreibe die Funktion der einzelnen Parameter.

Aufgabe 2

Skizziere die statische Kennlinie eines Limiters und die eines Kompressors.

Aufgabe 3

Welche Funktionen können an einem vollparametrischen Equalizer eingestellt werden?

Aufgabe 4

Welchen akustischen Effekt bildet ein Delay nach?

Aufgabe 5

Die Gitarre in einem Musikstück soll mit einem musikalischen Delay als Effekt versehen werden. Das Tempo des Stückes beträgt 100 BPM. Wie lang muss die Verzögerungszeit sein, wenn Achtelnoten betont werden sollen?

Aufgabe 6

Auf welche drei Arten kann Hall als Effekt erzeugt werden? Welche ist in der Veranstaltungstechnik die gebräuchlichste?

Aufgabe 7

Flanger und Phaser erzeugen auf unterschiedliche Art einen Kammfiltereffekt. Was ist der schaltungstechnische Unterschied dieser Geräte?

Aufgabe 8

Abb. 15.45 zeigt das Anzeigenfeld eines Pitch Shifters mit einer eingestellten Transponierung um 1200 Cent. Wie vielen Ganztönen entspricht dieser Wert, und um welches Intervall handelt es sich? Ist diese Einstellung für Gesang sinnvoll?

Literaturtipps

Eisner U. Mixing Workshop.
PPV Medien, Bergkirchen 2006

Pieper F. Das Effekte Praxisbuch.
Gunther Carstensen Verlag, München 2004

Beide Bücher haben eine beiliegende CD mit sehr guten Klangbeispielen.

Gitarrenaufnahmen im Tonstudio (Das Bild zeigt Bastian Peterhansl bei Aufnahmen der Band „The Chinaskies“ im Studio Walldorf in Dreieich)

17 Frequenzweichen, Controller und Leistungsverstärker

Dieses Kapitel steht eng im Zusammenhang mit dem Themenbereich „Lautsprecher", also dem nachfolgenden Kapitel. Der Rahmenlehrplan sieht diese Thematik für das erste Lehrjahr vor.

17.1 Frequenzweichen

Eine Frequenzweiche ist eine Kombination aus mindestens einem Tiefpass- und einem Hochpassfilter (s. Kap. 6.10.1), mit der Aufgabe, ein Signal in verschiedene Frequenzbänder aufzuteilen. Das ist notwendig, da Lautsprecher für bestimmte Frequenzbereiche optimiert sind und somit nur den Signalanteil erhalten sollten, in dem der jeweilige Wandler den größten Wirkungsgrad hat (s. Kap. 18.1). Zudem sollen durch die Weiche Überschneidungen von Frequenzbereichen mehrerer Lautsprecher (Tief-, Mittel- und Hochtöner) und der damit einhergehenden Interferenzen vermieden werden. Ein weiterer Punkt ist der Schutz von Hochtonlautsprechern vor Überlastung. Die einfachste Variante ist eine Zweiwegeweiche, die den Frequenzverlauf in zwei Bänder unterteilt (Abb. 17.1).

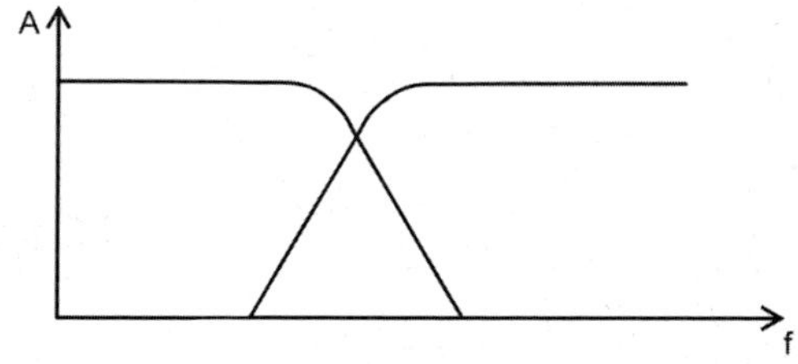

Abb. 17.1: Zweiwegeweiche

Werden ein weiterer Tiefpass- und Hochpassfilter ergänzt, erhält man eine Dreiwegeweiche (Abb. 17.2).

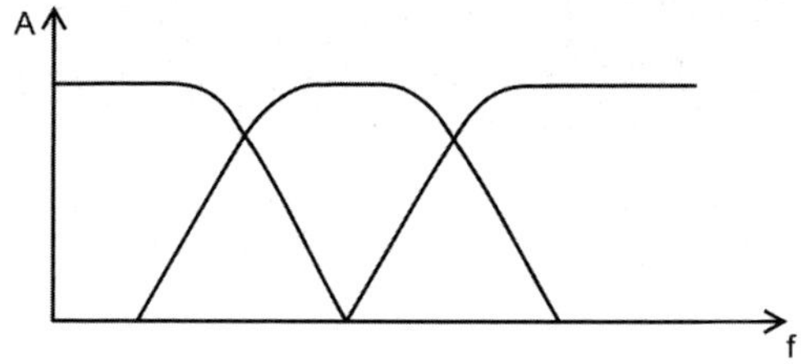

Abb. 17.2: Dreiwegeweiche

Passive Frequenzweichen

Die Platine einer passiven Frequenzweiche ist in die Lautsprecherbox eingebaut. Die Frequenztrennung erfolgt durch passive Bauelemente wie Luftspulen und bipolare Elektrolytkondensatoren, welche so dimensioniert sein müssen, dass sie den hohen Pegel des Lautsprechersignals aushalten (Abb. 17.3).

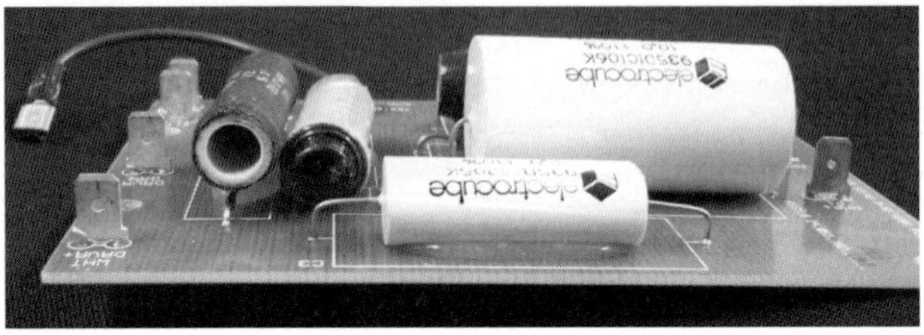

Abb. 17.3: Passive Frequenzweiche

Die Optimierung der Parameter wie zum Beispiel der Übernahmefrequenz (Abb. 17.4) erfolgt bei passiven Frequenzweichen vom Hersteller und kann vom Anwender nicht geändert werden.

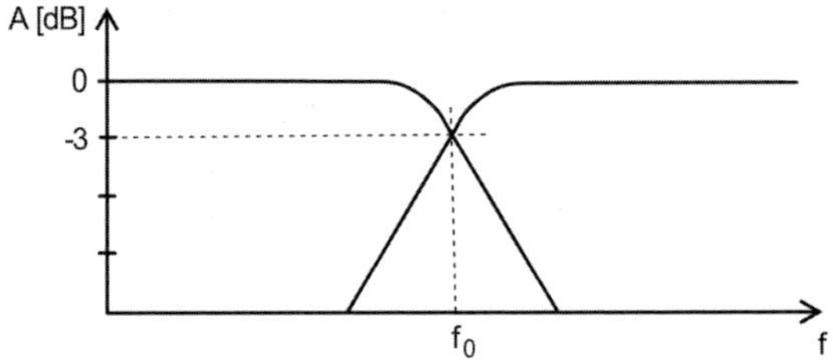

Abb. 17.4: Übernahmefrequenz f_0

Die in Abb. 17.5 dargestellte, passive Frequenzweiche für einen Zweiwegelautsprecher hat im Übergangsbereich von Hoch- und Tiefpass eine Dämpfung von 12 dB/Oktave. Die Übernahmefrequenz dieser Schaltung liegt bei -3 dB.

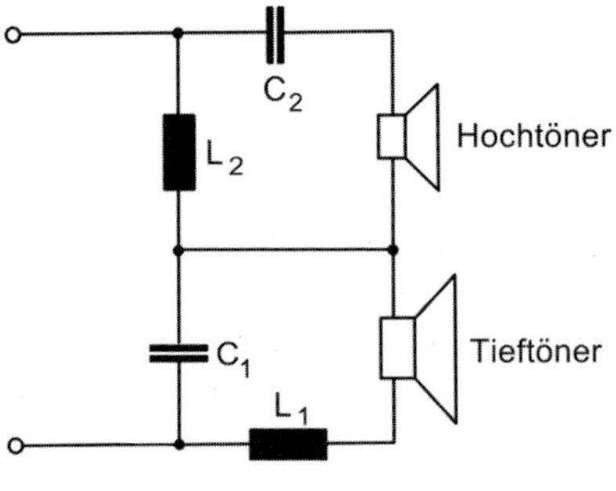

Abb. 17.5: Passive Weiche

Die Werte für die Spulen und Kondensatoren der aufgeführten Schaltung lassen sich wie folgt berechnen:

$$L_1 = \frac{Z}{2 \cdot \pi \cdot f_0}$$ (Formel 17.1)

$$L_2 = \frac{Z}{3{,}2 \cdot \pi \cdot f_0}$$ (Formel 17.2)

Einheit [H]

$$C_1 = \frac{1{,}6}{2 \cdot \pi \cdot f_0 \cdot Z}$$ (Formel 17.3)

$$C_2 = \frac{1}{3{,}2 \cdot \pi \cdot f_0 \cdot Z}$$ (Formel 17.4)

Einheit [F]

f_0 : gewünschte Übernahmefrequenz [Hz]
Z : Nennimpedanz des jeweiligen Lautsprechers [Ω] (s. Kap. 6.7 und 18.2.6)

Aktive Frequenzweichen

Bei aktiven Weichen erfolgt die Frequenztrennung vor den Leistungsverstärkern (Abb. 17.6). Am Eingang der aktiven Weiche liegt das Audiosignal mit Leitungspegel an. Deshalb können normale Filterschaltungen verwendet werden, deren Parameter dann auch vom Anwender verändert werden können. Es gibt hier also veränderbare Übernahmefrequenzen, eine Pegelanpassung der einzelnen Systeme und eine Frequenzgangkorrektur.

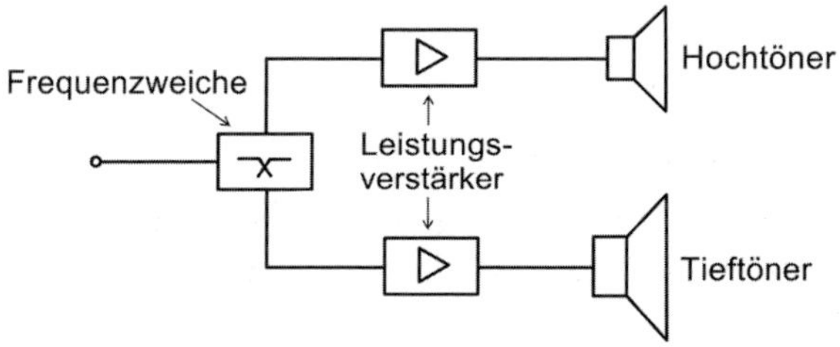

Abb. 17.6: Aktive Weiche

17.2 Controller

Ein Controller ist eine aktive Frequenzweiche mit erweiterten Funktionen. Zum einen ist das eine Phasengangkorrektur nach der Weiche und zum anderen ein Übersteuerungsschutz für den angeschlossenen Lautsprecher. Dazu wird das Signal vom Verstärkerausgang als SpeakerSense (Parallelabgriff der Lautsprecherleitung) zum Controller zurückgeführt. Eine Regelverstärkerschaltung begrenzt dann den Ausgangspegel des Controllers in Abhängigkeit vom Ausgangspegel des Leistungsverstärkers (Abb. 17.7 und 17.8).

Andere mögliche Messgrößen, die ein Controller zum Schutz des Lautsprechers auswerten kann, sind zum Beispiel die Erfassung der Schwingspulentemperatur oder der Membranauslenkung.

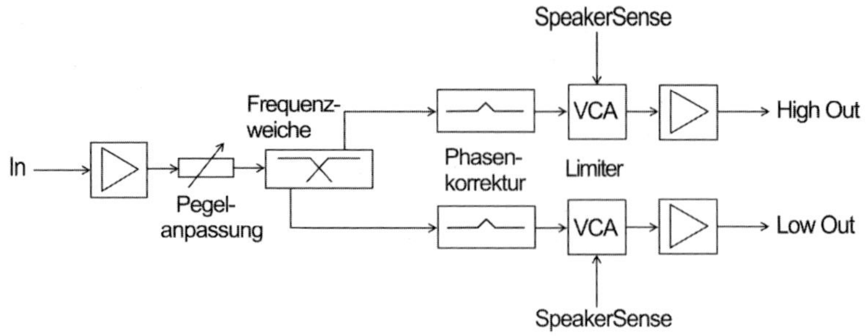

Abb. 17.7: Prinzipschaltung eines Controllers

Abb. 17.8: Anschlüsse eines Controllers (Meyer Sound M1-A)

Einbindung eines Controllers in den Signalweg

Seriell

Ein Eingangssignal → ein Controller → ein Verstärker und ein Lautsprecher (Abb. 17.9).

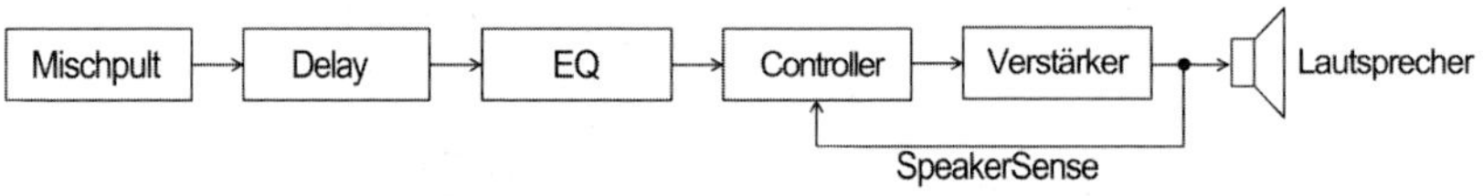

Abb. 17.9: Controller seriell

Parallel

Ein Eingangssignal → ein Controller → mehrere Verstärker und Lautsprecher (Abb. 17.10).

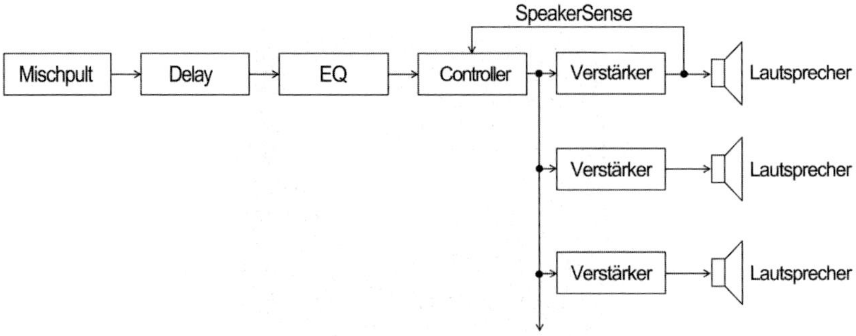

Abb. 17.10: Controller parallel

Die Gesamteingangsimpedanz (s. Kap. 6.7 und Kap. 11.1) der parallel geschalteten Verstärker darf einen gewissen Wert nicht unterschreiten, zum Beispiel laut Meyer Sound 600 Ω. In der Praxis lassen sich somit maximal 16 Verstärker mit einer Eingangsimpedanz von 10 kΩ parallel an einem Controller betreiben. (Das entspricht einer Gesamtimpedanz von 625 Ω.) Der Verstärker mit dem höchsten Ausgangspegel muss an die SpeakerSense-Leitung angeschlossen sein. Ein Nachteil der parallelen Schaltung ist, dass beim Ausfall des Verstärkers an der SpeakerSense-Leitung auch alle anderen Verstärker bzw. Lautsprecher keinen Übersteuerungsschutz mehr haben.

17.3 Leistungsverstärker

Leistungsverstärker stellen den Lautsprechern die zur Signalumwandlung benötigte elektrische Energie zur Verfügung. Bei passiven Systemen sind Verstärker und Lautsprecher räumlich getrennt und über ein Lautsprecherkabel miteinander verbunden (Abb. 17.11). Bei aktiven Systemen ist der Leistungsverstärker im Lautsprechergehäuse integriert (Abb. 17.12).

Abb. 17.11: Leistungsverstärker und Controller eines passiven Beschallungssystems (Yamaha H5000 und Meyer Sound M1-A)

Abb. 17.12: Verstärker eines aktiven Lautsprechers (Meyer Sound UPM1-P)

17.3.1 Technische Daten von Verstärkern

Als Beispiel soll hier der Verstärker H5000 von Yamaha dienen (Tab. 17.1).

Tab. 17.1: Technische Daten eines Verstärkers (Yamaha H5000)

1. Ausgangsleistung	Stereo mit R_L = 8 Ω → 550 W Stereo mit R_L = 4 Ω → 700 W
2. Klirrfaktor	< 0,05% (20 Hz bis 20 kHz, halbe Leistung)
3. Frequenzgang (R_L = 8 Ω, P_0 = 1 W)	10 Hz bis 50 kHz, +0 dB / -1 dB
4. Signal-Rausch-Abstand (SNR)	103 dB (Eingang 600 Ω, 12,7 kHz Tiefpass)
5. Rücklaufzeit (bei 8 Ω Stereo)	±30 V / µs
6. Dämpfungsfaktor	>200 bei R_L = 8 Ω und 1 kHz
7. Eingangsempfindlichkeit	+6 dB_U (Nominalleistung in 8 Ω)
8. Verstärkungsfaktor	32 dB
9. Leistungsaufnahme	500 W / 700 VA

1. Ausgangsleistung [W]

Die abgegebene Leistung einer Endstufe ist abhängig von der Impedanz (s. Kap. 6.7) des angeschlossenen Lautsprechers. Je niedriger die Impedanz, desto höher die Leistung. Weniger als 2 Ω Nennimpedanz sollten aber vermieden werden, da sich die Endstufe ansonsten stark erwärmt und eventuell eine integrierte Sicherheitsabschaltung aktiviert wird.

Unterscheidung von Sinusdauerleistung und Spitzenleistung

- Sinusdauerleistung (Nennleistung):
  - Nach DIN 45566 / 45567: Messung mit einem Sinus-Dauerton über 10 Minuten.
  - Nach IEC-Vorschrift: Nennleistung im 24 Stunden-Dauerbetrieb.
- Spitzenleistung (Musikleistung): Die Spitzenleistung ist höher als die Sinusleistung, gilt aber nur für kurze Impulse nach Aussteuerungspausen. Die Ladekondensatoren des Netzteils sind auf eine höhere Spannung aufgeladen, was aber nur kurzzeitig anhält (ca. 1 bis 2 Sekunden). Bei Verstärkern mit stabilisierten Netzteilen (s. Kap. 7.2) sind die Werte für Sinusdauerleistung und Spitzenleistung gleich.

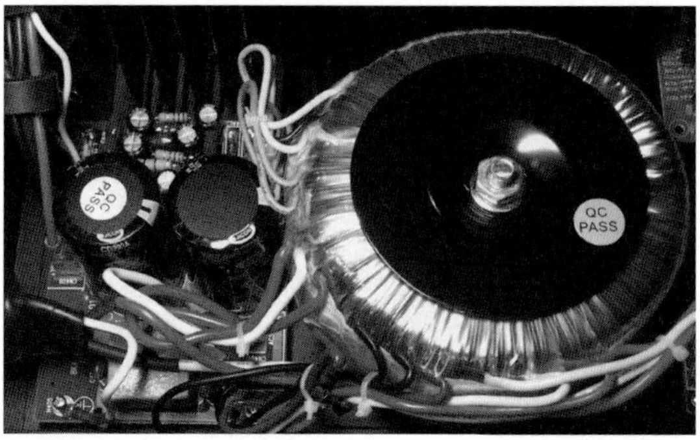

Abb. 17.13: Netzteil eines Leistungsverstärkers (Buttkicker BK1000-4A)

Die Art und Dimensionierung des Transformators sowie der Kondensatoren im Netzteil eines Verstärkers (Abb. 17.13) sind von entscheidender Bedeutung für dessen Leistungsfähigkeit. Vereinfacht kann gesagt werden: Je größer diese Bauteile, desto mehr Ausgangsleistung ist zu erwarten. Allerdings wird ein Leistungsverstärker damit auch sehr schwer und unhandlich.

2. Klirrfaktor [%]

Der Klirrfaktor ist ein Maß für die maximal zulässigen nichtlinearen Verzerrungen (s. Kap. 6.11.6). Bei Beschallungsanlagen, die für Durchrufe und Alarmierung verwendet werden, war laut der alten Norm DIN 45566 ein maximaler Klirrfaktor von 2 % zulässig. Die aktuelle Norm IEC 286.3/19.4 schreibt einen erheblich geringeren Wert von nur noch 0,2 % bei einer temperaturbegrenzten Ausgangsleistung über 4 Stunden vor (Testsignal: Sinuston mit 1 kHz).

3. Frequenzgang im Übertragungsbereich

Der Übertragungsbereich wird grafisch als Frequenzgang dargestellt. Die erlaubten Abweichungen innerhalb des Übertragungsbereichs werden vom Hersteller definiert und betragen im Beispiel +0 dB nach oben und -1 dB nach unten (Abb. 17.14).

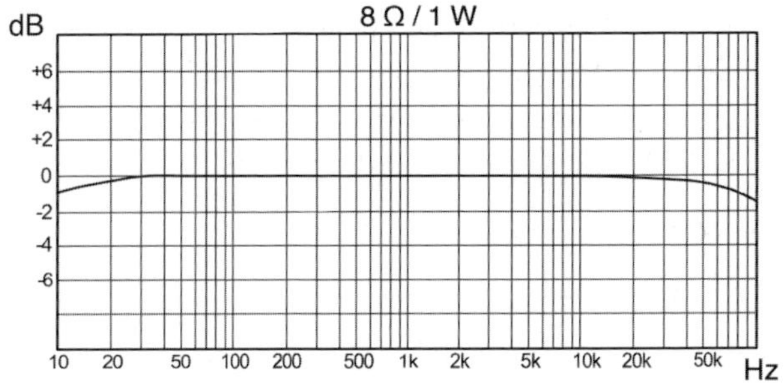

Abb. 17.14: Frequenzgang eines Verstärkers (Yamaha H5000)

4. Signal-Rausch-Abstand [dB]

Der Signal-Rausch-Abstand wird auch als Signal-to-Noise-Ratio, kurz SNR angegeben. Er bezeichnet das zehnfache logarithmierte Verhältnis der mittleren Leistung des Audiosignals zur mittleren Leistung des Verstärkergrundrauschens:

$$SNR_{\text{Verstärker}} = 10 \cdot \lg \frac{\text{Mittlere Leistung des Audiosignals } P_2}{\text{Verstärkergrundrauschen } P_1} \qquad \text{(Formel 17.5)}$$

Einheit [dB]

5. Rücklaufzeit [V / µs]

Die Rücklaufzeit ist die Zeitspanne, in der ein Signal nach dem Abschalten auf einen definierten Wert abgesunken ist.

6. Dämpfungsfaktor

Der Dämpfungsfaktor D ist das Verhältnis der Nennimpedanz des Lautsprechers zur Ausgangsimpedanz des Verstärkers.

$$D = \frac{\text{Nennimpedanz Lautsprecher}}{\text{Ausgangsimpedanz Verstärker}} = \frac{Z_e}{Z_a} \qquad \text{(Formel 17.6)}$$

Die Ausgangsimpedanz von Endstufen liegt im Milliohm-Bereich, zum Beispiel 80 mΩ. Wird ein solcher Verstärker zusammen mit einem 8 Ω-Lautsprecher betrieben, so ergibt sich ein theoretischer Dämpfungsfaktor von:

$$D = \frac{8\ \Omega}{0{,}08\ \Omega} = 100$$

Professionelle Endstufen weisen mindestens diesen Wert auf, meist ist der Dämpfungsfaktor sogar erheblich höher. Zusätzlich auftretende Impedanzen von Kabel- und Steckverbindungen oder einer passiven Frequenzweiche verschlechtern allerdings den Dämpfungsfaktor. Bei einem zu niedrigen Dämpfungsfaktor wird ein Teil der Ausgangsleistung im Verstärker in Wärme umgesetzt, und es treten lineare und nichtlineare Verzerrungen auf.

Anmerkung: Verstärker und Lautsprecher werden mit Spannungsanpassung (s. Kap. 11.1) betrieben, denn es gilt: $Z_a << Z_e$.

7. Eingangsempfindlichkeit [V] oder [dB$_u$]

Die Eingangsempfindlichkeit ist der Effektivwert der Spannung, welche am Eingang anliegen muss, damit bei voll aufgedrehtem Lautstärkesteller die Nennleistung erreicht wird. Im Beispiel sind es +6 dB_U, das entspricht einer Spannung von 1,55 V.

8. Verstärkungsfaktor

In den technischen Datenblättern finden sich verschiedene Angaben für den Verstärkungsfaktor.

A: Angabe als Eingangsempfindlichkeit (Sensitivity) U_{max}

Das ist die Angabe der Eingangsspannung, die benötigt wird, um die volle Ausgangsleistung zu erhalten. Beispiel: Angegeben wird „Sensitivity = 0,775 V for full rated output". Die Berechnung der Ausgangsspannung U_{max} bei einer Verstärkerleistung von 320 Watt an 8 Ω sieht dann so aus:

$$U_{max} = \sqrt{\text{Nennimpedanz } [\Omega] \cdot \text{Ausgangsleistung [W] bei der Nennimpedanz}} \qquad \text{(Formel 17.7)}$$

$$U_{max} = \sqrt{8\ \Omega \cdot 320\ W}$$

$$U_{max} = 50{,}6\ V$$

B: Angabe als Verstärkungsgrad V

Der Verstärkungsgrad ist das Verhältnis von Ausgangs- zu Eingangsspannung:

$$V = \frac{\text{Ausgangsspannung [V]}}{\text{Eingangsspannung [V]}} \qquad \text{(Formel 17.8)}$$

Er berechnet sich für das vorherige Rechenbeispiel wie folgt:

$$V = \frac{50{,}6\ \text{V}}{0{,}775\ \text{V}} = 65{,}3$$

C: Angabe als relativer Spannungspegel L_U

Ein relativer Spannungspegel berechnet sich so:

$$L_U = 20 \cdot \lg \frac{\text{Ausgangsspannung [V]}}{\text{Eingangsspannung [V]}} \qquad \text{(Formel 17.9)}$$

Einheit [dB]

Für das Rechenbeispiel ergibt das einen Pegel von:

$$L_U = 20 \cdot \lg \frac{50{,}6\ \text{V}}{0{,}775\ \text{V}} = 36{,}3\ \text{dB}$$

9. Leistungsaufnahme [W/VA]

Die Leistungsaufnahme wird als Verhältnis von Wirkleistung [W] zu Scheinleistung [VA] angegeben (s. Kap. 6.5). Dieser Wert wird vor allem bei der Planung der Stromversorgung für eine große Anzahl von Leistungsverstärkern interessant.

17.3.2 Clipping bei Endstufen

Durch die Betriebsspannung werden der maximalen Verstärkung der Endstufe feste Grenzen gesetzt. Eine Aussteuerung ohne Verzerrungen ist nur innerhalb dieser Grenzen möglich (in Abb. 17.15 die gestrichelte Sinuskurve). Ist der Eingangspegel größer, werden die Signalspitzen regelrecht abgeschnitten. Es treten dadurch unangenehme Verzerrungen auf, vor allem mit hohen Frequenzanteilen, das so genannte Clipping. Dadurch werden bei Lautsprechern besonders die Hochtöner stark belastet, und es kann zu einem Ausfall der Treiber durch mechanische oder thermische Überlastung kommen.

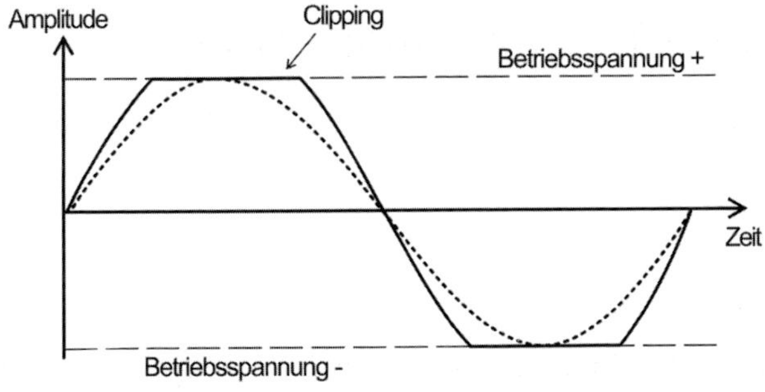

Abb. 17.15: Clipping einer Sinusschwingung

17.3.3 Stereo, Parallel Mono und Bridged Mono

Bei einem passiven System mit zwei angeschlossenen Lautsprechern ist die übliche Betriebsart einer Leistungsendstufe Stereo bzw. Dual Mono. Beide Verstärkerhälften werden unabhängig voneinander betrieben und erhalten getrennte Eingangssignale.

Bei einer Monobeschallung werden beide Verstärkerhälften mit dem gleichen Eingangssignal versorgt; manche Leistungsverstärker haben daher einen Wahlschalter „Parallel Mono", der den linken Eingang parallel auf den rechten Kanal schaltet.

Bei der Betriebsart „Bridged Mono" ist nur ein Lautsprecher angeschlossen. Hier wird der linke Eingang parallel und verpolt auf den rechten Kanal geschaltet. Zudem werden die Masseklemmen (-) am Verstärkerausgang gebrückt. Damit addiert sich die Ausgangsleistung an den „heißen" Klemmen (+). Der Verstärker gibt also mehr Leistung an den angeschlossenen Lautsprecher ab (Abb. 17.16 und 17.17).

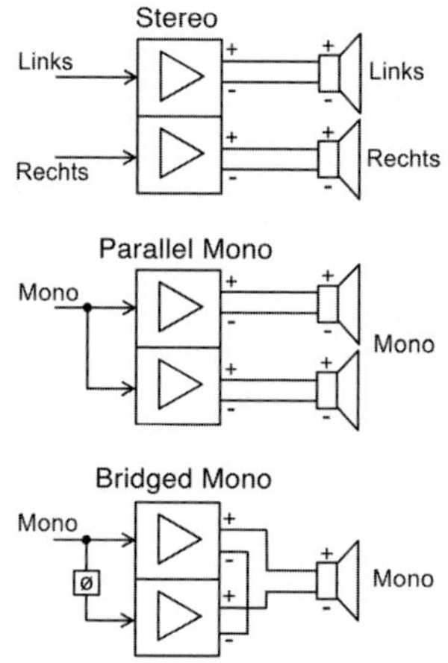

Abb. 17.16: Stereo, Parallel Mono und Bridged Mono

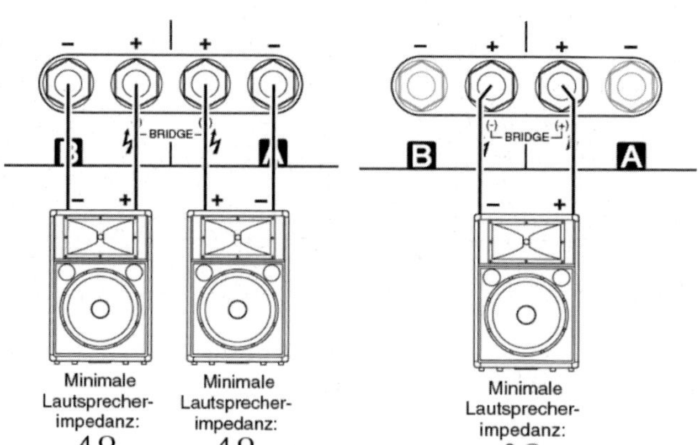

Abb. 17.17: Beispiel Stereo und Bridged Mono (Yamaha P7000S)

17.4 100 V-Anlagen

Die in den vorangegangenen Kapiteln beschriebenen Zusammenhänge von Frequenzweichen, Controllern und Leistungsverstärkern und auch das folgende Kapitel über Lautsprecher beziehen sich auf die so genannte niederohmige Technik. Daneben gibt es noch die hochohmige Technik der 100 V-Anlagen (oft auch ELA genannt, von „Elektroakustische Lautsprecheranlage").

Hier befindet sich direkt hinter dem Leistungsverstärker ein Ausgangsübertrager, der die Spannung bei maximaler Leistung auf bis zu 100 V herauftransformiert (daher auch die Bezeichnung). Durch diese Beschaltung soll die Ausgangsspannung des Verstärkers möglichst konstant gehalten werden. Eine höhere Spannung bedeutet einen geringeren Strom. Deshalb können die Lautsprecherkabel einen geringeren Leitungsquerschnitt aufweisen, und es sind ohne große Pegelverluste längere Leitungswege möglich. Damit ist diese Technik gut geeignet für weit verzweigte Netze mit zentralen Verstärkern und vielen Lautsprechern wie für Durchrufanlagen in Gebäuden (Abb. 17.18).

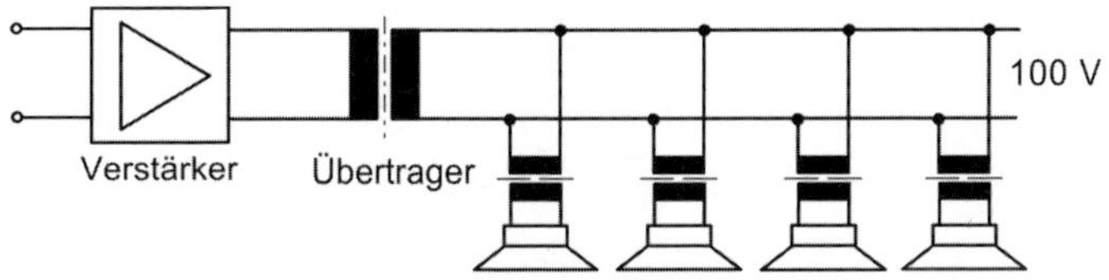

Abb. 17.18: Prinzip der 100 V-Technik

Vor jedem Lautsprecher befindet sich jeweils ein Anpassungsübertrager, der die 100 V wieder heruntertransformiert (Abb. 17.19).

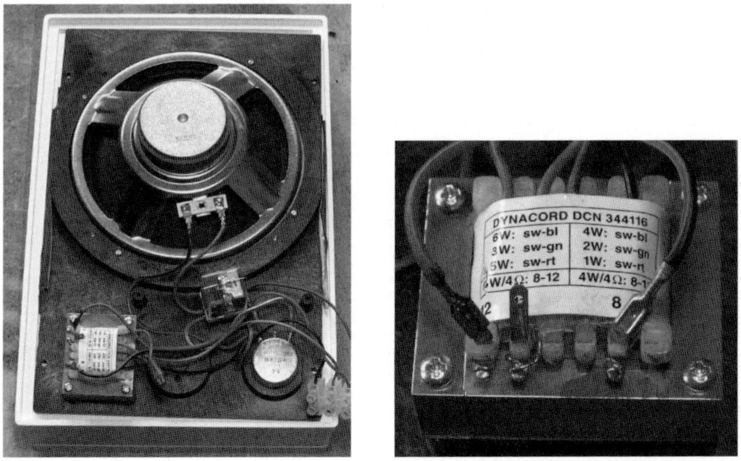

Abb. 17.19: links: Rückseite eines 100 V-Lautsprechers, rechts: Anpassungsübertrager dieses Lautsprechers (Ausschnittvergrößerung)

Ermittlung der notwendigen Verstärkerleistung bei 100 V-Anlagen

Addiert man die Entnahmeleistung der einzelnen Lautsprecher, erhält man die notwendige Ausgangsleistung des Verstärkers. An einem Verstärker mit 100 W können beispielsweise 20 Lautsprecher mit fünf Watt oder 10 Lautsprecher mit 10 W betrieben werden. Die Gesamtleistung der angeschlossenen Lautsprecher darf also nicht die Ausgangsleistung des Verstärkers übersteigen.

Durchrufanlagen in 100 V-Technik werden u. A. für Benachrichtigungen bei Notfällen eingesetzt und müssen daher besonders ausfallsicher aufgebaut sein, etwa mit Havarieverstärkern und einer unterbrechungsfreien Stromversorgungen (USV). Es werden meistens mehrere Lautsprecherkreise eingerichtet, um gezielte Durchsagen in bestimmte Räume oder Gebäudeteile zu ermöglichen, im Theater zum Beispiel Durchrufe in die Garderoben oder ins Foyer (Abb. 17.20). Neben den Audiosignalen von Sprechstellen können auch Steuereingänge für die Alarmierung vorhanden sein, für Warnsignale zur Veranlassung der Räumung des Gebäudes bei Feueralarm.

Abb. 17.20: 100 V-Verstärker für eine Durchrufanlage in einem Theater

Als Nachteil von 100 V-Anlagen wird oft ein eingeschränkter Frequenzbereich genannt, also klangliche Schwächen. Allerdings lässt sich das durch den Einsatz qualitativ guter Übertrager vermeiden. Ein Problem ist aber das kapazitive Übersprechen von nah beieinander verlegten Lautsprecherkabeln.

17.5 Übungsaufgaben

Aufgabe 1

Was ist der Unterschied zwischen einer passiven und einer aktiven Frequenzweiche?

Aufgabe 2

Welche Aufgaben hat ein Controller?

Aufgabe 3

An eine Endstufe ist impedanzrichtig ein Lautsprecher mit 4 Ω angeschlossen. Dabei wird die maximale Leistung von 1200 W an den Lautsprecher abgegeben.

a) Welche Anpassungsart liegt vor?

b) Wie groß ist die Ausgangsimpedanz Z_a der Endstufe?

Aufgabe 4

Ein Verstärker gibt eine Leistung von 450 W an 8 Ω ab (Sensitivity = 0,775 V). Berechne den Verstärkungsgrad. Welchem relativen Spannungspegel entspricht dieser Verstärkungsgrad?

Aufgabe 5

Auf den Eingang einer Verstärkerendstufe wird ein Sinussignal gegeben. Die Endstufe wird stark übersteuert. Skizziere das „geclippte" Signal.

Aufgabe 6

Was ist die übliche Betriebsart eines zweikanaligen Leistungsverstärkers? In welchem Fall lässt sich die Brückenschaltung anwenden und welchen Vorteil bietet diese dann?

Aufgabe 7

Was sind die Vor- und Nachteile von niederohmigen Beschallungsanlagen im Vergleich zu 100 V-Systemen?

Literaturtipps

Dickreiter M, Dittel V, Hoeg W, Wöhr M. Handbuch der Tonstudiotechnik Band 1 und 2.
K.G. Saur Verlag, München 2008

Die Röhrentechnologie wird in diesem Buch nicht weiter behandelt. Wer sich trotzdem darüber schlau machen möchte, dem sei folgendes Buch empfohlen:

Dielemann P. Theorie und Praxis des Röhrenverstärkers.
Elektor Verlag, Aachen 2005

d&b J-Serie Line Array 10 x J8 und 2 x J12 pro Seite, nicht hochgefahren wegen Sturmwarnung („Monrepos Klassik Open Air 2007“ in Ludwigsburg)

18 Lautsprecher

Lautsprecher sind als elektrisch-akustische Wandler das letzte Glied in der Signalkette einer Beschallungsanlage. Laut Lehrplan steht dieses Thema im ersten Lehrjahr an.

Lautsprecher wandeln elektrische in akustische Energie um; sie funktionieren damit also umgekehrt wie Mikrofone. Lautsprecher benötigen zur elektroakustischen Wandlung eine Membran, die durch ein bestimmtes Wandlerprinzip (s. u.) in Schwingung versetzt wird. Dabei gilt: Je größer die schallabstrahlende Fläche, der Membranhub und die Frequenz des anregenden Signals, desto mehr Schallenergie wird erzeugt.

18.1 Wandlerprinzipien

Die drei wichtigsten elektroakustischen Wandlerprinzipien sind elektrodynamische Wandler, elektrostatische Wandler und piezoelektrische Wandler (Kap. 18.1.1 bis 18.1.3).

18.1.1 Elektrodynamische Lautsprecher

Elektrodynamische Lautsprecher funktionieren nach dem induktiven Prinzip: Auf einen stromdurchflossenen Leiter in einem Magnetfeld wirkt eine Kraft. Diese Kraft wird zur Anregung einer Membran genutzt. Es gibt verschiedene Bauarten, die diesem Prinzip folgen: Konus-, Kalotten- und Druckkammerlautsprecher; daneben Bändchen- und Folienmagnetostaten. Alle Bauweisen werden im Folgenden erläutert.

Konuslautsprecher in Tauchspulenbauweise

Beim Konuslautsprecher in Tauchspulenbauweise ist die Membran an einer Schwingspule befestigt, welche sich im Magnetfeld eines Permanentmagneten befindet. Wenn an der Spule die Ausgangswechselspannung des Leistungsverstärkers anliegt, also ein Wechselstrom fließt, bewegt sich die Spule und damit die Membran analog zur Änderung der Stromrichtung.

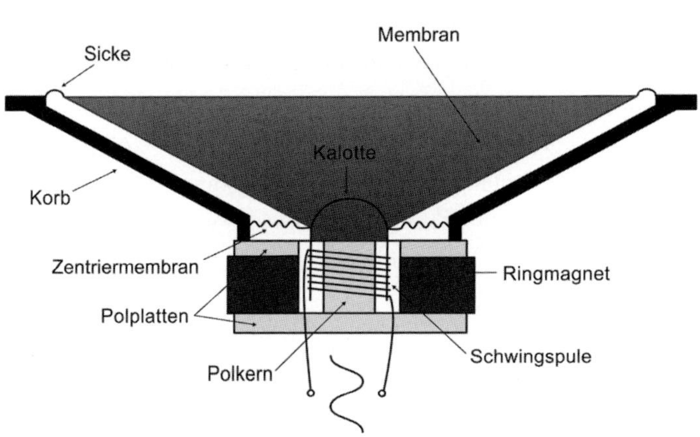

Abb. 18.1: Schnittzeichnung eines Konuslautsprechers

Aufbau eines Konuslautsprechers (Abb. 18.1)

- Membran: konisch geformt. Materialien: Pappe, Kunststoff, Textilgewebe oder Aluminium.
- Kalotte: Staubschutz und mechanischer Zusammenhalt der Membran.
- Zentriermembran: elastische Aufhängung der Kalotte und des Spulenträgers.
- Sicke: Die elastische Randaufhängung der Membran. Materialien: z. B. Gummi, Schaumstoff oder Gewebe.
  - Harte Sicke: Bessere Übertragung von tiefen Frequenzen.
  - Weiche Sicke: Höherer Wirkungsgrad des Wandlers.
- Korb: Lautsprecherrahmen aus Metall (Abb. 17.2) oder Kunststoff.
- Schwingspule: Kupferspule, auf Aluminiumträger geklebt.
- Ferrit-Magnet, als Ringmagnet ausgeführt.

Abb. 18.2: Konuslautsprecher (Celestion G12M in einem Gitarrenlautsprecher von Vox)

Nachteile von Konuslautsprechern

Konuslautsprecher haben einen geringen Wirkungsgrad von nur ca. 1 %, das bedeutet, von der Verstärkerleistung werden 99 % nicht in Schall, sondern in Wärme umgewandelt.

Wirkungsgrad η

Die Effizienz einer Energiewandlung wird durch den Wirkungsgrad η beschrieben. Er ist das Verhältnis von abgegebener Leistung P_{ab} zu zugeführter Leistung P_{zu}:

$$\eta = \frac{P_{ab}}{P_{zu}} \qquad \text{(Formel 18.1)}$$

Der Wirkungsgrad ist eine dimensionslose Größe mit Werten zwischen 0 und 1 bzw. zwischen 0 und 100 %.

Zudem treten unerwünschte Eigenresonanzen (Partialschwingungen) der Membran auf, die sich aber durch eine steifere Membran vermindern lassen. Konuslautsprecher haben ein schlechtes Impulsverhalten: Aufgrund der relativ großen Masse von Membran und Schwingspule reagiert der Wandler eher träge auf impulshafte Audiosignale. Wie in Abb. 18.3 zu sehen ist, zeigt sich die deutliche Verzögerung in der Ansprache als Einschwingen und direkt darauf folgendes Überschwingen. Nach Abschalten des Signals schwingt die Membran nach, da die bewegte Masse noch die restliche Energie abgibt.

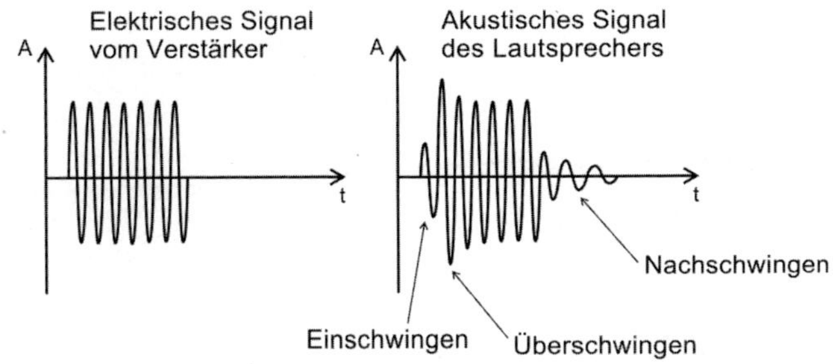

Abb. 18.3: Impulsverhalten eines Lautsprechers bei einem Burst als Testsignal (s. Kap. 19.4.1)

Hörbar wird dieses Verhalten bei impulshaften Klangereignissen, vor allem mit hochfrequenten Signalanteilen (z. B. Schlagzeug); der subjektive Eindruck wird meist als „verwaschener Klang" oder „unsaubere Höhenwiedergabe" beschrieben.

Trotz dieser Nachteile werden Konuslautsprecher in großen Stückzahlen gebaut und in der Beschallungstechnik bevorzugt eingesetzt. Vor allem deshalb, da es kein anderes Wandlerprinzip vermag, auch tiefe Frequenzen mit hohem Pegel zu übertragen, wie es ein entsprechend groß dimensionierter Konuslautsprecher mit 15 oder 18 Zoll kann. Konuslautsprecher für den Mitteltonbereich haben einheitliche Größen von 8, 10 und 12 Zoll Durchmesser. Bei Hochtönern kommen andere Wandlerprinzipien eher in Frage.

Kalottenlautsprecher in Tauchspulenbauweise

Ein Kalottenlautsprecher entspricht im Wesentlichen dem Konuslautsprecher, nur fehlt hier der Korb und die Konusmembran (Abb. 18.4). Der Schall wird also nur über die Kalotte abgestrahlt. Aufgrund der kleineren Masse ergibt sich ein etwas besseres Impulsverhalten. Tiefe Frequenzen kann ein Kalottenlautsprecher allerdings nur schlecht übertragen – daher wird er nur als Hochtonlautsprecher eingesetzt, mit Baugrößen von 0,5 bis 3 Zoll Durchmesser.

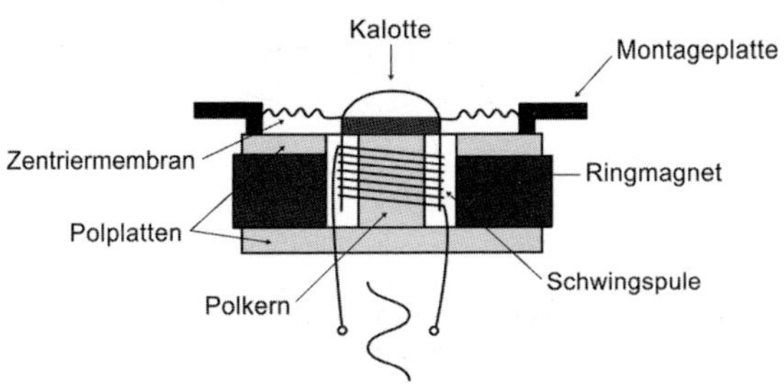

Abb. 18.4: links: Prinzip eines Kalottenlautsprechers, rechts: Hochtöner Meyer Sound HD-1

Druckkammerlautsprecher in Tauchspulenbauweise

Hier komprimiert die Membran eines Kalottenlautsprechers die Luft in einen Druckraum (Abb. 18.5). Eine schmale Austrittsöffnung führt zu einer erhöhten Strömungsgeschwindigkeit der Luft (Geschwindigkeitstransformation). Ein akustisches Element vor der Öffnung dient zum Abschluss der Kammer und ist zur Phasenkorrektur notwendig.

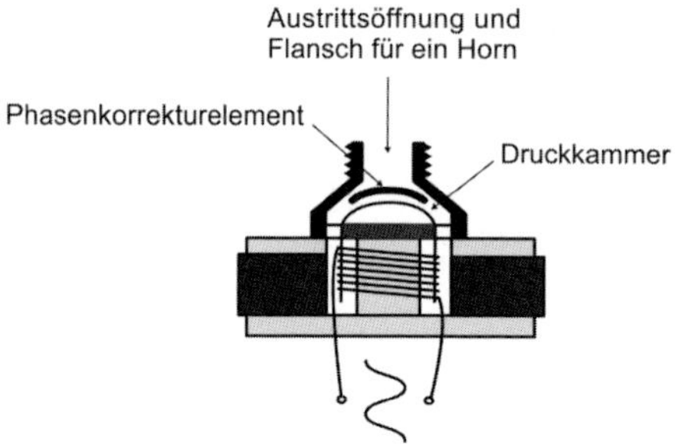

Abb. 18.5: links: Prinzip Druckkammerlautsprecher, rechts: Hochtonhorn Apogee FT300H

Der Druckkammerlautsprecher hat gegenüber dem Kalottenlautsprecher den Vorteil, dass durch die Druckkammer der Wirkungsgrad erhöht wird. Allerdings gibt es aufgrund der kleinen Austrittsöffnung eine starke Bündelung des Schalls bei hohen Frequenzen (s. Kap. 3.1.3). Daneben ist auch ein Hornaufsatz zur akustischen Verstärkung notwendig (s. Kap. 18.2.5). Aufgrund des eingeschränkten Frequenzbereichs von ca. 300 Hz bis 9 kHz kommt nur der Einsatz als Mittel- oder Hochtöner in Frage.

Bändchenmagnetostat

Hier ist die Membran ein stromdurchflossenes Aluminiumbändchen, das sich in einem starken Magnetfeld bewegt (Abb. 18.6). Durch die Bewegungen des Bändchens analog zur Stromänderung des Audiosignals wird Schall abgestrahlt. (Nach dem umgekehrten Prinzip funktioniert das Bändchenmikrofon, s. Kap. 9.1.2.) Bändchenmagnetostaten werden meist als Hochtöner bei kleiner und kompakter Bauweise eingesetzt.

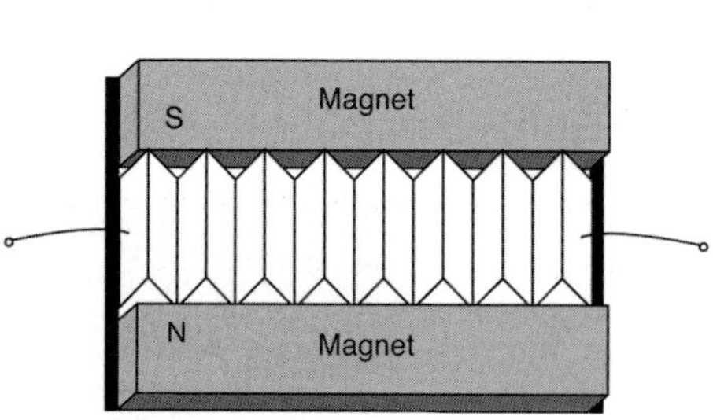

Abb. 18.6: links: Prinzip Bändchenmagnetostat, rechts: Visaton MHT12

Vorteile des Bändchenmagnetostaten

- Das Bändchen hat eine minimale bewegte Masse und dadurch ein sehr gutes Impulsverhalten mit schneller Ansprache und geringem Nachschwingen.

- Ein Bändchenmagnetostat hat einen linearen Amplitudenfrequenzgang und einen niedrigen Klirrfaktor (s. Kap. 6.11.6).

Nachteile des Bändchenmagnetostaten

- Bändchenmagnetostaten haben einen geringen Wirkungsgrad.
- Sie haben eine niedrige Nennimpedanz von maximal 1 Ω aufgrund der geringen Leiterlänge, daher ist ein Anpassungsübertrager notwendig (s. Kap. 11.1).

Folienmagnetostat

Beim Folienmagnetostaten bewegt sich eine dünne Kunststoff-Folie mit aufgeklebten, stromdurchflossenen Leiterbahnen in einem starken Magnetfeld (Abb. 18.7). Aufgrund der flachen Bauform werden sie auch für Spezialanwendungen eingesetzt, zum Beispiel als Flächenlautsprecher zur Wandmontage.

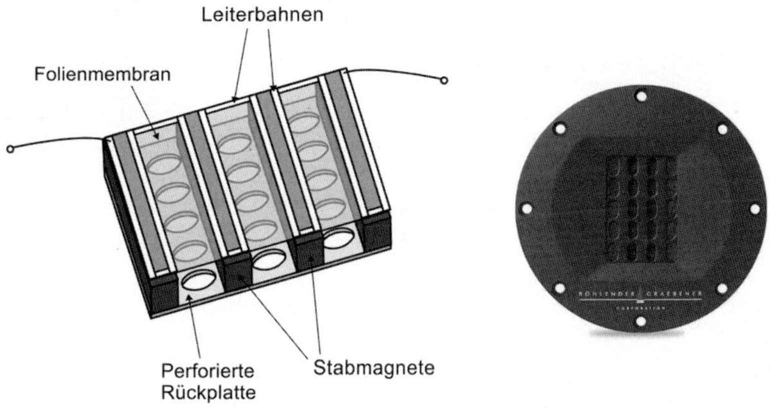

Abb. 18.7: links: Prinzip Folienmagnetostat, rechts: Bohlender-Graebener NEO-3FP

Vorteile des Folienmagnetostaten

- Die Folie stellt eine kleine bewegte Masse dar; daher hat dieser Wandler ein gutes Impulsverhalten.
- Folienmagnetostaten haben einen hohen Wirkungsgrad bei geringem Klirrfaktor.
- Sie haben einen linearen Impedanz- und einen linearen Amplitudenfrequenzgang.
- Im Vergleich zum Bändchen ist kein Übertrager notwendig, da aufgrund des längeren Leiters die Impedanz wie bei Tauchspulenlautsprechern zwischen 4 und 8 Ω liegt.

Nachteile des Folienmagnetostaten

- Nutzbarerer Frequenzbereich erst ab ca. 200 bis 300 Hz aufwärts, d. h. es ist nur ein Einsatz als Mittel- und Hochtöner sinnvoll.
- Folienmagnetostaten sind teuer.

18.1.2 Elektrostatische Lautsprecher

Beim Elektrostaten befindet sich eine leitfähige Folienmembran in einem elektrostatischen Feld zwischen zwei perforierten Kondensatorplatten, den Statoren, die mit einer Polarisationsspannung vorgeladen sind (s. Kap. 6.9). Ein Übertrager wandelt das Signal vom Leistungsverstärker in eine hohe Wechselspannung um, welche die Polarisationsgleichspannung überlagert. Die Folienmembran wird entsprechend den Polarisationsänderungen des elektrischen Feldes von den Statoren angezogen oder abgestoßen (Abb. 18.8).

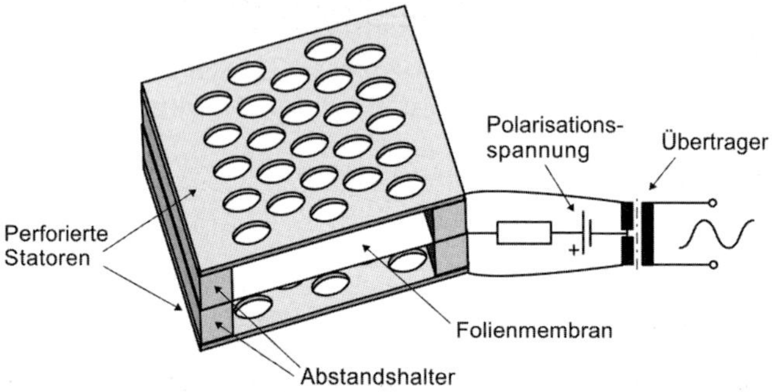

Abb. 18.8: links: Prinzip Elektrostat, rechts: T+A elektroakustik Hochtöner TCI 1 RE

Vorteile des Elektrostaten

- Die Membran hat eine geringe Masse und dadurch ein gutes Impulsverhalten.
- Eine sehr gute Linearität des Amplitudenfrequenzgangs und ein sehr geringer Klirrfaktor.

Nachteile des Elektrostaten

- Eine schlechte Wiedergabe tiefer Frequenzen. Der nutzbare Bereich beginnt ab ca. 200 bis 300 Hz aufwärts (Einsatz als Mittel- und Hochtöner).
- Ein schmaler Abstrahlwinkel.

18.1.3 Piezoelektrische Lautsprecher

Der Wandler des Piezo-Lautsprechers (Abb. 18.9) besteht aus kristallinem oder aus keramischem Material, das sich bei Anlegen einer elektrischen Spannung verformt.

Vorteil des Piezo-Wandlers

- Einfach in der Herstellung und damit preisgünstig.

Nachteile des Piezo-Wandlers

- Die Bewegungsamplitude des Piezos ist sehr klein, deshalb ist eine akustische Verstärkung durch einen Hornvorsatz notwendig.
- Hoher Klirrfaktor.
- Schlechte Wiedergabe tiefer Frequenzen und daher nur Anwendung als Hochtöner sinnvoll.

Aufgrund der überwiegend schlechten Eigenschaften werden Piezowandler in der professionellen Beschallungstechnik eher selten eingesetzt, sondern z. B. als Ultraschalllautsprecher. .

Abb. 18.9: Piezo-Lautsprecher; links: komplettes Hochtonhorn, rechts: ausgebauter Piezowandler (ø 2 cm) mit aufgeklebter Membran

18.2 Lautsprecherboxen

Ein elektroakustischer Wandler bzw. ein Lautsprecher wird in der Regel in ein Gehäuse eingebaut, man spricht dann von einer Lautsprecherbox. Warum dies von Vorteil ist, wird im Folgenden erläutert.

18.2.1 Akustischer Kurzschluss und unendliche Schallwand

Würde man einen Lautsprecher frei schwebend aufhängen, käme es zu einem akustischen Kurzschluss. Denn nur Schall mit kleiner Wellenlänge (hohe Frequenzen) wird gerichtet nach vorne abgestrahlt, Schall mit großer Wellenlänge im Verhältnis zu den Abmessungen des Lautsprechers (tiefe Frequenzen) wird um den Lautsprecher gebeugt (s. Kap. 3.1.3). Der Schall, der zur Rückseite der Membran gelangt, kann je nach Frequenz in Phase oder gegen Phase sein, es treten also Interferenzen auf (Abb. 18.10).

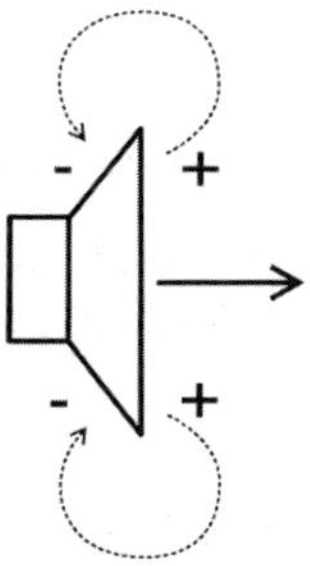

Abb. 18.10: Akustischer Kurzschluss

Durch diese Interferenzen ergeben sich Auslöschungen oder Anhebungen im Frequenzgang. Zudem wird vor allem in den tiefen Frequenzen praktisch kein Schall mehr abgestrahlt. Das hängt mit der Freiluftresonanzfrequenz eines Lautsprechers zusammen, also der Frequenz, mit welcher der Lautsprecher selbst schwingt, und bei der die geringste Leistung für eine maximale Membranauslenkung nötig ist. Erst oberhalb der Freiluftresonanzfrequenz kann effektiv Schall abgestrahlt werden. Die Freiluftresonanzfrequenz kann vom Hersteller folgendermaßen beeinflusst werden: Erhöhung der Steifigkeit der Membran und/oder der Aufhängung = höhere Resonanzfrequenz; Erhöhung der Masse des Wandlersystems = niedrigere Resonanzfrequenz.

Durch eine „unendliche Schallwand“ wird ein Druckausgleich von Vorder- und Rückseite des Lautsprechers und damit auch die Interferenzen verhindert (Abb. 18.11). Die unendliche Schallwand ist ein ideales Modell, das sich in der Praxis nur bei fest in einer Wand oder der Decke eines Raumes installierten Lautsprechern anwenden lässt. Nun kann oder möchte man aber nicht unbedingt jeden Lautsprecher in die Architektur integrieren; daher wird als praktikable Lösung ein Lautsprecher in ein Gehäuse eingebaut.

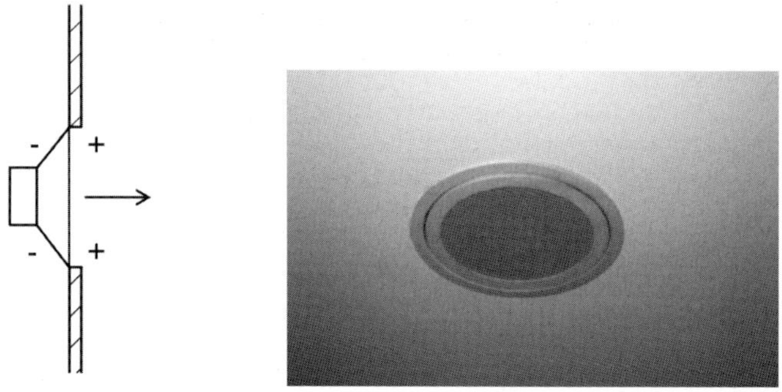

Abb. 18.11: links: Prinzip unendliche Schallwand, rechts: Deckenlautsprecher

18.2.2 Geschlossenes Gehäuse

Ein geschlossenes Gehäuse (Abb. 18.12) verhindert wie eine unendliche Schallwand einen Druckausgleich von Vorder- und Rückseite der Membran. Dadurch steigt zunächst einmal der Wirkungsgrad (s. Kap. 17.1.1) des Lautsprechers. Das Gehäuse hat aber wie der Lautsprecher ebenfalls eine mechanische Resonanzfrequenz. Diese sollte möglichst tief liegen, denn sie definiert die untere Grenzfrequenz der Lautsprecherbox. Die Resonanzfrequenz hängt vom Gehäusevolumen ab; sollte die Resonanz zu stark ausgeprägt sein, kann sie durch zusätzliche Verstrebungen in der Box bedämpft werden.

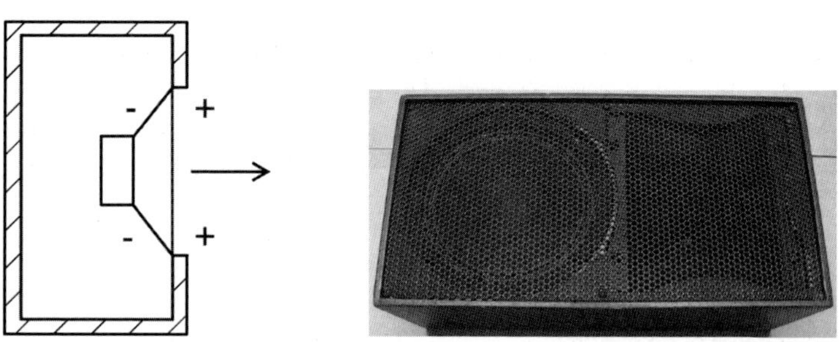

Abb. 18.12: links: Prinzip geschlossene Box, rechts: Apogee SAT3

Rückwärts gerichtete Membranbewegungen werden aufgrund der Komprimierung der eingeschlossenen Luft gebremst (vgl. Nennimpedanz, Kap. 18.2.6). Bei einem kleinen Volumen des Gehäuses ist die Dämpfung der Membranbewegung hoch, bei einem großen Volumen ist die Dämpfung geringer. Dämmwolle in der Box unterdrückt einen eventuell vorhandenen hohlen und dröhnenden Klang des Gehäuses, bremst aber auch die Bewegung der Luftmoleküle, wodurch sich ein größeres äquivalentes Volumen erreicht lässt und damit eine geringere Dämpfung der Membran (Abb. 18.13).

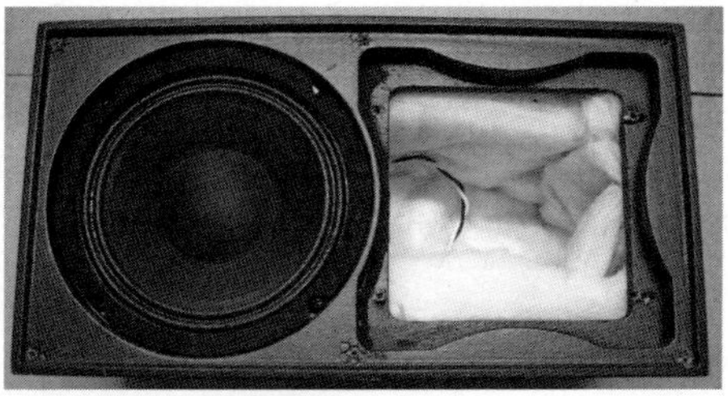

Abb. 18.13: Dämmwolle im Lautsprecher (Apogee SAT3)

Allgemein definiert das Gehäuse den Frequenzgang und die Richtcharakteristik eines Lautsprechers. Ein geschlossenes Gehäuse entspricht bei großen Wellenlängen (tiefen Frequenzen) einem Kugelstrahler (s. Kap. 11.3).

Thiele-Small-Parameter (TSP)

Thiele und Small haben das Zusammenwirken von Lautsprecher und Gehäuse berechnet und als Qualitätskriterien diverse mechanische und elektrische Parameter abgeleitet. Einen Parameter, die Freiluftresonanzfrequenz f_s, haben wir bereits kennen gelernt (s. Kap. 18.2.1). Ein weiterer wichtiger Parameter ist das äquivalente Volumen des Gehäuses V_{as}, welches als „Luftfeder" wirkt (s. o.), und somit ähnlich wie eine weichere oder steifere mechanische Aufhängung der Membran. Daneben sind noch die mechanische und die elektrische Güte eines nicht eingebauten Lautsprechers von Interesse, welche gemeinsam als Gesamtgüte Q_{ts} betrachtet werden. Dieser Wert beschreibt die Dämpfung der Membran in der Nähe der Freilufteigenresonanz. Ein niedriger Q_{ts} von zum Beispiel 0,5 oder weniger bedeutet eine starke Dämpfung. Es werden möglichst geringe Werte angestrebt, da dann ein besseres Impulsverhalten mit kürzerem Nachschwingen zu erwarten ist.

18.2.3 Bassreflex-Box

Eine Bassreflex-Box funktioniert nach dem Prinzip des Helmholtzresonators (s. Kap. 3.1.7): Durch die Bassreflexöffnung in Kombination mit dem Gehäusevolumen wird eine gleichphasige Überlagerung bei einer möglichst tiefen Resonanzfrequenz erreicht, die unterhalb der Gehäuse-Resonanzfrequenz liegen sollte. Damit verbessert sich die Tiefenwiedergabe (Abb. 18.14).

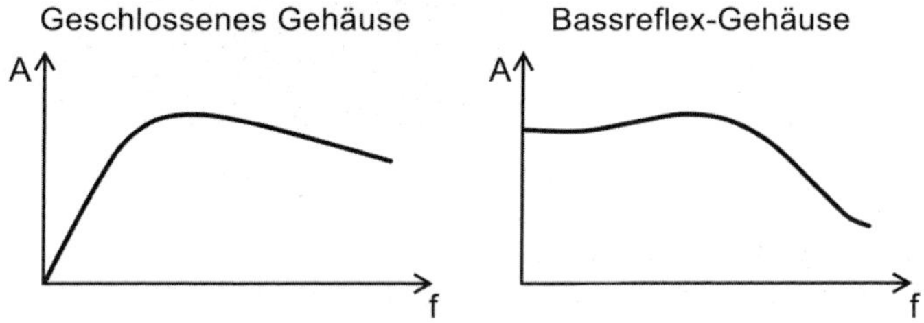

Abb. 18.14: Vergleich Frequenzgang geschlossenes Gehäuse und Bassreflex-Gehäuse

Die verbesserte Tieftonwiedergabe wird allerdings durch ein schlechteres Impulsverhalten erkauft. Dadurch, dass bei der Bassreflex-Box (Abb. 18.15) keine geschlossene Kammer existiert, wird die Membranauslenkung nicht mehr durch die Innenluft der Box gedämpft; man spricht daher auch von einem ventilierten Gehäuse.

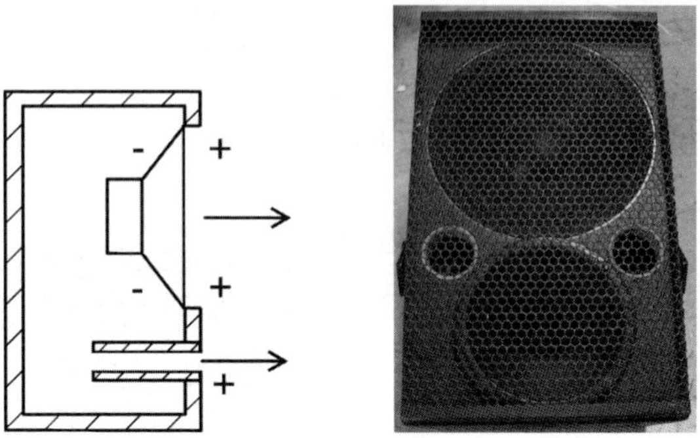

Abb. 18.15: links: Prinzip Bassreflexbox, rechts: Meyer Sound UM-1

Durch die fehlende „Luftfeder" ist der Wandler in einem Bassreflex-Gehäuse einer größeren Belastung ausgesetzt. Es kommt zu übergroßen Membranauslenkungen unterhalb der Resonanzfrequenz, die nichtlineare Verzerrungen hervorrufen.

18.2.4 Bandpass-Gehäuse

Ein Bandpass-Gehäuse ist eine Kombination von geschlossener Box und Bassreflex-Gehäuse (Abb. 18.16). Diese Konstruktion hat einen sehr eingeschränkten Übertragungsbereich von etwa einer Oktave; daher ist nur eine Verwendung als reiner Subwoofer sinnvoll. Das Gehäuse funktioniert als eine Art akustische Frequenzweiche; ober- und unterhalb des Übertragungsbereiches fällt der Pegel um 12 dB/Oktave ab. Dies entspricht dem Verhalten eines Bandpassfilters 2. Ordnung (s. Kap. 6.10.3). Es kann also auf eine elektronische Weiche verzichtet werden.

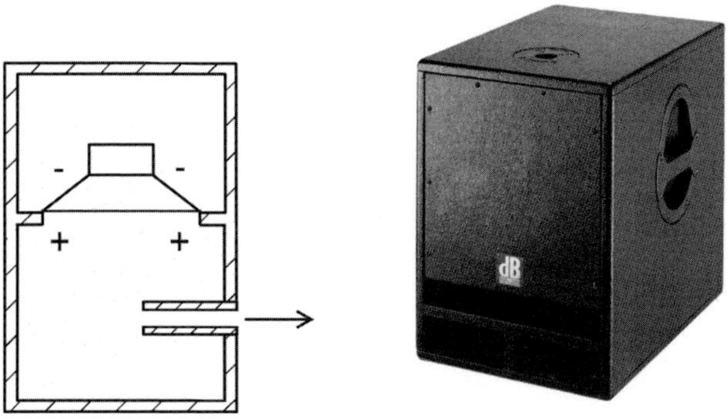

Abb. 18.16: links: Prinzip Bandpass-Gehäuse, rechts: dB Technologies SUB125

18.2.5 Transmissions-Gehäuse

Beim Transmissions-Gehäuse gibt es eine Umwegleitung des Schalls von der Membranrückseite zur Gehäusevorderseite (Abb. 18.17). Abhängig von der Laufzeit des Schalls treten gleichphasige Überlagerungen bei einer Wellenlänge von λ/2 und allen ungeraden Vielfachen davon (3/2 λ, 5/2 λ, 7/2 λ etc.) auf. Gegenphasige Überlagerung und damit Auslöschungen treten auf bei λ, 2 λ, 3 λ etc. Die Folge ist ein sehr unausgeglichener Frequenzgang. Das Transmissions-Gehäuse ist im Prinzip ein Helmholtzresonator mit einer sehr großen Öffnung. Die tiefste Eigenfrequenz des Resonators wird zur Bassverstärkung genutzt. Es werden daher nur reine Subwoofer nach diesem Prinzip gebaut.

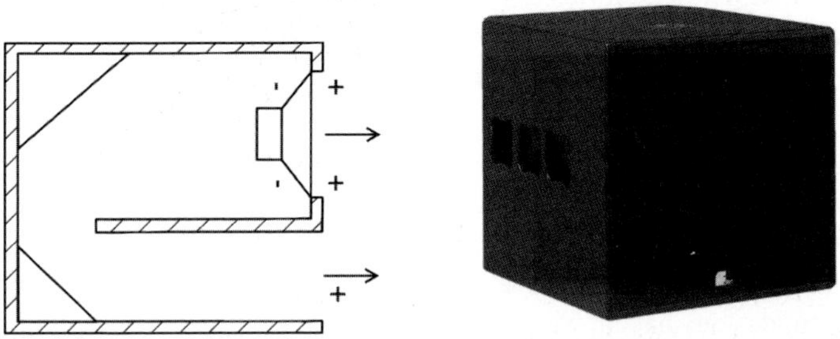

Abb. 18.17: links: Prinzip Transmissions-Gehäuse, rechts: Fohhn RS-4

18.2.6 Hörner

Schon sehr früh in der Geschichte der Schallübertragung wurden Hörner eingesetzt, um den Wirkungsgrad von mechanischen oder elektrodynamischen Wandlern zu verbessern. Das bekannteste Beispiel ist wohl das Grammophon, bei dem die Bewegungen der Nadel durch ein aufgesetztes Horn in hörbaren Schall umwandelt werden. Dabei findet durch den sich kontinuierlich erweiternden Trichter des Horns eine Schallimpedanzanpassung (s. Kap. 2.4) statt, durch welche eine ca. 10-fache Schallleistung abgestrahlt werden kann. Die Öffnungsfunktion (Hornkontur) folgt oft einer Exponentialfunktion, daher auch die Bezeichnung „Exponentialhorn“ (Abb. 18.18). Meist öffnet sich das Horn bis zu einem Winkel von 45° zur Rotationsachse.

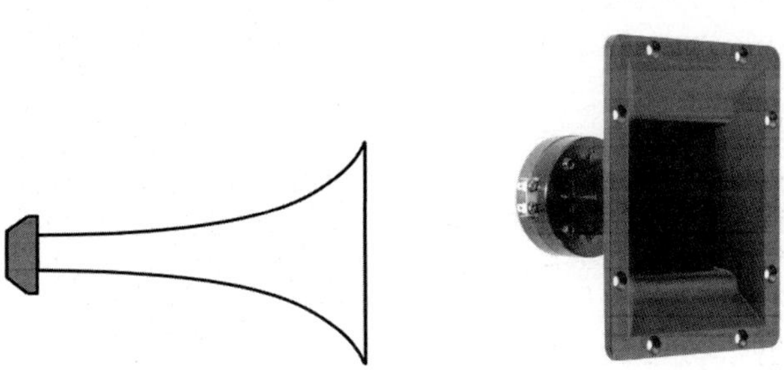

Abb. 18.18: links: Prinzip eines Horns, rechts: Visaton HTH 8.7

Eine Exponentialfunktion ist ein Logarithmus (s. Kap. 8.1) mit der Basis e:

$$y = e^x \qquad \text{(Formel 18.2)}$$

e : Eulersche Konstante (e ≈ 2,71828...)

Daneben gibt es aber auch andere Öffnungsformen, wie zum Beispiel konische Hörner, bei welchen die Seitenlinie der Kontur einer Geraden entspricht. Abwandlungen vom Exponentialhorn sind das hyperbolische Horn (öffnet sich anfangs etwas langsamer) oder das geometrische Horn (ist kürzer und öffnet sich bis auf 90° zur Achse).

Im Beschallungsbereich unterscheidet man zwischen Hornkonstruktionen zur Tief- und Mitteltonwiedergabe und Hochtonhörnern. Hörner für die Tief- und Mitteltonwiedergabe werden als Frontloaded Bins, Folded Horn Bins und Rearloaded Bins angeboten (s. u.). Den drei Prinzipien ist gemeinsam, dass die Größe der Austrittsöffnung und die Länge des Horns die untere Grenzfrequenz und den Grad der Schalldruckerhöhung festlegen. Zusammenhang von Horngröße und Tonhöhe: Je größer das Horn, desto tiefere Frequenzen können wiedergegeben werden.

Frontloaded Bins

Vor einem Konuslautsprecher sitzt ein exponential geformter Trichter (Abb. 18.19). Die Länge des Horns errechnet sich aus einem Viertel der Wellenlänge der tiefsten gewünschten Frequenz. Beispiel: Der Ton e der tiefen E-Seite des Basses hat eine Grundfrequenz von 42 Hz. Die Wellenlänge beträgt demnach 8,19 m (s. Formel 1.3). Ein Viertel davon sind ca. 2,05 m; diese Länge müsste das Horn mindestens haben, wenn der Ton mit vollem Pegel übertragen werden soll. Das ist natürlich wenig praktikabel, und daher haben sich Folded Horn Bins und Rearloaded Bins als Gehäusekonstruktionen für Tieftonhörner durchgesetzt.

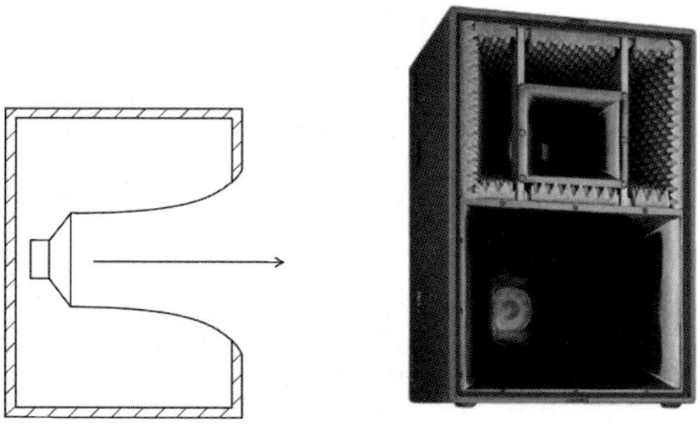

Abb. 18.19: links: Prinzip Frontloaded Bin, rechts: Kling & Freitag ACCESS T5

Folded Horn Bins

Gefaltete Hörner können im Vergleich zu Frontloaded Bins etwas kompakter konstruiert werden. Sie haben im tiefen Frequenzbereich einen hohen Wirkungsgrad, allerdings werden höhere Frequenzen nicht so gut wiedergegeben (Abb. 18.20).

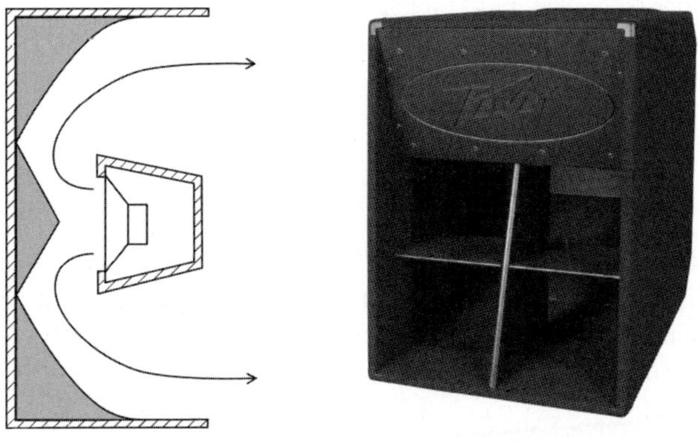

Abb. 18.20: links: Prinzip Folded Horn Bin, rechts: Peavey SP FH

Rearloaded Bins

Diese Boxen strahlen zum einen direkt nach vorne ab; tiefe Frequenzen werden aber auch über ein gefaltetes Horn hinter dem Lautsprecher zur Vorderseite umgeleitet und durch konstruktive Interferenzen verstärkt. Aufgrund ihrer Bauform werden diese Lautsprecher auch „Bassrutschen" genannt (Abb. 18.21).

Abb. 18.21: links: Prinzip Rearloaded Bin, rechts: Kling & Freitag SW 215E

Hochtonhörner

Hörner zur Hochtonwiedergabe haben meist einen Druckkammerlautsprecher (s. Kap. 18.1.1) als Treiber. Hochtonhörner strahlen den Schall stark gerichtet ab. Es werden verschiedene Abstrahlcharakteristiken unterschieden:

Biradial: der horizontale und der vertikale Abstrahlwinkel sind hier gleich, zum Beispiel 90° x 90°.

Shortthrow: Die Abstrahlwinkel sind relativ groß, die akustische Reichweite ist damit gering (Beispiel: 90° horizontal x 60° vertikal).

Longthrow: Die Abstrahlwinkel sind relativ klein, die akustische Reichweite ist damit größer (Beispiel: 60° horizontal x 40° vertikal).

Einige Hersteller unterscheiden ihre Lautsprecher auch zwischen *Narrow Coverage* (z. B. Meyer Sound UPA-1P mit 100° x 40°) und *Wide Coverage* (z. B. Meyer Sound UPA-2P mit 45° x 45°). Bei manchen Modellen kann das Hochtonhorn im Gehäuse gedreht werden, dann ist der Lautsprecher sowohl senkrecht als auch waagerecht mit der gewünschten Abstrahlcharakteristik einsetzbar.

Bei hohen Frequenzen tritt eine zunehmende Fokussierung der Abstrahlcharakteristik ein. Mögliche Gegenmaßnahmen:

- Kombination verschiedener Hornformen, um dem Bündelungseffekt entgegenzuwirken. Beispiel: Das Constant-Directivity-Horn von E-Voice.
- Akustik-Linsen vor dem Horn: Verlängerung des Laufweges der Schallwellen durch Umlenkung an speziell geformten Lamellen (Abb. 18.22).

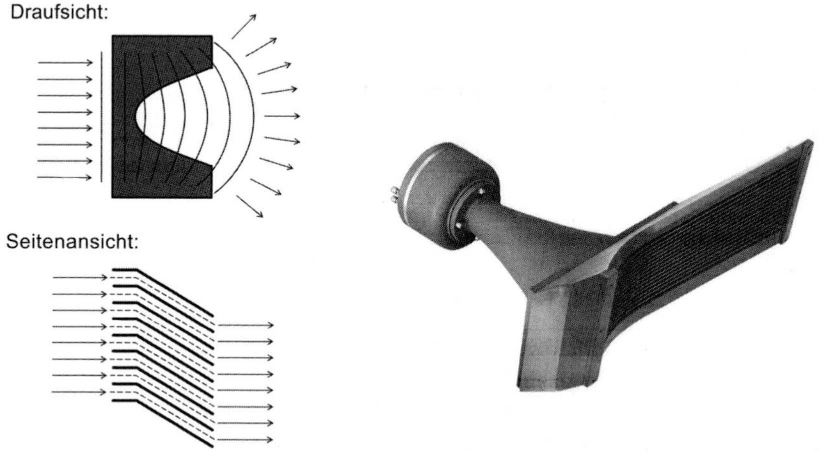

Abb. 18.22: links: Prinzip einer Akustiklinse, rechts: JBL 375 mit aufgesetzter Akustiklinse

18.2.7 Kriterien zur Beurteilung von Lautsprecherboxen

In Tab. 18.1 ist ein Auszug aus dem Datenblatt des Lautsprechers Typ JF80z von Eastern Acoustic Works (Abb. 18.23) zu sehen. Anhand dieser technischen Daten werden im Folgenden die wichtigsten Kriterien zur Beurteilung von Lautsprechern erklärt.

Tab. 18.1: Technische Daten eines Lautsprechers (EAW JF80z)

1. Übertragungsbereich	85 Hz bis 20 kHz
2. Kennschalldruckpegel	90 dB_{SPL} / 1 W / 1 m
3. Nennimpedanz	8 Ω
4. Belastbarkeit	450 W (AES Standard)
5. Abstrahlwinkel	Horizontal 100°, Vertikal 100°

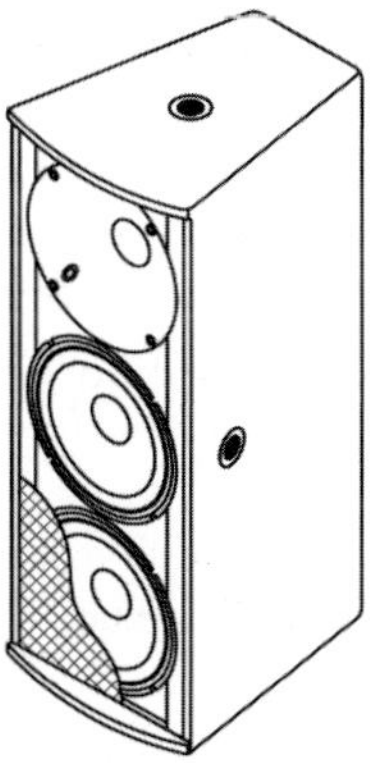

Abb. 18.23: Lautsprecher EAW JF80z

1. Übertragungsbereich

Der Übertragungsbereich eines Lautsprechersystems wird als Frequenzgang dargestellt (Abb. 18.24). Der Hersteller definiert, wie stark die Abweichungen im relevanten Frequenzbereich sein dürfen, üblich sind zum Beispiel ±3 dB_{SPL}.

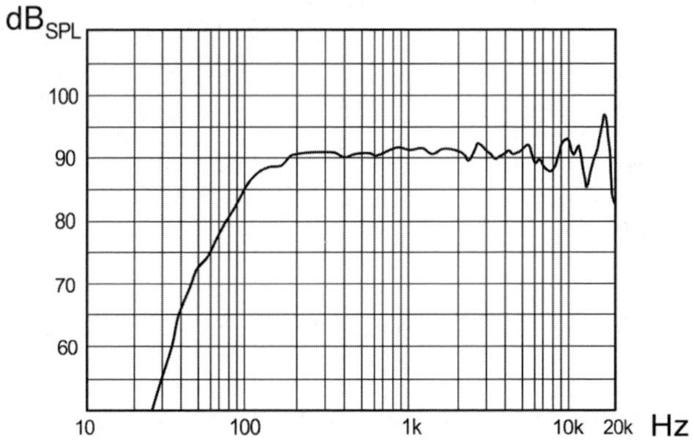

Abb. 18.24: Frequenzgang eines Lautsprechers (EAW JF80z)

2. Kennschalldruckpegel [dB_{SPL} / 1 W / 1 m]

Der Kennschalldruckpegel eines Lautsprechers wird bei einer eingespeisten Leistung von 1 W im Abstand von 1 m gemessen. Lautsprecher verschiedener Hersteller lassen sich somit zumindest über dieses genormte Kriterium vergleichen. Außerdem lässt sich bei einem bekannten Kennschalldruckpegel für beliebige Leistungen der real auftretende Schalldruckpegel berechnen.

Wird die Leistung von 1 W auf 2 W verdoppelt, so ergibt sich eine relative Pegelzunahme von:

$$10 \cdot \lg \frac{2\ \text{W}}{1\ \text{W}} = 3\ \text{dB}$$

Folglich nimmt also der Schalldruckpegel in 1 m Entfernung bei einer Leistungsverdoppelung um +3 dB_{SPL} zu.

Anwendungsbeispiel:

Ein Lautsprecher mit einem Kennschalldruckpegel von 94 dB_{SPL} / 1 W / 1 m wird an einem Verstärker mit 64 W betrieben. Wie groß ist der maximale Schalldruckpegel, den der Lautsprecher in Kombination mit diesem Verstärker abgeben kann?

1. Lösungsmöglichkeit: Berechnung.

- Erster Berechnungsschritt: Relative Pegelzunahme.

$$10 \cdot \lg \frac{64\ \mathrm{W}}{1\ \mathrm{W}} = 18\ \mathrm{dB}$$

- Zweiter Berechnungsschritt: Ausrechnen des Gesamtschalldruckpegels in 1 m Entfernung.

$$94\ \mathrm{dB_{SPL}} + 18\ \mathrm{dB} = 112\ \mathrm{dB_{SPL}}$$

2. Lösungsmöglichkeit: Tabellarisch (Tab. 18.2).

Der Schalldruckpegel lässt sich hier direkt ablesen: 112 dB_{SPL}.

Tab. 18.2: Zusammenhang von Leistung und Schalldruckpegel

Leistung [W]	Schalldruckpegel bei 1 m [dB_{SPL}]
1	94
2	97
4	100
8	103
16	106
32	109
64	112
128	115
256	118
...	...
P · 2	**L_p + 3**

Neben dem Kennschalldruckpegel wird manchmal auch der maximal mögliche Schalldruckpegel in einem Meter Entfernung angegeben. Für den Lautsprecher EAW JF80z wird zum Beispiel ein Durchschnittspegel von 114 dB_{SPL} / 1 m und ein Spitzenpegel von 123 dB_{SPL} / 1 m angegeben.

3. Nennimpedanz [Ω]

Durch die Eigenschwingung der Membran und die eingeschlossene Luft im Lautsprechergehäuse entsteht eine Gegenspannung; dadurch hat die Impedanz bei der Resonanzfrequenz des Lautsprechers ein Maximum (s. Kap. 18.2.2).

Daneben gibt es oberhalb der Resonanzfrequenz ein Minimum im Impedanzverlauf (Abb. 18.25). Dieses Minimum wird als Nennimpedanz herangezogen. Bei dem Lautsprecher JF80z liegt die Nennimpedanz von 8 Ω bei ca. 240 Hz.

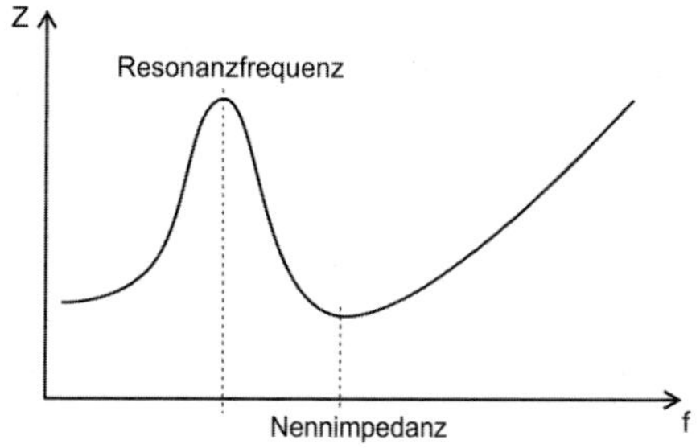

Abb. 18.25: Impedanzverlauf eines elektrodynamischen Lautsprechers

Impedanz bei Reihenschaltung bzw. parallelem Anschluss von Lautsprechern

Mehrere Lautsprecher können in Reihe oder parallel zusammengeschaltet werden. Entsprechend verändert sich die Gesamtimpedanz.

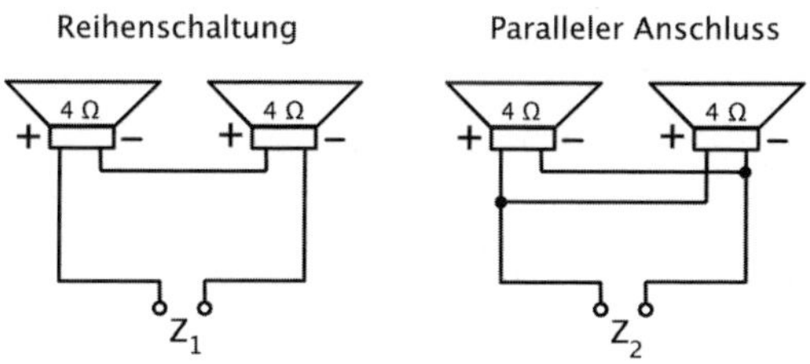

Abb. 18.26: Reihenschaltung und paralleler Anschluss von Lautsprechern

Reihenschaltung (Abb. 18.26 links): Die Einzelimpedanzen werden addiert.

$$Z_1 = Z + Z \qquad \text{(Formel 18.3)}$$

$$Z_1 = 4\ \Omega + 4\ \Omega = 8\ \Omega$$

Parallele Schaltung (Abb. 18.26 rechts): Die Kehrwerte der Einzelimpedanzen werden addiert. Das Ergebnis ist wiederum der Kehrwert der Gesamtimpedanz.

$$\frac{1}{Z_2} = \frac{1}{Z} + \frac{1}{Z} \qquad \text{(Formel 18.4)}$$

$$\frac{1}{Z_2} = \frac{1}{4\ \Omega} + \frac{1}{4\ \Omega} = \frac{1}{2\ \Omega} \rightarrow Z_2 = 2\ \Omega$$

4. Belastbarkeit [W]

Mit Belastbarkeit ist die elektrische Leistung gemeint, mit der ein Lautsprecher über längere Zeit ohne Schaden betrieben werden kann. Grenzen der Belastbarkeit:

Zu hohe Spitzenwerte der Signalspannung: Die mechanischen Grenzen eines Lautsprechers werden erreicht. Bei zu großen Auslenkungen der Membran schlägt die Schwingspule an der Polplatte an oder springt aus dem Spalt – die Membran zerreißt.

Zu großer Effektivwert der Signalspannung: Die thermische Grenzen werden erreicht. Die Schwingspule heizt sich stark auf. Entweder löst sich dadurch der Kleber der Schwingspule oder die Isolation des Spulendrahtes schmilzt und es entsteht ein Kurzschluss.

Bei Messungen nach dem Standard der Audio Engineering Society (AES2-1884 Standard) wird als Testsignal Rosa Rauschen (s. Kap. 19.4.1) mit einem Crest-Faktor von 6 dB und einer Bandbreite von einer Dekade verwendet. Ein Tieftonlautsprecher würde zum Beispiel mit einem bandbegrenzten Rosa Rauschen von 30 bis 300 Hz beurteilt, für einen Hochtöner könnte das Testsignal auf 180 Hz bis 18 kHz begrenzt werden. Der Test dauert zwei Stunden; nach dieser Zeit darf der Lautsprecher keinen Schaden aufweisen.

5. Abstrahlwinkel und Abstrahlcharakteristik

Der Abstrahlwinkel von Hörnern wurde bereits in Kap. 18.2.5 erläutert. Die Abstrahlcharakteristik von Lautsprechern kann aber auch genauso wie die Richtcharakteristik von Mikrofonen in einem Polardiagramm dargestellt werden (s. Kap. 9.2). Der Vorteil dieser graphischen Darstellungsart liegt darin, dass die Richtwirkungen für verschiedene Frequenzen eingezeichnet und diese auf einen Blick erfasst werden können (Abb. 18.27).

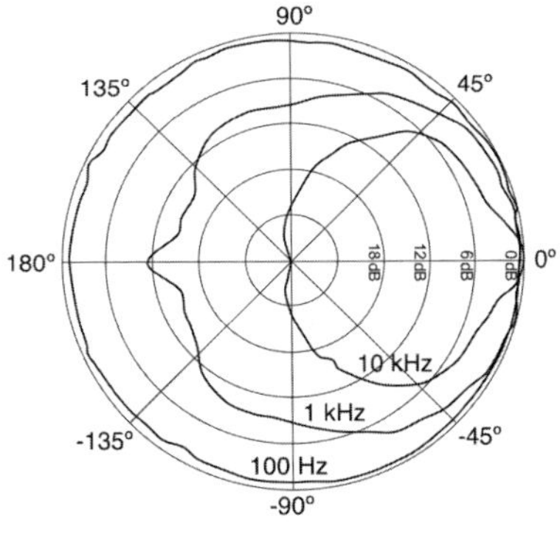

Abb. 18.27: Frequenzabhängigkeit der Abstrahlcharakteristik (EAW JF80z)

Bei einem Polardiagramm ist allerdings zu beachten, dass die Kurven relativ zu einem idealen Kugelstrahler und dessen 0°-Richtung normiert sind. Daher werden in technischen Datenblättern Isobarendiagramme abgebildet, die den Abstrahlwinkel über die Frequenz mit Hilfe von Schalldruck-Isobaren darstellen (Isobar = Zone mit gleichem Druck). Diese Diagramme sind aber leider nicht leicht zu lesen. Abb. 18.28 zeigt als Beispiel die Isobarendiagramme eines Lautsprechers von d&b audiotechnik, dem E3 mit normal montiertem Hochtöner. (Das Horn kann auch gedreht werden, aber dann ergeben sich andere Diagramme.)

Es werden hier Schalldruck-Isobaren für -6 und -12 dB relativ zum abgegebenen Schalldruckpegel des Lautsprechers angeben. Unterhalb von ca. 1 kHz ist der Abstrahlwinkel dieses Lautsprechers bezogen auf -6 dB größer als ±60°. (Über einen größeren Winkel kann aufgrund des Diagramms keine Aussage getroffen werden, da die Skalierung hier endet.) Oberhalb von 1 kHz verengt sich der Abstrahlwinkel immer mehr. Bei einer Frequenz von 16 kHz beträgt er ca. ±20° bei -6 dB.

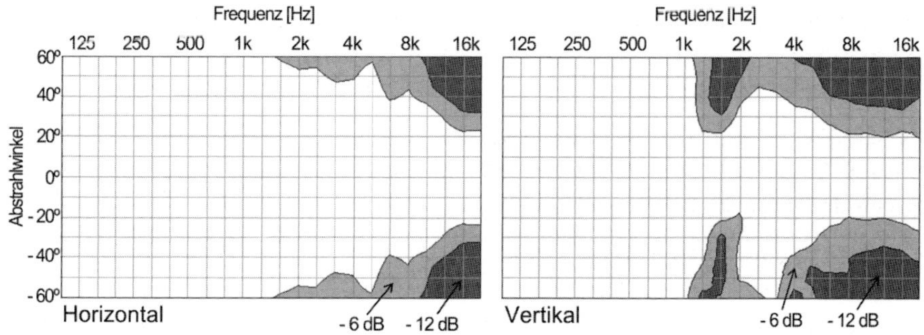

Abb. 18.28: Isobarendiagramme

Schallquellenbündelungsgrad γ_Q

Für einen Lautsprecher kann auch der Bündelungsgrad angegeben werden. Der Schallquellenbündelungsgrad γ_Q ist das Verhältnis der Abstrahlfläche eines idealen Kugelstrahlers zu der Strahlungsoberfläche einer gerichteten Schallquelle (Lautsprecher):

$$\gamma_Q = \frac{4\pi \cdot r^2}{A}$$ (Formel 18.5)

$(4\pi \cdot r^2)$: Kugeloberfläche eines idealen Kugelstrahlers [m^2]
A : Strahlungsoberfläche einer gerichteten Schallquelle [m^2]

Tab. 18.3: Schallquellenbündelungsgrade γ_Q

Schallquellenrichtcharakteristik	γ_Q
Kugelschallquelle	1
Einseitiger Strahler (Halbkugel)	2
Nierenstrahler	3
Linienstrahler	> 4

Bündelungsmaß C

Das Bündelungsmaß ist der zehnfache Logarithmus des Bündelungsgrades:

$$C = 10 \cdot \lg \gamma_Q$$ (Formel 18.6)

Einheit [dB]

Beispiel Bündelungsmaß einer Kugelschallquelle:

$$C_{Kugel} = 10 \cdot \lg 1 = 0 \text{ dB}$$

Beispiel Bündelungsmaß eines Arrays:

$$C_{Array} = 10 \cdot \lg 4 = 6 \text{ dB}$$

Das Bündelungsmaß wird auch Directivity Index genannt.

Weitere mögliche Angaben in Datenblättern von Lautsprechern

Nichtlineare Verzerrungen [%]

Nichtlineare Verzerrungen werden als Klirrfaktor für die Frequenz von 1 kHz angegeben (s. Kap. 6.11.6). Der Klirrfaktor findet sich nur in Datenblättern aktiver Lautsprecher mit ins Gehäuse integriertem Verstärker. Allerdings auch nur dann, wenn der Wert besonders niedrig und daher positiv erwähnenswert ist. Beispiel: Für den aktiven Lautsprecher UPA-1P von Meyer Sound wird ein Klirrfaktor von 0,02 % angegeben.

Übergangsfrequenzen [Hz]

Bei Mehrwegelautsprechern werden manchmal auch die Übergangsfrequenzen für die einzelnen Wandler angegeben, damit der Benutzer aktive Frequenzweichen (s. Kap. 17.1) entsprechend einstellen kann. Für den EAW JF80z wird zum Beispiel für den Hochpassfilter der Weiche eine Übergangsfrequenz von 70 Hz empfohlen (bei einem Filter der 2. Ordnung).

Gewicht [kg]

Ein leistungsfähiger Lautsprecher braucht auch leistungsfähige Bauteile, die eine gewisse Masse aufweisen. Die Magneten von elektrodynamischen Wandlern haben eine bestimmte Größe. Je größer der Magnet, desto eher ist eine konstante Kühlung der Spule gewährleistet. (Durch die größere Oberfläche wird mehr Wärme abgeleitet; Voraussetzung: die Spule bleibt gleich groß.) Die schwersten Magnete besitzen darüber hinaus meist das stärkste und konstanteste Magnetfeld. Das hohe Gewicht von Magnet und Spule erfordert eine stabile Aufhängung am Gehäuse; das bedeutet, dass auch der Korb eine gewisse Masse hat. Und natürlich macht es keinen Sinn, leichtes Holz zu verbauen, welches den Belastungen auf Dauer nicht standhalten würde. Eine gut klingende und effektive Lautsprecherbox hat aus diesen Gründen ein entsprechend großes Gewicht.

18.3 Anordnung und Kombination von Lautsprecherboxen

Die Position eines Lautsprechers im Raum hat Auswirkungen auf dessen abgestrahlte Schallintensität. Für die Berechnung der Schallintensität eines Lautsprechersignals kann folgende Formel angewandt werden:

$$\text{Schallintensität I [W/m}^2\text{]} = \frac{\text{Schallleistung P [W]}}{\text{Abstrahlfläche A [m}^2\text{]}} \qquad \text{(Formel 18.7)}$$

Zur Vereinfachung wird angenommen, dass der Lautsprecher als ideale Kugelschallquelle funktioniert. In der Praxis ist dies aber nur für tiefe Frequenzen zutreffend.

Frei schwebende Lautsprecherbox

Die Schallleistung P verteilt sich gleichmäßig über die gesamte Kugelfläche ($4\pi \cdot r^2$) (Abb. 18.29):

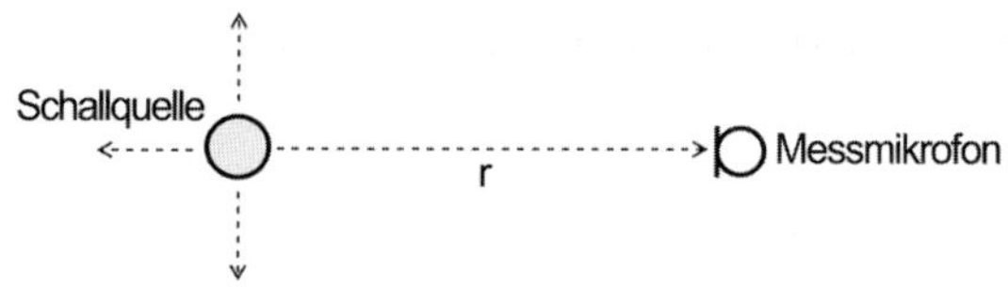

Abb. 18.29: Frei schwebende Schallquelle

Berechnung der Schallintensität für diesen Fall:

$$I_1 = \frac{P}{4\pi \cdot r^2} \qquad \text{(Formel 18.8)}$$

$4\pi \cdot r^2$: Kugeloberfläche

Lautsprecher auf einer Fläche

Die gleiche Schallleistung verteilt sich jetzt auf nur die halbe Kugeloberfläche (Abb. 18.30):

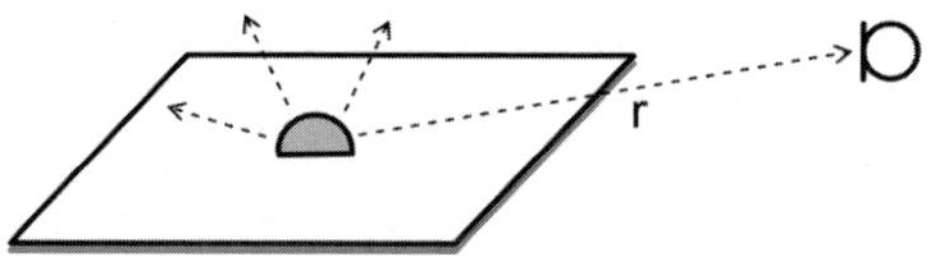

Abb. 18.30: Schallquelle auf einer Fläche

Berechnung der Schallintensität für diesen Fall:

$$I_2 = \frac{P}{2\pi \cdot r^2} \qquad \text{(Formel 18.9)}$$

Vergleich zum „geflogenen Lautsprecher“:

$I_2 = 2 \cdot I_1$ → Die Box ist um 3 dB_{SPL} lauter.

Box auf dem Boden und an einer Wand

Die gleiche Schallleistung verteilt sich hier auf ein Viertel der Kugeloberfläche (Abb. 18.31):

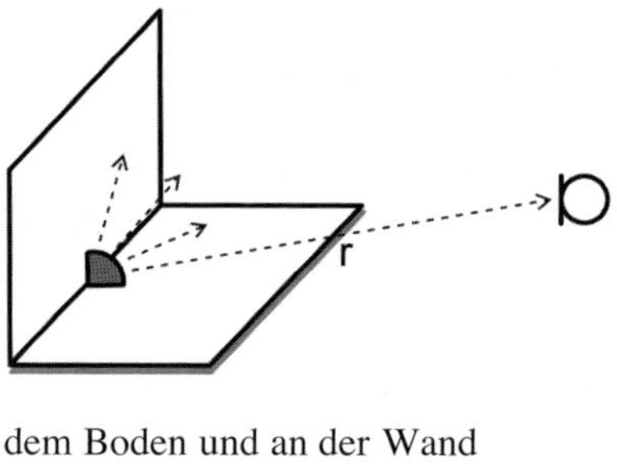

Abb. 18.31: Schallquelle auf dem Boden und an der Wand

Berechnung der Schallintensität für diesen Fall:

$$I_3 = \frac{P}{\pi \cdot r^2}$$ (Formel 18.10)

Vergleich zum „geflogenen Lautsprecher“:

$I_3 = 4 \cdot I_1$ → Die Box ist um 6 dB_{SPL} lauter.

Box in einer Raumecke

Die gleiche Schallleistung verteilt sich auf ein Achtel der Kugeloberfläche (Abb. 18.32):

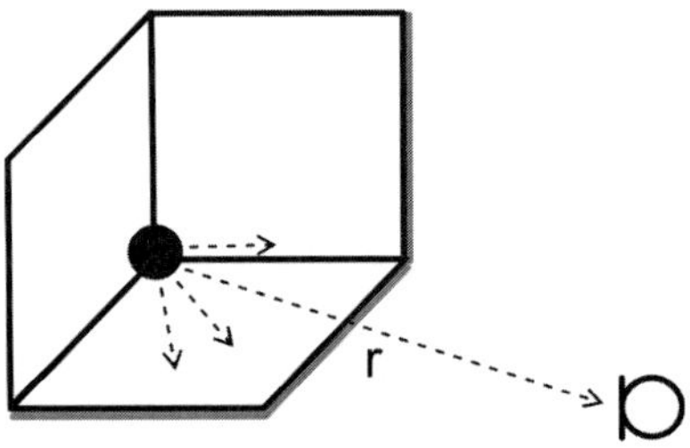

Abb. 18.32: Schallquelle in einer Ecke

Berechnung der Schallintensität für diesen Fall:

$$I_4 = \frac{P}{1/2 \cdot \pi \cdot r^2}$$ (Formel 18.11)

Vergleich zum „geflogenen Lautsprecher“:

$I_4 = 8 \cdot I_1$ → Die Box in der Ecke ist um 9 dB_{SPL} lauter.

Lautsprecher nebeneinander aufgestellt

Lautsprecher parallel nebeneinander aufzustellen ist ungünstig, da sich dann einige Zuhörer genau im Bereich zwischen den sich überlagernden Abstrahlcharakteristiken befinden. Ein ausgeglichenes Klangbild kann in diesem Bereich nicht garantiert werden, da es hier aufgrund von Interferenzen zu Überhöhungen oder Einbrüchen im Frequenzspektrum kommt. Lösung: Boxen zueinander verwinkeln (Splay Angle). Einige Hersteller versehen die Gehäuse ihrer Lautsprecher dafür mit schrägen Seiten. Damit ist ein korrekter Splay Angle quasi „voreingestellt“ (Abb. 18.33).

Abb. 18.33: Verwinkelte Lautsprecher, nebeneinander angeordnet

Lautsprecher aufeinander gestapelt (Stacking)

Generell tritt hier das gleiche Problem wie bei nebeneinander angeordneten Lautsprechern auf: Die Abstrahlflächen überlagern sich unvorteilhaft. Man kann zwei Boxen allerdings so stapeln, dass die Hochtonhörner direkt übereinander liegen, d. h. die obere Box steht auf dem Kopf. Wenn die Hochtontreiber dadurch nahe genug zusammen kommen, kann durch eine akustische Kopplung sogar ein bis zu +6 dB_{SPL} größerer Pegel für hohe Frequenzen erreicht werden. Beide Hochtöner strahlen dann gleichphasig und sozusagen als eine Schallquelle ab.

18.4 Linienstrahler (Line Arrays)

Line Arrays beruhen auf der gleichphasigen, akustischen Kopplung einzelner, nahe zusammen angeordneter Lautsprecher. Das gesamte Array strahlt also wie eine große (Linien-)Schallquelle. Line Arrays haben eine untere und eine obere Grenzfrequenz, und nur innerhalb dieser Grenzen funktioniert die akustische Kopplung.

Untere Grenzfrequenz f_{gu}

Der Abstand zwischen den einzelnen Wandlern der Mitteltöner bestimmt die untere Grenzfrequenz des Arrays:

$$f_{gu} = \frac{c}{2 \cdot d} \qquad \text{(Formel 18.12)}$$

Einheit [Hz]

c : Schallgeschwindigkeit [m/s]

d : Abstand der Wandler von Zentrum zu Zentrum [m]

Beispiel:

Untere Grenzfrequenz eines Line Arrays mit 12 Zoll-Lautsprechern (305 mm Durchmesser):

$$f_{gu} = \frac{344 \text{ m/s}}{2 \cdot 0{,}305 \text{ m}} = 564 \text{ Hz}$$

In der Praxis haben sich 8 Zoll-Lautsprecher mit einer theoretischen unteren Grenzfrequenz von ca. 850 Hz bewährt. Um den Frequenzbereich nach unten zu erweitern, müssen aber zusätzliche Subwoofer installiert werden.

Akustische Kopplung der Hochtöner

Auch hier bestimmt der Abstand der Wandler die Grenzfrequenz der akustischen Kopplung. Um den maximal möglichen Abstand d_{max} der Hochtontreiber zu berechen, wird Formel 18.12 umgestellt:

$$d_{max} = \frac{\lambda}{2} \qquad \text{(Formel 18.13)}$$

Der maximale Abstand der Hochtontreiber entspricht damit der halben Wellenlänge der höchsten abgestrahlten Frequenz (Abb. 18.34).

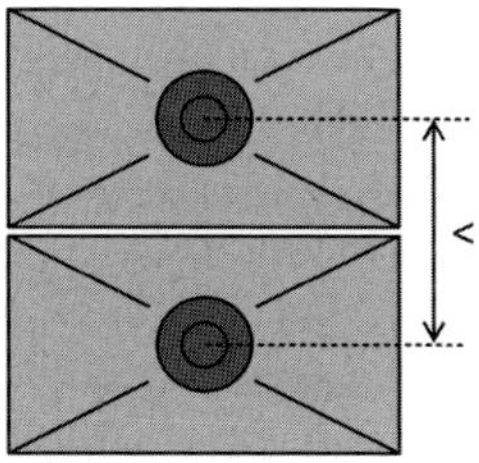

Abb. 18.34: Kopplung der Hochtöner

Beispiel: Wie weit dürfen die Hochtontreiber auseinander liegen, damit eine Frequenz von 10 kHz noch akustisch gekoppelt wird?

Lösung:

Erster Rechenschritt: Berechnung der Wellenlänge λ bei 10 kHz (s. Formel 1.3).

$$\lambda = \frac{c}{f} = \frac{344 \text{ m/s}}{10.000 \text{ Hz}} = 0{,}0344 \text{ m}$$

Zweiter Rechenschritt: Maximaler Abstand d_{max} (s. Formel 18.13).

$$d_{max} = \frac{\lambda}{2} = \frac{0{,}0344 \text{ m}}{2} = 0{,}0172 \text{ m}$$

Damit 10 kHz noch akustisch gekoppelt werden, dürfen die Treiber also nicht weiter als 1,72 cm auseinander liegen. Konstruktionsbedingt ist dies aber selbst mit den schon sehr kleinen 0,5 Zoll-Treibern wegen der Dicke der Gehäusewand der Lautsprecherbox kaum möglich. Abhilfe: Spezielle Hochtonhörner mit besonderer Schallführung durch einen Waveformer, welcher den Schall sphärisch abstrahlen lässt (Abb. 18.35 und 18.36).

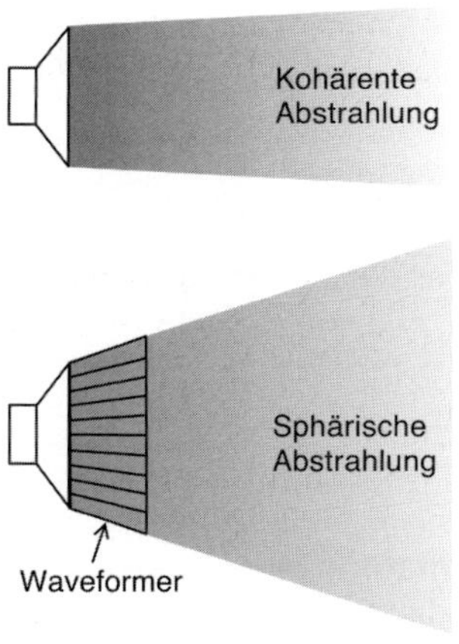

Abb. 18.35: Kohärente und sphärische Abstrahlung mit Waveformer

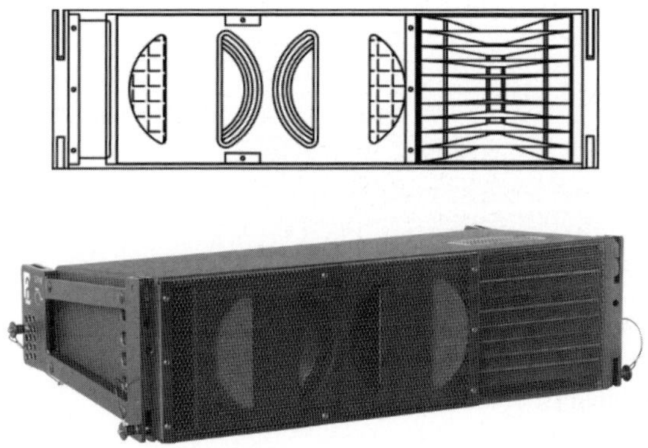

Abb. 18.36: Waveformer vor einem Hochtöner eines Line Array-Lautsprechers (alcons LR16)

Vergleich zwischen Punktschallquelle und Linienstrahler

Der Vorteil eines Linienstrahlers wird klar, wenn man die Schalldruckpegelverteilung mit einer Punktschallquelle vergleicht.

Punktschallquelle: Die Schallwellen breiten sich kugelförmig aus.

Berechnung der Kugeloberfläche:

$$A = 4\pi \cdot r^2 \qquad \text{(Formel 18.14)}$$

r : Radius der Kugel

Bei einer Entfernungsverdopplung wird die Schallleistung auf eine viermal so große Fläche verteilt; der Schalldruckpegel nimmt um 6 dB_{SPL} ab (Abb. 18.37).

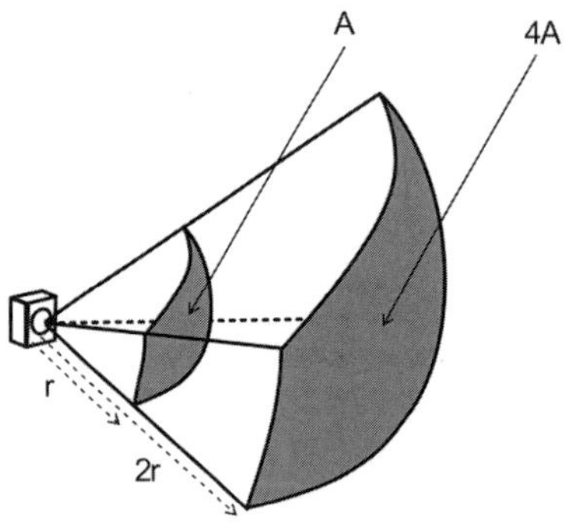

Abb. 18.37: links: Prinzip Punktstrahler, rechts: Lautsprecher über einem Theatersaal als Beispiel für einen Punktstrahler (Meyer Sound UPA-1)

Linienstrahler: Die Schallwellen breiten sich aufgrund der akustischen Kopplung der Wandler in Form eines Zylinders aus.

Berechung der Zylinderoberfläche:

$$A = \frac{1}{2} \cdot 4\pi \cdot r^2 = 2\pi \cdot r^2 \qquad \text{(Formel 18.15)}$$

r : Radius des Zylinders

Bei einer Entfernungsverdopplung wird die Schallleistung auf eine zweimal so große Fläche verteilt, der Schalldruckpegel nimmt um 3 dB_{SPL} ab (Abb. 18.38). Der Pegelabfall ist damit um 3 dB_{SPL} geringer als bei einem Punktstrahler.

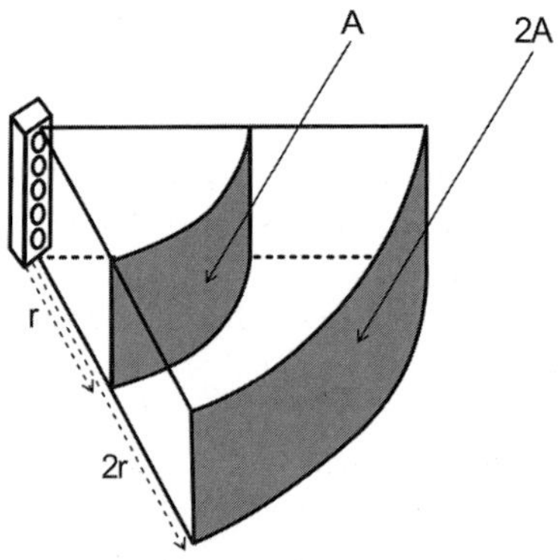

Abb. 18.38: links: Prinzip Linienstrahler, rechts: Line Array (L'Acoustics dV-DOSC)

Allerdings trifft beim Line Array die Abstrahlung als Zylinderwelle nur für den Nahbereich zu, und es erfolgt ein kontinuierlicher Übergang hin zu einer kugelförmigen Welle. (Achtung: Diese Aussagen über Line Arrays sind nicht mit der Definition für Nah- und Fernfeld zu verwechseln, s. Kap. 2.3.) Die Ausdehnung der Zylinderwelle ist abhängig von der Frequenz des abgestrahlten Audiosignals und der Gesamtlänge des Arrays.

Berechnung der Ausdehnung r_n der Zylinderwelle eines Line Arrays:

$$r_n = \frac{l^2 \cdot f}{2 \cdot c} \qquad \text{(Formel 18.16)}$$

Einheit [m]

l : Länge des Line Arrays [m]

f : Frequenz [Hz]

c : Schallgeschwindigkeit [m/s]

Beispiel: Ein Line Array mit 5 m Länge soll Frequenzen zwischen 150 Hz und 1,2 kHz als Zylinderwelle abstrahlen. Wie weit ist die Ausdehnung des Nahbereichs für diesen Frequenzbereich?

Lösung:

$$r_{n\ 150\ \mathrm{Hz}} = \frac{(5\ \mathrm{m})^2 \cdot 150\ \mathrm{Hz}}{2 \cdot 344\ \mathrm{m/s}} = 5{,}45\ \mathrm{m}$$

$$r_{n\ 1{,}2\ \mathrm{kHz}} = \frac{(5\ \mathrm{m})^2 \cdot 1200\ \mathrm{Hz}}{2 \cdot 344\ \mathrm{m/s}} = 43{,}60\ \mathrm{m}$$

Curving

Als Curving wird die Anpassung des Line Arrays an die zu beschallende Fläche durch verschiedene Winkel zwischen den einzelnen Lautsprechern bezeichnet. Dadurch wird nur das vertikale Abstrahlverhalten verändert, der horizontale Abstrahlwinkel bleibt unbeeinflusst.

Die oberen Lautsprecher des Arrays sind meist ohne oder mit kleiner Winkelung montiert; dadurch wird die Schallenergie über eine relative weite Distanz gebündelt abgestrahlt. Die unteren Lautsprecher sind dagegen stärker angeschrägt. Die Bündelung ist damit weniger ausgeprägt, dafür können mit dem Array aber auch die Zuhörer in den ersten Reihen beschallt werden.

Anwendungsbeispiele

Abb. 18.39 zeigt ein Line Array mit Lautsprechern von Meyer Sound. Links hängt ein Array mit Lautsprechern vom Typ MILO. Der unterste Lautsprecher des Arrays ist ein MILO120, welcher einen etwas größeren horizontalen Abstrahlwinkel im Vergleich zur den anderen Lautsprechern aufweist. Rechts neben dem MILO-Array hängen die Subwoofer vom Typ 700HP. Zwei der insgesamt sechs Subwoofer zeigen nach hinten und werden über die Controller so angesteuert, dass die rückwärtig abgestrahlte Schallenergie der nach vorne gerichteten Lautsprecher durch destruktive Interferenzen eliminiert wird. (Dieses Verfahren wird auch „Cardoid Subwoofer" genannt.) Zwei der so installierten Arrays wurden als L/R-Hauptsysteme bei der Tourproduktion „Best Of Musical 2007" eingesetzt, welche im Frühjahr 2007 in großen Veranstaltungshallen in Deutschland und in der Schweiz zu Gast war.

Abb. 18.39: Line Array von Meyer Sound

Bei dem in Abb. 18.40 links gezeigten Line Array von d&b audiotechnik sind drei Subwoofer vom Typ Q-Sub über einem Q1-Array installiert. Unten hängt noch ein einzelner Q7-Lautsprecher. Im Bild nicht zu sehen sind die zusätzlichen Subwoofer vom Typ B2, die auf dem Boden stehen. Zwei Arrays dieser Art wurden als L/R-Hauptbeschallung bei der europäischen Tourproduktion der „Blue Man Group" verwendet, die 2008 im Apollo Theater in Stuttgart begann.

Abb. 18.40: links: Line-Array von d&b audiotechnik, rechts: Line Array von L'Acoustics mit Subwoofern von d&b audiotechnik

In Abb. 18.40 rechts sehen wir ein Line Array von L'Acoustics, bestehend aus 10 V-DOSC und jeweils fünf kleineren dV-DOSC, welche oben und unten am Array angefügt sind. An der Bühnenkante stehen drei Subwoofer vom Typ B2 von d&b audiotechnik. Zwei solcher Arrays werden als L/R-Hauptbeschallung bei der deutschsprachigen Produktion von „We Will Rock You" verwendet. Im November 2008 war die Premiere im Apollo Theater in Stuttgart.

Berechnung von Line-Arrays

Hersteller von Line Arrays bieten Software zum Berechnen der Winkelungen an. Abb. 18.41 zeigt als Beispiel ArrayCalc von d&b audiotechnik, ein auf Excel basierendes Berechnungsprogramm.

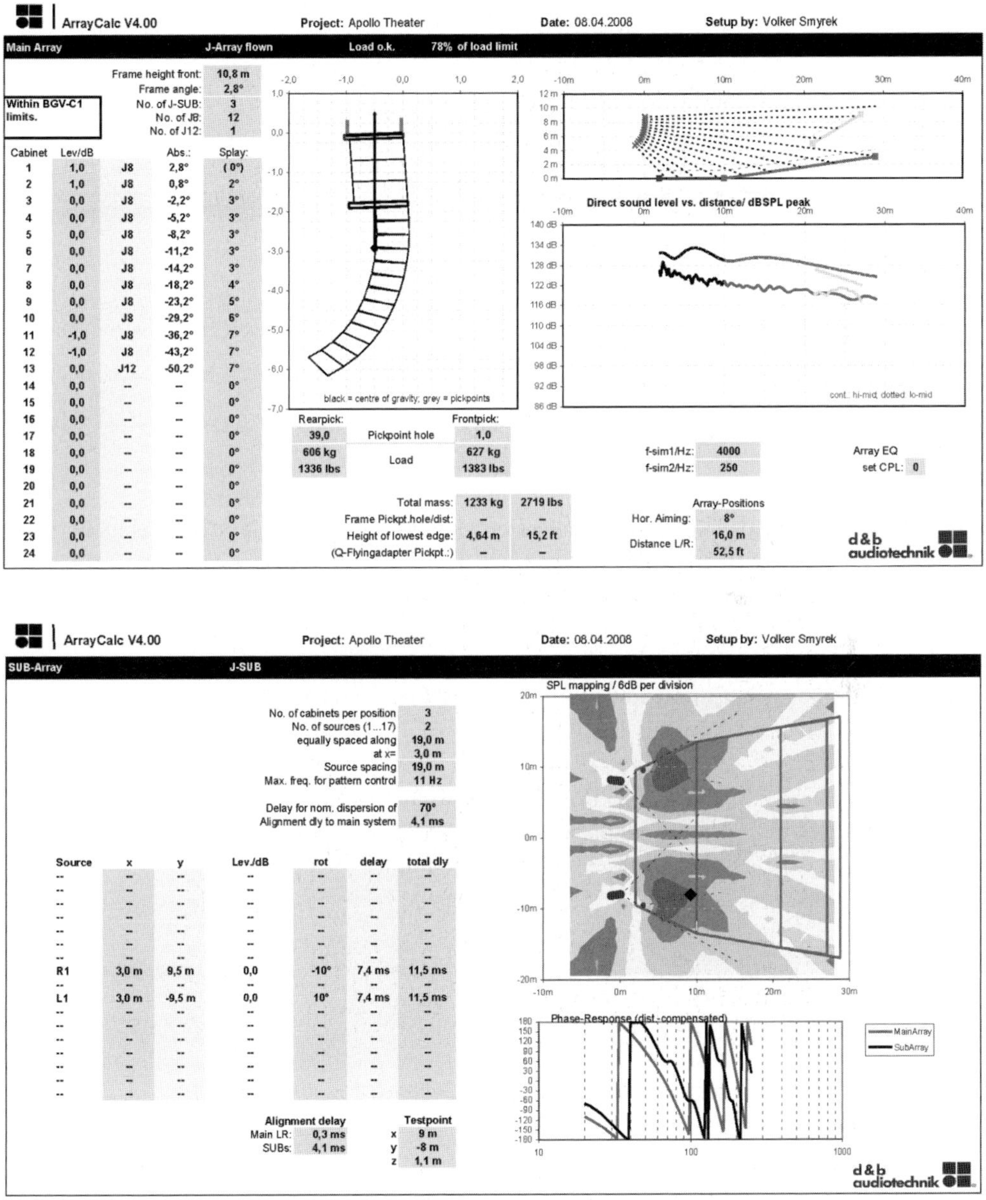

Abb. 18.41: ArrayCalc von d&b audiotechnik

18.5 Übungsaufgaben

Aufgabe 1

Welche Wandlerprinzipien werden verwendet für...

... Tieftöner?

... Mitteltöner?

... Hochtöner?

Aufgabe 2

Wie ist der mathematische Zusammenhang zwischen zugeführter Leistung und abgestrahltem Schalldruckpegel?

Aufgabe 3

Zwei Lautsprecher mit je 8 Ω Impedanz werden parallel bzw. in Reihenschaltung betrieben.

a) Wie groß ist die Gesamtimpedanz Z_1 bei der Reihenschaltung?

b) Wie groß ist die Gesamtimpedanz Z_2 bei der parallelen Schaltung?

Aufgabe 4

Um wie viel dB_{SPL} werden die tiefen Frequenzen eines Lautsprechers akustisch verstärkt, wenn die Box auf dem Boden steht?

Aufgabe 5

Herkömmliche Lautsprecher und Line Arrays unterscheiden sich u. a. in der Abnahme des Schalldruckpegels mit steigender Entfernung. Erkläre diesen Sachverhalt.

Aufgabe 6

Für einen Lautsprecher (Punktstrahler) wird ein Kennschalldruckpegel von 90 dB_{SPL} / 1 W / 1 m angegeben. Dieser Lautsprecher wird an einem Leistungsverstärker mit 60 W betrieben. Wie groß ist der maximale Schalldruckpegel in 4 m Entfernung?

Aufgabe 7

Ein Line Array mit 4 m Länge soll zwischen 200 Hz und 2 kHz als Zylinderwelle abstrahlen. Berechne die Ausdehnung des Nahbereichs.

Literaturtipp

Stark B. Lautsprecher Handbuch.
Richard Pflaum Verlag, München 2004

19 Beschallungsanlagen

Die Installation von Beschallungsanlagen und daneben das Lesen und Erstellen von Beschallungsplänen sind für das erste und zweite Lehrjahr vorgesehen.

Die in den vorangegangenen Kapiteln behandelten Audiogeräte (Mikrofone, Leitungen, Mischpulte, Effekte, Verstärker und Lautsprecher) sind Bestandteile einer Beschallungsanlage. Wie Sprache oder Musik möglichst optimal über eine Beschallungsanlage an ein Publikum übertragen werden, ist im Folgenden das Thema.

19.1 Konzepte für Beschallungsanlagen

Wolfgang Ahnert und Frank Steffen unterscheiden in ihrem Fachbuch „Beschallungstechnik" drei grundlegende Beschallungskonzepte (vgl. Ahnert und Steffen, 1993, Seite 245 bis 261):

1. Zentrale Beschallungsanlagen.
2. Zentral gestützte Beschallungsanlagen.
3. Dezentrale Beschallung.

Wir werden uns diese Konzepte nun kurz ansehen. Als Anwendungsbeispiel dient eine Sprachbeschallung in einem kleinen Saal mit Parkettsitzplätzen und einem Rang.

Zentrale Beschallung

Die Lautsprecher sind bei der zentralen Beschallung in der Nähe der Aktionsfläche, in diesem Fall der Bühne, angeordnet. Eine Mono-Schallampel (Center Cluster) hängt mittig über der Bühne. Zusätzlich ist ein Lautsprecher im Rednerpult eingebaut (Abb. 19.1).

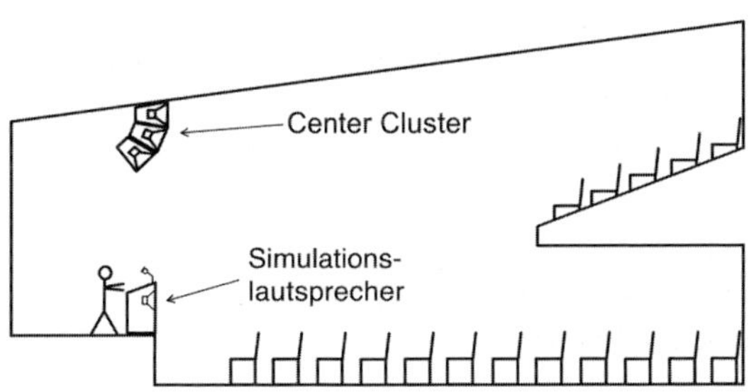

Abb. 19.1: Zentrale Beschallung

Vorteile einer zentralen Beschallung:
Der Simulationslautsprecher im Pult unterstützt durch eine Stärkung des Originalsignals die Lokalisation besonders für die ersten Sitzreihen. Auf eine Verzögerung des Center Clusters kann verzichtet werden, wenn die Originalschallquelle bzw. der Simulationslautsprecher laut genug ist und die Distanz vom Center Cluster zu den Zuhörern größer ist als der Abstand des Publikums zur Originalschallquelle (Gesetz der ersten Welle, s. Kap. 4.2.4).

Unterteilte Zentralbeschallung

Eine zentrale Beschallungsgruppe kann auch in Teilgruppen installiert werden. Letztlich führt dies zu der üblichen L/R-Hauptbeschallung, wobei hier die Lautsprecher im Portal neben der Bühne positioniert sind. Durch die unterteilte Zentralbeschallung wird eine stereophone Beschallung erst möglich. Allerdings kommt es zu einer Fehllokalisation für die Zuhörer nahe am Portal. Besonders dann, wenn die Lautsprecher sehr niedrig angebracht sind und daher näher am Zuhörer sind als die Originalschallquellen.

Zentrale gestützte Beschallung

Hier wird eine zentrale Beschallung durch Stützlautsprecher (Delay Line) ergänzt (Abb. 19.2). Delay Lines sind oft sinnvoll für Sitzplätze unterhalb eines Ranges, da hier der Direktschall der Portallautsprecher teilweise abgeschattet wird. Durch angepasste Laufzeiten müssen Echos über die Delay Line verhindert werden. Berechnung der dafür notwendigen Verzögerungszeit:

$$\Delta t = \frac{s_1 - s_2}{c} + 1 \text{ bis } 30 \text{ ms (wegen Haas-Effekt)} \qquad \text{(Formel 19.1)}$$

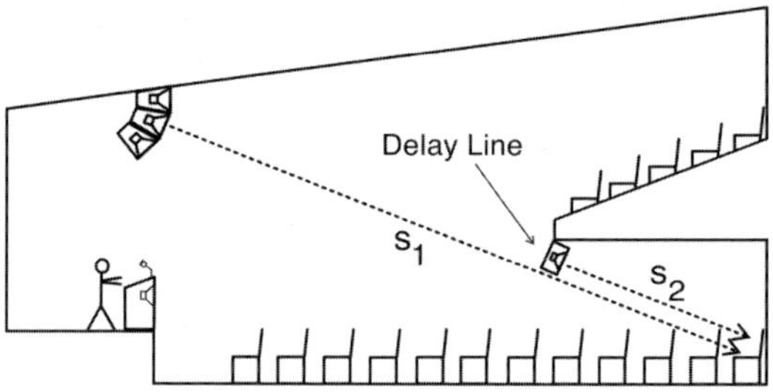

Abb. 19.2: Zentrale gestützte Beschallung

Dezentrale Beschallung

In großen und halligen Räumen ist eine dezentrale Beschallung die beste Lösung, da hier jeder Zuhörer in unmittelbarer Nähe zu einem Lautsprecher sitzt und somit viel Direktschall erhält. Das Beispiel in Abb. 19.3 zeigt eine Beschallung mit Lautsprechern in den Rückenlehnen der Stühle. Jeder Lautsprecher ist dabei direkt auf den jeweiligen Zuhörer gerichtet. Um eine optimale Lokalisation der Originalschallquelle zu erreichen, sollte jeder Lautsprecher eine eigene Verzögerungszeit haben.

Anwendungsbeispiele für eine dezentrale Beschallung: Dezentrale Schallsäulen in Kirchen, Bahnhofshallen mit einer großen Anzahl von Deckenlautsprechern oder Konferenzanlagen mit eingebauten Lautsprechern in den Sprechstellen an jedem Sitzplatz.

Ein Nachteil der dezentralen Beschallung ist der große Installationsaufwand aufgrund der hohen Anzahl an Lautsprechern und Verzögerungseinheiten.

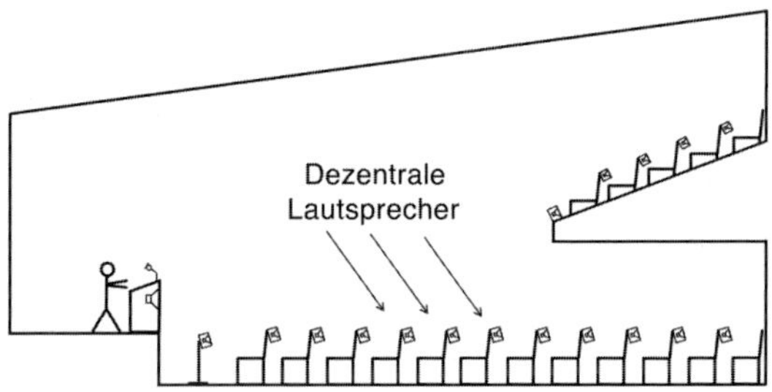

Abb. 19.3: Dezentrale Beschallung

19.2 Konzertbeschallung

Deutsch-Englisches Kauderwelsch in der Musikbranche

Einige englische Fachbegriffe wurden bereits in den vorangegangen Kapiteln eingeführt, spätestens jetzt folgen aber gleich etliche weitere, die bei Konzertveranstaltungen üblich sind. Wer bei PA, FOH, Frontfills, Delay Line, EQ und sonstigen englischen Begriffen die Übersicht verloren hat, darf gerne im Anhang unter „Englische Fachbegriffe der Akustik und Tontechnik" nachschlagen.

Eine Konzertbeschallung, kurz „PA" genannt, von Public Adress (an das Publikum gerichtet), gibt es in den verschiedensten Größen und Ausführungen: Von der Kleinanlage im Jugendzentrum mit 200 Zuhörern bis zur riesigen Open-Air-Beschallung für über 100.000 Festivalbesucher. Eines haben aber alle PA-Systeme, egal wie groß oder klein sie sein mögen, gemeinsam – den prinzipiellen Signalfluss.

Signalfluss einer Konzertbeschallung

In der Regel wird bei Konzerten eine unterteilte Zentralbeschallung aufgebaut (s. o.). Nur in sehr großen Veranstaltungshallen kommen auch zusätzliche Delay Lines zum Einsatz. Abb. 19.4 zeigt den Signalfluss einer einfachen Beschallungsanlage mit L/R-Hauptlautsprechern, die in diesem Fall als 3-Wege-Systeme ausgeführt sind.

Am FOH-Platz (Abb. 20.5) befinden sich das Saalmischpult, die Stromversorgung für das Pult und die Sideracks. In den Sideracks sind externe Effekte (s. Kap. 16) oder Zuspieler (s. Kap. 21) in 19 Zoll-Bauweise untergebracht wie zum Beispiel Delays, Hallgeräte, Kompressoren, Gates, Filter, CD-Player etc.

An der Stagebox auf der Bühne liegen die einzelnen Leitungen des Multicores auf (s. Kap. 11). Die daran aufgesteckten Snakes sind als Multicore mit weniger Wegen wiederum Unterverteilungen, beispielsweise für alle Schlagzeugmikrofone.

Das Monitoring erfolgt bei diesem einfachen Setup vom FOH-Pult aus. Ein Ausspielweg wird zu einem Verstärker für zwei Monitorlautsprecher geleitet. Um Rückkopplungsfrequenzen (s. Kap. 19.4.3) bedämpfen zu können, ist ein EQ im Monitorweg eingeschleift.

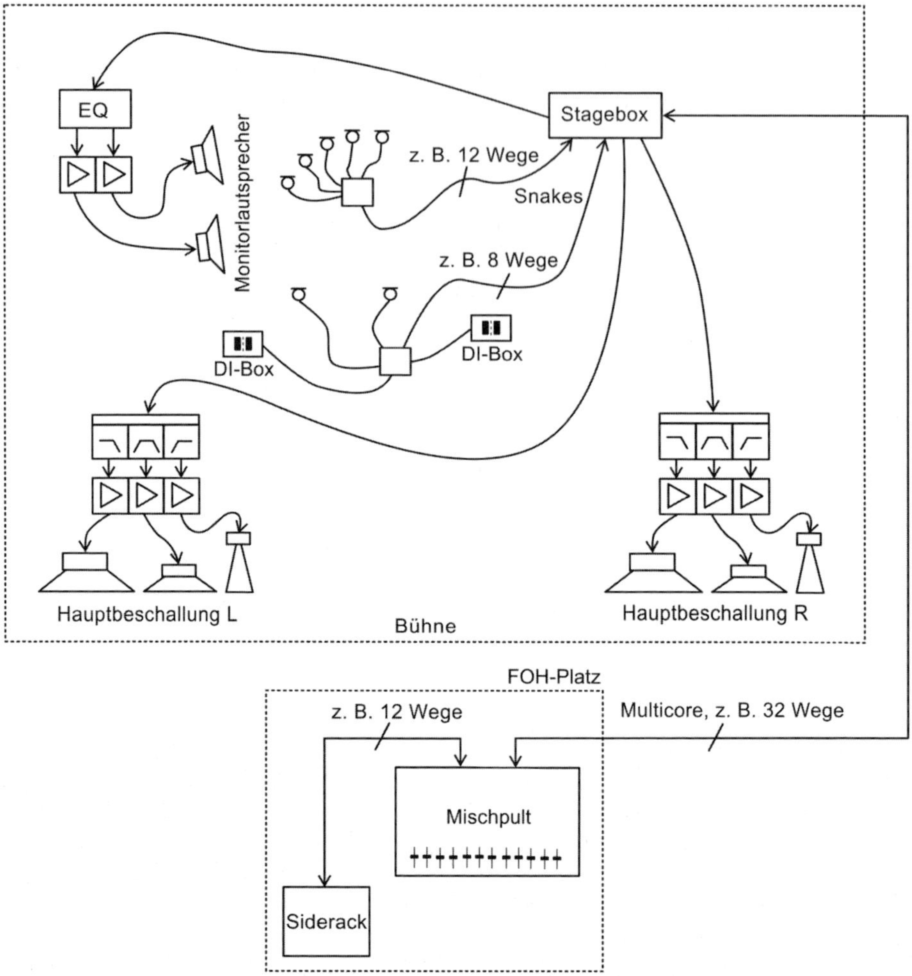

Abb. 19.4: Prinzip einer Konzertbeschallung

Abb. 19.5: FOH-Platz („Best of Musical 2007" im Tempodrom Berlin)

Anordnung der FOH-Lautsprecher

In der Regel wird eine L/R-Hauptbeschallung mit 2- oder 3-Wege-Systemen installiert; heutzutage meist als abgehängte („geflogene") *Line Arrays* (Abb. 19.6 und 19.7). Zur Tieftonwiedergabe sind zusätzliche *Subwoofer* notwendig.

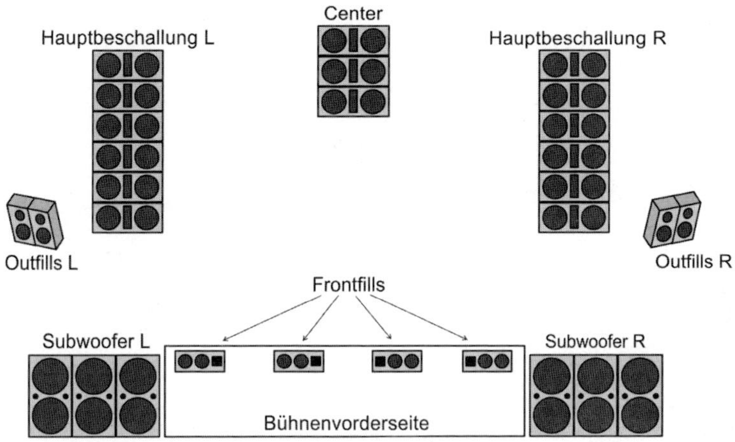

Abb. 19.6: Lautsprecher einer Konzertbeschallung

Abb. 19.7: Konzertbeschallung („Best of Musical 2007" im Tempodrom Berlin)

Das Ziel ist eine möglichst flächendeckende Beschallung für den Bereich, in dem sich Zuhörer aufhalten. Die Kombination von Hauptlautsprechern mit Subwoofern kann das aber vor allem in großen Veranstaltungshallen nicht gewährleisten, da diese sehr weit auseinander installiert sind und es Zonen gibt, die nicht optimal mit Lautsprecherschall „ausgefüllt" werden. Es sind daher zusätzliche Lautsprecher für die Bereiche notwendig, die nicht von der Hauptbeschallung erreicht werden (Abb. 19.8).

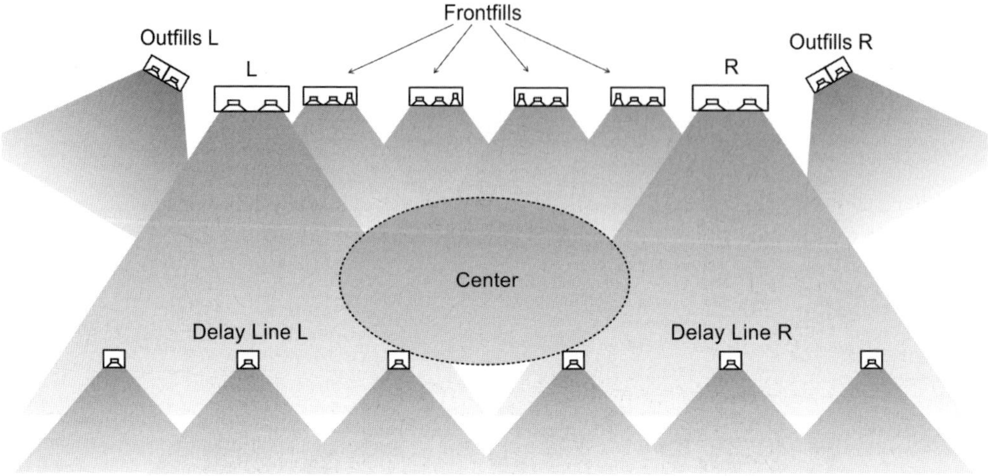

Abb. 19.8: Flächendeckende Beschallung (die Subwoofer sind nicht eingezeichnet)

An der Bühnenvorderkante sind die *Frontfills* angebracht, die vor allem bei sehr breiten Bühnen notwendig sind, da sonst die Zuhörer direkt vor der Bühne den Mix zu stark nur von links und/oder rechts hören würden. Die Frontfills stellen für diese Zuhörer den Bezug zum Bühnengeschehen her. Da sie sehr niedrig in Ohrhöhe angebracht sind, ist eine optimale Wirkung nur für die ersten Reihen gegeben. Für das Publikum ab der vierten oder fünften Reihe beträgt der Pegel aufgrund der Schallabsorption der Zuschauer nur noch ca. -10 dB, und daneben ändert sich auch der Frequenzgang (s. Kap. 3.1.7).

Center-Lautsprecher stützen den vorderen, mittleren Bereich, der weder von der Hauptbeschallung noch von den Frontfills optimal erreicht wird.

Outfills beschallen die Randbereiche außerhalb der Hauptlautsprecher. Dies ist meist notwendig bei einer kleinen Bühne bzw. in einer breiten Halle.

Eine *Delay Line* ist vor allem in großen und langen Veranstaltungshallen für den hinteren Bereich notwendig. Zum einen, um hier den abfallenden Schalldruckpegel der Hauptbeschallung auszugleichen, und weiterhin wird durch eine zusätzliche Höhenanhebung die Dämpfung der hohen Frequenzen durch die Luft ausgeglichen.

Wie viele Lautsprecher bei einem Konzert benötigt werden, und wo genau diese installiert werden müssen, hängt natürlich vom Veranstaltungsort und von der Art der Darbietung ab. Es gibt auch Events, die sich nicht an die gezeigten „Regeln" halten – beispielsweise muss bei einer runden Bühne mitten im Zuschauerraum eine individuelle Lösung für die Beschallung erarbeitet werden.

Monitormischung

Mix vom FOH-Pult

Bei kleineren Konzerten ist es die Regel, die Ausspielwege des Saalmischpultes für den Monitormix zu verwenden (Pre Fader, da der Musiker die Regelbewegungen für den FOH-Mix nicht auf seinem Monitorweg hören möchte). Leider bleiben dann aber weniger Auxiliaries für Effekte. Zudem ist bei vielen Pulten der Pre Fader-Weg nach dem Filter angeordnet, Klangregelungen für den FOH-Mix wirken sich also auch auf die Monitormischung aus.

Zudem erhöht eine Komprimierung des Gesangs, die für die FOH-Mischung nötig ist, die Rückkopplungsgefahr im Monitorweg. Weiterer Minuspunkt: Die Kommunikation zwischen den Musikern und dem Techniker am FOH-Platz gestaltet sich oft schwierig.

Monitormischpult

Bei großen Konzerten steht daher zusätzlich ein Monitormischpult auf der Bühne (Abb. 19.9). Der Techniker, der dieses Pult bedient, steht im direkten Kontakt zu den Musikern und kann schnell auf deren Änderungswünsche eingehen. Da am Monitorpult alle Eingangssignale getrennt aufliegen, haben Klangänderungen am Monitormix keine Auswirkungen auf die FOH-Mischung. Außerdem ist ein paralleles und damit schnelles Arbeiten beim Soundcheck möglich.

Abb. 19.9: Monitormischpult neben der Bühne

Sämtliche Eingangssignale müssen für beide Pulte gesplittet werden. Die einfachste Variante ist eine parallele Signalverteilung über einen Y-Split (Abb. 19.10).

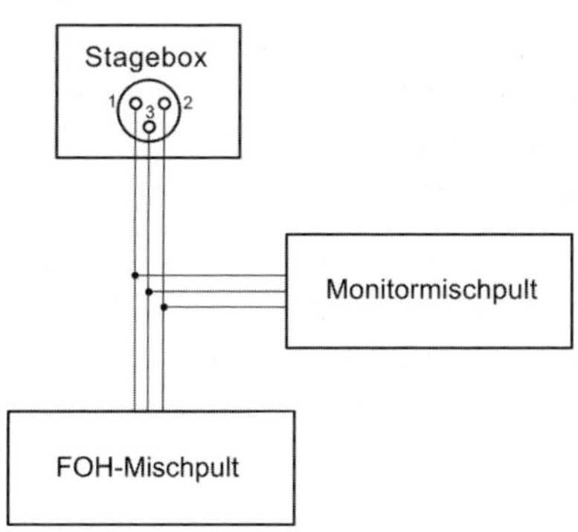

Abb. 19.10: Einfache parallele Signalverteilung (Y-Split)

Nachteil: Die Signalquellen werden von zwei Eingangsimpedanzen abgeschlossen, es ergibt sich dadurch eine niedrigere Gesamteingangsimpedanz (s. Kap. 11.1).

Eventuell kann es so zu einer Fehlanpassung kommen, die eine Signaldämpfung und Höhenverlust zur Folge hat. Achtung: Bei einem Y-Split fließen unerwünschte Ausgleichsströme, wenn die Phantomspeisung an beiden Pulten eingeschaltet ist.

Zur Vermeidung von Fehlanpassung und Brummschleifen sollten anstatt eines Y-Splits Trennübertrager verwendet werden (s. Kap. 11.2.3). Aktive Splitter ermöglichen zudem eine Phantomspeisung für Kondensatormikrofone (Abb. 19.11). Erhältlich sind Splitter mit bis zu 24 Eingängen, pro Weg gibt es meist drei Ausgänge. Die ersten beiden Ausgänge sind galvanisch über einen Trafo getrennt, der dritte ist ein paralleler Abgriff.

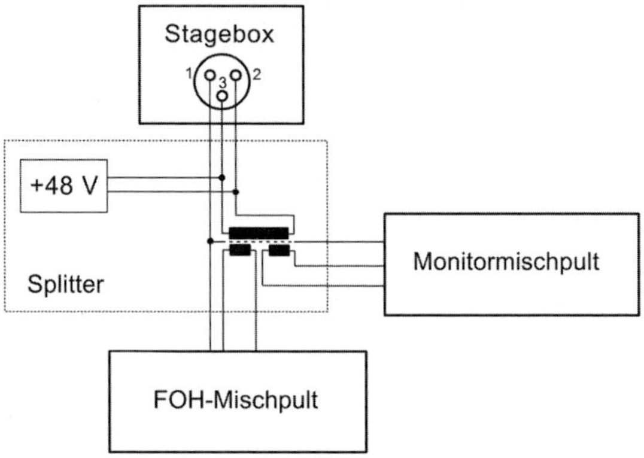

Abb. 19.11: Split über Trenntrafo und mit Phantomspeisung

Monitorlautsprecher

Die Anzahl und Aufstellung von Monitorlautsprechern auf der Bühne ist immer ein kritischer Punkt. Einerseits müssen die Musiker sich selbst und die Anderen gut hören können, andererseits erhöht aber jeder Lautsprecher in unmittelbarer Nähe zu einem Mikrofon die Rückkopplungsgefahr. Ein Mikrofon darf natürlich nie direkt mit der Einsprechrichtung auf einen Monitorlautsprecher ausgerichtet sein. Oder umgekehrt: Ein Monitorlautsprecher muss so aufgestellt werden, dass er sich im unempfindlichsten Bereich der Richtcharakteristik eines Mikrofons befindet (s. Kap. 9.2). So ist zum Beispiel bei Mikrofonen mit Nierencharakteristik eine rückwärtige Positionierung optimal, bei Hyper- und Supernieren dagegen eher eine seitliche.

Die Bühnenlautstärke darf gerade so laut sein, das die Musiker alles gut wahrnehmen, denn ein zu lauter Bühnensound stresst und beeinflusst zudem die FOH-Mischung negativ.

Das, was die Musiker auf der Bühne hören, ist nicht das gleiche, was über die Hauptbeschallung zu hören ist, auch wenn der gleiche Mix auf den Monitorlautsprechern eingestellt sein sollte. Die Musiker hören mehr Direktschall von den Instrumenten, und außerdem ist der Klangeindruck natürlich auch von der Positionierung der Lautsprecher abhängig. Eine Klangkorrektur durch Equalizer in den Monitorwegen ist daher unbedingt notwendig; zudem kann der Pegel von Koppelfrequenzen durch einen EQ gezielt vermindert werden (s. Kap 19.4.3).

Wedges

Ein Wedge ist eine abgeschrägte Ausführung einer Monitorbox, die auf dem Boden steht (Abb. 19.12). Es gibt sie mit 12 Zoll- oder 15 Zoll-Tieftöner und mit 1 Zoll- oder 2 Zoll-Horn. Aktive Wedges mit eingebautem Verstärker haben manchmal einen „Slave"-Ausgang für den

Anschluss einer zweiten, passiven Box. Für jeden Musiker auf der Bühne werden ein oder zwei Wedges eingeplant.

Abb. 19.12: Wedge (JM Audio)

Sidefills

Sidefills werden paarweise links und rechts der Bühne abgehängt oder auf Stativen in Ohrhöhe angebracht und beschallen die komplette Bühne von beiden Seiten mit möglichst gleichem Pegel.

Drumfills

Drumfills für den Schlagzeuger sind meist Fullrange-Systeme, die den gesamten Frequenzbereich wiedergeben können und vor allem eine gute Basswiedergabe haben sollten, damit sich die Kickdrum durchsetzt. Allerdings sollte ein zu großer Anteil tiefer Frequenzen im Monitormix aufgrund der Gefahr tieffrequenter Rückkopplungen vermieden werden.

In Ear-Monitoring (IEM)

Beim In Ear-Monitoring tragen die Künstler Kopfhörer oder Ohrhörer, über die sie einen individuellen Monitormix hören. Die beste Lösung sind angepasste Otoplastiken (Abb. 19.13 und 19.14, s. Kap. 5.1.3) mit integrierten Ohrhörern, die als Ein-, Zwei- oder Drei-Wege-Systeme erhältlich sind. Neben kabelgebundenen Kopfhörerverstärkern werden vorwiegend drahtlose IEM-Systeme im VHF-Bereich verwendet (s. Kap. 12.1).

Vorteile des IEM: Eventuell werden keine oder zumindest weniger Monitorlautsprecher benötigt – damit reduziert sich die Bühnenlautstärke. Es gibt weniger Übersprechen in die Mikrofone und keine Rückkopplungen. Insgesamt verbessert sich dadurch auch die Transparenz der FOH-Mischung.

Für das IEM ist ein spezieller Mix notwendig:

- Pegelbegrenzung durch einen Limiter (Gehörschutz!).
- Ein an die Ohrhörer angepasstes Klangbild.
- Viele Künstler wünschen eine „More Me"-Mischung, sie wollen ihr Instrument oder ihre Stimme lauter hören als den Rest. Eventuell bietet sich dafür ein Dual-Mono-Mix an; hier ist das Mischverhältnis zweier separater Signale direkt am Empfänger einstellbar. Auf dem einen Kanal ist das eigene Instrument bzw. die eigene Stimme, auf dem anderen Kanal ein Mix der restlichen Musiker zu hören.
- Zusätzliche Audience-Mikrofone sind für den Raumeindruck notwendig. Dies ist vor allem wichtig, wenn auf beiden Ohren geschlossene Otoplastiken getragen werden, die eine Außendämpfung von bis zu ca. 25 dB haben können.
- Schlagzeuger und Bassisten verwenden gerne einen Buttkicker, der an den Stuhl geschraubt oder unter einem Podest angebracht ist. Ein Buttkicker erzeugt bei tieffrequenten Eingangssignalen mechanische Vibrationen, die der Musiker über den Körper wahrnimmt, so wie das auch bei einer lauten Bühnenbeschallung der Fall wäre.

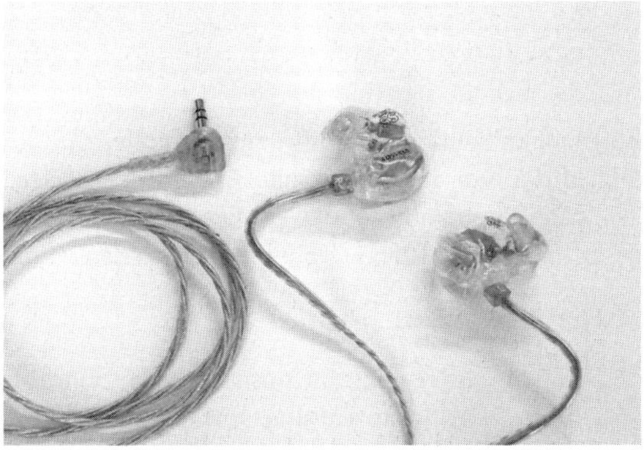

Abb. 19.13: Otoplastiken für In Ear-Monitoring

Abb. 19.14: Für das Anfertigen von Otoplastiken müssen Ohrabdrücke gemacht werden

19.3 Theaterbeschallung

Die vorrangige Aufgabe einer Theaterbeschallung ist es, das Bühnengeschehen zu unterstützen. Die Sprachverständlichkeit steht dabei an erster Stelle. Dabei ist auch die Wechselwirkung der Beschallung mit dem Bühnenbild und der Beleuchtung zu beachten. Das Klangbild ist immer als Ganzes zu betrachten, und bei Detailänderungen muss immer wieder die Gesamtwirkung überprüft werden.

Die Erschaffung eines Klangbildes für eine Szenerie ist aber oft ein Kompromiss zwischen künstlerischem Anspruch und technischen Möglichkeiten. Schon bei der Konzeption einer Beschallungsanlage muss daher auf die verschiedenen Anforderungen einer bestimmten Sparte eingegangen werden (Tab. 19.1).

Tab 19.1: Sparten im Theater

Sparte	Tontechnische Anforderungen (Beispiele)
Schauspiel	Geräuscheinspielungen, eventuell auch Sprachverstärkung
Oper	Effekt- und Geräuscheinspielungen
Operette	Verstärkung des Gesangs und manchmal auch des Orchesters
Musical	Sämtliche Schallquellen werden mikrofoniert und verstärkt
Tanztheater	Zum Beispiel Einspielung eines vorproduzierten Playbacks

Lautsprecher für die Saalbeschallung

Für die Anzahl und Ausrichtung der Lautsprecher gelten im Theater die gleichen Prinzipien wie bei einem Konzert: Es wird eine möglichst flächendeckende Beschallung des gesamten Zuschauerbereichs angestrebt. Allerdings ist in Theaterhäusern eine fest installierte Beschallungsanlage die Regel, und daher kann der Aufwand im Vergleich zu einer Konzertbeschallung auch etwas größer sein.

Die übliche Konfiguration ist eine L/R-Hauptbeschallung mit Subwoofern und Center Cluster. Downfills und Frontfills sind die Regel, und weitere Fills werden bei Bedarf hinzugenommen. Es gibt mehrere Delay Lines (für das Parkett und die Ränge) und oft ein zusätzliches Surroundsystem. Es ist auch nicht unüblich, weitere Lautsprecher in das Bühnenbild zu integrieren, wenn es die Inszenierung erfordert (Abb. 19.23 und 19.24).

Abb. 19.15 und 19.16 skizzieren eine Beschallungsanlage in einem Theatersaal mit einem Rang. Und die folgenden Abbildungen zeigen einige Beispiele, wie die jeweiligen Lautsprecher in der Praxis installiert sein können (Abb. 19.17 bis 19.22).

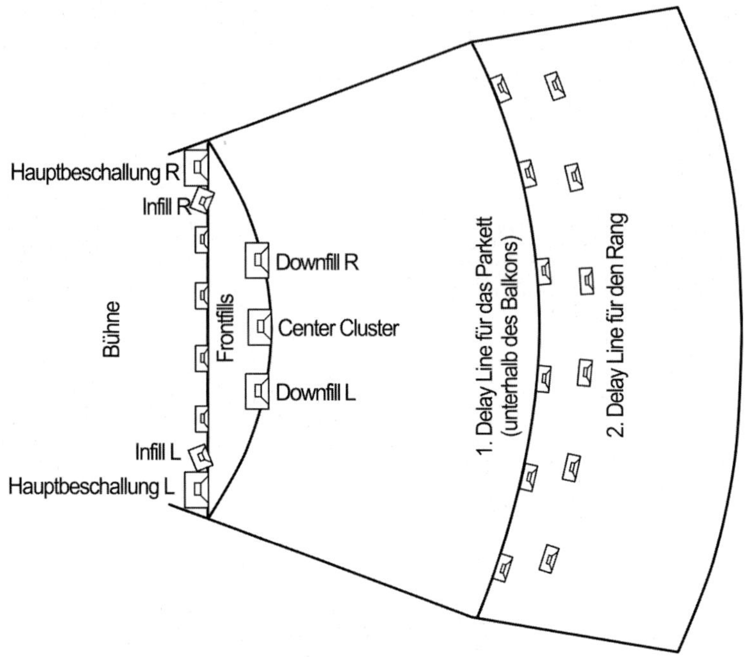

Abb. 19.15: Lautsprecher in einem Theatersaal (Draufsicht)

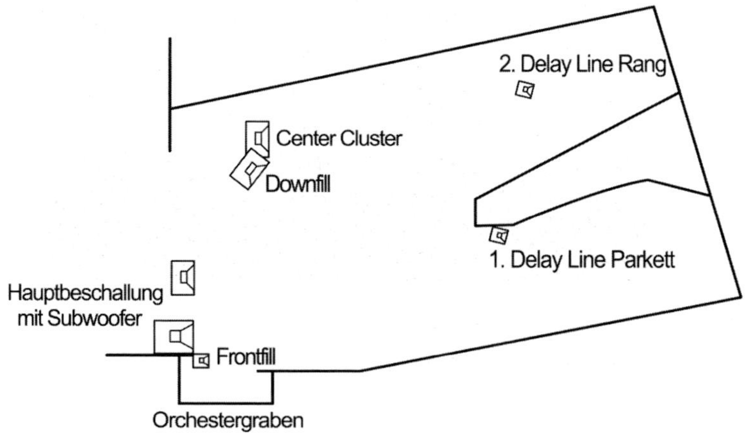

Abb. 19.16: Lautsprecher in einem Theatersaal (Seitenansicht)

Abb. 19.17: Hauptbeschallung im Musical-Theater („42nd Street“, Apollo Theater Stuttgart)

Abb. 19.18: links und rechts: Abgehängte Subwoofer, Mitte: Downfill-Array („We Will Rock You“, Apollo Theater Stuttgart)

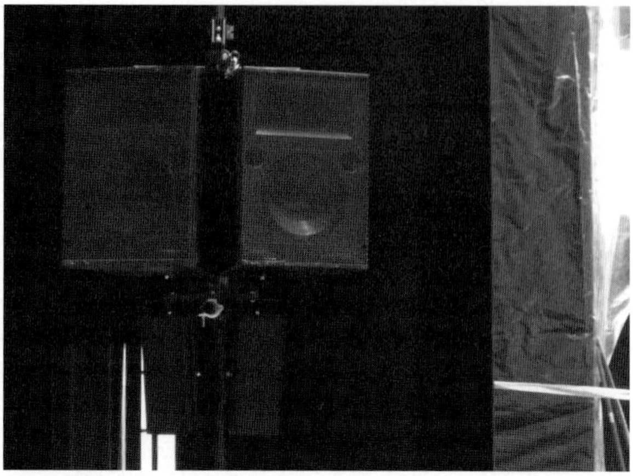

Abb. 19.19: Hauptbeschallung am linken Portal und darunter kleinere Lautsprecher als Fills („42nd Street", Apollo Theater Stuttgart)

Abb. 19.20: Frontfills in der Bühnenkante („Blue Man Group", Apollo Theater Stuttgart)

Abb. 19.21: Abgehängte Delay Line („Tanz der Vampire", Apollo Theater Stuttgart)

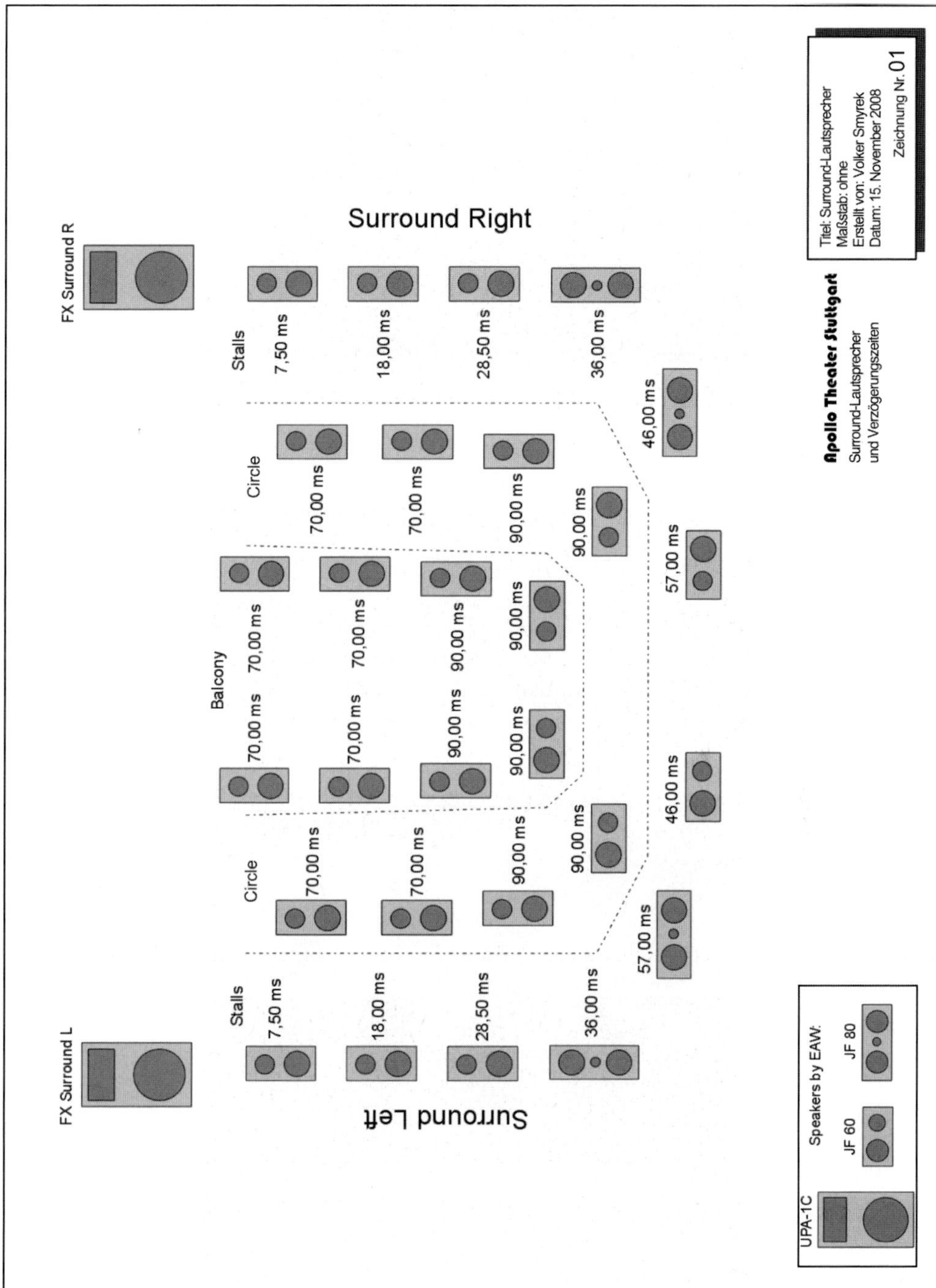

Abb. 19.22: Surround-Lautsprecher in einem Zweirangtheater (Apollo Theater Stuttgart)

Lautsprecher für die Bühnenbeschallung

Die Lautsprecher auf der Bühne sind in der Regel in verschiedene Beschallungszonen eingeteilt, zum Beispiel in Downstage, Midstage und Upstage (Abb. 19.23). Die Anbringung erfolgt meist neben den Scheinwerfern an den Lichtleitern in den Gassen, und damit außerhalb der Sichtlinie für die Zuschauer.

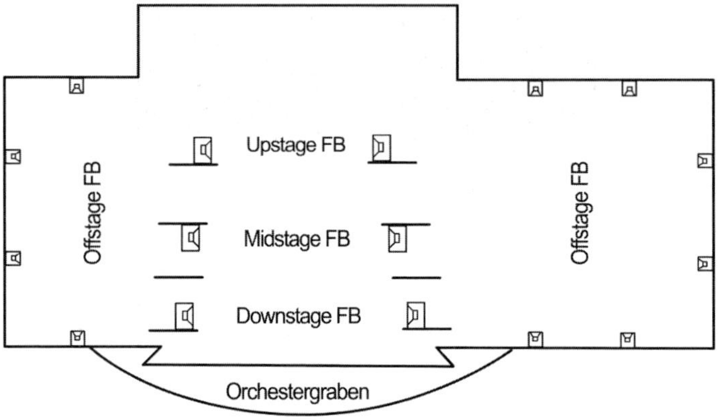

Abb. 19.23: Bühnenlautsprecher (Draufsicht); FB = Foldback

Zusätzlich können Effekt-Lautsprecher für Geräuscheinspielungen in das Bühnenbild integriert werden (Abb. 19.24). Ein Offstage-Monitoring in den Gassen und auf den Seitenbühnen erleichtert die Orientierung für Darsteller, die sich gerade umziehen oder auf ihren Einsatz warten (Abb. 19.25).

Abb. 19.24: Effektlautsprecher im Bühnenbild

Abb. 19.25: Lautsprecher auf der Seitenbühne

Monitoring für Orchestermusiker

In Orchestergräben finden sich zunehmend so genannte Personalmixer (Abb. 19.26) für jeden einzelnen Musiker mit angeschlossenen Kopfhörern bzw. IEM-Ohrhörern. Die Vormischungen von Instrumentengruppen erfolgt durch ein zusätzliches Monitormischpult. Dessen Busse werden an die Personalmixer weitergeleitet; entweder über ein analoges Multicore, oder bei digitalen Systemen über ein Audionetzwerk (s. Kap. 21.3.4).

Abb. 19.26: Analoger Personalmixer (Formula Sound QUE18)

Manchmal sind auch weitere Lautsprecher im Orchestergraben notwendig, etwa für die Übertragung elektronischer Instrumente. Das können E-Gitarre und E-Bass sein, aber auch Keyboard-Spieler verwenden gerne aktive Monitorlautsprecher oder Combos in unmittelbarer Nähe, um ein besseres Spielgefühl zu erhalten.

Theatermischpulte

An ein Theatermischpult werden spezielle Anforderungen gestellt. Der Funktionsumfang ist damit etwas umfangreicher als bei Mischpulten für eine Konzertbeschallung. Theaterpulte haben mehrere VCA- oder DCA-Gruppen (mindestens acht, besser mehr) und eine statische Automation mit Szenenspeicher. Oft gibt es eine abgesetzte Bedieneinheit für die Proben, um das Klangbild an verschiedenen Plätzen im Saal beurteilen zu können. Bei großen Produktionen verwendet man zusätzliche Monitormischpulte und Submischer für Vormischungen. Die DIN 15905-1 (Tontechnik in Theatern und Mehrzweckhallen) definiert für Theaterpulte mindestens acht Ausgänge, einen Ausgangspegel von +6 dB_U und eine Ausgangsimpedanz $\leq 40\ \Omega$ (s. Kap. 11.1).

19.4 Einmessen von Beschallungsanlagen

Es reicht nicht aus, die einzelnen Komponenten einer Beschallungsanlage lediglich aufzustellen und zusammenzuschalten. Die Parameter der einzelnen Geräte müssen aufeinander abgestimmt, und die Anlage auf die Akustik des Wiedergaberaums angepasst werden. Objektive Bewertungskriterien zum Einmessen einer Beschallungsanlage liefern dabei die in der Nachrichtentechnik üblichen Testsignale.

19.4.1 Testsignale

Mit Hilfe von Testsignalen, die ein Testtongenerator (s. Kap. 15.3.4) erzeugt, ist es möglich, ein Übertragungssystem (also auch eine Beschallungsanlage) zu überprüfen und dessen Eigenschaften messtechnisch zu ermitteln. Es gibt verschiedene Arten von Testsignalen: Sinustöne, Rauschen und Impulse.

Sinustöne

Ein Oszillator als elektronische Schaltung kann Sinusschwingungen erzeugen. Eine Verstärkerstufe ist dabei so beschaltet, dass das Ausgangsignal zum Eingang zurückgeführt wird. Es kommt also das Prinzip der Gegenkopplung zur Anwendung (s. Kap. 6.11.7). Die Rückführung muss phasenrichtig erfolgen, damit eine ungedämpfte elektrische Schwingung entstehen kann; außerdem muss der Verstärkungsgrad gleich 1 sein. (Bei einem kleineren Verstärkungsgrad kommt es zu einer gedämpften Schwingung, bei einem größeren zu Verzerrungen.)

Die am häufigsten für Messungen in der Audiotechnik eingesetzte Sinusschwingung (Abb. 19.27) hat eine Frequenz von 1 kHz, etwa zur Ermittlung des Klirrfaktors. Daneben wird oft auch ein Zehntel davon (100 Hz) oder die zehnfache Frequenz (10 kHz) für bestimmte Messungen benötigt.

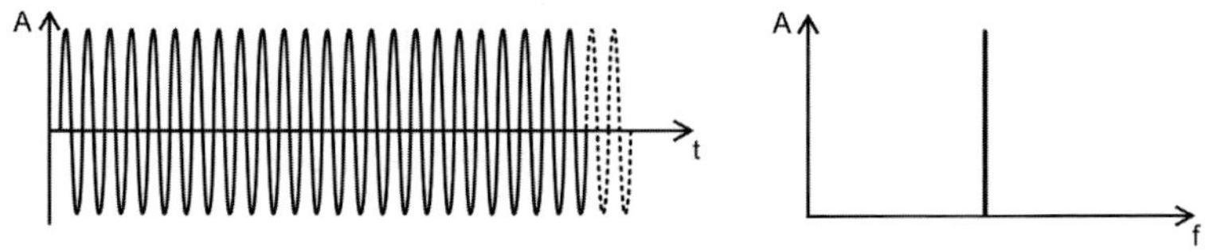

Abb. 19.27: Sinuston (Wellenform und Spektrum)

Sweep

Bei einem Sweep (zu deutsch: Wobbeln, Abb. 19.28) ändert sich die Frequenz von einem Startpunkt aus in einer definierten Zeit zu einem Endwert hin. Die Amplitude bleibt dabei konstant. Einsatzbereiche: Frequenzgangmessung von Lautsprechern und in der Raumakustik.

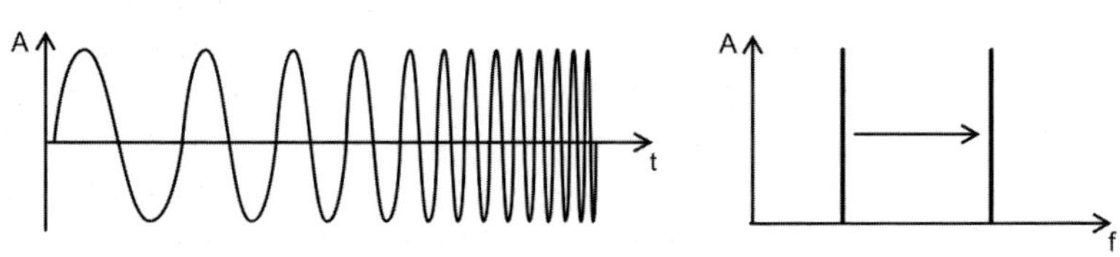

Abb. 19.28: Sweep (Wellenform und Spektrum)

Burst

Ein Burst hat eine begrenzte Anzahl von Sinusschwingungen mit einer festen Frequenz (Abb. 19.29). Das Signal hat also eine bestimmte Dauer. Ein andauerndes Sinussignal zeigt im Spektrum nur eine Frequenz, beim Burst dagegen ist die Bandbreite im Spektrum umso größer, je kürzer das Signal ist. Burst-Signale werden zum Beispiel für Messungen an Lautsprechern verwendet (s. Kap. 18.1). Mit ihnen kann das Impulsverhalten ermittelt und die Phasenlage bestimmt werden.

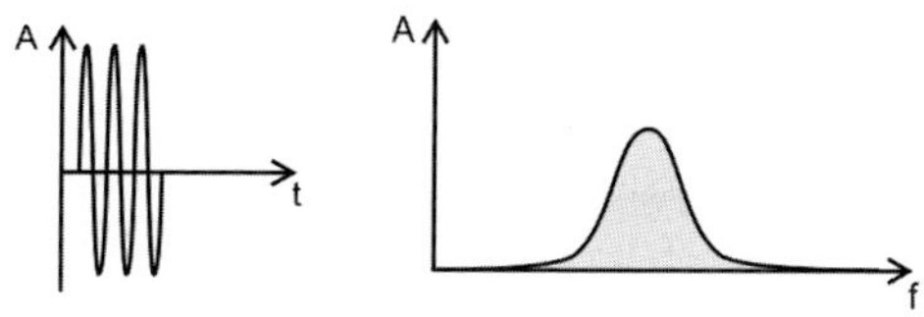

Abb. 19.29: Burst mit drei Schwingungsperioden (Wellenform und Spektrum)

Rauschen

In einem Rauschsignal kommen statistisch gesehen alle Frequenzen gleich verteilt vor. Aufgrund der Amplitudenwerte der Frequenzen werden verschiedene Arten von Rauschen unterschieden: Weißes Rauschen, Rosa Rauschen, Braunes Rauschen und daneben Bandgefiltertes Rauschen.

Weißes Rauschen

Beim Weißen Rauschen haben alle Frequenzen eine konstante Amplitude (Abb. 19.30). Theoretisch hat damit dieses Signal unendlich viel Leistung bzw. eine unendliche Energie. In der Praxis fällt aber zu sehr hohen Frequenzen die Leistungsdichte ab, wobei in der Audiotechnik dieser Abfall aber meist außerhalb des Messbereichs liegt.

Abb. 19.30: Weißes Rauschen (Spektrum)

Rosa Rauschen (1/f-Rauschen)

Das menschliche Gehör empfindet ein weißes Rauschen so, als ob die Lautstärke bzw. die Amplitude mit der Frequenz ansteigt, obwohl das nicht der Fall ist (Lautstärkewahrnehmung, s. Kap. 4.2.1). Eine empfundene Gleichverteilung der Amplituden wird dagegen mit einem Rosa Rauschen erreicht, wo dieses Phänomen kompensiert wird. Der Frequenzgang verläuft hier antiproportional zur Frequenz, daher auch die Bezeichnung 1/f-Rauschen. Die Leistungsdichte halbiert sich bei einer Verdopplung der Frequenz, die Leistungsdichte nimmt also um 3 dB pro Oktave ab (Abb. 19.31). Dieses Testsignal wird bevorzugt für akustische Messungen des Wiedergabefrequenzgangs einer Beschallungsanlage eingesetzt (s. Kap. 19.4.3).

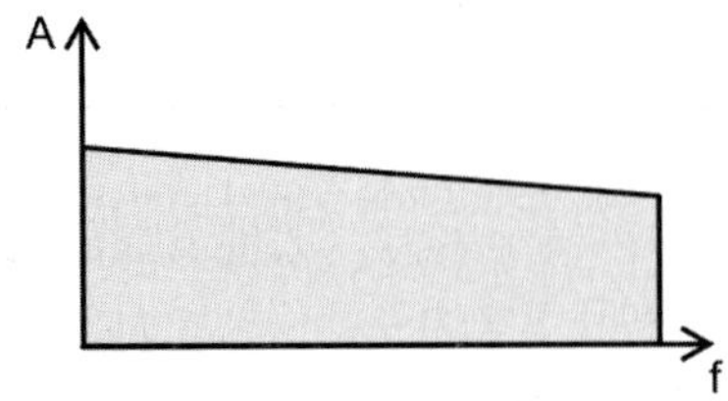

Abb. 19.31: Rosa Rauschen (Spektrum)

Braunes Rauschen (1/f²-Rauschen)

Braunes Rauschen spielt in der Audiotechnik eher keine Rolle, soll hier aber der Vollständigkeit halber erwähnt werden. Es wird auch $1/f^2$-Rauschen genannt, der Amplitudenverlauf ist also antiproportional zum Quadrat der Frequenz. Die Leistungsdichte nimmt dabei um 6 dB pro Oktave ab (Abb. 19.32). Die Brownsche Molekularbewegung entspricht einem $1/f^2$-Rauschen, daher auch dessen Bezeichnung als Braunes Rauschen.

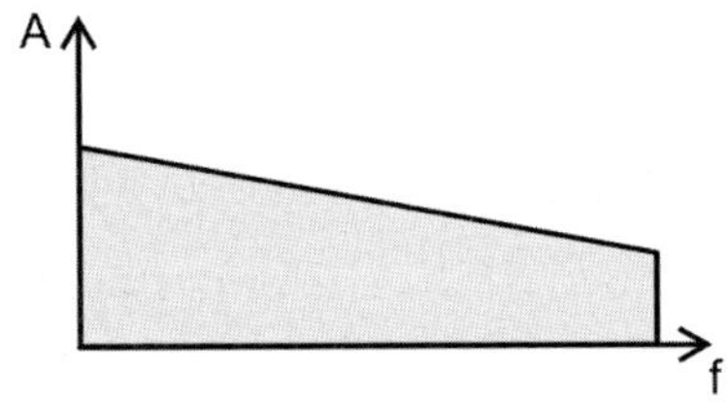

Abb. 19.32: Braunes Rauschen (Spektrum)

Bandgefiltertes Rauschen (Schmalbandrauschen)

Bandgefiltertes Rauschen (Abb. 19.33) enthält Anteile aus mehreren benachbarten Frequenzen und wird zumeist bei Hörtests, speziell bei der Hörschwellenaudiometrie eingesetzt. Mit solchen Testsignalen werden zum Beispiel Verdeckungseffekte ermittelt (s. Kap. 4.2.3).

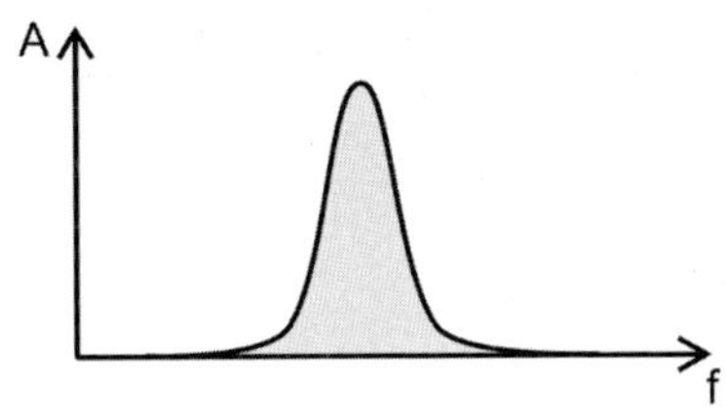

Abb. 19.33: Schmalbandrauschen (Spektrum)

Impulse

Ein Dirac-Stoss ist ein theoretisch optimaler Impuls mit einer unendlich großen Amplitude und einer unendlich kleinen zeitlichen Ausdehnung. (Die mathematische Funktion der Fläche hat damit einen Grenzwert von 1.) Leider ist er technisch aber nicht realisierbar. In der Praxis kann durch elektronische Schaltungen nur ein Rechteckimpuls mit einer definierten Amplitude und Dauer erzeugt werden (Abb. 19.34). Man erreicht also immer nur eine Annäherung an den idealen Dirac-Stoss.

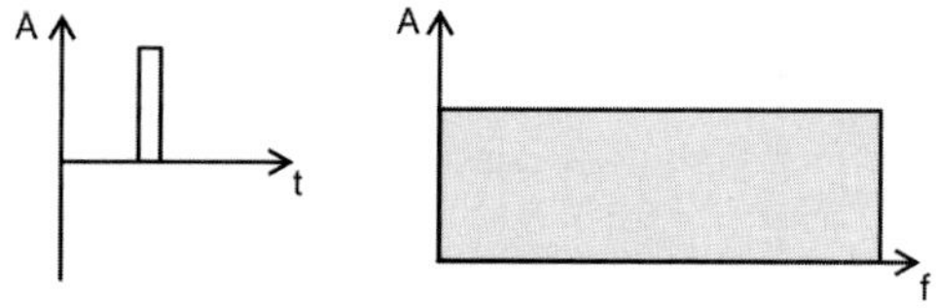

Abb. 19.34: Rechteckimpuls (Wellenform und Spektrum)

Impulsantwort

Mit Hilfe einer Impulsantwort lassen sich Aussagen zum Zeitverhalten von Mikrofonen und Lautsprechern treffen. Dabei erfolgt die Messung der Impulsantwort eines Mikrofons mit einem sehr kurzen, reproduzierbaren akustischen Signal – der Funkenentladung eines Kondensators. Die Impulsantwort wird als Oszillogramm der Mikrofonausgangsspannung sichtbar gemacht.

Generell enthält die Impulsantwort nach der Transformation in den Frequenzbereich alle Informationen über die Übertragungsfunktion eines Messobjekts. Und umgekehrt kann die Impulsantwort auch durch eine inverse Fourier-Transformation aus dem Frequenzgang berechnet werden (s. Kap. 1.3).

19.4.2 Elektrisches Einmessen

Was ist mit *elektrischem Einmessen* von Beschallungsanlagen gemeint? Zunächst muss am Mischpult und den externen Geräten zur Klangbearbeitung die korrekte Eingangs- und Ausgangsverstärkung eingestellt sein. Mit Sinussignalen von einem Testtongenerator können neben den elektrischen Pegeln (Beurteilung durch die Pegelanzeigen) auch die Schaltfunktionen im Mischpult getestet werden (Abb. 19.35). Dabei ist auf Verzerrungsfreiheit zu achten (nach Gehör!). Mit einem Burst als Testsignal kann die richtige Polarität der Leitungen und der angeschlossenen Lautsprecher überprüft werden. Ein unerlässliches Hilfsmittel ist hierbei ein Analyzer mit integriertem Mikrofon. Die Polarität eines Lautsprechers kann damit erfasst und anzeigt werden.

Abb. 19.35: Signalfluss bei der Überprüfung

19.4.3 Akustisches Einmessen

Beim akustischen Einmessen werden drei Parameter aufeinander abgestimmt:

- Die Schalldruckpegelverteilung im Raum.
- Der Wiedergabefrequenzgang und die Verständlichkeit an verschiedenen Hörerplätzen.
- Die Rückkopplungssicherheit der Anlage.

Die Messungen und Korrektureinstellungen sollten in der Aufführungslautstärke erfolgen und noch vor dem Soundcheck mit den Künstlern stattfinden. Andernfalls werden die Kanal-EQ der einzelnen Mikrofonwege zur Kompensation einer ungenügend eingestellten Beschallungsanlage „missbraucht".

Schalldruckpegelverteilung

Die Messung des Schalldruckpegels erfolgt mit einem Pegelmessgerät an mehreren Punkten im Raum. Das anregende Signal ist ein Rosa Rauschen (s. Kap. 19.4.1), und die Messergebnisse werden mit der A-Filterkurve (s. Kap. 2.1) bewertet. Es ist möglich, ein ganzes Beschallungssystem oder auch nur einzelne Lautsprechergruppen zu messen.

Die Differenz zwischen dem niedrigsten und dem höchsten gemessenen Schalldruckpegel sollte kleiner als 6 dB_A sein. Um dies zu erreichen, müssen je nach Größe der zu beschallenden Fläche entsprechend viele Lautsprecher für eine flächendeckende Beschallung vorhanden sein. Bei einer gut geplanten Beschallungsanlage muss die Schalldruckpegelverteilung in der Regel nur leicht korrigiert werden; etwaige Pegeldifferenzen werden dann über die Pegelsteller an den Controllern oder Leistungsverstärkern ausgeglichen.

Wiedergabefrequenzgang

Die Messung des Frequenzgangs erfolgt im jeweiligen Hauptversorgungsbereich der einzelnen Lautsprechergruppen. Zur Vermeidung von Fehlmessungen durch Interferenzen aufgrund von Reflexionen von den Wänden sind mehrere Messungen an verschiedenen Punkten im Hauptversorgungsbereich notwendig.

Als Testsignal dient auch hier ein Rosa Rauschen. Wenn das Testsignal über das Mischpult geleitet wird, ist zugleich eine Miterfassung linearer Verzerrungen im Übertragungsweg möglich. Es werden zumeist Messgeräte mit Echtzeitanalyse eingesetzt (beispielsweise SMART oder Meyer Sound SIM). Die bei der Messung angezeigten Überhöhungen und Absenkungen im Frequenzgang werden durch inverse Filterkurven in den System-EQ ausgeglichen. Ziel ist ein möglichst linearer Frequenzgang.

Akustische Rückkopplung

Rückkopplung im technischen Sinn bedeutet, dass das Ausgangssignal eines Verstärkersystems wieder auf den Eingang des Systems geführt wird (s. Kap. 6.11.7). Spricht man in der Akustik von Rückkopplung, so meint man dagegen die Mitkopplung im System Mikrofon-Verstärker-Lautsprecher (Abb. 19.36).

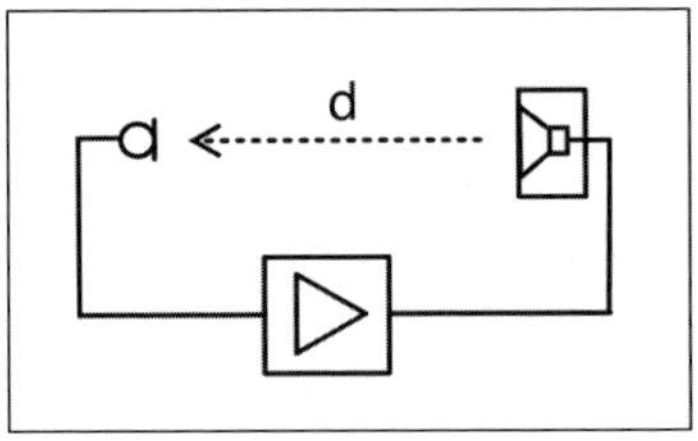

Abb. 19.36: Akustische Rückkopplung

Damit es zur akustischen Rückkopplung kommt, müssen folgende Bedingungen erfüllt sein: Die Verstärkung muss größer als 1 und die Phasenverschiebung ein ganzzahliges Vielfaches von 360° sein. Phasenverschiebungen treten durch Filter auf, aber auch durch die Laufzeit des Schalls.

Berechnung akustischer Koppelfrequenzen

$$f_n = n \cdot \frac{c}{d} \qquad \text{(Formel 19.2)}$$

f_n : Koppelfrequenz [Hz]
n : eine beliebige ganze Zahl (1, 2, 3, ...)
c : Schallgeschwindigkeit [m/s]
d : Abstand zwischen Mikrofon und Lautsprecher [m]

Die Koppelfrequenzen sind also vom Schallweg und von der Schallgeschwindigkeit abhängig. Die Schallgeschwindigkeit ändert sich wiederum mit der Temperatur und mit der Luftfeuchtigkeit. Das bedeutet, dass sich die Koppelfrequenzen verändern, wenn:

- d sich ändert (bewegtes Mikrofon):

  → Kleine Distanz = Hohe Koppelfrequenz.

  → Große Distanz = Tiefe Koppelfrequenz.

- c sich ändert:

  → Publikum erwärmt den Raum = Höhere Koppelfrequenz.

Vermeidung von Rückkopplungen

Zur Vermeidung von Rückkopplungen kann eine Analyse durch Messverfahren wie beim Wiedergabefrequenzgang erfolgen; einfacher und schneller ist aber die Erfassung durch das Gehör. Gegenmaßnahmen bei akustischen Rückkopplungen: Pegel reduzieren, Mikrofone mit Richtwirkung einsetzen, Mikrofon näher an die Schallquelle bringen, Koppelfrequenzen mit schmalbandigen Filtern dämpfen (Kerbfilter).

Messung der Sprachverständlichkeit

Eine Messung der Sprachverständlichkeit wird oft nur bei großen und fest installierten Beschallungsanlagen vorgenommen und ist bei einer Konzert- oder Theaterbeschallung eher die Ausnahme. Hier daher nur ein kurzer Überblick verschiedener Messverfahren:

Silbenverständlichkeit

Die Silbenverständlichkeit wird durch Hörtests mit Versuchspersonen ermittelt. Dabei werden Prüfsilben (Logatome) über die Beschallungsanlage wiedergegeben. Die Zuhörer schreiben auf, was verstanden wurde. Werden zum Beispiel von 100 Logatomen 64 richtig erkannt, ergibt das eine Silbenverständlichkeit von 64 %. Als sehr gut gelten 90 % und mehr. 80 % wären noch gut, und unter 30 % als sehr schlecht zu bewerten.

Articulation Loss of Consonants (Al_{Cons})

Der Al_{Cons}-Wert gibt als Prozentsatz wieder, wie viele Konsonanten von Testworten *nicht* richtig verstanden wurden. Mit Hilfe der folgenden Formel lässt sich der Wert auch berechnen:

$$Al_{Cons} \approx 0{,}65 \cdot (s / r_H)^2 \cdot RT_{60}$$ (Formel 19.3)

Angabe in [%]
s : Entfernung der Schallquelle vom Zuhörer [m]
r_H : Hallradius [m]
RT_{60} : Nachhallzeit [s]

Tab. 19.2: Auswertung der Al_{Cons}-Werte

< 5%	Ausgezeichnete Verständlichkeit
5 bis 10%	Gute Verständlichkeit
10 bis 15%	Ausreichende Verständlichkeit
> 15%	Unbrauchbare Verständlichkeit

Speech Transmission Index (STI)

Für den STI werden insgesamt 98 Einzelmessungen mit unterschiedlichen Modulationsfrequenzen (s. Kap. 6.13) durchgeführt. Aus der Abnahme des Amplitudenmodulationsgrades jedes Messwertes wird dann der STI berechnet.

Rapid Speech Transmission Index (RASTI)

Die Ermittlung eines RASTI erfolgt als Echtzeitmessungen mit speziellen Messgeräten und Analyseprogrammen, beispielsweise von Brüel & Kjaer.

19.4.4 Subjektive Kontrolle

Angesichts der Möglichkeiten, die die Elektronik heutzutage bietet, wird oft das eigene Ohr vergessen. Wichtig neben allen objektiven Messmethoden ist daher immer auch die anschließende subjektive Überprüfung des Klangbildes an verschiedenen Hörerplätzen. Eine gute Möglichkeit dafür bieten die Proben mit den Originalschallsignalen. Manchmal können auch Mehrspurmitschnitte von Proben oder Vorstellungen für Kontrollzwecke über die Beschallungsanlage wiedergegeben werden.

Die subjektive Kontrolle muss mit dem Beschallungspegel der späteren Aufführung erfolgen, damit das Klangbild gehörrichtig gemäß den Kurven gleicher Lautstärkepegel (s. Kap. 4.2.1) eingestellt wird.

Nicht zu vergessen ist auch die anschließende Kontrolle während der Aufführung mit Zuschauern im Saal. Durch die hohen Absorptionswerte des Publikums ändern sich die Nachhallzeit und das Klangbild noch erheblich (s. Kap. 3.2.3). Eventuell ist jetzt neben einer Frequenzgangkorrektur auch die weitere Zumischung von elektronisch erzeugtem Nachhall notwendig (s. Kap. 16.3.2).

19.5 Installations- und Beschallungspläne

19.5.1 Bühnenanweisungen

Die einfachste Art eines „Beschallungsplans“ dürfte die Bühnenanweisung (Technical Rider) sein. Eine Bühnenanweisung ist ein fester Bestandteil eines Konzertvertrages. Von der Band bzw. deren Techniker werden die Anforderungen an Bühnen-, Licht- und Tontechnik aufgelistet, die der Veranstalter zu erbringen hat. Bei einem Auftritt in einem kleinen Club mit ca. 200 Zuschauern sind die technischen Anforderungen andere als bei einem Konzert in einer Halle mit 2000 Zuschauern. Deshalb sind verschiedene Bühnenanweisungen für unterschiedliche Auftrittsorte bzw. Zuschauerzahlen sinnvoll. Es folgen einige konkrete Beispiele für den Inhalt einer Bühnenweisung.

Anforderungen an den Bühnenaufbau

- Fest verbundene, waagerecht montierte Bühnenelemente.
- Abmessungen der Spielfläche (z. B. mindestens 6 x 4 m).
- Abmessungen eines Schlagzeugpodestes (Drumriser, z. B. mindestens 2 x 2 m).
- Mindestbelastbarkeit der Bühne (z. B. 250 kg/m^2).
- Die Sicherheitsanforderungen gemäß der Berufsgenossenschaftlichen Verordnungen (BGV) und Versammlungsstättenverordnung (VstVO) müssen eingehalten werden.

Strom

- Anzahl und Absicherung der Anschlüsse (z. B. auf der Bühne zweimal 32 A CEE und am FOH-Platz einmal 32 A CEE; s. Kap. 7.1).
- Installation gemäß den VDE-Bestimmungen.
- Der Zugang zum Sicherungskasten muss gewährleistet sein.

FOH-Platz

- Abmessungen und Standort (z. B. 3 x 3 m, mittig vor der Bühne im hinteren Drittel des Saales).
- Absperrungen z. B. durch Drängelgitter.
- Regenschutz für den FOH-Platz bei Open-Air-Konzerten.

Mischpult

- Mindestanforderungen an das Mischpult: Anzahl der Eingangskanäle, Gruppen und Summen.
- Kanalbelegung (welche Mikrofone auf welchen Kanal?).
- Effektgeräte (Belegung der Ausspielwege und Inserts).

Wie eine einfache Bühnenanweisung aussehen kann, zeigen Abb. 19.37 und 19.38.

„Dynamite Rockers“: Tontechnische Bühnenanweisung

Anforderung für eine Halle mit ca. 500 Zuschauern

Mischpultbelegung:

Kanal	Signal	Quelle	Insert	Bemerkungen
1	Kick	Shure SM91B	Comp. & Gate	
2	Kick	Shure e602	Comp. & Gate	Kleines Stativ
3	Snare von oben	Shure SM57	Gate	Kleines Stativ
4	Snare von unten	Shure SM57	Gate	Kleines Stativ
5	HiHat	Neumann KM140		
6	Tom 1	Electro Voice ND408A	Gate	
7	Tom 2	Electro Voice ND408A	Gate	
8	Tom 3	Electro Voice ND408A	Gate	
9	Ride	Neumann KM140		
10	OH L	Neumann KM140		
11	OH R	Neumann KM140		
12	Bass	DI-Box	Comp.	
13	Guitar 1	Sennheiser e606		
14	Guitar 2	Sennheiser e606		
15	Keyboard L	DI-Box		
16	Keyboard R	DI-Box		
17	Leslie oben L	Shure SM57		
18	Leslie oben R	Shure SM57		
19	Leslie unten	Sennheiser MD421		Kleines Stativ
20	Lead Singer	Shure Beta 87	Comp.	
21	Back Vocal 1	Shure Beta 87	Comp.	
22	Back Vocal 2	Shure Beta 87	Comp.	
23				
24	Talkback	SM58 mit Schalter		
25 & 26	Vox Reverb L/R	PCM 81 (1)		Send = Aux 5 Post Fader
27 & 28	Room L/R	PCM 81 (2)		Send = Aux 6 Post Fader
29 & 30	Tap-Delay L/R	SPX 990		Send = Aux 7 Post Fader
31 & 32	FX L/R	SPX 1000		Send = Aux 8 Post Fader

Monitormix:

Pre-Fader Auxiliary	Mix für wen?	Lautsprecher / IEM	Wo?
1	Drums	1x Drumfill	Drumriser
2	Guitars & Bass	3x Wedge	2x Stage Left, 1x Stage Right
3	Keyboard	1x Wedge	Stage Right
4	Lead Vox	InEar Lead Singer	InEar-Sender nahe der Bühne

Für alle Monitorwege sind graphische Terzband-EQs vorzusehen.

Mischpult Minimalanforderungen:

- 32 Kanäle
- 8 Subgruppen
- Stereosumme
- 8 Ausspielwege (4 Pre Fader / 4 Post Fader)

Abb. 19.37: Beispiel Bühnenanweisung (erste Seite)

Siderack FOH:

- 3x zweikanaliger Kompressor
- 3x zweikanaliges Gate
- 1x SPX 990 (oder Delay mit Tap-Taster)
- 1x SPX 1000
- 2x PCM 81
- CD-Player

Aufteilung der Bühne:

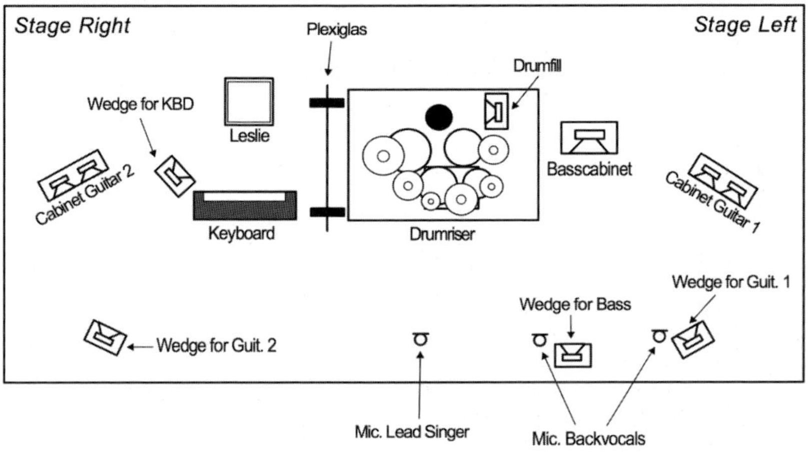

Bühne:
Die Bühne muss den Vorschriften der BGV C1 entsprechen.
Mindestgröße: 8 m x 6 m
Drumriser: 3 m x 2 m (Höhe 20 cm)

Strom:
Es sind für die Tontechnik auf der Bühne und am FOH-Platz ausreichende und vom Lichtstromnetz getrennte Stromanschlüsse vorzusehen.

Mikrofonstative:
15 Stative, davon 4 in kleiner Ausführung. Bevorzugt Tellerstative.
Alle Stative im einwandfreien Zustand; d. h. alle Schrauben sollten ohne Werkzeug zu benutzen sein.

PA und Monitor-Lautsprecher:
Voll funktionsfähiges, dem Raum entsprechend dimensioniertes Beschallungssystem.
Vorzugsweise d&b audiotechnik, Nexo oder Meyer Sound.

Abb. 19.38: Beispiel Bühnenanweisung (zweite Seite)

19.5.2 Beschallungspläne

Bei größeren Veranstaltungen oder beim Einrichten fest installierter Beschallungsanlagen reicht eine einfache Bühnenanweisung nicht mehr aus. Vielmehr wird hier ein detaillierter Beschallungsplan erstellt. Dieser sollte dann alle Informationen enthalten, die nötig sind, um ein System schnell und sicher aufzubauen sowie fehlerfrei zu betreiben.

Beschallungsplan für ein Musical

Manche Sound Designer schreiben regelrechte Handbücher, besonders für große Produktionen, die „Ensuite“ gespielt werden, d. h. bei Aufführungen über mehrere Monate oder Jahre an einem festen Spielort. Die tontechnische Dokumentation ist demnach sehr umfangreich und beinhaltet unter anderem:

- Signalflusspläne als Blockschaltbilder
- Kabel- und Anschlusslisten
- CAD-Zeichnungen mit Positionen und Ausrichtung der Lautsprecher
- Einen Mikrofonierungsplan, eventuell mit Bildern oder Skizzen der genauen Mikrofonpositionen
- Aufzeichnungen zu den Einstellungen des Mischpultes und der Effektgeräte
- Eine Szenenliste für die Mischpultautomation und ein kommentiertes Skript für den Operator am Mischpult

Es gibt auch spezielle Programme oder Datenbanksysteme, die eine bequeme Verwaltung der Design-Dokumentation am Computer erlauben, so etwa ShowBuilder von Stage Research (www.stageresearch.com) oder ShowTracker von Kai Harada (www.harada-sound.com).

Abb. 19.39: Mischpulte bei „Grease“ im Theater St. Gallen

Als Beispiel folgt ein kleiner Ausschnitt aus der Dokumentation des Sound Designs des Musicals „Grease“, das 2006 im Theater St. Gallen aufgeführt wurde (Abb. 19.40 bis 19.42 und Tab. 19.3 bis 19.8).

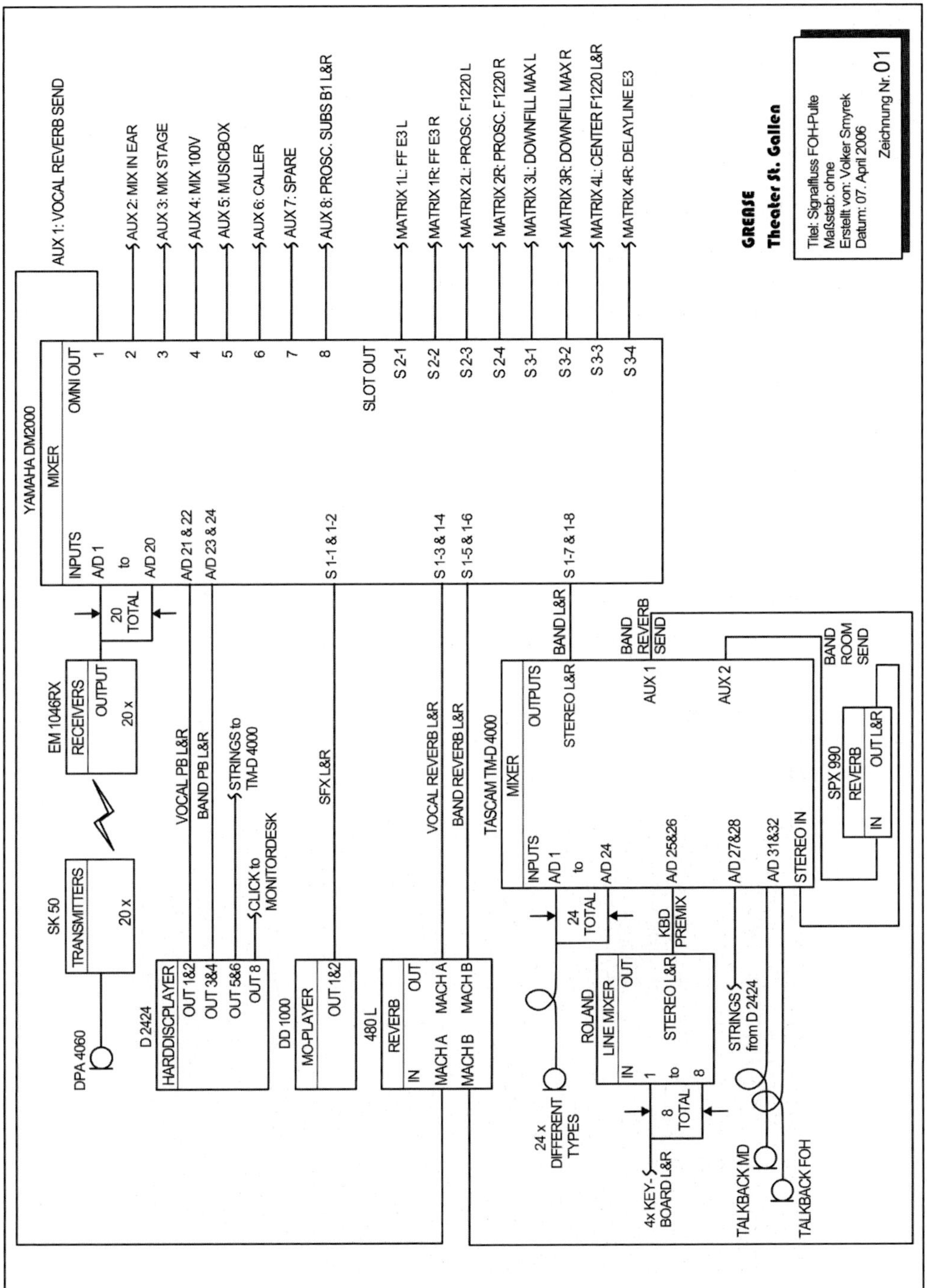

Abb. 19.40: Beispiel Signalflussplan. In dieser Zeichnung wurden die genormten Symbole der USITT verwendet (s. Kap. 19.5.3)

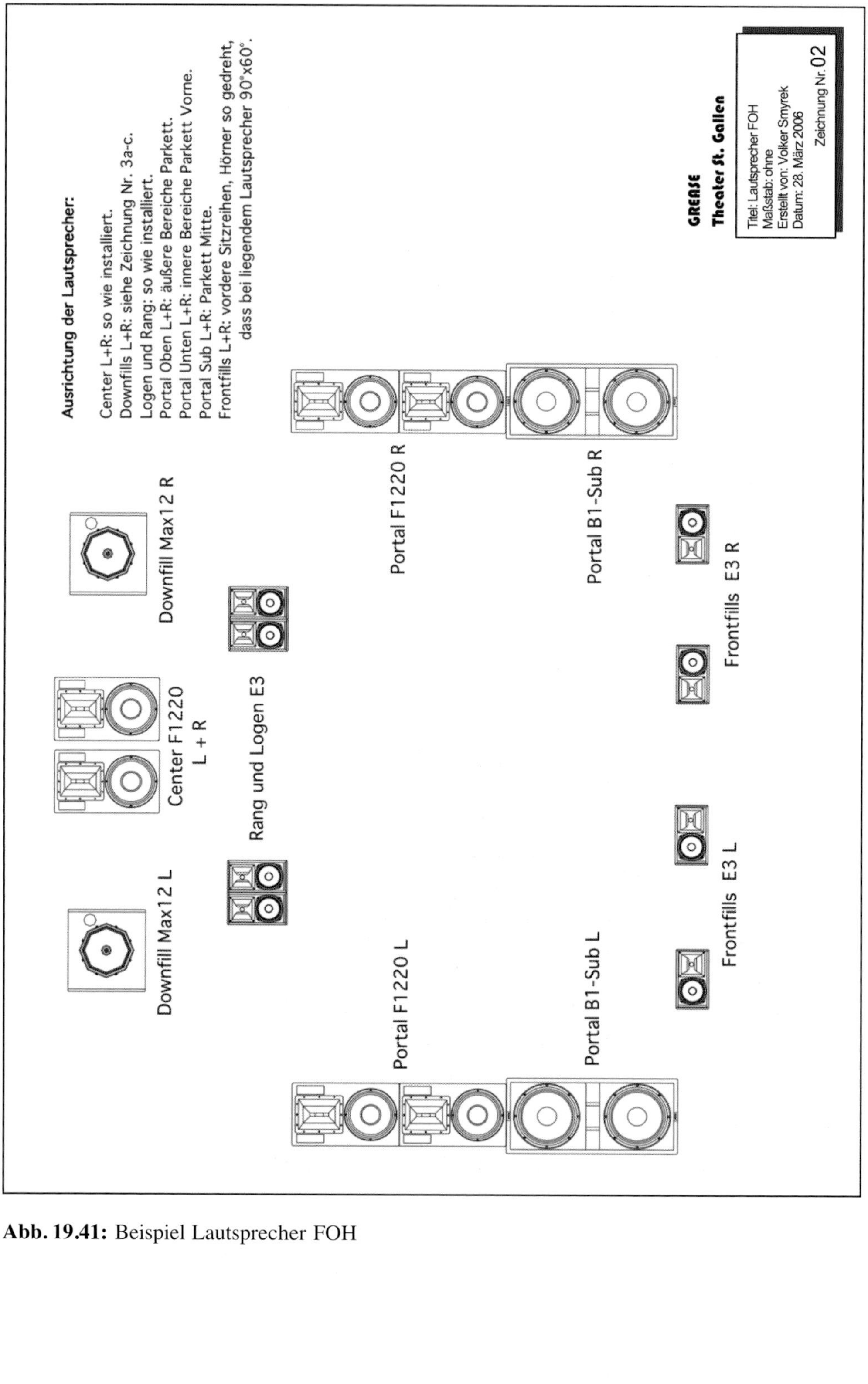

Abb. 19.41: Beispiel Lautsprecher FOH

Tab. 19.3: Beispiel Kanalbelegung

TASCAM TM-D 4000			
Layer #	A/D #	Signal	Source
1	1	Kick	D112
	2	Snare upper	SM57
	3	Snare lower	SM57
	4	HiHat	MKH40
	5	OH L	MKH40
	6	OH R	MKH40
	7	Tom Tom 1	D4
	8	Tom Tom 2	D4
	9	Floor Tom	D6
	10	E-Bass 1	DI
	11	E-Bass 2	DI
	12	E-Bass 3	DI
	13	E-Guitar 1	e509
	14	E-Guitar 2	POD Line
	15	KBD 1 L	DI
	16	KBD 1 R	DI
TASCAM TM-D 4000			
Layer #	A/D #	Signal	Source
2	17	Trumpet	MD421
	18	Trombone	MD421
	19	Sax 1	MD421
	20	Sax 2	e602
	21	Percussion 1	ND468
	22	Percussion 2	KM140
	23	Percussion 3	MKH40
	24	Percussion 4	MKH40
	25	KBD 2 L	PreMixer L
	26	KBD 2 R	PreMixer L
	27	Strings L	D2424 Out 5
	28	Strings L	D2424 Out 6
	29	-	-
	30	-	-
	31	Talkback MD	SM58 (Switch)
	32	Talkback FOH	SM58 (Switch)

Tab. 19.4: Beispiel Ausspielwege

YAMAHA DM2000				
Aux #	Mix	Out	To	Remarks
1	Vocals	Omni 1	Lexicon 480 In A	Insert: Compressor
2	Vocals Playback	Omni 2	Monitordesk	InEar
3	Band	Omni 3	Monitordesk	Stage
4	Band	Omni 4	100V	Stage
5	SFX	Omni 5	Musicbox	In Cue #31
6	Caller	Omni 6	Callerdesk	-
7	-	Omni 7	-	Spare
8	Band	Omni 8	Prosc. Subs B1	Mono to L&R

Tab. 19.5: Beispiele Busse

YAMAHA DM2000			
Bus #	Signal	Delay	Localisation
1	Principal Vocals & Vox Rev L	-	Center
2	Principal Vocals & Vox Rev R	-	
3	Ensemble Vocals A.1	0 ms	Left
4	Ensemble Vocals A.2	1,90 ms	
5	Ensemble Vocals B.1	11,90 ms	Right
6	Ensemble Vocals B.2	10,00 ms	
7	Band & Band Rev L	-	Center
8	Band & Band Rev R	-	

Tab. 19.6: Beispiel Matrix-Mischung

	Frontfills L	Frontfills R	Prosc. L	Prosc. R	Downfill L	Downfill R	Center	Delay Line
	Out 1L	Out 1R	Out 2L	Out 2R	Out 3L	Out 3R	Out 4L	Out 4R
Bus 1	-12 dB	-	0 dB	-	0 dB	-	-1,5 dB	-1,5 dB
Bus 2	-	-12 dB	-	0 dB	-	0 dB	-1,5 dB	-1,5 dB
Bus 3	-15 dB	-	0 dB	-	0 dB	-	0 dB	0 dB
Bus 4	-	-15 dB	-	0 dB	-	0 dB	-	-
Bus 5	-15 dB	-	0 dB	-	0 dB	-	-	-
Bus 6	-	-15 dB	-	0 dB	-	0 dB	0 dB	0 dB
Bus 7	-20 dB	-	-3 dB	-	-3 dB	-	-9 dB	-9 dB
Bus 8	-	-20 dB	-	-3 dB	-	-3 dB	-9 dB	-9 dB

Tab. 19.7: Beispiel Multicore-Belegung

Multicore Receiver City to FOH-Desk		
Line #	Source	Destination
1	RF-01 DANNY	DM 2000 A/D 1
2	RF-02 ROGER	DM 2000 A/D 2
3	RF-03 KENICKIE	DM 2000 A/D 3
4	RF-04 SONNY	DM 2000 A/D 4
5	RF-05 DOODY	DM 2000 A/D 5
6	RF-06 EUGENE	DM 2000 A/D 6
7	RF-07 VINCE	DM 2000 A/D 7
8	RF-08 SPARE (GOD)	DM 2000 A/D 8
9	RF-09 SANDY	DM 2000 A/D 9
10	RF-10 MARTY	DM 2000 A/D 10
11	RF-11 FRENCHY	DM 2000 A/D 11
12	RF-12 JAN	DM 2000 A/D 12
13	RF-13 RIZZO	DM 2000 A/D 13
14	RF-14 CHA CHA	DM 2000 A/D 14
15	RF-15 PATTY	DM 2000 A/D 15
16	RF-16 LYNCH	DM 2000 A/D 16
17	RF-17 ENSEMBLE M1	DM 2000 A/D 17
18	RF-18 ENSEMBLE M2	DM 2000 A/D 18
19	RF-19 ENSEMBLE F1	DM 2000 A/D 19
20	RF-20 ENSEMBLE F2	DM 2000 A/D 20

Tab. 19.8: Beispiel Einspielungen

Clicktracks D2424					
PGM #	Title	Track 1&2	Track 3&4	Track 5&6	Track 8
1	Alma Mater	Vocals	-	-	Click
2	Summer Nights	-	-	-	Click
3	Summer N. Playout	-	-	-	Click
4	Magic Changes	-	-	-	Click
5	WAXX-Jingle 1	-	Jingle	-	-
6	WAXX-Jingle 2	-	Jingle	-	-
7	Greased Lightnin'	Vocals	-	-	Click
8	Greased Lightnin' Reprise	Vocals	-	-	Click
9	We Go Together	Vocals	-	-	Click
...					
13	Sandy	-	-	Strings	Click
...					
17	Drive-In Movie	-	SFX	-	Click

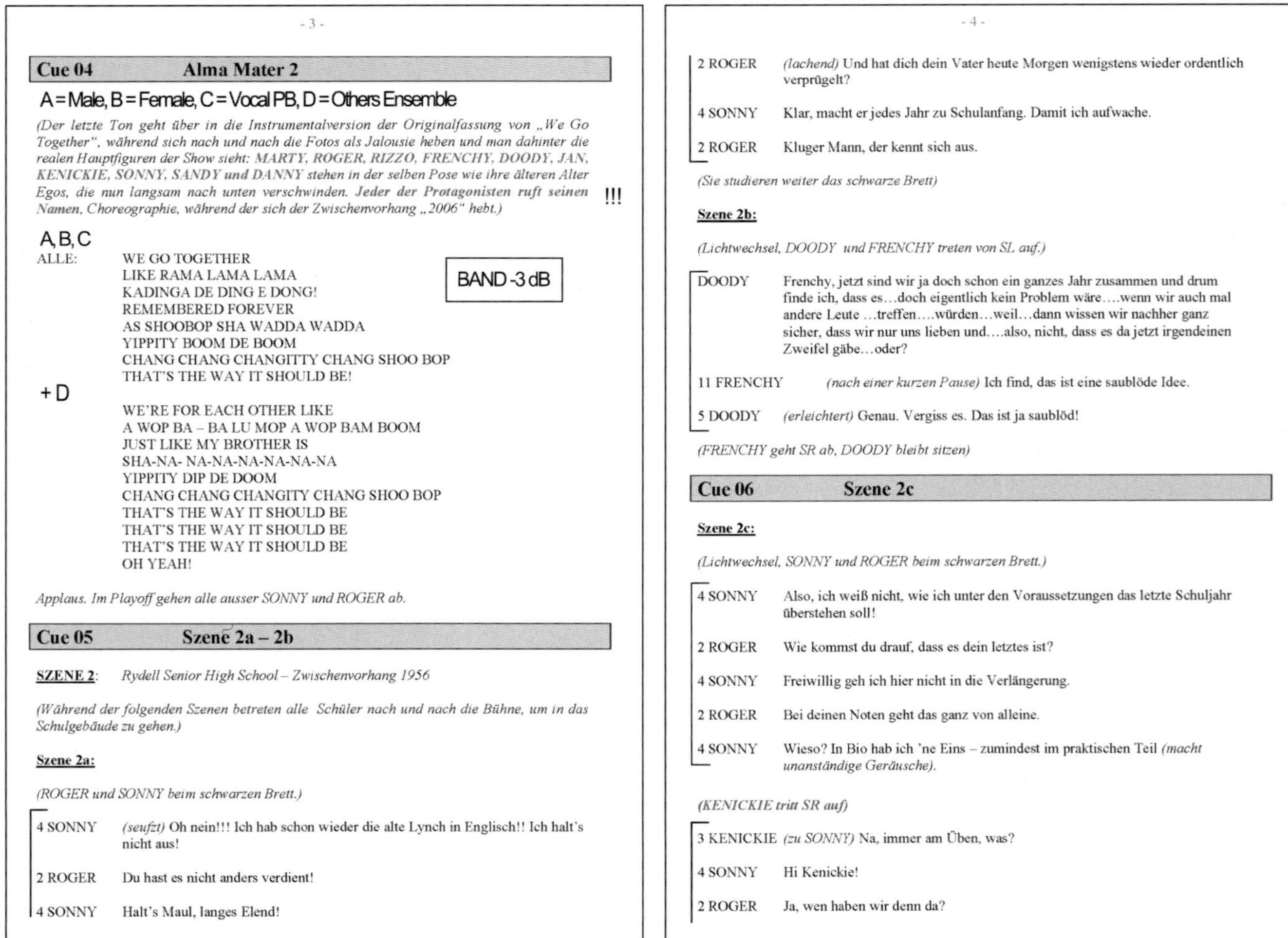

- 3 -

Cue 04 Alma Mater 2

A = Male, B = Female, C = Vocal PB, D = Others Ensemble

(Der letzte Ton geht über in die Instrumentalversion der Originalfassung von „We Go Together", während sich nach und nach die Fotos als Jalousie heben und man dahinter die realen Hauptfiguren der Show sieht: MARTY, ROGER, RIZZO, FRENCHY, DOODY, JAN, KENICKIE, SONNY, SANDY und DANNY stehen in der selben Pose wie ihre älteren Alter Egos, die nun langsam nach unten verschwinden. Jeder der Protagonisten ruft seinen Namen, Choreographie, während der sich der Zwischenvorhang „2006" hebt.) !!!

A, B, C

ALLE: WE GO TOGETHER
LIKE RAMA LAMA LAMA
KADINGA DE DING E DONG!
REMEMBERED FOREVER
AS SHOOBOP SHA WADDA WADDA
YIPPITY BOOM DE BOOM
CHANG CHANG CHANGITTY CHANG SHOO BOP
THAT'S THE WAY IT SHOULD BE!

BAND -3 dB

+ D

WE'RE FOR EACH OTHER LIKE
A WOP BA – BA LU MOP A WOP BAM BOOM
JUST LIKE MY BROTHER IS
SHA-NA- NA-NA-NA-NA-NA-NA
YIPPITY DIP DE DOOM
CHANG CHANG CHANGITY CHANG SHOO BOP
THAT'S THE WAY IT SHOULD BE
THAT'S THE WAY IT SHOULD BE
THAT'S THE WAY IT SHOULD BE
OH YEAH!

Applaus. Im Playoff gehen alle ausser SONNY und ROGER ab.

Cue 05 Szene 2a – 2b

SZENE 2: *Rydell Senior High School – Zwischenvorhang 1956*

(Während der folgenden Szenen betreten alle Schüler nach und nach die Bühne, um in das Schulgebäude zu gehen.)

Szene 2a:

(ROGER und SONNY beim schwarzen Brett.)

4 SONNY *(seufzt)* Oh nein!!! Ich hab schon wieder die alte Lynch in Englisch!! Ich halt's nicht aus!

2 ROGER Du hast es nicht anders verdient!

4 SONNY Halt's Maul, langes Elend!

- 4 -

2 ROGER *(lachend)* Und hat dich dein Vater heute Morgen wenigstens wieder ordentlich verprügelt?

4 SONNY Klar, macht er jedes Jahr zu Schulanfang. Damit ich aufwache.

2 ROGER Kluger Mann, der kennt sich aus.

(Sie studieren weiter das schwarze Brett)

Szene 2b:

(Lichtwechsel, DOODY und FRENCHY treten von SL auf.)

DOODY Frenchy, jetzt sind wir ja doch schon ein ganzes Jahr zusammen und drum finde ich, dass es…doch eigentlich kein Problem wäre….wenn wir auch mal andere Leute …treffen….würden…weil…dann wissen wir nachher ganz sicher, dass wir nur uns lieben und….also, nicht, dass es da jetzt irgendeinen Zweifel gäbe…oder?

11 FRENCHY *(nach einer kurzen Pause)* Ich find, das ist eine saublöde Idee.

5 DOODY *(erleichtert)* Genau. Vergiss es. Das ist ja saublöd!

(FRENCHY geht SR ab, DOODY bleibt sitzen)

Cue 06 Szene 2c

Szene 2c:

(Lichtwechsel, SONNY und ROGER beim schwarzen Brett.)

4 SONNY Also, ich weiß nicht, wie ich unter den Voraussetzungen das letzte Schuljahr überstehen soll!

2 ROGER Wie kommst du drauf, dass es dein letztes ist?

4 SONNY Freiwillig geh ich hier nicht in die Verlängerung.

2 ROGER Bei deinen Noten geht das ganz von alleine.

4 SONNY Wieso? In Bio hab ich 'ne Eins – zumindest im praktischen Teil *(macht unanständige Geräusche).*

(KENICKIE tritt SR auf)

3 KENICKIE *(zu SONNY)* Na, immer am Üben, was?

4 SONNY Hi Kenickie!

2 ROGER Ja, wen haben wir denn da?

Abb. 19.42: Beispiel Mischerskript (Auszug)

19.5.3 Signalflusspläne nach dem Sound Graphics Standard

Das United States Institute for Theatre Technology (USITT) definiert im Sound Graphics Standard neue Richtlinien für die graphische Darstellung von Zeichenelementen für Signalflusspläne. Eine ausführliche Beschreibung des Sound Graphic Standards kann unter folgendem Link abgerufen werden (letzter Seitenaufruf März 2009):
www.usitt.org/commissions/sound/Sound_Comm_Graphics_Project_2008.html

Ein Diagramm für den Signalfluss liest sich von links nach rechts. Links sind die Signalquellen und rechts die Signalsenken angeordnet. Ein grundlegendes Zeichenelement ist ein beliebiges Audiogerät, welches vereinfacht als rechteckiger Block dargestellt wird (Device Block). Neben den Beschriftungen der Ein- und Ausgänge wird zusätzlich der Name bzw. die Typenbezeichnung über dem Block angefügt (Abb. 19.43).

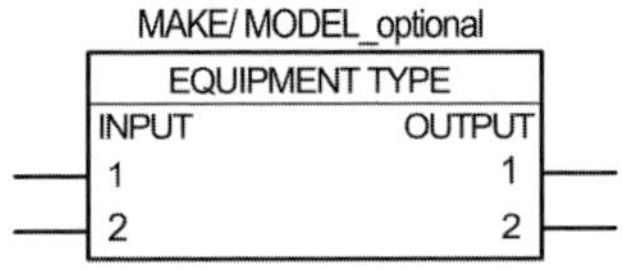

Abb. 19.43: Audiogerät

Verbindungen zwischen zwei Geräten werden dann wie in Abb. 19.44 gezeichnet:

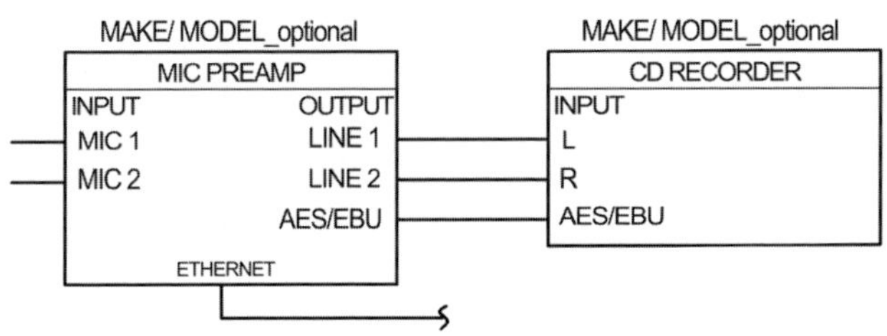

Abb. 19.44: Verbindung zwischen zwei Geräten

Zusätzlich kann auch die Art des Kabels und die Steckertypen beschriftet werden (Abb. 19.45):

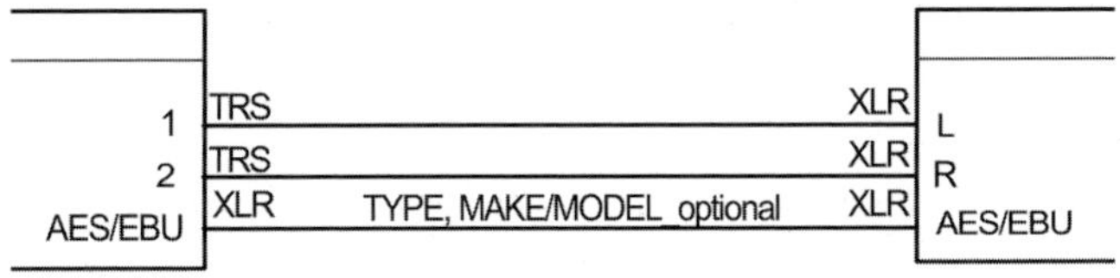

Abb. 19.45: Beschriftung der Verbindungen

Mehrere Leitungen bzw. Ein- und Ausgänge können mit einer Klammer wie in Abb. 19.46 zusammengefasst werden. Eine runde Klammer steht dabei für einen Multipin-Stecker eines Multicores. Eine eckige Klammer bedeutet, dass einzelne Leitungen zusammengebunden sind (Kabelpeitsche).

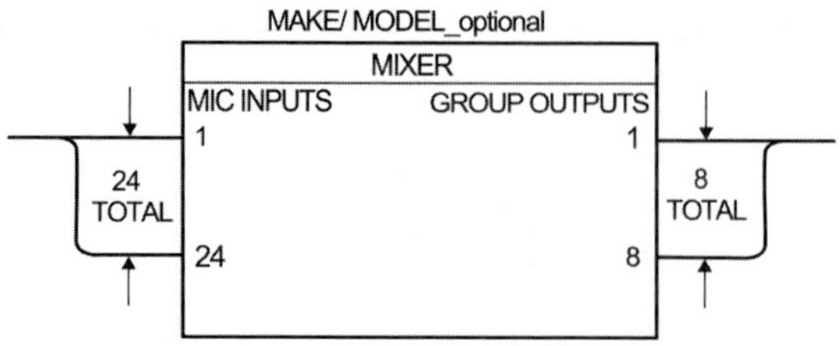

Abb. 19.46: Zusammengefasste Leitungen

Ein Audiosteckfeld kann wie in Abb. 19.47 gezeichnet werden:

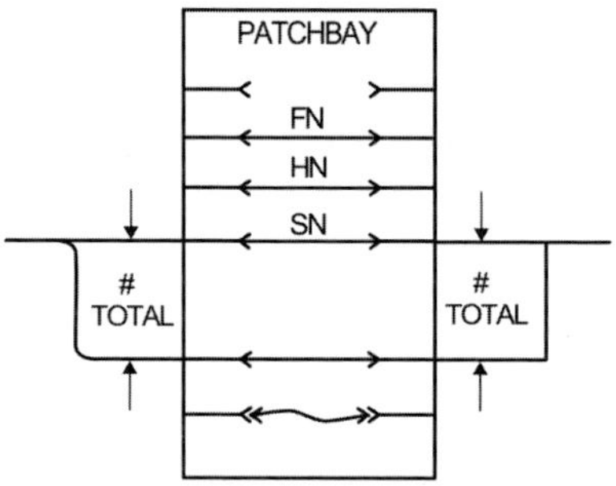

Abb. 19.47: Steckfeld

Erläuterung der Steckfeldbeschriftungen

- FN (Fully Normalled) = Vollnormalisiert. Die Anschlüsse in der oberen und unteren Reihe (Aus- und Eingänge) sind miteinander verbunden. Bei Verwendung von Klinkenbuchsen haben beide Anschlüsse eine Trennklinke.
- SN (Sleeve Normalled). Im Prinzip dieselbe Funktion wie bei vollnormaliserten Klinkenbuchsen, allerdings wird hier nicht nur der Tip und der Ring getrennt, sondern zusätzlich auch die Masse. Dies kann sinnvoll sein, um Brummschleifen zu verhindern.
- HN (Half Normalled) = Halbnormalisiert. Nur die untere Eingangsbuchse ist als Trennklinke ausgeführt. Der Ausgang in der oberen Reihe kann als paralleler Split abgegriffen werden.
- NN (No Normals) = Offen bzw. nicht normalisiert. Keine Verbindung von Ein- und Ausgang.

Abb. 19.48 zeigt Darstellungen von Leistungsverstärkern mit unterschiedlicher Beschaltung (Stereo, Parallel Mono und Bridged Mono):

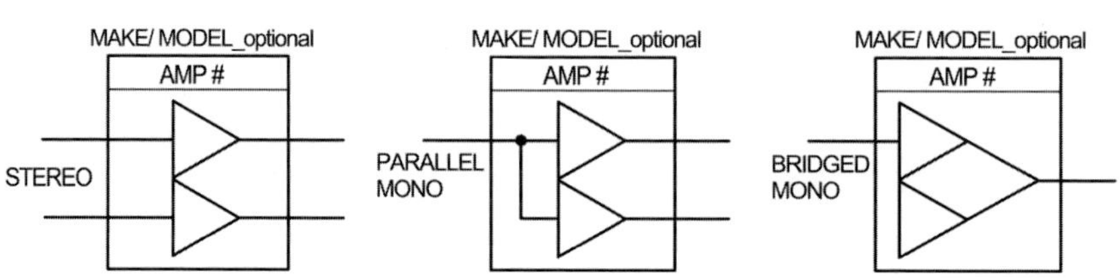

Abb. 19.48: Leistungsverstärker

Die Symbole für passive und aktive Lautsprecher sind in Abb. 19.49 dargestellt:

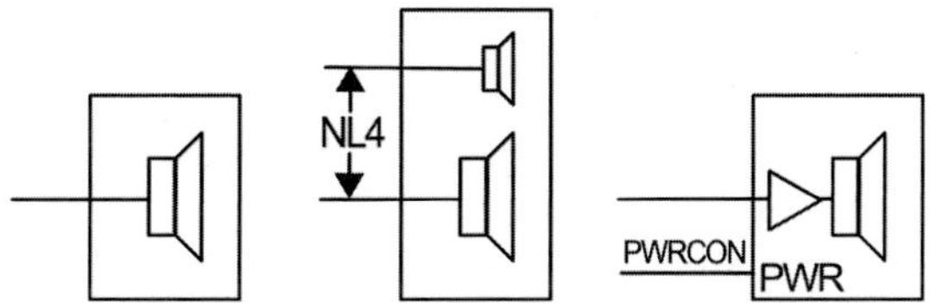

Abb. 19.49: Passiver LS, passiver Zweiwege-LS und aktiver LS

Darstellung von Mikrofonen und Mikroports (Abb. 19.50 und 19.51):

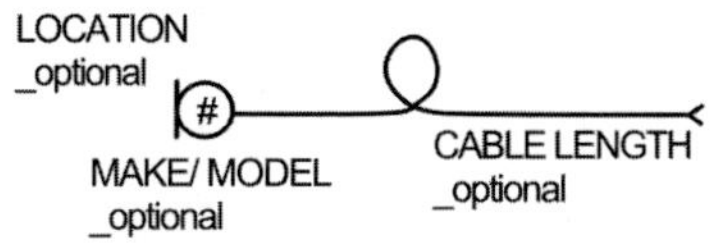

Abb. 19.50: Kabelgebundenes Mikrofon

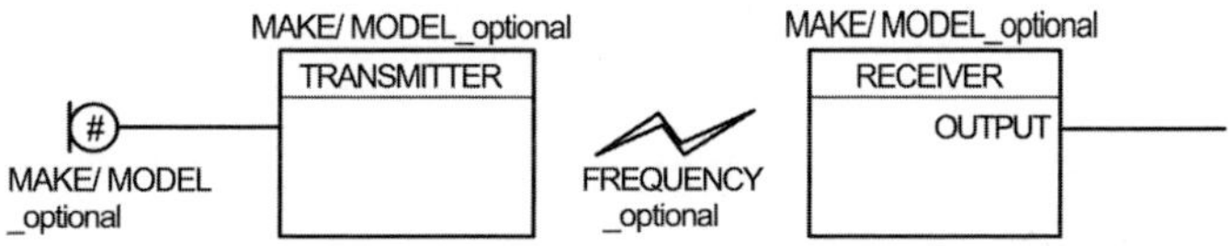

Abb. 19.51: Mikroport

Zusätzlich können auch die Mikroport-Antennen eingezeichnet werden (Abb. 19.52):

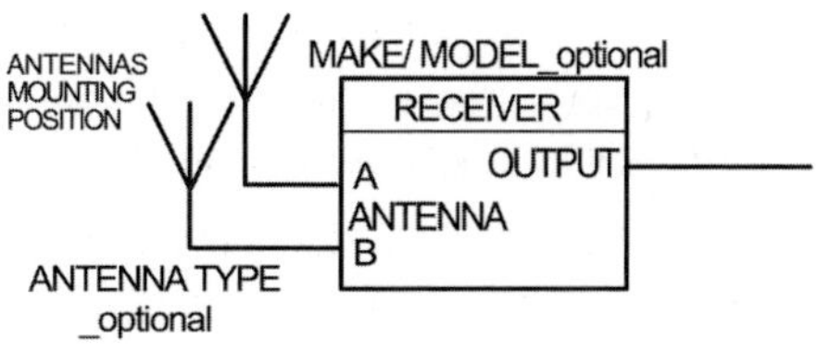

Abb. 19.52: Empfänger mit Antennen

Es finden sich in diesem Buch zwei Beispiele von Schaltbildern, welche mit USITT-Symbolen erstellt wurden: Abb. 12.18 in Kapitel 12 und Abb. 19.40 in diesem Kapitel.

Der Soundcheck (aus der Sicht des Tontechnikers)

von Volker Smyrek, Musical-Mischer

Die Anlage ist komplett aufgebaut und wurde nach einem hoffentlich vorhandenen und gut durchdachten Beschallungsplan verkabelt. Und wie geht's jetzt weiter?

Als erstes kommt der *Line Check*, bei dem sämtliche Signalwege von den Quellen bis zu den Senken auf Funktion überprüft werden. Am besten geht man im Team vor: Ein Kollege spricht in jeweils ein Mikrofon oder kratzt vorsichtig an der Kapsel und der Techniker am Mischpult hört PFL mit Kopfhörer den entsprechenden Kanal ab. Eine DI-Box lässt sich übrigens prima mit einem iPod als Signalquelle überprüfen, wenn ein Adapter von Miniklinke auf unsymmetrische, große Klinke vorhanden ist. Die Mischpultausgänge lassen sich am besten mit Hilfe eines CD-Players checken: Funktionieren alle Ausspielwege? Gehen die Signale aus den Matrix- und/oder Summenausgängen zu den richtigen Verstärkern und Lautsprechern? Funktionieren diese überhaupt alle?

Hoffentlich ist jetzt noch genügend Zeit, die Beschallungsanlage nach objektiven und subjektiven Kriterien einzumessen.[1] Denn als Nächstes stehen die Musiker auf der Matte und bauen die *Backline* auf, also ihre Instrumente, Verstärker und sonstiges Equipment. Währenddessen kann der Operator am Mischpult schon einige EQ-Einstellungen vornehmen und einen groben Monitormix einstellen.

Jetzt geht es zum eigentlichen *Soundcheck*. Als erstes wird mit den Originalsignalquellen eingepegelt, d. h. in jedem Kanalzug wird die Vorverstärkung so eingestellt, dass der Pegel um die 0 dB_U liegt, und bei Signalspitzen keine Verzerrungen durch Übersteuern auftreten. Dann kann auch gleich dazu übergangen werden, die Insert-Effekte in den Kanälen einzustellen, also die Kompressoren und Gates, und auch an den EQs wird jetzt noch gedreht. Es gibt zwei Möglichkeiten, das Einpegeln organisatorisch anzugehen: Die Instrumente einzeln anspielen oder die gesamte Band gemeinsam spielen lassen.

Erste Variante: Jeder Musiker spielt sein(e) Instrument(e) einzeln an. Allerdings müssen während dessen die anderen auf ihren Einsatz warten und werden ungeduldig, fangen an zu quatschen und stören damit den Soundcheck. Abhilfe schafft hier ein Zeitplan, in welchem festgelegt ist, wann welcher Musiker an der Reihe ist; die anderen machen backstage eine kurze Pause. Die übliche Reihenfolge wäre: Schlagzeug/Percussion, Bass, Gitarren, Keyboards, Streicher/Bläser (wenn vorhanden), und zum Schluss der Gesang.

Zweite Variante: Man bittet die Band, gemeinsam ein Stück zu spielen, darf aber nicht vergessen darauf hinzuweisen, dass das Einpegeln ein paar Minuten dauern wird. Diese Methode ist nur geübten Mischern zu empfehlen, die wissen, was sie tun! Und auch nur dann, wenn das Ensemble gut aufeinander eingespielt ist. Was so viel bedeutet wie: Der Soundcheck sollte nicht als Probezeit für die Band genutzt werden.

Anschließend ist die Fähigkeit zum Multitasking gefragt, wenn nur ein Mischpult für den Saal- und den Monitormix vorhanden ist. Denn die verschiedenen Mischungen werden parallel erstellt, während weitere Stücke gespielt werden. Jetzt wird der Sound der einzelnen Instrumente mit Hilfe der Klangregelung und der Pegelsteller so angepasst, dass sich ein schlüssiges Klangbild für den FOH-Mix ergibt.[2] Das i-Tüpfelchen in der Mischung sind dann noch Effekte, allen voran der Hall, der auf keiner Gesangsstimme fehlen darf.

---

[1] wie in Kap. 19.4 beschrieben

[2] so wie in Kap. 16.4 dargestellt

Der Soundcheck (aus der Sicht des Musikers)

von Tim Kersebohm, Jazzpianist

Der Veranstalter hat uns für 20 Uhr gebucht. „Seid mal um fünf zum Aufbauen da, dann kann nichts schiefgehen.“ Pünktlich finden wir uns auf dem Festivalgelände ein, halten die frühe Uhrzeit sogar für übertrieben, aber der Einzige, den wir antreffen, ist ein Roadie, dem noch offensichtliche Nachwirkungen vom Vorabend ins Gesicht geschrieben stehen. Vom Veranstalter ebenfalls keine Spur. Zwanzig Minuten später trudeln die ersten Soundleute ein, die sich gemütlich rauchend daran machen, Kabel zu verlegen und Monitorboxen aufzubauen. Gott sei Dank hat der schon anwesende Bierbudenbesitzer Mitleid mit uns, so dass uns ein erstes Pils vorerst bei Laune hält.

Gegen sechs Uhr haben wir dann Gelegenheit, inmitten der Techniker unser Equipment aufzubauen, was routinierte 15 Minuten in Anspruch nimmt. Währenddessen werden wir fortwährend von Rückkopplungen und danach von überlautem Heavy Metal beschallt. Warum eigentlich in voller Lautstärke über die Monitorwege? – „Um die Anlage einzumessen.“ Dann: Alles klar zum Soundcheck. Anstatt uns aber der Reihe nach „dranzunehmen“, stehen wir allesamt eine geschlagene halbe Stunde auf der Bühne herum, teilweise ohne konkrete Anweisungen, was zu tun ist. „Spiel doch mal was!“ Das tue ich, während meine Bandkollegen ebenfalls ihrer Kreativität freien Lauf lassen. Ich bin genervt. 10 Minuten und 20 Feedbacks später – der Mischer schraubt geschäftig an seinem Pult herum, und mir gehen schon die Ideen aus – frage ich nach. Antwort: „Ach so, nee, ich musste gerade noch was Anderes einstellen.“ Hätte man ja wohl auch mal sagen können!? Die Zeit drängt, seit einigen Minuten ist schon Einlass. Also schnell noch ein Gesamtcheck, die Zuhörer denken, das wäre das erste Stück, „den Rest machen wir, wenn Ihr angefangen habt.“

Der Monitorcheck bleibt leider auf der Strecke, was zur Folge hat, dass ich mich während des gesamten ersten Sets selber so gut wie gar nicht höre. Meine Zeichen scheinen nicht wahrgenommen zu werden, kein Wunder, wenn man ständig nur in den Reglern hängt. In der Pause hole ich meinen eigenen Amp aus dem Auto. Den letzten Song spielen wir ohne Keyboards, also schleiche ich mich von der Bühne, um selber mal zu hören. Der Sound ist der reinste Horror! Und ich dachte, es klingt nur auf der Bühne schlecht... Hier ist nicht mehr viel nachzubessern, ich merke schon, da hat jemand überhaupt keine Ahnung. Ich bin sauer, und der Typ merkt das auch. Die Ausreden: schlechte Akustik, schlechtes Equipment („die haben nicht das geliefert, was wir bestellt hatten“), schlechtes Signal von der Band, die Keyboard-Sounds sind zu dünn... Ist das alles etwa ein Grund, bei einem Jazzkonzert den fettesten Bassdrum-Sound seit Motörhead und den Hall von Howard Carpendale reinzudrehen? Wir haben resigniert. In Zukunft werden wir den Veranstaltern vorschlagen, mit wem wir zusammenarbeiten möchten. Schließlich lastet man den schlechten Sound meistens der Band an.

Ein Einzelfall? Glücklicherweise ja! Der Großteil meiner bisherigen Gigs verlief ausgesprochen angenehm. Meistens ist die Vorarbeit bereits gemacht, und die Anlage ist beim Eintreffen der Musiker gut vorbereitet, so dass der Soundcheck kurz und kontrolliert abläuft. Der Sound passt zur Stilistik, und man wird in regelmäßigen Abständen gefragt, ob der Monitormix okay ist. Wenn die Soundleute verstanden haben, dass sie *für* die Musiker und *für* die Zuhörer da sind, können sie entspannte, kreative und dankbare Künstler erleben. Für Selbstverwirklichung ist nun mal kein Platz, es sei denn, sie steht im Dienste des Sounds. Dann klingt es nicht nur optimal, sondern man spielt auch besser.

Und das wollen wir doch alle: Die Zuhörer begeistern!

19.6 Übungsaufgaben

Aufgabe 1

Was ist die Zielsetzung bei der Konzeption einer Theaterbeschallung?

Aufgabe 2

Es wurde bereits mehrfach angesprochen, dass Delay-Lautsprecher ein verzögertes Signal in Bezug auf die Hauptbeschallung erhalten müssen. In der Regel werden aber auch die Lautsprecher der Hauptbeschallung (und die aller anderen Systeme relativ dazu) verzögert. Warum?

Aufgabe 3

Welche Faktoren bestimmen die Koppelfrequenzen bei einer Beschallungsanlage?

Aufgabe 4

Im Foyer eines Theaters findet die Produktpräsentation einer Versicherung statt. Zeichne mit USITT-Symbolen einen Signalflussplan für die Beschallungsanlage mit folgenden Komponenten:

- Zwei drahtlose Ansteckmikrofone (Mikrofon DPA 4060 mit Sennheiser-Sender SK5012 und Empfänger 3532, Sendefrequenzen: 799,200 und 810,400 MHz).
- Zwei drahtgebundene Mikrofone auf Stativen an einem Rednerpult (Schoeps CMC5).
- Ein CD-Player.
- Ein Laptop mit Stereo-Soundkarte. Der Anschluss an das Mischpult erfolgt über eine zweikanalige DI-Box.
- Mischpult: DDA CS-3.
- Die Stereo-Ausgänge des Pultes werden auf die Hauptbeschallung geleitet: Zwei passive Lautsprecher Meyer Sound UPA-1 mit den entsprechenden Controllern Typ M1A und Yamaha H5000-Verstärkern.
- Aux 1 speist einen aktiven Subwoofer (Meyer Sound USW-1P).
- Aux 2 speist einen aktiven Monitorlautsprecher (Meyer Sound USM-1P).

Literaturtipps

Ebner M. Handbuch der PA-Technik.
Elektor Verlag, Aachen 2002

Pieper F. Das P.A. Handbuch.
Gunther Carstensen Verlag, München 2005

20 Kommunikationsanlagen (Intercom)

Die Unterweisung in die Funktion von Intercom-Anlagen ist laut Rahmenlehrplan für das zweite Lehrjahr vorgesehen.

Im Theater- und Showbetrieb ist eine Kommunikationsanlage unerlässlich, um den reibungslosen Ablauf der Vorstellung zu gewährleisten. Die Zentrale ist dabei der Platz des Inspizienten (beim Musical auch „Caller" genannt). Dieser gibt während der Vorstellung Anweisungen an die Bühnentechniker und das Bedienpersonal in der Lichtregie bzw. an den Verfolgern. Erst auf die richtigen Kommandos werden Bühnenteile und Kulissen verfahren oder Lichtstimmungen für eine Szene aufgerufen.

20.1 Kabelgebundene Systeme

20.1.1 Analoge Partylines

Als kabelgebundene Kommunikationsanlagen kommen zumeist Partyline-Systeme zum Einsatz. Der Begriff „Partyline" bedeutet, dass jeder Gesprächsteilnehmer mit allen anderen Teilnehmern auf der gleichen Leitung kommunizieren kann. Die Hör- und Sprechstellen (Remote Stations) sind über eine Kabelreihe miteinander verbunden (Daisy Chain). Ein zentrales Netzteil versorgt alle Stationen mit einer Speisespannung. Partyline-Systeme werden u. a. von den Herstellern RTS und Clearcom gebaut. Exemplarisch soll das Prinzip anhand einer Clearcom-Anlage aufgezeigt werden, da diese sehr weit verbreitet ist.

Clearcom-Sprechstelle

Jede Remote Station hat einen integrierten Mikrofonvorverstärker und einen Verstärker für den Lautsprecher bzw. den Ohrhörer. Es gibt verschiedene Ausführungen: In 19 Zoll-Ausführung, zur Tisch- oder Wandmontage oder tragbar am Gürtel als Beltpack (Abb. 20.1).

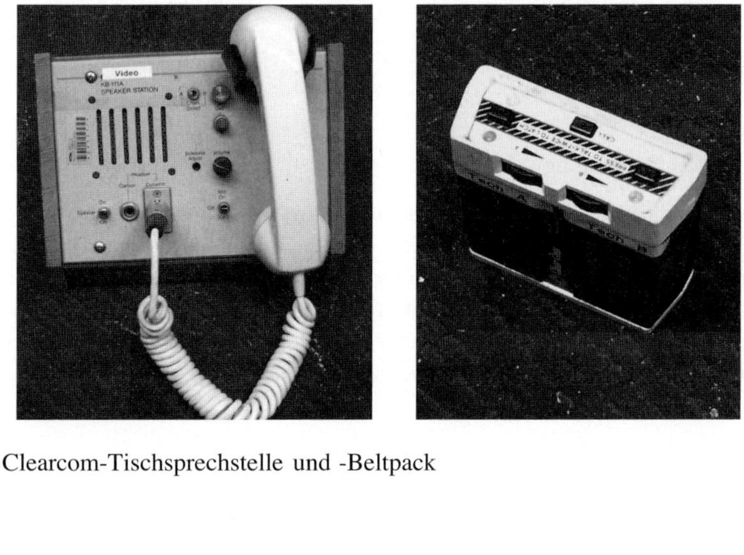

Abb. 20.1: Clearcom-Tischsprechstelle und -Beltpack

Als Verbindungsleitung wird für jede Partyline ein symmetrisches Audiokabel mit XLR-Steckern verwendet. Jedes Clearcom-System benötigt zum Betrieb mindestens eine Komponente, welche die Stromversorgung bereitstellt. Das kann die Basisstation sein und/oder externe Netzteile. Abb. 20.2 zeigt den Signalfluss in einer Remote Station.

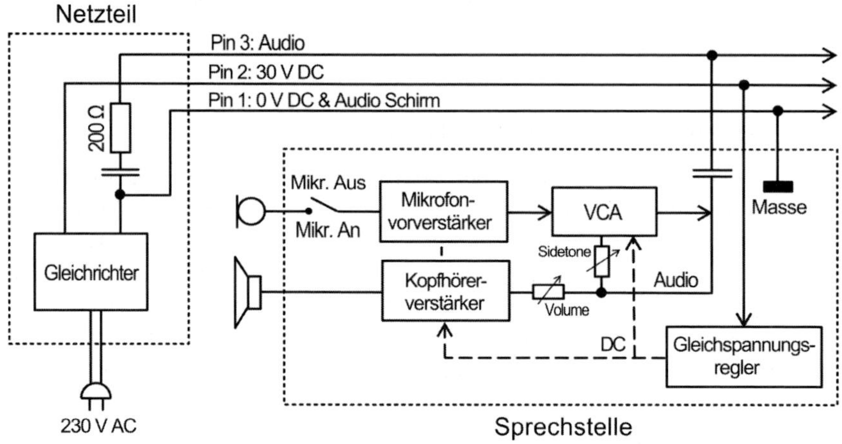

Abb. 20.2: Clearcom-Prinzipschaltung

Clearcom verwendet die folgende XLR-Belegung: Auf Pin 1 liegt der Kabelschirm und gleichzeitig die Masse mit 0 V Potential, über Pin 2 gehen 30 V Gleichstrom, und über Pin 3 wird das Audiosignal geleitet. Es handelt sich damit um eine Zweidrahtverbindung, wie sie auch beim analogen Telefon zum Einsatz kommt.

Zweidrahtverbindung

Um eine bidirektionale Kommunikation zu ermöglichen, wären eigentlich mindestens vier unsymmetrische Leitungen notwendig (Abb. 20.3).

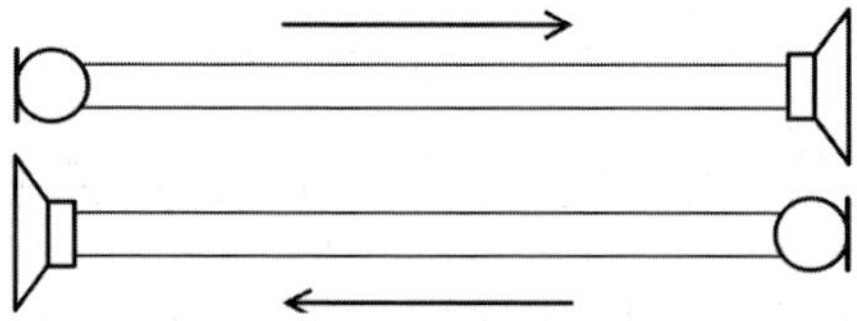

Abb. 20.3: Vierdrahtverbindung

Dies zieht allerdings einen großen Verkabelungsaufwand mit sich, da immer die doppelte Anzahl an Leitungen benötigt wird. Eine kostengünstige Alternative sind Zweidrahtverbindungen; hier ist allerdings erst durch eine Gabelschaltung eine Kommunikation in beide Richtungen möglich. Das wichtigste Bauteil der Gabelschaltung ist ein Übertrager mit Mittenanzapfung, an die das Mikrofon angeschlossen wird. Auf der anderen Seite des Übertragers wird der Lautsprecher (Hörer) angeschlossen (Abb. 20.4).

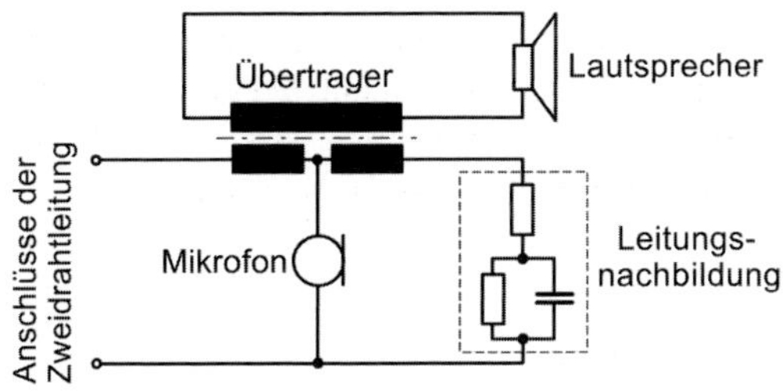

Abb. 20.4: Zweidrahtverbindung mit Gabelschaltung

Durch die gegenläufige Wicklung der beiden Mikrofonspulen (Primärwicklung) löscht sich das Mikrofonsignal an der Mittenanzapfung in der Lautsprecherspule (Sekundärwicklung) gegenphasig aus und wird daher nicht über den Lautsprecher ausgegeben. Das ankommende Signal der anderen Sprechstellen gelangt hingegen über die Primärwicklungen des Übertragers ungehindert zur Sekundärwicklung und zum Lautsprecher. Somit wird also das Signal vom eigenen Mikrofon unterdrückt, während das Signal der Gegenstellen durch die Gabelschaltung nur unwesentlich bedämpft wird. Die Schaltung wird durch die Leitungsnachbildung impedanzrichtig abgeschlossen.

Die Gabelschaltung ist nicht in der Lage, eine vollständige Signaltrennung vorzunehmen. Dies ist allerdings kein Problem, im Gegenteil: Ein gewisser Anteil Eigensignal ist durchaus erwünscht, da sonst der Eindruck einer toten Leitung entsteht. In Clearcom-Stationen kann über den Sidetone-Regler der Eigenanteil bei Bedarf sogar dazugemischt werden.

Einfaches Clearcom-System

Ein sehr einfaches Clearcom-System besteht aus nur einer einzigen Partyline, die über ein zentrales Netzteil mit Strom versorgt wird. Über Splitter wird das Signal parallel zu den Sprechstellen verteilt (Abb. 20.5).

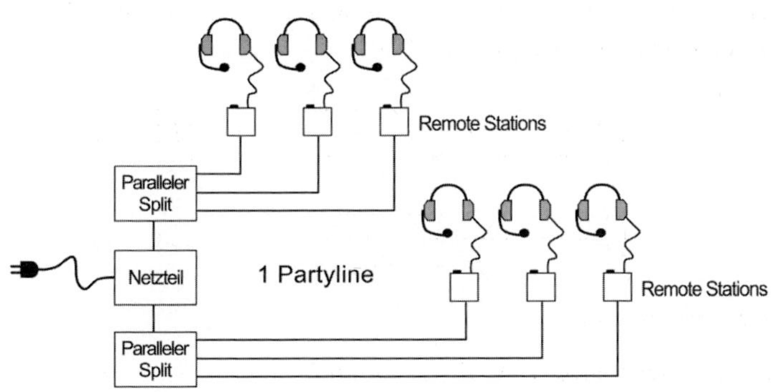

Abb. 20.5: Einfaches Clearcom-System

Komplexes Clearcom-System

Wird zusätzlich eine Master Station verwendet, können mehrere Partylines gleichzeitig betrieben werden. An die Master Station in Abb. 20.6 sind acht Partylines angeschlossen. Weitere Remote Stations können wiederum über parallele Splitter angebunden werden (nicht eingezeichnet).

Der Bediener der Master Station kann auf alle angeschlossenen Partylines zugreifen, während Mitglieder einer Partyline nur untereinander kommunizieren können.

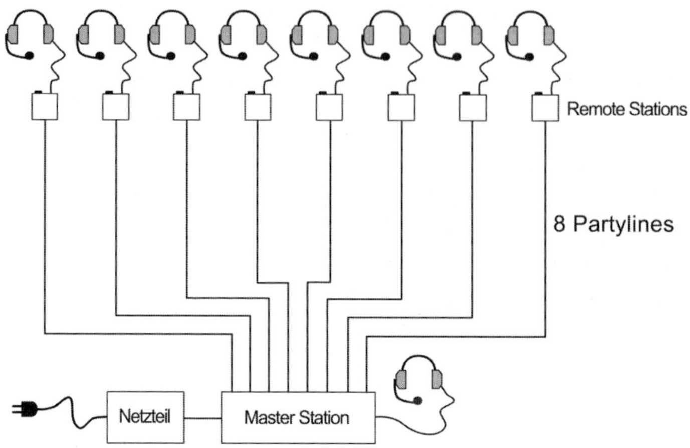

Abb. 20.6: Komplexes Clearcom-System

An der Master Station können die einzelnen Partylines zu Gruppen zusammengefasst werden. Vier Gruppen mit der Benennung A, B, C und D sind möglich. Eine Partyline kann aber auch *keiner* Gruppe zugeordnet sein, sie funktioniert dann als ein privater Sprechkreis unabhängig von der Master Station (Abb. 20.7).

Abb. 20.7: Clearcom Master Station (unten) mit zwei Netzteilen (oben)

Tab. 20.1 zeigt als Beispiel die Partylines und Gruppen, wie sie bei einer Musicalproduktion zum Einsatz kamen.

Tab. 20.1: Partylines und Gruppen

Partyline	Bezeichnung	Funktion	Gruppe
1	Funk	Anbindung einer drahtlosen Intercom	A
2	Technik	Verbindung Inspizient – Bühnentechnik	A
3	Technik Privat	Private Partyline der Bühnentechnik	-
4	Verfolger	Verbindung Inspizient – Verfolger	B
5	Verfolger Privat	Private Partyline der Verfolger	-
6	Lichtstellwerk	Verbindung Inspizient – Lichtstellwerk	B
7	Dirigent	Verbindung Inspizient – Dirigent	C
8	Dirigent-Mischpult	Private Partyline von Dirigent und Tonmischpult	-
9	Tonmischpult	Verbindung Inspizient – Tonmischpult	D
10	Tontechnik Privat	Private Partyline der Tonabteilung	-

Clearcom-Matrix

Zur Signalverteilung der einzelnen Intercom-Wege wird im Idealfall eine Schaltmatrix eingesetzt. Eine Matrix hat n Eingänge und m Ausgänge. Von Clearcom gibt es ein Matrixmodul mit n = 8 Eingängen und m = 40 Ausgängen. Das Setzen von Koppelpunkten in der Matrix erfolgt über Schieberegler. Eingangsseitig liegen die jeweiligen Partylines auf, die zu verschiedenen Remote Stations geschaltet werden können (Abb. 20.8 und 20.9).

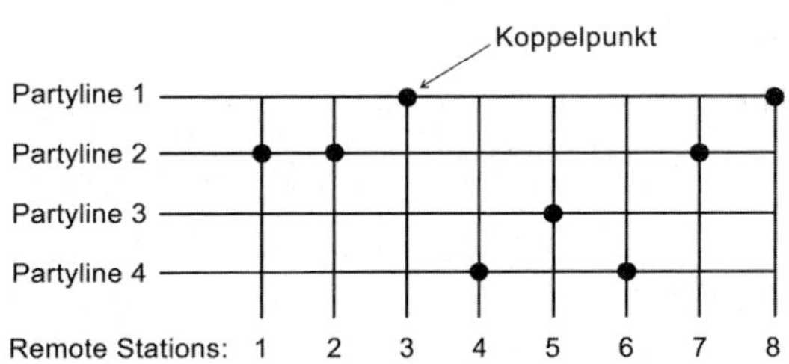

Abb. 20.8: Kommunikationsmatrix (Schaltmatrix)

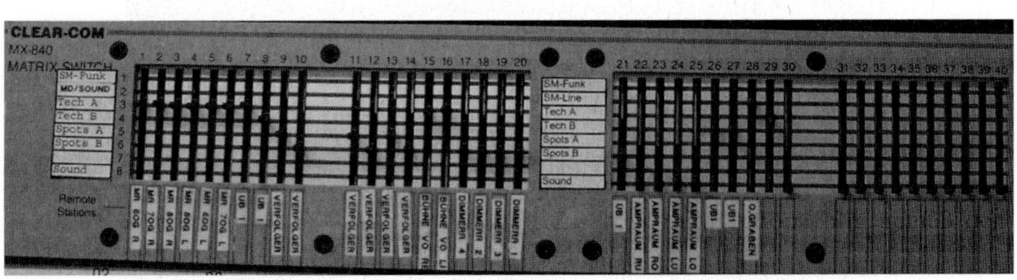

Abb. 20.9: 8 x 40-Schaltmatrix (Clearcom MX-840)

Die weitere Signalverteilung nach der Matrix erfolgt dann zweckmäßigerweise über ein Steckfeld mit symmetrischen XLR-Kabelverbindungen (Abb. 19.10).

Abb. 20.10: Zentrales Clearcom-Steckfeld

20.1.2 Digitale Kommunikationssysteme

Das zentrale Element einer digitalen Intercom ist eine Matrix mit diversen digitalen aber auch analogen Schnittstellen. Prinzipiell kann eine digitale Anlage einfach nur ein Partyline-System nachbilden, aber meist ist der Leistungsumfang sehr viel größer:

- Zusätzliche Audiofunktionen wie zum Beispiel Pegelanpassung der Ein- und Ausgänge, Noise Gate und Filter für jeden Teilnehmer-Kanal.
- Beschriftung der Sprechtasten an den Remote Stations mit LCD-Displays.
- Signalverteilung über symmetrische und unsymmetrische Leitungen (AES/EBU), ein Glasfaser-Netzwerk (MADI) oder Netzwerkkabel (CAT-5 mit RJ45-Stecker, s. Kap. 21.3.3).
- Abgesetzte Sprechstellen, welche über ISDN- oder IP-Codecs kommunizieren.
- Anbindung von analogen und digitalen Partylines und Funksystemen.
- Zusätzliche Schnittstellen zur Signalgebung (zum Beispiel über ein General Purpose Interface = GPI).
- Gruppen- und Konferenzschaltungen.
- Schneller Wechsel von vorprogrammierten Konfigurationen.

20.2 Drahtlose Systeme

20.2.1 Simplex-Funk

Der Begriff „Simplex“ bedeutet, dass es nur eine Frequenz für das Senden und Empfangen gibt. Demnach ist nur ein Wechselsprechen möglich, die Teilnehmer können nicht zeitgleich miteinander kommunizieren. Aufgrund dessen ist auch eine gewisse Funkdisziplin notwendig. Das unter CB-Funkern übliche „Roger“ (= Habe verstanden) oder „Over“ (= Beenden der Funkübertragung) ist sicher nicht notwendig, aber die Gespräche sollten auf jeden Fall kurz gehalten werden, damit der Kanal nicht unnötig für andere Nutzer blockiert ist. Schön ist auch, wenn man sich an das „DDS-System" hält: (Nach-)**D**enken – **D**rücken der Sprechtaste – **S**prechen.

Die Geräte von Motorola (Abb. 20.11) werden sehr häufig bei Veranstaltungen verwendet, so dass der Begriff „Motorola" schon als Synonym für ein Simplex-Funkgerät gilt. Die Handfunkgeräte der GP-Serie haben je nach Ausstattung 16 bis 255 Kanäle. Die Akkubetriebsdauer wird mit bis zu 13 Stunden angegeben.

Abb. 20.11: Motorola Funkgeräte (GP-Serie)

20.2.2 Duplex-Funk

„Duplex" bedeutet, dass Senden und Empfangen auf zwei verschiedenen Frequenzen erfolgt. Somit ist zeitgleiches Sprechen und Hören kein Problem mehr. Abb. 20.12 zeigt als Beispiel ein drahtloses Duplex-Beltpack von Telex.

Abb. 20.12: Telex-Beltpack mit Headset

Mit einer Telex-Basisstation können vier drahtlose Beltpacks auf jeweils zwei Funkkanälen kommunizieren (Abb. 20.13). Werden mehr Beltpacks bei einer Veranstaltung benötigt, müssen entsprechend mehrere Basisstationen zusätzlich installiert werden. Über ein Interface können auch kabelgebundene Partyline-Systeme von Clearcom oder RTS angebunden werden.

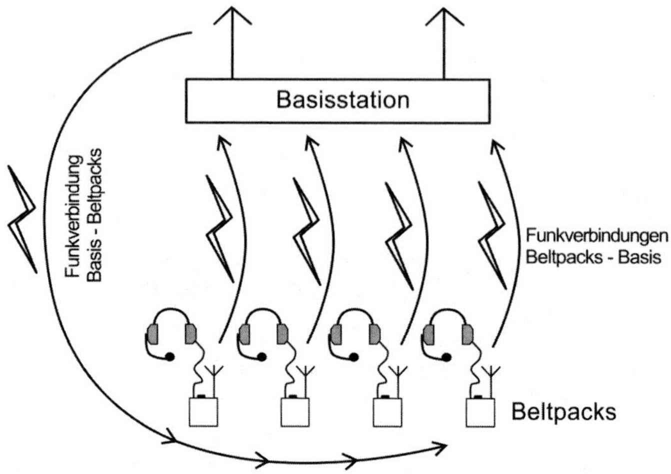

Abb. 20.13: Drahtlose Intercom (Telex)

20.2.3 Digitaler Duplex-Funk

Beispiel: FreeSpeak (Telex / Drake)

Dieses System funktioniert nach dem Prinzip des Cell-Broadcast, ähnlich wie bei GSM-Mobiltelefonen (Abb. 20.14). Die Übertragung erfolgt auf genehmigungsfreien Frequenzen im Gigahertz-Bereich; in Deutschland liegen diese zwischen ca. 1,8 und 2,5 GHz.

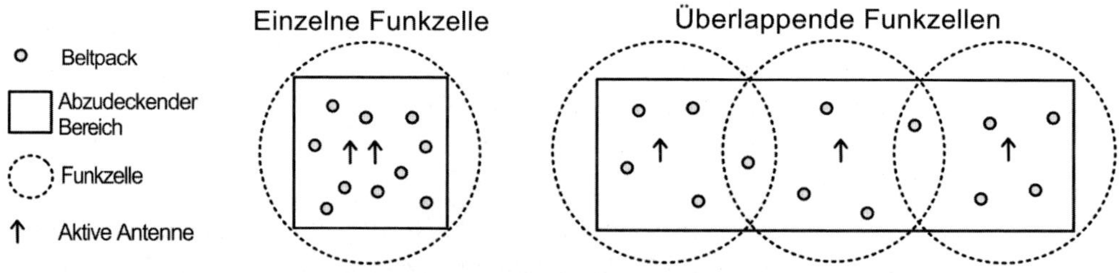

Abb. 20.14: FreeSpeak Cell Broadcast (Telex)

Über eine zusätzliche digitale Matrix zur Signalverteilung sind bis zu 200 Beltpacks gleichzeitig nutzbar. Anschlussmöglichkeiten für kabelgebundene Partyline-Systeme sind ebenfalls vorhanden.

Trotz des Vorteils, dass durch die digitale Duplexfunkverbindung eine gleichzeitige Kommunikation zwischen weitaus mehr Sprechstellen als bei der Analogtechnik möglich ist, haben sich diese Systeme noch nicht durchgesetzt. Zum einen liegt das daran, dass die Bedienung der vielen Funktionen am Beltpack über eine Menüführung nicht besonders benutzerfreundlich ist, und zum anderen sind digitale Duplexfunkanlagen noch sehr teuer.

Durchsagen im Schwabenländle

von Sabrina Zaiser

Grundsätzlich kann man sagen, dass fast jeder Probleme hat, die erste Durchsage über Mikrofon zu machen. Sei es nun in den Saal, über die Clearcom oder die Hausanlage. Die meisten stehen erst einmal wie panisch vor dem Mikrofon und bekommen keinen Ton heraus oder verhaspeln sich bei den ersten Worten, was dazu führt, das der Rest der Ansage zu schnell und sehr gequält herauskommt.

Meiner Meinung nach liegt das vor allem daran, dass man sich bei den ersten Ansagen darüber bewusst ist, dass jeder Mitarbeiter im Haus oder Zuschauer im Saal einen hören kann – und wer möchte sich schon vor ca. 1800 Gästen blamieren? Natürlich bekommt man mit der Zeit Routine und vergisst die Menschen um einen herum. Trotzdem passieren ab und zu noch witzige Versprecher bei den Ansagen.

Da unser Theater im Randbereich von Stuttgart auf dem Land liegt, zieht die Belüftungsanlage natürlich auch die Luft von den Äckern an. Was leider dazu führt, dass besonders an warmen und sonnigen Tagen auch gerne mal das Aroma eines frisch mit Gülle gedüngten Feldes ins Haus gesogen wird. Nachdem sich zahlreiche Gäste und Mitarbeiter beschwerten, machte ein Caller nach Beendigung der Vorstellung folgende Ansage ans Hinterhaus: „Ich danke euch allen für die schöne Nachmittagsvorstellung, und dafür, dass ihr den Gestank ertragen habt. Aber was soll ich sagen... Shit happens!“

Da im Allgemeinen die Ansagen an das Hinterhaus immer dieselben sind, werden sie mit der Zeit gar nicht mehr richtig wahrgenommen, außer natürlich man verspricht sich! Es gibt regelmäßig 30 Minuten, 15 Minuten und 5 Minuten vor der Show Ansagen an die Mitarbeiter. Ich machte einmal folgende: „Es sind noch 30 Minuten bis zur Vorstellung, noch eine viertel Stunde.“ Meine lieben Kollegen machten mich danach noch tagelang per eMail, Telefon und auch bei persönlichen Besuchen in meinem Büro darauf aufmerksam, dass 30 Minuten doch keine viertel Stunde seien.

Und noch eine kurze Geschichte zum Schluss: Aus Krankheitsgründen bekamen wir einen neuen Darsteller aus New York – Casey. An seinem ersten Tag im Schwabenländle musste er natürlich viele Dinge im Theater erledigen. Daher wurde er des Öfteren von einem Mitarbeiter der Pforte (ein schwäbisches Urgestein) in verschiedenen Varianten ausgerufen. Die meisten klangen wie folgt: „Käsi bitte die 605 anrufen. Kääsi bitte die 605!“ Tja, Casey aus New York heißt seit diesem Tag nur noch "Cheesy" bei Allen...

20.3 Übungsaufgaben

Aufgabe 1

Was ist eine Partyline-Intercom?

Aufgabe 2

Neben den Partylines von Clearcom werden oft auf die von RTS eingesetzt. Was ist der grundlegende Unterschied zwischen den beiden Systemen? Recherchiere dazu z. B. im Internet oder in Bedienungsanleitungen.

Aufgabe 3

Wie kann eine Zweidrahtverbindung für eine bidirektionale Kommunikation genutzt werden?

Aufgabe 4

Erkläre die Begriffe Simplex und Duplex.

Aufgabe 5

Drahtlose Kommunikationsanlagen müssen angemeldet werden, wenn sie auf genehmigungspflichtigen Frequenzen betrieben werden. Welche Behörde ist für die Frequenzzuteilung in Deutschland zuständig?

Literaturtipp

Telex. Handbook of Intercom Systems Engineering.
Telex Communications, Burnsville 2002

Download des Handbuchs als PDF über die Webseite: www.telexradiocom.com
(In die Suchfunktion „Handbook of Intercom Systems Engineering“ eingeben, der Downloadlink wird dann angezeigt).

21 Medientechnik

Der Einsatz von Ton- und Datenmedien, die Formatwandlung und der Anschluss an Netze sind Themen des dritten Lehrjahrs.

21.1 Magnetbandaufzeichnung

21.1.1 Analoge Tonbandtechnik

Analoge Aufnahmen mit Bandmaschinen gehören eigentlich schon fast der Vergangenheit an, und Veranstaltungstechniker kommen immer seltener in die Verlegenheit, mit Tonbändern hantieren zu müssen. Trotzdem kann es hilfreich sein, einige Grundlagen zu kennen, zumal die (digitale) Aufzeichnung auf dem derzeit bevorzugten Speichermedium – der Festplatte – ebenfalls magnetisch erfolgt und somit auf den gleichen Prinzipien beruht (s. Kap. 21.2.2).

Das Magnetband besteht aus ferromagnetischen Materialen wie Reineisen, Eisenoxid oder Chromdioxid. Bei der Herstellung des Magnetbandes werden magnetische Teilchen, welche kleiner als 1 µm sind, auf einen Träger aus Polyesterfilm aufgetragen. Eine Schutzschicht auf der Vorderseite des Magnetbandes schützt vor Korrosion, eine antistatische Rückseitenbeschichtung verbessert die Auf- und Abwickeleigenschaften (Abb. 21.1).

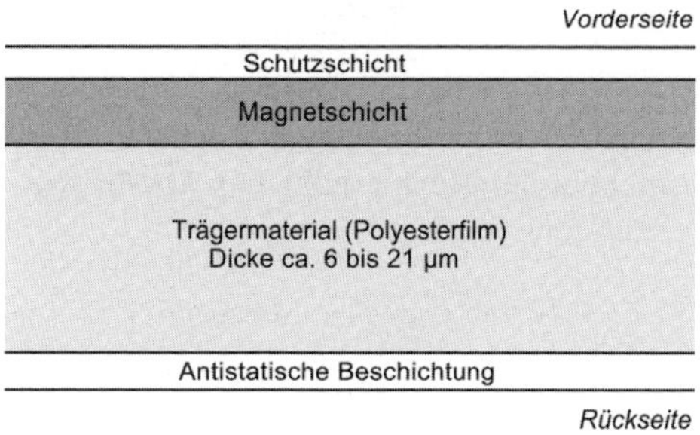

Abb. 21.1: Schnittzeichnung eines Magnetbandes

Die Magnetbandaufzeichnung beruht auf folgendem Prinzip: Wird Eisen oder ein anderes ferromagnetisches Material – die Partikel auf dem Band – in ein Magnetfeld gebracht, so richten sich dessen Teilchen nach dem Feld aus; das Material wird dadurch magnetisiert. Wenn das Magnetfeld entfernt bzw. das Band bewegt wird, verschwindet die Magnetisierung nicht ganz; es bleibt ein Restmagnetismus zurück, die so genannte *Remanenz*. Bei Bandmaschinen wird das Magnetfeld im Aufnahmekopf durch einen Elektromagneten erzeugt, in diesem Fall durch eine stromdurchflossene Spule, gewickelt um einen ringförmigen Eisenkern mit einem Spalt (Abb. 21.2).

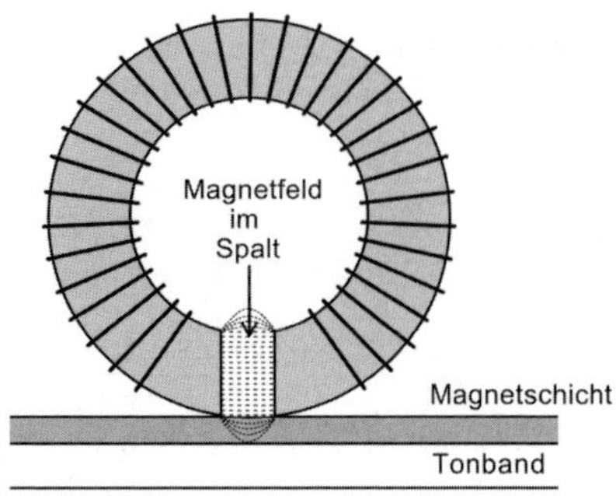

Abb. 21.2: Tonkopf einer Bandmaschine

Die Stärke eines Magnetfeldes wird durch die magnetische Feldstärke H ausgedrückt. Bei einer stromdurchflossenen Spule gilt der Zusammenhang:

$$H = I \cdot \frac{N}{l}$$ (Formel 21.1)

Einheit [A/m]
I : Stromstärke [A]
N : Windungszahl der Spule
l : Länge der magnetischen Feldlinien [m]

Ein kleiner Strom erzeugt also ein schwaches, ein großer Strom ein starkes Magnetfeld. Der Zusammenhang zwischen dem Strom I und der Remanenz B_r ist allerdings nur in einem gewissen Bereich linear (Abb. 21.3). Die Polarität des Magnetfeldes (Nord- und Südpol der Spule) ändert sich bei Wechselstrom mit der Richtung des Stromflusses. Dementsprechend gibt es eine positive Remanenz $+B_r$ und eine negative Remanenz $-B_r$. Bei kleinen Strömen bleibt nur eine geringe Remanenz. Wird der Strom kontinuierlich erhöht, so nimmt die Remanenz linear zu, bis schließlich die magnetische Sättigung erreicht ist.

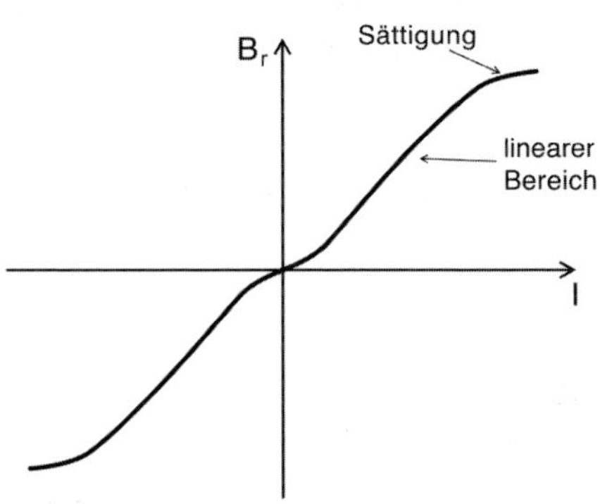

Abb. 21.3: Remanenzkennlinie

Die nicht durchgängig lineare Remanenzkennlinie würde bei Tonbandaufnahmen nichtlineare Verzerrungen nach sich ziehen und damit zusätzliche Obertöne beim aufgezeichneten Signal hervorrufen. Um diesen unerwünschten Effekt zu umgehen, wird dem Nutzsignal ein zusätzliches Hochfrequenzsignal mit ca. 100 kHz überlagert. Man nennt dieses Verfahren HF-Vormagnetisierung oder Bias.

Die Amplitude des hochfrequenten Mischsignals (s. Kap. 6.13.1) wird dabei so gewählt, dass die Schwingungen des Nutzsignals im linearen Bereich der Remanenzkennlinie zu liegen kommen (Abb. 21.4).

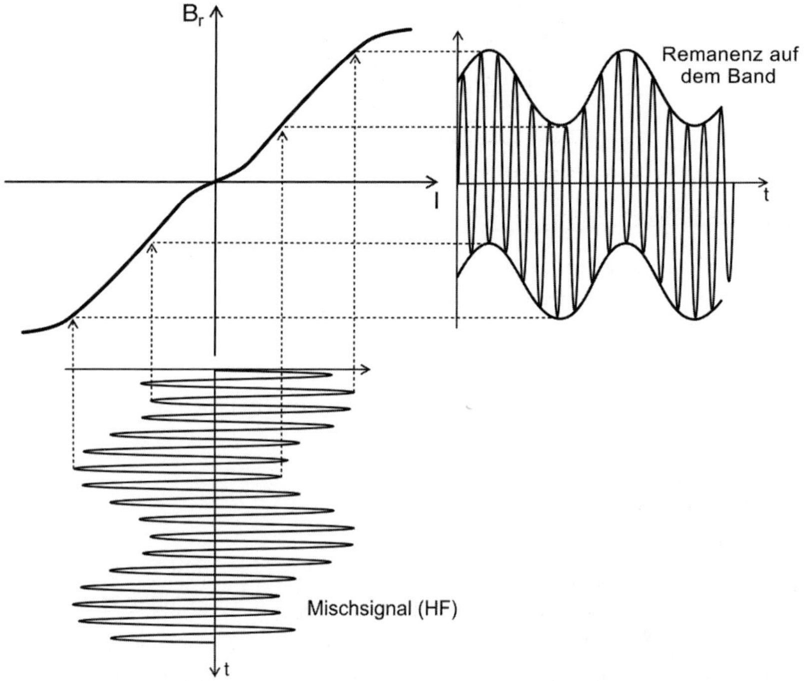

Abb. 21.4: HF-Vormagnetisierung

Die bei diesem Verfahren zusätzlich entstehenden, hochfrequenten Signalanteile liegen außerhalb des Hörbereichs, werden also nicht wahrgenommen. Zudem werden durch die Bandflussdämpfung (s. u.) hohe Frequenzen mit geringerem Pegel aufgezeichnet.

Bandfluss

Der Bandfluss Φ ist ein Maß für die Stärke der Magnetisierung des Magnetbandes:

$$\Phi = B \cdot A \qquad \text{(Formel 21.2)}$$

Einheit Weber [Wb]

B : magnetische Flussdichte [T] im Zentrum einer Spule bzw. am Kopfspalt des Aufnahmekopfes

A : Fläche, auf welche die magnetische Flussdichte einwirkt [m²]

Beim Magnetband ist diese Einwirkfläche abhängig von der Breite der Tonspuren (Tab. 21.1) und der Dicke der Magnetschicht.

Tab. 21.1: Breite von Magnetbändern

Breite	Anwendung
1/4 Zoll (6,3 mm)	2-Spur Stereo oder Vollspur Mono
1/2 Zoll (12,7 mm)	8-Spuraufnahmen
1 Zoll (25,4 mm)	16-Spuraufnahmen
2 Zoll (50,8 mm)	24-Spuraufnahme

Beispiel: Ein 1 kHz-Sinuston mit einem absoluten Spannungspegel von 0 dB_U erzeugt bei der Aufzeichnung auf ein Vollspur-Monoband mit 6,3 mm Breite und einer Schichtdicke von 13 µm (Einwirkfläche $A \approx 80 \cdot 10^{-9}\ m^2$) eine Flussdichte von B = 0,04 T. Der Bandfluss berechnet sich hier also mit:

$$\Phi = 0{,}04\ T \cdot (80 \cdot 10^{-9}\ m^2) = 3200 \cdot 10^{-12}\ Wb = 3200\ pWb$$

Bei Mehrspuraufnahmen wird nicht die gesamte Breite des Tonbandes genutzt, sondern für jeweils eine Einzelspur nur ca. 1 mm. Der Bandfluss für eine Spur beträgt dann:

$$\frac{3200\ pWb}{6{,}3\ mm} = 514\ pWb/mm = 514\ nWb/m$$

Dies ist damit auch der Normbandfluss, bezogen auf f = 1 kHz mit 0 dB_U und einer Bandgeschwindigkeit von 15 Zoll pro Sekunde (38 cm/s). Wird mit maximal +6 dB_U ausgesteuert, erhöht sich der Bandfluss auf 520 nW/m.

Der magnetische Fluss auf dem Band nimmt zu hohen Frequenzen hin ab, diesen Effekt nennt man Bandflussdämpfung.

Wellenlänge auf dem Band

Wird ein Magnetband an einem mit Wechselstrom durchflossenen Aufnahmekopf vorbeigezogen, verbleibt in Längsrichtung des Bandes eine entsprechend wechselnde Remanenz.

Ist die Bandgeschwindigkeit hoch, ist die Wellenlänge der aufgezeichneten Magnetisierung groß. Umgekehrt verhält es sich bei einer langsamen Bandgeschwindigkeit: Die Wellenlänge ist hier klein (Abb. 21.5).

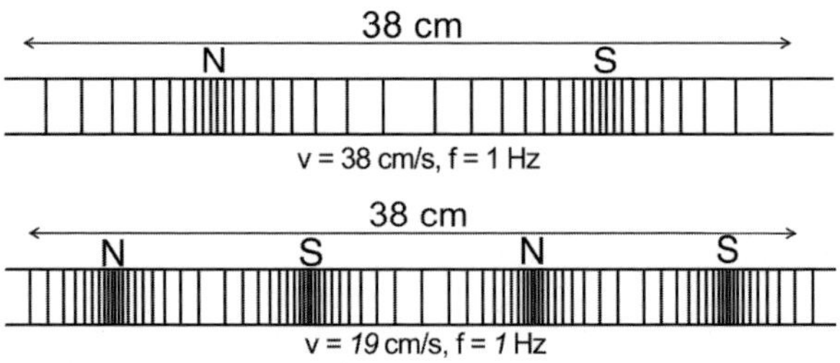

Abb. 21.5: Bandgeschwindigkeit und Wellenlänge

Wird dagegen bei *konstanter* Bandgeschwindigkeit ein Nutzsignal mit tiefer Frequenz aufgezeichnet, ist die Wellenlänge der wechselnden Remanenz groß. Wird eine hohe Frequenz bei gleicher Geschwindigkeit aufgezeichnet, ist die Wellenlänge klein (Abb. 21.6).

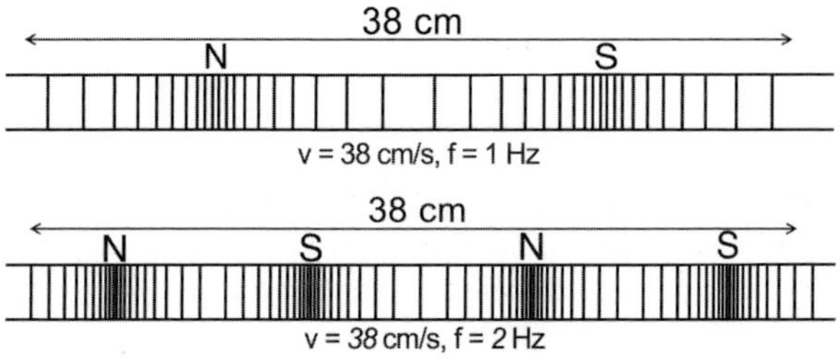

Abb. 21.6: Frequenz des Nutzsignals und Wellenlänge auf dem Band

Zusammenhang zwischen der Wellenlänge λ, der Bandgeschwindigkeit v und der aufgezeichneten Frequenz f:

$$\lambda = \frac{v}{f} \qquad \text{(Formel 21.3)}$$

Die Bandgeschwindigkeit bei professionellen Maschinen beträgt wahlweise 7,5 Zoll pro Sekunde (19 cm/s) oder 15 Zoll pro Sekunde (38 cm/s). Bei der höheren Geschwindigkeit ergibt sich eine höhere obere Grenzfrequenz.

Obere Grenzfrequenz von Bandmaschinen

Die Spaltbreite des Kopfes bestimmt den kleinsten magnetisierbaren Bereich auf dem Band und damit die minimale Wellenlänge des aufzuzeichnenden Signals:

$$\lambda_{min} \approx 2d \qquad \text{(Formel 21.4)}$$

λ_{min}: kleinste mögliche Bandwellenlänge [m] (s. o.)
d : Spaltbreite [m]

Die obere Grenzfrequenz f_{go} hängt wiederum von der Bandgeschwindigkeit v und der kleinsten möglichen Bandwellenlänge λ_{min} ab:

$$f_{go} = \frac{v}{\lambda_{min}} \qquad \text{(Formel 21.5)}$$

Einheit [Hz]
v : Bandgeschwindigkeit [m/s]
λ_{min}: kleinste mögliche Bandwellenlänge [m]

Da die magnetisierbaren Teilchen nicht unendlich klein sein können und der Spalt eines Tonkopfes ebenfalls nicht beliebig klein konstruiert werden kann (er ist bei der analogen Magnetbandaufzeichnung zwischen 3 und 8 μm groß), ergibt sich eine obere Grenzfrequenz von ca. 20 kHz.

Pegel bei Tonbandaufnahmen

Hersteller von Bandmaschinen geben vor, mit welchem optimalen Arbeitspegel das Signal auf das Magnetband aufgezeichnet werden soll. Zum Beispiel beträgt der Arbeitspegel bei der 24-Spur-Maschine MTR-90 von Otari (Abb. 21.7) +6 dB_U bei einem Bandfluss von 520 nWb/m. Bei Überschreiten dieses Pegels tritt zunehmend eine Bandsättigung auf; es werden dem aufgezeichneten Signal nichtlineare Verzerrungen hinzugefügt und die Pegelspitzen komprimiert (Bandkompression). Wenn das Tonband schließlich nicht mehr stärker magnetisiert werden kann, ist die volle Bandsättigung erreicht, und das aufgezeichnete Signal klingt stark verzerrt. Eine leichte Übersteuerung und damit eine gewisse Bandkompression können durchaus erwünscht sein. Oft wird dieser Effekt als der „warme Charakter" einer analogen Aufnahme beschrieben.

Abb. 21.7: Analoge 24-Spur Bandmaschine (Otari MTR-90)

Aufbau einer Bandmaschine

Abb. 21.8 zeigt den prinzipiellen Aufbau einer Bandmaschine. Die wichtigsten Funktionseinheiten sind:

1. Abwickelteller: Abwickeln des Bandes und schneller Bandrücklauf.

2. Aufwickelteller: Aufwickeln des Bandes und schneller Bandvorlauf.

3. Umlenkrollen: Stabilisierung des Bandlaufs und Einschalten der Tonwelle.

4. Löschkopf (Erase Head): Stärkste Magnetisierung des Bandes.

5. Aufnahmekopf (Sync Head): Zur Aufnahme *und* Wiedergabe.

6. Wiedergabekopf (Repro Head): Zur Hinterbandkontrolle mit besserem Frequenzgang.

7. Hochfrequenzgenerator: Vormagnetisierung und Löschstrom für den Löschkopf.

8. Aufnahmeverstärker.

9. Wiedergabeverstärker.

10. Andruckrolle aus Gummi.

11. Tonwelle (Capstan): Läuft permanent mit Sollgeschwindigkeit und zieht das Band an den Köpfen vorbei.

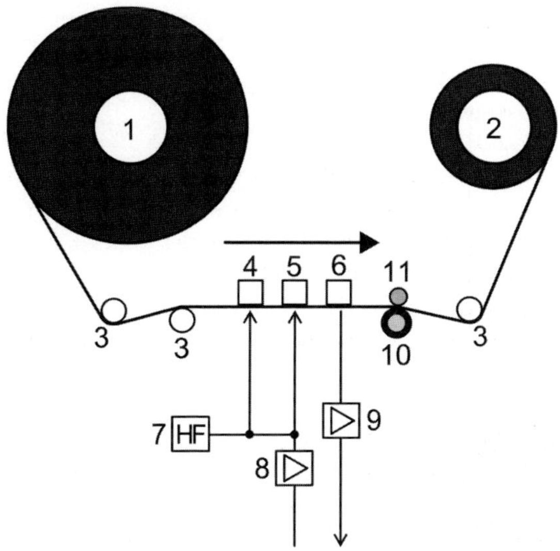

Abb. 21.8: Bandmaschine

Kompandertechnik

Kompander ist ein Kunstwort, das sich aus **Komp**ressor und Exp**ander** ableitet. Das Signal wird vor der Aufnahme in der Dynamik eingeengt (Kompression), und bei der Wiedergabe wird die Dynamik wieder hergestellt (Expansion). Der Vorteil dieses Verfahrens ist eine deutliche Verringerung des Bandrauschens (Abb. 21.9). Ohne eine Kompanderschaltung zur Rauschunterdrückung wurde der Signal-Rausch-Abstand bei einem 1/4 Zoll-Tonband bei ca. 55 bis 65 dB liegen. Mit Rauschunterdrückung werden deutlich bessere Werte erreicht, die zum Teil an die Audio-CD mit ca. 98 dB heranreichen (s. Kap. 13.2).

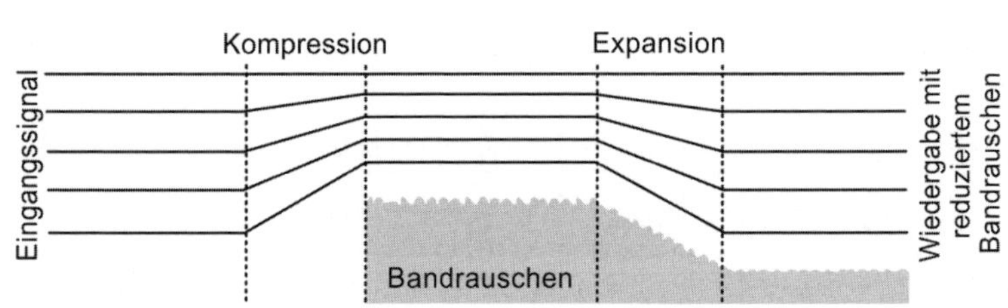

Abb. 21.9: Prinzip der Kompandertechnik

Im professionellen Studiobereich konnten sich nur die Kompandersysteme von Dolby (Dolby A und Dolby SR) durchsetzen, vereinzelt wurde auch ein System von Telefunken (Telcom C4) verwendet.

Dolby A

Dolby A war eines der ersten Kompandersysteme für die Magnettonaufzeichnung, das bereits 1966 auf den Markt kam. 1972 wurde das System für einen größerem Dynamikumfang und einen besseren Frequenzgang überarbeitet. Das Audiosignal wird bei Dolby A in vier Frequenzbändern parallel komprimiert (Abb. 21.10).

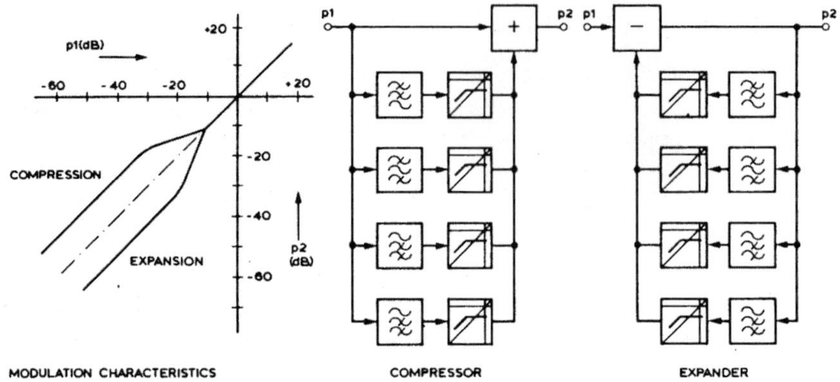

Abb. 21.10: Dolby A

Dolby SR

Dolby SR wurde ab 1987 eingesetzt. Die Abkürzung SR steht für „Spectral Recording", was darauf hinweist, dass der Kompander eine an das Gehör angepasste, spektrale Funktion aufweist. Die bei Dolby SR erreichbare Dynamik steht den digitalen Verfahren in nichts nach.

Telcom C4

Telcom C4 bearbeitet wie Dolby A ebenfalls vier Frequenzbänder parallel. Die Schaltungstechnik aber ist etwas umfangreicher (Abb. 21.11). Mit Telcom C4 werden ähnlich gute Werte erreicht wie mit Dolby SR.

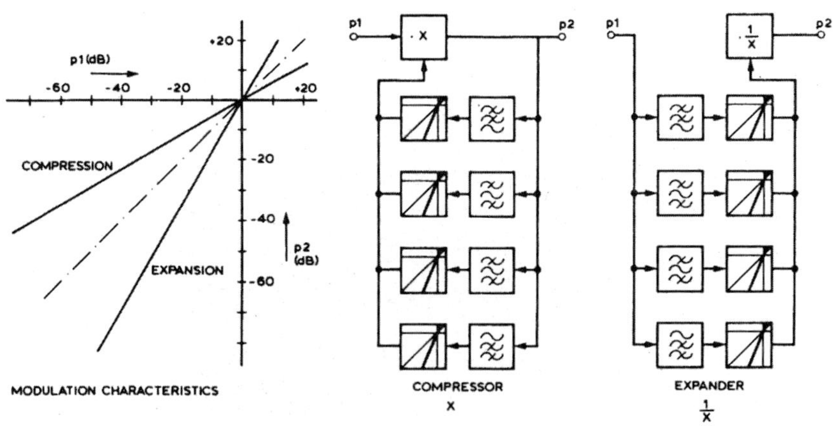

Abb. 21.11: Telcom C4

21.1.2 Digitale Magnetbandaufzeichnung

Lange Zeit wurden Magnetbänder auch zum Speichern digitaler Audiodaten eingesetzt. Erst als Festplatten ausreichend Kapazität hatten und finanziell erschwinglicher wurden, geriet die digitale Magnetbandaufzeichnung ins Hintertreffen.

Digitale Magnetbandtechnik mit feststehenden Köpfen (Längsspurverfahren)

Die digitale Magnetbandaufzeichnung mit feststehenden Köpfen wird auch DASH (Digital Audio with Stationary Heads) genannt. Das DASH-Format wurde von Sony, Studer und Matsushita entwickelt (Abb. 21.12). Es ermöglicht eine Aufzeichnung mit den Abtastfrequenzen 44,1 oder 48 kHz, bei einer Auflösung von 16 Bit. Digitale Audiosignale haben eine größere Bandbreite als analoge Audiosignale; die obere Grenzfrequenz liegt weit oberhalb von 20 kHz.

Berechnung der oberen Grenzfrequenz f_{go} für eine Tonspur mit 48 kHz und 16 Bit:

$$f_{go\,(48\,kHz)} = 48\,kHz \cdot 16 = 768\,kHz$$

Zur Aufzeichnung digitaler Audiodaten müssen also die Partikel auf dem Band weiter verkleinert, die Bandgeschwindigkeit erhöht und die Spaltbreite der Köpfe verringert werden (s. Kap. 21.1.1).

Digitale Daten werden vor der Aufzeichnung auf Magnetband in einen speziellen Kanalcode gewandelt und mit Prüfsummen zu Fehlerkorrektur versehen. Ohne eine effektive Fehlerkorrektur würden schon kleinste Fehler im Band oder Verschmutzungen zu einem unumkehrbaren Datenverlust führen.

Es gibt DASH-Maschinen für 1/4 Zoll- und 1/2 Zoll-Bänder, und es können bis zu 48 Spuren aufgezeichnet werden.

Abb. 21.12: Köpfe einer DASH-Maschine (Studer D820)

Digitale Magnetbandtechnik mit rotierenden Köpfen (Schrägspurverfahren)

Bandmaschinen mit rotierenden Köpfen sind etwas erschwinglicher als DASH-Maschinen, da hier auf die bereits vorhandene und bewährte Technik der Videoaufzeichnung zurückgegriffen wird. Aufgrund der höheren Band-Kopf-Geschwindigkeit können sie auch digitale Audiosignale mit höheren Abtastraten und Bit-Auflösung aufzeichnen.

Das bekannteste Format, das mit rotierenden Köpfen aufgezeichnet wird, ist R-DAT (Rotary Head Digital Audio Tape) oder kurz DAT (Abb. 21.13).

Abb. 21.13: Kopftrommel eine DAT-Recorders (Tascam DA-20 MkII)

DAT-Recorder sind seit 1987 auf dem Markt. Das Format ermöglicht eine Aufzeichnung von zwei Kanälen mit einer Abtastfrequenz bis zu 96 kHz und 24 Bit.

Berechnung der oberen Grenzfrequenz f_{go} für zwei Tonspuren mit 96 kHz und 24 Bit:

$$f_{go\,(96\,kHz)} = 96\ kHz \cdot 24 \cdot 2\ Kanäle \approx 4{,}6\ MHz$$

Die Kopftrommel dreht sich mit 2000 Umdrehungen pro Minute, und in Verbindung mit der Schrägspuraufzeichnung (s. u.) wird eine relative Bandgeschwindigkeit von 313 cm/s erreicht. Die Spaltbreite beträgt nur ca. 0,3 bis 0,5 µm, die obere Grenzfrequenz liegt damit bei ca. 20 MHz. Zusätzlich zum Audiosignal können also auch noch weitere Daten, die Subcodes, aufgezeichnet werden, welche beispielsweise Angaben zu den einzelnen Tracks enthalten.

Das Magnetband ist in einer Kassette untergebracht; die Mechanik des Recorders zieht das Band aus dem Kassettengehäuse und legt es um den rotierenden Kopf (Abb. 21.14).

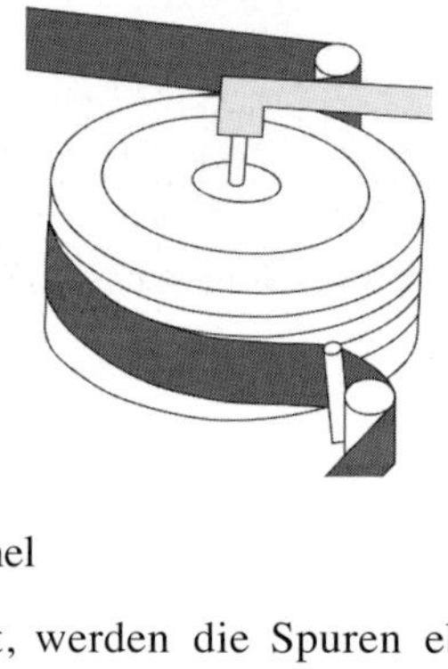

Abb. 21.14: Rotierende Kopftrommel

Da die Kopftrommel schräg steht, werden die Spuren ebenfalls schräg auf das Band aufgezeichnet; daher die Bezeichnung Schrägspurverfahren (Abb. 21.15).

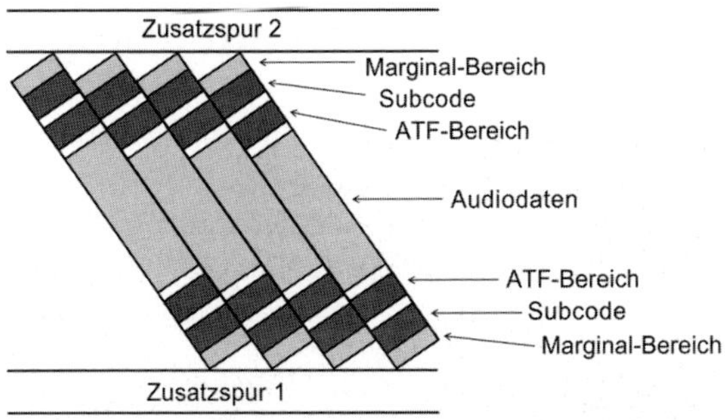

Zusatzspuren: Bei professionellen DAT kann hier ein LTC-Timecode aufgezeichnet werden.

Marginal-Bereiche: Enthalten keine Daten; stellen den stabilen Kontakt zwischen dem Band und den rotierenden Köpfen sicher.

Subcode-Bereiche: Start-Punkte, Programm-Nummern etc.

ATF-Bereiche: Automatic Track Finding; Signale zur automatischen Spurnachführung.

Abb. 21.15: Schrägspurverfahren bei DAT

Aussteuerung bei digitalen Signalen

Bei der Analog-zu-Digital-Wandlung gibt es eine absolute Obergrenze für die Aussteuerung. Da ein A/D-Wandler nur fest definierte, diskrete Zahlenwerte ausgeben kann, ist bei der höchsten zu wandelnden Spannung die Vollaussteuerung erreicht (s. Kap. 13.2). Die Vollaussteuerung liegt damit bei 0 dB_{FS}. Der Index ‚FS' steht für Full Scale. Bei Überschreitung der Vollaussteuerung kommt es sofort zu heftigen Verzerrungen mit hohem Pegel.

Welcher absoluter Spannungspegel 0 dB_{FS} entspricht, legen die Hersteller von digitalen Wandlern fest. Für Wandler in professionellen digitalen Mischpulten oder Aufzeichnungsmedien werden beispielsweise +24 dB_U als Referenzwert für Full Scale angegeben. Wenn dann wie in Tab. 21.2 mit +6 dB_U digital aufgezeichnet wird, bleibt ein Sicherheitsabstand (Headroom) von 18 dB.

Tab. 21.2: Beispiel Aussteuerung Analog und Digital (0 dB_{FS} = 24 dB_U)

Absoluter Spannungspegel	Digital	Bandfluss	Bemerkung
+24 dB_U	0 dB_{FS}	-	Aussteuerungsgrenze D/A-Wandler
+8 dB_U	-16 dB_{FS}	804 nWb/m	Obere Aussteuerungsgrenze von Bandmaschinen
+6 dB_U	-18 dB_{FS}	520 nWb/m	Arbeitspegel der Bandmaschine Otari MTR-90
+4 dB_U	-20 dB_{FS}	507 nWb/m	Studiopegel USA
0 dB_U	-24 dB_{FS}	320 nWb/m	Referenzspannung von 0,775 V

21.2 Digitale Audioaufnahmen am Computer

21.2.1 Soundkarten

Aufgrund der zunehmenden Prozessor- und Speicherleistung eignet sich inzwischen fast jeder handelsübliche Computer für die Audiobearbeitung. Bei einer professionellen Verwendung ist aber zumindest eine qualitativ gute Soundkarte unabdingbar (Abb. 21.16).

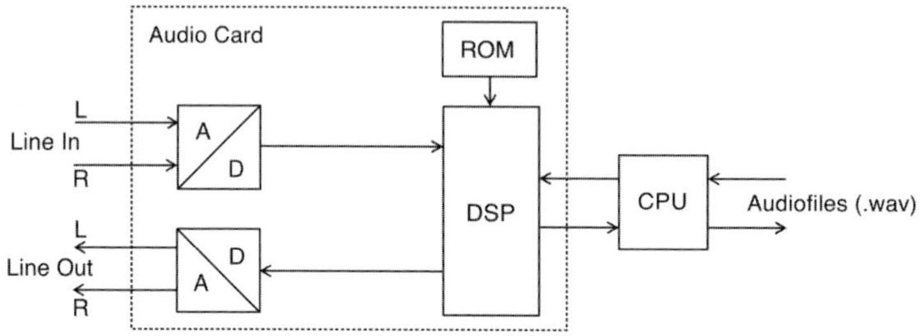

DSP : Digital Sound Processor

ROM : Read Only Memory; Arbeitsanweisungen für den DSP

Abb. 21.16: Prinzip einer Soundkarte

Interne Soundkarten

Es ist nicht zu empfehlen, über den Soundchip auf der Hauptplatine aufzunehmen, da die Gesamtleistung des Systems beeinträchtigt wird und oft eine schlechte Klangqualität gegeben ist. Auch gibt es meist nur wenige Anschlüsse auf der Hauptplatine, in der Regel nur Mic/Line In und Stereo Line Out.

Eine bessere Klangqualität und weitere Anschlüsse für analoge und digitale Audiosignale bieten Steckkarten für den PCI-Bus (Abb. 21.17). Soundkarten für Surround-Wiedergabe sind inzwischen die Regel, und oft ist auch ein MIDI-Interface integriert. Die Wiedergabe von MIDI-Dateien erfolgt entweder über eine Wave-Table-Synthese, d. h. Klangbeispiele (Samples) verschiedener Musikinstrumente sind im ROM-Chip abgelegt und werden bei Bedarf abgespielt, oder es wird die FM-Synthese angewandt, bei der ein zusätzlicher FM-Synthese-Chip auf der Soundkarte mit bestimmten Algorithmen ein Instrument nachbildet.

Abb. 21.17: Interne PCI-Soundkarte (Die Anschlüsse sind auf Abb. 13.30 zu sehen)

Externe Soundmodule

Auf dem Markt sind zahlreiche Soundmodule für den Anschluss über USB oder FireWire erhältlich (s. Kap. 14.4). Mehrkanalige Interfaces mit mindestens acht Ein- und acht Ausgangskanälen sind gängig, und durch eine Kaskadierung (Zusammenschaltung) können damit ohne Probleme auch Mehrspuraufnahmen mit 24 und mehr Kanälen erstellt werden (Abb. 21.18).

Externe Geräte haben meist mehr Anschlussmöglichkeiten; neben MIDI auch zusätzliche digitale Audioschnittstellen (S/P-DIF oder AES/EBU) oder für eine Synchronisation über eine Wordclock.

Je mehr Optionen bzw. Ein- und Ausgänge das Soundmodul besitzt, desto mehr Strom benötigt es; die Schnittstelle des Computers kann diesen unter Umständen gar nicht zur Verfügung stellen. Daher verfügen die meisten Geräte über externe Netzteile.

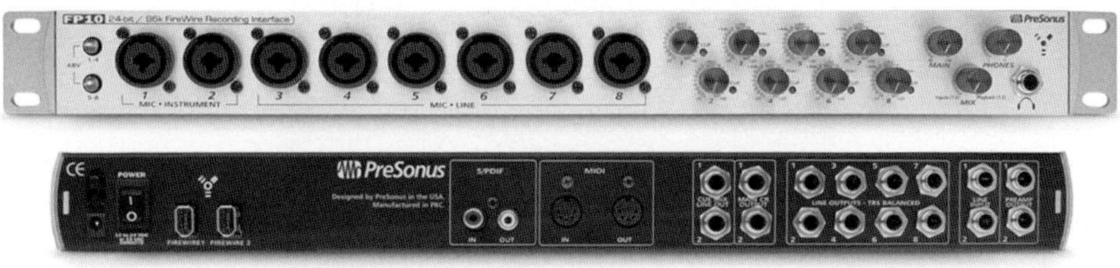

Abb. 21.18: Externer Wandler (PreSonus FIREPOD; oben: Vorderseite, unten: Rückseite)

21.2.2 Speichermedien für Audiodateien

Festplatten

Festplatten sind Aluminiumplatten, die beidseitig mit einer Magnetschicht aus einer Kobaltlegierung versehen sind. Bei diesem magnetischen Speichermedium liegt die digitale Information als magnetischer Flusswechsel vor. Die Schreib-Lese-Köpfe schweben auf einem dünnen Luftpolster in einem Abstand zur Platte von weniger als 50 nm. Die Daten sind in Spuren, Zylindern und Sektoren auf der Platte verteilt.

Zugriffszeit, Datentransferrate und Kapazität sind die Parameter, nach denen eine Festplatte beurteilt wird, und es sind ständig steigende Kapazitäten verfügbar. Bei den ersten Festplatten waren es nur wenige MByte, heutzutage gibt es schon einige Terabyte. Festplatten sind im Computer eingebaut und auch als Wechselfestplatten mit USB- oder FireWire-Anschluss verfügbar. Standardgrößen: 3,5 Zoll für Desktopcomputer, 2,5 Zoll für Notebooks (Abb. 21.19) und 1,8 Zoll für MP3-Player.

Die Datenrate und Ausfallsicherheit kann durch Kombination mehrerer Festplatten erhöht werden (Redundant Array of Independent Discs = RAID). Es gibt verschiedene Varianten von RAID-Systemen; die gebräuchlichsten sind:

RAID 0: Ein RAID-Controller verteilt die Daten auf mehrere Festplatten. Dadurch ergibt sich noch keine Ausfallsicherheit, aber eine höhere Datenrate.

RAID 1: Die Daten werden parallel auf mehrere Festplatten geschrieben, damit ist eine volle Ausfallsicherheit gegeben.

RAID 5: Nutzdaten werden wie bei RAID 0 auf mehrere Festplatten verteilt, ebenso zusätzliche Prüfsummen, die zur Fehlerkorrektur dienen. Damit ist bei RAID 5 mit vier Festplatten die Datensicherheit beim Ausfall von maximal einer Platte gewährleistet. Die Daten können mit Hilfe der Prüfsummen wieder rekonstruiert werden, wenn die fehlerhafte Platte ausgetauscht wurde. Die Gesamtkapazität eines RAID 5-Systems beträgt ca. 3/4 der Summe aller Festplatten, da die Daten mehrfach (redundant) gespeichert werden.

Abb. 21.19: Notebook-Festplatte (Gehäuse geöffnet)

Compact Disc Digital Audio (CD-DA)

Die CD Digital Audio wurde 1982 von Philips und Sony entwickelt. Die Spezifikationen dazu sind im Red Book festgelegt. Die CD ist ein als Langzeitspeicher ausgelegtes, optisches Speichermedium. Ein Laser mit einer Wellenlänge von 780 nm tastet die Oberfläche der CD ab, welche die digitalen Daten in Form winziger Erhebungen (Lands) und Vertiefungen (Pits) enthält. Beim Übergang von Pit zu Land und umgekehrt ändert sich das Reflexionsverhalten der verspiegelten CD-Oberfläche. Ein Fotodetektor registriert die Lichtänderung des reflektierten Laserstrahls und erzeugt eine entsprechende Ausgangsspannung. Die Pits und Lands sind nur ca. 0,6 µm breit; die Länge variiert, da diese die digitale Information darstellt (Abb. 21.20). Die Spuren haben einen Abstand von ca. 1,6 µm. Die Abtastgeschwindigkeit beträgt bei konstanter Bahngeschwindigkeit 1,2 m/s.

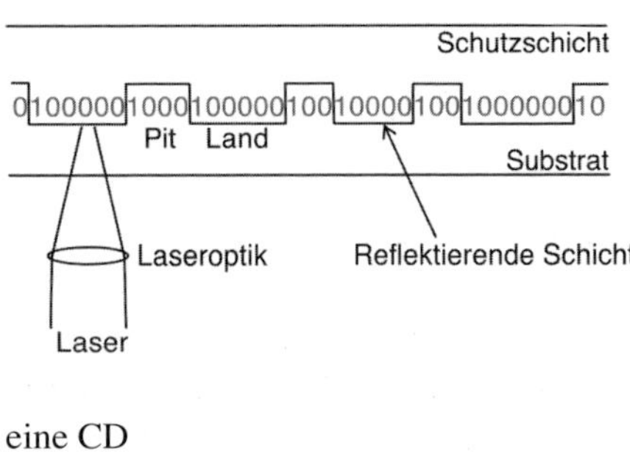

Abb. 21.20: Schnitt durch eine CD

Compact Disc Recordable (CD-R)

Die Compact Disc Recordable ist eine einmal beschreibbare CD. Die Spezifikationen sind im Yellow und im Orange Book festgeschrieben, hier steht beispielsweise auch die Definition des Dateisystems nach ISO 9660 (u. a. Festlegung der maximale Dateigröße, zulässige Zeichen für Dateinamen, alphabetische Ordnung der Verzeichnisse). Eine CD-R, die sich an diese Vorgaben hält, kann auf jedem Computer gelesen werden. Standard sind CD-R-Rohlinge mit 700 MByte Speicherkapazität (ca. 80 Minuten Audio); manchmal werden auch Rohlinge mit 800 MByte verwendet (ca. 90 Minuten Audio).

Digital Versatile Disc Recordable (DVD±R)

Seit 1997 ist die DVD als Nachfolger der CD auf dem Markt. Ursprünglich wurde die DVD als Massenmedium für Videodaten entwickelt, sie wird aber inzwischen auch für die Audiodistribution eingesetzt (DVD-Audio). Die Daten werden mit dem Dateisystem UDF (Universal Disc Format) gespeichert, das eine Weiterentwicklung von ISO 9660 ist. Der Laser hat für die DVD eine Wellenlänge von 650 nm. Der Abstand der Spuren beträgt nur 0,74 µm und die Abtastgeschwindigkeit ist 4 m/s höher als bei der CD. Es können daher wesentlich mehr Daten gespeichert werden, weil eine DVD die Daten auf beiden Seiten und in maximal vier Schichten (Layer) tragen kann (Abb. 21.21).

Speicherkapazitäten:

- DVD-5: SS/SL 4,7 GByte.
- DVD-9: SS/DL 8,5 GByte.
- DVD-10: DS/SL 9,4 GByte.
- DVD-18: DS/DL 17,1 GByte.

Single Side (SS); Double Side (DS); Single Layer (SL); Double Layer (DL).

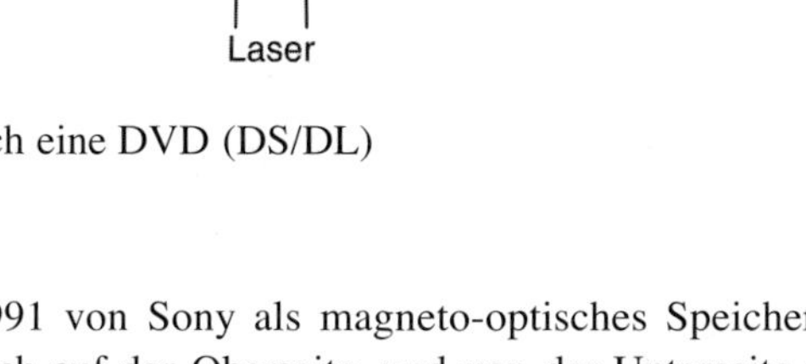

Abb. 21.21: Schnitt durch eine DVD (DS/DL)

MiniDisc

Die MiniDisc wurde 1991 von Sony als magneto-optisches Speichermedium entwickelt. Die Datenschicht befindet sich auf der Oberseite, und von der Unterseite werden die Daten berührungslos durch einen Laser ausgelesen oder geschrieben. Ein von unten auf die MiniDisc gerichteter Laser heizt dabei eine magnetisierbare Schicht auf. Von der Oberseite werden dann die Daten durch einen kleinen Elektromagneten aufgeschrieben. Die Magnetisierung bleibt nach dem Abkühlen dauerhaft erhalten und ist sehr unempfindlich für magnetische Störeinflüsse.

Der Spurabstand beträgt ca. 1,5 µm, Schreib- und Lesevorgänge erfolgen mit einer konstanten Bahngeschwindigkeit von ca. 1,4 m/s. Die Disc mit 2,5 Zoll Durchmesser befindet sich zum Schutz in einem Kunststoffgehäuse. Um das Eindringen von Staub zu verhindern, wird der Schiebeverschluss des Gehäuses erst beim Einlegen in den Recorder (Abb. 21.22) automatisch entriegelt und zur Seite geschoben.

Im Gegensatz zur CD werden bei der MiniDisc die Daten nicht sequenziell in einer Spur geschrieben, sondern sind in Sektoren organisiert. Dadurch können einzelne Titel gelöscht oder verschoben werden. Ein Inhaltsverzeichnis, das TOC (Table of Contents), verweist auf die einzelnen Titel, so dass diese wiedergefunden werden können.

Abb. 21.22: MiniDisc-Recorder (Denon DN-M991R)

21.2.3 Audiodateien

Unkomprimierte Audiodateien

Hier werden die Audiodaten der Pulscodemodulation (PCM, s. Kap. 13.2) unkomprimiert, also unverändert, vollständig und ohne Informationsverlust als Datei abgespeichert. Gängige Dateiformate für unkomprimiertes digitales Audiomaterial sind zum Beispiel Wave und AIFF.

Wave (.wav)

Dieses Dateiformat wurde von Microsoft und IBM entwickelt und stellt eine Erweiterung des Resource Interchange File Format (RIFF) dar, welches für das Betriebssystem Windows vorgesehen ist. Wave ist ein Containerformat für PCM-Audio; dieser Daten-Container kann prinzipiell aber auch andere Daten enthalten. Eine Wave-Datei besteht aus einzelnen Datenpaketen, die auch *Chunks* genannt werden.

Broadcast Wave File (BWF / .wav)

BWF ist eine Weiterentwicklung des Wave-Formates durch die European Broadcast Union (EBU). Das Format entspricht im Wesentlichen dem von Wave – es gibt aber einen zusätzlichen Chunk zur Identifizierung als BWF und zur Speicherung von Metadaten (Description, Name of the Producer, Reference No., Date & Time, Coding History). Der Container kann PCM- oder MPEG-Daten enthalten.

AIFF (.aiff)

Das Audio Interchange File Format (AIFF) wurde von Apple entwickelt. Es ist ein Container für LPCM-Daten (Linear Pulse Code Modulation) und basiert auf dem Interchange File Format (IFF). Die Chunks haben eine ähnliche Struktur wie bei Wave-Dateien.

Komprimierte Audiodateien

Verlustfreie Datenkompression

Verlustfreie Kompression bedeutet, dass die ursprünglichen Audiodaten bei der Dekompression wieder vollständig hergestellt werden können.

Beispiele für verlustfreie Audiokompressionsverfahren:

- MLP (Meridian Lossless Packing) oder auch PPCM (Packed PCM) genannt. Von Meridian Audio für die Audio-DVD entwickelt.
- DST (Direct Stream Transfer): Von Philips und Sony für die Super Audio CD entwickelt. Das DSD Stream File (Datei-Endung .dsf) wird letztlich im Direct Stream Transfer auf die SACD übertragen (s. Kap. 13.3).
- ALAC (Apple Lossless Audio Codec) im MPEG-4 Container zum Beispiel für iPods (Datei-Endung .m4a).
- FLAC (Free Lossless Audio Codec), entwickelt von der Xiph.Org Foundation.

Verlustbehaftete Datenkompression

Die verlustbehaftete Datenreduktion von Audiodateien beruht auf psychoakustischen Modellen. Vereinfacht kann gesagt werden: was der Mensch nicht hören kann, wird weggelassen. Zum Beispiel wird die Hörschwelle durch laute Töne angehoben, leise Töne unter der Hörschwelle werden daher nicht kodiert. Ebenso werden durch spektrale und zeitliche Verdeckung maskierte Klänge ignoriert (s. Kap. 4.2.3). Dieses Verfahren wird daher auch Irrelevanzreduktion genannt.

Wird die Kompressionsrate allerdings zu niedrig angesetzt, können bei der Dekodierung Signalstörungen in Form von Kompressionsartefakten auftreten. Diese äußern sich zum Beispiel als klirrend-metallische Vor- oder Nach-Echos oder als insgesamt verwaschener Klang, besonders in den hohen und tiefen Frequenzbereichen. Eventuell kann sich bei Stereomischungen auch der räumliche Eindruck verändern.

Trotz der klanglichen Nachteile wird die verlustbehaftete Datenreduktion vielfach eingesetzt, da es erst dadurch möglich geworden ist, große Datenmengen mit kleiner Bandbreite über Netzwerke oder das Internet zu übertragen.

Beispiele für verlustbehaftete Audiokompressionsverfahren:

- MPEG-1 Layer 3 (.mp3): MP3 wurde vom Fraunhofer Institut in Erlangen entwickelt. Es sind feste oder variable Bitraten möglich (8 bis 448 kBit/s). In ID3-Tags werden Metadaten wie Titel, Interpret, Album, Jahr, etc. gespeichert. Inzwischen gibt es auch eine Erweiterung zu MP3-Surround.
- Ogg Vorbis (.ogg): Ogg Vorbis ist ein freier Codec für die Audiokompression. Der Container enthält Multimedia-Daten (Audio, Video und Text) und ist im Aufbau ähnlich wie MPEG-Audio. Das Dateiformat ist mehrkanalfähig.

- Windows Media Audio (.wma): WMA ist vergleichbar mit MP3 und hat variable Bitraten bis zu 768 kBit/s. Es ist eine Wiedergabe in 7.1 Surround möglich.
- Dolby AC3 (.ac3): Dieses Dateiformat basiert auf einem Standard des Advanced Television Systems Committee (ATSC). Die Bitraten reichen von 32 bis 640 kBit/s. AC3 ist für den Surround-Ton bei Wiedergabe von Film und Video optimiert.

Formatwandlung

Eine Formatwandlung unkomprimierter Audiodateien sollte ohne Probleme möglich sein, solange nicht die Abtastfrequenz oder die Auflösung geändert werden muss. Die PCM-Daten werden einfach von Container zu Container übertragen.

Wechsel der Abtastfrequenz (Down-/Up-Sampling): Hier kann es bei der Umrechnung zu Verlusten kommen, da entweder Samples verworfen (Down-Sampling), oder durch Interpolation neu berechnete Samples eingefügt werden müssen (Up-Sampling).

Wechsel der Auflösung (Requantisierung): Bei einer Requantisierung von einer höheren auf eine niedrigere Bitanzahl (z. B. 24 auf 16 Bit) ist eventuell ein Dither-Algorithmus notwendig (s. Kap. 13.2). Eine Requantisierung von einer niedrigeren auf eine höhere Auflösung (z. B. 16 auf 24 Bit) ist weniger problematisch, da die fehlenden Bits einfach mit Nullen aufgefüllt werden. Beispielsweise kann dies notwendig sein, wenn eine 16 Bit-Datei mit einem 24 Bit- oder 32 Bit-Audio-PlugIn bearbeitet werden soll oder mehrere Signale digital zusammengemischt werden.

Es wird allgemein empfohlen, erst am Ende der Bearbeitungskette auf eine niedrige Auflösung zu wechseln, falls dies notwendig sein sollte (das gleiche gilt für die Abtastfrequenz).

Formatwandlung bei der verlustfreien Datenkompression

Nach einer Rückwandlung in PCM-Audio erfolgt eine Formatwandlung wie oben beschrieben. Wenn bei der Wandlung keine Fehler auftreten, sollte dies ohne hörbare Einschränkungen auch mehrfach möglich sein.

Formatwandlung bei der verlustbehafteten Datenkompression

Auch hier muss eine Rückwandlung in PCM-Audio erfolgen, allerdings kann dieser Vorgang nicht beliebig oft wiederholt werden, da die Kompressionsartefakte bei jeder Wandlung zunehmen.

21.2.4 Software zur Audiobearbeitung

Software zur Audiobearbeitung kann eingeteilt werden in:

- Programme zur Bearbeitung von Samples, d. h. Mono-, Stereo- oder Mehrspur-Audiodateien.
- Digital Audio Workstations (DAW): Mehrspurprojekte mit integriertem Mischer.
- Cue-Player für den Live-Einsatz zur Audio- und MIDI-Wiedergabe.

Im Folgenden werden einige Beispiele häufig verwendeter Audioprogramme aufgezeigt. Bezüglich der Bedienung der Software sei auf die Webseiten der Hersteller und auf die jeweiligen Produkthandbücher verwiesen.

Sample-Bearbeitung

Audacity (Windows, Mac OS und Linux)

Audacity ist eine Open Source Software, die für verschiedene Betriebssysteme erhältlich ist (Kostenloser Download unter http://audacity.sourceforge.net). Es ist lediglich ein Editing in Mono oder Stereo möglich; Surroundformate werden (noch) nicht unterstützt. Es werden Audiodateien mit max. 32 Bit Auflösung und einer Abtastfrequenz bis 96 kHz unterstützt. Dateitypen: WAV, AIFF, AU, MP3, MP2 und Ogg Vorbis. Es werden Equalizer, Dynamics und weitere Effekte (VST-PlugIns) zur Klangbearbeitung eingesetzt.

WaveLab (Windows)

WaveLab von Steinberg (Abb. 21.23, www.steinberg.de) ermöglicht ein Editing in Stereo und Surround. Es sind Abtastfrequenzen bis zu 384 kHz bei 32 Bit Auflösung möglich. Dateitypen (Auswahl): WAV, AIFF, AU, MP3, MP2, RAW und WMF. WaveLab bietet umfangreiche Metering- und Analyse-Anzeigen, die vor allem beim Mastering und DVD-Authoring sehr nützlich sind. Werkzeuge zur Klangbearbeitung sind Equalizer, Dynamics und weitere Effekte, die als VST-PlugIns optional einbindbar sind.

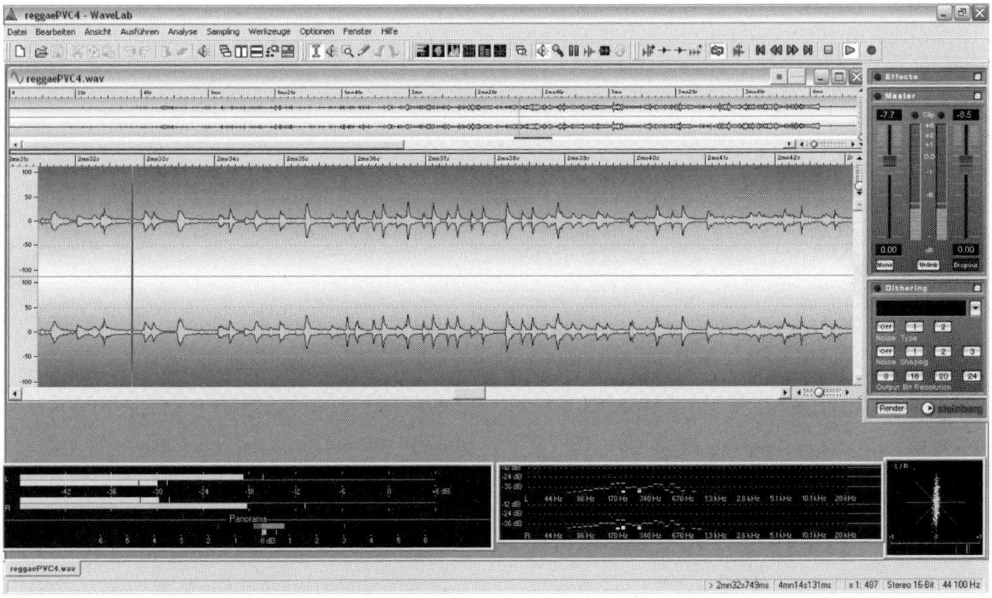

Abb. 21.23: Screenshot WaveLab (Windows)

Digital Audio Workstations

Cubase (Windows und Mac OS)

Cubase von Steinberg (www.steinberg.de) ist ein Programm, das Recording, Editing und den Mix mehrerer Audio- oder MIDI-Spuren ermöglicht. MIDI-Sequencing, Notensatz und Notendruck sind weitere Anwendungsgebiete. Die Klangbearbeitung von Spuren oder Samples erfolgt mit Equalizer, Dynamics und weiteren Effekten (VST-PlugIns). Cubase unterstützt ASIO- und Core-Audio-kompatible Hardware. Dateitypen (Auswahl): AIFF, WAV, BWF, MP3, Ogg Vorbis, WMA, Optional: Dolby AC3 und DTS. Es ist ein Import oder Export von OMF-Dateien möglich, daneben ein Video-Import von MPEG 1 und 2, AVI, QuickTime und WMV.

ProTools (Mac OS)

ProTools von Digidesign (Abb. 21.24, www.digidesign.com) ermöglicht Recording, Editing und Mix mehrerer Spuren. Ein komfortables Arbeiten bei der Abmischung wird durch Hardware-Controller wie der ICON-Mischkonsole ermöglicht. ProTools-Systeme basieren auf einer eigenen Audio-Hardware mit integrierten DSP. Es gibt spezielle PlugIns für ProTools (TDM-PlugIns). Dateitypen (Auswahl): SD2, AIFF, WAV, AAF-Export für AVID-Systeme, Optional: Dolby Surround, Dolby AC3, DTS und WMA.

ProTools ist in zwei Versionen erhältlich:

- Einfachste Version: ProTools LE mit den Audio-Schnittstellen 003 oder Mbox.
- Professionelle Ausführung: HD Core-Karte für den PCI-Bus und ProTools HD Audio-Schnittstelle.

Abb. 21.24: Screenshot ProTools (Mac OS)

Cue-Player

SFX (Windows)

Die Firma Stage Research (www.stageresearch.com) vertreibt das Programm SFX. Mit Hilfe einer Szenenliste (Cue-Liste) können Sound-, MIDI- und Special-Cues abgespielt werden. Es wird eine ASIO-Audiowiedergabe von WAV, MP3 und WMA unterstützt. SFX hat eine interne Mischmatrix, die es ermöglicht, die Sounds auf verschiedene Ausgänge zu Routen. Per MIDI kann das Programm auch ferngesteuert werden.

QLab (Mac OS)

QLab von Figure 53 (Abb. 21.25, http://figure53.com) hat eine Cue-Liste für Audiodateien und MIDI-Befehle. Play, Stop und Blenden sind die Standardfunktionen für die Audiowiedergabe. Weiterhin ist eine Ausgabe von MIDI-Befehlen (hier speziell MIDI Show Control) möglich. QLab kann auch über MIDI ferngesteuert werden. Unterstützte Audioformate sind WAV, AIFF, MP3 und weitere. Quicktime-Videos können ebenfalls abgespielt werden. QLab verfügt über eine interne 8 x 16-Mischmatrix.

Abb. 21.25: Screenshot QLab (Mac OS)

21.3 Anschluss an Netze

Der Datenaustausch über ein Netzwerk ist wesentlich komfortabler als die vorher gezeigten Datenträger (CD, DVD und Festplatte), vor allem bei großen Datenmengen. Dieses Kapitel behandelt die Grundlagen der Netzwerktechnik, speziell des Ethernet und geht anschließend auf Audionetze ein.

21.3.1 Netz-Topologien

Bei Netz-Topologien wird unterschieden zwischen...

1. Physikalische Topologie = Reale Verbindungsstruktur zwischen mehreren Computern.
2. Logische Topologie = Beschreibung des (virtuellen) Datenflusses zwischen den Computern.

Physikalische Topologien

Bus-Topologie

Hier sind alle Geräte (Netzwerkteilnehmer) in Reihe an ein Hauptkabel angeschlossen (Abb. 21.26). Es kann allerdings immer nur ein Teilnehmer Daten senden, die anderen sind währenddessen blockiert. Die Datenübertragung erfolgt nach dem Prinzip „Carrier Sense Multiple Access / Collision Detection", kurz: CSMA/CD. Die Netzwerkteilnehmer erkennen eine Kollision von Daten am Signalpegel. Der nächstliegende Teilnehmer einer Datenkollision sendet ein spezielles Signal, den so genannten Jam-Block, welcher allen anderen diese Störung mitteilt. Alle Teilnehmer stellen jetzt das Senden von Daten ein. Nach Ablauf einer gewissen Zeit (unterschiedlich und zufällig) fangen die Netzwerkteilnehmer wieder an zu senden.

Bei Ausfall eines Teilnehmers hat dies keine Auswirkung auf das Netz; wird aber der Bus unterbrochen, hat das den Ausfall des ganzen Netzes zur Folge.

Bei Verwendung eines Koaxial-Netzwerkkabels kommt es ohne Terminierung aufgrund des unendlich hohen Widerstandes zur Reflexion am Kabelende (s. Kap. 11.2.4). Eine ungestörte Datenübertragung wird erst möglich, wenn die Reflexion am Kabelende durch einen Abschlusswiderstand verhindert wird.

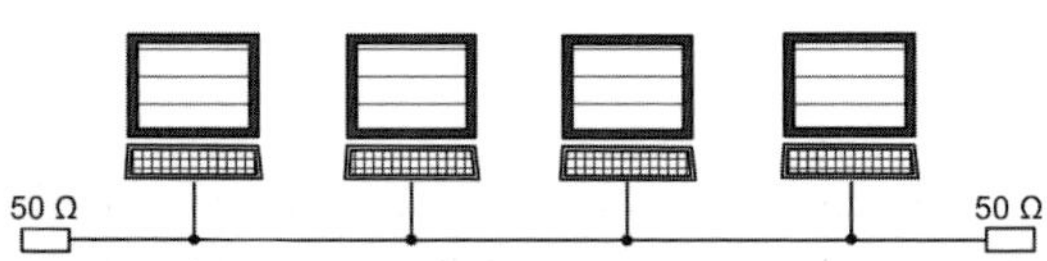

Abb. 21.26: Bus-Topologie

Ring-Topologie

Bei der Ring-Topologie ist jedes Endgerät mit zwei anderen verbunden, es entsteht dadurch ein geschlossener Ring (Abb. 21.27). Alle Stationen funktionieren als Verstärker (Repeater), und somit sind auch lange Distanzen zur Datenübertragung möglich. Damit mehrere Teilnehmer gleichzeitig Daten senden und empfangen können, ist ein eindeutiges Adressierungsverfahren notwendig. Ist ein Teilnehmer gestört, fällt normalerweise das ganze Netz aus. Um dies zu verhindern, gibt es eine Protection-Umschaltung. Hierbei wird der „Arbeitsweg" in einer bestimmten Drehrichtung um den Ring geführt, der Ersatzweg in entgegen gesetzter Drehrichtung. Ein Ringleitungsverteiler wechselt bei einem gestörten Endgerät die Richtung der Datenübertragung.

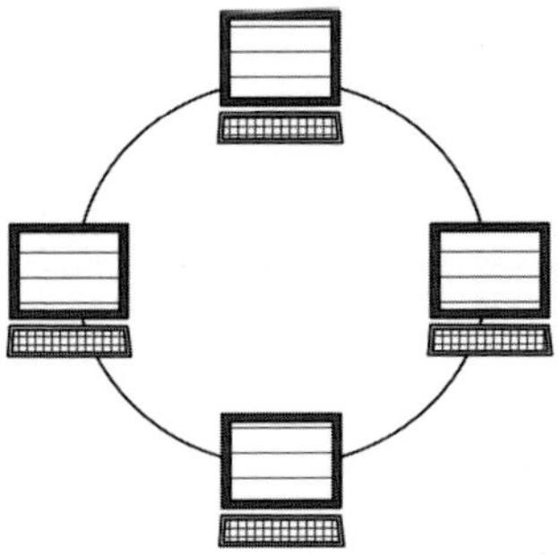

Abb. 21.27: Ring-Topologie

Stern-Topologie

Bei einer Stern-Topologie gibt es einen zentralen Teilnehmer (Abb. 21.31). Dies muss nicht unbedingt ein vollständiger Computer sein, sondern eventuell auch nur ein Hub oder ein Switch (s. Kap. 21.3.3). Fällt allerdings der zentrale Teilnehmer aus, hat das den Ausfall aller Verbindungen zur Folge. Als Schutzmaßnahme wird daher oft ein zweiter, redundanter zentraler Teilnehmer eingerichtet. Ein Ausfall eines Endgerätes hat dagegen keine Auswirkungen auf den Rest des Netzes.

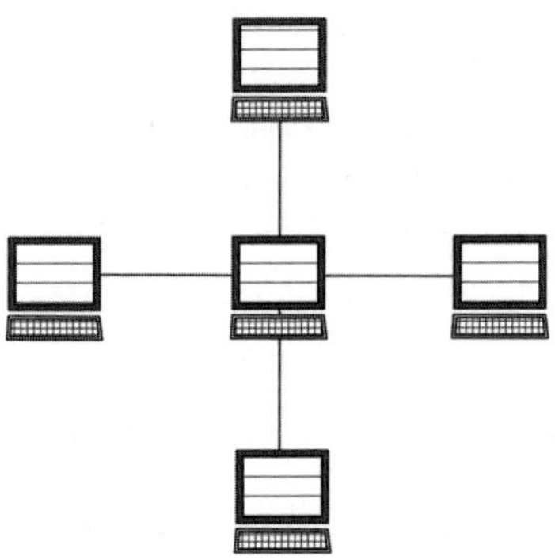

Abb. 21.28: Stern-Topologie

Dezentrale Strukturen

Dezentrale Topologien werden auch vermaschte Netze genannt. Jedes Endgerät ist mit mindestens einem anderen Teilnehmer, meist aber mit mehreren verbunden (Abb. 21.29). Man spricht von einem vollständig vermaschten Netz, wenn jeder Teilnehmer mit jedem verbunden ist. Beim Ausfall eines Rechners werden die Daten einfach auf einen anderen Weg umgeleitet (Routing), damit ist eine dezentrale Struktur die sicherste Netzwerktopologie.

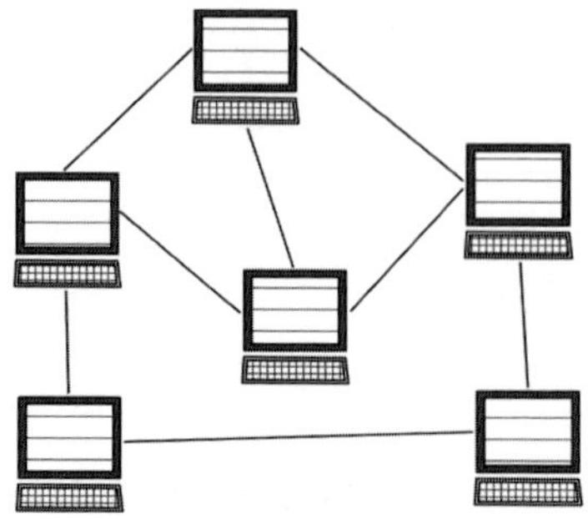

Abb. 21.29: Dezentrale Netztopologie

Logische Topologien

Eine logische Topologie definiert die Art, wie die Daten innerhalb des Netzes geleitet werden. Die logische Topologie kann von der physikalischen abweichen.

Beispiel Ethernet (s. Kap. 21.3.4): Physikalisch kann ein Ethernet als Bus oder Stern aufgebaut sein, logisch ist es aber immer eine Bus-Topologie. Auch die logische Topologie eines Wireless Local Area Network (WLAN) ist immer eine Bus-Topologie.

21.3.2 OSI-Schichtenmodell

Die Abkürzung OSI steht für Open Systems Interconnection. Das OSI-Schichtenmodell wurde 1984 von der International Standardization Organisation (ISO) entwickelt, um eine einheitliche Rahmenbedingung zu schaffen, damit Computer mit verschiedenster Hardware und Betriebssystemen miteinander in Netzen kommunizieren können. Es definiert die Komponenten der Datenkommunikation und ordnet diese bestimmten logischen Schichten zu (Abb. 21.30).

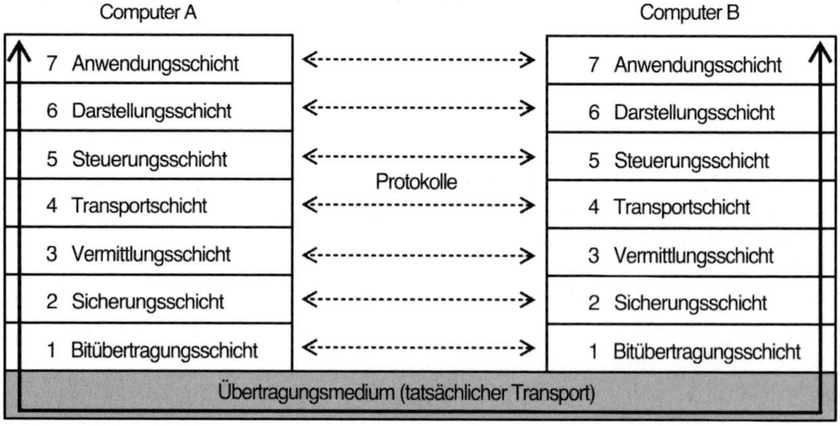

Abb. 21.30: OSI-Modell

Innerhalb einer Schicht findet eine virtuelle Kommunikation über so genannte Protokolle statt. Der reale Weg der Daten geht dabei allerdings durch die Schichten und über das Übertragungsmedium. Nicht alle Implementierungen der Schichten halten sich in der Praxis an das OSI-Modell, da es eben nur ein Modell ist und eine Empfehlung darstellt. Allerdings kann es erst einen ungestörten und grenzenlosen Datenaustausch geben, wenn alle Hard- und Softwareentwickler die gleichen Protokolle benutzen.

Erläuterungen zu den einzelnen OSI-Schichten

Schicht 1: Bitübertragung und Übertragungsmedium

- Festlegung von Spannungen, Frequenzen, Modulationsverfahren und Synchronisation für das entsprechende Übertragungsmedium (Kupferkabel, Glasfaser oder Funkübertragung).
- Definition verschiedener Netzwerkausdehnungen, Local Area Network (LAN), Metropolitan Area Network (MAN) und Wide Area Network (WAN).

Schicht 2: Sicherung

- Fehlererkennung und -korrektur der übertragenen Daten.
- Flusssteuerung und Synchronisation der Datenblöcke.
- Festlegung der physikalischen Hardware-Adresse (Medium Access Control, MAC).

Schicht 3: Vermittlung

- Transport eines Datenpakets, Vermittlung, Wegewahl (Routing), Fehlerbehandlung, Netzmanagement, logische Adressierung.
- Beispiel: Internet Protocol (IP).

Schicht 4: Transport

- Datenmultiplex und Dienstgütemerkmale.
- Kommunikation zwischen dem Netzwerk und einer Anwendung.
- Prozess-zu-Prozess-Verbindungen, zum Beispiel Aufbau einer virtuellen Verbindung in einem Virtual Private Network (VPN).
- Transmission Control Protocol (TCP).

Schicht 5: Kommunikationssteuerung

- Garantiert das Bestehen einer Verbindung durch Anforderung, Aufbau, Kontrolle und Koordination von Sitzungen und Datenströmen. Stellt die Verbindung bei Unterbrechungen wieder her.
- Beispiele: Punkt-zu-Punkt- oder Multicast-Verbindungen.

Schicht 6: Darstellung

- Umsetzung der lokalen Datenformate in standardisierte Formate für den Transport (Intel- und Motorola-Prozessoren benutzen unterschiedliche Darstellungsarten für die Daten).
- Kodierungs-, Konvertierungs- und Kompressionsverfahren.
- Beispiele: ASCII, TIFF und MPEG.

Schicht 7: Anwendungen

- Interaktion mit der Anwendungs-Software, welche eine Netzübertragung anfordert.
- Beispiel: File Transfer Protocol (FTP).

21.3.3 Ethernet

Ein Ethernet ist durch die Norm IEEE 802.3 standardisiert und umfasst die OSI-Schichten eins und zwei. Ethernet ist ein busbasiertes Netz, und die Datenübertragung erfolgt nach dem oben beschriebenen CSMA/CD-Prinzip. Allerdings ist auch ein Vollduplex-Modus möglich, bei dem die Zugriffsauflösung durch einen oder mehrere Switches erfolgt.

Hub und Switch

Hub = Verteiler, der die Datenströme zu den parallel angeschlossenen Zielrechnern lenkt. Nachteil: Kollisionen bei hohen Datenaufkommen, die Datenrate sinkt dabei.

Switch = Intelligenter Verteiler mit einem internen Hochleistungsbus oder einer Matrix, die den Datenstrom leiten. Vorteil: Weniger Datenkollisionen.

Datenpakete im Ethernet

Im Ethernet erfolgt die Übertragung mit Datenpaketen wie in Tab. 21.3 dargestellt.

Tab. 21.3: Ethernet-Paket

Ethernet-Paket								
Präambel	SFD	Ethernet-Frame						
		MAC-Adresse Empfänger	MAC-Adresse Sender	VLAN	Typ-Feld	Daten	Füllfeld	Prüfsumme
7 Byte	1 Byte	6 Byte	6 Byte	4 Byte	2 Byte	64 bis 1500 Byte	variabel	4 Byte

Aufbau des Ethernet-Datenpaketes:

Präambel: Sieben Byte mit einer alternierenden Bitfolge (10101010...).

SFD = Start Frame Delimiter; ein Byte mit der Bitfolge 10101011 zeigt das Ende der Präambel an.

Die *MAC-Adressen* von Empfänger und Sender sind jeweils sechs Byte lang.

VLAN = Virtual Local Area Network; vier Byte, die anzeigen, ob ein virtuelles Netzwerk innerhalb eines physikalischen Netzes genutzt wird.

Typ-Feld: Zwei Byte lang. Welche Nutzdaten werden übertragen? (z. B. Internet Protocol, AppleTalk, Novell u. a.).

Daten: 46 bis 1500 Byte für die eigentlichen Nutzdaten.

Füllfeld: Die Minimalgröße des gesamten Ethernet-Frames beträgt 64 Byte; sind die Nutzdaten zu kurz, müssen Füll-Bytes eingefügt werden.

Prüfsumme: Vier Byte, die zur Fehlererkennung durch den Empfänger herangezogen werden.

Die Geschwindigkeit der Datenübertragung variiert je nach Ethernettyp:

- 10 MBit/s (Koaxialkabel mit 50 Ω , Twisted-Pair CAT-5 oder Glasfaser).
- 100 MBit/s (Twisted-Pair CAT-5 oder Glasfaser).
- 1 Gigabit (Twisted-Pair CAT-5 oder Glasfaser).
- 10 Gigabit (Twisted-Pair CAT-7 oder Glasfaser).

Eine Audioübertragung in Echtzeit ist über Ethernet machbar, wenn jeder Teilnehmer über einen eigenen Switch geleitet wird (sternförmige Verkabelung). Dann steht jeder Station die volle Datenrate zur Verfügung. Weiterhin sollte für die Audioübertragung mindestens ein Ethernet mit 100 MBit/s oder besser ein Gigabit-Ethernet genutzt werden. Über Twisted-Pair-Kabel (Abb. 21.31) ist auch eine Stromversorgung der Endgeräte möglich.

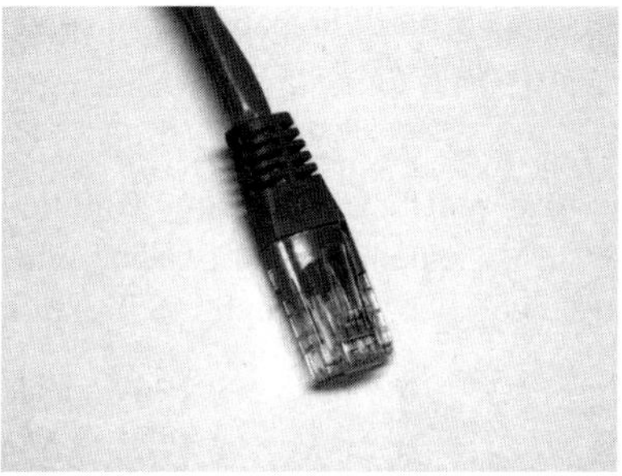

Abb. 21.31: RJ45-Stecker an einem Twisted-Pair-Kabel (CAT-5)

21.3.4 Audionetze

Bei einer großen Beschallungsanlage mit analoger Signalübertragung über Kupferkabel kann die Anzahl der Einzelleitungen enorm sein. Für jedes Signal wird jeweils eine eigene symmetrische Verbindung benötigt (s. Kap. 11.2.3). Digitale Audiosignale dagegen können zu mehreren mit Hilfe von Zeitmultiplex (Time Division Multiplex, TDM, s. Kap. 13.6) ohne Probleme über ein einzelnes Kabel übertragen werden. Darüber hinaus lassen sich digitale Audiodaten in Netzwerken weitläufig verteilen. Dabei hat die digitale Audionetzwerktechnik gegenüber einer analogen Signalverteilung einige Vorteile:

- Ein Audiosignal ist überall im Netzwerk verfügbar.
- Neben Audio können auch Steuer- und Zusatzdaten verteilt werden.
- Es ist ein beliebiges Routen der Daten im Netzwerk möglich.

Audionetze können zum einen ethernetkompatibel sein und damit auf handelsüblichen Computern mit Ethernettechnik basieren, oder es werden proprietäre (herstellerspezifische) Systeme angeboten. Die Übertragung der Audiodaten erfolgt dann meist mit dem AES/EBU- oder dem MADI-Protokoll (s. Kap. 13.6). Im Folgenden werden die derzeit am häufigsten genutzten Audionetzwerke vorgestellt.

Ethernetkompatible Netzwerke

EtherSound (Digigram)

Die Signalverteilung im EtherSound-Netz erfolgt mit handelsüblichen Ethernet-Komponenten. Über Twisted-Pair CAT-5 werden bidirektional 64 Audiokanäle mit 24 Bit und 48 kHz oder alternativ 32 Kanäle mit 24 Bit und 96 kHz übertragen. Die Latenz beträgt 125 µs (bei 48 kHz). Jedes weitere Gerät im Netz verlängert die Latenz um 1,4 µs.

> **Latenz (lat.: latens = verborgen).**
>
> Zeitraum, der zwischen einem (verborgenen) Ereignis und dem Eintreten der sichtbaren Reaktion verstreicht. In der digitalen Audiotechnik ist damit die Zeitverzögerung durch die A/D- und D/A-Wandlung gemeint. Bei mehrkanaligen, seriellen Audioprotokollen (wie z. B. MADI) berücksichtigt man zusätzlich die Zeitspanne, die vergeht, bis von einem Kanal die nachfolgenden Daten übertragen werden.

Über EtherSound ist bei einer Bus- und bei einer Ring-Topologie eine Signalübertragung bis 100 Meter gesichert (Abb. 21.32). Mit einem Switch ist auch eine Stern-Topologie möglich, allerdings ist dann die Verbindung nicht mehr vollständig bidirektional (Abb. 21.33).

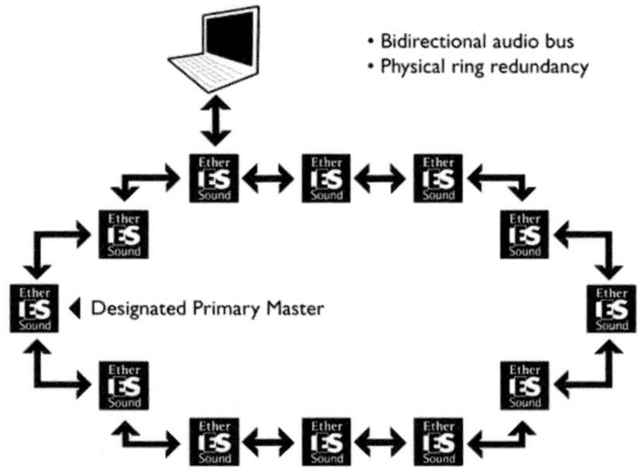

Abb. 21.32: Ethersound mit Ring-Topologie

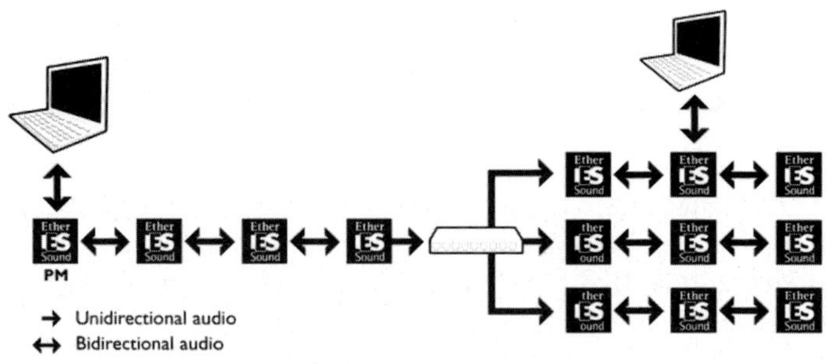

Abb. 21.33: Ethersound mit kombinierter Bus- und Stern-Topologie

CobraNet (Cirrus Logic)

Ein CobraNet (Abb. 21.34) kann mit Twisted-Pair CAT-5 oder Lichtwellenleiter verkabelt werden. Bei einem Ethernet mit 100 MBit/s werden bidirektional 64 Audiokanäle mit 20 Bit und 48 kHz übertragen. Wird ein Gigabit-Ethernet genutzt, können sogar bis zu 700 Audiokanäle mit maximal 32 Bit und 192 kHz bei einer Datenrate von 43 GBit/s verteilt werden. Das System hat konstante Latenzen bei mittleren, großen und sehr großen Anlagen (1,33 ms, 2,66 ms und 5,33 ms). Eine Sterntopologie mit doppelten Verbindungen garantiert eine hohe Ausfallsicherheit. Ein Gerät im Netz funktioniert als Master für die Netzwerksynchronisation; wenn dieses ausfällt, übernimmt ein anderer Netzteilnehmer die Taktfunktion. Weiterhin ist im CobraNet Power over Ethernet zur Stromversorgung der angeschlossenen Geräte möglich.

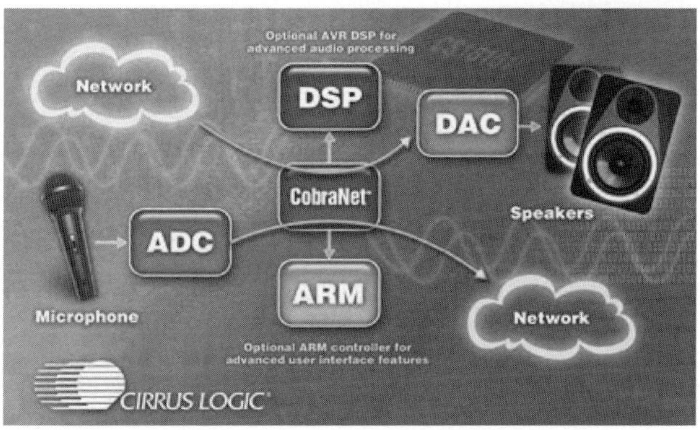

Abb. 21.34: CobraNet

Proprietäre Systeme

A-Net (Aviom)

Für ein A-Net wird eine Verkabelung mit Twisted-Pair CAT-5e empfohlen. Das „e" steht für Enhanced, d. h. es gelten höhere Anforderungen an Kabellänge und Übersprechen. Eine sichere Signalübertragung ist dann bis max. 120 Meter gewährleistet. Für längere Wegstrecken kann ein MMF-Lichtwellenleiter mit einer Reichweite von bis zu 2 Kilometern zum Einsatz kommen. In einem A-Net werden 64 Audiokanäle mit 24 Bit und 48 kHz parallel übertragen. Mögliche Datenformate sind AES/EBU, MIDI, GPIO, RS232 und RS422. Die Latenz beträgt in einem A-Net konstante 460 µs. Als Topologien können Bus, Stern oder Kombinationen davon aufgebaut werden. Die Konfiguration eines A-Net ist über Hardware (Abb. 21.35) und Software möglich. Über das Netzwerkkabel läuft auch eine Gleichstromversorgung, allerdings kann diese nur von der jeweils ersten Station in der Signalkette genutzt werden. Alle weiteren Geräte benötigen ein eigenes Netzteil.

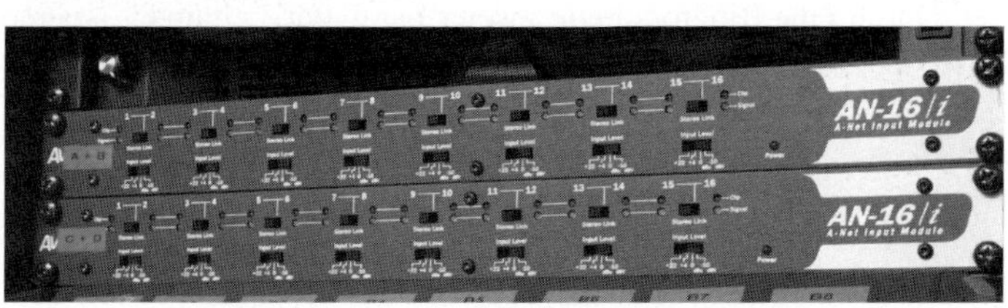

Abb. 21.35: Aviom A-Net Input Module

RockNet (Media Numerics)

Wird für ein RockNet ein CAT-5 eingesetzt, ist eine Datenübertragung bis zu 150 m gesichert, mit einem zusätzlichen Repeater sogar bis 450 m. Es kann auch eine Verbindung über SMF-Lichtwellenleiter bis zu zwei Kilometern hergestellt werden. Die Konfiguration des RockNet erfolgt über Hardware: Pro Input Device sind acht Audio-Eingänge und -Ausgänge verfügbar. Insgesamt können 160 Audiokanäle mit 24 Bit und 48 kHz verteilt werden. Die Latenz beträgt 250 µs bei 48 kHz und 75 µs bei 96 kHz.

Audiosignale werden im AES/EBU-Format übertragen, daneben können parallel auch andere Daten gesendet werden. Es ist eine Bus- oder eine Ringtopologie möglich. Eine Besonderheit des RockNet ist die Gain-Kompensation: Eine Veränderung der Eingangsverstärkung an einem digitalen Mischpult zur FOH-Beschallung führt zu einer gegenläufigen Regelbewegung bei einem zweiten angeschlossenen Monitormischer (Abb. 21.36).

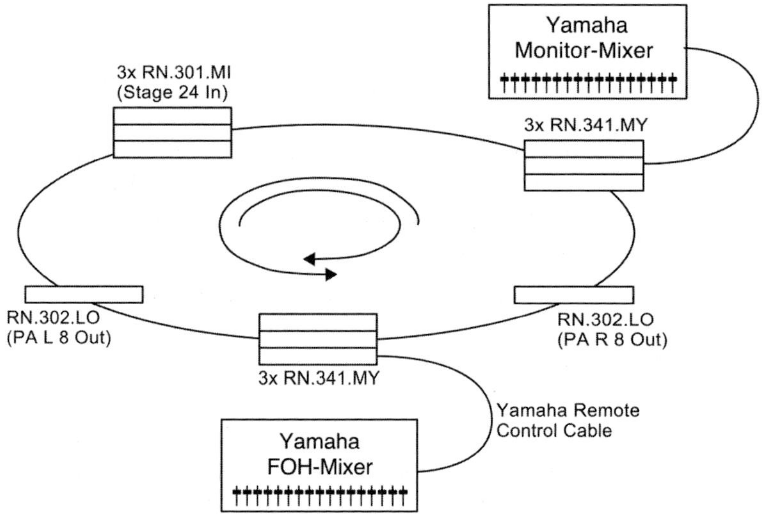

Abb. 21.36: RockNet Ring-Topologie

Optocore (Optocore GmbH)

Das Konzept von Optocore beruht auf Stageboxen, die auf der Bühne und am FOH-Platz stehen. Es sind aber auch Steckkarten für digitale Pulte erhältlich. Werden für das Optocore-Netz MMF-Lichtwellenleiter genutzt, ist eine Reichweite von ca. 700 Metern möglich, mit SMF-Lichtwellenleitern sogar bis zu 70 Kilometer. Das Optocore-Netz hat eine konstante Latenz von 41,6 µs. Es sind 512 Audiokanäle bei einer Abtastfrequenz von 48 kHz möglich. Übertragen werden folgende Daten: AES/EBU, MADI, Digitales Video, RS232, RS422, DMX und das Ethernetprotokoll. Durch eine Ringtopologie zweier paralleler Leitungen ist eine hohe Ausfallsicherheit gewährleistet (Abb. 21.40).

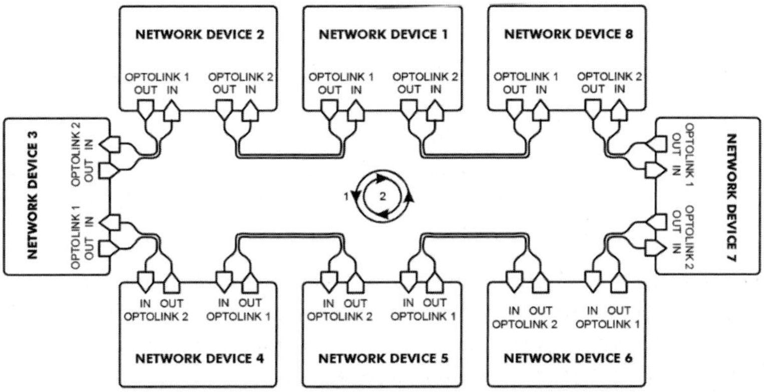

Abb. 21.37: Optocore-Netzwerk

Nexus (Stage Tec)

Das Netzwerk- und Kreuzschienensystem Nexus ist als Zeitmultiplex-Bussystem aufgebaut. Jedes Basisgerät verfügt über einen Audiodatenbus mit 256 Time Slots, d. h. es können parallel 256 verschiedene Signale geführt werden. Diese „Zeitfenster“ werden entsprechend dem Datenaufkommen dynamisch vergeben. Die Eingangsbaugruppen wandeln anliegende Audiosignale in ein internes Datenformat um und legen die Daten in die Time Slots des Audiobusses. Die Ausgangsbaugruppen lesen diese wieder aus.

Das Nexus-Basisgerät steuert und überwacht alle Ein- und Ausgangsbaugruppen und verwaltet die Steuerinformationen des Audionetzwerkes. Das Routing erfolgt über eine Matrix mit 4096 Eingängen x 4096 Ausgängen. Es gibt von Stagetec verschiedene Mischpultsysteme, die in ein Nexus-Netzwerk integriert werden können (Aurus, Auratus, Triacon und Cantus).

Die Topologie eines herkömmlichen Nexus-Netzwerks ist eine dezentrale Struktur. Mit einem zusätzlichen Nexus-Star-Router ist auch eine Sterntopologie möglich (Abb. 21.38: Aurus mit Nexus Star-Router). Die Signalverteilung erfolgt durch redundante, doppelt ausgelegte Lichtwellenleiter. Die Signale der beiden LWL werden mit Prüfsummen auf Übertragungsfehler getestet, und das empfangende Gerät entscheidet dann, welches ankommende Signal weiter verwendet wird. Die Kommunikation zwischen den Basisgeräten ist bidirektional, und je Richtung können 128 Audiokanäle übertragen werden. Die Latenz beträgt für alle Signale konstant 6 Samples.

Es gibt Digital-Audio-Karten für AES/EBU, S/P-DIF, ADAT, MADI, TDIF, SDIF-2, Y2 und Embedded Audio für digitales Video (SDI). Neben Audiosignalen mit max. 24 Bit und 96 kHz können Zusatzdaten verteilt werden, wie MIDI oder andere Steuersignale. Im Nexus-Netz lassen sich auch die komprimierten Datenformate DTS, AC3 und MPEG verteilen. Zusätzlich ist eine Mehrkanaltonübertragung mit Dolby E möglich.

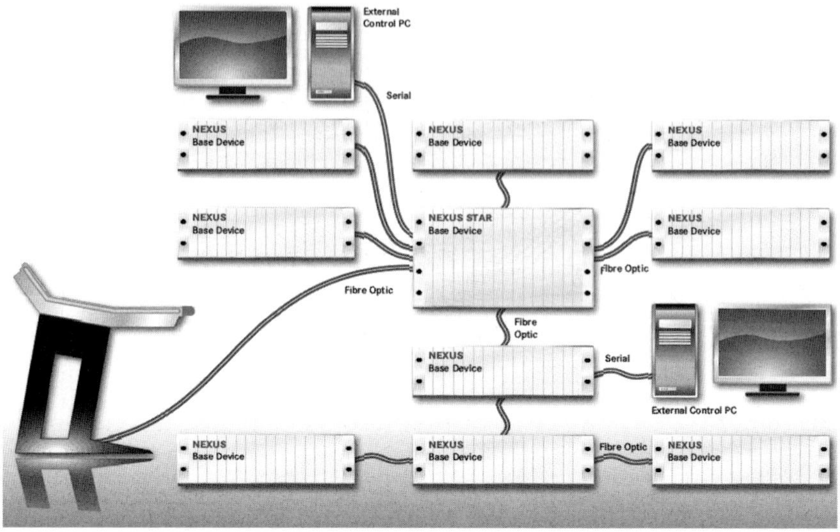

Abb. 21.38: Nexus-Netzwerk mit Star-Router

AES50 (Klark Teknik / Midas)

AES50 ist eine High Resolution Multichannel Audio Interconnection (HRMAI), die ursprünglich von Sony für die Übertragung von DSD-Audio entwickelt wurde (s. Kap. 13.3). Der Systemtakt resultiert daher wie bei DSD auf einem 64-fachen Oversampling (2,8224 MHz, bezogen auf eine Samplingrate von 44,1 kHz). AES50 wird von Midas inzwischen in das Mischpultsystem XL8 integriert.

AES50-Netzwerke gibt es in den zwei Varianten Super- und Hyper-MAC:

- Super-MAC: Bis 48 Audiokanäle bidirektional über CAT-5,
- Hyper-MAC: Bis 384 Audiokanäle bidirektional über CAT-5, CAT-6 oder Lichtwellenleiter.

Die Reichweite des Netzwerkes beträgt 100 m mit CAT-5 und bis zu 500 m mit MMF-Lichtwellenleiter. Das System hat AES/EBU-Eingänge und -Ausgänge. Weiterhin können durch eine Tunnelung auch USB- und Ethernetdaten übertragen werden. Die Latenz liegt bei 70 μs pro Netzteilnehmer, die typische Latenz für ein komplettes System beträgt 2 ms. Es findet eine Fehlerkorrektur auf der Empfängerseite statt. Jedes angeschlossene Pult hat eine eigenständige Gain-Regelung der A/D-Wandler.

Zusammenfassung

Letztlich muss der Anwender aufgrund der Anforderungen einer Veranstaltung und nicht zuletzt des meist begrenzten Budgets entscheiden, welches Audionetzwerk das geeignete ist. Vor allem proprietäre Systeme können beliebig teuer ausgeführt sein. Allerdings sind hier die Leistungsdaten, zum Beispiel gemessen an der Latenz, auch erheblich besser. Tab. 21.4 gibt einen Überblick über die wichtigsten Daten der vorgestellten Audionetze.

Tab. 21.4: Aktuell erhältliche Audionetze

	Ethernetkompatibel		Proprietäre Systeme				
	EtherSound	CobraNet	A-Net	RockNet	Optocore	Nexus	AES50
Kabeltyp	CAT-5	CAT-5 oder LWL	CAT-5e oder LWL	CAT-5 oder LWL	LWL	LWL	CAT-5 , CAT-6 oder LWL
Maximale Anzahl der Audiokanäle	64	700	64	160	512	128 pro Basisgerät	384
Latenz	128 µs und mehr	feste Latenzen von 1,33 bis 5,33 ms	konstante 460 µs	75 bis 250 µs	konstante 41,6 µs	konstante 6 Samples	70 µs und mehr (typisch 2 ms)
Reichweite	100 m	mit LWL mehrere Kilometer	mit LWL 2 km	mit LWL 2 km	70 km	mit LWL mehrere Kilometer	Mit LWL 500 m
Topologien	Bus, Ring, Stern	Stern	Bus, Stern	Ring	Ring	dezentrale Struktur	Stern
Besonderheit						Fehler-erkennung	Fehler-korrektur

Digitales Mischpult Yamaha PM-1-D („Blue Man Group“, Apollo Theater Stuttgart)

21.4 Übungsaufgaben

Aufgabe 1

Von welchen Faktoren hängt die obere Grenzfrequenz bei magnetischen Speichermedien ab?

Aufgabe 2

Warum hat eine DVD eine größere Speicherkapazität im Vergleich zu einer CD?

Aufgabe 3

Mit welchen beiden Verfahren können MIDI-Daten über eine Soundkarte wiedergegeben werden? Beschreibe kurz diese Verfahren.

Aufgabe 4

Nenne jeweils drei verschiedene Datenformate für unkomprimiertes und verlustbehaftet komprimiertes Audio.

Aufgabe 5

In welchen Fällen kann es bei einer Formatwandlung zu Verlusten kommen?

Aufgabe 6

Nenne drei physikalische Netztopologien.

Aufgabe 7

Was ist im Layer 1 des OSI-Schichtenmodells beschrieben?

Aufgabe 8

Welche Merkmale hat ein ethernetbasiertes Audionetzwerk? Was ist ein proprietäres Audionetzwerk? Nenne jeweils zwei Beispiele für beide Varianten.

Literaturtipps

Engel F, Kuper G, Bell F. Zeitgeschichten – Magnetbandtechnik als Kulturträger.
Polzer Media Group, Potsdam 2008

Schreiner R. Computer Netzwerke.
Hanser Verlag, München 2007

Tischmeyer F. Internal Mixing – Der systematische Weg zum professionellen Mixdown im Rechner. Tischmeyer Publishing, Kuekels 2008

22 Videotechnik

Das Thema Bildbearbeitung steht als Unterrichtseinheit im dritten Ausbildungsjahr auf dem Lehrplan, daneben auch die verschiedenen Projektionsverfahren und -geräte.

Die Videotechnik ist heutzutage aus der Veranstaltungstechnik nicht mehr wegzudenken. Im einfachsten Fall muss nur eine Standbildprojektion einen ansonsten aufwendig von Hand gemalten Hintergrund ersetzen. Aber meist sind es doch erheblich komplexere Anforderungen, beispielsweise mit einer oder mehreren Live-Kameras, die das Bühnengeschehen verfolgen und deren Bilder in Kombination mit Videoclips oder Computeranimationen auf verschiedene Leinwände projiziert bzw. auf Displays wiedergegeben werden.

22.1 Videosignale

In diesem Kapitel wird die technische Entwicklung des Videosignals von der Anfangszeit der analogen Fernsehübertragung bis zu den aktuellen digitalen Videosignalen aufgezeigt. Selbst das „Schwarz-Weiß-Bild“ ist noch heute aktuell, da bei getrennten CCD-Bildwandlern (s. Kap. 22.3.2) für die Farben Rot, Grün und Blau jeder Chip jeweils ein BAS-Signal erzeugt.

22.1.1 BAS-Signal

Die Abkürzung BAS steht für Bild-, Austastung- und Synchronsignal. Das BAS-Videosignal enthält lediglich Helligkeitsinformationen, also wird damit nur ein Schwarz-Weiß-Bild übertragen. Die Helligkeitsunterschiede werden im Bildaufnahmewandler der Videokamera in ein elektrisches Signal umgesetzt. Bei der Wiedergabe wird das elektrische Signal wieder in Helligkeitswerte gewandelt.

Prinzip der zeilenweisen Abtastung

Beim BAS-Signal wird das Bild zeilenweise abgetastet und jede Zeile in Bildpunkte zerlegt. Das europäische Standardfernsehsystem hat 625 Zeilen, davon sind 575 sichtbar. Die nicht sichtbaren Zeilen enthalten u. a. den Timecode (s. Kap. 13.7). Damit dem Auge die Bewegungsvorgänge als fließend erscheinen, ist eine Bildwechselrate von mindestens 20 Bildern pro Sekunde nötig. Die Bildwechselrate basiert auf der halben Netzfrequenz der Stromversorgung, also 50 Hz / 2 = 25 Hz in Europa (PAL) und 60 Hz / 2 = 30 Hz in den USA und in Japan (NTSC).

Die Bilddauer beträgt bei 25 Bildern pro Sekunde:

$$\frac{1}{25}\,\text{s} = 40\ \text{ms} \qquad \text{(Formel 22.1)}$$

Damit lässt sich die Zeilendauer wie folgt berechnen:

$$\frac{40\ \text{ms}}{625\ \text{Zeilen}} = 64\ \mu\text{s} \qquad \text{(Formel 22.2)}$$

Alle 64 µs wird also eine neue Zeile geschrieben. Die Zeilenfrequenz lässt sich wie folgt berechnen:

$$f = \frac{1}{64\,\mu s} = 15.625\ \text{Hz} \qquad \text{(Formel 22.3)}$$

Interlacing

Das Auge kann aufgrund einer gewissen Trägheit der Sinneswahrnehmung schnell aufeinander folgende Bildinhalte bzw. Hellphasen nicht mehr voneinander unterscheiden, wenn diese oberhalb der so genannten Flimmerfrequenz von ca. 50 bis 60 Bilder pro Sekunde liegen. Bei einem Bildwechsel von 25 Vollbildern pro Sekunde, also einer progressiven Abtastung, würde das Bild demnach stark flimmern. Erst bei einer Bildwechselfrequenz von mindestens 50 Hz verschwindet das Flimmern. Das würde allerdings zur doppelten Signalbandbreite führen. Daher wird ein Vollbild in zwei Halbbilder mit je 312,5 Zeilen zerlegt, welche ineinander verkämmt (interlaced) sind (Abb. 22.1).

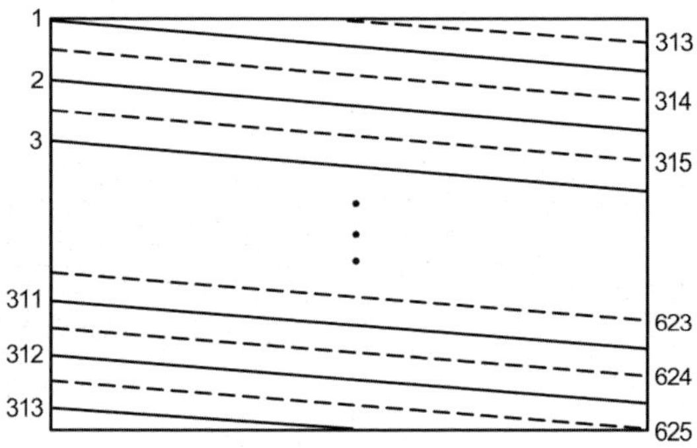

Abb. 22.1: Zeilensprungverfahren bei einem Fernsehbild (Interlacing)

Die letzte Zeile des ersten Halbbildes wird nur halb geschrieben, die Zeile Nummer 313 ist damit die letzte (halbe) Zeile im ersten und zugleich die erste (halbe) Zeile im zweiten Halbbild. Am Ende des zweiten Halbbildes folgt das nächste Bild (nach Zeile 625).

H- und V-Impuls

Damit sich der Bildempfänger synchronisieren kann, folgt im Takt der Zeilenfrequenz mit 15.625 Hz der H-Impuls mit einer Dauer bzw. Impulsbreite von 12 µs. Der Vertikalimpuls zur Übertragung des Halbbildwechsels hat eine Frequenz von 50 Hz, die Impulsbreite beträgt hier 1,6 ms. In der Zeit des Zeilen- bzw. Bildrücklaufs darf im Signal keine Bildinformation vorhanden sein, das Bildsignal wird dazu also ausgetastet. Die Austastlücke definiert das 0 V-Potential, d. h. den Bezug zu allen anderen Pegeln des Videosignals.

H-Oszillogramm

Bei der H-Darstellung auf einen Waveform-Monitor (Messgerät zur Beurteilung von Videosignalen) werden alle Zeilen des Bildsignals übereinander geschrieben. Mit der Line-Select-Funktion kann auch eine einzelne Zeile betrachtet werden (Abb. 22.2).

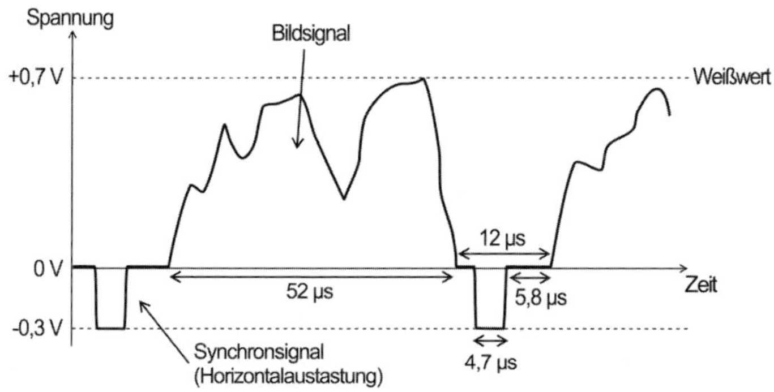

Abb. 22.2: H-Oszillogramm eines BAS-Signals

V-Oszillogramm

Beim V-Oszillogramm werden alle Zeilen nebeneinander geschrieben. Dabei wird die V-Austastlücke sichtbar. Funktion am Messgerät: 2-Field (Abb. 22.3).

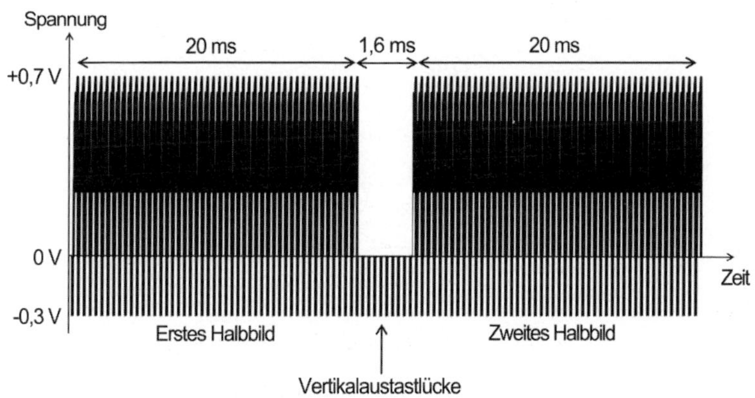

Abb. 22.3: V-Oszillogramm eines BAS-Signals

22.1.2 Farbsignale

Das menschliche Auge ist auf Lichtwellenlängen empfindlich, die zwischen ca. 380 und 780 nm liegen. Für das Farbensehen sind die ca. 6,5 Millionen Zapfen als spezielle Sinneszellen in der Netzhaut zuständig. Es gibt drei Arten von Zapfen, die danach unterschieden werden, auf welche Lichtwellenlänge sie reagieren (Abb. 22.4):

- S-Typ (Short Wavelength): Höchste Empfindlichkeit bei ca. 445 nm = Blau.
- M-Typ (Middle Wavelength): ca. 535 nm = Grün.
- L-Typ (Long Wavelength): ca. 570 bis 630 nm = Gelb-Rot.

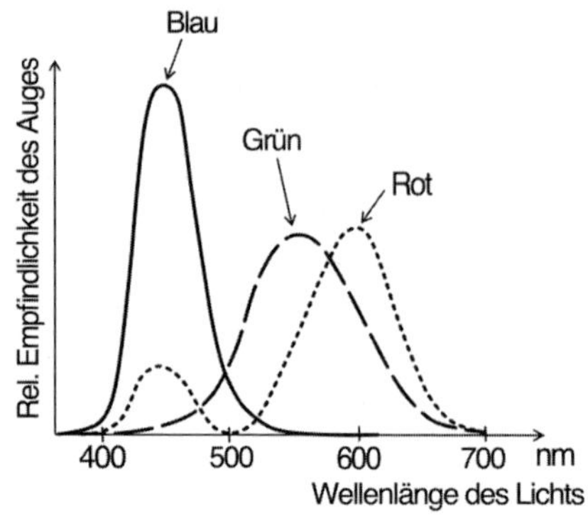

Abb. 22.4: Farbempfinden des menschlichen Auges (Normspektralwerte eines farbmetrischen Normalbeobachters)

Die Wahrnehmung der drei Primärfarben reicht aus, um nach dem Prinzip der additiven Farbmischung alle weiteren Farbtöne abzuleiten (Abb. 22.5).

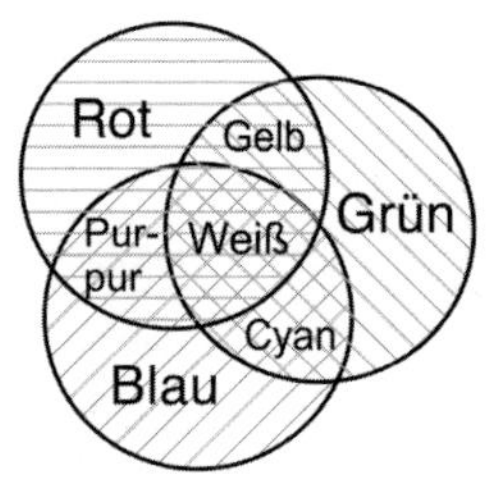

Abb. 22.5: Additive Farbmischung

R, G, B

Beim RGB-Video werden die einzelnen Farbinformationen auf getrennten Leitungen als elektrische Spannungen übertragen. Abb. 22.6 zeigt die Spannungswerte von R, G und B beim genormten 100/100-Farbbalken als Testsignal.

> **Farbbalken**
>
> Elektronisch generierte Farbbalken werden zur Justage von Videogeräten benötigt, um reproduzierbare Ergebnisse zu ermöglichen. Die Balken haben von links nach rechts die Farben Weiß, Gelb, Cyan, Grün, Purpur (Magenta), Rot, Blau und Schwarz.
>
> Bei den 100/100-Farbbalken haben die drei RGB-Farbkanäle 100 % Signalpegel. Allerdings tritt dann bei einem kodierten FBAS-Signal (s. u.) ein Überpegel auf, der bei der Übertragung nicht zulässig ist. Daher werden zum Testen von Übertragungsstrecken 100/75-Farbbalken verwendet, bei welchen nur das Bildweiß mit 100 % ausgesteuert ist, die anderen Farben aber nur mit 75 %. Daneben gibt es noch 75/75-Farbbalken, bei welchen der gesamte Signalpegel auf 75 % reduziert ist.

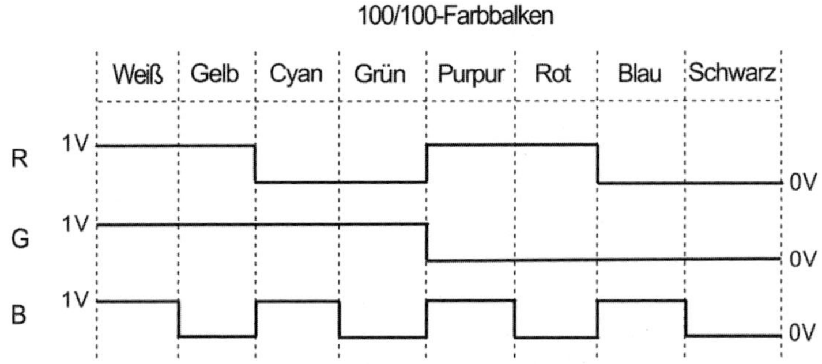

Abb. 22.6: RGB bei 100/100-Farbbalken

Zur Synchronisierung der Farbkanäle ist ein spezielles Farbsynchronsignal notwendig, der *Burst*, welcher auf einer eigenen Leitung geführt wird. Für die RGB-Übertragung sind also insgesamt vier parallele Kanäle bzw. Videokabel notwendig. Das Farbsynchronsignal wird in die Horizontalaustastung eingefügt. Die Frequenz des Burst beträgt 4,43 MHz, die Phasenlage 135°. In Abb. 22.7 sind der Zeitverlauf und die Vektordarstellung des Burst zu sehen.

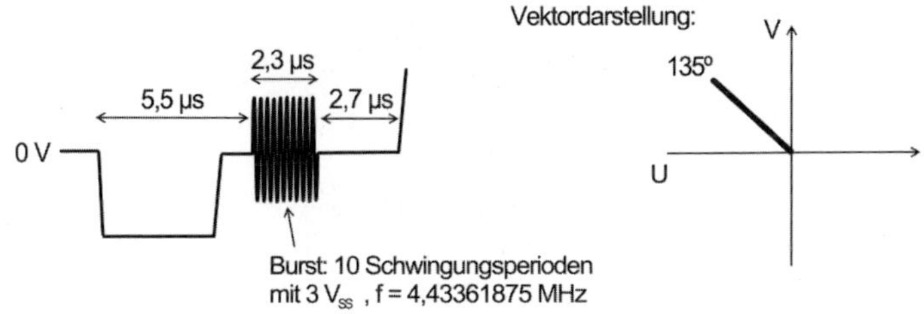

Abb. 22.7: Burst als Farbsynchronsignal

Y, R–Y, B–Y

Die schon erwähnten Zapfen nehmen als Sehsinneszellen bei hohen Leuchtdichten sowohl die Farben als auch die Helligkeit wahr. Daneben gibt es in der Netzhaut aber noch ca. 130 Millionen Stäbchen, die Sinneszellen für das Helligkeitsempfinden bei schwachen Leuchtdichten. Die maximale Empfindlichkeit des Auges liegt bei einer Lichtwellenlänge von ca. 550 nm, also im Bereich der Spektralfarbe Grün (Abb. 22.8).

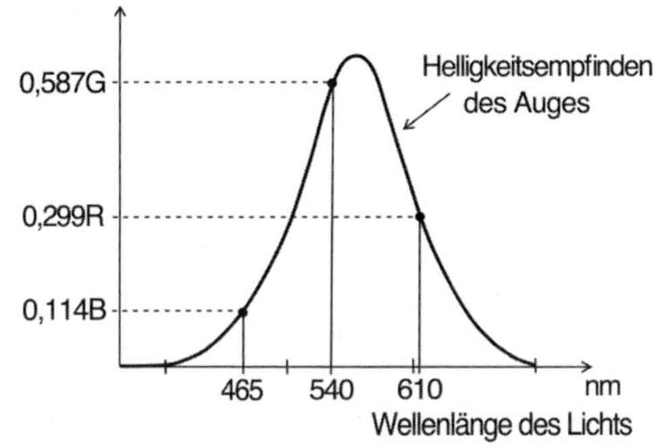

Abb. 22.8: Helligkeitsempfinden des menschlichen Auges (Kurve für das Tagessehen)

Aus dem RGB-Signal lassen sich das Luminanzsignal Y gewinnen und weiterhin die Farbdifferenzkomponenten R–Y und B–Y (sprich: „R Minus Y" und „B Minus Y"). Gemäß dem EBU-Standard N10 erfolgt die Berechnung (Matrizierung) des Y-Signals mit folgenden Gewichtungsfaktoren, die aus der Kurve des Helligkeitsempfindens des menschlichen Auges abgeleitet sind:

$$Y = 0{,}299R + 0{,}587G + 0{,}114B \qquad \text{(Formel 22.4)}$$

Nach einer Matrizierung zu Y, R–Y und B–Y sieht das Testsignal der 100/100-Farbbalken wie in Abb. 22.9 aus.

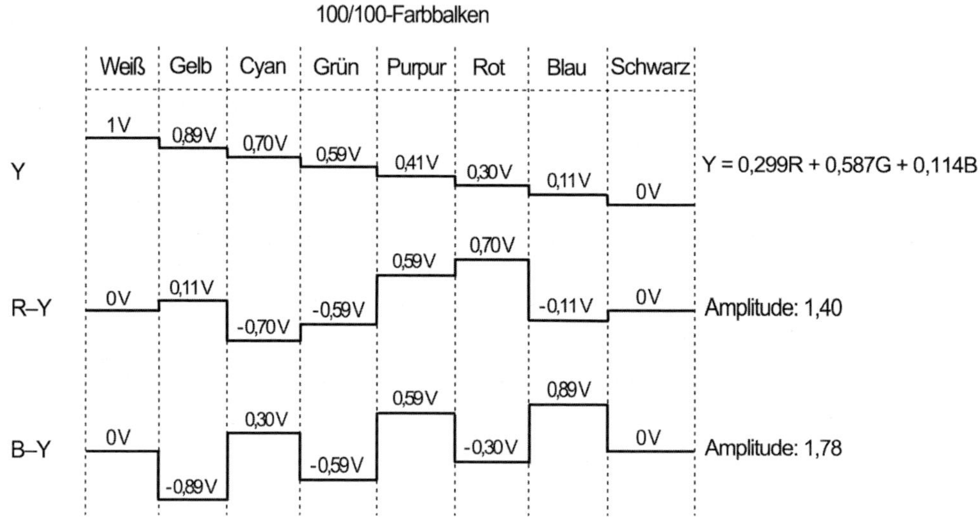

Abb. 22.9: Y, R–Y und B–Y bei 100/100-Farbbalken

Es treten bei der Matrizierung allerdings folgende Probleme auf:

- Die Signalspannungen von R–Y und B–Y sind größer als 1 V.
- Es gibt negative Werte im Bild- bzw. Farbanteil.

Lösung: Die reduzierten Farbdifferenzsignale C_B und C_R oder U und V.

Y, C_B, C_R (Component-Video)

Beim Component-Video werden die Farbdifferenzkomponenten mit folgenden Bewertungsfaktoren verrechnet:

$$C_B = 0{,}564(B-Y) \qquad \text{(Formel 22.5)}$$

$$C_R = 0{,}713(R-Y) \qquad \text{(Formel 22.6)}$$

Der Vorteil von Component-Video liegt darin, dass die Signale auf eine Spannungsamplitude von 0,7 V normiert sind. Weiterhin erfolgt eine Begrenzung der Bandbreite von C_R und C_B auf 1,3 bis 2,5 MHz, während der Y-Kanal mit der vollen Bandbreite von 5 MHz übertragen wird.

Anwendung: Videosignal zur analogen Magnetbandaufzeichnung (MAZ, s. Kap. 22.4.1).

Y, U, V

Bei einer anderen Bewertung von B–Y und R–Y entstehen die reduzierten Farbdifferenzkomponenten U und V:

$$U = 0{,}493(B - Y) \qquad \text{(Formel 22.7)}$$

$$V = 0{,}877(R - Y) \qquad \text{(Formel 22.8)}$$

Die Bandbreite von U und V ist jeweils auf 1,3 MHz begrenzt.

Anwendung: PAL-Encoder.

PAL (Phase Alternating Line)

PAL ist das Farbfernsehsystem in Europa. Andere Bezeichnungen dafür sind auch: FBAS (Farbbild-, Austastung- und Synchronsignal) oder CVBS (Composite Video Broadcast Signal). Eine Encoderschaltung, wie in Abb. 20.10 dargestellt, erzeugt aus RGB das PAL-Signal. Das U-Signal hat eine feste Phasenlage mit 0°, während die Phasenlage von V jeweils zeilenweise von 90° auf 270° wechselt. Die Phase des Burst wechselt dagegen zeilenweise von 135° auf 255°. Abb. 22.11 zeigt die sich daraus ergebende Vektordarstellung auf einem Vektorskop (Messgerät für Videosignale) für einen 100/100-Farbbalken.

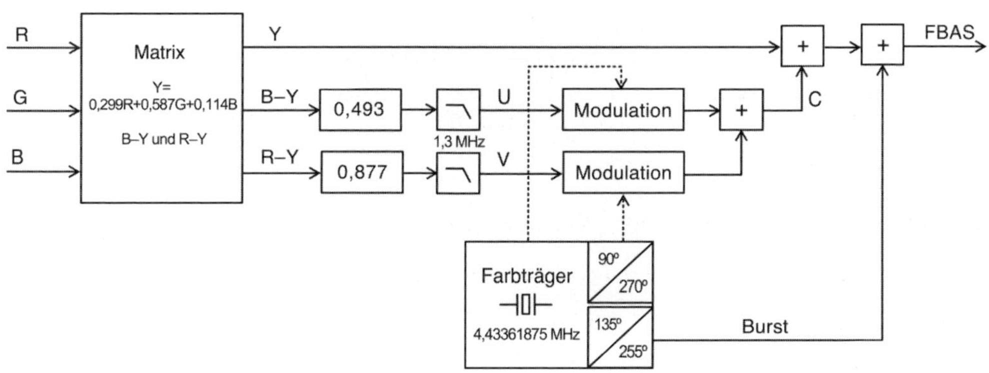

Abb. 22.10: PAL-Encoder

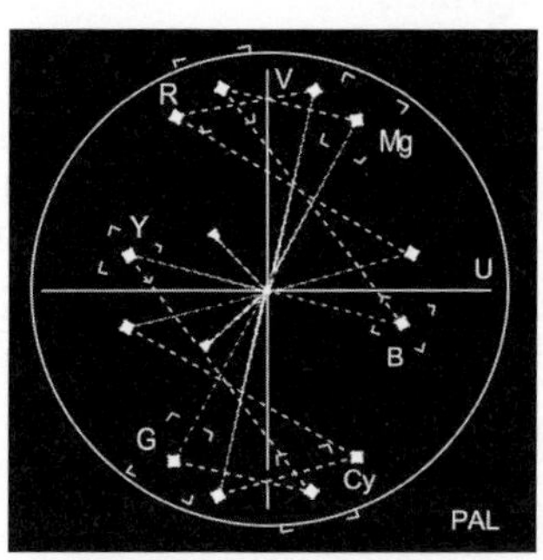

Abb. 22.11: Darstellung eines PAL-Signals (100/100-Farbbalken) auf einem Vektorskop

Durch den Wechsel in der Phasenlage werden bei der Übertragung auftretende Phasenfehler kompensiert. Dazu müssen bei der Wiedergabe zwei aufeinander folgende Zeilen addiert werden:

Zeile n + Zeile (n + 1)

Um dies zu erreichen, muss die Zeile n um eine Zeilendauer von 64 µs verzögert werden.

Im Empfänger wird durch dieses Verfahren die richtige Phase wieder hergestellt, allerdings sind die Farbsignale anschließend etwas entsättigt (die Farben werden blasser). Ein Phasenfehler wird damit in einen Sättigungsfehler umgewandelt.

NTSC (National Television Systems Committee)

NTSC ist das Farbfernsehsystem in den USA. Hier werden U und V um 33° gedreht, es entstehen dadurch die Signale I und Q:

- I wird auf 1,5 MHz begrenzt, Phasenlage 123°.
- Q wird auf 0,5 MHz begrenzt, Phasenlage 33°.

Der Burst hat eine feste Phasenlage von 180° für alle Zeilen (Abb. 22.12). Insgesamt ist das Verfahren weniger aufwendig als PAL. Allerdings ist der Nachteil von NTSC, dass Phasenfehler bei der Übertragung im Empfänger als Farbfehler sichtbar werden.

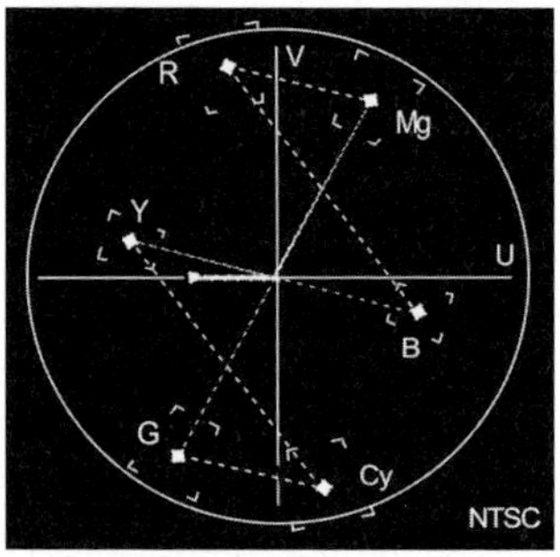

Abb. 22.12: Darstellung eines NTSC-Signals (100/100-Farbbalken) auf einem Vektorskop

22.1.3 Digitale Videosignale

A/D- und D/A-Wandlung

Die Digitalisierung von Videosignalen erfolgt nach dem Prinzip der Pulscodemodulation (PCM, s. Kap. 13.2). Als Kodiermethoden sieht der CCIR 601-Standard zwei Varianten vor: Die geschlossene Kodierung von PAL- bzw. NTSC-Signalen und die Komponentenkodierung von Y, C_B und C_R.

Geschlossene Kodierung

- Ausgangssignal: PAL oder NTSC.
- Ableitung der Abtastfrequenz:

Das Abtasttheorem (s. Kap. 13.2) muss eingehalten werden, die Abtastfrequenz muss also mindestens doppelt so groß sein wie die höchste Frequenz des Nutzsignals. Bei Video beträgt die Bandbreite des Nutzsignals 5 MHz.

Zudem muss die Abtastfrequenz mit der Farbträgerfrequenz f_{SC} = 4,43361875 MHz „verkoppelt“ sein.

Weiterhin wiederholt sich alle vier Zeilen die Phasenlage.

→ Abtastfrequenz $f_S = 4 \cdot f_{SC}$ = 17,734475 MHz.

- Quantisierung bei der geschlossenen Kodierung: 8 Bit oder 10 Bit bei einer Signalamplitude von 1,33 V.

Komponentenkodierung (bei 625 Zeilen und 50 Hz)

- Ausgangssignal: Y, C_B, C_R.
- Abtastfrequenzen: 13,5 MHz für Y-Signal und 6,75 MHz für C_B und C_R.
- Anzahl der Samples pro Zeile Gesamt: Y = 864, C_B und C_R = 432.
- Anzahl der Samples pro Zeile Bildinhalt: Y = 720, C_B und C_R = 360.
- Quantisierung: 8 Bit oder 10 Bit.

Das Ergebnis der Komponentenkodierung ist das „4 : 2 : 2“ -Signal. Die Bezeichnung bezieht sich auf die Abtastraten 13,5 MHz = „4“ und 6,75 MHz = „2“.

Datenmultiplex bei 4 : 2 : 2

Um das 4 : 2 : 2 -Videosignal auf einem seriellen Datenkanal übertragen zu können, werden die parallel anliegenden Abtastwerte in einem Zeitmultiplexverfahren sortiert (Abb. 22.13).

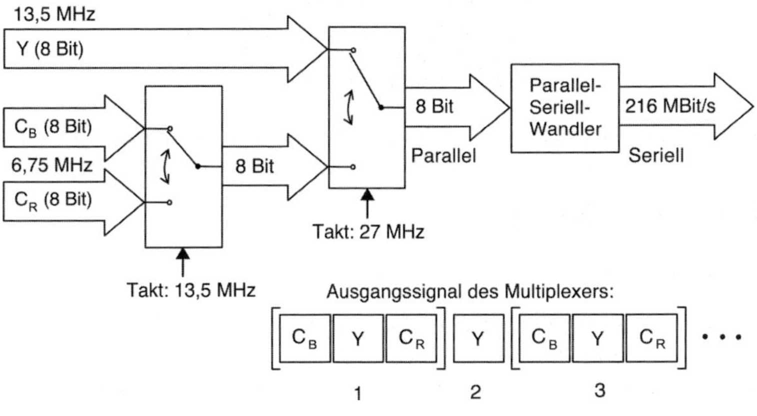

Abb. 22.13: Datenmultiplex bei 4 : 2 : 2

Serial Digital Interface (SDI)

Abb. 22.14 zeigt das Prinzip dieser digitalen Schnittstelle:

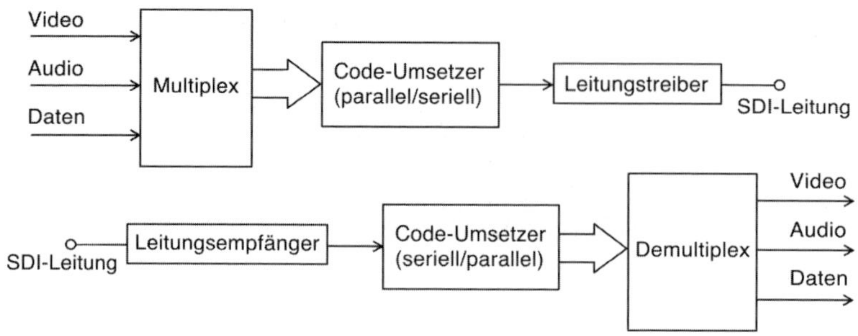

Abb. 22.14: Blockschaltbild SDI-Sender und -Empfänger

Die technischen Parameter von SDI:

- Übertragung von Signalen mit 8 Bit oder 10 Bit Quantisierung (Signalamplitude 0,8 V).
- Berechnung der Datenrate bei 8 Bit Quantisierung:

  $(13{,}5\ \text{MHz} + 2 \cdot 6{,}75\ \text{MHz}) \cdot 8\ \text{Bit} = 216\ \text{MBit/s}$
- Berechnung der Datenrate bei 10 Bit Quantisierung:

  $(13{,}5\ \text{MHz} + 2 \cdot 6{,}75\ \text{MHz}) \cdot 10\ \text{Bit} = 270\ \text{MBit/s}$

Aufgrund der großen Bandbreite des SDI-Signals mit 135 MHz ist eine gesicherte Übertragung über eine Koaxialleitung nur bis zu einer maximalen Leitungslänge von ca. 250 m möglich.

SDI wurde inzwischen auch weiterentwickelt zu HD-SDI mit bis zu 1,485 GBit/s über eine Leitung, bzw. bei Parallelschaltung von zwei Kabeln bis zu 2,97 GBit/s. Daneben gibt es noch 3G-SDI mit 2,97 GBit/s über nur ein Kabel.

MPEG-Datenkompression

Das MPEG-Verfahren beschreibt die Kodierung von Bild, Ton und Daten. Es wird beim Digital Video Broadcasting (DVB) wie auch für die Digital Versatile Disc (DVD) eingesetzt. MPEG nutzt verschiedene Verfahren zur Videodatenkompression:

1. *Farbraum:* Der Mensch nimmt Helligkeitsänderungen im Vergleich zu Farbunterschieden mit größerer Sensibilität wahr. Deshalb wird zur MPEG-Codierung nicht das RGB-Videosignal mit der vollen Bandbreite herangezogen, sondern das YUV-Signal. Die Luminanz Y wird für jedes Pixel gespeichert, die Farbdifferenzkomponenten U und V dagegen nur für jeweils zusammengefasste 2 x 2-Pixel-Blöcke. Dieses Farbmodell nennt sich daher YUV 4 : 2 : 0.
2. *Diskrete Cosinus-Transformation (DCT):* Die DCT wandelt die Helligkeits- und Farbwerte ähnlich wie bei der Fourier-Transformation in Frequenz-Parameter um. Dazu wird ein Bild in Blöcke zu je 8 x 8 Zellen aufgeteilt. In die oberste linke Zelle wird die mittlere Helligkeit oder Farbe des Blocks geschrieben, die übrigen Zellen repräsentieren die Frequenz-Parameter. Die Zelle unten rechts enthält die Information für die sehr feinen Bildstrukturen mit hoher Frequenz (Abb. 22.15).

Kapitel 1

Laufzeit t des Schalls [s]

$$\text{Laufzeit } t = \frac{\text{Abstand zur Schallquelle s}}{\text{Schallgeschwindigkeit } c_0}$$

Frequenz f [Hz]

$$\text{Frequenz } f = \frac{\text{Schwingungen}}{\text{Zeiteinheit}}$$

Wellenlänge λ bei Schallwellen [m]

$$\lambda = \frac{\text{Schallgeschwindigkeit } c_0}{\text{Frequenz f}}$$

Kapitel 2

Auslenkung ξ der Luftmoleküle in einer Schallwelle [m]

$$\xi = \frac{p}{c \cdot \rho \cdot 2\pi \cdot f}$$

Schallschnelle v in Abhängigkeit von ξ [m/s]

$$v = \xi \cdot 2\pi \cdot f$$

Schallimpedanz Z [N·s/m³]

$$Z = c \cdot \rho \qquad Z = \frac{p}{v}$$

Schallintensität I [W/m²]

$$I = p \cdot v$$

Schallleistung P [W]

$$P = I \cdot A$$

Schallenergie W [J/m³]

$$\text{Energie des Direktschalls: } W_{direkt} = \frac{P}{4 \cdot c \cdot \pi \cdot r^2}$$

$$\text{Energie des Diffusschalls: } W_{diffus} = \frac{4 \cdot P}{A \cdot c}$$

Kapitel 3

Kammfilterfrequenzen [Hz]

$$\text{Erste Senke } f_{n1}\text{: } f_{n1} = \frac{1}{2 \cdot \Delta t}$$

$$\text{Weitere Senken } f_{nx}\text{: } f_{nx} = x \cdot f_{n1} \quad \text{mit } x = 3, 5, 7, \ldots$$

$$\text{Überhöhungen im Spektrum } f_{py}\text{: } f_{py} = y \cdot f_{n1} \quad \text{mit } y = 2, 4, 6, \ldots$$

Dopplerfrequenzen für eine bewegte Schallquelle [Hz]

$$\text{Schallquelle nähert sich: } f_1 = \frac{f}{1 - v/c}$$

$$\text{Schallquelle entfernt sich: } f_2 = \frac{f}{1 + v/c}$$

Resonanzfrequenz f_r eines Plattenschwingers [Hz]

$$f_r = \frac{1}{2\pi} \cdot \sqrt{\frac{s'}{m' \cdot d}}$$

Resonanzfrequenz f_r eines Helmholtzresonators [Hz]

$$f_r = \frac{c}{2\pi} \cdot \sqrt{\frac{S}{V \cdot (l + \pi / 2r)}}$$

Nachhallzeit RT_{60} nach Sabine [s]

$$\text{Nachhallzeit } RT_{60} \approx 0{,}161 \cdot \frac{V}{A}$$

Verkürzte Nachhallzeit RT_{60}' durch Publikum [s]

$$\text{Verkürzte Nachhallzeit } RT_{60}' \approx \frac{RT_{60}}{1 + (5n \cdot RT_{60}/V)}$$

Deutlichkeitsmaß C_{50} [dB]

$$C_{50} = 10 \cdot \lg \frac{\int_0^{50ms} p_{(t)}^2 \, dt}{\int_{50ms}^{\infty} p_{(t)}^2 \, dt}$$

Klarheitsmaß C_{80} [dB]

$$C_{80} = 10 \cdot \lg \frac{\int_0^{80ms} p_{(t)}^2 \, dt}{\int_{80ms}^{\infty} p_{(t)}^2 \, dt}$$

Hallradius r_H [m]

$$r_H \approx 0{,}057 \cdot \sqrt{\gamma_M \cdot \gamma_Q \cdot V / RT_{60}}$$

Kapitel 4

Gesetz der ersten Welle [s]

$$\text{Verzögerungszeit } \Delta t = \frac{\Delta s}{c} + 0{,}001 \text{ bis } 0{,}030 \text{ s}$$

Kapitel 5

Lärmdosis D [%]

$$D_{\%} = 100 \cdot \frac{T_e}{T_0} \cdot 10^{0,1 \cdot (L_m - L_0)}$$

Mittelungspegel L_m über die Arbeitszeit bei drei Teilzeiten [dB_A]

$$L_m = 10 \cdot \lg \left[\frac{1}{T} \cdot \left(T_1 \cdot 10^{0,1 \cdot L_{m1}} + T_2 \cdot 10^{0,1 \cdot L_{m2}} + T_3 \cdot 10^{0,1 \cdot L_{m3}} \right) \right]$$

Kapitel 6

Effektivwert des Stroms I_{eff} bei Wechselstrom [A]

$$I_{eff} = \frac{i_{max}}{\sqrt{2}}$$

Effektivwert der Spannung U_{eff} bei Wechselstrom [V]

$$U_{eff} = \frac{u_{max}}{\sqrt{2}}$$

Crest-Faktor C

$$C = \frac{u_{max}}{U_{eff}}$$

Grenzfrequenz f_g eines einfachen Tief- und Hochpasses in RC-Schaltung [Hz]

$$f_g = \frac{1}{2\pi \cdot R \cdot C}$$

Grenzfrequenz f_g eines einfachen Tief- und Hochpasses in RL-Schaltung [Hz]

$$f_g = \frac{R}{2\pi \cdot L}$$

Mittenfrequenz f_0 eines Glockenfilters [Hz]

$$f_0 = \sqrt{f_{gu} \cdot f_{go}}$$

Bandbreite Δf eines Glockenfilters [Hz]

$$\Delta f = f_{go} - f_{gu}$$

Güte Q eines Glockenfilters

$$Q = \frac{f_0}{\Delta f}$$

Volker Smyrek, Tontechnik für Veranstaltungstechniker. ISBN 978-3-7776-1675-9

Spannungsverstärkungsfaktor V_U

$$V_u = \frac{U_a}{U_e}$$

Übertragungsfunktion Verstärker in Mitkopplung [V]

$$U_a = \frac{U_e \cdot V_d}{1 + (k \cdot V_d)}$$

Kapitel 7

Leerlaufspannung einer Batterie [V]

$$U_0 = I \cdot R_i + U_{Kl}$$

C-Rate beim Laden und Entladen eines Akkus [h^{-1}]

$$\text{C-Rate} = \frac{\text{Strom [mA]}}{\text{Kapazität des Akkus [mAh]}}$$

Kapitel 9

Ausgangsspannung u_i eines dynamischen Mikrofons [V]

$$u_i = B \cdot l \cdot v \cdot z$$

Ausgangsspannung U eines Kondensatormikrofons [V]

$$\Delta U = \frac{Q}{\Delta C} \quad \text{mit Kapselkapazität C [F]}$$

$$C = \varepsilon_0 \cdot \varepsilon_r \cdot \frac{A}{d}$$

Nahbesprechungseffekt bei Mikrofon mit Nierencharakteristik

$$\frac{U_{Niere}}{U_{Kugel}} = \sqrt{1 + \frac{\lambda^2}{16\pi^2 \cdot r^2}}$$

Grenzfrequenz f_g eines Grenzflächenmikrofons [Hz]

$$f_g = \frac{c}{d}$$

Kapitel 11

Elektrische Anpassung

Leistungsanpassung: $Z_a = Z_e$

Spannungsanpassung: $Z_a << Z_e$

Stromanpassung: $Z_a >> Z_e$

Grenzfrequenz f_g einer analogen Audioleitung [Hz]

$$f_g = \frac{1}{2\pi \cdot Z_A \cdot C' \cdot 10^{-12} \cdot l}$$

Kapitel 12

Wellenlänge λ bei elektromagnetischen Wellen [m]

$$\lambda = \frac{\text{Lichtgeschwindigkeit } c_0}{\text{Frequenz f}}$$

Kapitel 13

Abtasttheorem nach Whittaker-Shannon [Hz]

$$\text{Abtastfrequenz } f_S > f_o \cdot 2$$

Signal-Rausch-Abstand (SNR) bei der Pulsecodemodulation [dB]

$$SNR = N \cdot 6{,}02 \text{ dB} + 1{,}76 \text{ dB}$$

Periodendauer T_s der Abtastung [s]

$$T_s = \frac{1}{\text{Abtastfrequenz } f_s}$$

Tastgrad

$$\text{Tastgrad} = \frac{t}{T_s} = t \cdot f_s$$

Kapitel 16

Musikalischer Einsatz eines Delays: Viertelnotenverzögerung [s]

$$t = \frac{60 \text{ s}}{\text{BPM}}$$

Halbnotenverzögerung: $t \cdot 2$

Achtelnotenverzögerung: $t / 2$

Kapitel 17

Dämpfungsfaktor D eines Verstärkers

$$D = \frac{\text{Nennimpedanz Lautsprecher } Z_e}{\text{Ausgangsimpedanz Verstärker } Z_a}$$

Kapitel 18

Wirkungsgrad η

$$\eta = \frac{P_{ab}}{P_{zu}}$$

Bündelungsmaß C einer Schallquelle [dB]

$$C = 10 \cdot \lg \gamma_Q$$

Grenzfrequenz f_g eines Linienstrahlers [Hz]

$$f_g = \frac{c}{2 \cdot d}$$

Ausdehnung r_n der Zylinderwelle eines Linienstrahlers [Hz]

$$r_n = \frac{l^2 \cdot f}{2c}$$

Kapitel 19

Koppelfrequenzen f_n einer Beschallungsanlage [Hz]

$$f_n = n \cdot \frac{c}{d}$$

Kapitel 21

Magnetische Feldstärke H [A/m]

$$H = I \cdot \frac{N}{l}$$

Obere Grenzfrequenz bei Bandmaschinen [Hz]

$$f_{go} = \frac{v}{\lambda_{min}}$$

Kapitel 22

Matrizierung eines RGB-Videosignals für Y, R–Y und B–Y

$$Y = 0{,}299R + 0{,}587G + 0{,}114B$$

Reduzierte Farbkomponenten

$$C_R = 0{,}713(R - Y) \qquad C_B = 0{,}564(B - Y)$$

$$V = 0{,}877(R - Y) \qquad U = 0{,}493(B - Y)$$

Brennweite bei Videoprojektoren [mm]

$$f = \frac{b}{1 + (B/G)}$$

Mittelwertbildung ANSI-Lumen

$$\text{ANSI-Lumen} = \frac{E_1 + E_2 + E_3 + E_4 + E_5 + E_6 + E_7 + E_8 + E_9}{9} \cdot A$$

Elektromagnetisches Spektrum

Abk.	engl. Bezeichnung	Frequenzbereich	Wellenlänge	Technischer Einsatz
VLF	Very Low Frequency	3 bis 30 kHz	10 bis 100 km	U-Boot-Kommunikation
LF	Low Frequency	30 bis 300 kHz	1 bis 10 km	Langwellenrundfunk, Flugfunk
MF	Medium Frequency	0,3 bis 3 MHz	100 bis 1000 m	Mittelwellenrundfunk
HF	High Frequency	3 bis 30 MHz	10 bis 100 m	Kurzwellenrundfunk
VHF	Very High Frequency	30 bis 300 MHz	1 bis 10 m	Ultrakurzwellen-Rundfunk (UKW)
UHF	Ultra High Freqency	0,3 bis 3 GHz	10 cm bis 1 m	Fernsehen, Mobiltelefone, WLAN, RFID, Funkmikrofone
SHR	Super High Frequency	3 bis 30 GHz	1 bis 10 cm	Richtfunk, Satellitenfernsehen, WLAN, Radar
EHF	Extremely High Frequency	30 bis 300 GHz	1 bis 10 mm	Richtfunk
IR	Infrared Light	0,3 bis 385 THz	0,78 bis 1000 µm	Nachtsichtgeräte
VIS	Visible Light	385 bis 790 THz	380 bis 780 nm	Für den Menschen sichtbares Licht
UV	Ultraviolet Light	0,79 bis 300 PHz	1 bis 380 nm	Ultraviolettes Licht: UV-A und UV-B im Solarium, UV-C zur Entkeimung, XUV in der Lithografie
X	X-Ray	0,3 bis 30 EHz	10 bis 1000 pm	Röntgenstrahlung
Y	Gamma-Ray	größer 30 EHz	kleiner 10 pm	Radioaktive Gammastrahlung

Physikalische Größen

Größe	Abkürzung	Berechnung	Einheit	Name
Länge	l, r, s		m	Meter
Fläche	A		m^2	
Volumen	V		m^3	
Zeit	t		s	Sekunde
Geschwindigkeit	v		m/s	
Beschleunigung	a		m/s^2	
Frequenz	f		Hz	Hertz
Kreisfrequenz	ω	$= 2\pi \cdot f$	1/s	
Masse	m		kg	Kilogramm
Dichte	ρ	$= m/V$	kg/m^3	
Kraft	F	$= m \cdot a$	N	Newton
Druck	p	$= F/A$	Pa	Pascal
Elektrische Ladung	Q		C	Coulomb
Stromstärke	I	$= Q/t$	A	Ampere
Elektrische Spannung	U	$= W/Q$	V	Volt
Elektrische Leistung bei Gleichstrom	P	$= U \cdot I$ $= U^2/R$ $= I^2 \cdot R$	W	Watt
Wirkleistung	P	$= U \cdot I \cdot \cos\varphi$	W	Watt
Blindleistung	Q	$= U \cdot I \cdot \sin\varphi$	var	
Scheinleistung	S	$= \sqrt{P^2 \cdot Q^2}$	VA	
Elektrische Energie	W	$= P \cdot t$	Ws	
Widerstand	R	$= U/I$	Ω	Ohm
Leitwert	G	$= 1/R$	S	Siemens
Leitfähigkeit	γ	$= G/l$	S/m	
Kapazität	C	$= Q/U$	F	Farad
Kapazitätsbelag	C'	$= C/l$	F/m	
Induktivität	L		H	Henry
Induktivitätsbelag	L'	$= H/l$	H/m	
Wellenwiderstand (Impedanz)	Z	$= \sqrt{L'/C'}$	Ω	Ohm
Magnetische Feldstärke	H		A/m	
Magnetische Flussdichte	B		Vs/m^2 oder T	Tesla
Magnetischer Fluss	Φ	$= B \cdot A$	Wb	Weber

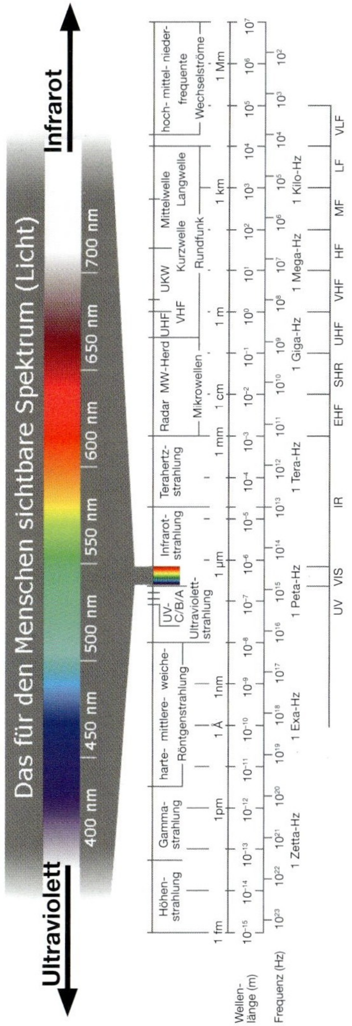

Licht- und Schallgeschwindigkeit

Vakuumlichtgeschwindigkeit $c_0 = 299.792.458$ m/s

Schallgeschwindigkeit $c_0 = 331{,}5$ m/s (in Luft bei 0 °C und 0 % Luftfeuchtigkeit)

344 m/s bei Normalbedingungen

Konstanten

Dielektrizitätskonstante $\varepsilon_0 = 8{,}85418782 \cdot 10^{-12}$ As/Vm

Kreiszahl $\pi = 3{,}14159265...$

Volker Smyrek, Tontechnik für Veranstaltungstechniker. ISBN 978-3-7776-1675-9

Kapitel 1

Laufzeit t des Schalls [s]

$$\text{Laufzeit } t = \frac{\text{Abstand zur Schallquelle s}}{\text{Schallgeschwindigkeit } c_0}$$

Frequenz f [Hz]

$$\text{Frequenz } f = \frac{\text{Schwingungen}}{\text{Zeiteinheit}}$$

Wellenlänge λ bei Schallwellen [m]

$$\lambda = \frac{\text{Schallgeschwindigkeit } c_0}{\text{Frequenz f}}$$

Kapitel 2

Auslenkung ξ der Luftmoleküle in einer Schallwelle [m]

$$\xi = \frac{p}{c \cdot \rho \cdot 2\pi \cdot f}$$

Schallschnelle v in Abhängigkeit von ξ [m/s]

$$v = \xi \cdot 2\pi \cdot f$$

Schallimpedanz Z [N·s/m³]

$$Z = c \cdot \rho \qquad Z = \frac{p}{v}$$

Schallintensität I [W/m²]

$$I = p \cdot v$$

Schallleistung P [W]

$$P = I \cdot A$$

Schallenergie W [J/m³]

$$\text{Energie des Direktschalls: } W_{direkt} = \frac{P}{4 \cdot c \cdot \pi \cdot r^2}$$

$$\text{Energie des Diffusschalls: } W_{diffus} = \frac{4 \cdot P}{A \cdot c}$$

Kapitel 3

Kammfilterfrequenzen [Hz]

Erste Senke f_{n1}: $f_{n1} = \frac{1}{2 \cdot \Delta t}$

Weitere Senken f_{nx}: $f_{nx} = x \cdot f_{n1}$ mit x = 3, 5, 7, ...

Überhöhungen im Spektrum f_{py}: $f_{py} = y \cdot f_{n1}$ mit y = 2, 4, 6, ...

Dopplerfrequenzen für eine bewegte Schallquelle [Hz]

Schallquelle nähert sich: $f_1 = \frac{f}{1 - v/c}$

Schallquelle entfernt sich: $f_2 = \frac{f}{1 + v/c}$

Resonanzfrequenz f_r eines Plattenschwingers [Hz]

$$f_r = \frac{1}{2\pi} \cdot \sqrt{\frac{s'}{m' \cdot d}}$$

Resonanzfrequenz f_r eines Helmholtzresonators [Hz]

$$f_r = \frac{c}{2\pi} \cdot \sqrt{\frac{S}{V \cdot (l + \pi / 2r)}}$$

Nachhallzeit RT_{60} nach Sabine [s]

$$\text{Nachhallzeit } RT_{60} \approx 0{,}161 \cdot \frac{V}{A}$$

Verkürzte Nachhallzeit RT_{60}' durch Publikum [s]

$$\text{Verkürzte Nachhallzeit } RT_{60}' \approx \frac{RT_{60}}{1 + (5n \cdot RT_{60}/V)}$$

Deutlichkeitsmaß C_{50} [dB]

$$C_{50} = 10 \cdot \lg \frac{\int_0^{50ms} p_{(t)}^2\, dt}{\int_{50ms}^{\infty} p_{(t)}^2\, dt}$$

Klarheitsmaß C_{80} [dB]

$$C_{80} = 10 \cdot \lg \frac{\int_0^{80ms} p_{(t)}^2\, dt}{\int_{80ms}^{\infty} p_{(t)}^2\, dt}$$

Hallradius r_H [m]

$$r_H \approx 0{,}057 \cdot \sqrt{\gamma_M \cdot \gamma_Q \cdot V / RT_{60}}$$

Kapitel 4

Gesetz der ersten Welle [s]

$$\text{Verzögerungszeit } \Delta t = \frac{\Delta s}{c} + 0{,}001 \text{ bis } 0{,}030 \text{ s}$$

Kapitel 5

Lärmdosis D [%]

$$D_{\%} = 100 \cdot \frac{T_e}{T_0} \cdot 10^{0{,}1 \cdot (L_m - L_0)}$$

Mittelungspegel L_m über die Arbeitszeit bei drei Teilzeiten [dB_A]

$$L_m = 10 \cdot \lg \left[\frac{1}{T} \cdot \left(T_1 \cdot 10^{0{,}1 \cdot L_{m1}} + T_2 \cdot 10^{0{,}1 \cdot L_{m2}} + T_3 \cdot 10^{0{,}1 \cdot L_{m3}} \right) \right]$$

Kapitel 6

Effektivwert des Stroms I_{eff} bei Wechselstrom [A]

$$I_{eff} = \frac{i_{max}}{\sqrt{2}}$$

Effektivwert der Spannung U_{eff} bei Wechselstrom [V]

$$U_{eff} = \frac{u_{max}}{\sqrt{2}}$$

Crest-Faktor C

$$C = \frac{u_{max}}{U_{eff}}$$

Grenzfrequenz f_g eines einfachen Tief- und Hochpasses in RC-Schaltung [Hz]

$$f_g = \frac{1}{2\pi \cdot R \cdot C}$$

Grenzfrequenz f_g eines einfachen Tief- und Hochpasses in RL-Schaltung [Hz]

$$f_g = \frac{R}{2\pi \cdot L}$$

Mittenfrequenz f_0 eines Glockenfilters [Hz]

$$f_0 = \sqrt{f_{gu} \cdot f_{go}}$$

Bandbreite Δf eines Glockenfilters [Hz]

$$\Delta f = f_{go} - f_{gu}$$

Güte Q eines Glockenfilters

$$Q = \frac{f_0}{\Delta f}$$

Volker Smyrek, Tontechnik für Veranstaltungstechniker. ISBN 978-3-7776-1675-9

Alphabet griechischer Zeichen

Kleinbuchstabe	Großbuchstabe	
α	A	Alpha
β	B	Beta
χ	X	Chi
δ	Δ	Delta
ε	E	Epsilon
φ	Φ	Phi
γ	Γ	Gamma
η	H	Eta
ι	I	Iota
κ	K	Kappa
λ	Λ	Lambda
μ	M	My
ν	N	Ny
o	O	Omikron
π	Π	Pi
ω	Ω	Omega
θ	Θ	Theta
ρ	P	Rho
σ	Σ	Sigma
τ	T	Tau
υ	Y	Ypsilon
ξ	Ξ	Xi
ψ	Ψ	Psi
ζ	Z	Zeta

Reihen- und Parallelschaltungen

	Reihenschaltung	Parallelschaltung
Widerstand R	$R_{Ges} = R_1 + R_2 + \ldots + R_n$	$\frac{1}{R_{Ges}} = \frac{1}{R_1} + \frac{1}{R_2} + \ldots + \frac{1}{R_n}$
Impedanzen Z	$Z_{Ges} = Z_1 + Z_2 + \ldots + Z_n$	$\frac{1}{Z_{Ges}} = \frac{1}{Z_1} + \frac{1}{Z_2} + \ldots + \frac{1}{Z_n}$
Induktivität L	$L_{Ges} = L_1 + L_2 + \ldots + L_n$	$\frac{1}{L_{Ges}} = \frac{1}{L_1} + \frac{1}{L_2} + \ldots + \frac{1}{L_n}$
Kapazität C	$\frac{1}{C_{Ges}} = \frac{1}{C_1} + \frac{1}{C_2} + \ldots + \frac{1}{C_n}$	$C_{Ges} = C_1 + C_2 + \ldots + C_n$
Spannungsquellen	$U_{Ges} = U_1 + U_2 + \ldots + U_n$	$U_{Ges} = U_1 = U_2 = \ldots = U_n$

Dezimalvorsätze

Vorsatzzeichen	Vorsatzsilbe	Potenz	Dezimalzahl
a	Atto-	10^{-18}	0,000 000 000 000 000 001
f	Femto-	10^{-15}	0,000 000 000 000 001
p	Pico-	10^{-12}	0,000 000 000 001
n	Nano-	10^{-9}	0,000 000 001
µ	Mikro-	10^{-6}	0,000 001
m	Milli-	10^{-3}	0,001
c	Zenti-	10^{-2}	0,01
d	Dezi-	10^{-1}	0,1
k	Kilo-	10^{3}	1 000
M	Mega-	10^{6}	1 000 000
G	Giga-	10^{9}	1 000 000 000
T	Tera-	10^{12}	1 000 000 000 000
P	Peta-	10^{15}	1 000 000 000 000 000
E	Exa-	10^{18}	1 000 000 000 000 000 000

Pegel

	Relative Pegel	Absolute Pegel
Verhältnisse von Schallkenngrößen		**Absoluter Schalldruckpegel L_P** $L_p = 20 \cdot \lg \frac{p}{0{,}00002\ \text{Pa}}$ Einheit [dB_{SPL}]
		Absoluter Schallintensitätspegel L_I $L_I = 10 \cdot \lg \frac{I}{10^{-12}\ \text{W/m}^2}$ Einheit [dB_{SIL}]
		Absoluter Schallleistungspegel L_W $L_w = 10 \cdot \lg \frac{P}{10^{-12}\ \text{W}}$ Einheit [dB_{SWL}]
Verhältnisse von elektrischen Größen	**Relativer Leistungspegel L_P** $L_P = 10 \cdot \lg \frac{P_2}{P_1}$ Einheit [dB_R] oder [dB]	**Absoluter Leistungspegel L_P** $L_P = 10 \cdot \lg \frac{P}{1\ \text{mW}}$ Einheit [dB_m] (an 600 Ω)
	Relativer Spannungspegel L_U $L_U = 20 \cdot \lg \frac{U_2}{U_1}$ Einheit [dB_R] oder [dB]	**Absoluter Spannungspegel L_U** $L_U = 20 \cdot \lg \frac{U}{0{,}775\ \text{V}}$ Einheit [dB_U]
		Rundfunknormpegel p $p = 20 \cdot \lg \frac{U}{1{,}55\ \text{V}}$ Einheit [dB_U]
Funktechnik	**Relativer Leistungspegel L_P** $L_P = 10 \cdot \lg \frac{P_2}{P_1}$ Einheit [dB_R] oder [dB]	**Absoluter Leistungspegel L_P** $L_P = 10 \cdot \lg \frac{P}{1\ \text{mW}}$ Einheit [dB_m] (an 50 Ω)

Volker Smyrek, Tontechnik für Veranstaltungstechniker. ISBN 978-3-7776-1675-9

Spannungsverstärkungsfaktor V_U

$$V_u = \frac{U_a}{U_e}$$

Übertragungsfunktion Verstärker in Mitkopplung [V]

$$U_a = \frac{U_e \cdot V_d}{1+(k \cdot V_d)}$$

Kapitel 7

Leerlaufspannung einer Batterie [V]

$$U_0 = I \cdot R_i + U_{Kl}$$

C-Rate beim Laden und Entladen eines Akkus [h^{-1}]

$$\text{C-Rate} = \frac{\text{Strom [mA]}}{\text{Kapazität des Akkus [mAh]}}$$

Kapitel 9

Ausgangsspannung u_i eines dynamischen Mikrofons [V]

$$u_i = B \cdot l \cdot v \cdot z$$

Ausgangsspannung U eines Kondensatormikrofons [V]

$$\Delta U = \frac{Q}{\Delta C} \quad \text{mit Kapselkapazität C [F]}$$

$$C = \varepsilon_0 \cdot \varepsilon_r \cdot \frac{A}{d}$$

Nahbesprechungseffekt bei Mikrofon mit Nierencharakteristik

$$\frac{U_{Niere}}{U_{Kugel}} = \sqrt{1+\frac{\lambda^2}{16\pi^2 \cdot r^2}}$$

Grenzfrequenz f_g eines Grenzflächenmikrofons [Hz]

$$f_g = \frac{c}{d}$$

Kapitel 11

Elektrische Anpassung

Leistungsanpassung: $Z_a = Z_e$

Spannungsanpassung: $Z_a << Z_e$

Stromanpassung: $Z_a >> Z_e$

Grenzfrequenz f_g einer analogen Audioleitung [Hz]

$$f_g = \frac{1}{2\pi \cdot Z_A \cdot C' \cdot 10^{-12} \cdot l}$$

Kapitel 12

Wellenlänge λ bei elektromagnetischen Wellen [m]

$$\lambda = \frac{\text{Lichtgeschwindigkeit } c_0}{\text{Frequenz f}}$$

Kapitel 13

Abtasttheorem nach Whittaker-Shannon [Hz]

Abtastfrequenz $f_S > f_o \cdot 2$

Signal-Rausch-Abstand (SNR) bei der Pulsecodemodulation [dB]

$$SNR = N \cdot 6{,}02 \text{ dB} + 1{,}76 \text{ dB}$$

Periodendauer T_s der Abtastung [s]

$$T_s = \frac{1}{\text{Abtastfrequenz } f_s}$$

Tastgrad

$$\text{Tastgrad} = \frac{t}{T_s} = t \cdot f_s$$

Kapitel 16

Musikalischer Einsatz eines Delays: Viertelnotenverzögerung [s]

$$t = \frac{60 \text{ s}}{\text{BPM}}$$

Halbnotenverzögerung: $t \cdot 2$

Achtelnotenverzögerung: $t / 2$

Kapitel 17

Dämpfungsfaktor D eines Verstärkers

$$D = \frac{\text{Nennimpedanz Lautsprecher } Z_e}{\text{Ausgangsimpedanz Verstärker } Z_a}$$

Kapitel 18

Wirkungsgrad η

$$\eta = \frac{P_{ab}}{P_{zu}}$$

Bündelungsmaß C einer Schallquelle [dB]

$$C = 10 \cdot \lg \gamma_Q$$

Grenzfrequenz f_g eines Linienstrahlers [Hz]

$$f_g = \frac{c}{2 \cdot d}$$

Ausdehnung r_n der Zylinderwelle eines Linienstrahlers [Hz]

$$r_n = \frac{l^2 \cdot f}{2c}$$

Kapitel 19

Koppelfrequenzen f_n einer Beschallungsanlage [Hz]

$$f_n = n \cdot \frac{c}{d}$$

Kapitel 21

Magnetische Feldstärke H [A/m]

$$H = I \cdot \frac{N}{l}$$

Obere Grenzfrequenz bei Bandmaschinen [Hz]

$$f_{go} = \frac{v}{\lambda_{min}}$$

Kapitel 22

Matrizierung eines RGB-Videosignals für Y, R–Y und B–Y

$$Y = 0{,}299R + 0{,}587G + 0{,}114B$$

Reduzierte Farbkomponenten

$$C_R = 0{,}713(R-Y) \qquad C_B = 0{,}564(B-Y)$$

$$V = 0{,}877(R-Y) \qquad U = 0{,}493(B-Y)$$

Brennweite bei Videoprojektoren [mm]

$$f = \frac{b}{1+(B/G)}$$

Mittelwertbildung ANSI-Lumen

$$\text{ANSI-Lumen} = \frac{E_1+E_2+E_3+E_4+E_5+E_6+E_7+E_8+E_9}{9} \cdot A$$

NZ

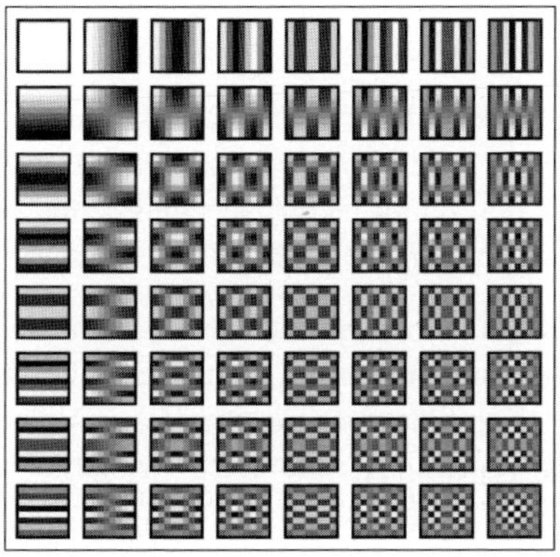

Abb. 22.15: DCT

3. *Quantisierung:* Die Werte der DCT-Koeffizienten werden durch Zahlen aus einer Quantisierungsmatrix dividiert. Das Ziel ist dabei, sehr feine Bildstrukturen verschwinden zu lassen, da diese sowieso nur mit Mühe wahrnehmbar wären.

4. *Group of Pictures (GOP):* Aufeinander folgende Bilder einer Videosequenz ähneln sich meist sehr stark. Daher muss nicht jedes Einzelbild vollständig übertragen werden; Differenzinformationen reichen völlig aus. In einer GOP gibt es daher nur jeweils ein Intra-Frame (I) mit den vollständigen Daten eines Einzelbildes. Es folgen in einer festgelegten Reihenfolge Predicted- und Bidirectional-Frames (P und B). P-Frames enthalten die Differenzen zum vorhergehenden Frame, B-Frames sowohl zu dem vorhergehenden als auch zu dem nachfolgenden Frame. Eine GOP mit 12 Frames sieht dann so aus wie in Tab. 22.1.

Tab. 22.1: Group of Pictures

Nr.	1	2	3	4	5	6	7	8	9	10	11	12
Frame	I	B	B	P	B	B	P	B	B	P	B	B

Durch MPEG wurden verschiedene Bildauflösungen und Tondatenkompressionsraten (s. Kap. 21.2.3) definiert, beispielsweise für Internetanwendungen, Standard Definition (SD) oder High Definition (HD) TV. Die Datenraten reichen dabei von 1,5 bis 80 MBit/s.

- MPEG-1: Komprimierte Video- und Tondaten z. B. auf einer Video-CD. In MPEG-1 Layer 3 ist die Komprimierung von Audiodaten definiert, die auch kurz als MP3 bezeichnet wird.
- MPEG-2: Komprimierte Video- und Tonübertragung in Fernsehqualität (DVB und DVD).
- MPEG-4: Container-Format für Video, Audio und weitere Daten (beispielsweise dem Digital Rights Management, DRM). MPEG-4 ist für die Übertragung mit geringen Bandbreiten bei Mobiltelefonen optimiert.
- MPEG-7: Weiterentwicklung von MPEG-4 mit weiteren Beschreibungen multimedialer Inhalte (daher auch die alternative Bezeichnung „Multimedia Content Description Interface“).

22.2 Videokabel

Zur Verteilung analoger Videosignale werden Koaxialkabel mit BNC-Stecker verwendet (s. Kap. 11.2.4). Wichtig ist hierbei die richtige Anpassung: In diesem Fall wird mit Leistungsanpassung (s. Kap. 11.1) gearbeitet, damit ist die Ausgangs- und Eingangsimpedanz gleich groß und beträgt bei allen analogen Videogeräten 75 Ω.

Videokabel können nicht beliebig lang ausgeführt werden. Koaxialleitungen haben aufgrund des Wellenwiderstandes bei hohen Frequenzen eine deutliche Kabeldämpfung. Zum Ausgleich dieses Pegelverlustes müssen bei Kabellängen von über 50 m Videoverstärker mit einer entsprechenden Entzerrung eingesetzt werden. Oft sind diese Verstärker auch als aktive Signalverteiler mit mehreren Ausgängen konzipiert (Abb. 22.16 und 22.17).

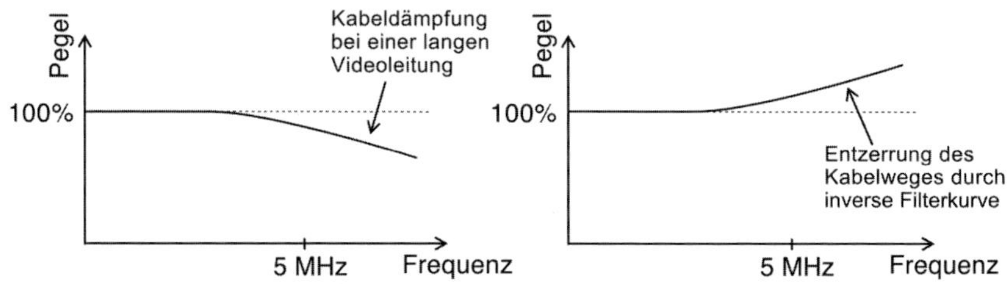

Abb. 22.16: Entzerrung des Kabelweges

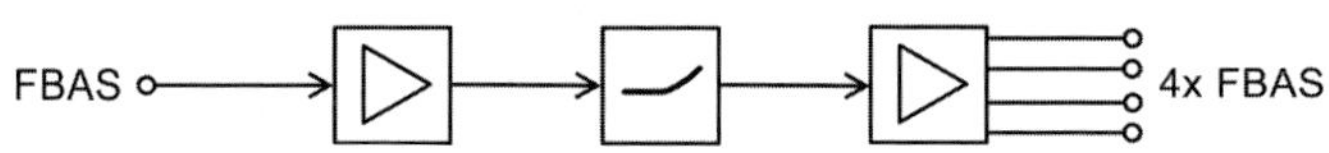

Abb. 22.17: Videoverteilverstärker mit Entzerrung

Zur Vermeidung von Brummschleifen (s. Kap. 11.2.3) kann ein Video-Trenntrafo in den Signalweg eingeschleift werden (Abb. 22.18).

Abb. 22.18: Video-Trenntrafo

Neben einadrigen Koaxialkabeln mit BNC-Steckern werden manchmal auch doppelte Koaxialleitungen mit Y/C-Stecker für eine direkte Verbindung zwischen zwei Videogeräten verwendet. Hier wird das Y- bzw. C-Signal des PAL-Encoders jeweils getrennt geführt (Abb. 22.19).

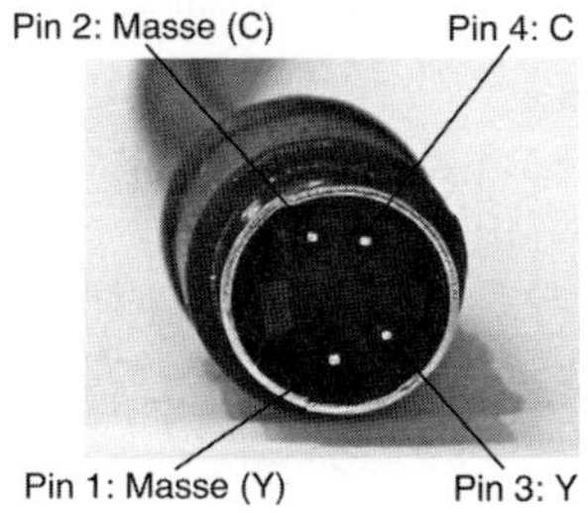

Abb. 22.19: Y/C-Stecker

Digitale Videosignale werden ebenfalls über Koaxialkabel übertragen, daneben gibt es aber auch Systeme zur Video-Übertragung per Lichtwellenleiter.

Die Signalverteilung erfolgt über Videosteckfelder, oder etwas komfortabler über die Koppelpunkte einer Videokreuzschiene. Kreuzschienen können analog oder digital aufgebaut sein. Die Signalumschaltung erfolgt in der vertikalen Austastlücke, um einen Bildsprung beim Schalten zu vermeiden. Wenn die Videoquellen zueinander synchron sind, erfolgt diese Umschaltung völlig störungsfrei. Es gibt kombinierte Video- und Audiokreuzschienen. Hier kann nach dem Prinzip „Audio follows Video" geschaltet werden, d. h. wenn man eine bestimmte Videoquelle anwählt, wird auch das zugehörige Audiosignal umgeschaltet.

22.3 Die Videokamera

Der Bildwandler in einer Videokamera (Abb. 22.20) wandelt Licht in elektrischen Strom um. In diesem Kapitel werden die dazu notwendigen optischen und elektronischen Baugruppen erklärt.

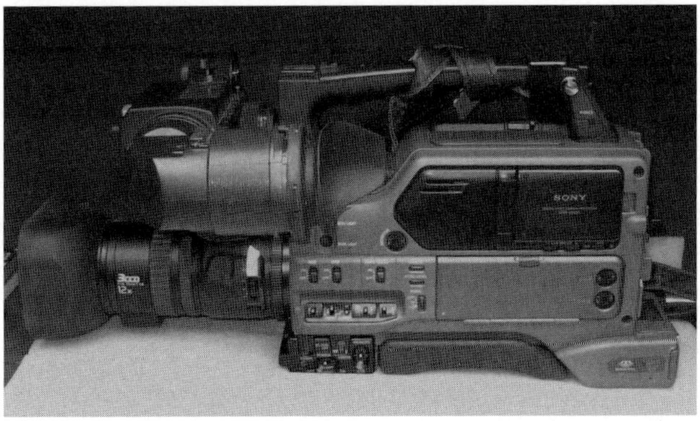

Abb. 22.20: Videokamera (Sony DSR-250P)

22.3.1 Optisches System

Objektiv

Objektive bestehen aus einer Kombination von verschiedenen Linsen (Abb. 22.21).

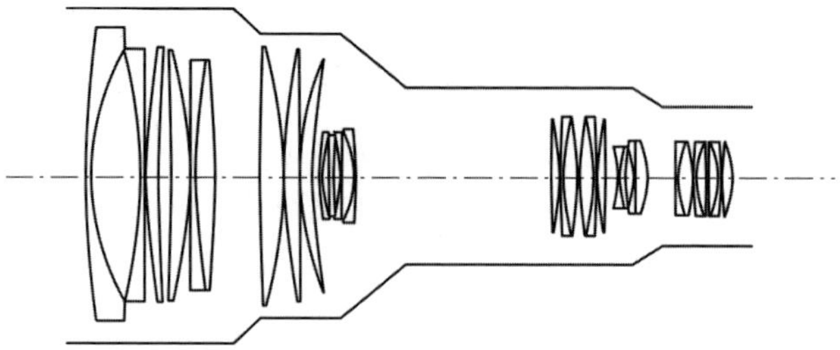

Abb. 22.21: Linsen eines Zoomobjektivs

Die meisten Videokameras sind mit Zoomobjektiven ausgestattet, daneben gibt es aber auch die Möglichkeit, Normalobjektive zu verwenden. Diese haben einen vertikalen Bildwinkel von ca. 27°, damit ergibt sich bei einem 2/3 Zoll-Wandler eine Brennweite von 13,7 mm.

Teleobjektive haben einen kleineren Bildwinkel und eine größere Brennweite, Weitwinkelobjektive dagegen einen großen Bildwinkel und eine kleine Brennweite. Die Linsen sind zur besseren Lichtausbeute und zur Entspiegelung mit sehr dünnen Metalloxid-Schichten vergütet.

Blende

Im Objektiv befindet sich eine Irisblende mit veränderlichem Durchmesser. Die Blende reguliert den Lichteinfall und begrenzt den nutzbaren Bereich der Linse. Dadurch werden Abbildungsfehler im Randbereich vermindert.

Blendenzahl F = Brennweite f / Blendendurchmesser d

Blendenstufen: Die Blendenstufen basieren auf dem Faktor $\sqrt{2}$. Jede Stufe wird also durch weiteres Multiplizieren von $\sqrt{2}$ berechnet:

Blendenstufe $1{,}4 \cdot \sqrt{2}$ = Blendstufe 2.

Blendenstufe $2 \cdot \sqrt{2}$ = Blendstufe 2,8 etc.

Die Lichtintensität halbiert sich bei Steigerung um einen Stufenwert: Bei einer großen (weit offenen) Blende ergibt sich eine geringe Tiefenschärfe, bei einer kleinen (geschlossenen) Blende eine hohe Tiefenschärfe (Abb. 22.22 und 22.23). Möchte man also eine Szenerie mit hoher Tiefenschärfe aufnehmen, muss für eine entsprechende Ausleuchtung gesorgt werden, damit die Blende möglichst klein eingestellt werden kann.

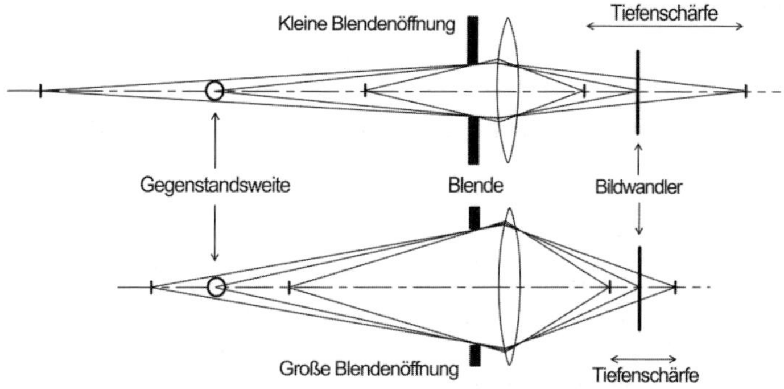

Abb. 22.22: Blendenöffnung und Tiefenschärfe

Abb. 22.23: Tiefenschärfe als Gestaltungsmittel

Auflagemaß

Das Auflagemaß ist der Abstand zwischen der letzten Objektivlinse und dem Bildwandler. Durch Stöße oder Temperaturänderungen kann sich das Auflagemaß verändern.

Das Einstellen des Auflagemaßes eines Zoomobjektives erfolgt so: Ein kontrastreiches Motiv wird in Tele-Stellung scharf eingestellt. Dann wird herausgezoomt und die Schärfe über einen guten Monitor kontrolliert; gegebenenfalls muss das Auflagemaß mit der entsprechenden Arretierschraube am Objektiv verändert werden.

Optische Filter

Vor dem Bildwandler befinden sich mehrere optische Filter:

Konversionsfilterrad: Verschiedene Filter zur Anpassung an die Farbtemperatur (3200 K bei Kunstlicht oder 5600 K bei Tageslicht) und Grau- bzw. Neutraldichtefilter (ND-Filter) zur Abschwächung der Lichtintensität.

Infrarotsperrfilter: Das für uns Menschen nicht sichtbare Infrarotlicht wird vor der Bildwandlung herausgefiltert, da der Bildwandler in der Kamera im Gegensatz zu unseren Augen auch für Infrarotlicht empfindlich ist.

Bei fein gegliederten Bildinhalten kommt es zur Überlagerung von Bild- und Pixelstruktur (Aliasing-Fehler). Durch eine *optische Defokussierung* lässt sich dieser Abbildungsfehler reduzieren.

22.3.2 Bildwandler

Videokameras mit CCD-Bildwandler

Die ersten CCD (= Charge Coupled Devices) wurden 1960 von den Bell Laboratories in den USA gebaut. Eigentlich sollte ein neues Speichermedium für Computer entwickelt werden, aber es fiel auf, dass ein CCD auf Licht reagiert. Somit tat sich eine neue Anwendung als Chip für die Bilderfassung auf. Ein CCD besteht im Prinzip aus vielen kleinen Fotodioden, welche Lichtenergie in elektrische Energie umwandeln. Eine CCD-Speicherzelle besteht aus einem MOS-Kondensator (Metal Oxide Semiconductor) wie in Abb. 22.24 dargestellt.

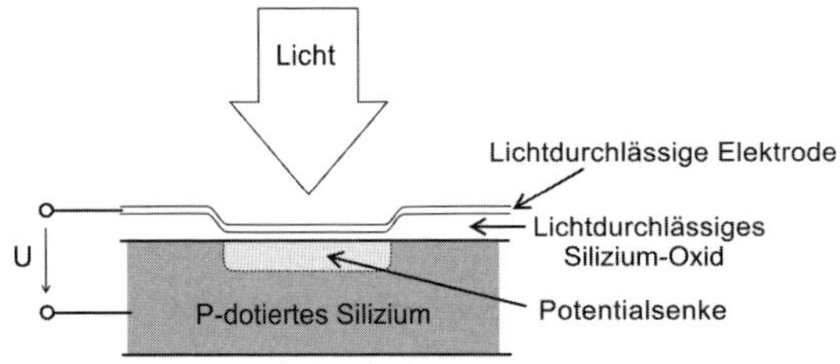

Abb. 22.24: Aufbau einer CCD-Speicherzelle

Mehrere aneinander gereihte CCD-Speicherzellen ergeben eine CCD-Zeile. Durch die Veränderung der Spannungsniveaus zwischen den einzelnen Zellen kann die Ladung von einer Speicherzelle zur nächsten weitertransportiert werden. Es erfolgt eine räumliche Verschiebung der Ladung zu Zellen hin, die ein noch niedrigeres Potential haben. Damit wird die Ladung über eine ganze CCD-Zeile transportiert. Schieberegister transportieren die elektrischen Ladungen zu einem Verstärker. Ein Bildpunkt kann nicht einzeln ausgelesen werden, sondern es wird immer nur die integrierte Ladung einer Zeile durch das Schieberegister abgeleitet. Das Auslesen aller Zeilen geschieht parallel, anschließend werden die Ladungen aber seriell in einem Ausgangsknoten an der Ecke des Chips gesammelt. Obwohl die Spannungen an den Elektroden, die den Transport der Ladung bewirken, nur wenige diskrete Zustände annehmen, ergibt die lichtabhängig gesammelte Ladung ein analoges Signal.

Blooming: Bei einer zu großen Gesamtlichtmenge wird die Speicherkapazität der einzelnen CCD-Zellen überschritten. Überschüssige Ladung gelangt zu angrenzenden Zellen und verursacht um die überbelichtete Zelle herum ein fehlerhaftes, zu helles Bild.

CCD-Bildwandlerfläche

Eine CCD-Bildwandlerfläche wird aus CCD-Zeilen zusammengesetzt. Durch die MOS-Zellen wird das Bild bei der Wandlung sowohl horizontal als auch vertikal in Bildpunkte (Pixel) zerlegt. Aber nicht alle CCD-Zellen eines Chips werden zur Bildwandlung genutzt. CCD weisen einen Dunkelstrom auf, der mit Hilfe lichtdicht abgedeckter Pixel (Optical Black) korrigiert werden kann (Abb. 22.25).

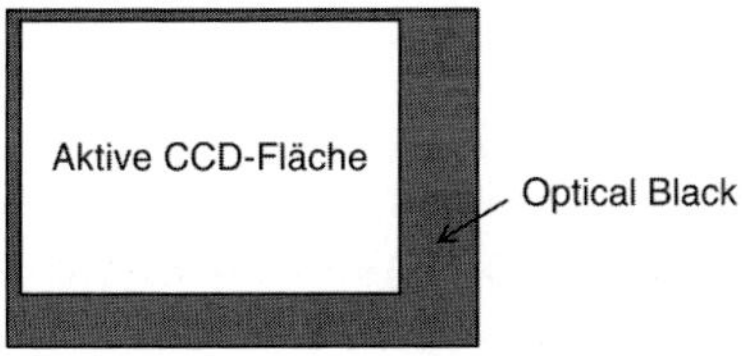

Abb. 22.25: CCD-Bildwandler und Optical Black

Für die CCD-Abmessungen wurden die Maße der Wandlerflächen von den alten Röhrenbildwandlern übernommen. In professionellen Kameras werden meist 2/3 Zoll-CCD eingesetzt. Eine möglichst große Anzahl von Pixeln muss also auf einer relativ kleinen Fläche untergebracht werden. Fehler beim Fertigungsprozess lassen sich aber nicht vermeiden, und deshalb müssen die CCD geprüft und selektiert werden. CCD mit Fehlstellen werden für preiswerte Kameras verwandt, die dann mit Hilfe elektronischer Maßnahmen die Fehler verdecken müssen.

Speicherbereiche

Die Ladungen der Zellen müssen fernsehnormgerecht ausgelesen und zu einem seriellen Signal geformt werden. Da zur Erzielung einer hohen Empfindlichkeit die Ladung in den Zellen möglichst lange aufintegriert werden soll, müssen Ladungssammel- und Auslesevorgang getrennt werden. Dies geschieht durch die Nutzung separater Speicherbereiche. Die verschiedenen CCD-Typen werden hinsichtlich der Anordnung ihrer Speicherbereiche in FT-, IT- und FIT-Chips unterschieden.

Frame Transfer (FT)

Unter einem lichtempfindlichen Sensorteil befindet sich ein lichtdicht abgedeckter Speicherbereich. Die Ladungen der CCD-Zeilen werden während der aktiven Halbbilddauer gesammelt. Während der Vertikalaustastung werden die Ladungen in den Speicherbereich verschoben. In dieser Zeit muss die Sensorfläche durch eine rotierende Flügelblende lichtdicht abgedeckt werden. Am Ausgang des horizontalen Ausleseregisters kann letztlich die Ladung eines Bildes abgegriffen werden (Abb. 22.26). Von Vorteil ist die hohe Pixeldichte und damit eine hohe Empfindlichkeit und gute Auflösung. Ein Nachteil ist die mechanische Blende.

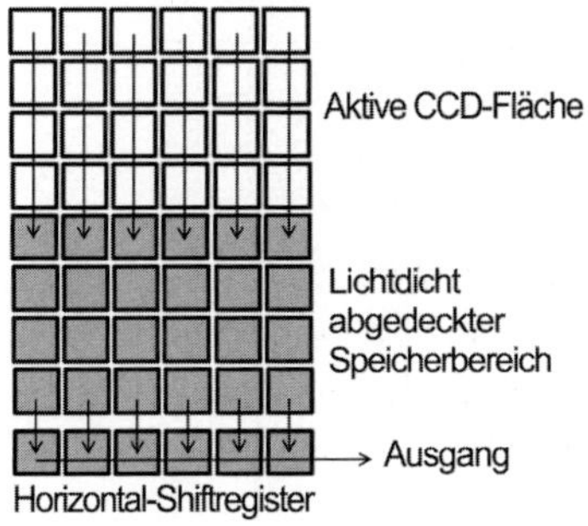

Abb. 22.26: FT-Prinzip

Interline Transfer (IT)

Der Speicherbereich liegt hier in der Bildwandlerfläche unter lichtgeschützten vertikalen Spalten (Abb. 22.27).

Vorteil: Keine Lichtabdeckung während des Auslesevorgangs nötig. Sehr schnelle Ladungsübernahme in den Speicherbereich.

Nachteil: Geringe Pixeldichte und Anfälligkeit für den *Smear-Effekt* (Licht gelangt in das Transportregister und verfälscht die Ladung). Im Bild ist das als senkrecht verlaufender, heller Strich zur erkennen.

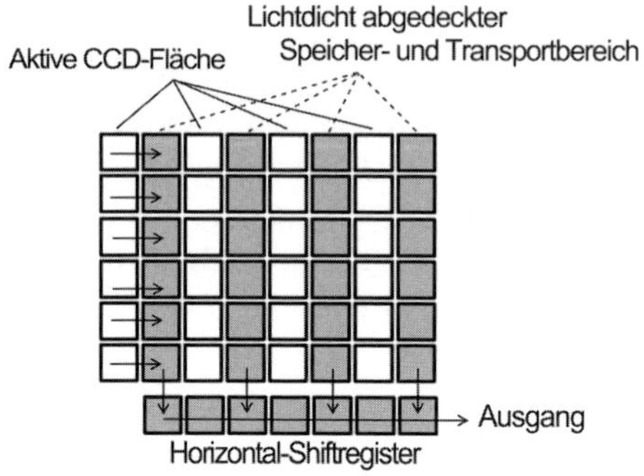

Abb. 22.27: IT-Prinzip

Frame-Interline-Transfer (FIT)

Das Frame-Interline-Prinzip ist eine Kombination von IT- und FT-Technik. Es gibt hier also Speicherspalten in der Sensorfläche und einen zusätzlicher Speicherbereich unterhalb des Bildwandlers (Abb. 22.28).

Vorteil: Keine mechanische Blende. Smear-Effekt stark reduziert.

Nachteil: Hoher technischer Aufwand bei der Fertigung. Geringe Pixeldichte.

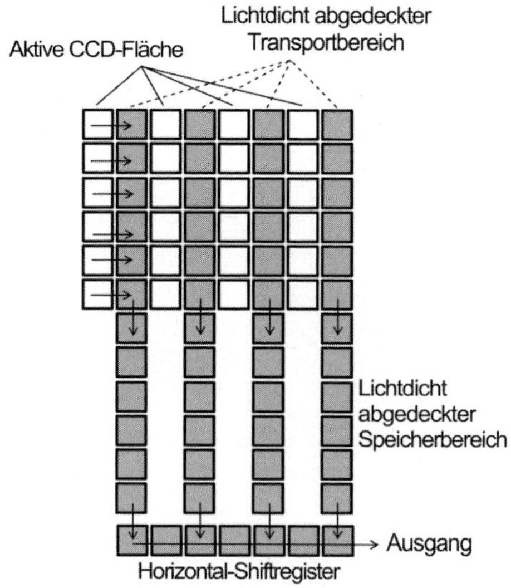

Abb. 22.28: FIT-Prinzip

Lens on Chip

Durch Mikrolinsen auf dem CCD-Chip wird Licht, das auf die abgedeckten Bereiche fällt, in den lichtempfindlichen Bereich gelenkt. Dadurch wird zum einen die Lichtausbeute erhöht und zum anderen der Smear-Effekt reduziert.

Elektronischer Shutter

Durch den elektronischen Shutter wird die Belichtungszeit verkürzt, um auch schnelle Bewegungsabläufe ohne Unschärfe darstellen zu können. Die normale Belichtungszeit beträgt 1/50 Sekunde. Mit Shutter sind zum Beispiel 1/100, 1/500, oder 1/1000 möglich. Verfügt die Kamera über die Funktion „Clear Scan“, ist auch eine stufenlose Einstellung der Belichtungszeit möglich (Anwendung: Abfilmen von Computermonitoren ohne störende Interferenzstreifen). Im Shutter-Betrieb sinkt die Empfindlichkeit des Bildwandlers, daher muss zum Ausgleich die Blende oder die Verstärkung verändert werden.

Empfindlichkeit von CCD-Chips

FT-CCD sind aufgrund der größeren Pixel prinzipiell empfindlicher als IT- und FIT-CCD. Die meisten Videokameras benötigen eine Beleuchtungsstärke von 2000 Lux, um bei Blende 8 einen Videopegel von 100 % zu erreichen. Eine zusätzliche Verstärkung ist meist möglich, allerdings vermindert sich dann der Signal-Rauschabstand (Maximalverstärkung +18 dB).

CCD-Rauschen

In Bildwandlern treten zwei Arten von Rauschen auf:

- Thermisches Rauschen, auch Dunkelstromrauschen genannt.
- Fixed Pattern Noise durch Unregelmäßigkeiten beim CCD-Aufbau.

Der Signal-Rausch-Abstand eines guten CCD-Bildwandlers beträgt ca. 60 dB.

Farbbilderzeugung mit drei Wandlern

Das einfallende Licht wird durch einen Prismensatz mit dünnen Beschichtungen auf dem Glas, welche Licht frequenzselektiv absorbieren bzw. reflektieren (dichroitische Schichten), in die Spektralfarben Rot, Grün und Blau zerlegt (Abb. 22.29).

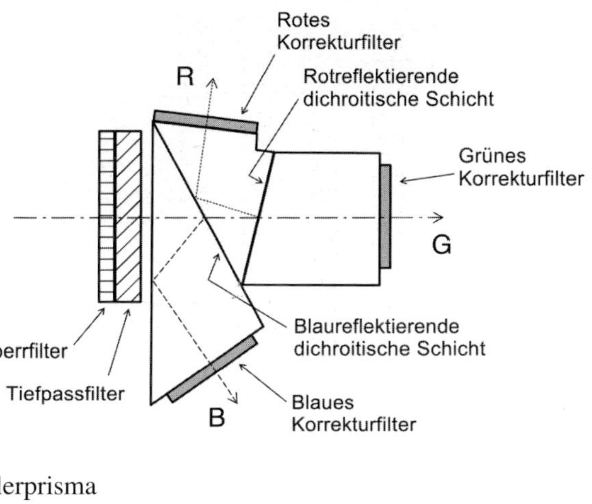

Abb. 22.29: Strahlenteilerprisma

Nachteil des Strahlenteilers: Es ergibt sich ein langer Strahlengang für das einfallende Licht, und die Brennweiten der Optiken müssen darauf angepasst werden.

Bildformatwechsel bei CCD-Kameras

Die 16 : 9-Bilderzeugung kann bei einem 4 : 3-Wandler mit einem anamorphotischen Objektivvorsatz erfolgen. Bei der Wiedergabe wird das Bild dann wieder elektronisch auseinander gezogen und die ursprünglichen Proportionen wieder hergestellt. Nachteil dieser Methode: Horizontale Auflösungsverluste (Abb. 22.30).

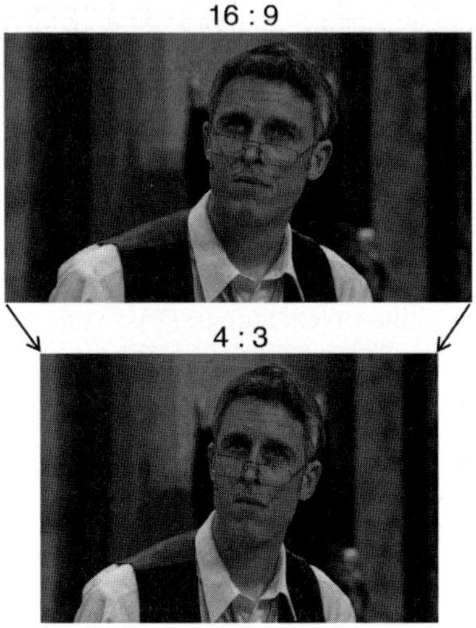

Abb. 22.30: Anamorphote Bildkompression

Recht einfach kann das 4 : 3-Format mit einem 16 : 9-Wandler erzeugt werden. Die Seitenbereiche werden für 4 : 3 beschnitten. Nachteil: Bildinhalte in den abgeschnittenen Randbereichen gehen verloren (Abb. 22.31).

Abb. 22.31: Bildbeschneidung

Ein Verfahren zum möglichst verlustfreien Bildformatwechsel ist das Dynamic Pixel Management (DPM). Hier werden die Bildpunkte in der Vertikalen in Subpixel unterteilt (Abb. 22.32):

- Format 4 : 3 → vier Subpixel ergeben einen Bildpunkt.
- Format 16 : 9 → drei Subpixel ergeben einen Bildpunkt, gleichzeitig ergibt sich aber eine Reduzierung der vertikalen Abtastung.

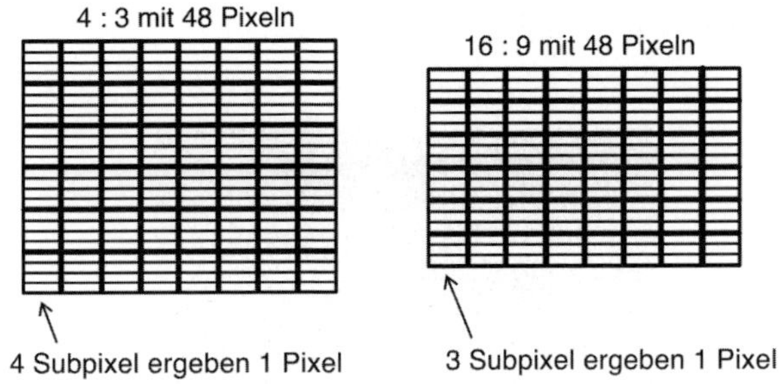

Abb. 22.32: Dynamic Pixel Management

Videokameras mit CMOS-Chip

Die Abkürzung CMOS steht für „Complementary Metal Oxide Semiconductor". Im Gegensatz zum CCD wird bei einem CMOS-Sensor die bei der Belichtung angesammelte Ladung nicht zu einem einzigen gemeinsamen Ausleseverstärker verschoben. Stattdessen ist in jedem Pixel ein Verstärker integriert. Die Fotodiode und die Ausleseelektronik sind damit also kombiniert und das Ladungspaket, welches die Fotodiode gesammelt hat, wird noch im Pixel in eine Spannung umgewandelt. Anschließend wird diese Spannung in fortlaufenden Spalten und Zeilen zum Analogprozessor des Chips geleitet. Das Prinzip eines CMOS-Chips besteht also darin, alle Bildpunkte einzeln zu verdrahten. Obwohl die Idee für einen derartige Bilderfassung bereits in den 1970er Jahren bestand, wurden erst Anfang der 1990er funktionierende Systeme gebaut. Es mussten Herstellungsverfahren entwickelt werden, welche die Fertigung von CMOS-Chips mit einer guten Bildqualität ermöglichten. (Inzwischen ist in fast allen digitalen Fotokameras ein CMOS-Bildwandler eingebaut.)

Vorteile von CMOS-Bildsensoren gegenüber CCD:

- Frei wählbarer Pixelzugriff
- Hohe optische Helligkeitsdynamik
- Hohe Bildraten
- Großer Temperaturbereich
- Geringer Leistungsverbrauch
- Kein Smearing und Blooming

Processing and Signalfluss

Das analoge Ausgangssignal des Sensors wird um einen festen Betrag verstärkt und zum A/D-Wandler geleitet. Dazwischen befinden sich keine weiteren Bauelemente. Das Processing wird komplett auf der digitalen Ebene ausgeführt.

Zuerst wird der Schwarzpegel individuell für jedes Pixel korrigiert. Dann erfolgen Farb-Rekonstruktion und Farb-Management. Weiterhin wird digital der Dynamikumfang erweitert. Alle diese Berechnungen müssen in Echtzeit geschehen.

Farb-Rekonstruktion

Auf einem CMOS-Sensor ist ein Farbfilter angebracht. Hierbei handelt es sich meist um einen Streifenfilter oder bei professionellen Kameras um einen so genannten Bayer-Filter (Abb. 22.33).

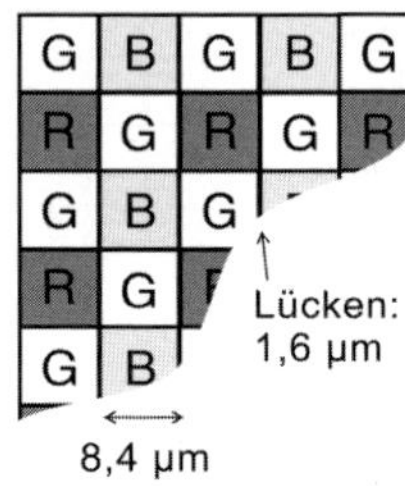

Abb. 22.33: Ausschnitt eines Bayer-Filters

Die Hälfte des Bayer-Filters ist Grün und je ein Viertel Rot bzw. Blau. Diese Gewichtung der Farben und das nachfolgende Farb-Processing sind dem menschlichen Sehvermögen nachempfunden. Die Raw-Bayer-Daten stellen erst einmal nur ein monochromes Bild dar, in welchem jedes Pixel nur einen spezifischen Farbwert hat. Um ein Farbbild zu erhalten, müssen die Farbinformation auf Basis der Rohdaten rekonstruiert werden. Die Farben Rot, Grün und Blau werden also für jeden Bildpunkt berechnet. Bei der Farbkodierung wird zum einen die Kenntnis von den Überlappungen im Farbspektrum genutzt. Weiterhin werden die Werte der Nachbarpixel analysiert und in die Farbberechnung jedes einzelnen Pixels mit einbezogen.

Die digitale Signalverarbeitung muss diese Berechnung in Echtzeit leisten. Dabei ist die Rekonstruktion der Farbinformationen bei einer Ein-Chip-Kamera alles andere als einfach, und es kann sichtbare Artefakte geben.

CMOS-Kameras mit nur einem Bildsensor haben dagegen nicht die Probleme, die CCD-Kameras mit Strahlteiler und drei Chips haben: Ungenaue Ausrichtung der einzelnen Sensoren und ein Auseinanderdriften der separaten Signalwege werden bei der CMOS-Technik vermieden.

Tab. 22.2: Vergleich CCD- und CMOS-Bildwandler

CCD	CMOS
- Drei Chips	+ Ein Chip
+ Direkter Abgriff der Farbsignale an den einzelnen CCD-Chips	- Aufwendiges Processing für die Farbkodierung notwendig
- Durch Strahlteiler spezielle Optiken mit angepasster Brennweite	+ Standard-(Film-)Optiken können verwendet werden
- Aufwendiger Formatwechsel	+ Meist größere Bildfläche, daher ist ein Formatwechsel einfacher
+ Lichtempfindlicher	+ Höhere Bildrate

22.3.3 Kameraelektronik

Eine Kameraelektronik wie in Abb. 22.34 kann in folgende Baugruppen unterteilt werden:

- Objektivsteuerung.
- Synchronsignalerzeugung.
- Bildsignalbearbeitung.

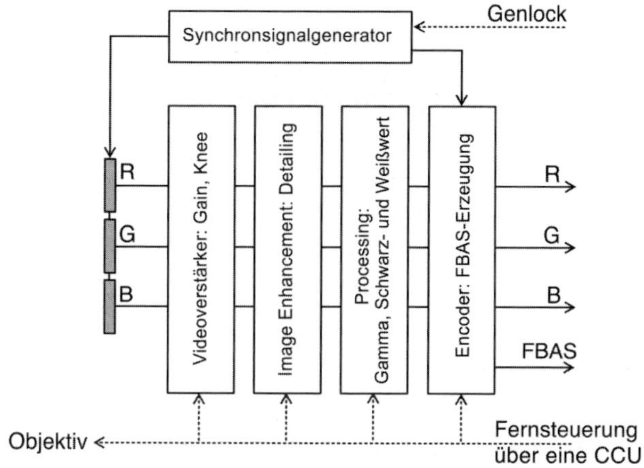

Abb. 22.34: Blockschaltbild Kameraelektronik

Objektivsteuerung

Zoom und Schärfe werden mechanisch oder über Servomotoren durch den Filmenden kontrolliert. Die Blende und ein Filterwechsel können dagegen mit Hilfe einer Camera Control Unit (CCU) auch durch einen Bildtechniker ferngesteuert werden.

Synchronsignalerzeugung in der Kamera

Ein Synchronsignalgenerator in der Kamera erzeugt die Zeitstruktur gemäß der Fernsehnorm, also die H- und V-Impulse, das Austastsignal und die Farbträgerfrequenz. Es ist auch eine Fremdsynchronisierung der Kamera im so genannten Gen-Lock-Betrieb möglich (ein zentraler Farbbalkengenerator liefert dann das Synchronsignal für mehrere Kameras; s. Kap. 22.5).

Bildsignalbearbeitung in der Kamera

Vorverstärkung

Durch die Vorverstärkung von bis zu +18 dB können unzureichende Beleuchtungsstärken ausgeglichen werden. Allerdings vermindert sich dabei der Signal-Rausch-Abstand; bei einer hohen Verstärkung ist ein deutliches Bildrauschen zu sehen.

Shading

Das Shading ist eine elektronische Kompensation von ungleichmäßiger Helligkeitsverteilung im Schwarz (durch verschieden große Dunkelströme) und im Weiß (durch den Helligkeitsabfall am Bildrand).

Flare

Flare ist die elektronische Kompensation einer ungleichmäßigen Aufhellung des Bildfeldes durch das vom Objektiv erzeugte Streulicht.

Detailing

Die Unschärfe, die beim CCD der optische Tiefpassfilter bewirkt, wird durch das Detailing ausgeglichen. Die Kantenschärfe wird durch eine elektronische Schaltung verbessert. Nachteil der Detailing-Funktion: Es kann zu Problemen bei der Wiedergabe von Gesichtern kommen. Hier erscheint die Haut fleckig bei zu hohem Detailing. Daher erfolgt die Einstellung nach subjektiven Kriterien. Manche Kameras haben auch eine spezielle Skin-Detailing-Schaltung; hier wird der Hautton aufgenommen und abgespeichert. Immer wenn der gespeicherte Farbton im Bild auftritt, wird das Detailing für diesen Bereich herabgesetzt.

Die Kamerakennlinie

Die Kamerakennlinie oder auch Gamma-Kurve zeigt den Zusammenhang zwischen dem auf den Bildwandler treffenden Lichtstrom und dem resultierenden Videosignalwert (Abb. 22.35).

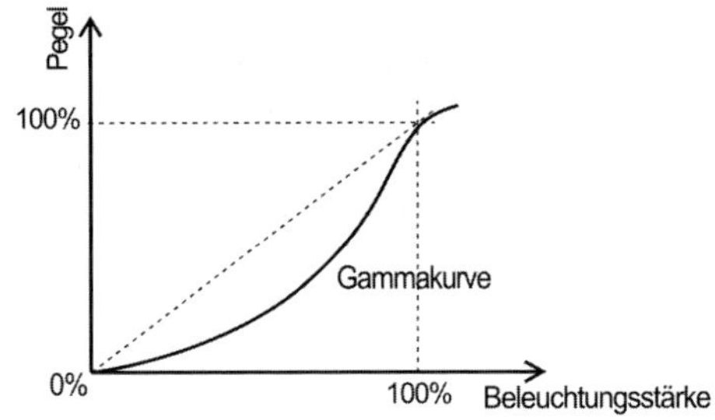

Abb. 22.35: Kamerakennlinie

Der nichtlineare Verlauf der Kamerakennlinie dient zur Kompensation des ebenfalls nichtlinearen Zusammenhangs von Videopegel und Leuchtdichte bei der Wiedergabe. Letztlich funktioniert nämlich auch die Helligkeitswahrnehmung des Auges logarithmisch, wie in Tab. 22.3 dargestellt.

Tab. 22.3: Logarithmische Helligkeitswahrnehmung

Lichtreflexion an unbunten Flächen (Grautreppe als Testbild)	Helligkeitswahrnehmung
100 %	Weiß
70 %	
35 %	
17,5 %	Mittleres Grau
12 %	
6 %	
3,5 %	Schwarz

Gamma-Vorentzerrung

Die Gamma-Kurve kann gezielt verändert werden, um dadurch Grauabstufungen im Bild an das Motiv bzw. die Ausleuchtung anzupassen. Manchmal ist auch eine zusätzliche Kennlinienveränderung im dunklen Bereich möglich, d. h. die Einstellung eines Gamma-Wertes im Schwarz (Abb. 22.36).

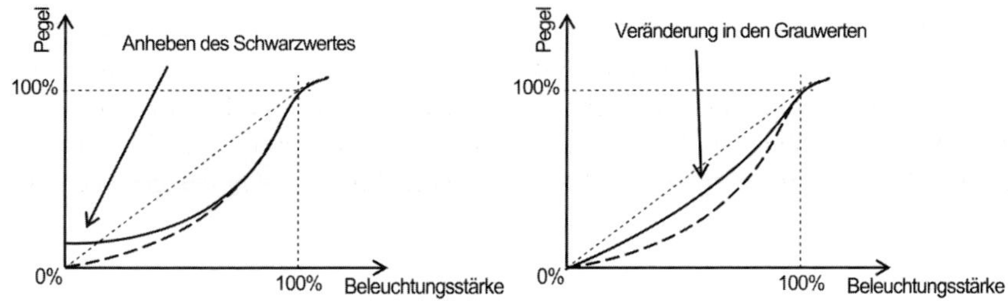

Abb. 22.36: Beispiele für eine Kennlinienveränderung

Schwarzwert

Zur Kompensierung des Dunkelstroms wird der Schwarzwert im Bezug auf das Optical Black des CCD angepasst. Dabei ist eine absichtliche Anhebung von ca. 3 % zur besseren Detailwiedergabe in den dunklen Bereichen möglich. Allerdings lässt ein zu hoch eingestellter Schwarzwert das Bild flau werden. Zu tief darf der Schwarzwert aber auch nicht sein, denn das Luminanzsignal sollte nicht unter die 0 V-Linie des Austastwertes reichen, hier sind nur Chrominanzwerte erwünscht (Abb. 22.37).

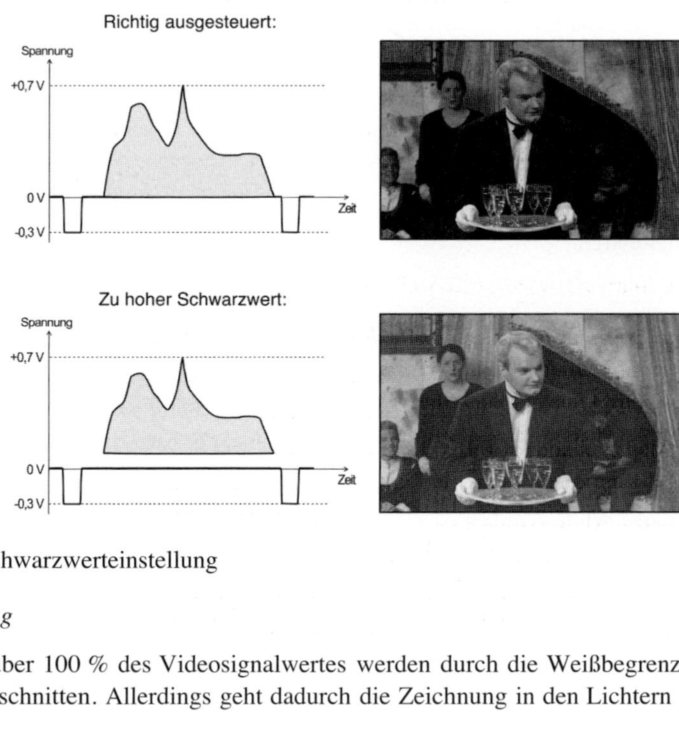

Abb. 22.37: Schwarzwerteinstellung

Weißbegrenzung

Signalspitzen über 100 % des Videosignalwertes werden durch die Weißbegrenzung (Clipping) elektronisch beschnitten. Allerdings geht dadurch die Zeichnung in den Lichtern verloren, daher wird der Clippingwert etwas höher bei ca. 105 % angesetzt. Die Einstellung erfolgt zusammen mit dem Schwarzwert nach subjektiven Kriterien, und zwar so, dass genug Zeichnung im Schwarz wie im Weiß vorhanden ist (Abb. 22.38).

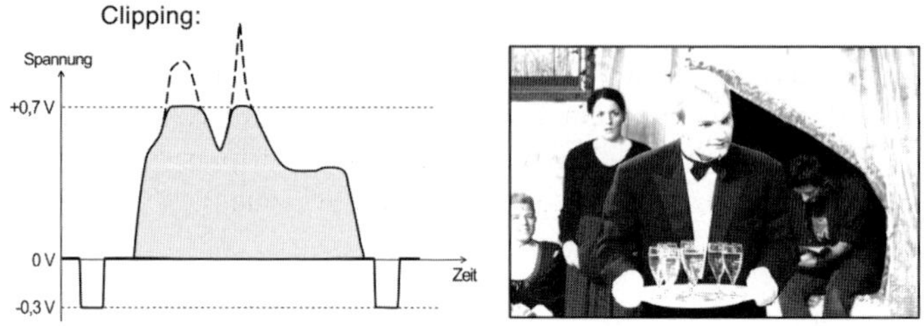

Abb. 22.38: Clipping bei Signal mit zu hohem Videopegel

Kniefunktion

Mit Hilfe der Kniefunktion wird der Kontrastumfang durch eine Abflachung der Kennlinie zu den Lichtern hin gesteigert (Abb. 22.39). Ein manuell regelbarer Kniepunkt wird meist zwischen 80 % und 110 % eingestellt. Eine Autoknie-Schaltung ist dagegen eine Automatikfunktion, die in Abhängigkeit vom Motivkontrast entsprechende Korrekturen vornimmt.

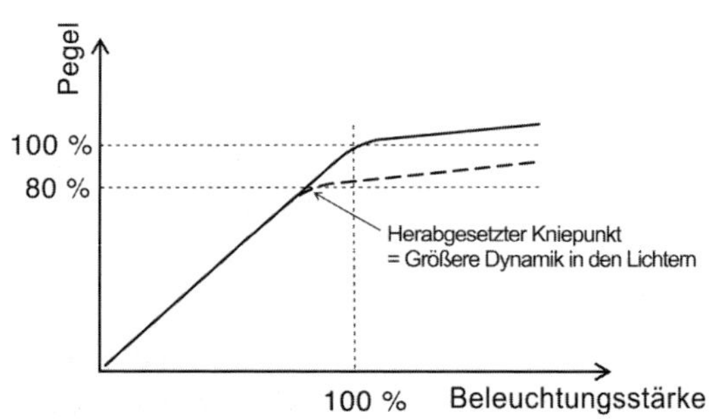

Abb. 22.39: Kniefunktion

Weißabgleich

Das Licht das wir sehen kann eine unterschiedliche spektrale Zusammensetzung und Farbtemperatur haben. Tageslicht hat eine Farbtemperatur von ca. 5600 K, Kunstlicht nur ca. 3200 K. Das menschliche Auge passt sich dem Frequenzgemisch an und empfindet die Farbe einer weißen Vorlage immer als Weiß, egal ob sie bei Tages- oder Kunstlicht betrachtet wird.

Bei einer Videokamera erfolgt diese Anpassung durch den manuellen oder automatischen Weißabgleich (Automatic White Control = AWC). Dabei werden die R- und die B-Verstärkung so eingestellt, dass bei einer weißen Vorlage die Kanäle gleiche Signalpegel haben. Dieser Abgleich ist abhängig von der Stellung des Filterrades, d. h. der richtige Filter muss eingestellt sein und darf nach dem Abgleich nicht gewechselt werden. Für jede Lichtsituation muss ein neuer Weißabgleich vorgenommen werden. Allerdings ist die Abspeicherung verschiedener Weißabgleich-Parameter möglich, um beispielsweise schnell von Tages- auf Kunstlicht wechseln zu können.

Schwarzabgleich

Der Schwarzabgleich ist unabhängig von der Beleuchtung. Die Einstellung erfolgt bei geschlossener Blende manuell oder automatisch (Automatic Black Control = ABC). Die Farbkanäle haben anschließend im Schwarz gleiche Pegel.

Kamerazug

Abb. 22.40 skizziert einen Kamerazug: Hier wird eine Videokamera an eine Camera Control Unit (CCU) angeschlossen und von der Bildregie aus kontrolliert. Die einzelnen Signale von und zur Kamera – Video, Sync und Audio – werden im Multiplex über ein Triax-Kabel übertragen (Triax = Koaxialkabel mit einem Leiter und zwei Schirmen).

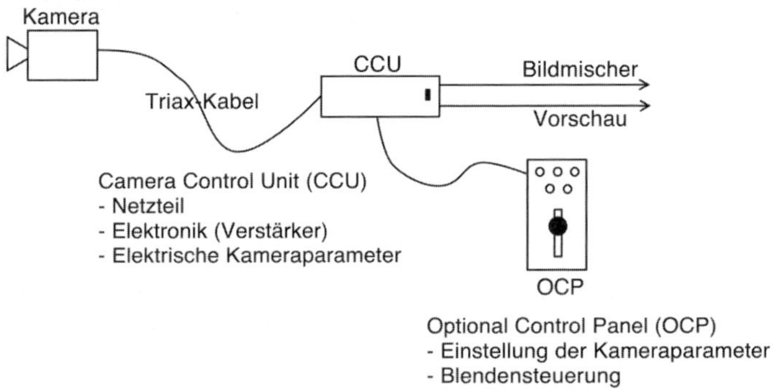

Abb. 22.40: Kamerazug

Über die CCU wird die Kamera mit Strom versorgt und die Kameraparameter ferngesteuert. Außerdem erfolgt eine Entzerrung des Videosignals zum Ausgleich der Kabellänge. Das Optional Control Panel (OCP) ist die Bedienoberfläche der CCU. Hier befinden sich die Regler zur Beeinflussung der Kameraelektronik.

Neben der OCP gibt am Arbeitsplatz des Bildtechnikers (Abb. 22.41) immer auch qualitativ gute Vorschaumonitore und Videomessgeräte (Waveform-Monitor und Vektorskop) zur Beurteilung und Abgleich der Kamerabilder.

Abb. 22.41: Arbeitsplatz des Bildtechnikers in einem Übertragungswagen (Novotny-TV)

22.4 Aufzeichnung und Wiedergabe von Videosignalen

Video-Magnetbandaufzeichnung (MAZ)

Bei einer MAZ befindet sich das Magnetband in einem Kassettensystem. Video und Audio werden durch ein Schrägspurverfahren mit rotierenden Köpfen aufgezeichnet (s. Kap. 21.1.2). Dazu wird das Band aus der Kassette gezogen und um die Kopftrommel gelegt.

Professionelle analoge Videobandmaschinen, beispielsweise Betacam SP, haben Eingangsbuchsen für Component-Video (Y, C_B, C_R). Bei der Aufzeichnung wird das Y-Signal auf eine Schrägspur geschrieben und C_B und C_R gemeinsam im Zeitmultiplex auf die benachbarte Schrägspur.

Die analoge MAZ wurden inzwischen fast gänzlich von digitalen Formaten abgelöst. Wie in Abb. 22.42 zu sehen ist, gibt es aber auch hier neben den Schrägspuren für digitales Video und Audio Längsspuren für ein Steuersignal, den LTC (Timecode, s. Kap. 13.7) und eine zusätzliche Audiospur. Diese Signale werden mit feststehenden Köpfen geschrieben und ausgelesen.

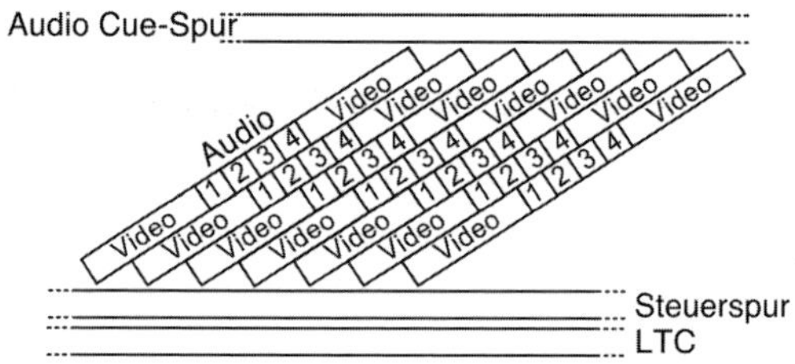

Abb. 22.42: Spurbild einer digitalen MAZ

Digitale MAZ-Formate in Standard Definition (SD)

SD-Formate haben ein Bildseitenverhältnis von 4 : 3. Beispiele: DVC Pro, Betacam SX, Digital Betacam und D5 (Tab. 22.4).

Tab. 22.4: Vergleich einiger digitaler SD-Videoformate (4 : 3)

	Betacam SX	DVC Pro	Digital Betacam	D5
Hersteller	Sony	Panasonic	Sony	Panasonic
Quantisierung	8 Bit	8 Bit	10 Bit	10 Bit
Kompressionsfaktor	10 : 1	5 : 1	2 : 1	unkomprimiert
Signalverarbeitung	4 : 2 : 2	4 : 1 : 1	4 : 2 : 2	4 : 2 : 2
Videodatenrate	18 MBit/s	25 MBit/s	126 MBit/s	270 MBit/s
Audio	48 kHz, 16 Bit (4 Kanäle)	48 kHz, 16 Bit (4 Kanäle)	48 kHz, 20 Bit (4 Kanäle)	48 kHz, 16 Bit (4 Kanäle)
Magnetband	1/2 Zoll	1/4 Zoll	1/2 Zoll	1/2 Zoll

Digitale MAZ-Formate in High Definition (HD)

HD-Formate haben ein Bildseitenverhältnis von 16 : 9. Beispiele: HDCam, DVC Pro HD, HD-D5 und HDCam SR (Tab. 22.5).

Tab. 22.5: Vergleich einiger digitaler HD-Videoformate (16 : 9)

	HDCam	DVC Pro HD	HD-D5	HDCam SR
Hersteller	Sony	Panasonic	Panasonic	Sony
Quantisierung	8 Bit	8 Bit	10 Bit	10 Bit
Kompressionsfaktor	4 : 1	6,7 : 1	4,4 : 1	4,2 : 1
Signalverarbeitung	3 : 1 : 1	3 : 1,5 : 1,5	4 : 2 : 2	4 : 4 : 4
Videodatenrate	185 MBit/s	100 MBit/s	237 MBit/s	440 MBit/s
Audio	48 kHz, 20 Bit (4 Kanäle)	48 kHz, 16 Bit (8 Kanäle)	48 kHz, 20 Bit (8 Kanäle)	48 kHz, 24 Bit (12 Kanäle)
Magnetband	1/2 Zoll	1/4 Zoll	1/2 Zoll	1/2 Zoll

Video-Harddisc-Systeme

Video-Harddisc-Systeme haben Festplatten, die in RAID-Arrays (s. Kap. 21.2.2) organisiert sind. Es gibt sie als 19 Zoll-Gerät (Abb. 22.43) oder als tragbarer Recorder.

Vorteile gegenüber der MAZ:

- Sofortiger Zugriff auf die Videodaten (Random Access)
- Loop-Play
- Playlists
- Möglichkeit des nichtlinearen und nichtdestruktiven Schneidens (Non-Linear-Editing)
- Wählbare Kompressionsraten: z. B. unkomprimiert 4 : 4 : 4 : 4 (RGB und Synchronsignal) oder komprimiert 4 : 2 : 2 (YUV)
- Mehrkanal-Audio (5.1 Surround)

Abb. 22.43: Video-Harddisc-Recorder (doremi V1)

22.5 Bildmischer

Das zentrale Gerät bei einer Videoproduktion ist der Bildmischer (Abb. 22.44 und 22.45), der eine Umschaltung oder Mischung von Videosignalen ermöglicht. Alle Signalquellen, die an einen Bildmischer angeschlossen sind, müssen synchronisiert werden. Meist wird der dazu erforderliche Burst von einem Farbbalkengenerator erzeugt und über einen Verteilverstärker an alle Signalquellen geleitet.

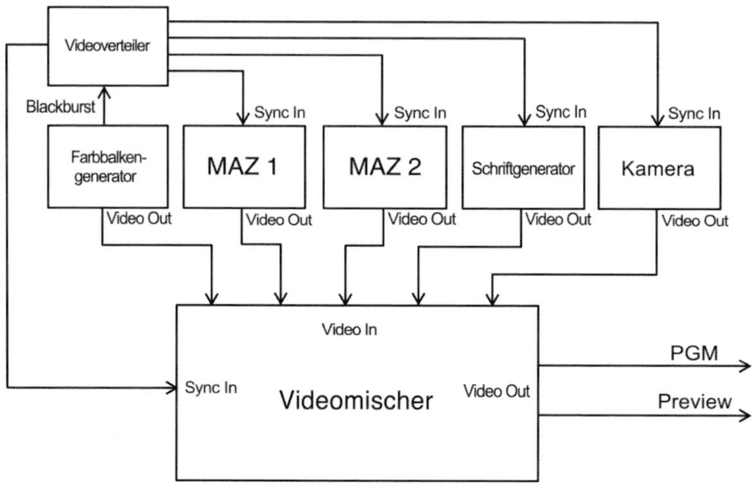

Abb. 22.44: Blockschaltbild eines Bildmischers

Signale von Videoquellen, die über keine Sync-In-Buchse verfügen, müssen über einen Time Base Corrector (TBC) geschleift werden. Dieser hält jeweils ein Videobild kurz in einem Zwischenspeicher und gibt es zeitverzögert zur nächsten Austastlücke wieder. Damit ist die Synchronisierung sichergestellt.

Abb. 22.45: Bildmischer (Panasonic MX-70)

Ein Bildmischer hat mehrere Mischebenen (Layer), bei großen Bildmischern sind es meist drei Mix- und Effect-Layer. Daneben gibt es eine Preset-Schiene (PST) zur Voranwahl eines Videosignals. Die Programm-Schiene (PGM) schließlich liefert das Ausgangssignal. Standard-Mischeffekte:

- Cut = Harter Schnitt
- Dissolve = Blende
- Wipe = Trickblenden
- Key = Stanzen; es gibt den Luma- und den Chroma-Key
- Digitale Videoeffekte (DVE) = Verändern der Geometrie des Bildes

22.6 Videoprojektion

Projektionstechniken können in Auf- und Rückprojektion unterschieden werden. Bei der *Aufprojektion* befinden sich die Zuschauer und der Projektor vor der Leinwand. Die Leinwand muss einen hohen Reflexionsgrad aufweisen. Aufgrund der Richtcharakteristik der Leinwand ist der beste Bildeindruck in der Mittelachse.

Bei der *Rückprojektion* sitzen die Zuschauer vor der Leinwand, der Projektor steht dahinter. Die Leinwand hat einen hohen Transmissionsgrad. Aufgrund der spiegelverkehrten Abbildung ist ein Projektor erforderlich, der das Bild spiegeln kann. Bei der Rückprojektion ergibt sich im Vergleich zur Aufprojektion eine geringere Lichtausbeute.

Die meisten Videoprojektoren arbeiten im Multisync-Betrieb. Hier erfolgt eine automatische Einstellung auf verschiedene Zeilenfrequenzen (progressiv oder interlaced). Oft ist auch eine Vielzahl an Schnittstellen vorhanden, beispielsweise RGB, Y/C, FBAS und VGA (Video Graphics Array; ein Graphikkartenstandard, der den Anschluss von Computern erlaubt).

Brennweite bei Videoprojektoren

Die Brennweite von Videoprojektoren lässt sich folgendermaßen berechnen:

$$f = \frac{b}{1 + (B/G)} \qquad \text{(Formel 22.9)}$$

f : Brennweite [mm]
b : Abstand Projektor – Leinwand
B : Bilddiagonale der Projektion
G : Diagonale des Bildwandler-Chips

Die Diagonale der vorher aufgeführten Chips (DLP, LCD und LCoS) beträgt zum Beispiel 1,3 Zoll oder 1,8 Zoll, je nach Hersteller. Aufgrund unterschiedlicher Konstruktionen der Projektoren liefert die Formel zur Berechnung der Brennweite oft nur eine Annährung an den wirklichen Wert. In der Regel geben die Hersteller die Brennweiten als Verhältnis von der Projektionsentfernung zur Bildbreite an. Zum Beispiel bedeutet die Angabe „3 : 1", dass bei einer Entfernung von 3 m zur Projektionsfläche die Bildbreite 1 m beträgt. Demnach wird bei 24 m Entfernung das projizierte Bild 8 m breit.

ANSI-Lumen

Ein wichtiger Parameter zur Beurteilung von Projektoren ist das ANSI-Lumen, welches ein Messverfahren beschreibt, mit der die Bildhelligkeit ermittelt wird. Bei der Messung wird die Leinwand in neun gleiche Rechtecke unterteilt und jeweils im Zentrum jedes Rechteckes die Beleuchtungsstärke in Lux [lx] ermittelt.

Der Mittelwert der neun Messwerte, multipliziert mit der Fläche des Projektionsbildes, ergibt dann das ANSI-Lumen (Abb. 22.46).

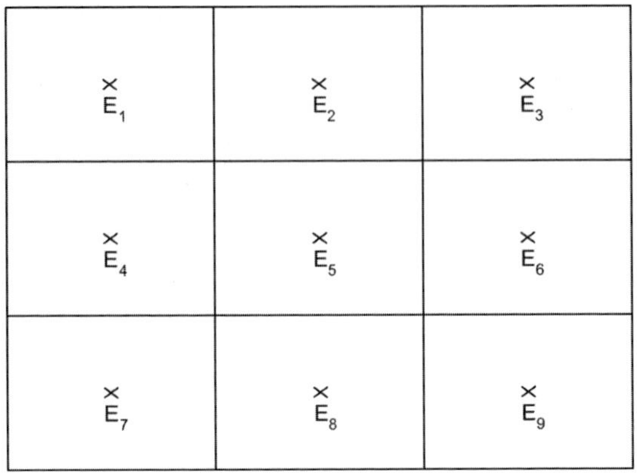

Abb. 22.46: Einteilung der Leinwand bei der ANSI-Messung

Mittelwertbildung:

$$\text{ANSI-Lumen} = \frac{E_1 + E_2 + E_3 + E_4 + E_5 + E_6 + E_7 + E_8 + E_9}{9} \cdot A \qquad \text{(Formel 22.10)}$$

$E_{1\,\text{bis}\,9}$: Messwerte in [lx]
A : Gesamtfläche der Leinwand in [m^2]

Der Umstand, dass bei der Projektion in der Bildmitte (Messwert E_5) ein Hot Spot als hellerer Bereich entsteht, wird mit dem Zahlenverhältnis „Edge to Center Ratio" angegeben:

$$\text{Edge to Center Ratio} = \frac{E_1}{E_5} \qquad \text{(Formel 22.11)}$$

Bei qualitativ hochwertigen Projektoren liegt dieses Verhältnis zwischen 0,7 und 1, damit ist der Hot Spot kaum noch sichtbar.

Lens Shift und Pixel Shift

Projektionsgeräte können bei Veranstaltungen oder im Theater in den seltensten Fällen am optimalen Standort aufgestellt werden, also genau auf der verlängerten Linie senkrecht zum Leinwandmittelpunkt. Wenn der Projektor allerdings abseits der Mitte ein Bild auf die Leinwand wirft, wird die Darstellung geometrisch verzerrt. Lens Shift und Pixel Shift sind Technologien, die diese Bildverzerrung ausgleichen.

Lens Shift ist die mechanische, parallele Verschiebung des optischen Systems. Dadurch erfolgt eine Verschiebung des Bildes vertikal und horizontal auf der Projektionsfläche ohne Verzerrungen (Abb. 22.47).

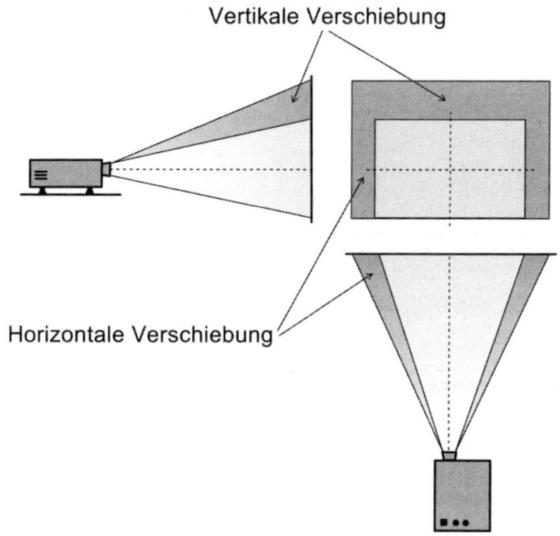

Abb. 22.47: Lens Shift

Pixel Shift wird auch Keystone-Korrektur genannt. Bei nicht senkrechten Projektionsflächen bzw. geneigtem Projektor wird das Bild als Trapez dargestellt. Durch eine elektronische Korrektur wird die Geometrie des Bildes angepasst. Allerdings bleibt dabei ein Teil der Pixel am Bildrand dunkel (Abb. 22.48 und 22.49).

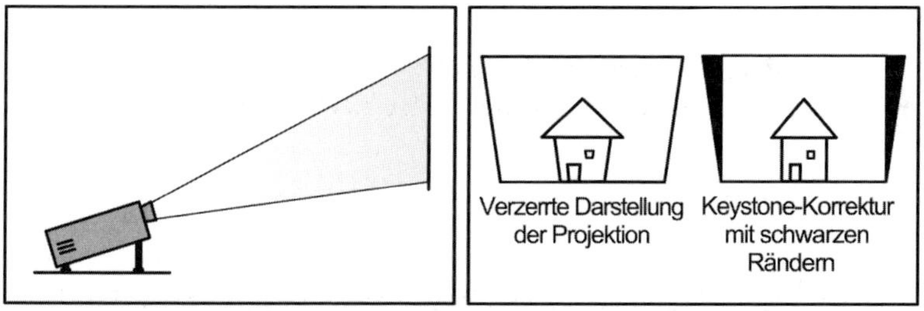

Abb. 22.48: Vertikales Pixel Shift

Abb. 22.49: Projektionen auf einer Theaterbühne, welche so nur durch Pixel Shift machbar sind

22.6.1 DLP-Projektoren

Die Abkürzung DLP steht für Digital Light Processing. Ein DLP-Chip (oder auch DMD = Digital Micromirror Device) besteht aus bis zu zwei Millionen beweglichen, 16 µm kleinen Spiegeln, die über elektromagnetische Felder in wenigen Mikrosekunden über eine Drehachse ausgelenkt werden können (Abb. 22.50).

Abb. 22.50: Größenvergleich Ameisenbein und Spiegel eines DLP-Chips

Je nach Stellung der Spiegel wird das Licht der Projektorlampe entweder durch die Optik zur Bildwand oder seitlich auf einen Lichtabsorber reflektiert (Abb. 22.51).

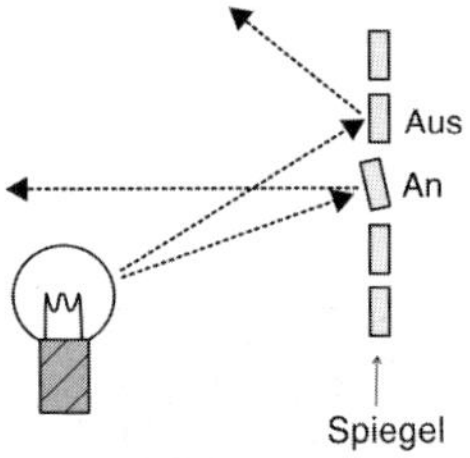

Abb. 22.51: Bewegliche Spiegel des DLP-Chips

Im Prinzip kann jeder Bildpunkt also nur hell oder dunkel sein, Grauwerte werden durch die entsprechend schnelle Bewegung der Spiegel unter Ausnutzung der Trägheit des Auges hervorgerufen. Die Spiegel eines DLP-Chips sind mit einem Abstand von 1 µm sehr eng zusammen angeordnet, und daraus ergibt sich ein hoher Füllfaktor von ca. 88 % der Bildfläche.

Texas Instruments ist der einzige Hersteller von Bildwandler-Chips für DLP-Projektoren. Alle Informationen zu dieser Technik finden sich daher auch auf der Webseite www.dlp.com.

Farbwiedergabe bei DLP-Projektoren mit einem Chip

Ein angetriebenes Filterrad mit den Grundfarben Rot, Grün und Blau lässt zu einem bestimmten Zeitpunkt immer nur Licht einer Farbe passieren. Zur gleichen Zeit sind die Spiegel zur Wiedergabe genau dieses Farbkanals eingestellt, die Bewegungen der Spiegel sind also mit dem Antrieb des Filterrades synchronisiert. Die Farbwiedergabe erfolgt sequenziell, die Bilder der einzelnen Grundfarben werden also nacheinander wiedergegeben (Abb. 22.52).

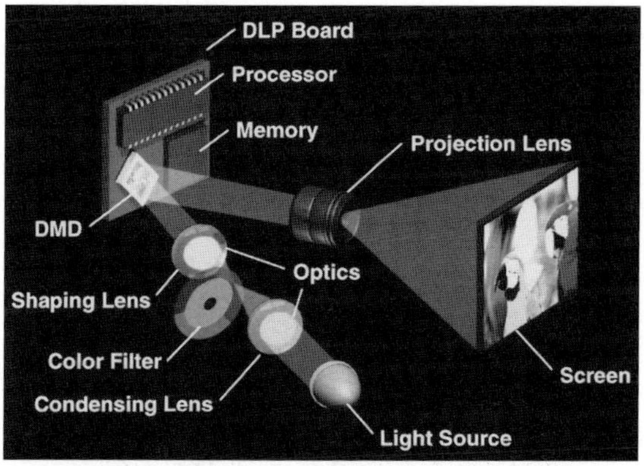

Abb. 22.52: DLP-Projektor mit einem Chip

Nachteil des Projektionsverfahrens mit einem Chip: Es entsteht ein sichtbarer Farbsaum an hellen bewegten Objekten auf dunklem Hintergrund („Regenbogeneffekt").

Farbwiedergabe bei DLP-Projektoren mit drei Chips

Das weiße Licht der Projektionslampe wird hier durch ein Strahlteilerprisma in die drei Grundfarben zerlegt und zu jeweils einem DLP-Chip gespiegelt. Das reflektierte Licht der Chips wird über ein Prisma wieder zusammengeführt und über die Projektoroptik auf die Bildwand geworfen (Abb. 22.53).

Drei-Chip-Projektoren sind hinsichtlich der Bildqualität deutlich überlegen, aber auch etwas teurer als Ein-Chip-Geräte.

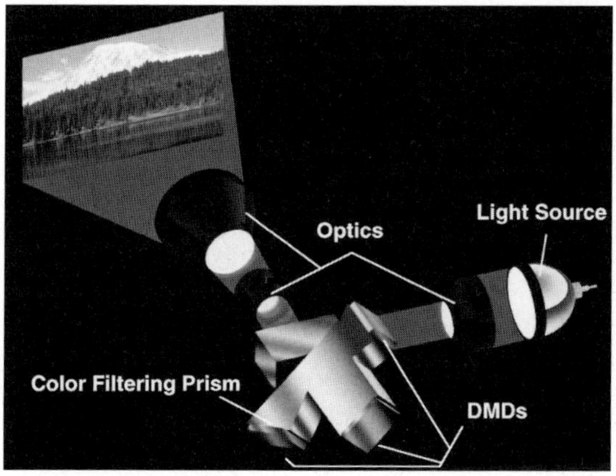

Abb. 22.53: DLP-Projektor mit drei Chips

22.6.2 LCD-Projektoren

Die Abkürzung LCD steht für Liquid Crystal Display. LCD-Projektoren beruhen auf dem Prinzip von Flüssigkristallsegmenten, die bei Anlegen einer Spannung weniger transparent werden. Das Licht einer Metalldampflampe strahlt durch das LCD-Panel (Abb. 22.54).

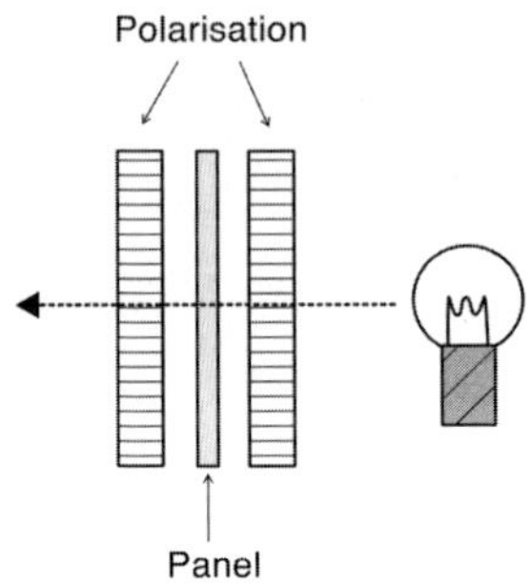

Abb. 22.54: Prinzip LCD

Bis zu 60 % der Lichtenergie werden allerdings im LCD absorbiert und in Wärme gewandelt. Eine zu große Erwärmung kann das Panel zerstören. Daher wird UV- und IR-Licht vor dem Panel herausgefiltert. Das dadurch entstehende Kaltlicht belastet das LCD nicht so stark.

Aufgrund der Rasterung und dem Abstand zwischen den Pixeln durch die Schaltkreise beträgt der Füllfaktor bei LCD-Projektoren nur ca. 60 % der Bildfläche. Dies führt zu einem deutlichen „Fliegengittereffekt"; es entsteht bei der Projektion also ein sichtbares Gittermuster.

Ein-Panel-LCD-Projektor

Bei LCD-Projektoren mit einem Panel sind jeweils drei Bildpunkte zusammengefasst, welche gefiltertes Licht in den Primärfarben Rot, Grün und Blau passieren lassen (Abb. 22.55).

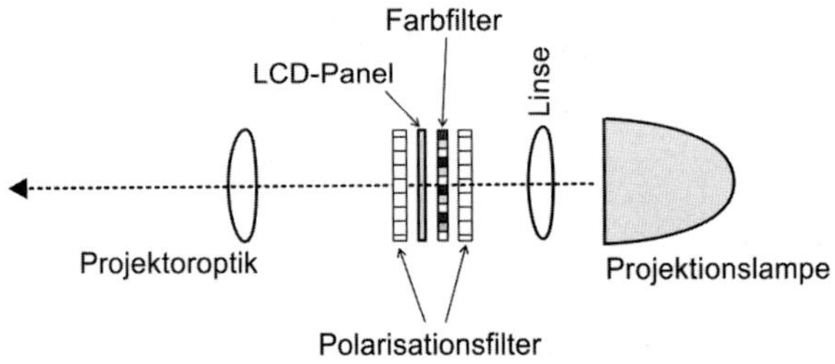

Abb. 22.55: Ein-Panel-LCD-Projektor

Drei-Panel-LCD-Projektor

Das weiße Licht der Projektionslampe wird durch dichroitische Spiegel mit einem frequenzselektiven Reflexionsverhalten in die drei Grundfarben zerlegt und zu jeweils einem LCD-Panel gespiegelt. Das Licht, das durch die Panels scheint, wird über ein Prisma wieder zusammengeführt und über die Projektorlinse auf die Bildwand geworfen (Abb. 22.56).

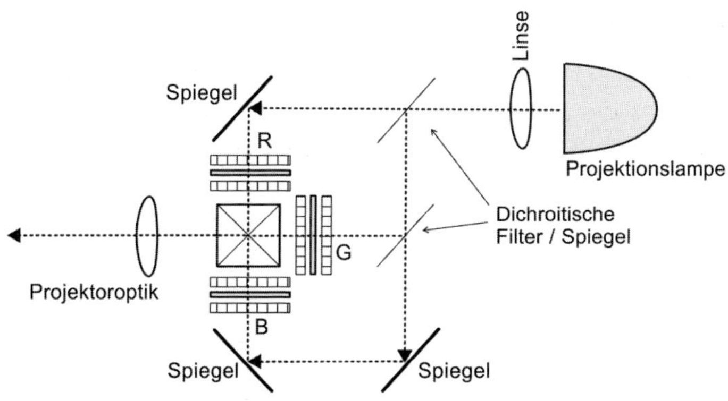

Abb. 22.56: Drei-Panel-LCD-Projektor

22.6.3 LCoS-Projektoren

Die Abkürzung LCoS steht für Liquid Crystal on Silicon. Diese Projektionstechnik ist auch bekannt unter der Abkürzung D-ILA (Direct Driven Image Light Amplifier) bei JVC-Projektoren oder als SRXD von Sony (Sony X-tal Reflective Display). LCoS-Projektoren nutzen das reflektive Verhalten von Flüssigkristallen auf einer Siliziumfolie. Sie haben einen sehr großen Füllfaktor von ca. 93 % der Bildfläche, es sind also kaum noch erkennbare Abstände zwischen den Bildpunkten vorhanden. Nachteil dieses Verfahrens: Ein Nachzieheffekt durch eine gewisse Trägheit der LCD-Elemente (Abb. 22.57 bis 22.59).

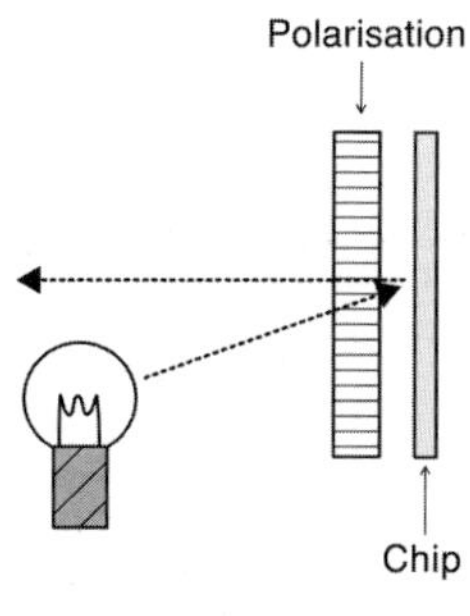

Abb. 22.57: Prinzip LCoS

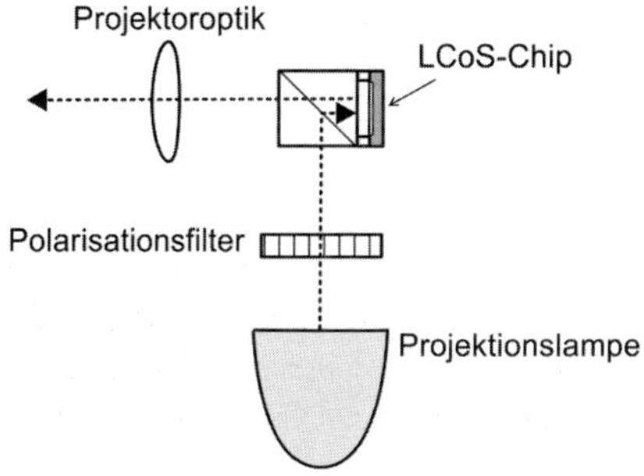

Abb. 22.58: LCoS-Projektor mit einem Chip

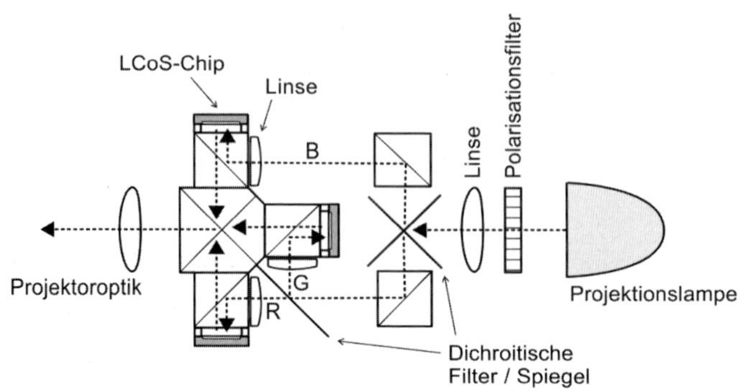

Abb. 22.59: LCoS-Projektor mit drei Chips

22.6.4 Laserprojektoren

Drei Laserstrahlen in den Spektralfarben Rot, Grün und Blau werden über dichroitische Spiegel zu einem Strahl zusammengeführt. Das Laserlicht hat einen parallelen Strahlengang, und dadurch ist das projizierte Bild an jeder Stelle im Raum fokussiert. Dies ermöglicht scharfe Projektionen auf unterschiedlichsten Oberflächenformen und mit großen Entfernungen. Weitere Vorteile der Laserprojektion sind die hohen Bildfrequenzen und die hohe Auflösung.

Die Modulation der Helligkeit des Laserlichts kann auf zwei Arten erfolgen:

Akustisch-Optisch mit Hilfe hochfrequenter Schallwellen, welche die Dichte von Piezokristallen beeinflussen, durch die das Laserlicht geleitet wird.

Elektro-Optisch: Ein elektrisches Feld ändert die Polarisation von Kristallen, die dann mehr oder weniger Licht passieren lassen.

Aufgrund einiger Nachteile wird die Laserprojektion derzeit aber noch eher selten eingesetzt: Es sind große Geräte mit aufwendiger Kühlung, und sie benötigen eine Stromversorgung bis zu 100 kW. Insgesamt ist die Technik sehr teuer.

22.7 Splitscreen und Multiscreen

Splitscreen = Darstellung mehrerer Videosignale auf einem Display, zum Beispiel vier Bildquellen bei einem Quadsplit (Abb. 22.60).

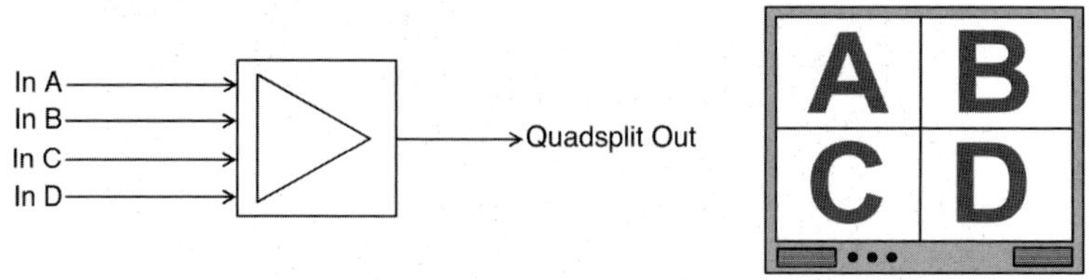

Abb. 22.60: Quadsplit

Multiscreen = Darstellung eines Videobildes über mehrere Displays verteilt (Abb. 22.61).

Die Displays sollten dabei gut aufeinander abgestimmt sein, damit ein gleicher Helligkeits- und Farbeindruck über die gesamte Fläche gegeben ist.

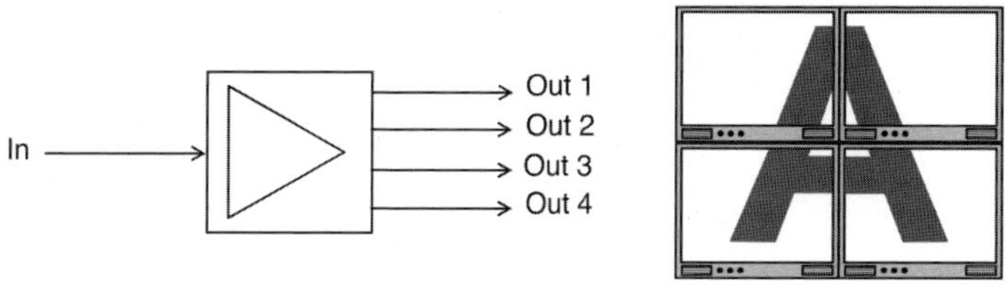

Abb. 22.61: Multiscreen mit vier Monitoren

Abb. 22.62 und 22.63 zeigen eine Videowand, die aus insgesamt 80 einzelnen LED-Monitoren besteht (Lighthouse LVP1010-D). In diesem Fall wird das Videosignal einer Kamera zunächst über einen Quadsplit geleitet. Die vier Ausgänge des Splits werden anschließend im Multiscreen-Modus über jeweils 4 x 5 LED-Monitore wiedergegeben.

Abb. 22.62: LED-Videowall („We Will Rock You“, Apollo Theater Stuttgart)

Abb. 22.63: Rückseite der LED-Videowall

22.8 Übungsaufgaben

Aufgabe 1

Welche Signalspannung hat die Luminanz Y bei einer gelben Bildfläche?

Aufgabe 2

Welche Bildwandler werden in professionellen Videokameras eingesetzt?

Aufgabe 3

Warum ist bei einer Videokamera ein Weißabgleich notwendig?

Aufgabe 4

Was bedeutet die Abkürzung CCU, und was macht dieses Gerät?

Aufgabe 5

Warum müssen die Videosignalquellen, die an einen Bildmischer angeschlossen sind, synchronisiert sein?

Aufgabe 6

Was bedeutet die Abkürzung MPEG? Nenne die Unterschiede zwischen MPEG-2 und MPEG-4.

Aufgabe 7

Beschreibe die Funktionsweise des Micromirror-Verfahrens (DLP).

Aufgabe 8

Für einen Videoprojektor wird als Brennweite das Verhältnis 2,8 : 1 angegeben. Wie groß ist damit die Projektion eines Bildes im Standardformat in 30 m Entfernung?

Literaturtipps

Götz-Meyn E, Neumann W. Grundlagen der Video- und Videoaufzeichnungstechnik.
Hüthig Verlag, Heidelberg 2007

Mueller J. Handbuch der Lichttechnik.
PPV Medien, Bergkirchen 2008

Schmidt U. Professionelle Videotechnik.
Springer Verlag, Berlin 2000

Anhang

Ausbildungsinhalte im Bereich Tontechnik laut Rahmenlehrplan

1. Lehrjahr

Lernfeld:

Beschallungsanlagen planen und aufbauen

Zeitrichtwert

60 Stunden

Lernziele

Die Auszubildenden kennen den prinzipiellen Aufbau von Beschallungsanlagen. Sie wenden die Grundlagen der Audiotechnik beim Planen und Aufbauen von Beschallungsanlagen an. Sie messen die Kenngrößen der Beschallungstechnik. Sie planen den Einsatz der Geräte nach Vorgaben und gestalterischen Gesichtspunkten sowie unter Berücksichtigung der sicherheitstechnischen Bestimmungen und Vorschriften.

Lerninhalte

- Physikalische und physiologische Grundlagen der Akustik (Kap. 1 bis 4)
- Mikrofone (Kap. 9 und 10)
- Analoge und digitale Signale (Kap. 11, 13 und 14)
- Kenngrößen der Filter (Kap. 6 und 16)
- Klangbeeinflussung (Kap. 16)
- Lautsprecher (Kap. 18)
- Aufbau von Beschallungsanlagen (Kap. 19)
- Installations- und Beschallungspläne lesen und erstellen (Kap. 19)

Praktische Fertigkeiten (Zeitumfang von insgesamt 10 Wochen)

- Beschallungspläne anwenden
- Beschallungsanlagen aufstellen, montieren und demontieren
- Funktion der Beschallungsanlage prüfen
- Bild-, Ton- und Datenmaterial sichten, prüfen und bereitstellen
- Informationsbeschaffung aus deutschen und englischen Gerätebeschreibungen

2. Lehrjahr

Lernfeld:

Beschallungsanlagen konfigurieren und prüfen

Zeitrichtwert

80 Stunden

Lernziele

Die Auszubildenden konfigurieren, prüfen und bedienen Beschallungsanlagen und interne Kommunikationseinrichtungen. Sie führen Messungen zur Fehleranalyse bei Störungen durch. Sie kennen und bedienen Tonmischpulte. Sie können Tonsignale beurteilen und kennen verschiedene Verfahren zur Tonbeeinflussung und Pegelanpassung.

Lerninhalte

- Lärmschutzvorschriften (Kap. 5)
- Pegelmessungen und -anpassung (Kap. 5 und 8)
- Mischpulte (Kap. 15)
- Auswahlkriterien für den Einsatz von Effektgeräten (Kap. 16)
- Drahtlose Mikrofone (Kap. 12)
- Intercom-Anlagen (Kap. 20)
- Übertragungsstörungen und deren Behebung (Kap. 19)

Praktische Fertigkeiten (Zeitumfang von insgesamt 8 Wochen)

- Akustische Emissionswerte prüfen
- Beschallungspläne erstellen
- Mikrofone auswählen und positionieren
- Signalbearbeitungsgeräte auswählen und in Anlagen integrieren
- Sprachbeschallung einregeln
- Kamerastandpunkte festlegen, bildtechnische Geräte aufbauen, anschließen, in Betrieb nehmen und wieder abbauen
- Bild-, ton- und datentechnische Geräte an interne und externe Netze anschließen

3. Lehrjahr

Lernfeld:

Medieneinsatz planen und durchführen

Zeitrichtwert

80 Stunden.

Lernziele

Die Auszubildenden nutzen Geräte und Netze zur Bild-, Ton- und Datenverarbeitung und Präsentation. Sie kennen Anwendersoftware zur Bild- und Tonbearbeitung. Sie fertigen Bild- und Tonaufnahmen unter Beachtung der Persönlichkeitsrechte an. Sie wählen geeignete Projektionsgeräte und -verfahren aus und wenden diese an.

Lerninhalte Theorie

- Aufnahme und Speicherung von Bild, Ton und Daten (Kap. 21)
- Norm- und Formatwandlung (Kap. 21)
- Anschluss von bild-, ton- und datentechnischen Geräten an Netze (Kap. 21)
- Bild- und Tonbearbeitungssoftware, Grafikprogramme (Kap. 21 und 22)
- Projektionsverfahren (Kap. 22)
- Projektionsgeräte (Kap. 22)

Praktische Fertigkeiten (Zeitumfang von insgesamt 15 Wochen)

- Mischpulte konfigurieren und einrichten
- Soundcheck durchführen
- Tonein- und -ausspielungen unter Berücksichtigung von Pegel und Anpassung entgegennehmen und bereitstellen
- Bild- und Tonaufnahmen überspielen, Norm- und Formatwandlung durchführen
- Bild- und Tonmitschnitte anfertigen
- Präsentationsbeschallung auswählen und gestalten

Quelle: Verordnung über die Berufsausbildung (Fachkraft für Veranstaltungstechnik), 2002.

Lösungen zu den Übungsaufgaben

Kapitel 1

Aufgabe 1

Die Luftteilchen einer Schallwelle schwingen in Ausbreitungsrichtung. Der Schall breitet sich demnach als Longitudinalwelle aus.

Aufgabe 2

344 m/s

Aufgabe 3

a) $t = \frac{l}{c} = \frac{1\ \text{m}}{344\ \text{m/s}} = 0{,}0029\ \text{s}$ bzw. 2,9 ms

b) $t = \frac{l}{c} = \frac{4\ \text{m}}{1484\ \text{m/s}} = 0{,}0027\ \text{s}$ bzw. 2,7 ms

Aufgabe 4

Infraschall = Schwingungen unterhalb des Hörbereichs (< 20 Hz)

Ultraschall = Schwingungen oberhalb des Hörbereichs (> 20 kHz)

Aufgabe 5

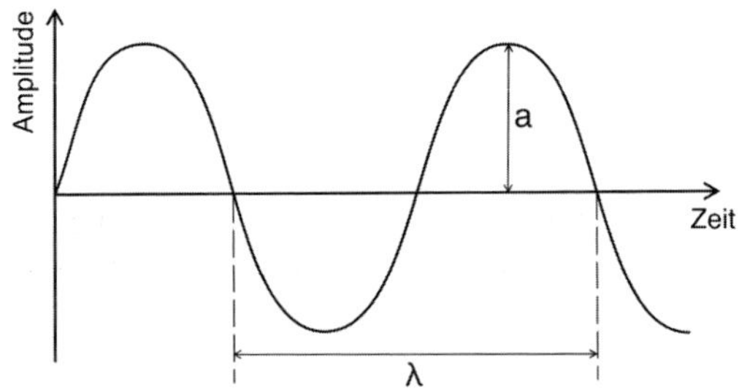

Abb. A.0.1: Amplitude a und Wellenlänge λ

Aufgabe 6

$$\lambda = \frac{c}{f} = \frac{344\ \text{m/s}}{34{,}4\ \text{Hz}} = 10\ \text{m}$$

$$\lambda = \frac{c}{f} = \frac{344\ \text{m/s}}{1000\ \text{Hz}} = 34{,}4\ \text{cm}$$

$$\lambda = \frac{c}{f} = \frac{344\ \text{m/s}}{10.000\ \text{Hz}} = 3{,}44\ \text{cm}$$

$$\lambda = \frac{c}{f} = \frac{344\ \text{m/s}}{20.000\ \text{Hz}} = 1{,}72\ \text{cm}$$

Aufgabe 7

Konstruktive Interferenz: Bei gleicher Phasenlage (0°) addieren sich die Amplituden der Einzelsignale. Das Mischsignal hat damit eine höhere Amplitude.

Destruktive Interferenz: Bei entgegen gesetzter Phasenlage (180°) löschen sich die Signale aus, die Amplitude des Mischsignals geht gegen Null.

Aufgabe 8

Oktave

Aufgabe 9

Grundton $f_0 = 261{,}626$ Hz

1. Oberton $f_1 = 2 \cdot f_0 = 523{,}252$ Hz

2. Oberton $f_2 = 3 \cdot f_0 = 784{,}878$ Hz

3. Oberton $f_3 = 4 \cdot f_0 = 1046{,}504$ Hz

Kapitel 2

Aufgabe 1

$$L_P = 20 \cdot \lg \frac{p}{p_0} \qquad \text{Einheit } [dB_{SPL}]$$

$$L_p = 20 \cdot \lg \frac{1 \text{ Pa}}{0{,}00002 \text{ Pa}} = 94 \text{ dB}_{SPL}$$

$$L_p = 20 \cdot \lg \frac{2 \text{ Pa}}{0{,}00002 \text{ Pa}} = 100 \text{ dB}_{SPL}$$

Eine Verdopplung des Schalldrucks führt zu einer Pegelsteigerung von 6 dB_{SPL}. Oder umgekehrt: Eine Halbierung des Schalldrucks entspricht einer Pegelminderung um 6 dB_{SPL}.

Aufgabe 2

ca. -30 dB_A

Aufgabe 3

Schallgeschwindigkeit = die Ausbreitungsgeschwindigkeit der Schallwelle

Schallschnelle = die maximale Bewegungsgeschwindigkeit eines Luftmoleküls innerhalb der Schallwelle

Aufgabe 4

Nahfeld	Fernfeld
Schallausbreitung als Kugelwelle	Schallausbreitung nähert sich einer ebenen Welle an
Schalldruck und Schallschnelle nicht in Phase	Schalldruck und Schallschnelle in Phase
Schalldruckabnahme über die Entfernung: $p \sim 1/r$	
Schallschnelleabnahme über die Entfernung: $v \sim 1/r^2$	Schallschnelleabnahme über die Entfernung: $v \sim 1/r$

Aufgabe 5

Beispiel zur Recherche: Infos in Wikipedia (http://de.wikipedia.org) unter dem Suchbegriff „Schallintensität" (Seitenaufruf März 2009):

- Schallintensitätsmessung mit Ultraschallsender und -empfänger, die nahe beieinander in Richtung der Schallquelle ausgerichtet sind. Durch den Dopplereffekt (s. Kap. 3) treten im Empfänger Frequenzänderungen auf, die dann zur Berechnung der Schallschnelle und der Intensität herangezogen werden.
- Zweimikrofontechnik mit variablen Abständen der Mikrofonkapseln für Messungen in verschiedenen Frequenzbereichen. Die beiden Mikrofone messen jeweils den Schalldruck an dicht benachbarten Positionen. Durch eine spezielle Berechnungsmethode kann anschließend die Intensität abgeleitet werden.

Aufgabe 6

$$W_{direkt} = \frac{P}{4 \cdot c \cdot \pi \cdot r^2} = \frac{10\ \text{W}}{4 \cdot 344\ \text{m/s} \cdot \pi \cdot (1\ \text{m})^2} = 0{,}0023\ \text{Joule/m}^3$$

Kapitel 3

Aufgabe 1

Hohe Frequenzen werden durch die Öffnung gerichtet abgestrahlt. Tieffrequente Schallanteile werden hinter der Öffnung gebeugt und sind damit im ganzen Raum wahrnehmbar.

Aufgabe 2

Erster Schritt: Berechnung der Drehgeschwindigkeit v

Umfang $U = \pi \cdot d = \pi \cdot 0{,}4\ \text{m} = 1{,}25\ \text{m}$

400 Umdrehungen pro Minute entsprechen 6,67 Umdrehungen in der Sekunde. Daraus folgt:

Geschwindigkeit $v = 1{,}25\ \text{m} \cdot 6{,}67\ \text{s}^{-1} = 8{,}34\ \text{m/s}$

Zweiter Schritt: Berechnung der Dopplerfrequenzen

Lautsprecher nähert sich: $f_1 = \frac{f}{1 - v/c} = \frac{880\ \text{Hz}}{1 - (8{,}34\ \text{m/s}) / (344\ \text{m/s})} = 902\ \text{Hz}$

Lautsprecher entfernt sich: $f_2 = \frac{f}{1 + v/c} = \frac{880\ \text{Hz}}{1 + (8{,}34\ \text{m/s}) / (344\ \text{m/s})} = 859\ \text{Hz}$

Anmerkung: Das Ergebnis repräsentiert nur die ungefähren Dopplerfrequenzen, da sich die Schallquelle nicht in einer Geraden auf den Bezugspunkt zu- bzw. wegbewegt, sondern eine Kreisbewegung beschreibt. In Wirklichkeit wird ein Leslie auch selten mit einer konstanten Geschwindigkeit betrieben, der typische Sound entsteht erst durch variable Drehgeschwindigkeiten („Anlauf-Effekt“).

Aufgabe 3

Wellenlänge $\lambda = \frac{c}{f} = \frac{344\ \text{m/s}}{200\ \text{Hz}} = 1{,}72\ \text{m}$

Der maximale Energieentzug liegt bei einer Dicke von $\lambda/4$:

$$\frac{\lambda}{4} = \frac{1{,}72\ \text{m}}{4} = 0{,}43\ \text{m} = 43\ \text{cm}$$

Aufgabe 4

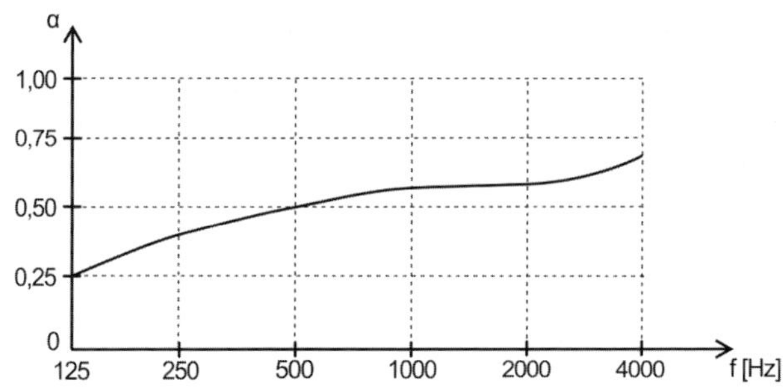

Abb. A.0.2: Absorptionsgrad α eines Vorhangs

Aufgabe 5

Die Nachhallzeit RT_{60} ist der Zeitabschnitt, innerhalb dessen der Schalldruckpegel um 60 dB_{SPL} abfällt, nachdem die Schallquelle abgeschaltet wurde.

Aufgabe 6

Freifeld: Direktschall einer Schallquelle bzw. die Schallausbreitung im Freien ohne Reflexionen.

Diffusfeld: Schallfeld, das durch Reflexionen in einem Raum entsteht.

Hallradius: Der Abstand zu einer Schallquelle, in welchem der Direktschallpegel und der Diffusschallpegel gleich sind.

Aufgabe 7

a) $r_H \approx 0{,}057 \cdot \sqrt{\frac{1250\ \text{m}^3}{1{,}3\ \text{s}}} = 1{,}77\ \text{m}$

b) $r_H \approx 0{,}057 \cdot \sqrt{\frac{15.000\ \text{m}^3}{1{,}3\ \text{s}}} = 6{,}12\ \text{m}$

c) $r_H \approx 0{,}057 \cdot \sqrt{\frac{15.000\ m^3}{3{,}5\ s}} = 3{,}73\ m$

Folgerungen

- Je größer ein Raum bei gleicher Nachhallzeit, desto größer der Hallradius
- Je länger die Nachhallzeit bei gleichem Raumvolumen, desto kleiner der Hallradius

Kapitel 4

Aufgabe 1

125 Hz mit 30 Phon: ca. 40 dB_{SPL}

4 kHz mit 80 Phon: ca. 70 dB_{SPL}

Aufgabe 2

Die Kurven verlaufen in etwa spiegelbildlich zueinander. Tiefe und sehr hohe Töne werden vom Gehör als weniger laut wahrgenommen. Diese Charakteristik wird durch die Bewertungsfilter nachgebildet.

Aufgabe 3

Das Gehör ist für tiefe Frequenzen *unempfindlicher*. Es sind höhere Schalldrücke erforderlich, um den Eindruck der selben Lautstärke hervorzurufen, wie im mittleren Frequenzbereich um 1 kHz.

Aufgabe 4

Das „Gesetz der ersten Welle“ wird auch Haas-Effekt genannt. Um eine richtige Lokalisation der Hauptbeschallung zu erreichen, muss das Audiosignal von Delay-Lautsprechern zusätzlich zur errechneten Laufzeit um ca. 1 bis 30 ms verzögert werden. Bei einer richtig eingestellten Verzögerungszeit kann der Schalldruckpegel für die Delay Line sogar bis zu 10 dB_{SPL} größer sein als bei der Hauptbeschallung.

Aufgabe 5

$$\Delta t = \frac{28\ m}{344\ m/s} = 0{,}081\ s = 81\ ms$$

Für eine korrekte Einstellung der Delay Line muss noch um ca. 1 bis 30 ms zusätzlich verzögert werden (Gesetz der ersten Welle).

Aufgabe 6

Man kann die Laufzeit- und Pegelverhältnisse bei einer Hauptbeschallung mit Delay Line genauso betrachten wie bei der stereofonen Wiedergabe – nur gibt es hier statt links und rechts eben vorne und hinten. Es existiert aber genauso eine Phantomschallquelle, die durch verschiedene Laufzeiten und/oder Pegel zwischen den Lautsprechern lokalisiert werden kann. Da sich der Zuhörer jetzt jedoch nicht mehr im Sweet Spot befindet, ergeben sich andere Werte. Für die „Vorne-Lokalisation“ gelten die bekannten 1 bis 30 ms zusätzlich zur Laufzeitkorrektur.

Wenn die Phantomschallquelle zwischen vorne und hinten bereits durch Laufzeitdifferenzen nach vorne ausgelenkt wurde, kann diese Auslenkung durch eine zusätzliche Erhöhung des Pegels der Delay-Lautsprecher von mehr als ca. 5 bis 10 dB_{SPL} wieder rückgängig gemacht werden. Bei geringeren Pegeldifferenzen bleibt die Lokalisation zur Hauptbeschallung allerdings erhalten.

Aufgabe 7

TTS = Temporary Threshold Shift (Vorübergehende Hörschwellenverschiebung)

PTS = Permanent Threshold Shift (Dauerhafte Hörschwellenverschiebung)

Aufgabe 8

- Gehörverlust im hohen Frequenzbereich
- Einengung der Hördynamik
- Leise Töne können nicht mehr wahrgenommen werden
- Sprachverständlichkeit sinkt
- In manchen Fällen Tinnitus

Aufgabe 9

Durch einen Hörtest wird erfasst, bei welchem Pegel einzelne Töne mit bestimmten Frequenzen gerade eben noch wahrgenommen werden. Ein Audiogramm ist die graphische Darstellung des Ergebnisses dieser Hörschwellenaudiometrie.

Kapitel 5

Aufgabe 1

- Mitarbeiter → LärmVibrationsArbSchV
- Publikum → DIN 15 905-5
- Anwohner → TA Lärm

Aufgabe 2

- Erfassung und Kennzeichnung von Lärmbereichen und, falls technisch möglich, eine Abgrenzung dieser Bereiche.
- Durchführung der arbeitsmedizinischen Vorsorgeuntersuchung G20 Lärm.

Aufgabe 3

Dämmwerte für hoch-, mittel- und tieffrequente Geräusche:

- High Freq. (2 bis 8 kHz) = -33 dB
- Mid Freq. (1 bis 2 kHz) = -28 dB
- Low Freq. (0,63 bis 1 kHz) = -25 dB

Aufgabe 4

$$D_{\%} = 100 \cdot \frac{120\ \text{Min}}{480\ \text{Min}} \cdot 10^{0{,}1 \cdot (91{,}8\ \text{dB}_A - 85\ \text{dB}_A)} = 120\ \%$$

Folgerung: Der Tonmeister muss Gehörschutz benutzen. Eine bessere Lösung wäre allerdings, den Pegel der Veranstaltung reduzieren. Dies ist aber nicht immer künstlerisch umsetzbar bzw. vom Veranstalter eventuell nicht gewünscht, da die gemessenen Werte gemäß der DIN 15 905-5 „im grünen Bereich" sind.

Aufgabe 5

- Vor der erstmaligen Aufnahme einer Tätigkeit mit Gehörgefährdung
- Erste Nachuntersuchung nach 12 Monaten
- Weitere Nachuntersuchungen alle 36 oder 60 Monate, je nach Pegel der Lärmbelastung

Aufgabe 6

Der Richtwerte sind laut der DIN 15 905-5 durchschnittlich 99 dB_A über eine Messperiode von 30 Minuten und 135 dB_C für den Spitzenpegel.

Aufgabe 7

Bei der TA-Lärm müssen zum einen bestimmte Tageszeiten berücksichtigt werden, daneben gibt es besondere Richtwerte für seltene Ereignisse. Darüber hinaus fließen meteorologische Korrekturwerte und Zuschläge für Ton-, Informations- und Impulshaltigkeit in die Ermittlung des Beurteilungspegels ein.

Kapitel 6

Aufgabe 1

$$U_{eff} = \frac{u_{max}}{\sqrt{2}} = \frac{18\ \text{V}}{\sqrt{2}} = 12{,}7\ \text{V}$$

Aufgabe 2

$$C = \frac{u_{max}}{U_{eff}} = \frac{1{,}4\ \text{V}}{1{,}13\ \text{V}} = 1{,}24$$

Die Effektivspannung kann niemals größer sein als die Spitzenspannung. Wenn die Spitzen- und die Effektivspannung des Signals gleich groß sind gilt:

$$C = \frac{u_{max}}{U_{eff}} = 1$$

Es handelt sich dann um eine Gleichspannung.

Aufgabe 3

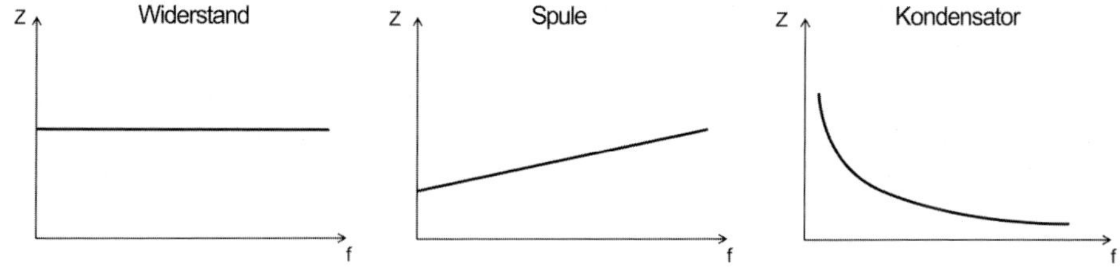

Abb. A.0.3: elektrische Impedanzverläufe von Widerstand, Spule und Kondensator

Aufgabe 4

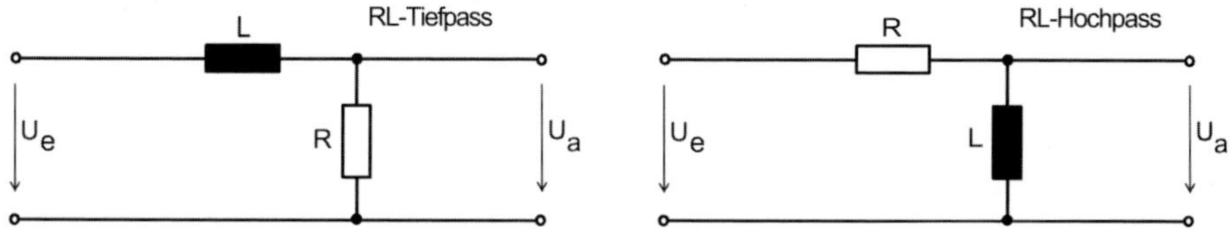

Abb. A.0.4: RL-Glied als Tiefpass bzw. Hochpass

Grenzfrequenz für beide Schaltungen:

$$f_g = \frac{R}{2\pi \cdot L}$$ Einheit [Hz]

Aufgabe 5

Mittenfrequenz $f_0 = \sqrt{f_{gu} \cdot f_{go}} = \sqrt{600 \text{ Hz} \cdot 1200 \text{ Hz}} = 850 \text{ Hz}$

Bandbreite $\Delta f = f_{go} - f_{gu} = 1200 \text{ Hz} - 600 \text{ Hz} = 600 \text{ Hz}$

Filtergüte $Q = \frac{f_0}{\Delta f} = \frac{850 \text{ Hz}}{600 \text{ Hz}} = 1{,}4$

Aufgabe 6

$$V_U = \frac{U_a}{U_e} = \frac{1 \text{ V}}{0{,}001 \text{ V}} = 1000$$

Aufgabe 7

Abhängig von der Amplitude des Nutzsignals ändert sich die Frequenz einer Trägerwelle. Die Frequenz des Nutzsignals steckt in der Häufigkeit der Frequenzänderung des Trägers.

Kapitel 7

Aufgabe 1

Die alten, analogen Netzteile waren sehr schwer und hatten aufgrund der starken Wärmeentwicklung große Lüfter. Schaltnetzteile dagegen sind leichter und erwärmen sich nicht so stark. Daher sind diese auch besser für den Tour-Betrieb geeignet.

Aufgabe 2

Chemische Reaktionen bei der Entladung zerstören die Kathode in der Batterie. Dieser Prozess ist nicht umkehrbar.

Aufgabe 3

Bei unterschiedlichen Ladezuständen fließen Ausgleichsströme zwischen den Zellen.

Aufgabe 4

$U_0 = I \cdot R_i + U_{Kl}$ Umformen zu R_i

Neue Batterie: $R_i = \frac{U_0 - U_{Kl}}{I} = \frac{9{,}57\ V - 9{,}18\ V}{0{,}022\ A} = 17{,}7\ \Omega$

Nach 5 Stunden: $R_i = \frac{U_0 - U_{Kl}}{I} = \frac{8{,}73\ V - 8{,}03\ V}{0{,}022\ A} = 31{,}8\ \Omega$

Erklärung: Der Innenwiderstand wird größer, je weniger Ladung die Batterie enthält.

Aufgabe 5

$$\text{Theoretische Betriebsdauer} = \frac{1500\ mAh}{250\ mA} = 6\ \text{Stunden}$$

Das Rechenbeispiel bezieht sich auf den Taschensender SK5212; Sennheiser gibt in der Bedienungsanleitung eine Betriebszeit von 5,5 Stunden im High-Power-Modus an.

Aufgabe 6

$C\ 0{,}1 \cdot 800\ mAh = 80\ mA$

Es handelt sich um eine Normalladung.

Kapitel 8

Aufgabe 1

U muss doppelt so groß sein wie U_0:

$L_U = 20 \cdot \lg 2 = +6\ dB_U$

Aufgabe 2

a) Bei [dB_U] ist die Bezugsspannung 0,775 V, bei [dB_V] 1 V.

b) Berechnung für 1 V:

$$L_U = 20 \cdot \lg \frac{1\ V}{0{,}775\ V} = 2{,}2\ dB_U$$

$$L_V = 20 \cdot \lg \frac{1 V}{1\ V} = 0\ dB_V$$

Folgerung: Bei gleicher Spannung ist der Pegel in [dB_U] um 2,2 dB größer als der Spannungspegel angegeben in [dB_V].

Aufgabe 3

1,55 V

Aufgabe 4

Addition von absoluten Spannungspegeln zweier nicht kohärenter Signale mit jeweils 0 dB_U: Als Gesamtpegel ergeben sich +3 dB_U.

Aufgabe 5

Bei der Addition zweier kohärenter Signalen mit 0 dB_U gilt dagegen, dass der Gesamtpegel +6 dB_U beträgt.

Aufgabe 6

Da hier nichts zusammengemischt wird, und der Verstärkungsgrad 1 : 1 beträgt, gilt:

0 dB_U + 0 dB_U = 0 dB_U

Kapitel 9

Aufgabe 1

Elektrodynamisches Wandlerprinzip (Tauchspulenmikrofon und Bändchenmikrofon)

Vorteil: Einfach aufgebaut. Keine Phantomspeisung notwendig.

Nachteil Tauchspulenmikrofon: Unregelmäßiger Frequenzgang. Verglichen mit Kondensatormikrofon größere Masse der Membran und daher schlechtes Impulsverhalten.

Elektrostatisches Wandlerprinzip (Kondensatormikrofon)

Vorteil: Frequenzgang ist annähernd linear. Geringe Masse der Membran und daher gutes Impulsverhalten.

Nachteil: Phantomspeisung notwendig, als Kapselvorspannung und zum Betrieb des Trennverstärkers.

Piezoelektrisches Wandlerprinzip (Tonabnehmer und Kontaktmikrofone)

Vorteil: Einfach aufgebaut und damit kostengünstig.

Nachteil: Temperaturabhängigkeit von Empfindlichkeit und Frequenzgang. Hoher Klirrfaktor.

Aufgabe 2

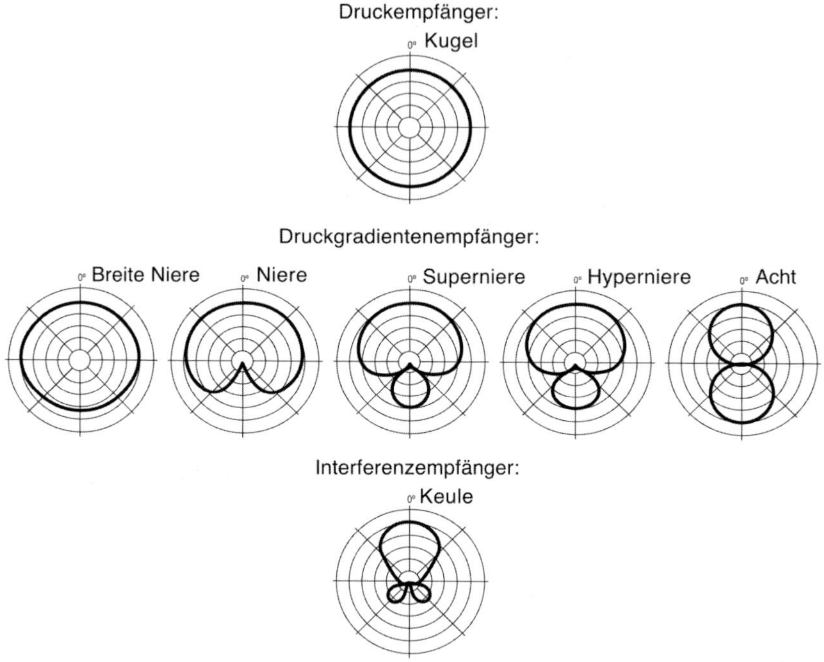

Abb. A.0.5: Mikrofon-Richtcharakteristiken

Aufgabe 3

Bei der Nieren- und bei der Achtercharakteristik tritt der Nahbesprechungseffekt auf.

Aufgabe 4:

Erster Rechenschritt: Wellenlänge λ für 100 Hz.

$$\lambda = \frac{c}{f} = \frac{344 \text{ m/s}}{100 \text{ Hz}} = 3{,}44 \text{ m}$$

Zweiter Rechenschritt: Verhältnis Niere zur Kugel.

$$\frac{U_{\text{Niere}}}{U_{\text{Kugel}}} = \sqrt{1 + \frac{\lambda^2}{16 \cdot \pi^2 \cdot r^2}} = \sqrt{1 + \frac{(3{,}44 \text{ m})^2}{16 \cdot \pi^2 \cdot (0{,}1 \text{ m})^2}} = 2{,}91$$

Dritter Rechenschritt: Verhältnis in einen relativen Spannungspegel umrechnen.

$$L_U = 20 \cdot \lg \frac{U_{\text{Niere}}}{U_{\text{Kugel}}} = 20 \cdot \lg 2{,}91 = 9{,}3 \text{ dB}$$

Aufgabe 5

Abgesehen von mechanischen Grenzen sinkt mit der Verkleinerung der Membran die Empfindlichkeit, und die Eigenstörspannung wird größer. Dadurch ergibt sich ein schlechterer Signal-Rausch-Abstand.

Aufgabe 6

Erster Rechenschritt: Der quadratische Tisch hat eine Fläche von 1 m^2. Für eine Fläche dieser Größe muss zunächst der entsprechende Kreisdurchmesser bestimmt werden.

$$\text{Kreisfläche } A = \frac{\pi \cdot d^2}{4}$$

Umstellen der Formel nach d:

$$\text{Durchmesser } d = \sqrt{\frac{A \cdot 4}{\pi}} = \sqrt{\frac{1\ m^2 \cdot 4}{\pi}} = 1{,}13\ m$$

Zweiter Rechenschritt: Ausrechnen der Grenzfrequenz.

$$f_g = \frac{c}{d} = \frac{344\ m/s}{1{,}13\ m} = 304\ Hz$$

Aufgabe 7

Messmikrofone sind immer Druckempfänger und haben einen linearen Frequenzgang.

Kapitel 10

Aufgabe 1

Vorteil: Große Kanaltrennung

Nachteil: Klangfarbenänderungen durch die Positionierung im Nahfeld

Aufgabe 2

Es handelt sich um den Kammfilter-Effekt. Bei einem Rednerpult hilft zum Beispiel eine schalldurchlässige Konstruktion der Skriptauflage.

Aufgabe 3

Intensitätsstereofonie = Pegelunterschiede zwischen den Stereomikrofonen

Laufzeitstereofonie = Laufzeitdifferenzen zwischen den Stereomikrofonen

Aufgabe 4

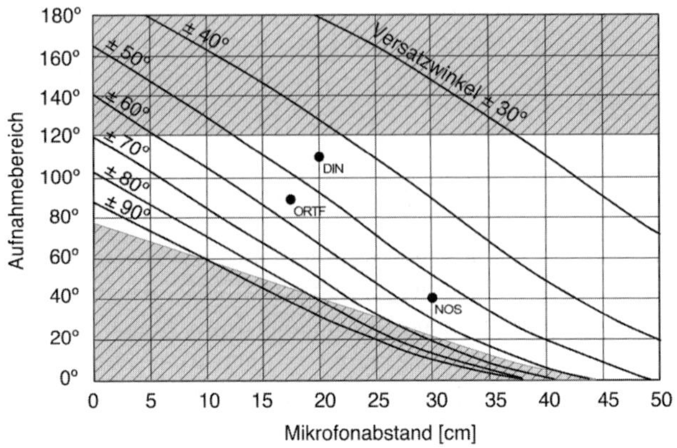

Abb. A.0.6: DIN, NOS und ORTF in den Williamskurven

Aufnahmebereiche: ORTF ca. 90°, DIN ca. 110°, NOS ca. 40°.

Aufgabe 5

Raumakustische Messungen, Hörspielproduktionen und Musikaufnahmen.

Aufgabe 6

- Bessere Lokalisation der gestützten Instrumente oder Instrumentengruppen.
- Verbesserung der Klangbalance zwischen den Instrumentengruppen.

Aufgabe 7

Das ORTF muss gegenüber dem Klein-AB verzögert werden. Verzögerungszeit Δt:

$$\Delta t = \frac{\Delta s}{c} = \frac{1{,}20\ \text{m}}{344\ \text{m/s}} = 0{,}0035\ \text{s} = 3{,}5\ \text{ms}$$

Haas-Effekt nicht vergessen: In diesem Fall dürfte eine Millisekunde zusätzlich ausreichen.

Kapitel 11

Aufgabe 1

Spannungsanpassung: $Z_a << Z_e$ → maximale Spannungsübertragung

Leistungsanpassung: $Z_a = Z_e$ → maximale Leistungsübertragung

Stromanpassung: $Z_a >> Z_e$ → maximale Stromübertragung

Aufgabe 2

a) $$f_g = \frac{1}{2\pi \cdot Z_A \cdot C' \cdot 10^{-12} \cdot l} = \frac{1}{2\pi \cdot 10.000\ \Omega \cdot 75\ \text{pF/m} \cdot 10^{-12} \cdot 10\ \text{m}} = 21.221\ \text{Hz}$$

b) $f_g = \frac{1}{2\pi \cdot Z_A \cdot C' \cdot 10^{-12} \cdot 1} = \frac{1}{2\pi \cdot 10.000\ \text{W} \cdot 75\ \text{pF/m} \cdot 10^{-12} \cdot 20\ \text{m}} = 10.610\ \text{Hz}$

Ein Instrumentenkabel mit 20 m Länge hat eine Grenzfrequenz, die mit ca. 10 kHz innerhalb des Hörspektrums liegt. Die Höhendämpfung ist also sehr gut wahrnehmbar. Länger als 10 m sollten unsymmetrische Instrumentenkabel demnach nicht sein.

c) $f_g = \frac{1}{2\pi \cdot Z_A \cdot C' \cdot 10^{-12} \cdot l} = \frac{1}{2\pi \cdot 200\ \Omega \cdot 130\ \text{pF/m} \cdot 10^{-12} \cdot 100\ \text{m}} = 61.213\ \text{Hz}$

d) Die DI-Box funktioniert als Impedanzwandler; eine typische, passive DI-Box hat eine Eingangsimpedanz von 50 kΩ (unsymmetrisch) und eine Ausgangsimpedanz von 600 Ω (symmetrisch). Je niedriger die Ausgangsimpedanz, desto höher ist die Grenzfrequenz der angeschlossenen Leitung – wie bei der Berechnung unter c) gesehen. Die Vorverstärker eines Mischpultes sind für den Anschluss niederohmiger, symmetrischer Quellen ausgelegt.

Aufgabe 3

Pin 1 = Schirm, Pin 2 = (+), Pin 3 = (–)

Aufgabe 4

Koaxialkabel: Der Innenleiter wird gedehnt, und der Querschnitt wird geringer. Dadurch erhöht sich der Wellenwiderstand der Leitung.

Lichtwellenleiter: Die Fasern in der Leitung können brechen.

Aufgabe 5

- Sicher gegen elektromagnetische Einstreuungen
- Durch die galvanische Trennung keine Brummschleifen
- Auch sehr weite Distanzen ohne Qualitätsverlust möglich
- Leichtes und dünnes Kabel
- Redundante (ausfallsichere) Verkabelung möglich

Kapitel 12

Aufgabe 1

Für die drahtlose Tonübertragung nutzbarer VHF-Bereich: 174 bis 223 MHz

Aufgabe 2

$$\lambda = \frac{c}{f} = \frac{299.792.458\ \text{m/s}}{800.000.000\ \text{Hz}} = 0{,}35\ \text{m}$$

Aufgabe 3

Berechnung der Intermodulationsfrequenzen dritter Ordnung:

$2 \cdot f_1 - f_2 = (2 \cdot 760{,}000\ \text{MHz}) - 774{,}100\ \text{MHz} = 745{,}900\ \text{MHz}$

$2 \cdot f_2 - f_1 = (2 \cdot 774{,}100\ \text{MHz}) - 760{,}000\ \text{MHz} = 788{,}200\ \text{MHz}$

→ Die Trägerfrequenz des Reportagemikrofons liegt sehr nahe an einer der Intermodulationsfrequenzen der Mikroportsender, und sehr wahrscheinlich ist daher *kein* störungsfreier Betrieb möglich.

Aufgabe 4

Squelch = Rauschsperre. Mit dem Squelch wird ein Schwellenpegel eingestellt, den ein HF-Signal überschreiten muss, damit es im Empfänger weiterverarbeitet wird.

Aufgabe 5

- Gegengewicht in Form des Erdbodens
- Elektrische Verlängerung durch eine Induktivität im Einspeispunkt

Aufgabe 6

In beiden Fällen wird das Prinzip der Leistungsanpassung angewandt.

Aufgabe 7

Vorteile: Keine Intermodulationen mit Funkstrecken. Es werden keine optischen oder elektrischen Störungen verursacht.

Nachteile: Sichtverbindung zwischen Sender und Empfänger notwendig. Starke Kunstlicht- und Leuchtstofflampen oder Sonnenlicht können die Infrarotübertragung stören.

Als Vor- und Nachteil kann gesehen werden, dass die Reichweite auf den ausgeleuchteten Bereich beschränkt bleibt. (Je nach Anwendung ist dies positiv oder negativ zu bewerten.)

Aufgabe 8

Bei einer Dolmetscheranlage wird ein Mehrkanalsender mit verschiedenen Trägerfrequenzen eingesetzt. Für jede Sprache wird ein Kanal benötigt. Die Audiosignale kommen von Steuereinheiten in den Dolmetscherkabinen. An die Steuereinheiten sind Headsets angeschlossen, die ein gleichzeitiges Hören und Sprechen zur Simultanübersetzung ermöglichen.

Kapitel 13

Aufgabe 1

Die digitale Audiotechnik hat gegenüber der analogen Variante einige Vorteile:

- Ein großer Signal-Rausch-Abstand (bei hohen Abtastfrequenzen und hoher Bit-Auflösung) und ein geringes Übersprechen zwischen einzelnen Leitungen bzw. Übertragungskanälen.
- Es gibt Fehlerkorrekturverfahren zur Kompensation von Signalverlusten durch die Übertragung.
- Keine Qualitätsverluste beim Kopieren von Audiodaten (wenn Fehlerkorrekturverfahren eingesetzt werden).
- Die Bearbeitung digitaler Audiosignale erfolgt mit graphischen Bedienoberflächen und abspeicherbaren Einstellungen. Daneben ist ein non-destruktives Arbeiten mit Undo-Funktionen möglich.

Dem gegenüber stchen aber auch Nachteile:

- Bei niedrigen Signalpegeln treten nichtlineare Verzerrungen auf (Quantisierungsrauschen).
- Bei Übersteuerung kommt es sofort zu heftigen Verzerrungen.
- Oft gibt es Diagnoseprobleme bei Fehlfunktionen, und es hilft nur das Aus- und wieder Einschalten des Gerätes (Reset). Die eigentliche Fehlerursache bleibt aber dabei unerkannt.

Aufgabe 2

Dezimal: 245_{Dec}

Hexadezimal: $F5_{\text{Hex}}$

Aufgabe 3

Die Abtastfrequenz muss mehr als doppelt so hoch sein wie die höchste zu übertragende Frequenz des Nutzsignals:

$f_S > 2 \cdot f_o$

Wird die Abtastfrequenz zu niedrig angesetzt, so kommt es zu Aliasing-Fehlern.

Aufgabe 4

Als Kanalcode wird Biphase-Mark verwendet, welcher aufgrund seiner häufigen Potentialwechsel selbsttaktend ist.

Aufgabe 5

AES/EBU: Entweder symmetrisch mit XLR-Stecker und 110 Ω Impedanz oder unsymmetrisch mit BNC-Stecker und 75 Ω Impedanz.

S/P-DIF: Unsymmetrisch mit Cinch-Stecker und 75 Ω Impedanz oder Lichtwellenleiter mit TosLink-Stecker.

Aufgabe 6

24 Bit

Aufgabe 7

64 Tonkanäle mit jeweils 24 Bit

Aufgabe 8

a) Zur Vermeidung unerwünschter Störungen durch zu großen Jitter

b) Eine zentrale Wordclock-Verteilung

Aufgabe 9

24, 25 oder 30 ganze Frames oder auch 29,97 Drop-Frames

Aufgabe 10

1. Berechnung von f_o bei der höchsten Abtastrate (384 kHz), alle Bits auf „1“ gesetzt:

$$f_{o\,(96\,kHz)} = 384.000\ s^{-1} \cdot 32\ Bit \cdot 2\ Kanäle = 36.864.000\ Bit/s \approx 36{,}86\ MHz$$

2. Berechnung von f_u bei der niedrigsten Abtastrate (22,05 kHz), alle Bits auf „0“ gesetzt:

$$f_{o\,(22{,}05\,kHz)} = \frac{22.050\ s^{-1} \cdot 32\ Bit \cdot 2\ Kanäle}{2} = \frac{1.441.200\ Bit/s}{2} \approx 0{,}72\ MHz$$

3. Berechnung der Bandbreite Δf:

$$\Delta f = f_{o\,(96\,kHz)} - f_{u\,(22{,}05\,kHz)} = 36{,}86\ MHz - 0{,}72\ MHz = 36{,}14\ MHz$$

Kapitel 14

Aufgabe 1

16 MIDI-Kanäle.

Aufgabe 2

1000 Note On und 1001 Note Off.

Aufgabe 3

Binär: 1001 0001

Hexadezimal: 91_{Hex}

Dezimal: 145_{Dec}

Aufgabe 4

90_{Hex} = Note On auf MIDI-Kanal 1

010_{Dec} = Notennummer 10

127_{Dec} = Anschlagsstärke 127

Ein Audiosample, welches im Speicher des Samplers auf der Notennummer 10 abgelegt ist, wird mit der vollen Anschlagsstärke (volle Lautstärke) abgespielt.

Aufgabe 5

Signalverstärkung zur Übertragung von MIDI-Signalen über längere Wegstrecken mit symmetrischen Kabelverbindungen.

Aufgabe 6

Der Vorteil von mLAN ist die parallele Übertragung von Audio-, MIDI-, Takt- und Steuersignalen über ein FireWire-Kabel, anstatt über eine Vielzahl von Kabeln wie bei einem herkömmlichen MIDI-Setup.

Aufgabe 7

Die Reichweite ist lediglich auf 10 m beschränkt (das ist meist zu wenig für eine große Bühne), und die Frequenz ist offen zur freien Nutzung. Andere Sender können dadurch die Übertragung stören.

Kapitel 15

Aufgabe 1:

GAIN: Eingangsverstärkung (Signal auf Arbeitspegel des Tonpultes anpassen).

PAD: Dämpfungsschalter (meist mit -20 dB).

PAN: Panorama-Potentiometer (Einordnung des Signals innerhalb des Stereobildes beim Abmischen).

∅: Phasendrehschalter (Vertauscht Pin 2 und 3 des XLR-Anschlusses).

48V: Phantomspeisung (für Kondensatormikrofone oder aktive DI-Boxen).

PAN: *gehört nicht zum Mikrofonvorverstärker* (befindet sich im Signalweg nach dem Routing).

Aufgabe 2

PFL = Pre Fader Listening; Abhörpunkt vor dem Fader bzw. VCA

AFL = After Fader Listening; Abhörpunkt nach dem Fader bzw. VCA

Aufgabe 3

Tip = Send

Ring = Return

Gnd = Schirm

In der Send- und in der Return-Klinke muss der Schirm auf den Ring gelegt werden.

Aufgabe 4

VCA = Voltage Controlled Amplifier

Das Audiosignal läuft direkt über einen einfach aufgebauten Fader; es kann nur passiv bedämpft werden.

Bei einer VCA-Steuerung geht das Audiosignal über den VCA, dessen Arbeitspegel durch eine Steuerspannung geregelt wird. Diese Steuerspannung kann über ein Potentiometer (also auch durch einen Fader) variiert werden. Es ist eine aktive Verstärkung des Audiosignals möglich.

Aufgabe 5

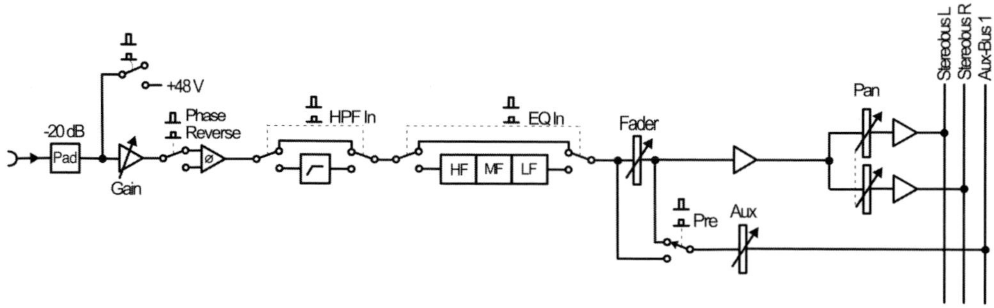

Abb. A.0.7: Prinzipschaltbild eines Eingangskanals

Aufgabe 6

Eine Redundant Engine (RE) beinhaltet eigene DSP, die parallel zur Mixing Engine betrieben werden. Durch eine Havarieumschaltung kann jederzeit auf die RE umgeschaltet werden.

Aufgabe 7

Bei einer statischen Automation erfolgt der Szenenwechsel durch den Operator (durch Drücken der Next-Cue-Taste). Eine dynamische Automation wird dagegen durch einen Timecode ferngesteuert.

Kapitel 16

Aufgabe 1

THRESHOLD: Einsatzpunkt des Kompressors, Angabe in [dB_U].

RATIO: Kompressionsfaktor bei Überschreiten des Threshold, Angabe als Verhältnis von Eingangs- zu Ausgangspegel.

ATTACK: Ansprechzeit nach Überschreiten des Threshold [ms].

RELEASE: Rücklaufzeit nach Unterschreiten des Threshold [ms].

Aufgabe 2

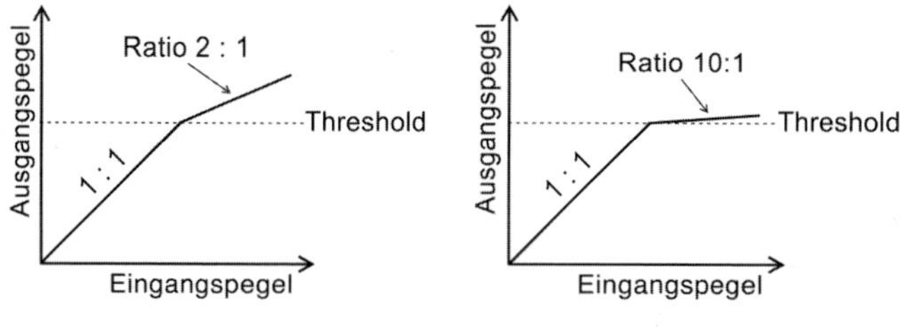

Abb. A.0.8: Kennlinie eines Kompressors (links) und eines Limiters (rechts)

Unterscheidung der Kennlinien: Ein Limiter hat eine Ratio von mindestens 10 : 1, die Ratio bei einem Kompressor ist wesentlich geringer.

Aufgabe 3

Frequenz, Q-Faktor (Güte) und Pegel. Eventuell Anwahl, ob Peak- oder Shelving-Filter (nur bei High- und Low-EQ).

Aufgabe 4

Das Echo

Aufgabe 5

$$t = \frac{60\ \text{s}}{\text{BPM}} = \frac{60\ \text{s}}{100} = 0{,}6\ \text{s bzw. } 600\ \text{ms für Viertelnoten}$$

Achtelnoten sind nur halb so lang, die Verzögerungszeit beträgt also 300 ms.

Aufgabe 6

Natürliche Hallerzeugung, mechanische Hallerzeugung und Simulation durch digitale Hallgeräte. Letztere werden bevorzugt in der Veranstaltungstechnik eingesetzt.

Aufgabe 7

- Flanger: Addition eines leicht verzögerten Signals zum Eingangssignal (Verzögerung durch einen Eimerkettenspeicher).
- Phaser: Addition eines phasenverschobenen Signals (Bearbeitung der Phase durch Allpassfilter).

Aufgabe 8

Zwölf Halbtonschritte entsprechen 1200 Cent. Das sind sechs Ganztonschritte bzw. ein Intervall von einer Oktave. Diese Einstellung ist für Gesang eher weniger sinnvoll, da das Signal sehr stark verfremdet wird.

Kapitel 17

Aufgabe 1

Passive Frequenzweiche: Nach dem Leistungsverstärker (in Lautsprechergehäuse eingebaut)

Aktive Frequenzweiche: Vor dem Leistungsverstärker

Aufgabe 2

- Entzerrung
- Aktive Frequenzweiche
- Phasengangkorrektur nach der Weiche
- Übersteuerungsschutz

Aufgabe 3

a) Spannungsanpassung $Z_a << Z_e$

b) Professionelle Endstufen sollten einen Dämpfungsfaktor von mindestens 100 aufweisen. Daraus errechnet sich eine Ausgangsimpedanz Z_a von 0,04 Ω:

$$D = \frac{4\ \Omega}{0{,}04\ \Omega} = 100$$

Aufgabe 4

Erster Rechenschritt: Berechnung der Ausgangsspannung U_{max}.

$$U_{max} = \sqrt{\text{Nennimpedanz } [\Omega] \cdot \text{Ausgangsleistung [W] bei der Nennimpedanz}}$$

$$U_{max} = \sqrt{8\ \Omega \cdot 450\ W}$$

$$U_{max} = 60\ V$$

Zweiter Rechenschritt: Verstärkungsgrad.

$$V = \frac{\text{Ausgangsspannung [V]}}{\text{Eingangsspannung [V]}}$$

$$V = \frac{60\ V}{0{,}775\ V} = 77{,}4$$

Dritter Rechenschritt: Relativer Spannungspegel.

$$L_U = 20 \cdot \lg \frac{\text{Ausgangsspannung [V]}}{\text{Eingangsspannung [V]}}$$

$$L_U = 20 \cdot \lg \frac{60\ V}{0{,}775\ V} = 37{,}8\ dB$$

Aufgabe 5

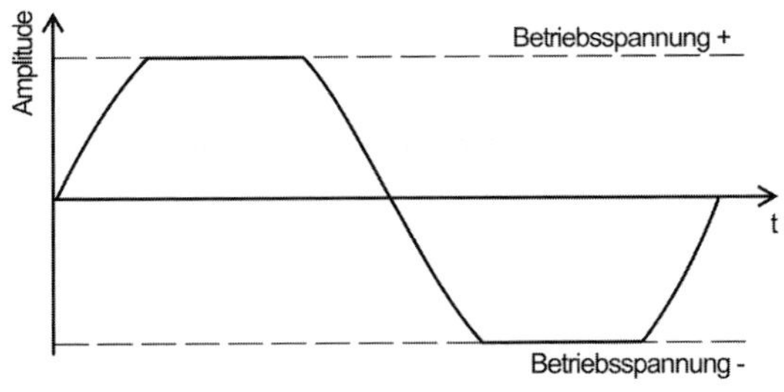

Abb. A.0.9: Clipping einer Sinusschwingung

Aufgabe 6

Die übliche Betriebsart ist Stereo bzw. Dual Mono mit jeweils einem Lautsprecher pro Verstärkerhälfte. Die Brückenschaltung lässt sich anwenden, wenn nur ein Lautsprecher an einen zweikanaligen Verstärker angeschlossen wird. Es erhöht sich dadurch die abgegebene Leistung.

Aufgabe 7

Niederohmige Beschallungsanlagen

Vorteil: Voller Übertragungsbereich, daher bevorzugte Technik für Beschallungsanlagen.

Nachteil: Verluste durch lange Lautsprecherkabel bzw. zu geringe Leitungsquerschnitte; daher sind die Verstärker nahe an den Lautsprechern positioniert. Allerdings spielt dieser Kritikpunkt bei aktiven Lautsprechern mit integrierten Verstärkern keine Rolle mehr.

100 V-Anlagen

Vorteil: Geringer Leitungsquerschnitt und lange Wege der Lautsprecherkabel möglich. Damit gut geeignet für weit verzweigte Netze mit zentralen Verstärkern und vielen Lautsprechern wie für Durchrufanlagen.

Als Nachteil von 100 V-Anlagen wird oft ein eingeschränkter Frequenzbereich genannt, also klangliche Schwächen. Allerdings lässt sich das durch den Einsatz qualitativ guter Übertrager vermeiden. Problematisch ist das Übersprechen von nah zusammen verlegten Lautsprecherkabeln.

Kapitel 18

Aufgabe 1

- Tieftöner: Konuslautsprecher.
- Mitteltöner: Konuslautsprecher, Druckkammerlautsprecher, Folienmagnetostat, Elektrostat.
- Hochtöner: Kalottenlautsprecher, Druckkammerlautsprecher, Bändchen- und Folienmagnetostat, Elektrostat.

Aufgabe 2

Berechnung über den Leistungspegel:

$$L = 10 \cdot \lg \frac{P_2}{P_1} \qquad \text{Einheit [dB]}$$

Eine Verdoppelung der Leistung führt zu einem um 3 dB_{SPL} höheren Schalldruckpegel.

Aufgabe 3

a) Reihenschaltung:

$$Z_1 = Z + Z = 8\ \Omega + 8\ \Omega = 16\ \Omega$$

b) Parallele Schaltung:

$$\frac{1}{Z_2} = \frac{1}{Z} + \frac{1}{Z} = \frac{1}{8\ \Omega} + \frac{1}{8\ \Omega} = \frac{2}{8\ \Omega} = \frac{1}{4\ \Omega}$$

$$\rightarrow \quad Z_2 = 4\ \Omega$$

Aufgabe 4

+3 dB_{SPL}

Aufgabe 5

Herkömmliche Lautsprecher = Punktstrahler

Bei einer Entfernungsverdopplung wird die Schalleistung auf eine viermal so große Fläche verteilt, der Schalldruckpegel nimmt um 6 dB_{SPL} ab.

$$A = 4\pi \cdot r^2$$

Line Arrays = Linienstrahler

Bei einer Entfernungsverdopplung wird die Schalleistung auf eine zweimal so große Fläche verteilt, der Schalldruckpegel nimmt um 3 dB_{SPL} ab.

$$A = 2\pi \cdot r^2$$

Aufgabe 6

Erster Berechnungsschritt: Relative Pegelzunahme aufgrund der Leistung

$$10 \cdot \lg \frac{60\ \mathrm{W}}{1\ \mathrm{W}} \approx 18\ \mathrm{dB_R}$$

Zweiter Berechnungsschritt: Ausrechnen des Gesamtschalldruckpegels in 1 m Entfernung

$$90\ \mathrm{dB_{SPL}} + 18\ \mathrm{dB_R} = 118\ \mathrm{dB_{SPL}}$$

Dritter Berechnungsschritt: Ausrechnen des Gesamtschalldruckpegels in 4 m Entfernung

Der Schalldruckpegel nimmt bei einem Punktstrahler um 6 dB_{SPL} pro Entfernungsverdoppelung ab: In 2 m Entfernung sind es dann 112 dB_{SPL} und in 4 m Entfernung 106 dB_{SPL}.

Aufgabe 7

$$r_{n\,200\,\mathrm{Hz}} = \frac{(4\ \mathrm{m})^2 \cdot 200\ \mathrm{Hz}}{2 \cdot 344\ \mathrm{m/s}} = 4{,}65\ \mathrm{m}$$

$$r_{n\,2\,\mathrm{kHz}} = \frac{(4\ \mathrm{m})^2 \cdot 2000\ \mathrm{Hz}}{2 \cdot 344\ \mathrm{m/s}} = 46{,}51\ \mathrm{m}$$

Kapitel 19

Aufgabe 1

Eine sehr gute Sprachverständlichkeit und eine flächendeckende Beschallung. Das Bühnengeschehen steht an erster Stelle, und es muss auf die speziellen Anforderungen der verschiedenen Sparten eingegangen werden.

Aufgabe 2

Die Hauptbeschallung muss verzögert werden, damit die Lokalisation in Richtung der Originalschallquellen auf der Bühne gegeben ist. In den allerwenigsten Fällen befindet sich dieses Schallereignis auf einer Linie mit der Hauptbeschallung.

Als Bezugspunkt für die Verzögerung aller Lautsprechersysteme dient daher eine Position auf der Bühne, wo sich eine reale Schallquelle befindet. Meist es das Schlagzeug bei einer Konzertbeschallung, oder im Theater eine bestimmte Position der Schauspieler auf der Bühne.

Aufgabe 3

- Der Abstand von Mikrofon zum Lautsprecher
- Die Schallgeschwindigkeit (diese ist variabel durch die Temperatur und die Luftfeuchtigkeit)

Aufgabe 4

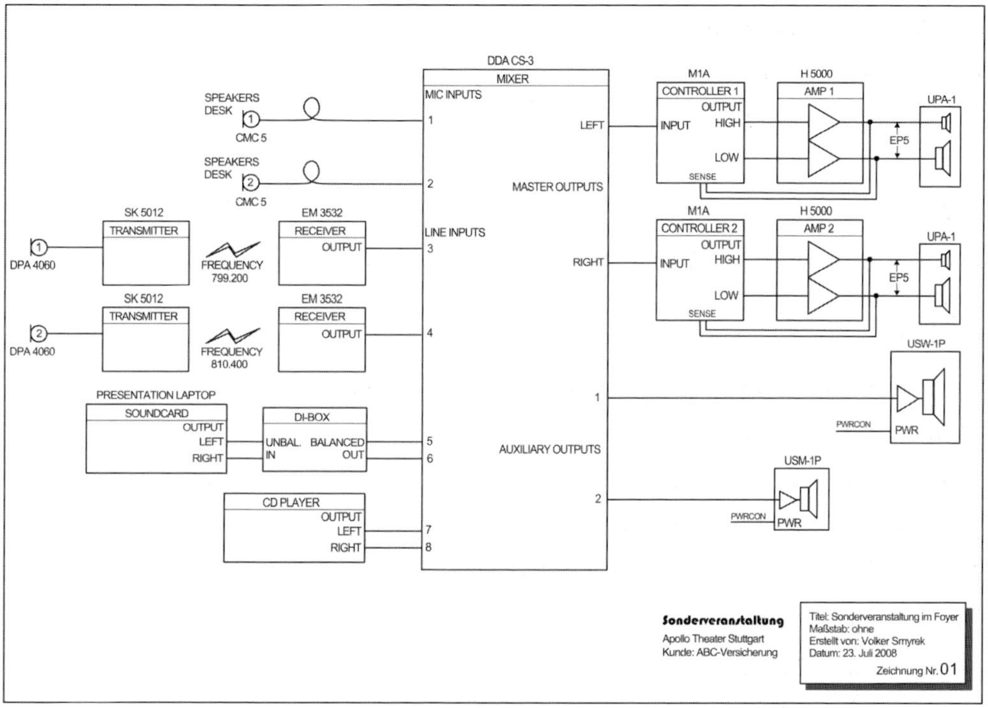

Abb. A.0.10: Signalflussplan einer kleinen Beschallungsanlage

Kapitel 20

Aufgabe 1

Bei einer Partyline-Intercom kann jeder Gesprächsteilnehmer mit allen anderen Teilnehmern auf der gleichen Leitung kommunizieren.

Aufgabe 2

Clearcom

XLR Pin 1 = 0 V und Schirm für Audiokanal 1

XLR Pin 2 = 30 V Gleichstrom

XLR Pin 3 = Audiokanal 1

RTS

XLR Pin 1 = Masse für Gleichstromversorgung und Schirm für beide Audiokanäle

XLR Pin 2 = Audiokanal 1 und 26 bis 32 V Gleichstrom

XLR Pin 3 = Audiokanal 2

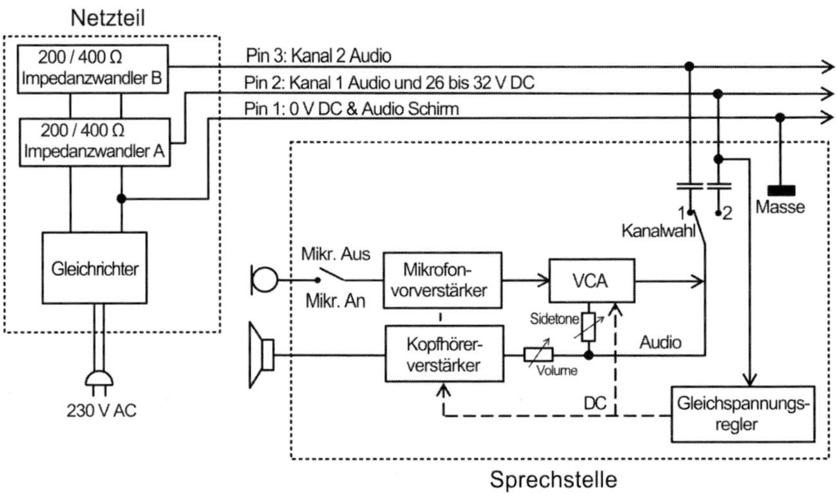

Abb. A.0.11: RTS Prinzipschaltung

Aufgabe 3

Eine Gabelschaltung ermöglicht die bidirektionale Kommunikation über Zweidrahtleitungen. Das eigene Mikrofonsignal wird durch diese Schaltung unterdrückt, während das ankommende Signal ungehindert zum Hörer gelangt.

Aufgabe 4

Simplex = Wechselsprechen auf einem Kanal

Duplex = Senden und Empfangen auf zwei verschiedenen Kanälen

Aufgabe 5

Die Bundesnetzagentur. Webseite: www.bundesnetzagentur.de

Kapitel 21

Aufgabe 1

Die obere Grenzfrequenz hängt ab von der Spaltbreite des Kopfes, dem kleinsten magnetisierbaren Bereich und der relativen Geschwindigkeit vom Kopf zum Aufnahmemedium (Magnetband / Festplatte).

Aufgabe 2

Der Abtastlaser der DVD hat eine kleinere Wellenlänge. Damit sind engere Spuren möglich, zudem ist die Abtastgeschwindigkeit höher als bei der CD. Eine DVD kann außerdem auf beiden Seiten in jeweils zwei Schichten Daten speichern.

Aufgabe 3

Wave-Table-Synthese: Klangbeispiele verschiedener Musikinstrumente sind im ROM-Chip abgelegt und werden bei Bedarf abgespielt.

FM-Synthese: Ein zusätzlicher FM-Synthese-Chip auf der Soundkarte bildet mit bestimmten Algorithmen ein Instrument nach.

Aufgabe 4

Unkomprimiert: WAV, Broadcast WAV, AIFF, SoundDesigner (SD2)

Verlustbehaftet komprimiert: MP3, MPEG-1 Audio, Ogg Vorbis, Windows Media Audio, Dolby AC3

Aufgabe 5

- Bei unkomprimierten Audiodaten, wenn die Abtastfrequenz oder die Auflösung geändert wird
- Bei einer Formatwandlung von verlustbehaftet komprimierten Audiodaten

Aufgabe 6

Bus, Ring, Stern oder dezentrale Strukturen

Aufgabe 7

Die physikalischen Parameter des Netzwerkes, d. h. die Art des Mediums, Frequenzen, Modulationsverfahren etc.

Aufgabe 8

Ethernetbasierte Audionetzwerke basieren auf handelsüblichen Computern und Ethernettechnik. Beispiele: EtherSound und CobraNet

Proprietäre Audionetzwerke nutzen herstellerspezifische Hardware und Übertragungsprotokolle. Beispiele: A-Net, RockNet, Optocore, Nexus, AES50

Kapitel 22

Aufgabe 1

Bei Gelb beträgt die Signalspannung auf dem R-Kanal 1 V, dem G-Kanal 1 V und dem B-Kanal 0 V. Berechnung von Y gemäß des N-10 Standards:

$$Y = 0{,}299 \cdot 1\ V + 0{,}587 \cdot 1\ V + 0{,}114 \cdot 0\ V = 0{,}886\ V$$

Aufgabe 2

CCD- und CMOS-Chips

Aufgabe 3

Im Gegensatz zum menschlichen Auge kann sich eine Videokamera nicht selbstständig an wechselnde Farbtemperaturen der Beleuchtung anpassen. Die Verstärkung der R- und B-Kanäle muss daher manuell nachgeregelt oder eine Automatikfunktion eingeschaltet werden.

Aufgabe 4

CCU = Camera Control Unit

Stromversorgung des Kamerazuges, Steuerung der Kameraparameter, Entzerrung zum Ausgleich der Kabellänge.

Aufgabe 5

Damit beim Umschalten und Blenden zwischen den Signalen keine Bildstörungen entstehen

Aufgabe 6

MPEG = Motion Picture Experts Group

MPEG-Standards definieren verschiedene verlustbehaftete Verfahren zur Bild- und Tondatenkompression.

- MPEG 2: Komprimierte Video- und Tonübertragung in Fernsehqualität. Anwendung beispielsweise bei DVB und DVD.
- MPEG-4: Container-Format für Video, Audio und weitere Daten. Übertragung mit geringen Bandbreiten, zum Beispiel bei Mobiltelefonen.

Aufgabe 7

- Jeweils ein Bildwandler-Chip für R, G und B (3-Chip-Projektor). Das Licht der Projektorlampe wird über ein Prisma in die Primärfarben geteilt und auf die DLP-Chips geführt.
- Ein DLP-Chip besteht aus einer Vielzahl beweglicher, winzig kleiner Spiegel, welche das Licht in die Projektionslinse und damit zur Leinwand leiten.
- Die Anzahl der Mikrospiegel bestimmt die Auflösung des Projektors.

Aufgabe 8

Die Bildbreite beträgt 30 m / 2,8 = 10 ,71 m. Das Standardformat hat ein Bildseitenverhältnis von 4 zu 3, damit betragt die Bildhöhe 10,71 m / 4 · 3 = 8,04 m.

Englische Fachbegriffe der Akustik und Tontechnik

Englisch	Deutsch
Amplifier	Verstärker
Auxiliary (Aux)	Ausspielweg
Axial Sensitivity	Kennschalldruck
Bandwith	Bandbreite
Bell Filter	Glockenfilter
Bidirectional (Figure Eight) Microphone	Achtercharakteristik
Boundary Layer Microphone	Grenzflächenmikrofon
Cardoid Microphone	Nierencharakteristik
Center Frequency	Mittenfrequenz
Crossover (X-over)	Frequenzweiche
Crosstalk	Übersprechen
Delay	Echo oder Verzögerung
Delay Line	Stützlautsprecher
Directivity Index	Bündelungsmaß
Drumfill	Monitorlautsprecher für den Schlagzeuger
Drumriser	Schlagzeugpodest
Early Reflections	Erste Reflexionen
Editing	Audio- bzw. Video-Schnitt
Equalization	Entzerrung, Filterung
Equalizer (EQ)	Filter
Fader	Pegelsteller
Feedback	Rückkopplung
Foldback (FB)	Ausspielweg
Frame	Einzelbild beim Film oder Video
Frequency	Frequenz
Frequency Response	Frequenzgang
Front of House (FOH)	Mischerplatz
Frontfill	Lautsprecher für die ersten Sitzplätze
Fullrange	über den ganzen Frequenzbereich wirksam
Gain	Vorverstärkung
Ground	Masse
Ground Lift	Auftrennung des Schirms eines Audiokabels
Harddisc (HD)	Festplatte
High Pass Filter (HPF)	Hochpassfilter
Humm	Brummen
Interface	Schnittstelle
Level	Lautstärke oder Pegel
Line Array	Linienstrahler
Line Driver	Leitungsverstärker
Line Level	Leitungspegel
Low Pass Filter (LPF)	Tiefpassfilter
Master Fader	Summenregler
Mixdown	Abmischung

Mixing Desk / Sound Desk	Mischpult
Multicore	Mehraderkabel
Network	Netzwerk
Notch Filter	Kerbfilter
Omnidirectional Microphone	Kugelcharakteristik
Oscillator	Tongenerator
Pad (-Switch)	Dämpfungsglied
Patchbay	Steckfeld
Peak	Pegelspitze
Peak Filter	Glockenfilter
Phantom Power	Phantomspeisung
Phase Reverse	Verpolungsschalter
Plug	Stecker
Power Handling	Belastbarkeit eines Lautsprechers in [W]
Power Supply Unit (PSU)	Netzteil
Preamplifier (PreAmp)	Vorverstärker
Public Adress (PA)	Konzertbeschallung
Q-Factor	Filtergüte
Receiver	Empfänger
Remote Control	Fernsteuerung
Repeater	Leitungstreiber
Reverb (Rev)	Hall
Reverbation Time (RT)	Nachhallzeit
Sample	Signalabtastung oder kurze Audiodatei
Sensitivity	Eingangsempfindlichkeit
Shelving Filter	Kuhschwanzfilter
Sidefill	Monitorlautsprecher seitlich der Bühne
Siderack	am ehesten noch: Schaltschrank
Snake	Unterverteilung eines Mehraderkabels
Sonic Speed	Schallgeschwindigkeit
Sound Pressure	Schalldruck
Speaker	Lautsprecher
Speech	Sprache
Squelch	Rauschunterdrückung
Subwoofer	Basslautsprecher
Technical Rider	Bühnenanweisung
Threshold (TH)	Schwelle (Parameter von Regelverstärkern)
Transmitter	Sender
Waveform	Wellenform
Wavelength	Wellenlänge
Wedge	Abgeschrägter Monitorlautsprecher
Wireless	Drahtlos

Deutsch	Englisch
Abgeschrägter Monitorlautsprecher	Wedge
Abmischung	Mixdown
Achtercharakteristik	Bidirectional (Figure Eight) Microphone
Audio- bzw. Video-Schnitt	Editing
Auftrennung des Schirms	Ground Lift
Ausspielweg	Auxiliary (Aux) oder Foldback (FB)
Bandbreite	Bandwith
Basslautsprecher	Subwoofer
Belastbarkeit eines Lautsprechers in [W]	Power Handling
Brummen	Humm
Bühnenanweisung	Technical Rider
Bündelungsmaß	Directivity Index
Dämpfungsglied	Pad (-Switch)
Drahtlos	Wireless
Echo oder Verzögerung	Delay
Eingangsempfindlichkeit	Sensitivity
Einzelbild beim Film oder Video	Frame
Empfänger	Receiver
Entzerrung, Filterung	Equalization
Erste Reflexionen	Early Reflections
Fernsteuerung	Remote Control
Festplatte	Harddisc (HD)
Filter	Equalizer (EQ)
Filtergüte	Q-Factor
Frequenz	Frequency
Frequenzgang	Frequency Response
Frequenzweiche	Crossover (X-over)
Glockenfilter	Bell Filter
Glockenfilter	Peak Filter
Grenzflächenmikrofon	Boundary Layer Microphone
Hall	Reverb (Rev)
Hochpassfilter	High Pass Filter (HPF)
Kennschalldruck	Axial Sensitivity
Kerbfilter	Notch Filter
Konzertbeschallung	Public Adress (PA)
Kugelcharakteristik	Omnidirectional Microphone
Kuhschwanzfilter	Shelving Filter
Lautsprecher	Speaker
Lautsprecher für die ersten Sitzplätze	Frontfill
Lautstärke oder Pegel	Level
Leitungspegel	Line Level
Leitungstreiber	Repeater
Leitungsverstärker	Line Driver
Linienstrahler	Line Array
Masse	Ground

Mehraderkabel	Multicore
Mischerplatz	Front of House (FOH)
Mischpult	Mixing Desk / Sound Desk
Mittenfrequenz	Center Frequency
Monitorlautsprecher für den Schlagzeuger	Drumfill
Nachhallzeit	Reverbation Time (RT)
Netzteil	Power Supply Unit (PSU)
Netzwerk	Network
Nierencharakteristik	Cardoid Microphone
Pegelspitze	Peak
Pegelsteller	Fader
Phantomspeisung	Phantom Power
Rauschunterdrückung	Squelch
Rückkopplung	Feedback
Schalldruck	Sound Pressure
Schallgeschwindigkeit	Sonic Speed
Schlagzeugpodest	Drumriser
Schnittstelle	Interface
Schwelle (Parameter Regelverstärker)	Threshold (TH)
Sender	Transmitter
Signalabtastung oder kurze Audiodatei	Sample
Sprache	Speech
Stecker	Plug
Steckfeld	Patchbay
Stützlautsprecher	Delay Line
Summenregler	Master Fader
Tiefpassfilter	Low Pass Filter (LPF)
Tongenerator	Oscillator
Übersprechen	Crosstalk
Verpolungsschalter	Phase Reverse
Verstärker	Amplifier
Vorverstärker	Preamplifier (PreAmp)
Vorverstärkung	Gain
Wellenform	Waveform
Wellenlänge	Wavelength

Abkürzungen

AAF = Advanced Authoring Format
ABC = Automatic Black Control
AC = Alternating Current
ADAT = Alesis Digital Audio Tape
AES = Audio Engineering Society
AFL = After Fader Listening
AIFF = Audio Interchange File Format
ALAC = Apple Lossless Audio Codec
AlCons = Articulation Loss of Consonants
AlMn = Alkali-Mangan
ANSI = American National Standards Institute
ASCII = American Standard Code for Information Interchange
ASIO = Audio Stream Input Output
ATSC = Advanced Television Systems Committee
AVI = Audio Video Interleave
AWC = Automatic White Control

BAS = Bild-, Austastung- und Synchronsignal
BGV = Berufsgenossenschaftliche Vorschrift
BImSchG = Bundes-Immissionsschutzgesetz
Bit = Binary Digit
BNC = Bayonet Nut Connector
BP = Bandpass
BPM = Beats per Minute
BS = Bandsperre
BWF = Broadcast Wave Format

$C_{50/80}$ = Clarity (50 ms / 80 ms)
CAT = Cable and Telephone
CCIR = Consultative Committee on International Radio
CCM = Central Control Module
CCU = Camera Control Unit
CD = Compact Disc
CD-Horn = Constant Directivity Horn
CD-R = Compact Disc Recordable
CEE = International Commission on Rules for the Approval of Electrical Equipment
CELP = Code Excited Linear Prediction
CMOS = Complementary Metal Oxide Semiconductor
CPU = Central Processor Unit
CRC = Cyclic Redundancy Check
CSMA/CD = Carrier Sense Multiple Access Collision Detection
CV = Control Voltage

DAB = Digital Audio Broadcast
DAT = Digital Audio Tape
DAW = Digital Audio Workstation
DC = Direct Current
DCA = Digital Controlled Amplifier
DI = Direct Injection
D-ILA = Digital Image Light Amplifier
DIN = Deutsche Industrienorm
DLP = Digital Light Processing
DMD = Digital Micromirror Device
DSD = Direct Stream Digital
DSP = Digitaler Signalprozessor
DST = Direct Stream Transfer
DTS = Digital Theatre System
DVD = Digital Versatile Disc
DVD-R = Digital Versatile Disc Recordable
DVE = Digital Video Editing

EBU = European Broadcast Union
EN = Europäische Norm
EOX = End of Exclusive
EQ = Equalizer
Eq = Equivalent
EX = Exposition

FB = Foldback
FBAS = Farbbild-, Austastung- und Synchronsignal
FIR = Finite Impulse Response Filter
FLAC = Free Lossless Audio Codec
FOH = Front of House
FS = Full Scale

GPI = General Purpose Interface
GPS = Global Positioning System
GSM = Global System for Mobile Communication

HF = High Frequency, Hochfrequenz
HP oder HPF = Hochpassfilter

IEC = International Electrotechnical Commission
IEEE = Institute of Electrical and Electronics Engineers
IEM = In Ear-Monitoring
IHK = Industrie- und Handelskammer
IIR = Infinite Impulse Responce
INA = Ideale Nieren-Anordnung
IP = Internet Protocol
IR = Infrarot
IRT = Institut für Rundfunktechnik
ISDN = Integrated Services Digital Network
ISO = International Standardization Organisation
IST = Impulsschalltest

LAN = Local Area Network
LärmVibrationsArbSchV = Lärm- und Vibrations-Arbeitsschutzverordnung
LC = Light Connector
LCD = Liquid Crystal Display
LED = Light Emitting Diode
LF = Low Frequency
LFO = Low Frequency Oscillator
Li-Ion = Lithium-Ionen
LPCM = Linear Pulse Code Modulation
LPF = Low Pass Filter
LS = Lautsprecher
LS = Left Surround
LSB = Least Significant Bit
LTC = Longitudinal Time Code
LTD = Linear Time-Invariant Descrete
LWL = Lichtwellenleiter

MAC = Medium Access Control
MADI = Multichannel Audio Digital Interface
MAZ = Magnetbandaufzeichnung
MF = Mid Frequency
MIDI = Musical Instrument Digital Interface
mLAN = Music Local Area Network
MLP = Meridian Lossless Packing
MMF = Multi Mode Fiber
MOS = Metal Oxide Semiconductor
MPEG = Motion Picture Expert Group
MSB = Most Significant Bit
MTC = MIDI Time Code

n. c. = not connected
ND = Neutraldichtefilter
NF = Niederfrequenz
NiCd = Nickel-Cadmium
NiMH = Nickel-Metallhydrid
NOS = Nederlandse Omroep Stichting
NRZ = Non Return to Zero
NRZI = Non Return to Zero Invers
NRZL = Non Return to Zero Level
NTSC = National Television Systems Committee

OCP = Optional Control Panel
OCT = Optimal Cardoid Triangle
OMF = Open Media Framework
ORTF = Office de Radiodiffusion-Télévision
OSC = Oscillator
OSI = Open Systems Interconnection
OSS = Optimales Stereo-Signal

P48 = Phantomspeisung (48 V)
PA = Public Adress
PAL = Phase Alternating Line
Pb = Blei
PCM = Pulse Code Modulation
PE = Protection Earth
PFL = Pre Fader Listening
PPM = Peak Program Meter
PTS = Permanent Threshold Shift
PWM = Pulse Width Modulation

RAID = Redundant Array of Independent Discs
RAM = Random Access Memory
RASTI = Rapid Speech Transmission Index
RCA = Radio Corporation of America
RGB = Rot, Grün, Blau
RIAA = Recording Industry Association of America
RIFF = Resource Interchange File Format
RMS = Root Mean Square
ROM = Read Only Memory
RS = Right Surround
RT = Reverb Time
RZ = Return to Zero

S/P-DIF = Sony / Philips Digital Interface
SACD = Super Audio Compact Disc
SDI = Serial Digital Interface
SFD = Start Frame Delimiter
SIM = Source Independent Measurement
SiP = Solo in Place
SMF = Single Mode Fiber
SMPTE = Society of Motion Picture and Television Engineers
SNR = Signal to Noise Ratio; oder auch: Single Number Rating
SPL = Sound Pressure Level
SRXD = Sony X-tal Reflective Display
STI = Speech Transmission Index

TA = Technische Anweisung
TCP = Transmission Control Protocol
T-DIF = Tascam Digital Interface
TDM = Time Division Multiplex
THD = Total Harmonic Distortion
TIFF = Tagged Image File Format
TKG = Telekommunikations-Gesetz
TP oder TPF = Tiefpassfilter
TTS = Temporary Threshold Shift

UART = Universal Asynchronous Receiver Transmitter
UDF = Universal Disc Format
UHF = Ultra High Frequency
USB = Universal Serial Bus
USITT = United States Institute for Theatre Technology

VCA = Voltage Controlled Amplifier
VDE = Verband der Elektrotechnik, Elektronik und Informationstechnik
VGA = Video Graphics Array
VHF = Very High Frequency
VITC = Vertical Interval Time Code
VLAN = Virtual Local Area Network
VST = Virtual Studio Technology
VstVo = Versammlungsstättenverordnung
VU = Volume Unit

WAN = Wide Area Network
WMA = Windows Media Audio

ZF = Zwischenfrequenz
ZnC = Zink-Kohle
ZVEI = Zentralverband Elektrotechnik- und Elektronikindustrie e.V.

Der Autor bei der Arbeit (Line Check bei „3 Musketiere“ im Apollo Theater Stuttgart)

Literaturquellen

AES Standard 10-2003. Serial Multichannel Audio Digital Interface. Audio Engineering Society, New York 2003

AES Standard 11-2003. Synchronization of digital audio equipment. Audio Engineering Society, New York 2003

AES Standard 12id-2006. Jitter performance specifications. Audio Engineering Society, New York 2006

AES Tutorial No. 69. Preventing Hearing Loss. Audio Engineering Society, New York 2006

Ahnert W, Reichardt W. Grundlagen der Beschallungstechnik. Hirzel Verlag, Stuttgart 1981

Ahnert W, Steffen F. Beschallungstechnik. Hirzel Verlag, Stuttgart 1993

Albrecht F-W, Mayer-Fasold C, Veit I, Korthals T. Beschallungstechnik. Expert Verlag, Renningen-Malmsheim 1995

BGI 504-20. Auswahlkriterien für die spezielle arbeitsmedizinische Vorsorge nach dem Berufsgenossenschaftlichem Grundsatz G20. Berufsgenossenschaft Metall Süd, Mainz 1998

BGI 712. Lärmminderungsprogramme. Steinbruchs-Berufsgenossenschaft, Langenhagen bzw. Carl Heymanns Verlag, Köln 1994

BGV B3. Unfallverhütungsvorschrift Lärm. Verwaltungsberufsgenossenschaft, Hamburg 2005

Blauert J. Räumliches Hören – Monographien der Nachrichtentechnik. Hirzel Verlag, Stuttgart 1997

Bock W. Synthesizer. Taurus Press, Hamburg 1981

Boré G, Peus S. Mikrophone. Georg Neumann GmbH, Berlin 1999

Boye G, Herrmann UF. Handbuch der Elektroakustik. Hüthig Verlag, Heidelberg 1989

Brixen EB. Audio Metering. Broadcast Publishing & DK Audio A/S, Dänemark 2001

Bruns K, Meyer-Wegener K. Taschenbuch der Medieninformatik. Fachbuchverlag, Leipzig 2005

Brüssau HH. Raumakustisches Beratungsgutachten zum Neubau des Musiktheaters im Bauvorhaben Musical und Hotel Stuttgart International 1992. Gutachten einsehbar im Zentralarchiv des SI-Centrum, Dr. Sasse Facility Management GmbH, Stuttgart

Buder D. Vocoder VSM 201. Funkschau, 7/1978. WEKA Fachmedien, Poing 1978

Bundesgesetzblatt. Verordnung zur Umsetzung der EG-Richtlinien 2002/44/EG und 2003/10/EG zum Schutz der Beschäftigten vor Gefährdung durch Lärm und Vibrationen. Bundesanzeiger Verlagsgesellschaft mbH, Köln 2007

Bundesnetzagentur. Verfügungen zur Nutzung von Frequenzen: Vfg. 91/2005, Vfg. 07/2006, Vfg. 18/2006, Vfg. 89/2003. www.bundesnetzagentur.de

Conrad JF. Recording. PPV Medien, Bergkirchen 1995

Cremer L, Möser M. Technische Akustik. Springer Verlag, Berlin 2003

Curdt O. Unterlagen zu den Vorlesungen im Fach Sounddesign. Hochschule der Medien, Stuttgart 2005

Czichos H, Hennecke M (Hrsg). Das Ingenieurwissen. Springer Verlag, Berlin 2008

d&b. E3 Handbuch. d&b audiotechnik, Backnang 2003

Dambeck H. So arbeiten MPEG-2-Encoder. CT-Magazin Ausgabe 11/2003. Heise Verlag, Hannover 2003

Dickreiter M. Handbuch der Tonstudiotechnik Band 1 (5. Auflage). K.G. Saur Verlag, München 1987

Dickreiter M. Handbuch der Tonstudiotechnik Band 2 (5. Auflage). K.G. Saur Verlag, München 1990

Dickreiter M. Mikrofonaufnahmetechnik. Hirzel Verlag, Stuttgart 2003

DIN 15 905. Veranstaltungstechnik - Tontechnik, Teil 5: Maßnahmen zum Vermeiden einer Gehörgefährdung des Publikums durch hohe Schallimmissionen elektroakustischer Beschallungstechnik, Ausgabe 2007-11. Deutsches Institut für Normung e.V., Berlin 2007

DIN 45 645. Ermittlung von Beurteilungspegeln aus Messungen, Teil 2: Geräuschimmissionen am Arbeitsplatz, Ausgabe 1997-07. Deutsches Institut für Normung e.V., Berlin 1997

Dittmar M. Schall und Schallausbreitung – SRT-Schriftenreihe Band 6. Schule für Rundfunktechnik, Nürnberg 1990

EAW. JF80z Technical Specifications. Eastern Acoustic Works. Whitinsville 2005

Ebner M. Handbuch der PA-Technik. Elektor Verlag, Aachen 2002

Eisner U. Mixing Workshop. PPV Medien, Bergkirchen 2006

Eska G. Schall & Klang. Birkhäuser Verlag, Basel 1997

Eurovent. Recommendation concerning Presentation of Acoustical Data of Industrial Fans. Eurovent / Cecomaf Technical Secretariat, Paris 2004

Fasold W, Veres E. Schallschutz & Raumakustik in der Praxis. Huss-Medien Verlag Bauwesen, Berlin 2003

Fastl H, Zwicker E. Psycho-Acoustics. Springer Verlag, Berlin 2007

Fluch D. Technische Grundlagen für Mediengestalter. Books on Demand GmbH, Norderstedt 2008

Friedrich HJ. Tontechnik für Mediengestalter. Springer Verlag, Berlin 2008

Friesecke A. Studio Akustik. PPV Medien, Bergkirchen 2007

Goertz A. Unterlagen zum Workshop Raumakustik. Hochschule für Kunst und Design, Halle 2001

Görne T. Mikrofone in Theorie und Praxis. Elektor Verlag, Aachen 2007

Görne T. Tontechnik. Hanser Verlag, München 2006

Hanus B. Akkus und Batterien richtig pflegen und laden. Franzis Verlag, Poing 2008

Helmholtz H. Die Lehre von den Tonempfindungen. Nachdruck der sechsten Ausgabe von 1912. Wissenschaftliche Buchgesellschaft, Darmstadt 1968

Henle H. Das Tonstudio Handbuch. Gunther Carstensen Verlag, München 1993

Hoffmann H, Lüpke A, Maue JH. 0 Dezibel + 0 Dezibel = 3 Dezibel. Erich Schmidt Verlag, Berlin 1999

Holtmeyer V. Kenndaten von Lautsprechern. IFB Consulting, Bischhofsheim 2004 Downloadadresse des PDF-Dokuments: www.ifbcon.de/publication/documents/d_CAVIS-2004_VH_Lautsprecher-Kenndaten.pdf

Institut für Phonetik und digitale Sprachverarbeitung. Modul 1C. Christian-Albrechts-Universität, Kiel 2005. Downloadadresse des Textes: www.ipds.uni-kiel.de/Dokumente/ModulC/

JBL. Sound System Design Reference Manual. JBL Professional. Northridge 1999

Kories R, Schmidt-Walter H. Taschenbuch der Elektrotechnik. Harri Deutsch Verlag, Frankfurt am Main 2000

Krieg B. Digitale Audiotechnik ohne Ballast. Franzis Verlag, München 1992

Maue JH. Bestimmen der Lärmexposition an Arbeitsplätzen. Sonderdruck aus Sicherheitsingenieur, 5/2006. Häfner Verlag, Heidelberg 2006

Maute D. Technische Akustik und Lärmschutz. Hanser Verlag, München 2006

McCarthy Bob. Meyer Sound Design Reference. Meyer Sound Laboratories, Berkeley 2001

Meister H. Elektrotechnische Grundlagen. Vogel Buchverlag, Würzburg 2007

Meyer J. Akustik und musikalische Aufführungspraxis. Bochinsky Verlag, Frankfurt am Main 1999

Meyer-Schwarzenberger G. Pegel A, B und C – SRT Lernprogramme 113, 114 und 115. Schule für Rundfunktechnik, Nürnberg 1976

Midas. Venice Operators Manual. Midas / Telex Pro Audio Group, Worcestershire 2001

Mueller J. Handbuch der Lichttechnik. PPV Medien, Bergkirchen 2008

Nusser R. Grundlagen der Stereofonie – SRT Schriftenreihe Band 12. Schule für Rundfunktechnik, Nürnberg 1990

Pawera N. Mikrofonpraxis. Franzis Verlag, München 1993

Philips. BC 109 Data Sheed. Philips Electronics, Eindhoven 1997

Pieper F. Das Effekte Praxisbuch. Gunther Carstensen Verlag, München 1999

Pieper F. Das P.A. Handbuch. Gunther Carstensen Verlag, München 1996

Rode, M. Evulation von Kammfiltereffekten bei Laufzeitstereophonie mit mehr als zwei Mikrophonen – Magisterarbeit. Technische Universität, Berlin 2005

Roederer JG. Physikalische und psychoakustische Grundlagen der Musik. Springer Verlag, Berlin 1995

Roland. MIDI-Guide. Roland Elektronische Musikinstrumente. Norderstedt 2003

Rosing TD. Die Pauke. In: Die Physik der Musikinstrumente. Spektrum Akademischer Verlag, Heidelberg 1998

Rumsey F. Digital Audio Operations. Focal Press, Oxford 1991

Schenk C, Tietze U. Halbleiter-Schaltungstechnik. Springer Verlag, Berlin 1999

Schiller U. Total verkabelt. RecMag Classic, Sonderheft 2/2008. PPV Medien, Bergkirchen 2008

Schmidt U. Digitale Videotechnik. Franzis Verlag, Feldkirchen 1996

Schmidt U. Professionelle Videotechnik. Springer Verlag, Berlin 2000

Schmidt U. Digitale Film- und Videotechnik. Hanser Fachbuchverlag, Leipzig 2002

Schoeps. Surround-Aufnahmetechniken – Newsletter Nr. 6. Schoeps GmbH, Karlsruhe 2004

Schreiner R. Computer Netzwerke. Hanser Verlag, München 2007

Sengpiel E. Bündelungsgrad und Bündelungsmaß. PDF-Dokument abrufbar unter: www.sengpielaudio.com/BuendelungsgradBuendelungsmassMikro.pdf

Sengpiel E. Mikrofone im Kugelschallfeld. PDF-Dokument abrufbar unter: www.sengpielaudio.com/MikrofoneImSchallfeld.pdf

Sengpiel E. Relativer Abstandsfaktor und wirksamer Hallradius. PDF-Dokument abrufbar unter: www.sengpielaudio.com/RelativerAbstandsfaktor.pdf

Sengpiel E. Untere Grenzfrequenz beim Grenzflächenmikrofon. PDF-Dokument abrufbar unter: www.sengpielaudio.com/UntereGrenzfrequenzbeimGrenzflaechenmikrofon.pdf

Sengpiel E. Zwei verschiedene Grenzflächenmikrofonbauarten. PDF-Dokument abrufbar unter: www.sengpielaudio.com/ZweiVerschiedeneGrenzflaechenmikrofone.pdf

Sennheiser. MD421 Gebrauchsanleitung. Sennheiser electronic, Wedemark 1998

Sennheiser. Planungsteil HF-Technik für die Praxis. Sennheiser Revue Teil 3, Ausgabe 05/02. Sennheiser electronic, Wedemark 2002

Sennheiser. Planungsteil IR-Technik für die Praxis. Sennheiser Revue Teil 4, Ausgabe 11/99. Sennheiser electronic, Wedemark 1999

Sennheiser. SK5212 Bedienungsanleitung. Sennheiser electronic, Wedemark 2006

Shure. Beta91 User Guide. Shure Incorporated, Niles 2003

Sony. DMX-R100 Operating Instructions. Sony Corporation, Tokio 1999

SRT (Hrsg). Ausbildungshandbuch audiovisuelle Medienberufe Band 1 bis 3. Hüthig Verlag, Heidelberg 2003

Stark B. Lautsprecher Handbuch. Richard Pflaum Verlag, München 1999

Steinmetz R. Multimedia-Technologie. Springer Verlag, Berlin 2000

Stickel A. Faszination Gehör. PPV Medien, Bergkirchen 2003

Stöcker H. Taschenbuch der Physik. Harri Deutsch Verlag, Frankfurt am Main 2000

SUVA Pro. Der persönliche Gehörschutz. Schweizerische Unfallversicherungsanstalt, Luzern 2001

Telex. Handbook of Intercom Systems Engineering. Telex Communications, Burnsville 2002

Tolan M. Präsentation Nr. 3 zur Vorlesung Physik III im WS 2005/06. Technische Universität, Dortmund 2006

USITT. Sound Graphics Standards. United States Institute for Theatre Technology, Syracuse 2008. PDF-Download: www.usitt.org/commissions/sound/Sound_Comm_Graphics_Project_2008.html

Veit I. Technische Akustik. Vogel Fachbuch, Würzburg 2005

Verordnung über die Berufsausbildung. Fachkraft für Veranstaltungstechnik. Bertelsmann Verlag, Bielefeld 2002

VSGA. Sechste Allgemeine Verwaltungsvorschrift zum Bundesimmissionsschutzgesetz, 03/2000 (Technische Anleitung zum Schutz gegen Lärm). Download als PDF-Dokuments: www.umweltbundesamt.de/laermprobleme/publikationen/talaerm.pdf

Walker J. Der fliegende Zirkus der Physik. Oldenbourg Wissenschaftsverlag, München 2008

Webers J. Handbuch der Tonstudiotechnik. Markt&Technik Buch- und Software-Verlag, München 2003

Webers J. Handbuch der Film- und Videotechnik. Franzis Verlag, Poing 2008

Weinzierl S. (Hrsg). Handbuch der Audiotechnik. Springer Verlag, Berlin 2008

Werner M. Nachrichtentechnik. Vieweg Verlag, Wiesbaden 2006

White R. So funktionieren Computer. Franzis Verlag, Poing 1998

Williams M. A Practical Approach to Determining the Characteristics of a Spaced Pair of Directional Microphones. Paper No. 2072 of the 75th AES Convention. Audio Engineering Society, New York 1984

Wirsum S. Praktische Beschallungstechnik. Franzis Verlag, München 1991

Wisse E. Mikrofon-Technologie heute und morgen. VDT Magazin, 03/2008. Bildungswerk des Verbandes Deutscher Tonmeister, Bergisch-Gladbach 2008

Wittels T. Kommunikation ist alles. PMA-Magazin, 4/2008. PPV Medien, Bergkirchen 2008

Wuttke J. Mikrofonaufsätze. Schoeps GmbH, Karlsruhe 2000

Yamaha. H5000 Bedienungsanleitung. Yamaha Corporation, Hamamatsu 2002

Yamaha. P7000S Bedienungsanleitung. Yamaha Corporation, Hamamatsu 2003

Yost WA. Fundamentals of Hearing. Emerald Group Publishing, Bingley 2007

Zastrow P. Phonotechnik. Frankfurter Fachverlag, Frankfurt am Main 1984

Zollner M, Zwicker E. Elektroakustik. Springer Verlag, Berlin 2003

ZVEI. Professionelle Beschallungstechnik / ELA-Info Broschüre. Leistungsgemeinschaft Beschallungstechnik im Zentralverband Elektrotechnik- und Elektronikindustrie e.V., Frankfurt am Main 1999

Mike das Mikrofon

Abbildungsquellen

Aearo GmbH (www.peltor.se): Abb. 4.15 und 4.16

Albrecht et al., 1995: Abb. 12.13, 17.4 und 17.5

alcons audio (www.alconsaudio.com): Abb. 18.36

Andreas Baufeld: Abb. 22.49

Applied Microphone Technologies (www.appliedmicrophone.com): Abb. 10.11 und 10.23

Audio AG (www.rme-audio.de): Abb. 13.33

Beyerdynamic GmbH (www.beyerdynamic.de): Abb. 11.28 und 11.29

Bohlender-Graebener (www.bgcorp.com): Abb. 18.7 (rechts)

Boré und Peus, 1999: Abb. 9.6

Buck A. Hutten: Bilder als Zwischentitel am Ende von Kap. 8 und 16

Buder, Funkschau 7/1978: Abb. 1.28

Cirrus Logic (www.cirrus.com): Abb. 21.34

d&b, 2003: Abb. 18.28

dB Technologies (www.dbtechnologies.com): Abb. 18.16 (rechts)

Deutsches Museum München (www.deutsches-museum.de): Abb. 12.22

Deutsches Rundfunk-Museum (www.drm-berlin.de): Abb. 10.40

Dickreiter, 1987: Abb. 3.2, 3.8, 18.10 und 18.11 (links)

Dickreiter, 1990: Abb. 11.12, 11.15, 16.26 und 16.27

Dickreiter, 2003: Abb. 10.31 und 10.37

Dieter Schöpf (www.ds-audioservice.de): Abb. 9.2 und 9.3

Digigram (www.ethersound.com): Abb. 21.32 und 21.33

Earthworks Precision Audio (www.earthworksaudio.com): Abb. 10.17

EAW, 2005: Abb. 18.23, 18.24 und 18.27

Ellen Walter: Abb. 19.14

Euphonic Studio (www.euphonic.us): Abb. 16.49 (rechts)

Fasold und Veres, 2003: Abb. 1.5 bis 1.7

Fastl und Zwicker, 2007: Abb. 4.8, 4.9 und 4.10

FILMCO (www.filmco.ca): Abb. 21.12

Fohhn (www.fohhn.com): Abb. 18.17 (rechts)

Goertz, 2001: Abb. 3.4 und 3.5

Harman International (Gander & Eargle; Lansing Heritage: www.audioheritage.org): Abb. 18.22 (rechts)

Helmholtz, 1968: Abb. 1.8

Hochschule der Medien (www.hdm-stuttgart.de): Abb. 15.10

Hoffmann et al., 1999: Abb. 5.3

Hughes & Kettner (www.hughes-and-kettner.com): Abb. 16.50

Kabel Kusch (www.kabel-kusch.de): Abb. 12.16

Kenton Electronics (www.kentonuk.com): Abb. 14.8

Kling & Freitag (www.kling-freitag.info): Abb. 18.19 (rechts) und 18.21 (rechts)

Markus Merz (www.extremzertifikator.de): Abb. 14.6

MBHO GmbH (www.mbho.de): Abb. 10.38 (rechts)

McCarthy, 2001: Abb. 11.3 bis 11.5 und 17.7

MCI (http://mcirecording.com): Abb. 15.6

Moog Music (www.moogmusic.com): Abb. 16.29 (rechts)

Neumann GmbH (www.neumann.com): Abb. 9.34 und 10.39 (rechts)

Nik Reiff (www.studioconsulting.de): Abb. 8.3 und 9.29

Novotny TV (www.novotny-tv.de): Abb. 22.41

Optocore (www.optocore.com): Abb. 21.37

Peavey (www.peavey.com): Abb. 18.20 (rechts)

Pieper, 1996: Abb. 18.19, 18.20 und 18.21 (links)

Pieper, 1999: Abb. 16.2, 16.11, 16.12, 16.36, 16.37, 16.39 und 16.41

PreSonus (www.presonus.com): Abb. 21.18

Rising Sun Productions Limited (www.holophone.com): Abb. 10.49 (rechts)

Schmidt, 1996: Abb. 22.24, 22.25, 22.32, 22.34, 22.35, 22.36, 22.39

Schoeps Mikrofone (www.schoeps.de): Abb. 9.19, 9.21, 9.22, 9.28, 10.14, 10.24, 10.21 (links), 10.29 (rechts), 10.33, 10.41, 10.47 (rechts) und 10.49 (links)

Sennheiser electronic (www.sennheiser.com): Abb. 12.1

Sennheiser, 1999: Abb. 12.24, 12.25, 12.26 und 12.28

Sennheiser, 2002: Abb. 12.4, 12.6, 12.7, 12.19 und 12.21

Seraphon Tonstudio (www.seraphon.de): Abb. 16.34

Sound On Sound (www.soundonsound.com): Abb. 16.28 (rechts) und 16.33

Soundcraft (www.soundcraft.com): Abb. 15.9

SoundField (www.soundfield.com): Abb. 10.42 und 10.43

SPL electronics GmbH (www.soundperformancelab.com): Abb. 10.45

SQN Electronics (www.sqn.co.uk): Abb. 15.11

SRT, 2003, Band 1: Abb. 7.14 und 11.27

Stage Tec (www.stagetec.com): Abb. 21.38

Stefan Minich (www.proaudioart.com): Bild als Zwischentitel am Ende von Kap. 17

Studer (www.studer.ch): Abb. 15.56

Studio Sound, Februar 1985: Abb. 21.10 und 21.11

T+A elektroakustik (www.taelektroakustik.de): Abb. 18.8 (rechts)

Terry McGee (www.mcgee-flutes.com): Abb. 10.22

Texas Instruments (www.dlp.com): Abb. 22.50, 22.52 und 22.53

USITT, 2008: Abb. 19.42 bis 19.51

Visaton (www.visaton.de): Abb. 18.6 (rechts) und 18.18 (rechts)

Webers, 2008: Abb. 22.51, 22.54 und 22.57

Werner, 2006: Abb. 6.58

Yamaha, 2002: Abb. 17.14

Yamaha, 2003: Abb. 17.17

Yost, 2007: Abb. 4.2

Zastrow, 1984: Abb. 6.39

Sachwortverzeichnis

C

E

F

N

TT+ HIGH DEFINITION
TOURING AND THEATRE
TTL33-A
Aktives 3-Weg Line Array Modul
TTL31-A
Aktives 2-Weg Line Array Mo
the rules of sound
RCF
RCF Service Center
Tel.: 02203/92537-0
Fax: 02203/92537-7
www.rcfaudio.com
germany@rcf.it